〈モータウン〉のデザイン

堀田典裕 著

Design of MOTOWN: Architecture and Urbanism in the Age of Automobility

名古屋大学出版会

本書は，一般財団法人名古屋大学出版会
学術図書刊行助成により出版された。

はじめに

現在、世界には、約一二億台を超える自動車が溢れていると言われている。[1] フランスのR・バルト（1915–1980）は、一九五七年に「自動車は今日、ゴシックの大聖堂のかなり正確な等価物である」と述べた。[2] この言葉は、前年に発表された「シトロエンＤＳ」の「イメージ」を、大聖堂同様の「時代を画する偉大な創造物」と評価するものであったが、同じフランスでもＭ・ラゴン（1924–）は、自動車という存在を既存の建築・都市を蝕む「黴菌《かびきん》」と呼んだ。[3]

こうした自動車に対する両義的解釈は、彼らの言説に限ったことではない。自動車の生み出した速度は、それまでの距離と時間の概念を一変させるとともに、多くの無辜の民を交通戦争に巻き込み、大気汚染や騒音などの公害を生み出した。しかし、だからと言って、自動車とそのための環境を現代社会の必要悪と決めつけることはなかろう。むしろ、自動車とそのための環境を再考することは、近現代の環境デザインの本義を捉え直し、明日のデザインを考える格好の素材となるはずである。

早晩枯渇するとされる石油に対して、自動車の駆動エネルギーが電気に代替したとしても、自動車という存在が無くなることはなく、自動車と建築・都市の関係もまた、本質的に変化するものではないだろう。なぜならば、自動車をめぐって創出された建築・都市は、我々が二〇世紀に構築した環境そのものであるからだ。実際、耕地整理や区画整理が行われた場所では、自動車がスムーズに走ることができる道路が設けられたのであり、今や自動車は、そうした路上を自動運転で走ることを目指すまでになった。C・D・ブキャナン（1907–2001）が、自動車の将来について、「もし万一自動車が輸送手段として続くということに関して何か重大な疑問があるとすれば、自動車交通を収容するために費用のかかる思い切った都市改造を始めることは、ばかげたことであろう[4]」と反語的に語ったように、自動車がサステイナブルな存在である以上、そのために用意された環境は、必然的にサステイナブルでなければならないのである。

本書のタイトルにある〈モータウン〉は、一般的には、二〇世紀に自動車を製造する都市を表す言葉であるが、ここでは、自動車の存在とその交通システムによって創り出された環境もまた、このように呼ぶことにしたい。すなわち本書は、二〇世紀後半の環境を「クルマの、クルマによる、クルマのためのマチ」、言い換えれば「クルマとともにあるマチ」として捉え直し、そのデザインを通覧することによって、家具・建築・都市・造園・土木からなる諸分野を横断し、現代社会における持続可能な発展を目指すための環境デザインの可能性を問い直そうとするものである。

本書では、我が国の自動車産業の動向に照らして、「マイカー元年」(一九六六)から「第一次オイルショック」(一九七三)に至る時期を画期として「近代」と「現代」を弁別し、自動車をめぐる環境デザインについて考究する。大衆による「マイカー」の所有は、戦後日本における時間と空間の概念を一変させるアクセルとなった一方で、「オイルショック」に連鎖して生じた出来事は、消費財という「モノ」の価値を問い直すブレーキであった。十年にも満たない間に起きた二つの出来事は、「マイカー」というミクロ空間が都市というマクロ空間に及ぼした影響と、「オイルショック」というマクロ経済が個人消費というミクロ経済に与えた影響とが相反するベクトルを持ち、環境デザインに重要な影響を及ぼしたのである。こうした自動車をめぐる画期を、「近代」から「現代」への転換期として考えれば、一九七〇年の大阪万国博覧会は、正しくその狭間にある、未来社会に対する国家規模の「共同幻想」であったと理解することもできよう。

「近代」の日本は、一九四五年の敗戦によって区切られることが多いが、本書では、一九五五年体制の確立という二つの政治的転換点を経て成立した池田内閣（一九六〇年七月〜六四年一一月）の時期まで続くと考えている。三期四年に及ぶ池田内閣は一九六〇年に国民所得倍増計画を策定し、その中で「太平洋ベルト地帯構想」を打ち出した。一見した限りでは、戦後を刷新するように見えたこの構想は、戦中の俄拵えの国土計画を焼き直した「近代」の計画であり、翌六一年には通商産業省から工業適正配置構想が示された後で、全国総合開発計画（一九六二）が発表されたのだった。

これに対して「現代」の日本は、二度のオイルショック（一九七三、一九七九）を乗り越えたものの、一九八五年のプラザ合意後に始まった政府金融政策が、バブル経済（一九八六年一二月〜九一年二月）を生み出した。そして、日本電信電話公社（一九八五）と日本国有鉄道（一九八七）が相次いで民営化されたのを契機に、日本住宅公団や日本道路公団など、多くの公共財の役割が見直される一方で、少子高齢化社会を伴う「失われた二〇年」と名付けられた長期の低成長時代に突入した。

こうした時間の流れの中で、〈モータウン〉はいかに造られてきたのであろうか。

それを考えるために本書では、自動車の環境デザインをめぐる視点として〈生産・居住・移動・消費〉からなる四つの指標を掲げる。これは、ＣＩＡＭ（近代建築国際会議、Congrès International d'Architecture Moderne, 1928–1956）の「アテネ憲章」（一九三三）が都市デザインをめぐって提示した五つの指標「居住・余暇・勤労・交通・都市の歴史的遺産」と比較すると、「余暇」が〈消費〉に、「勤労」が〈生産〉に、「交通」が〈移動〉に言い換えられただけのように見えるかもしれない。しかしながら、両者の視点は根本的に異なる。「アテネ憲章」の指標がいずれも人間を主体としているのに対して[5]、本書の環境指標では、いずれも自動車を主体として考えている。たしかにＣＩＡＭに続くチーム・テンでは、自動車を主体的に捉えた言説を認めることができるが、〈移動〉に力点が置かれており、〈生産・居住・消費〉については十分に検討がなされていないままである。これに対して本書では、二〇世紀後半の建築・都市を、自動車を〈生産〉するための工場都市を建設し、自動車に〈居住〉のための空間と技術を見出し、自動車が〈移動〉するために必要な施設を整え、自動車によって〈消費〉される環境をもつものとして捉え直そうとしている。

各章の内容は、以下の通りである。

第1章「〈モータウン〉の背景」では、二〇世紀に行われた建築・都市をめぐる三つの国際会議（ＣＩＡＭ、チーム・テン、ＡＮＹ会議）の内容を〈モータウン〉の観点から比較することで、「近代」と「現代」の時期区分について検討し、さらに自動車をめぐる理想都市の構想と空間文化史を概観して、本書の背景について述べる。

第2章「〈生産環境〉のデザイン」では、自動車会社の主要組立工場を地形によって分類し、そのデザインを詳細に検討した後で、史的背景に照らして考察することによって、我が国における自動車の生産環境に関するデザインの変容について述べる。すなわち、ここでは、自動車工場の立地を「台地・平地・水際」に分類した上で、その配置と建築デザインを、日本の自動車に関する工業政策と地方工業都市の形成に照らして論じる。

第3章「〈居住環境〉のデザイン」では、自動車会社による「量産住宅」について考察した上で、自動車と建築の間でなされた技術移転を日本におけるカプセル空間の発達に照らして検討し、自動車によって創出された居住環境の特徴について論じる。

第4章「〈移動環境〉のデザイン」では、黎明期の高速道路の建築施設、バスターミナルおよび物流ターミナル、ガソリンスタンドの配置と建築デザインについて考察することで、自動車を移動させるために必要な環境デザインについて論じる。

第5章「〈消費環境〉のデザイン」では、自動車販売店のデザインを分析する一方で、自動車交通を中心に展開されたレジャー施設とショッピング施設を取り上げ、自動車によって生み出された消費環境のデザインについて考察する。前者では、耐久消費財の代表である自動車販売のあり方を、建築デザインの透明性に照らして検証し、後者では、自動車を主要交通機関とする施設に焦点を当て、両者の施設と駐車場のデザインの相関を検討することで、自動車をめぐるライフスタイルの変容について考える。

第6章「〈モータウン〉の環境デザイン」では、自動車の空間的特徴である〈モノ〉と〈場所〉という二つの観点、および〈生産・居住・移動・消費〉の各環境指標に関する特徴と相関関係を再整理し、モータウン特有のグローバリズムとリージョナリズムについて論じるとともに、人口減少社会における〈モータウン〉の将来について展望する。

このうち第2章が「クルマのマチ」に、第3章が「クルマによるマチ」に、第4章と第5章が「クルマのためのマチ」に相当する。

〈生産・居住・移動・消費〉からなる環境指標に即して建築・都市デザインを分析しようとする本書の姿勢は、特定のビルディング・タイプや建築家に依拠することなく、環境デザインを論じるためでもある。実際に、これら四つの環境指標について考えることは、既存のビルディング・タイプを「フラット（Flat）」なものとし、その関係を「脱構築（Deconstruction）」することにほかならない。このように自動車をめぐる建築・都市という対象について考えるとき、N・ペヴスナー（1902–1983）が記した次の言葉が思い起こされる。「自転車小屋も建物《ビルディング》であり、リンカーン大聖堂も一つの建築《アーキテクチュア》である。人が中に入れる大きさの閉じた空間は、ほとんど建物といってよいが、建築という語は、美的な魅力を与えるべく設計された建物のみを指す。[6]」本書が取り扱う対象は、果たして単なる「建物」なのであろうか、それとも「建築」なのであろうか。否、ペヴスナーの「建築」に対する意思は尊重したいが、ここでは両者の差異には拘泥せずに、ともに自動車を取り巻くアノニマスな環境として捉え直すことの方が重要だと考える。本書が取り扱う対象は、著名建築家の代表作でない事例が多く、なかには設計者さえもわからないものも含まれている。本書を通して、こうしたアノニマスな環境の中においてなお、目を見張るような建築・都市のデザインのあり方を見出すことができれば幸いである。

目次

第1章　〈モータウン〉の背景

本章では、二〇世紀の建築・都市デザインを考えるうえで重要な三つの国際会議（CIAM、チーム・テン、ANY会議）を、〈モータウン〉の観点から比較することで、「近代」と「現代」の時期区分について検討するとともに、自動車をめぐる理想都市の構想と空間文化史を概観し、〈モータウン〉に関する問題提起を行う。

1　自動車をめぐる近現代の時期区分

近現代建築をめぐる三つの国際会議

〈モータウン〉は、二〇世紀の建築と都市そのものであり、「近代」と「現代」の両方の特徴を併せ持つ対象である。この二〇世紀の建築と都市の特徴についてB・コロミナは、R・バンハムが指摘した「写真的事実」を通じたモダン・ムーブメントを踏まえた上で、「建築」の生産の現場が、建設現場ではなく展覧会や雑誌を通じた「メディア」に移行したことを示した。(1)

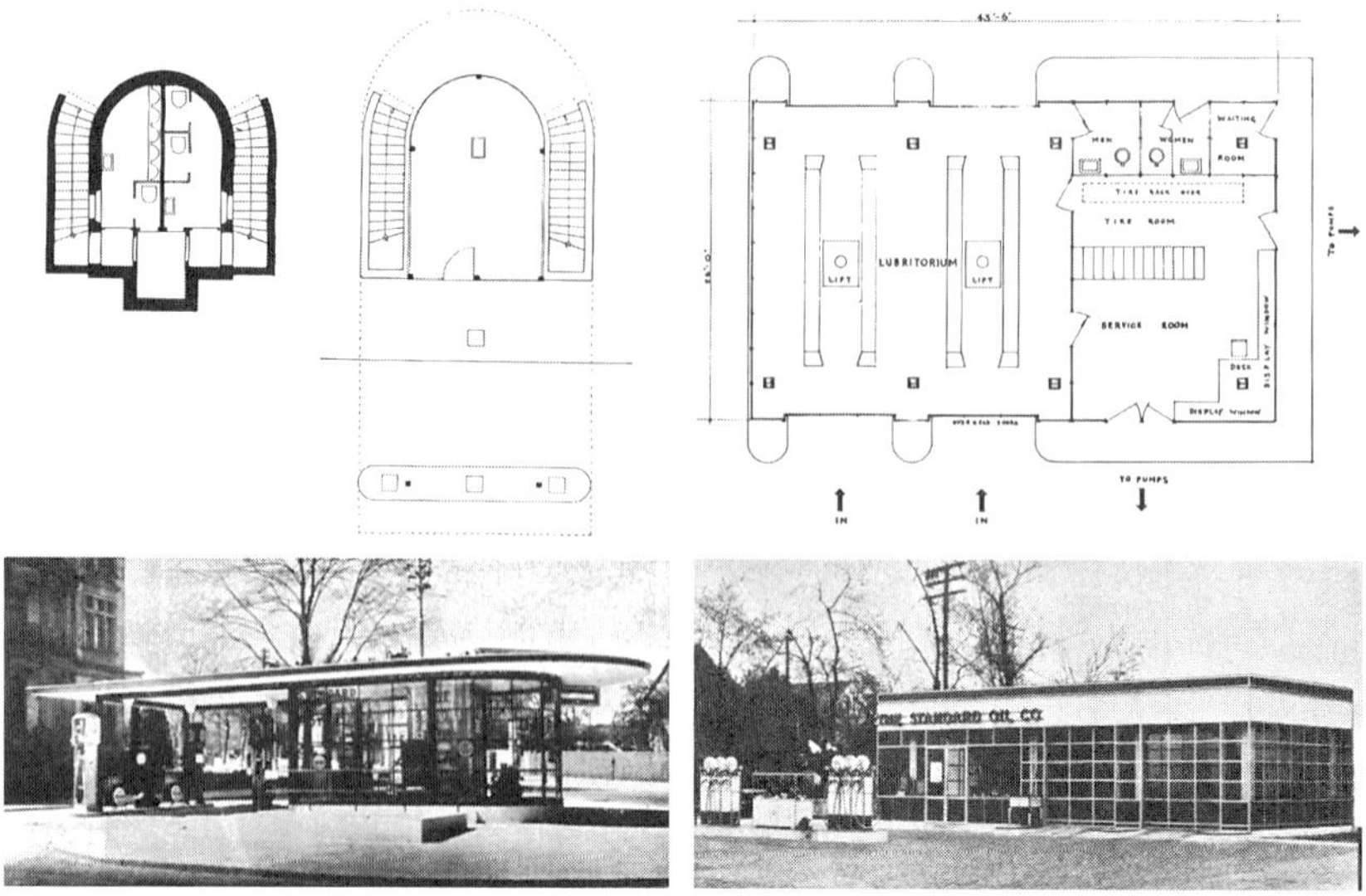

図1　ハンス・ボルコフスキー「ダポリーン給油所」(左)とクロース&ドーブ「オハイオ・スタンダード石油会社ガソリンスタンド」(右)の平面図と外観

自動車が創出したアノニマスな建築・都市は、こうした表舞台の「メディア」とは無関係に成立しているように見える。しかしながら、「メディア」が全く取り扱わなかったわけではなく、注意深く見ると、自動車に関わる建築・都市デザインの記録は方々に残されており、なかには二〇世紀の建築・都市の本質を語る内容を持つものがあることに気づく。例えば、H・R・ヒッチコック(1903–1987)とP・ジョンソン(1906–2005)によってまとめられた『インターナショナル・スタイル』(一九三二)の巻末をよく見てみると、ル・コルビュジエによる「サヴォア邸」(一九三〇)などの二〇世紀を代表する近代建築と並んで、ハンス・ボルコフスキーによる「ダポリーン給油所」(カッセル、一九三〇)と、クロース&ドーブによる「オハイオ・スタンダード石油会社ガソリンスタンド」(クリーヴランド)という、あまり名前の知られていない建築家のガソリンスタンドが二件掲載されている[2](図1)。このことは、ガソリンスタンドが、近代建築を牽引するビルディング・タイプでもあった証左と言えるが、一方でP・スミッソンが指摘するように「移ろいやすい美学とテクノロジー」の産物であったことも事実である。[3]

「メディア」は、展覧会や雑誌だけではない。建築家や都市計画家が集う国際会議やワークショップもまた、同様の「メディア」であると言えよう。こうした事実は、近現代の建築・都市が、一見すると民主主義的に見える「開かれた場所」を介して世に送り出されるようになったことを示す。そこで、ここでは、二〇世紀後半の建築・都市デザインを先導した、CIAM（1928–1956）、チーム・テン（1960–1977）、ANY会議（1991–2000）という三つの国際会議について検討することで、自動車に関わる建築・都市デザインが表舞台の「メディア」で語られた事実を振り返ってみたいと思う。

CIAM（1928–1956）

CIAMは、一〇回の大規模な会議と、年号や地名を冠した個別の名前を持つ三三回の小規模な会議からなる、近代建築をめぐる集まりである。[4] 一〇回の会議の名称（内容、開催地、開催年）は、以下の通りである。

CIAM1（現代建築宣言の公式化、ラ・サラ、一九二八）、CIAM2（低家賃住宅建設計画、フランクフルト、一九二九）、CIAM3（敷地計画の合理的方法、ブリュッセル、一九三〇）、CIAM4（我々の都市は存続しうるか?、パトリII世号（マルセイユ—アテネ）およびアテネ、一九三三）、CIAM5（住居と余暇、パリ、一九三七）、CIAM6（各国事情説明、ブリッジウォーター、一九四七）、CIAM7（アテネ憲章の実践、ベルガモ、一九四九）、CIAM8（都市の中心核、ホッデスドン、一九五一）、CIAM9（人間の生息地、エクス＝アン＝プロヴァンス、一九五三）、CIAM10（居住地の憲章、ドゥブロヴニク、一九五六）

CIAMの目的は、「近代建築の生存権を確立すること」であり、これらの大規模会議のテーマは、S・ギーディオン（1888–1968）が整理したところでは、いずれも自動車そのものを直接扱うものではなかった。しかしながら、ＣＩＡＭ４（一九三三）の成果である「アテネ憲章」では、都市の現状に対する危機感とそれへの対策を考える上で、「居住・余暇・労働・都市の歴史的遺産」と並んで、「交通」が取り上げられており、自動車と電車を引っくるめて「新時代の機械による交通機関」と称し、それらの「速度」に対する都市空間の応答について言及が認められる。[5] このことは、Ｆ・Ｔ・マリネッティ（1876–1944）が、一九〇二年二月二〇日付の『ル・フィガロ』紙に掲載した「未来派宣言」の第四節において、「サモトラケのニケ」よりも美しい「スピードの美」として見出していた視点であった。[6] しかしながら、ＣＩＡＭ８（一九五一）では、「歩行者の至上権（la royauté du pieton）」が強調されたことからもわかるように、自動車よりもむしろ人間を主体とした都市デザインが重視された。[7] すなわちＣＩＡＭでは、第二次世界大戦を挟んで、自動車の礼賛から、その反動として人間の復権へと議論の重心が移行したことがわかる。

さて、参加人数が過去最大の三六人となったＣＩＡＭ'59（オッテルロー）の席上で、ル・コルビュジエが「友人諸君よ、旋回に注意せよ！（Messieurs, Amis, attention au tournant!）」という書簡を読み上げて、[8] ＣＩＡＭは終焉を迎えることになった。ＣＩＡＭは、第二次世界大戦前に自動車のための都市デザインについて逸早く議論したが、大戦後は、人間のための都市デザインについて議論した。自動車と人間が共存する都市デザインに関する議論は、ＣＩＡＭの後を引き継いだチーム・テンの仕事であった。

チーム・テン（Team 10, 1960–1977）

チーム・テンは、全一八回の会議からなり、バニョール＝シュル＝セーズ会議'60に槇文彦が、ロワイヨモン会議'62とウルビノ会議'66に黒川紀章が、トゥールーズ・ル・ミライユ会議'71に丹下健三が、それぞれ参加した。ちなみに、バニョール＝シュル＝セーズ会議'60には丹下健三と菊竹清訓も、ベルリン会議'65には黒川紀章・槇文彦が、招待されたが欠席した。[9] 主な会議の名称（括弧内は会議内容。開催地と開催年は基本的に会議名と同じ）は、以下の通りである。

バニョール＝シュル＝セーズ会議'60（不明）、パリ会議'61（チーム・テンの声明）、ロンドン会議'61（『チーム・テン読本』のコンセプト）、ドロットニングホルム会議'62（『チーム・テン読本』のコンセプト）、ロワイヨモン会議'62（都市インフラストラクチュアとビルディング・グループのコンセプト）、パリ会議'63（ロワイヨモン会議に関する討議）、デルフト工科大学会議'64（不明）、ベルリン会議'65（不明）、ウルビノ会議'66（建築に対する自動車の介入、「移動」と「滞留」の関係）、パリ会議'67（所信の再声明）、ミラノ・トリエンナーレ会議'68（巨大な数値）、ロンドン会議'69（市民参加の都市計画、オープン・デザイン）、トゥールーズ・ル・ミライユ会議'71（変化しつつある政治状況に向けた我々の立場）、コーネル大学会議'72（不明、イサカ）、ベルリン会議'73（マトリックス）、ロッテルダム会議'74（建築の責任）、スポレト会議'76（参加と過去の意味）、ボニュー会議'77（チーム・テンの将来、ヴェネチア建築ビエンナーレとベルリン国際建築展への参加）

ＣＩＡＭ'59（オッテルロー）で行われた「チーム・テンの宣言」は、六項目からなっていたが、その冒頭の二項目は、完全に自動車に関わる内容であった[10]。「(1)インフラストラクチュアとして道路と交通システムを開発すること（結合力としての自動車道）。また、その流れや動きの影響を建築自身の形にすること。(2)モビリティという概念が暗示する拡散性に応答するとともに、新たな交通手段について、これまで受け入れられてきた密度パターンと機能の布置を再考すること。」続く四つの項目は次の通りである。「(3)「捨てる」技術によって与えられた可能性を理解し利用すること。また、異なる機能に対して異なる変化周期をもつ新たな環境を創出すること。(4)機械化された建設技術と作業規模に適した美学を開発すること。(5)純粋な二〇世紀技術の（快適かつ安全で、旧式でない）住居イメージを実現する解決策を見つけることによって、大量生産住宅の「文化的退廃」を克服すること。(6)精神的健康と肉体的健康に害のない条件を確立すること。過去の法規や配置計画は徐々に向上していく衛生水準に合わせて作られていた。しかし生活水準の高い諸国では、もはやこれは問題にならない。環境を徐々に害するものを決定する基準が、見つけられねばなるまい。これらは、騒音レベル・汚染したり汚染されたりした環境・人口過密・混雑や雑踏・社会的行為に対する余地のなさ、そして蓄積された建設形式に宿る社会での個人の諸要求のことであろう。」まず、「結合力としての自動車道」と明示されていることからもわかるように、(1)のインフラストラクチュアや(2)のモビリティの内容が、自動車に直接関わる事柄であるのは言うまでもない。続く(3)の「異なる機能に対して異なる変化周期をもつ新たな環境」という内容は、後に「変わるもの」と「変わらないもの」と称される事柄であり、自動車に代表される耐久消費財に見出された「モデルチェンジ」に関わるとともに、世界デザイン会議東京大会(一九六〇)で提示された「メタボリズム(新陳代謝)」という概念にも関連する。[11] (6)の内容もまた、自動車による渋滞・騒音と大気汚染などの公害問題の克服が念頭にあったことは、間違いなかろう。

ウルビノ会議'66での「建築に対する自動車の介入」と「「移動」と「滞留」の関係」というテーマもまた、[12] 建築・都市における自動車のあり方が、チーム・テンの会議における中心的議題であったことがわかる。「建築に対する自動車の介入」という建築的テーマは、P・スミッソン(1923–2003)、S・ウッズ(1923–1973)、G・デ・カルロ(1919–2005)によって、また「「移動」と「滞留」の関係」という都市的テーマは、J・B・バケマ(1914–1981)によって提案されたものであった。[13] とりわけ、前者のテーマは、一九五八年に「モビリティ」という概念を提唱し自動車を肯定的に捉えたスミッソン夫妻の影響が色濃いものであった。[14] ウルビノ会議'66は、「CIAMのようなある種のクラブに再びなる」ことを避けようとしたデ・カルロの努力によって二五名の参加者を見たが、出席者をめぐるスミッソン夫妻とファン・アイクの意見対立が、夫妻の欠席という事態を招いた。スミッソン夫妻が主張した「モビリティ」関連の作品提出のみという出席者の限定と、ファン・アイクが主張した建築史家J・リクワート(1926–)の出席要請による会議参加者拡大をめぐる意見対立が理由であった。[15] 黒川によれば、「(チーム・テンは)回を重ねるごとに閉鎖的となり、現実に造らない建築家たち(GEAM、アーキグラム)の参加申出を拒否してきているのだが、ウルビノ会議は、その頂点であった」という。[16] この会議を境に、議論の内容は大きく転向し、新たな局面を迎える。「チーム・テンの宣言」に盛り込まれていなかった、「市民参加」による建築・都市のデザインが取り沙汰されるようになり、チーム・テンは、ボニュー会議'77を最後に、一九八一年のJ・B・バケマの逝去とともに幕を閉じた。

ANY会議（Any Conference, 1991–2000）

建築・都市をめぐる議論は、ウルビノ会議'66の翌年にニューヨークに設けられたIAUS（Institute for Architecture and Urban Studies, 1967–1984）を中心とするアメリカ東海岸のアカデミズムの場に移された。これらの議論の場が、いわゆる「ポスト・モダン」を牽引したことは言うまでもなく、その中で自動車をめぐる建築・都市のデザインが取り沙汰されることは、ほとんどなかった。例えば、IAUSの機関誌であった『オポジションズ（*OPPOSITIONS*, 1973–1984）』には、自動車との関連について論じた記事は、後述するR・バンハム（1922–1988）の著作*Los Angeles : The Architecture of Four Ecologies*（1971）と、[17] R・ヴェンチューリ（1925–）、D・S・ブラウン（1931–）、S・アイゼナワー（1940–2001）による共著*Learning from Las Vegas*（1972）に対する書評が載せられたにとどまる。[18] むしろ、イェール大学建築学部の『パースペクタ（*PERSPECTA*, 1951–）』が、チーム・テン出席メンバーの一人であったL・I・カーン（1901–1974）による「フィラデルフィア中心部計画について」（一九五三）などの自動車に関する重要な論文を収めるが、J・B・ジェイコブス（1916–2006）が、『アメリカ大都市の死と生』（一九六一）を著して以来、[19] アメリカでは、自動車は建築・都市の議論の場から遠ざけられたことが見て取れる。

一九八〇年代は、自動車をめぐる建築・都市デザインにとって不遇の時期であったとともに、建築・都市デザインを先導する会議そのものが不在であった。このような中で企図されたのが、ANY会議であった。ANY会議は、二〇世紀最後の十年間で一〇回開催された。チーム・テンが、CIAMの第一〇回会議の行方を「旋回」させたことを踏まえたように、この会議は、開始当初より一〇回で終了することが予告され、世紀末の一〇年に毎年一回、世界のどこかの街で開かれた。会議の構成メンバーは、建築家を三分の一にとどめて、可能な限り建築以外の領域からの参加が期待された。また、開始当初のパネリストの平均年齢は六〇歳前後であったが、その三分の一程度を毎回より若い世代に交代していくことで、二〇世紀の建築的思考を計画的に消滅させることが目論まれた。[20] 各会議の名称（内容、開催地、開催年）は、以下の通りである。

Anyone（建築をめぐる思考と討議の場、ロサンゼルス、一九九一）、Anywhere（空間の諸問題、湯布院、一九九二）、Anyway（方法の諸問題、バルセロナ、一九九三）、Anyplace（場所の諸問題、モントリオール、一九九四）、Anywise（知の諸問題、ソウル、一九九五）、Anybody（建築的身体の諸問題、ブエノス・アイレス、一九九六）、Anyhow（実践の諸問題、ロッテルダム、一九九七）、Anytime（時間の諸問題、アンカラ、一九九八）、Anymore（グローバル化の諸問題、パリ、一九九九）、Anything（建築と物質／ものをめぐる諸問題、ニューヨーク、二〇〇〇）

これらの会議に関する記録は、シンシア・C・デイヴィッドソン（Anyone コーポレーション主宰）によって編まれ、MIT Press より英語版が出版されたほか、磯崎新（1931–）と浅田彰（1957–）によって監修された邦訳版がNTT出版より刊行された。一連の会議の中で、自動車に関わる議論が行われることはほとんどなく、自動車という存在はもはや、善悪を越えて当たり前の存在になった。辛うじて自動車に関わる内容を読みとることができる「インフラストラクチャー、分配」というセッションは、Anyhow 会議に設けられた。自動車が生み出した空間を省察しようとしたのは、イグナシ・デ・ソラ＝モラレス（1942–2001）であり、彼はそこで、「リキッド・アーキテクチャー」という概念を提示した。[21] 一九六〇～七〇年代にフルクサスが行った試みを基に論じられたこの概念は、「空間／時間／イベントをコントロールする手段」として、「流動を体験する形態をつくり出し、それらの分析や実験やデザインを可能とする」ものであるという。この、「流動」の結果をわずかに示すことができたのが、自動車を中心とした「交通」のあり方だったのである。また、P・アンドリュー（1938-）は、「トンネル化について」という論考を著し、[22]「インターチェンジ・センター」という概念を提唱している。L・I・カーンの「フィラデルフィア計画」（一九五二—六二）を見ればわかるように、一九六〇年代の建築家は、自動車の「流れ」そのものをデザインしようとした。それは、自動車に特有のスピードと土木的あるいは都市的スケールを持った空間のデザインであり、インフラストラクチュアそのもののデザインであった。これに対して、アンドリューが俎上に載せた一九九〇年代の計画は、自動車をめぐる「乗換のための場所」という建築的スケールを持った空間デザインの重要性であった。すなわち、片方は、「流れ」そのものという線的あるいは面的な空間デザインであり、もう片方は、「乗換のための場所」という点的なものであったと言える。

自動車と三つの国際会議

ここで、以上三つの会議の内容と、近現代の時期的境界を考えてみたい。黒川紀章が、「現代はＣＩＡＭの崩壊した一九五六年から始まる」と述べていることからもわかるように、[23]ＣＩＡＭが崩壊しチーム・テンが台頭したことによって、建築家の世代交代が図られた。しかしながら、この出来事はあくまで建築家の世代交代であって、会議の内容に、近現代の時期的境界を見出すことができるのは、ウルビノ会議'66においてであった。

スミッソン夫妻とファン・アイクが対峙した、テーマの限定と、建築家以外の参加という問題は、価値観の多様性という観点からすれば、まさしく近代と現代の境界であったと言えよう。この意味において、この出来事は、一九六八年をめぐって世界中で起きた様々な文化的事件と同根であったように考えられるし、この会議を境に、建築・都市をめぐる議論の中心が、アメリカ東海岸のアカデミズムの場に移されたことも先述した通りである。このことは、A・ツォニスとL・ルフェーブルが、「現代建築に顕著な傾向は、一九六八年以降に立ち現れた」と記していることとも符合する。[24]あるいはまた、機械を人間の尺度に合わせて変換するという「第一機械時代」において自動車は「象徴的な機械」であったと記したR・バンハムが[25]、一九八〇年に出版された『第一機械時代の理論とデザイン』のアメリカ版第二版に寄せた序文の中で、一九七〇年に「モダン・ムーブメント」と「インターナショナル・スタイル」の占有が終焉を迎えたと記している通り[26]、いずれの場合においても、以降の出来事が、建築・都市における「大きな物語の失墜」という「ポスト・モダン」の状況を示すものと捉えられており[27]、それは磯崎新が「大文字の建築」を唱えるに至った要因のひとつでもあったろう[28]。そして、これら一連の建築・都市の「現代」をめぐる出来事の始原となった、チーム・テンのウルビノ会議'66は、我が国の自動車産業の「マイカー元年」（一九六六）とシンクロするのである。また、「ポスト・モダン」を牽引した、前述のIAUSの機関誌『オポジションズ』の刊行が始められた一九七三年には、自動車産業では「第一次オイルショック」という、それまでの「大きな物語」を失墜させる出来事が起きている。つまり、「マイカー元年」から「第一次オイルショック」に至る自動車産業の画期は、「現代（Contemporary）」の萌芽と「近代（Modern）」の終焉を示唆する特別な期間であったことが理解できよう。

一方、ANY会議は、その内容が最初から建築以外の分野に開かれていた。一連の会議は、後に「建築と哲学をめぐるセッション」と呼ばれたことからもわかるように、建築以外の視点が人文諸学のプラットフォームである哲学に求められた[29]。また、ANY会議は、前述の通り、開催当初より一〇回の開催が念頭に置かれ、終了する期限が決められていた。そして、チーム・テンが常に「アド・ホック（ad hoc）」な会議であったのに対して、ANY会議はP・アイゼンマン（1932-）、磯崎新、イグナシ・デ・ソラ＝モラレスの三人によって慎重に計算された「アニュアル（annual）」な会議であった[30]。

このANY会議が提示した二〇世紀最後の一〇年という時期が、「現代」という時間の中で起きた工業社会から情報社会への移行期であったことは間違いなかろう。コンピュータ技術が生み出した「グローバル」という共時性は、近代建築が「インターナショナル」という比較の中に見出した地域間に存在する「時間と空間」の差異を、平準化するものである。Anyplace 会議が提示した「場所の諸問題」は、こうした平準化された地域関係を「哲学・

科学・芸術・技術・政治」という新たな「場所」のあり方によって再構築しようとする試みであったし[31]、Anybody会議が提示した「建築的身体の諸問題」は、「スキン&ボーン」として定義された近代建築の輪郭を、「理想・政治・仮想・不定形・建築」という新たな「身体」のあり方によって捉え直そうとする試みであった[32]。これらのことを、再び我が国の自動車産業に照らして考えれば、Anyplace会議の内容については、自動車による開発が、地域間の差異を平準化する一方で、特有のプログラムを構築する様に近似し、Anybody会議の内容については、自動車自体が「スキン」を纏ったカプセルであり、定期的にモデルチェンジを繰り返す様に近似する。しかも、これらはいずれも「第一次オイルショック」の後に立ち現れた出来事であった。この意味において、本書が取り扱う自動車という視点は、「大きな物語」が失墜した後に立ち現れた、ANY会議における「場所」や「身体」の問題と同根であると言えよう。

2 〈モータウン〉の系譜

〈モータウン〉という理想都市

ところで、二〇世紀を通じて建築家は、自動車という耐久消費財を建物の内部に収めるために様々な提案を行った。このことは、駐車場というビルディング・タイプだけを扱う多くの建築史研究が成立することからも明らかである。同時に、二〇世紀に活躍した建築家は、自動車に関する単体の建物だけでなく、自動車交通を主体とした理想都市を案出した。

F・L・ライト（1867-1959）は、「ブロードエーカー・シティ（Broadacre City）」において、自動車交通を主体とした都市デザインを提案した。ライトは、*Disappearing City*（1932）, *When Democracy Builds*（1945）に、「ブロード

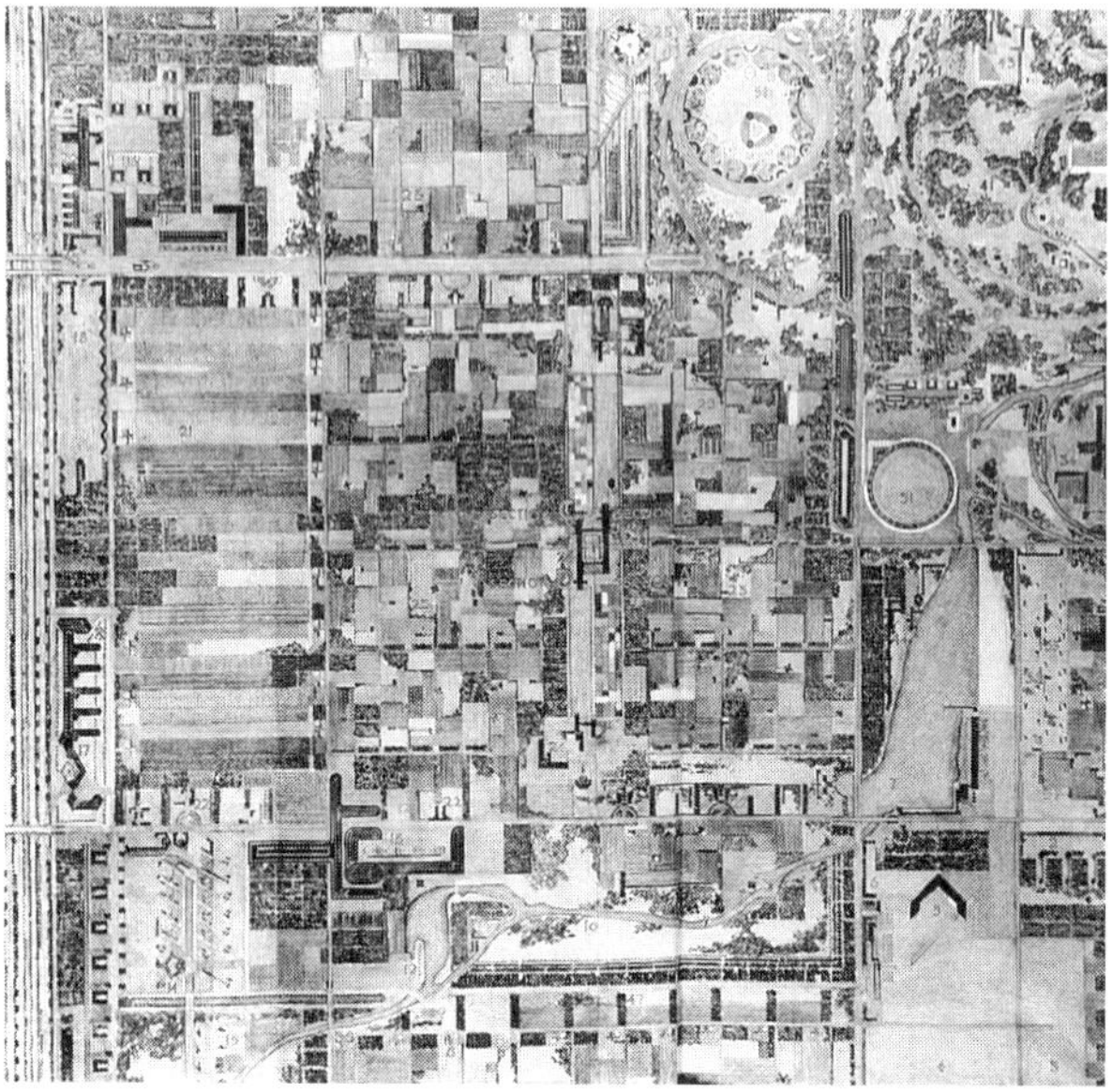

図 2　F. L. ライト「ブロードエーカー・シティ」, 1932-58

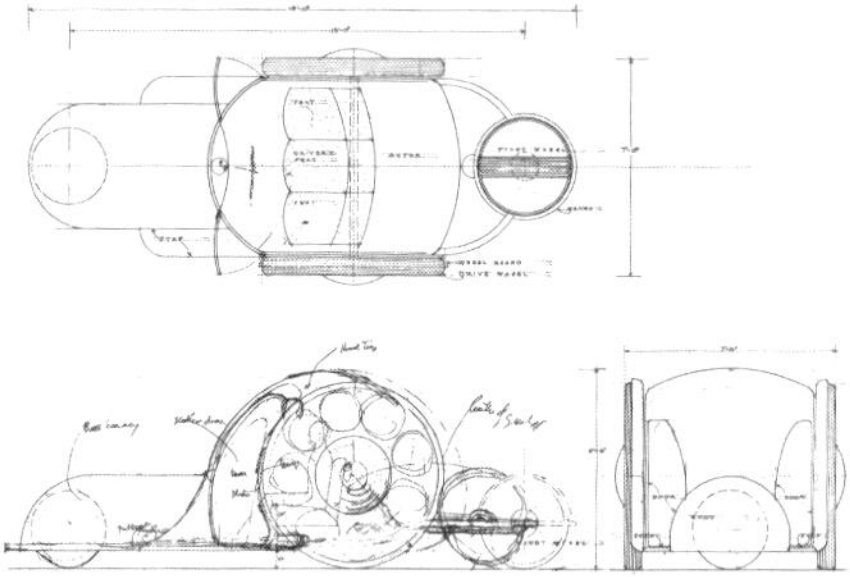

図 3　「ブロードエーカー・シティ」の道路景観（左）とライトが設計した自動車（右）: 道路に自身が設計した自動車が走る低密度都市。車体の前後左右にタイヤが設置された十字形のタイヤ配置は,「プレーリー・ハウス」の平面を彷彿とさせる。

エーカー・シティ」の計画を記載し、亡くなる前年にも *The Living City* (1958) を著した[33]（図2）。この計画は、T・ジェファソン (1743–1826) やR・W・エマソン (1803–1882)、H・D・ソロー (1817–1862) などの農本思想に基づいた、一エーカー（一・二二三五坪）の敷地を持つ住人のための低密度都市として知られるが、ライト自身が設計した自動車を主要交通手段とする〈モータウン〉でもある（図3）。この提案では、L字形平面の出隅にカーポートを備えた「ユソニアン・ハウス (Usonian House)」、懸架式のガソリンスタンド、モーテル、ロードサイド・マーケットなどが設計され、きわめて現実的な施設デザインが行われていた。

またル・コルビュジエ (1887–1965) は、『建築をめざして』（一九二四）において、自動車を商船や飛行機と並ぶ「ものを見ない目」として取り上げ[34]、その最終章「建築か革命か」には、前年に出版された初版[35]に含まれていな

図4　G. M. トゥルッコによる「フィアット社リンゴット工場」（トリノ，1926）の屋上に立つル・コルビュジエ

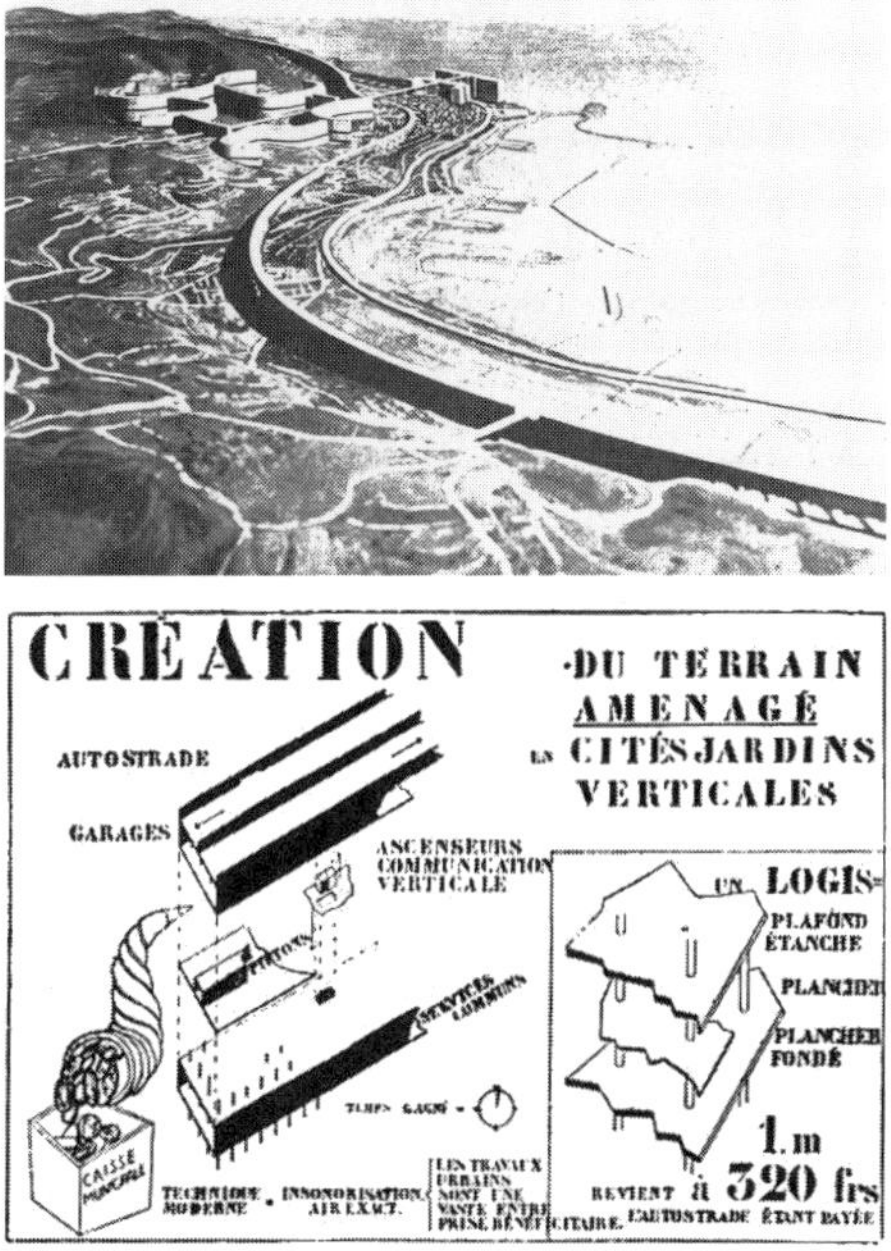

図5　ル・コルビュジエ「オビュ計画」外観および概念図

かったG・M・トゥルッコ（1869–1934）による「フィアット社リンゴット工場（Fiat Lingotto Factory）」（一九二六）の写真を掲載した[36]（図4）。その後、ル・コルビュジエは、サーキット・トラック状園路の一部として「サヴォア邸」（一九三一）の地上階を設計し、「最小限自動車（Voiture Minimum）」（一九三五）を提案したが、彼にとっての〈モータウン〉は、レザミ・ドゥ・アルジェ主催の展覧会に出展された「オビュ計画」（一九三二）であったと言えよう（図5）。

ライトとル・コルビュジエはともに、自動車交通を主体とした理想都市と、そこを走る自動車の設計を行った。

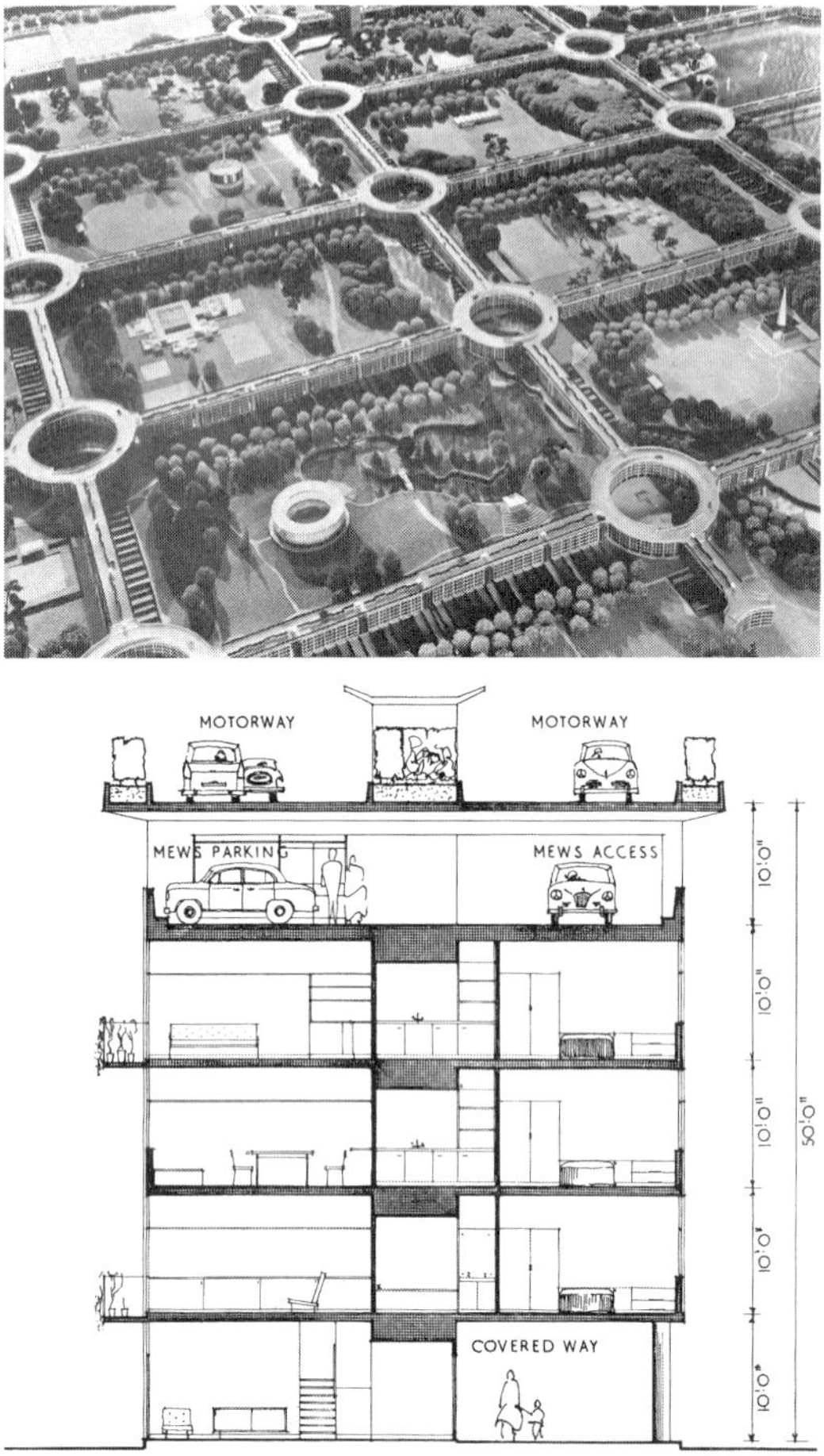

図6　G. A. ジェリコ「モートピア」外観および断面図

彼らのほかにも、自動車を設計した建築家は枚挙に暇がない[37]。W・グロピウス（1883–1969）は、パリ・モーター・ショー（一九三〇）とベルリン・モーター・ショー（一九三一）に出展したアドラー社「グロピウス・リムジン（Gropius Limousine）」を設計し、R・B・フラー（1895–1983）は、一九三三年から三四年にかけて三台の三輪車「ダイマキシオン・カー（Dymaxion Car）」を制作した[38]。また、M・ベリーニ（1935–）は「カー・ラ・スートラ（KAR-A-SUTRA）」（一九七二）を設計したし、G・ポンティ（1891–1979）も自動車のデザインに関するスケッチを残した。さらに、R・ピアノ（1937–）とP・ライス（1935–1992）は、一九八八年に「フィアット・ティーポ」として実車販売された「フィアットVSS実験車」（一九七八―八〇）や北アフリカ用の大衆車となるはずであった「フライング・カーペット」（一九七八）の設計を行った。しかしながら、彼らは、そうした自動車を走らせるための〈モータウン〉を設計するまでには至らなかった。

一九六〇年代に入ると、丹下健三（1913–2005）が「東京計画一九六〇」（一九六〇）において、「サイクル・トランスポーティション／鎖状交通体系」を都市軸とする東京湾上の海上都市を提案し[39]、G・A・ジェリコ（1900–1996）は、ル・コルビュジエの「オビュ計画」同様の断面計画を格子状に展開した「モートピア」（一九六一）構想を提示した[40]（図6）。いずれも自動車交通を主体とした理想都市であったが、彼らが自動車を設計することはなかった。

〈モータウン〉の空間文化史

R・ヴェンチューリ、D・S・ブラウン、S・アイゼナワーの三人も〈モータウン〉を設計することはなかったが、*Learning from Las Vegas*（1972）を著し[41]、自動車交通が生み出したロードサイドの風景を通じて建築の「象徴性《シンボリズム》」について論じることに成功した。この本は、彼ら三人が、イェール大学の大学院生（建築専攻九名、計画専攻二名、グラフィック専攻二名）に課した課題「ラスベガスから学ぶこと、またはデザイン研究としての形態分析（Learning from Las Vegas, or Formal Analysis as Design Research）」の成果であった。ここで彼らが行ったことは、自動車交通を前提とする都市のデザイン・サーヴェイであったが、初版の大型本から小型の改訂版が出版される際、多くの写真と分析図が削られ、「建築の象徴性に関する論文という形式を、より鮮明に表す」内容に改められた。[42] 自動車交通を前提とする都市のデザイン・サーヴェイの背景には、K・リンチ（1918–1984）やL・ハルプリン（1916–2009）による高速道路を走る自動車からの視覚体験に関する記号論的分析があったが、[43] 彼らの分析が認知心理学に基づいた空間の「記譜（Notation）」であったのに対して、ヴェンチューリらの分析は実際に建てられた建築・都市に関する形態分析であった（図7）。

ヴェンチューリらがラスベガスについて行った形態分析に比べれば、R・バンハムがロサンゼルスに注いだ眼差しは、一部の識者を除けば十分に評価されてこなかった。[44] バンハムは、ロサンゼルスに一九六五年から七一年にかけて滞在し、六八年夏にBBCのラジオ番組「リスナー」においてロサンゼルスをロンドンと比較した内容をもとに、[45]『アーキテクチュラル・デザイン（*Architectural Design*）』誌上の論考なども踏まえて、[46] 七一年に *Los Angeles : The Architecture of Four Ecologies* を著した。[47] この本の中でバンハムは、「サーファービア（ビーチ）」、「丘陵（サンタモニカ山脈）」、「アイダホの平原（広大なセントラル・ヴァレー）」という地勢に照らした郊外開発に加えて、「オートピア（高速道路システムとその関連施設）」という視点をロサンゼルスに特有の「四つのエコロジー」と呼んだ。これらの視点は、ドイツ人の都市地理学者A・ワグナー（1904–2001）によるロサンゼルス研究を踏まえたものであったが、[48] E・W・ソジャ（1940–）がのちの一九九〇年代にロサンゼルスとアムステルダムを比較する視点を先取りしたものであったと言える。[49]

このほかに、自動車をめぐる建築・都市を文化史的に扱った研究として、W・ザックス（1946–）による *Die Liebe zum Automobil : Ein Rückblick in die Geschichte unserer Wünsche*（1984）や、[50] M・フェザーストン（1946–）とN・スリフト（1949–）、J・アーリ（1946–2016）による *Automobilities*（2005）などが挙げられる。[51] 日本において自動車をめぐる建築・都市を文化史として最初に捉えたのは、川添登（1926–2015）であった。川添は、現代文化研究所編

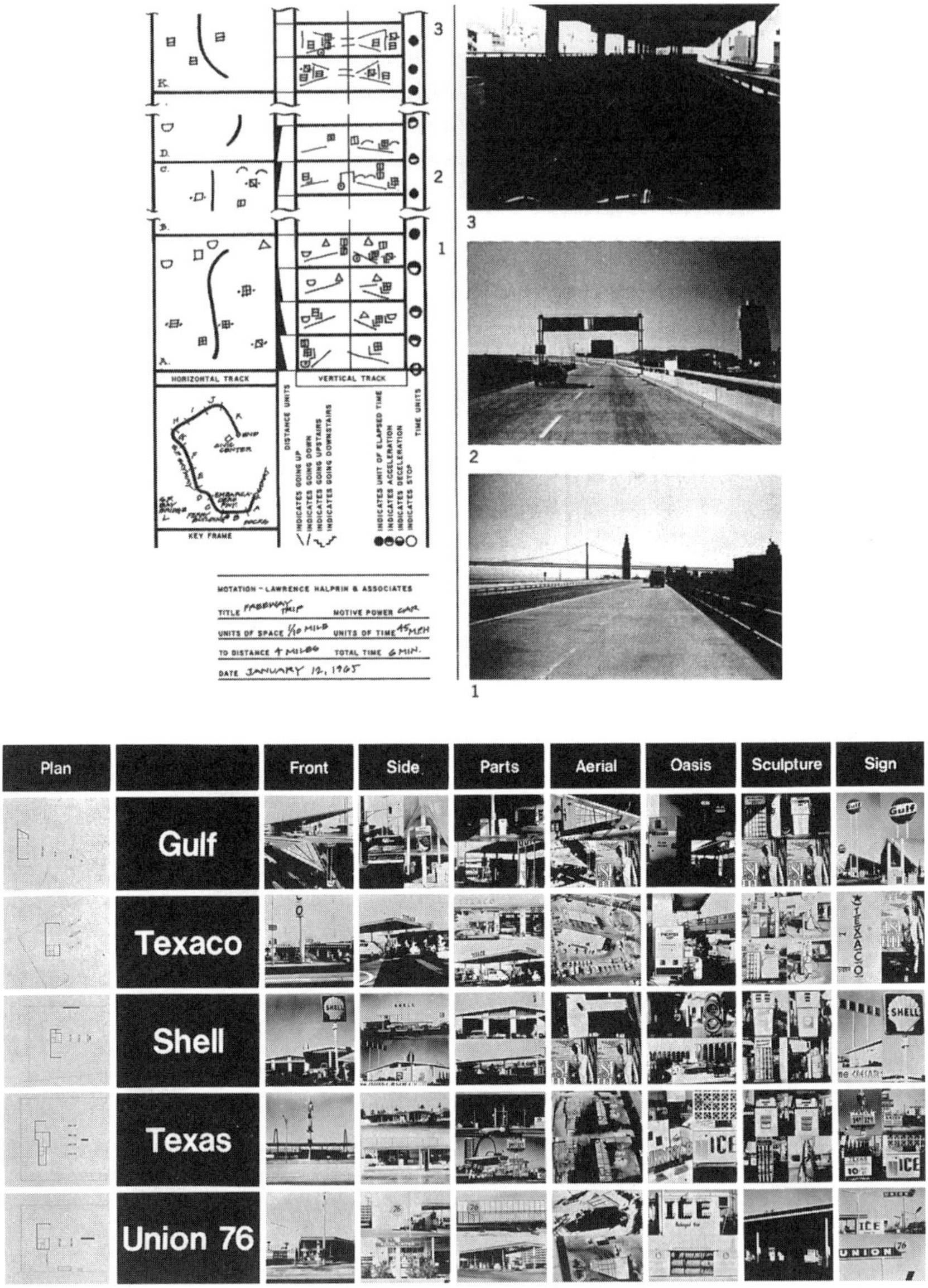

図 7　L. ハルプリン「モーテーション（Motation）」(1965)（上）と R. ヴェンチューリ「ラスベガスのガソリンスタンド」(1972)（下）に関する分析図

集による雑誌『自動車とその世界』に一九六七年一月から六八年一月にわたって連載した内容を、『移動空間論』（一九六八）としてまとめた。[52] 自動車のスピードを、移動のための空間と時間の関数として捉え、それらが創る風景について論じるという視点は、S・ギーディオンの *Space, Time and Architecture : The Growth of a New Tradition*（1941）を下敷きにしたものであったとはいえ、[53] 上記研究書に先行する論考であった。また、チーム・テンのウルビノ会議'66に出席した黒川紀章は、帰国後に『ホモ・モーベンス』（一九六九）を著し、[54] 自動車と建築・都市の関係を考える急先鋒となった。しかしながら、その後の日本では、高田公理による『自動車と人間の百年史』（一九八七）など、自動車自体に関する文化史は数多く出版されたが、自動車をめぐる建築・都市を文化史として扱った著書は少ない。[55]

ここまで〈モータウン〉の系譜を理想都市と空間文化史について概観してきたが、両者の関係は、〈モータウン〉創出のための理論と、その実態に関する解釈の系譜として捉えることもできる。〈モータウン〉に関わる理想都市について言えば、二〇世紀の建築家は各々の観点において、自動車自体を最小の単位空間として捉えるとともに交通システムを整理し、自動車に特有の空間と時間のあり方を設計したことが見て取れる。あるいはまた、〈モータウン〉に関わる空間文化史について言えば、自動車という耐久消費財は、民族・地理・学問などの境界を超えた「サブカルチャー」を生み出す遠因であったことが見て取れる。

我が国の〈モータウン〉は、様々なデザイン理論が十分に顧みられることがなければ、出来上がった建築・都市について自動車という観点から十分な解釈が試みられることもなかった。〈モータウン〉を創出しようとする能動的な眼差しと、その実態を解釈しようとする受動的な眼差し、すなわち、〈モータウン〉のあるべき姿とあり様の間に生まれた二〇世紀のデザインは、どのようなものか。次章からは、これらの眼差しの所在を明らかにするため、具体的な事例を詳細に検討してみたい。

第2章 〈生産環境〉のデザイン

自動車の走る・曲がる・止まるという基本性能が同じでも、デザインが千差万別であるように、それらが製造される工場もまた、多様な「物理的環境と文化的環境」を持つものである。いつ、どこに、どのような工場が設けられ、〈クルマのマチ〉が生み出されたのであろうか。本章では、自動車会社の主要組立工場を地形によって分類し、そのデザインを詳細に検討した後で、史的背景に照らして考察することによって、我が国における自動車の生産環境に関するデザインの変容について述べてみたい。すなわち、ここでは、自動車工場の立地を「台地・平地・水際」に分類した上で、その配置と建築デザインを、日本の自動車に関する工業政策と地方工業都市形成に照らして論じる。

1 地形から見た自動車工場の分類

自動車は、ボディーに関する工程（プレス→溶接→塗装）と、エンジンに関する工程（鋳造・鍛造→機械加工）によって製作された部品が、組立工場で組み付けられることによって、完成品となる。自動車組立工場は、自動車の部品流通上の「ターミナル（終着駅）」であり、広大な敷地に建てられた巨大な建造物は、自動車が創出するスピードとスケールを予感させるものでもある。こうした巨大な規模を持つ自動車組立工場は、都市空間における「異物」として認識されることはあっても、その「物理的環境と文化的環境」[1]に照らして十分に検討されたことはなかった。

同時に、自動車産業は、巨大な組立工場だけで成立するものではなく、部品工場を中心とした関連下請企業の巨大な裾野を持つ産業であり、ひとつの自動車組立工場の周囲には、多くの関連する工場が立地する。現行の建築基準法を繙くと、こうした小規模な工場については、原動機を使用する工場で作業場の床面積の合計が、近隣商業地域・商業地域では一五〇平方メートル以下であれば、また第一種住居地域・第二種住居地域・準住居地域では五〇平方メートル以下であれば、それぞれ建設可能とされており、規模と内容によっては商業地域や住居地域においても建てることができる。結局、これらの地域に建てられた小規模工場は、周囲の建物と形態や材料の違いはあっても、敷地の規模や形状には大差がなく、職住近接の住工混合地域を形成することに寄与している。このような部品工場の成立については、一九五五年に通産省重工業局自動車課が実態調査を行って以来、地方都市の地域構造を分析する中で、地理学を中心に多くの研究が行われた[2]。

本章では、主要な自動車組立工場の立地を、もともとの地形について大別した後で、それぞれの具体的な工場デザインを詳細に検討し、自動車工場をめぐる環境デザインについて考えてみたいと思う。主要自動車工場の建設以前の原地形を〈台地〉〈平地〉〈海岸埋立地〉に大別し、〈平地〉については水際空間との関連を考えるために〈平地（農耕地）〉と〈平地（河川敷）〉に分類すると、表1のようになる。この分類によれば、工場の立地に関する各社の方針は、創業立地を反映しており、次の三グループに分けることができる。

〈台地〉の自動車工場　創業工場を含む大半の主要工場を〈台地〉に設け、後に〈海岸埋立地〉に進出した企業。

例：トヨタ自動車工業

〈平地〉の自動車工場　創業工場を含む大半の主要工場を〈平地（農耕地）〉に設け、後に〈台地〉にも進出した企業。例：スズキ・本田技研工業・富士重工業

〈水際〉の自動車工場　創業工場を〈平地（河川敷）〉または〈海岸埋立地〉に設け、後にその他の地形にも展開した企業。例：ダイハツ工業・三菱自動車工業・日産自動車・いすゞ自動車・マツダ

〈台地〉の自動車工場のグループは、もともとは山林・牧場・原野等の地目を持つ平坦な台地上に、新設された事例である。これらの土地は、主要道路への接道方法が課題となるが、関連する地主の人数が農耕地よりも少なく、地価そのものが農耕地より低廉であったため、まとまった広大な土地を取得しやすかったことが立地の事由として挙げられる。これに対して〈平地〉の自動車工場のグループは、第二次世界大戦中に建設された軍需工場の遊休工場地を再利用した事例が多く見られる。〈台地〉の自動車工場とは正反対に、関連する地主の人数が多く、地価が高価なために、まとまった広大な土地を取得し難い田畑の中での立地を可能としたのは、戦時体制下に「新興工業都市」（第2節で後述）として買収され土地区画整理事業によって開発された土地を再利用したためであった。また、これらの自動車工場は、水際空間に工場を一切建設しなかったことが特徴と言える。最後の〈水際〉の自動車工場のグループは、〈台地〉の自動車工場と同様に原野等の地目を持つ廉価な河川敷の土地または海岸の埋立地に、新設された事例である。これらの企業の中には、一九六〇年代以降に、〈平地（農耕地）〉を中心に内陸に展開された工場を見出すことができる。

以上の分類に基づいて、それぞれのグループの代表的な自動車工場に関する都市・建築のデザインについて、より詳細な検証を行いたい。

表1　主要自動車工場の地形による分類（表中ゴチック体表記の工場・製作所は，当該敷地の工場利用が第二次世界大戦以前に遡ることができる事例を示す。また，括弧内年号は「乗用車」の生産開始年を示すが，2つある年号の筆頭は，「トラック・オート三輪等」の生産開始年を示す）

自動車会社名称[1]	台地（山林・牧場・原野等）	平地（農耕地）	平地（河川敷）	海岸埋立地
トヨタ自動車㈱ 1926 ㈱豊田自動織機製作所，1936 豊田自動車㈱/1936 トヨタAA型乗用車，1961 パブリカ	**本社工場**（1938-），車体刈谷工場（1945-），宮城大衡工場（1950-），元町工場（1959-），上郷工場（1965-），高岡工場（1966-），三好工場（1968-），堤工場（1970），明智工場（1973-），下山工場（1975-），貞宝工場（1986-），広瀬工場（1989-），宮田工場（1992-），岩手工場（1993-），宮城大和工場（1997-）	東富士工場（1967-），須山工場（2009-）		衣浦工場（1978-），田原工場（1979-），苫小牧工場（1992-），苅田工場（2005-），小倉工場（2008-）
スズキ㈱ 1909 鈴木式織機製作所，1955 鈴木自動車㈱/1955 スズライト，1955 スズライト	磐田工場（1967-），湖西工場（1970-），大須賀工場（1970-），相良工場（1992-），浜松工場（2016- 都田地区工業団地）	**高塚工場**（1940-），豊川工場（1961-）		
本田技研工業㈱ 1946 本田技術研究所，1963 本田技研工業㈱/1963 S500，1967 N360	埼玉製作所寄居工場（2013-），埼玉製作所小川工場（2013-）	浜松製作所（1954-），**鈴鹿製作所**（1960- 旧鈴鹿海軍工廠），埼玉製作所狭山工場（1964- 川越狭山工業団地），栃木製作所（1970-），熊本製作所（1976-）		
富士重工業㈱ 1918 中島飛行機製作所，1958 富士重工業㈱/1958 スバル360，1958 スバル360		**太田北工場**（1955 旧中島飛行機㈱ 呑竜工場），**大宮工場**（1955-1996 大宮競馬場・旧中島飛行機㈱大宮製作所・富士産業㈱・住宅都市整備公団・ステラタウン2004），**太田工場**（1960- 旧中島飛行機㈱太田製作所），矢島工場（1969-），**大泉工場**（1983- 旧中島飛行機㈱太田飛行場）		
ダイハツ工業㈱ 1907 発動機製造㈱，1930 発動機製造㈱/1930 三輪自動車	竜王工場（第1地区1974-/第2地区 1989-）	前橋工場（1960-2004 旧中島飛行機㈱前橋工場・けやきウォーク前橋），久留米工場	**池田工場**（第1地区1939，1961-/第2地区1961-），京都工場（1973-）	中津工場（2004-）

ダイハツ 1 号車，1966 フェロー		(2008-)		
三菱自動車工業㈱ 1870 九十九商会，1917 三菱合資会社/1918 三菱 A 型乗用車，1960 三菱 500		京都工場（1954-），坂祝工場（1949- 旧東洋航機㈱），名古屋製作所岡崎工場（1977-），滋賀工場（1979- 湖南工業団地）		水島製作所（1946- 旧三菱重工業㈱水島航空機製作所）
日産自動車㈱ 1910 戸畑鋳物㈱ 1911 快進車自動車工場 1919 実用自動車製造株式会社，1934 自動車製造㈱ /1931 ダットサン，1954 ダットサンセダン 112 型		荻窪工場（1961-2001 旧中島飛行機㈱東京工場・UR），座間工場（1962-1995），いわき工場（1994-），村山工場（1962-2001 イオンモール武蔵村山），栃木工場（1968-），湘南工場（第 1 地区 1937-2012 旧日本航空工業㈱・ららぽーと平塚/第 2 地区 1965-）		横浜工場(1933-)，追浜工場（1961-）
いすゞ自動車㈱ 1916 ㈱東京石川島造船所および東京瓦斯電気工業㈱，1933 自動車工業㈱/1934 商工省標準形式自動車いすゞ，1953 ヒルマン乗用車第 1 号車		藤沢工場（1961-），栃木工場（1972- 大平工業団地）	川崎工場（1938-2004 国際戦略拠点）	鶴見工場（1934-1988 物流センター）
マツダ㈱ 1920 東洋コルク工業㈱，1931 東洋工業㈱/1931 小型三輪トラックマツダ号，1960 R360 クーペ			府中工場（1930/1960-）	宇品工場(1966-)，防府中関工場（1981-），防府西浦工場（1981-）

注 1）社名の下には順に，創業年および同時期会社名称，純国産自動車生産開始年および同時期会社名称/自動車生産開始年および自動車名称，量産型小型乗用車生産開始年および名称を記載する。

（1）〈台地〉の自動車工場

「中京デトロイト化計画」

大正期までの我が国の産業は、繊維業などの軽工業が中心であったが、一九二七年の金融恐慌と二九年の世界恐慌の影響から次第に重工業化されていった。名古屋における工場地帯は、明治末期より南部に設けられた名古屋工廠熱田兵器製造所（一九〇四、東京砲兵工廠熱田兵器製造所として開設）と、北東部に設けられた名古屋陸軍兵器補給廠（一九〇六）や名古屋陸軍造兵廠千種製造所（一九二〇）の周辺に集積しており、軍需産業に誘導された二大工業地帯が形成されていた（図1）。豊田自動織機栄生工場（現 産業技術記念館）は、一九一一年より名古屋市西区栄生で繊維機械を生産する一方で、豊田織布菊井工場（現 豊田合成）が、一九一八年より中区米野に「菊印の天竺木綿」を生産するべく黒煙を上げていた。これらの工場はすべて、近世城下町のすぐ外側を取り囲むように建てられていた。当時の名古屋市長であった大岩勇夫（1867–1955）に課せられた使命は、都市計画愛知地方委員会が策定した「大名古屋」を、「丘陵住宅地式」「平地住宅地式」「路線式」「普通工場式」「運河土地式」からなる五つの区画整理の整地方式によって開発することであり、これらは前述した工場地帯の外側をさらに大きく取り囲むものであった。名古屋では、「普通工場式」と「運河土地式」の組み合わせによって開発された「南方工場地帯」という低地が、繊維業と製陶業が中心となっていた軽工業から、機械産業を中心とする重工業への産業構造の転換を図るための種地でもあった。大岩が、こうした産業構造の転換と低地開発を実現するために、一九二八年に、愛知時計電機株式会社・大隈鉄工所・岡本自転車自動車製作所・日本車輌製造株式会社と共に「自動車で将来の中京の繁栄を築こう」と考え出したのが「中京デトロイト化計画」であった。その結果、一九三〇年には、米国ナッシュ・モーターズの乗用車をモデルとした「アツタ」の試作車が完成したが（図2）、その後実際に製造されたのはわずか

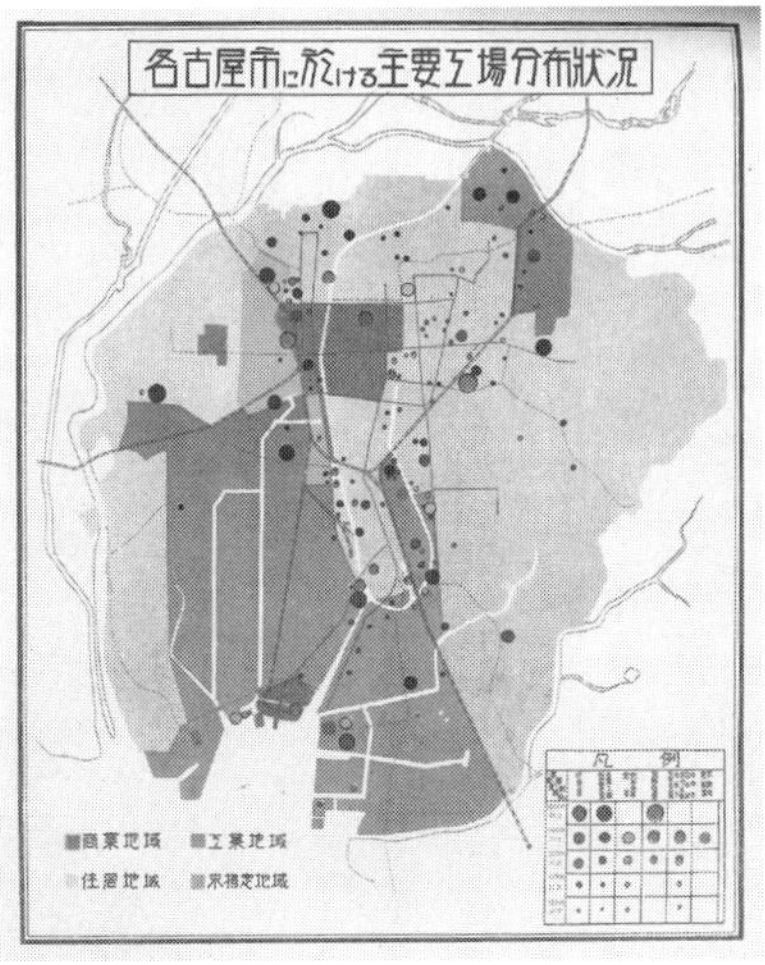

図1 「名古屋市に於ける主要工場分布状況」，1933

図2 「アツタ」のカタログ表紙，1930

二〇台のみだったという。[3]

台地上に離散配置された工場群——豊田地域のトヨタ自動車工業工場群

「アッタ」が製造されたのと同じ頃、（株）豊田自動織機製作所の豊田喜一郎（1894–1952）もまた、自動車試作の準備に取りかかった。一九三三年に自動車製作部門を設置し、米国ゼネラル・モーターズ社の「シボレー」とクライスラーの「デソート」をモデルとして、一九三五年に試作乗用車「A1」を完成させた。こうした自動車の開発は一九三六年に完成した刈谷工場で行われていたが、三七年にトヨタ自動車工業（株）を設立すると、三八年に挙母《ころも》工場を建設した。工場建設地は、渥美半島付根の二川、知多半島付根の横須賀や大高が候補に挙げられたが、当時の挙母町長の提案を受けて、挙母の「論地ヶ原」と呼ばれていた六〇万坪の土地に決められた。一九三六年に、陸軍による自動車製作状況の実況検分を受けた際、この「高台の丘陵地帯だが、兎が時折飛び出す松原」を選んだ理由を、「附近の子弟は半農半工なので賃金が安く有利」であり、「将来飛行機をやりたいと思っているので六〇万坪（という広大な土地）を購入」したと答え、港湾が遠いことについては「鉄道の引込線で解決」するとともに、「附近には人家も大工場も無いから返って類焼の危険がない」と述べたと言われている。(4)その時に「刈谷工場」や「挙母工場」に建てられた建物を注意深く見ると、アルバート・カーン（1869-1942）による同時代のゼネラル・モーターズ社の屋根頂部にバタフライ型ハイサイドライトを載せた建物デザインとの類似点が見て取れるとともに（図3）、「挙母工場」の組立工場が二階建とされ重力を利用した組立ラインを採用していたことからも、トヨタ自動車が自動車デザインのみならず工場建築デザインについてもまた、当時最先端であった米

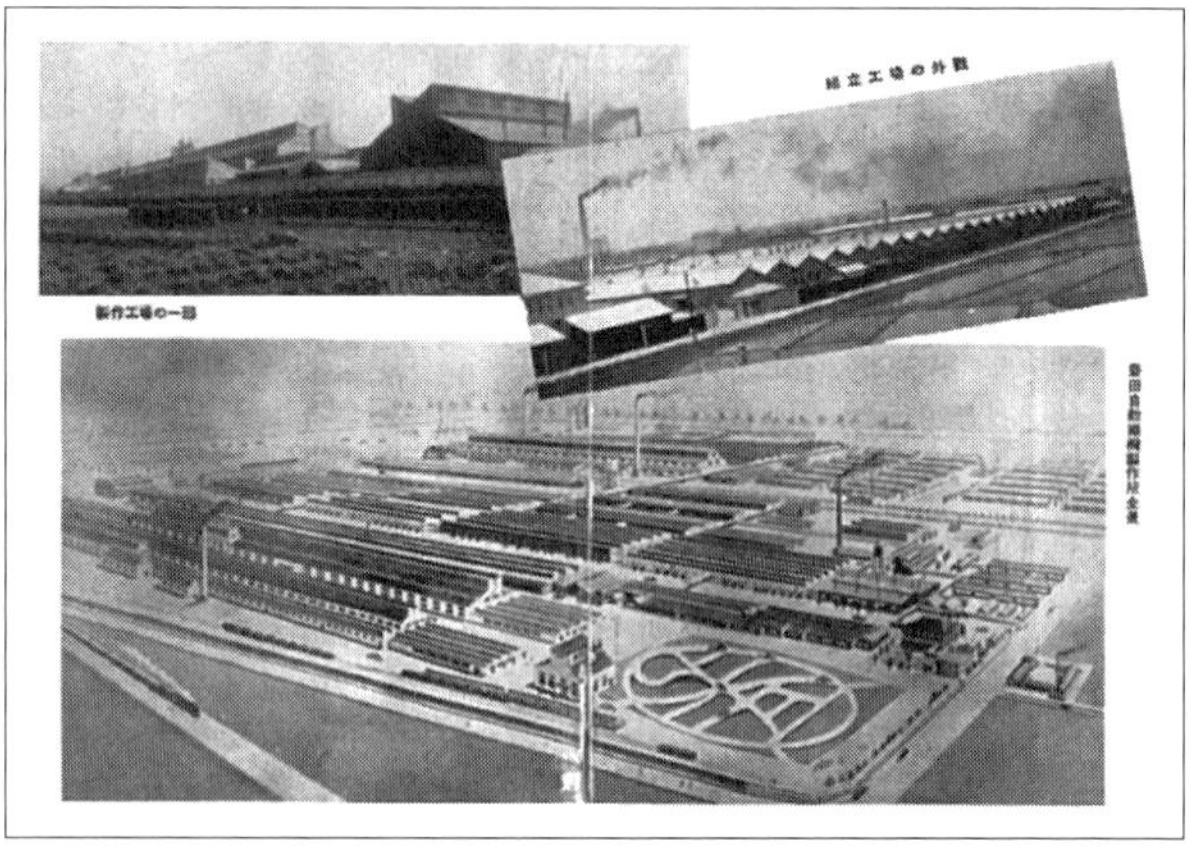

図 3　「刈谷工場」（1936）（上）および「挙母工場」（1938）（下）の俯瞰：A. カーンが好んで用いた，頂部にバタフライ型ハイサイドライトを載せたシンメトリー屋根断面を桁行方向に展開した，長大な建物が見られる。

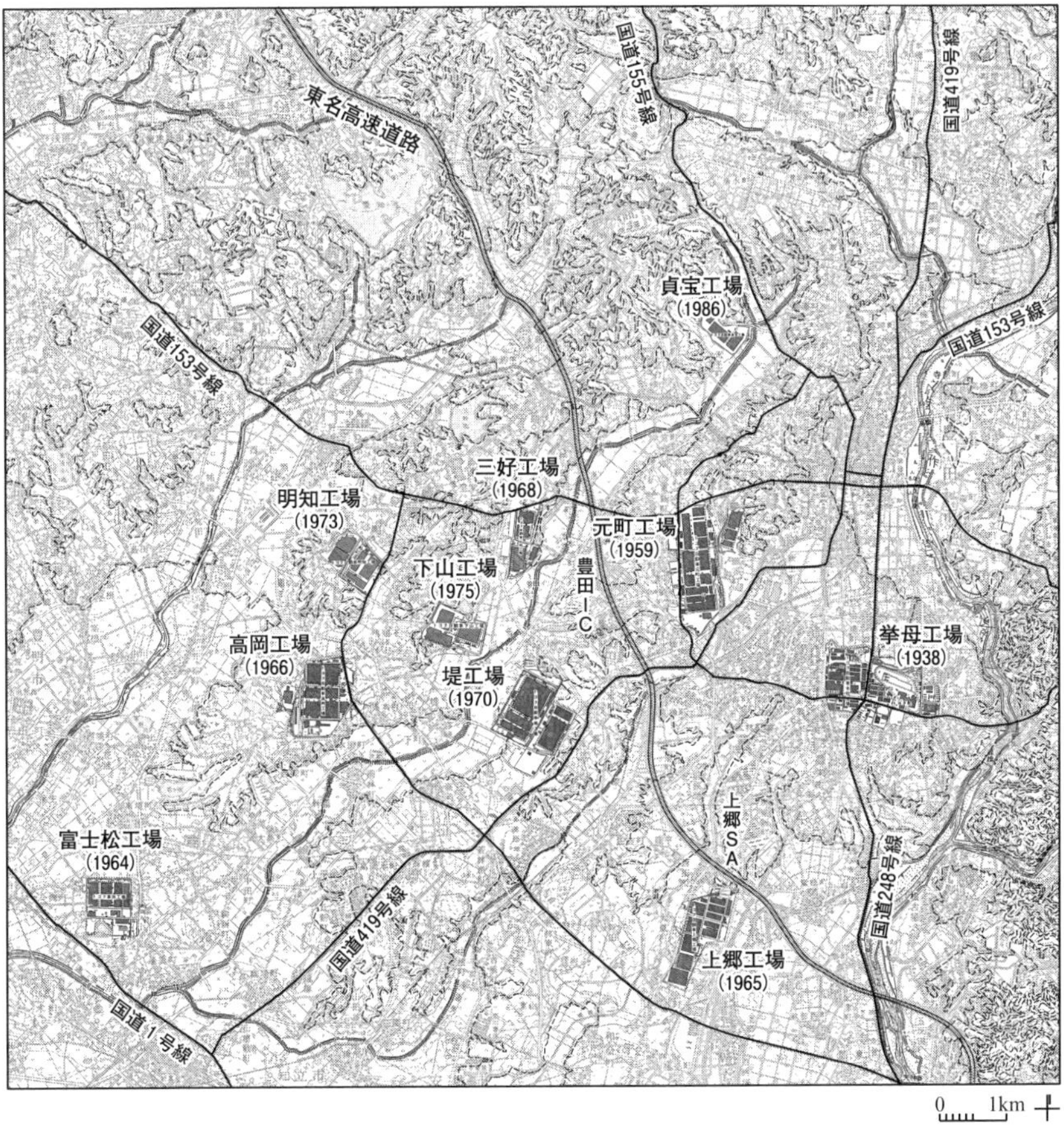

図 4　トヨタ自動車「挙母工場」(1938),「元町工場」(1959),「上郷工場」(1965),「高岡工場」(1966),「三好工場」(1968),「堤工場」(1970),「明知工場」(1973),「下山工場」(1975),「貞宝工場」(1986) 周辺地形図

国自動車産業を参照していたことがうかがえる。(5)

戦後、世界銀行の借款対象のひとつに選ばれたトヨタ自動車工業は、一九五六年に二三五万ドルの貸出を受けてトラック・バス用工作機械を購入し、挙母工場の増築に着手した。また、一九五九年には、トヨタ自動車工業と川崎航空機工業（株）の合弁会社「東海飛行機挙母工場」（一九四二）跡地に建設された「元町工場」の完成を皮切りに、「上郷工場」（一九六五）、「高岡工場」（一九六六）、「三好工場」（一九六八）、「堤工場」（一九七〇）、「明知工場」（一九七三）、「下山工場」（一九七五）、「貞宝工場」（一九八六）が、順次建設された。いずれの工場も、矢作川右岸と境川左岸の間に南北に横たわる三つの台地の上に設けられた（図4）。これらの台地は、いずれも標高五〇メートル前後の等高線によって形成され、地質学的には「挙母面」または「碧海面」に相当するもので、「本社工場（旧挙母工場）」「上郷工場」が載せられた東部台地、「元町工場」「堤工場」が載せられた中央台地、「高岡工場」「三好工場」「明知工場」「下山工場」「貞宝工場」およびトヨタ車体（株）の「富士松工場」が載せられた西部台地に大別できる。これらの工場では、台地上に工場が設けられ、台地上から続く斜面が台地下の平地と出会うあたりに、周回道路が設けられる。実際、前述した工場群の周囲では、緑地として残された法面が工場敷地の内と外の緩衝帯を形成する風景を見出すことができる（図5）。

前述した台地上の土地は、工場建設以前は山林・牧草地・果樹園等が広がっていたため（図6）、水田耕作を中心とする農耕地が広がる谷戸に比べて、地価が安く地権者も少ないため、取得しやすいという利点があった。一方で、台地上にある平坦な土地は限定されるため、増築する敷地を容易に隣地に求めることができないという消極的要因を生む。つまり、トヨタ自動車工業の工場群は、台地と谷戸が生み出す豊田市に特有の地形とその土地利用によって、離散的配置を形成することになったと言える。こうした台地上に広がる土地を順次購入し、工場へ至る専用の道路を設ける手法は、創業工場を含む大半の主要工場を〈平地（農耕地）〉に設けて、後に〈台地〉にも進出したスズキと本田技研工業にも当てはまる。とりわけ、スズキが一九六〇年代以降に浜松地域に建設した一連の工

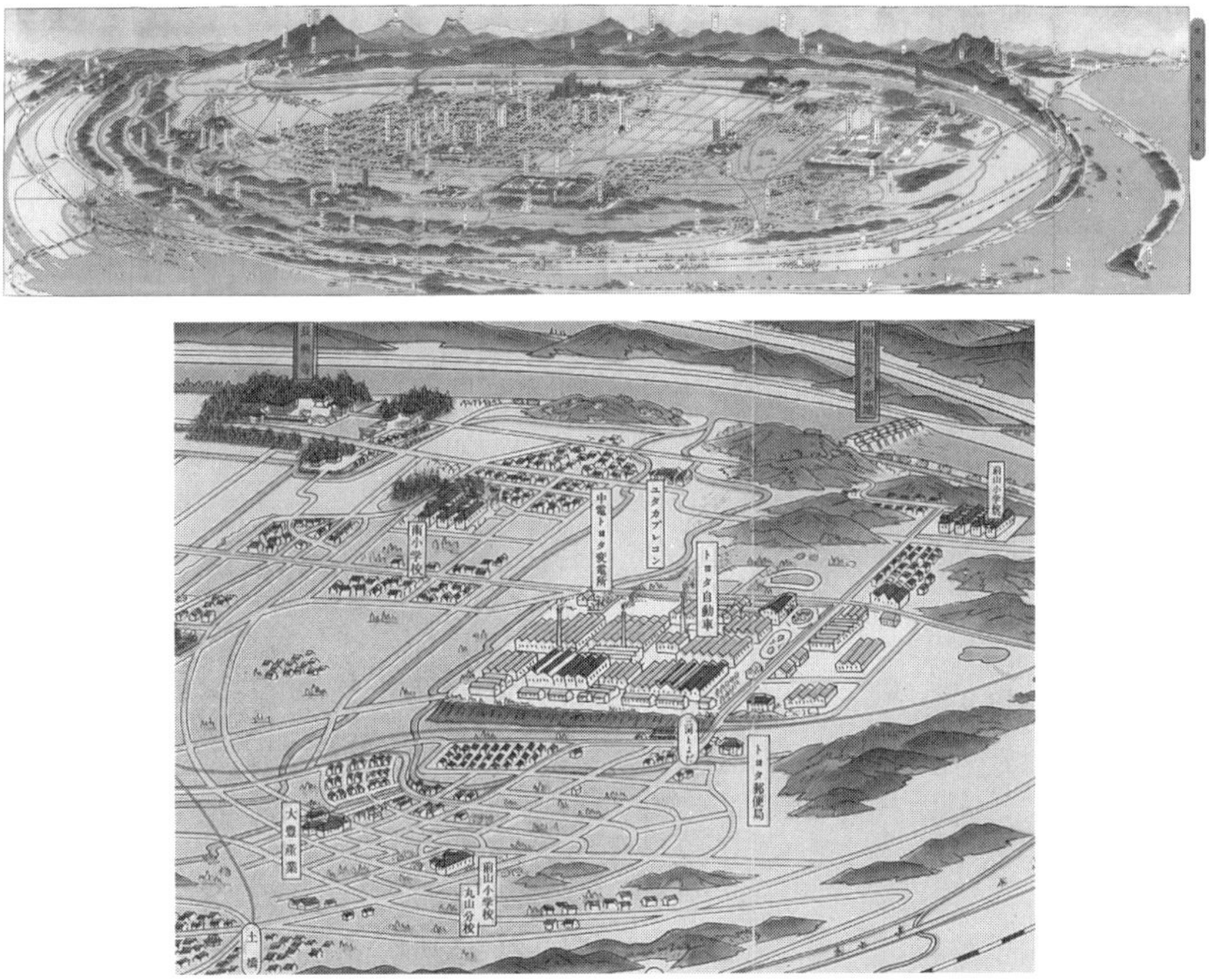

図 5　吉田初三郎が描いたトヨタ自動車本社工場およびその周辺，1954

図 6「論地ヶ原」と呼ばれた「挙母工場」建設地，1935/12 頃

場の布置は、トヨタ自動車工業が豊田地域で行った開発と共通する。

職住近接の離散型工業都市

一九五六年に市制を敷いたばかりの挙母市は、一九五九年に豊田市へと改名された。地名を企業の名称に冠した事例は枚挙に暇ないが、その逆となる日本初の出来事が可能となったのは、前年に市議会に提出された挙母市商工会議所同志一同による請願書「挙母市を豊田市と市名変更の件」を、トヨタ自動車系の市会議員が中心となって強硬に受理可決したためであった。[6] さらに、一九六四年には元トヨタ自動車総務部次長が豊田市長に就任し、以降三期一二年間に及ぶ市政が執られた。一九七一年に策定された『一九七一～一九八五 豊田市新総合計画書』には、こうした市政が色濃く反映されている。[7] この地方工業都市のマスタープランには、「市民高速ラインによる工場間幹線道路網計画」と、「工業地区における職住近接型居住地計画」からなる二つの特徴を見出すことができる（図7）。

前者の「工場間幹線道路網計画」（図8）は、台地の上に離散配置された工場群を、四つの県道からなる自動車幹線道路網によって結んだ。すなわち、「本社工場」と「元町工場」は東部台地と中央台地を横断する県道（愛知県道四九一号トヨタ環状線）によって、「元町工場」と「三好工場」は中央台地と西部台地を横断する県道（愛知県道二一八号和合豊田線）によって、「上郷工場」「高岡工場」「明知工場」は三つの台地を横断する県道（愛知県道二三九号岡崎豊明線）によって、「堤工場」「下山工場」「貞宝工場」およびトヨタ車体の「富士松工場」は中央台地と西部台地の間を縦走する県道（愛知県道二八四号宮上知立線）によって、それぞれ直結された。また、一九六九年に東名高速道路が開通したが、豊田ＩＣは、中央台地上の上記幹線道路網の中心に設けられ、全工場の物流を集約する交通拠点となった。さらに、上郷ＳＡは東部台地上の「上郷工場」のすぐ北側に設けられ、サービスエリアから工場の威容を望むことができたのである。

他方、後者の「職住近接型居住地計画」（図9）は、各工場周辺に離散的に供給されたトヨタ自動車工業の社宅と、市街化区域の外側に建設された県営住宅または市営住宅を、人口集中地区の橋頭堡として市街化区域に組み込むという結果をもたらした。とりわけ、市名が改称され、「元町工場」が完成した一九五九年以降は、公営住宅建設が工場建設と連動して行われるようになったことが指摘されている(8)。その後、トヨタ自動車工業は、一九六四年に住宅金融制度を設ける一方で、一九七五年に住宅事業部を新設することによって「持家制度」を確立した。その結果、「職住近接の離散型工業都市群」が形成されたのである。この「職住近接の離散型工業都市群」は、たとえトヨタ自動車工業の工場建設に伴う周辺開発を追認した結果に過ぎないとしても、戦後の地方工業都市のあり方を

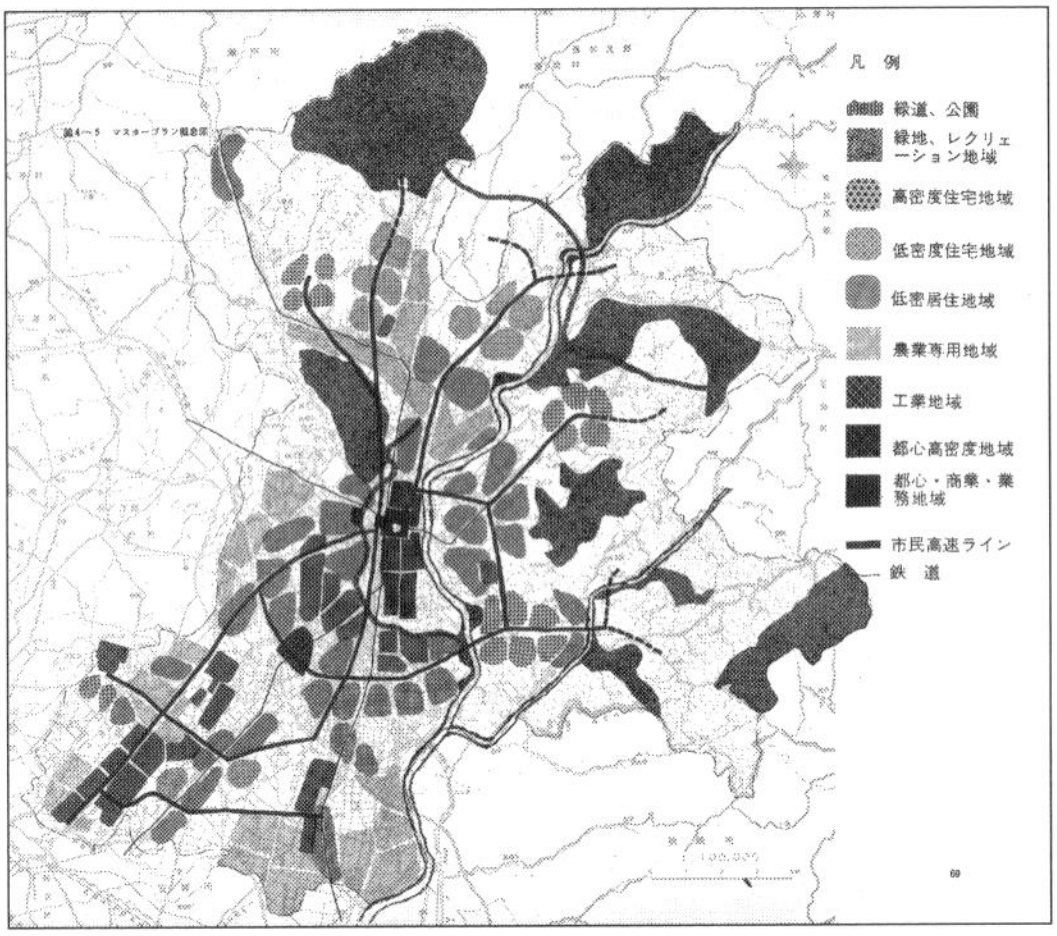

図 7　「豊田市マスタープラン」, 1971

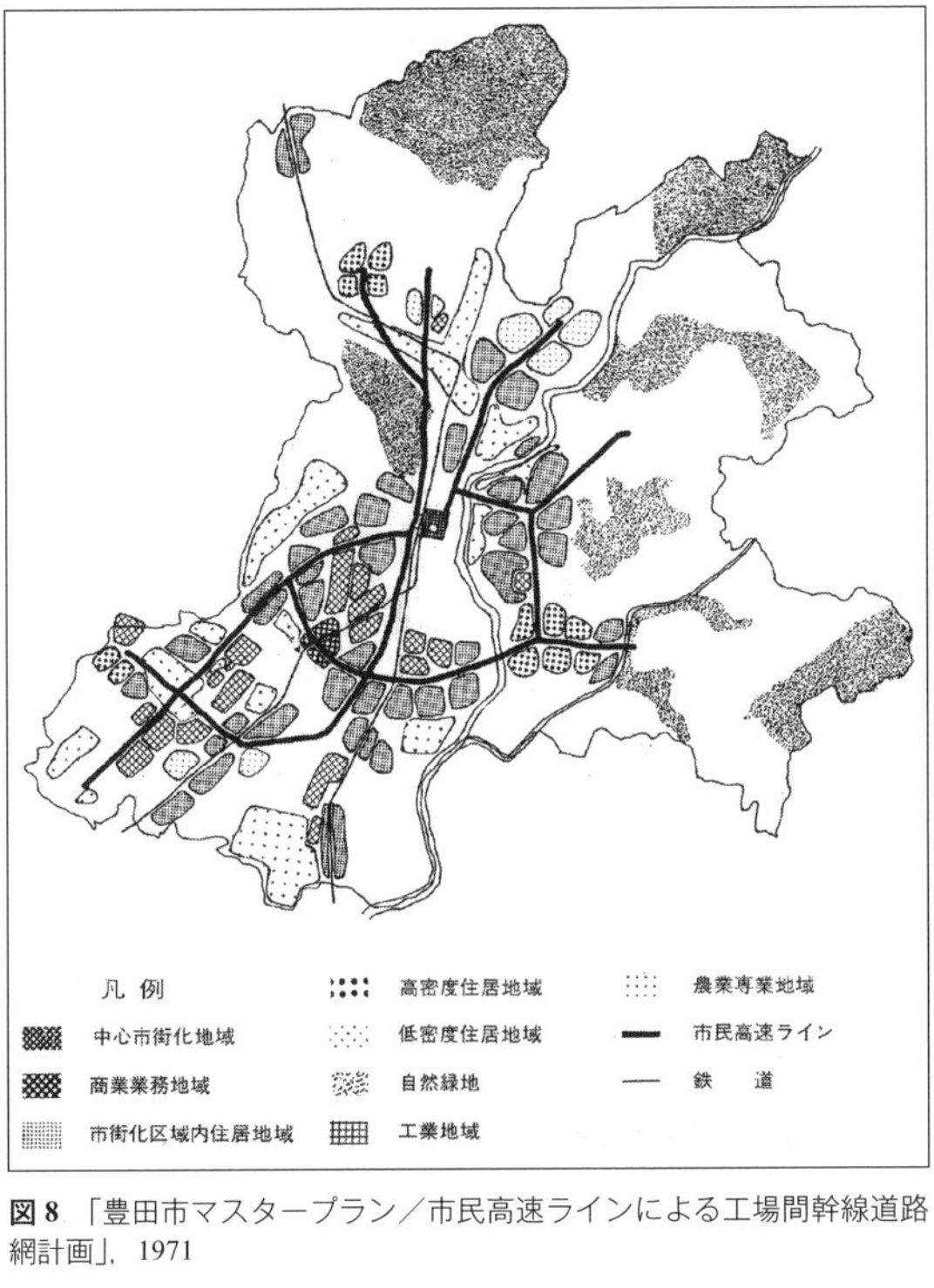

図 8　「豊田市マスタープラン／市民高速ラインによる工場間幹線道路網計画」, 1971

図 9 「豊田市マスタープラン／工業地区における職住近接型居住地計画」，1971

考える上で重要である。しかしながら、個々の離散した工場地区の外形が明確に規定されていなかったために、住宅地開発が自ずと、台地下の水田耕作を中心とする農耕地を蚕食することになっただけでなく、離散した工場地区が相互にスプロールした結果、マスタープランに描かれたような自律的な地区のまとまりは失われることになったのである。

ところで、豊田喜一郎が提唱し大野耐一（1912–1990）らが体系化したとされる「トヨタ生産方式（Toyota Production System）」の特徴は、「ジャスト・イン・タイム」と「ニンベンのついた自働化」の二点に集約できると言われる。[9] 前者の「ジャスト・イン・タイム」は、生産を「同期化」することで在庫を圧縮する考え方で、このことを現場で視覚化するために「カンバン方式」が導入された。また、後者の「自働化」は、第一次オイルショック後に、「省人化から少人化へ」というスローガンの下に、現場の機械化を単なる「省人化」としてしまうことなく、生産量変動を考え合わせた企業内労働力の流動的供給を行う「少人化」として考える方法であった。これら二つの経営の柱は、前述した『一九七一〜一九八五 豊田市新総合計画書』の二つの特徴に対応する。つまり、「ジャスト・イン・タイム」は、台地の上に離散配置された工場群を結ぶ「工場間幹線道路網計画」の上に成立する生産管理システムであり、[10]「ニンベンのついた自働化」は、企業内労働力の流動的供給を可能とする「職住近接型居住地計画」によって実現したと言えよう。「カンバン方式」は、一九五三年に「スーパーマーケット方式」という名称で導入され、一九六二年に完成したと言われているが、[11] 豊田喜一郎は、一九三八年の挙母工場の操業開始時点で、すでに「ジャスト・イン・タイム」の概念を提唱していた[12]。台地の上に離散配置された工場群と、職住近接の離散型工業都市群は、挙母の地形とトヨタ自動車の経営システムが生み出した結果なのである。

単一の正方形格間による工場建築——トヨタ自動車工業「元町工場」

さて、先に挙げた工場の設計は、いずれもインハウスの設計事務所であるトヨタ自動車一級建築士事務所によるものであった。とりわけ、「元町工場」は、プレス工程から完成車となるまでの全工程を、総延長四〇〇〇メートルからなるコンベアに収める我が国初の乗用車専門工場となった[13]。東側の高低差七メートルの斜面と、西側の県道（四九一号トヨタ環状線）に挟まれた敷地（標高五三メートル）に、プレス・ボディ工場、塗装・組立工場、機械工場からなる三棟が第一期分として建てられた。

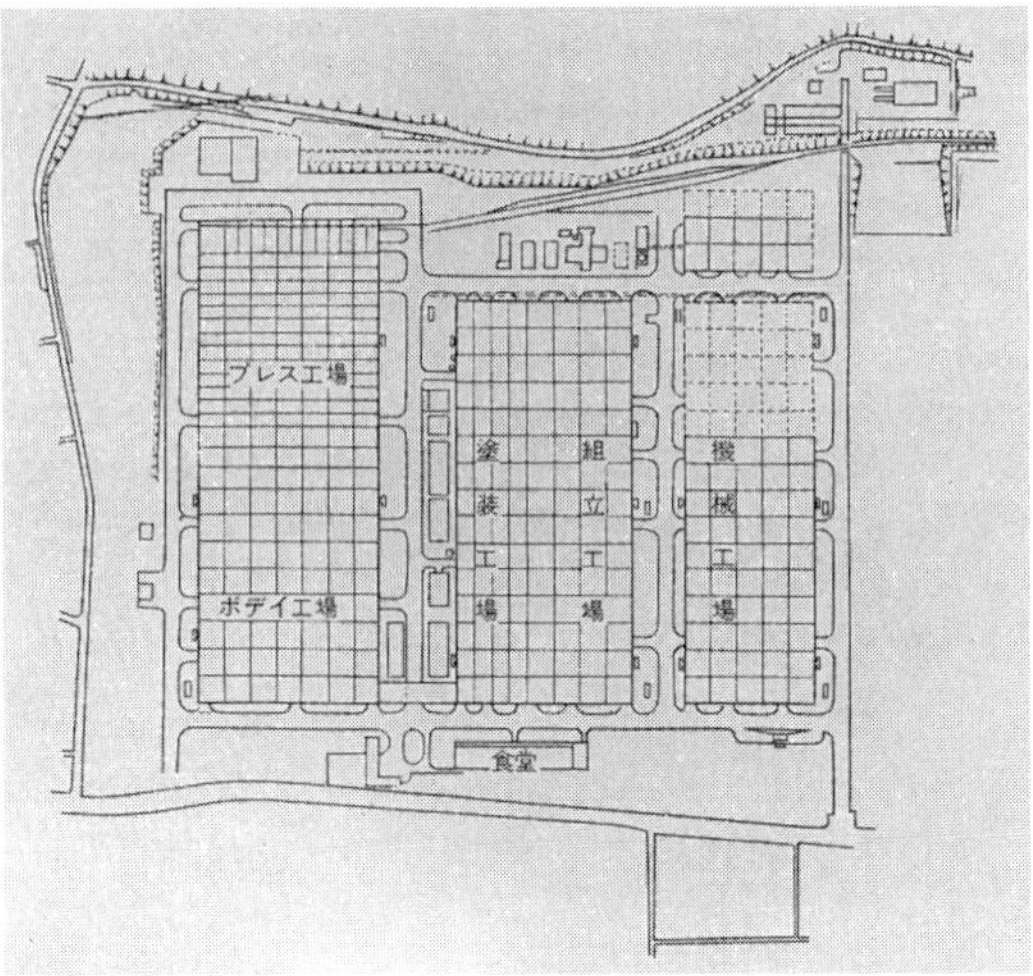

図 10　トヨタ自動車「元町工場」配置図，1962

竣工当時に同事務所施設部次長・営繕課長であった森本真澄が雑誌に記した内容は、工期の短縮と、設備設置の自由度という二点にまとめることができる。まず、工期の短縮については、第一期工事六万二〇〇〇平方メートルと第二期工事四一万五〇〇〇平方メートルの工期をそれぞれ八ヶ月間（機械設備の調整期間を含む）とするために、部材工場加工と現場工事機械を積極的に導入したことが重要であった。他方、設備設置の自由度については、モデュラー・コーディネーションの考え方が導入され、鋸屋根を梁間二〇メートル・桁行二〇メートル・陸

図 11　トヨタ自動車「元町工場」外観，1962

図 12　トヨタ自動車「元町工場」組立工場内観，1962

梁高六メートルの正方形格間で支持し、梁下に各種懸垂物用ガセットプレート（高さ一五〇ミリメートル）を設置することで、全方向に設備機材の拡張性を持たせたという。実際には、塗装工場部分では梁間のみ一四メートル、プレス工場部分では陸梁高のみ一四メートルという寸法が導入されたが、「敷地全体に東西方向、南北方向それぞれ二〇メートル間隔の方眼を設定し、すべての建物構築物は原則としてこの方眼を基準に配置」された（図10）。ここで着目すべきは、南北に長い敷地の短辺方向に、鋸屋根の棟が設けられていることであろう。それまでの工場建築には、敷地の長辺方向に棟が設けられ、長大な建築が形成されている事例が多く見られる。このような比較的短い棟を連続反復して長大な建築を形成することができたのは、前述した正方形格間による内部空間利用の等方向性による。また、トヨタ自動車工業の工場建築の棟の長さは、時代を経るに従って次第に短くなっていくが、製造機械そのものが小型化されるとともに組立ラインが効率化された結果であると考えられる。

このように、工程の異なる工場が、梁間二〇メートル・桁行二〇メートル・陸梁高六メートルからなる正方形格間の構造体に支えられた巨大な面積を持つ鋸屋根の下に収められた。このことは、「挙母工場」に代表されるそれまでの工場建築が、自動車製造の各工程に応じた部分的な「屋根（Roof）」の集合であったのに対して、「元町工場」は、全工程を基準となる単一の格間に収める理念上の「大屋根（Shed）」の覆いとなったと言える（図11）。単一の格間と鋸屋根による均一採光は、設備機械の設置方向・組立ラインの折曲・作業スペースの区分を自由にし、通常建物の二層分に及ぶ陸梁高は、工場内の相互視認性を高め、作業工程上の異常表示盤である「アンドン」を中空に据えることに寄与している（図12）。また、ひとまとまりの「シェッド」を分節したのは、「戦後逐次行ってい（た」カラー・コーディネーションであった[14]。すなわち、単一の格間が延々と続く工場内部は、グリーン系統（一般作業）とブルー系統（蒸気が発生する設備・装置のある部分）に塗り分けられ、場所と配管に応じて所定の彩色が行われたのである。なお、工場本体のほかに、事務所・変電所・各種調整室等の付属建物が建てられたが、とりわけ食堂・更衣室棟は、西側県道沿いの一二〇メートル以上の長さを持つ棟であり、工場正面入口にも面しているため、外観デザインが入念に検討された。RC造（一階）とS造（二階）の混構造で、バタフライ屋根の中央谷線上に円弧屋根を置いた独特の屋根を載せたこの建物は（図11右端）、工場本体の鋸屋根と、工場間連絡橋の連続円弧屋根の折衷として得られた造形であったと考えられる[15]。

（2）〈平地（農耕地）〉の自動車工場

農耕地の中に離散配置された工場群——両毛地域の富士重工業工場群

一九五〇年代から六〇年代にかけて設けられた自動車工場群の大半は、戦前に開発された工場地の「平和的再利用」であった。その最たる事例が、戦中期日本を代表する軍需産業であった両毛地域の中島航空機（株）工場を再生した、富士重工業（現（株）SUBARU）であろう。中島航空機は、軍人であった中島知久平（1884–1949）が、一九一七年に興した「飛行機研究所」に端を発する。海軍機関学校および海軍大学校選科を卒業した中島は、アメリカとフランスを視察した後で、一九一四年に横須賀海軍工廠飛行機工場長に着任したが、一九一七年には軍人生活を終え、日本毛織を経営する川西財閥の創始者である川西清兵衛（1865–1947）や三井物産の援助を受けて、一九一九年に「中島飛行機製作所」を設立した。ちなみに、川西清兵衛が興した「川西航空機 甲南工場」（一九四二）は、竹中工務店の構造設計者であった青柳貞世（1899–1961）が設計した、九〇メートルという長大スパンの鉄骨トラス鋸屋根を持つ戦時中の工場建築を代表する建物であった。

一九三一年に中島航空機と改称されたこの会社は、戦時体制の中で三菱重工業と双璧をなす軍需会社となり、敗戦後も占領軍によって一〇大財閥のひとつ「中島コンツェルン」として数えられるほどだった[16]。その中島航空機は、両毛地域と武蔵野地域に、数多くの工場を建設した[17]（図13）。一九一〇年代には創業以来の「呑竜工場」（一九一七）一ヶ所のみであったが、一九二〇年代には「東京工場」（一九二五）を設立して二ヶ所となり、一九三〇年代にはさらに「太田製作所」（一九三四）、「武蔵製作所」（一九三八）、「前橋工場」（一九三九）を設立して五ヶ所と、順調に拡大していった。しかしながら、一九四〇年代には戦時体制の中で急増することになり、敗戦直前の一九四五年四月には一七ヶ所にまで膨れ上がっていた工場が第一軍需工廠に指定された。以前は日光例幣使街道の宿場町であった太田町では、北端に同社の「呑竜工場」が、東端に「太田製作所」が設立され、さらにその東南方向に「小泉製作所」（一九四〇、旧 東京三洋電機（株））が設けられ、「太田製作所」と「小泉製作所」の中間地点には、同社専用の幹線道路（幅員五〇メートル）によって結ばれた「太田飛行場」（一九四一）が設置された。

両毛地域の中島航空機工場として開発された土地の多くはもともとは水田であり、これらの工場は、平坦な平野を流れる渡良瀬川水系の用水路によって囲い込まれ、農耕地の中の群島のように離散配置された。そのため、一九

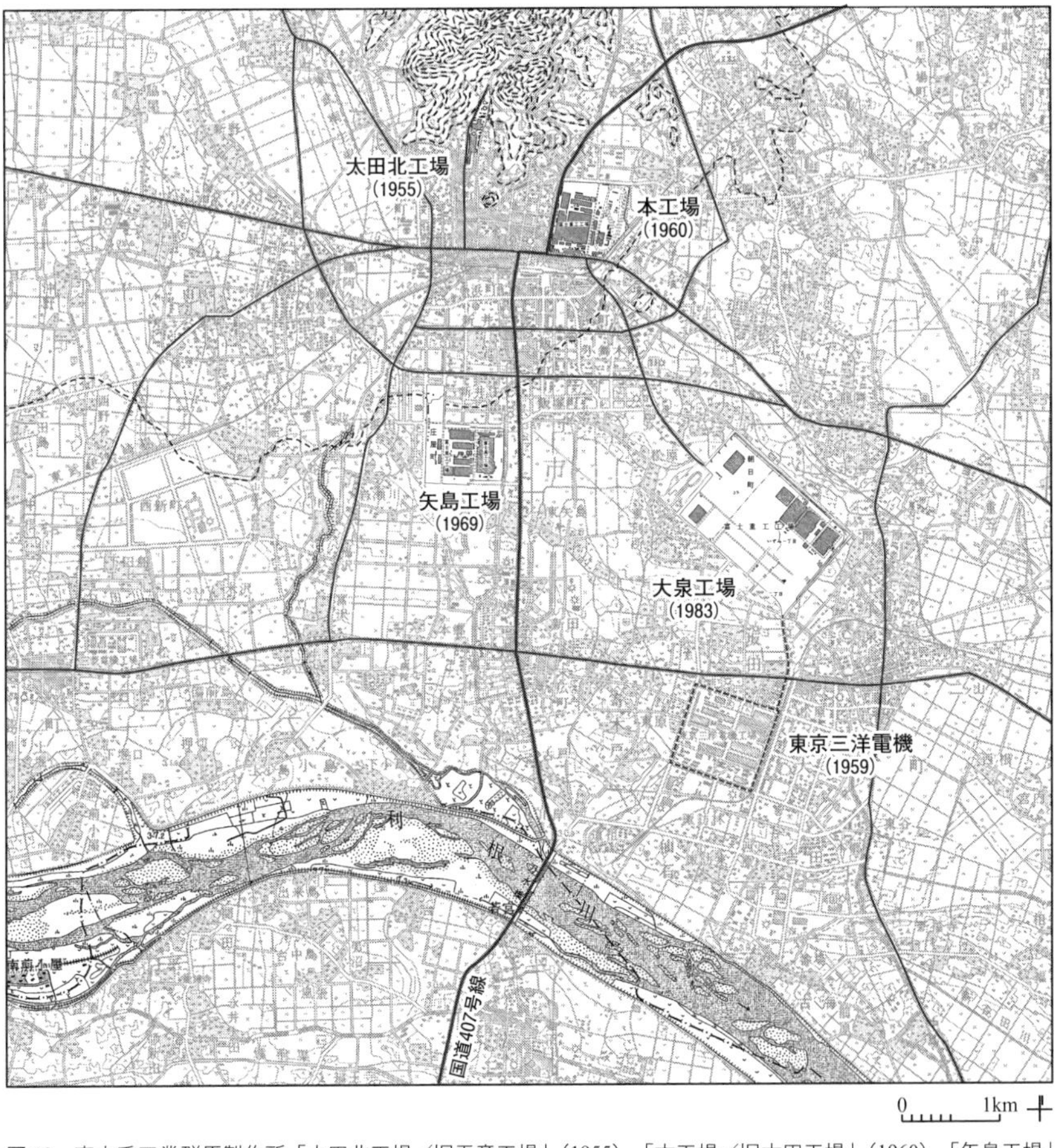

図 13　富士重工業群馬製作所「太田北工場／旧呑竜工場」(1955)，「本工場／旧太田工場」(1960)，「矢島工場」(1969)，「大泉工場／旧太田飛行場」(1983) 周辺地形図

図 14　「太田都市計画街路網一般図」，1940

四〇年に策定された「新興工業都市」としての都市計画では、「既設或は建設中若は将来建設予定の工場を中心として最も工場に接近した附近に、差当り市街化を予定せられる区域」が区画されたという。[18] この都市デザインは、前述の工場群を結ぶ放射環状の道路計画を持つものであり、工場間を結ぶ幹線道路の「両側百米宛を路線的に取り」開発区域とした（図14）。こうした都市デザインは、一九三六年に都市計画法の適用を受けてから開始され、実際の都市計画街路網が決定したのも一九三九年であったため、「呑竜工場」と「太田製作所」によって生じた町域の拡張を認めつつ、「小泉製作所」と「太田飛行場」の開設を睨んだものとなっている。[19]

戦後、中島航空機の工場や飛行場は米軍に接収され、「太田製作所」が一九五八年まで「キャンプ・ベンダー」、「小泉製作所」が一九五九年まで「キャンプ・ドルー」、「尾島分工場」が一九五七年まで「キャンプ・コンウェル」と呼ばれる米軍基地として利用された。また、「太田飛行場」も、一九六九年まで米軍に接収された。これら以外に、富士産業（株）の管理下に置かれた両毛地域の中島飛行機工場は、一九五五年に富士重工業に統合された。その結果、「呑竜工場」（一九一七）、「大宮製作所」（一九四四）、「太田製作所」（一九三四）と「太田飛行場」（一九四一）が、それぞれ富士重工業の「太田北工場」（一九五五）、「大宮工場」（一九五五―九六）、「大泉工場」（一九八三―）として再利用され、「矢島工場」（一九六九）が新設されたのである。

こうした相次ぐ工場建設は、太田市・大泉町・尾島町・宝神町からなる「太田・大泉地区」が、一九五六年に制

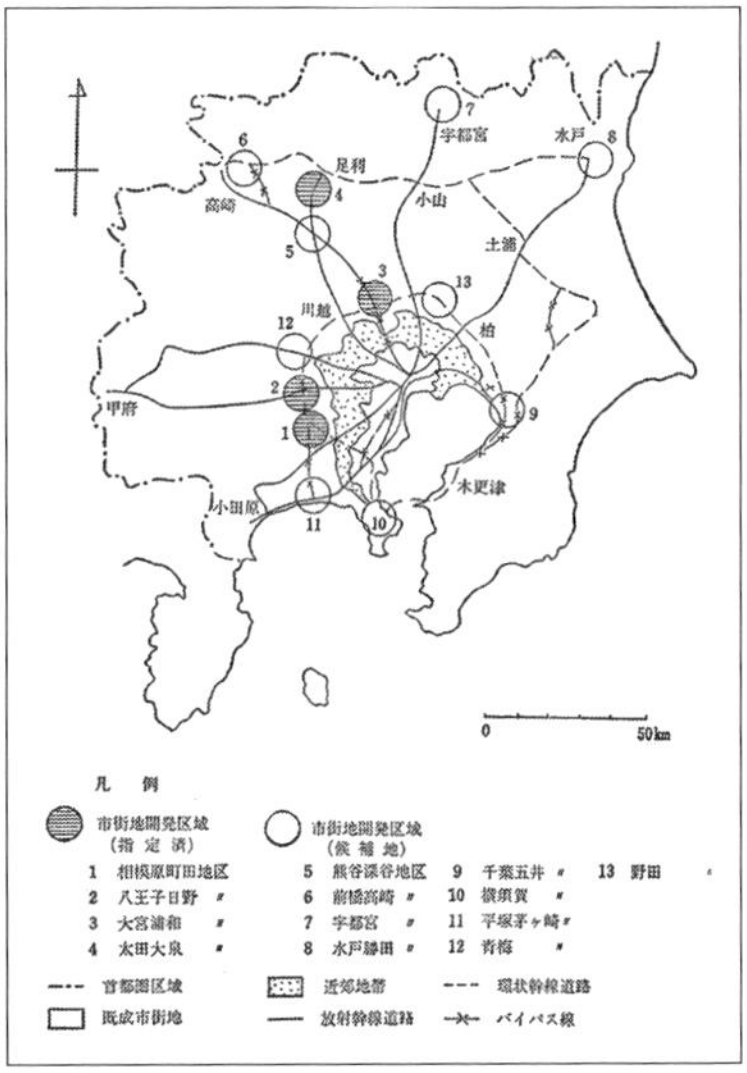

図 15 「第一次首都圏整備基本計画」，1958

定された首都圏整備法の「第一次基本計画」（一九五八）において、「工業を中心とする市街地開発」を推進する区域として指定されたことにも関連する。一都七県からなる「首都圏」は、既成市街地（母都市）・近郊地帯（グリーンベルト）・周辺地域市街地開発区域（衛星都市）からなり（図15）、「太田・大泉地区」では、一九五三年の「町村合併促進法」に基づく「太田市建設計画」（一九五五）以来、順次立案された「新市建設計画基本計画」（一九五九）、「太田市総合建設計画」（一九七〇）、「太田市新総合建設計画」（一九七六）、「太田市総合建設計画」（一九八六）を通じて、〈モータウン〉を実現するための計画が持続的に行われた。富士重工業の自動車工場による軍需工場再編は、首都圏整備法に基づいた「第一次基本計画」の最外郭に設けられた太田市という小都市の戦後都市計画そのものであった。

東京大都市圏の最外縁の工場——日産自動車「村山工場」「座間工場」

ところで、富士重工業に並ぶ中島航空機のもうひとつの遺産である富士精密工業（株）は、一九四七年に立川飛行機（株）が設立した「東京電気自動車」（のちに「たま電気自動車」（一九四九）、「たま自動車」（一九五一）に改称）を一九五四年に合併して、プリンス自動車工業（株）となった。その結果、中島航空機の武蔵野地域における中心工場であった「旧東京製作所」（一九二五）は、プリンス自動車工業「荻窪工場」（一九六一）となったが[20]、一九六六年には日産自動車に合併された。このプリンス自動車工業が一九六二年に操業を開始したのが、「村山工場」で

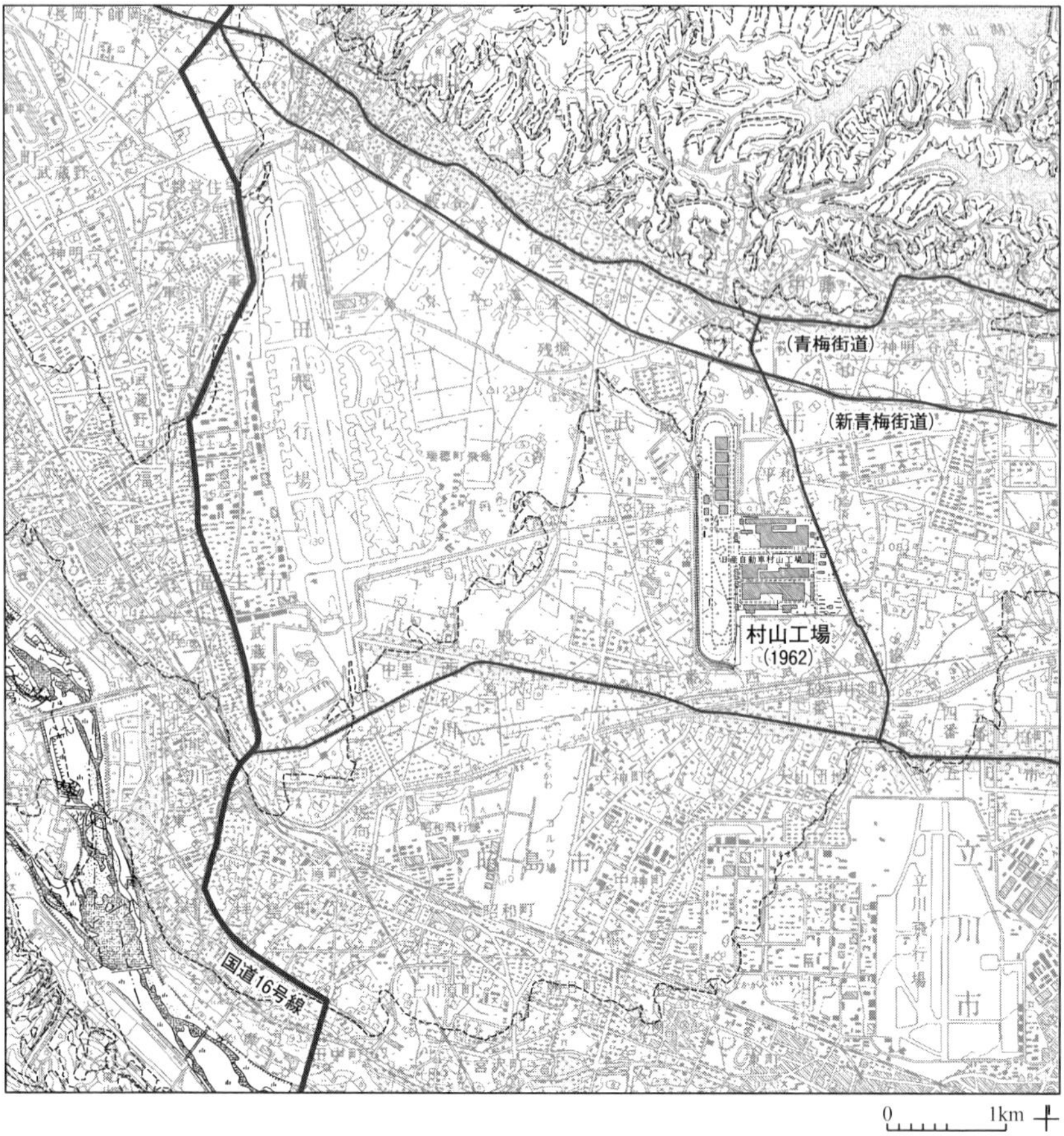

図 16　日産自動車「村山工場」(1962) 周辺地形図

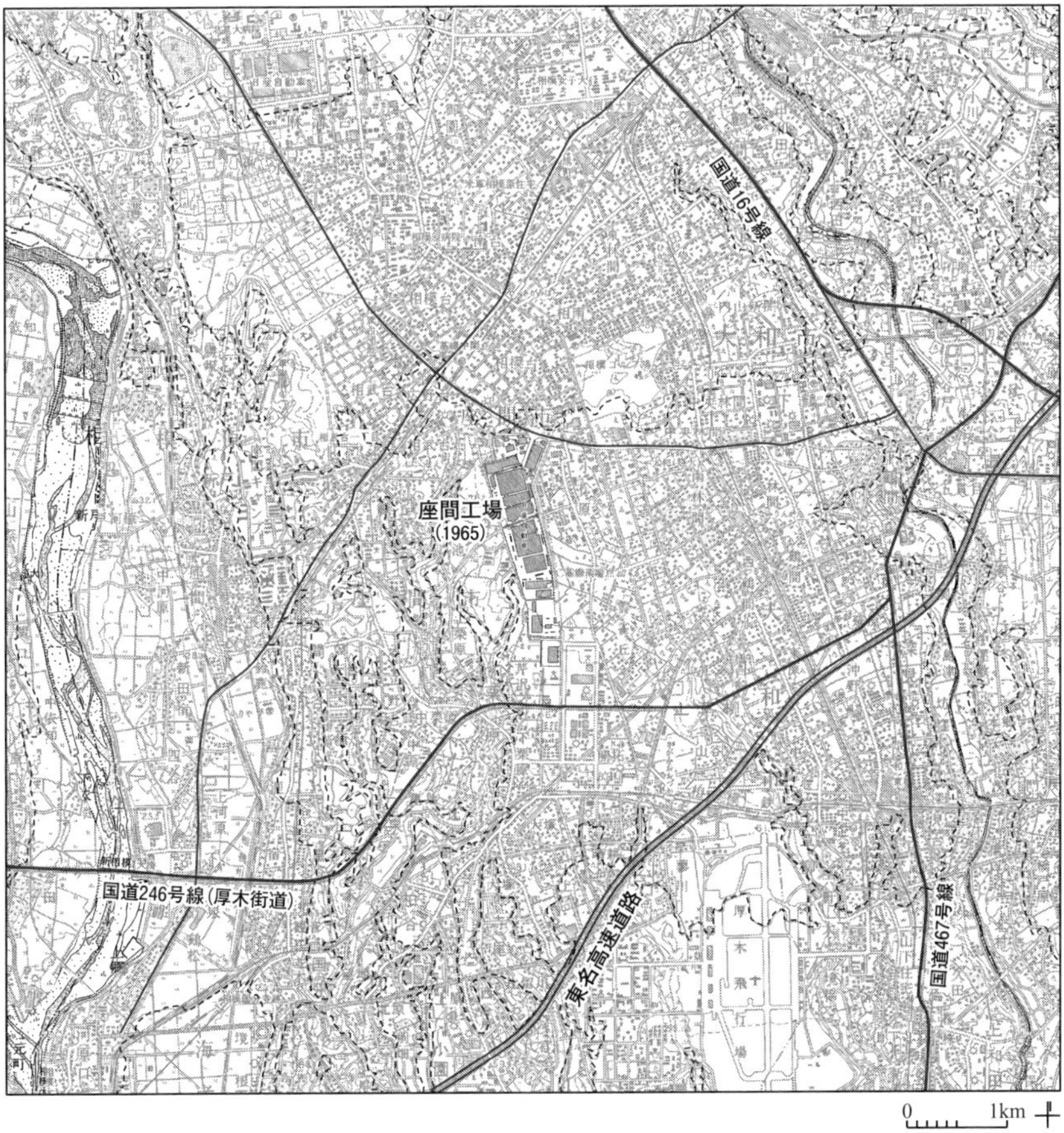

図 17　日産自動車「座間工場」(1965) 周辺地形図

あった（図16）。当初は、東京都 青梅、同 羽村、同 秋留、同 村山・砂川、埼玉県 日高、神奈川県 日吉の各地域が候補に挙げられたが、「あらゆる方面から比較検討が重ねられて」村山・砂川地域の土地四四万坪に決定されたという[21]。さらに、一九六三年には、日産自動車が鎌倉等の候補地の中から座間地域の土地一七万四三〇〇坪を選定し、一九六五年に「座間工場」の操業を開始した（図17）。

これらの「村山工場」「座間工場」と、後述する「追浜工場」は、東京大都市圏地域計画の最外縁に設けられていた国道一六号線によって結ばれた。さらに、本田技研工業の「埼玉製作所狭山工場」（一九六一）もまた、この国道沿いに建設された。一九三九年に制定された「東京緑地計画」において「其ノ本来ノ目的ガ空地ニシテ宅地商工業用地及煩雑ナル交通用地ノ如ク建蔽セラレザル永続的ノモノ」とされた「環状緑地帯」は、一九四一年の「改正防空法」において「防空空地」として読み替えられるとともに、その外側に数多くの士官学校・軍需工場・飛行場等の軍事施設や新興工業都市が「衛星都市」として建設されたが、国道一六号線は、これらの施設群を結ぶ環状道路として設けられたものであった[22]。一九五六年に制定された首都圏整備法に基づく「基本計画」は、第一次（一九五八）・第二次（一九六八）・第三次（一九七四）・第四次（一九八六）・第五次（一九九九）に及んだが、「第二次首都圏整備基本計画」は、一九六五年の法改正を受けて描かれた計画であった。すなわち、ここで、既成市街地外側の緑地帯（幅一〇キロメートル）として設けられた「近郊地帯」が廃止され、既成市街地を含む半径五〇キロメートルの地域が「近郊整備地帯」としてあらためて制定し直されたのである（図18）。日産自動車の自動車工場建設は、この改正された首都圏整備法に基づく「基本計画」の「近郊整備地帯」最外縁における計画の一部となった。その際、日産自動車の自動車工場建設に伴う放射状道路沿いの開発は、「東京緑地計画」において「普通緑地」に並ぶ「生産緑地」と「緑地ニ準ズルモノ」とされ、戦時中には「防空空地」の名目で担保されてきた緑地帯を蚕食し、「母都市／緑地／衛星都市」という構成を瓦解させる結果を招いた。

ところで、「村山工場」のプリンス自動車工業時代に建設された工場建物は、松田平田設計事務所が大日鋼業

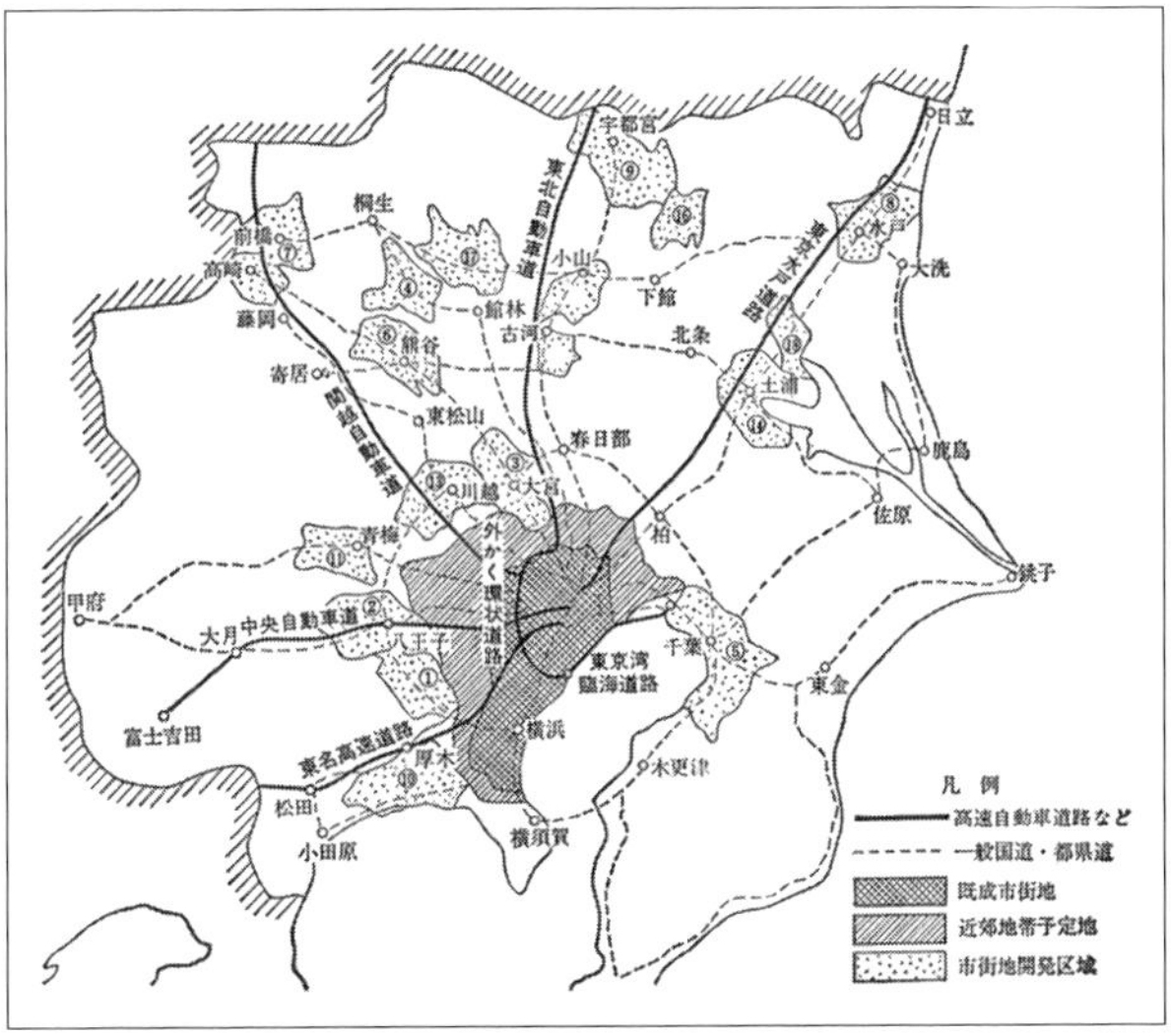

図 18　昭和 40 年（1965）法改正後の「首都圏整備基本計画」，1965

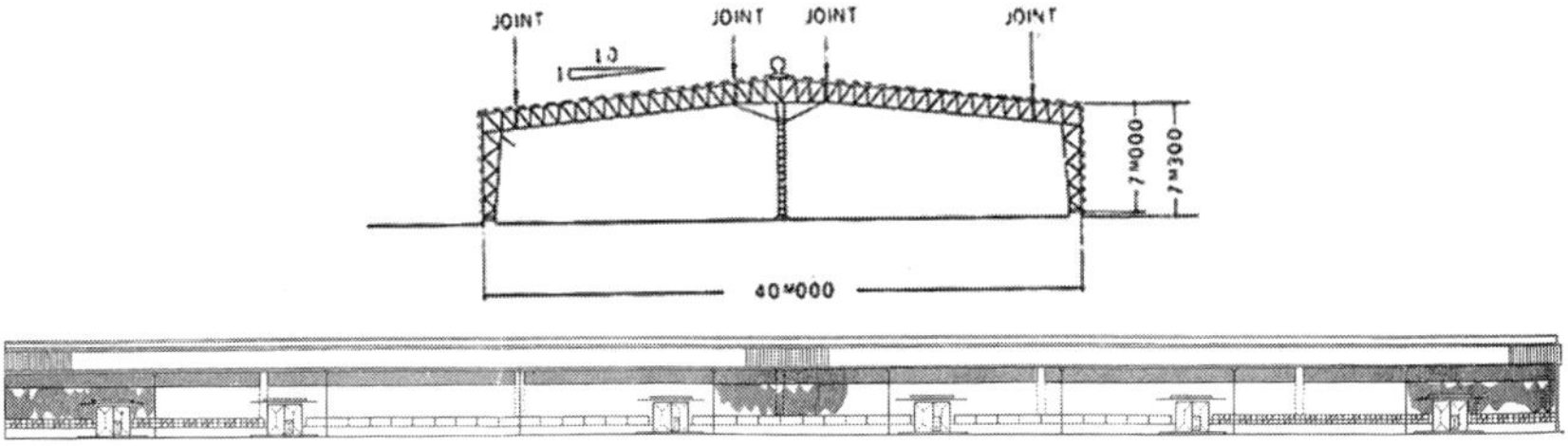

図 19　プリンス自動車工業「村山工場」立面図および断面図

（株）の協力を得ながら設計監理したもので、「鋼管建築」と呼ばれた当時最先端の建築構造デザインによるものであった（図19）。鋼管と軽量鉄骨による骨組に、波型小波スレートの外装材を張った梁間二〇メートル桁行一八〇メートルとなる長大な建物が、日本鋼管（株）プラント部の施工によって、工期三ヶ月半で完成した。主材接合部は、二次応力を最小限とするために「副板摩擦接合」とされ、ハイテンションボルトが採用されたという。現在、この技術の大半は、単管足場を中心とする仮設建築に適用されているが、「村山工場」が建設された当時は、最先端の建築デザインとして様々な建築の本設工事に導入されたのである。雑誌『近代建築』一九六二年一月号の「鋼管建築」の特集には、川崎重工業（株）・大和ハウス（株）・日本鋼管・中央仮設鋼機（株）・大日鋼業・住友金属工業（株）の六社が施工した建築事例が掲載されている。その特集で大和ハウスの石橋信夫は、「大正八・九年代に啓成式というパイプ建築の会社があって、太平洋戦争の直前まで軍の格納庫、日赤の仮収容所などをつくり、かなりの業績をあげていた」ことをふまえ、「鋼管建築」に徹底的に取り組む考えを記している。[23]その後、大和ハウスが住宅建築に、中央仮設鋼機が仮設建築に、大日鋼業が工場建築に、それぞれ「鋼管建築」を適用したのに対して、川崎重工業・日本鋼管・住友金属工業は、いずれも海浜コンビナートに建てられた石油化学プラントに活用の方途を見出した。つまり、東京大都市圏地域計画の最外縁に建てられた内陸の工場は、「鋼管建築」という、海浜コンビナートに建てられた石油化学プラントに準じた「機械」としての建築デザインとなったのである。

街区としての工場――本田技研工業「鈴鹿製作所」

戦前に開発された遊休工場地の再利用として忘れてならない事例が、鈴鹿海軍工廠の跡地を再利用した本田技研工業（株）であろう（図20）。三重県鈴鹿市白子町から平田町にかけての地域は、(1)「鈴鹿満州」と呼ばれた広大で平坦な畑作地（大半は桑畑）であること、[24](2)第二海軍燃料廠があった四日市港に近く、関西急行電鉄（現 近鉄）が通じ、国道一号線（現 国道二三号線）と国道二号線（現 国道一号線）に挟まれた交通至便の土地であること、(3)肥

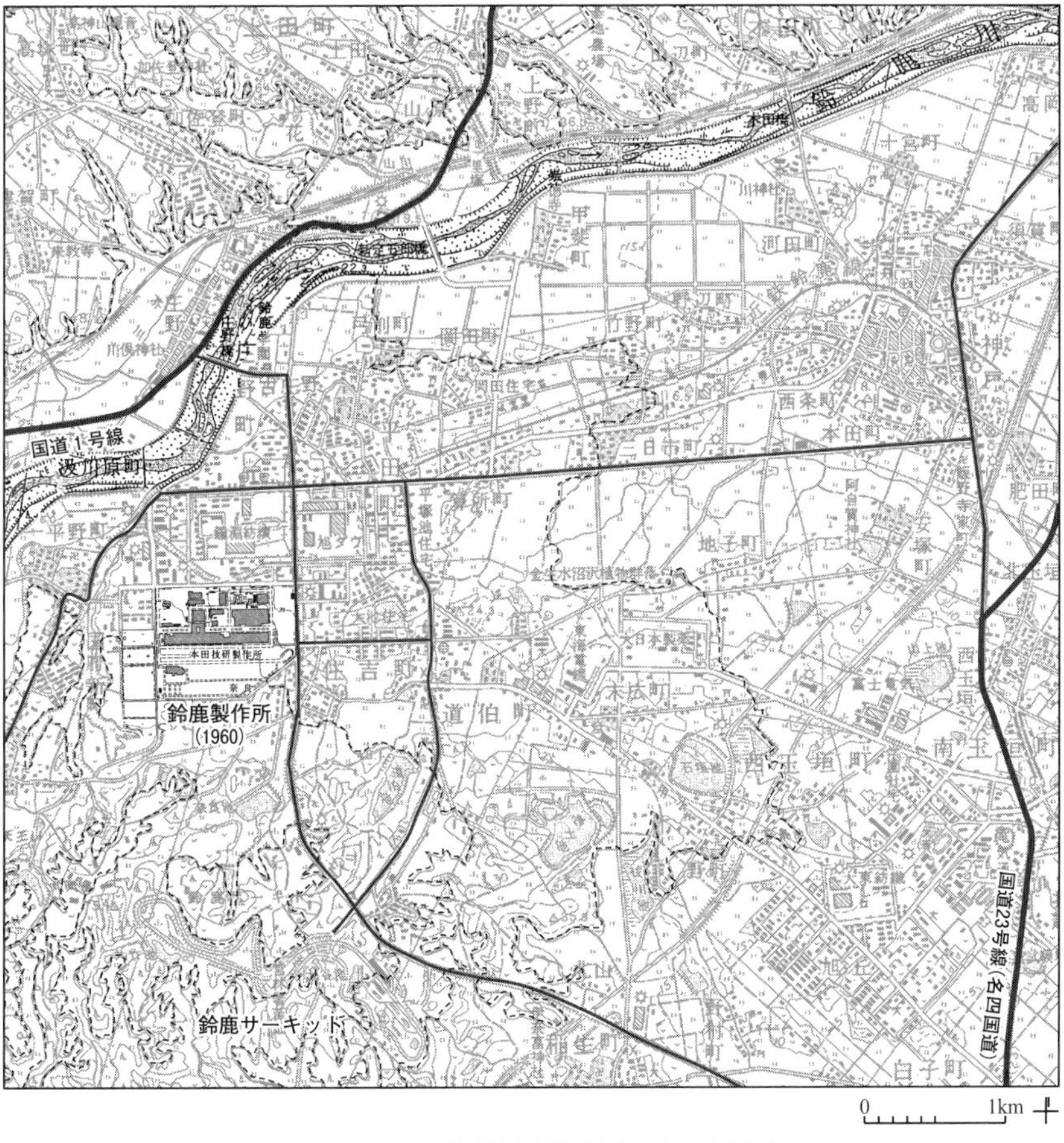

図 20　本田技研工業「鈴鹿製作所」(1960) 周辺地形図

沃な田園地帯で食料の自給自足が可能であること、⑷西北西の卓越風が安定しており、温暖な気象条件であること、という四つの理由から、[25]一九三八年に、東部海岸部の白子・玉垣付近に鈴鹿海軍航空隊を中心とする基地施設が設けられ、一九四三年に、西部鈴鹿川右岸の国府・牧田・飯野・庄野付近に鈴鹿海軍工廠が、同左岸の加佐登・石薬師・椿付近に陸軍北伊勢飛行場を中心とする基地施設がそれぞれ設けられた。この他にも、一九四二年には、石薬師に陸軍第一気象連隊、高神山に陸軍第一航空軍教育隊が置かれた。こうした軍事施設は鈴鹿郡と河芸郡に跨がって設置されたので、行政運営上の不便が生じて、一九四二年一二月に鈴鹿郡五ヶ村（国府村・牧田村・庄野村・高津瀬村・石薬師村）と河芸郡二町七ヶ村（神戸町・白子町・河曲村・飯野村・一ノ宮村・箕田村・若松村・玉垣村・稲生村）が合併して鈴鹿市が誕生することとなった。西部の海軍工廠については、一九四二年七月に提示された「鈴鹿都市計画に対する要望」を受けて鈴鹿市が「基本計画」を作成したが、時局に応じて一九四三年五月に、⑴道路事業、⑵土地区画整理および住宅、⑶交通、⑷上下水道・焼却場・火葬場に関する「緊急都市計画」を策定した。この結果、正門前から国道一号線（現 国道二三号線）に至る直線道路（通称「海軍道路」）の南側に、一辺九〇メートル程度の正方形基準街区を持つ格子状道路が設けられた。その周囲には、甲種住宅（一五坪）二〇戸・乙種住宅（一二坪）四〇戸・丙種住宅（九坪）四〇戸からなる一〇〇戸を一集団とし、合計九〇集団九〇〇〇戸に及ぶ工員住宅の建設が計画され、最終的に、工廠を中心とした人口一〇万人の「防空都市」が建設される予定であった。[26]

さて、戦後の一九五〇年、鈴鹿市は「産業の興隆と商工業の進展とに寄与する工場を設置する」ために「鈴鹿市工場設置奨励条例」を制定し、民間企業の用地確保や市税免除（三〜五年間）等の優遇を行った。[27]「海軍道路」に沿って、「旭ダウ（株）（のち旭化成）」（一九五三）と「倉毛紡績（株）（のちカネボウ）」（一九五七）が、広大な工廠跡地を割譲され相次いで工場を構えた。これらの繊維会社に続く形で、一九六〇年に本田技研工業「鈴鹿製作所」が、もともとは五〇ccエンジンを搭載する二輪車「スーパーカブ」を単独生産する目的で、手狭になった浜松工場と埼玉工場に次ぐ第三の工場として建設された。この工場は、エンジン鋳造・機械加工・プレス加工・組立・塗装からなる全行程を担当できる専門工場で、「トランスファー・マシン」を用いた安易な「オートメーション」に走らず、高額な給料を支払って全国から集められた高卒技術要員（平均年齢二一歳）による「多方向専用機」を使った製作に傾注したという。[28] このことは、「鈴鹿製作所」で、インハウスの設計事務所であるホンダ開発興業ＫＫ一級建築士事務所によって、多くの労働者住宅が一気呵成に設計されたことからもわかる。一九五九年から六〇年にかけて、ＣＢ造二階建の「独身寮」七棟八五六戸、ＲＣ造二階建テラスハウス一七棟一〇二戸、木造平屋建の戸建

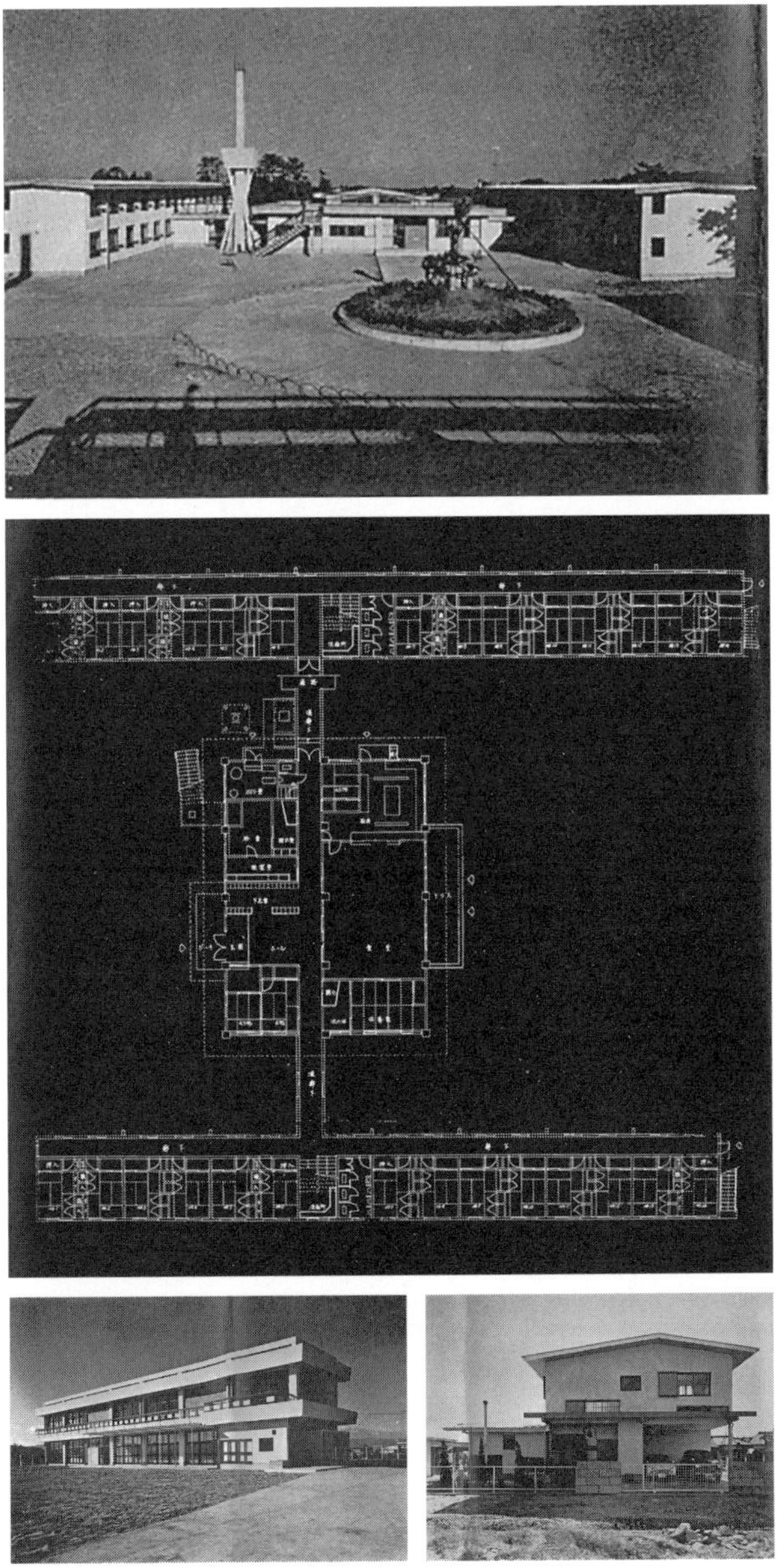

図 21　本田技研工業「鈴鹿製作所独身寮」外観（上）および平面図（中），「鈴鹿製作所長邸」外観（下左），「鈴鹿製作所クラブハウス」外観（下右）

住宅一〇六戸に加えて、鈴鹿製作所長の邸宅が、クラブハウスとともに建設されたのである[29]（図21）。その後、「鈴鹿製作所」では、一九六八年に軽四トラック「T360」、一九六九年に乗用車「ホンダ1300」をそれぞれ生産開始し、一九七二年の大衆車「シビック」の生産に襷を繋いだ。なお、一九六二年に建設された「鈴鹿サーキット」は、工廠南方の疎開倉庫や山の手発射場の跡地に設けられたものである。

ここで、海軍工廠というひとまとまりの巨大な面積の敷地（四四〇ヘクタール）が、「旭ダウ」「倉毛紡績」「本田技研」を中心とする巨大な工場に割譲されたという事実について、さらに検討してみたい。先に述べたように、鈴鹿海軍工廠は、一辺九〇メートル程度の正方形基準街区によって全体が格子状に分割され、各街区の中に収められる形で小規模な建物が建てられていた。正方形格子状街区に収められた小規模な建物の集合体としての工場のあり方は、鈴鹿海軍工廠に限ったものではなく、この時期に建設された海軍工廠に共通する。つまり、戦中に建てられた海軍工廠は、一万人以上の労働者のための、正方形街区によって形成されたひとまとまりの都市であったと言える。こうした正方形基準街区は、工廠外部の既存集落と比較して、形態上の差異はあっても、規模の上では大きな違いはない。一方、工廠の敷地を割譲された前述の工場は、複数の正方形基準街区を結合して大街区からなる工業団地を形成し、その中央に工場機能に応じた建物を建設したのである。本田技研「鈴鹿製作所」は、工廠の正方形基準街区七×一〇個分以上の面積（一二〇・五ヘクタール）をひとまとまりの大街区として、敷地中央に六街区分の長さを持つ工場棟を据え置き、増改築を繰り返す一方で、敷地周囲には完成車と従業員のための駐車場の空地を設けた。その結果、工廠跡地の巨大な面積の敷地は、工廠時代の小街区が連結され大街区化された工業団地部分と、小街区のままで宅地化された市街地部分が混在することになり、その一角を占める自動車工場は、敷地中央の建物と周囲に広がる空地からなる自閉した施設を形成したのである。

前述したように、鈴鹿地域に代表される、戦時中に急造された工廠を中心とする都市では、広大な面積の整形街区の工場地を、不整形街区の住宅地が囲い込むように設計された。一般的に、近世城下町が拡張されてできた近代地方都市の多くが、工場群が格子状街区の外側に設けられ住宅地を囲い込むことと、対照的である。こうした工場地と住宅地の布置の転倒は、市街地の中心部に広大な工場用地を抱え込むという特徴的な都市景観を生み出すことになったのである。

緑地による工場の囲い込み——ダイハツ工業「池田工場 第二地区」、本田技研工業「ふるさとの森づくり」

一九六二年に最初の「全国総合開発計画（全総）」が閣議決定されて以来、「地域間の均衡ある発展」が基本目標とされ、「低開発地域工業開発促進法」（一九六一）、「新産業都市建設促進法」（一九六二）、「工業整備特別地域整備促進法」（一九六四）等の工業開発に関する法律が、順次立法された。こうした「均衡ある発展」は、戦時体制下に企画院が策定した「中央計画素案」（一九四三）の内地・地域別方針においてすでに見出すことができ[30]、一九六九年に閣議決定された「豊かな環境の創造」を基本目標とする「新全国総合開発計画（新全総）」において引き継がれ、それに即して「過疎地域対策緊急措置法」（一九七〇）、「農村地域工業導入促進法」（一九七一）、「工業再配置促進法」（一九七二）等の農業地域における工業開発に関する法制度が整えられた。

工業発展に関する一連の法整備の裏側で、この時期には全国各地で公害問題が顕在化した。一九七二年に結審された「企業は工場立地の段階において将来の周辺の環境に与える影響について十分な注意を払う義務がある」とする四日市公害訴訟の判決は、その後の公害行政に大きな影響を与えた。一九五九年に制定された「工場立地の調査等に関する法律」もまた、「(工場の) 今後の立地に際しては、公害・災害等の防止に万全を期することはもちろんのこと、進んで工場緑化等を行い、積極的に地域環境づくりに貢献することを基本として進めることが不可欠」という観点から[31]、一九七三年に「工場立地法」に改正された。この改正によって、一定面積以上の工場は、敷地面積に対して、(1)生産施設面積の割合に関する上限、(2)緑地面積に関する割合の下限、(3)緑地を含む環境施設面積の割合の下限、が取り決められるようになった。すなわち、それまでの工場立地アセスメントのみならず、敷地内の空

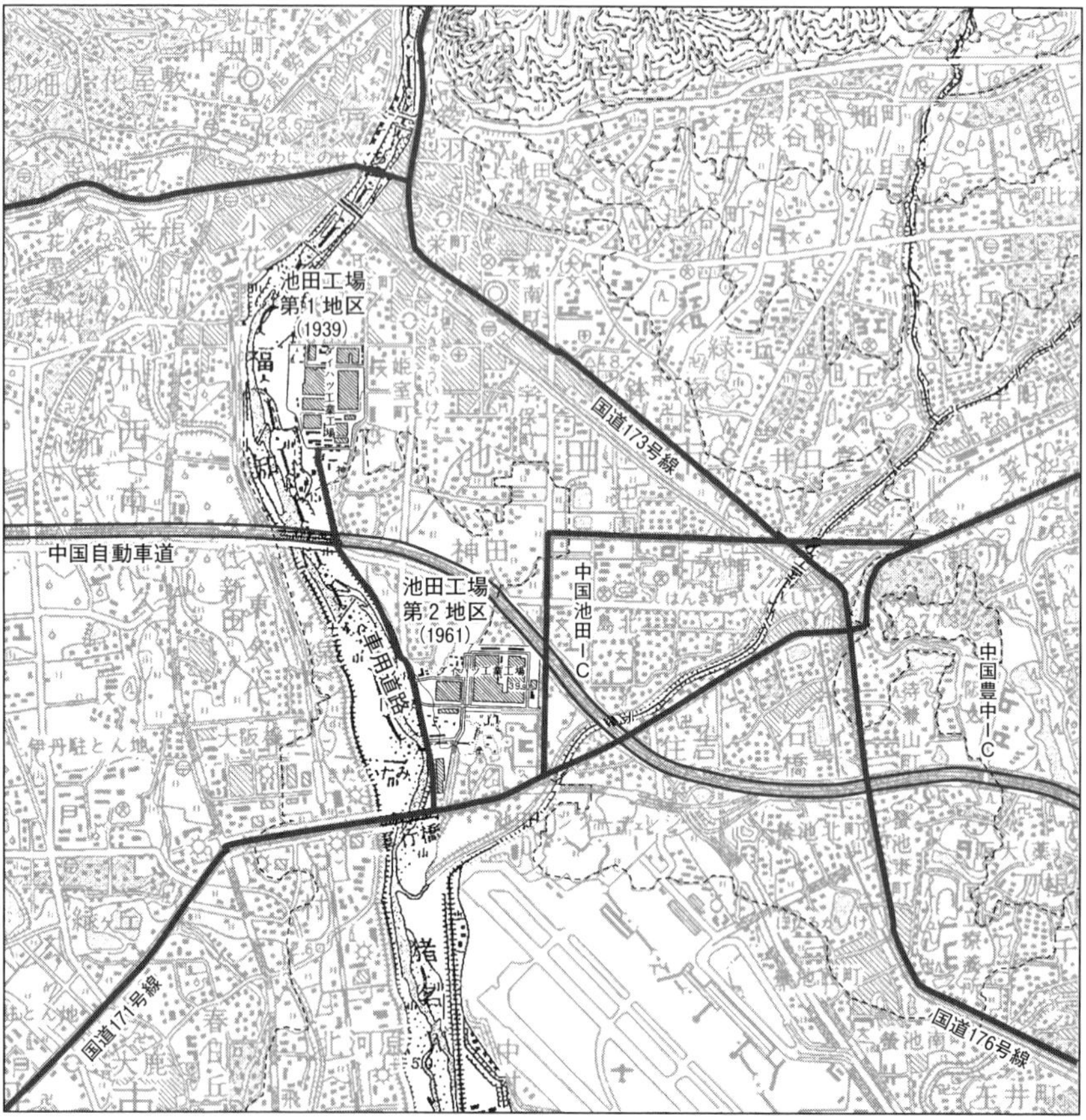

0　1km

図 22　ダイハツ工業「池田工場」(1939) 周辺地形図

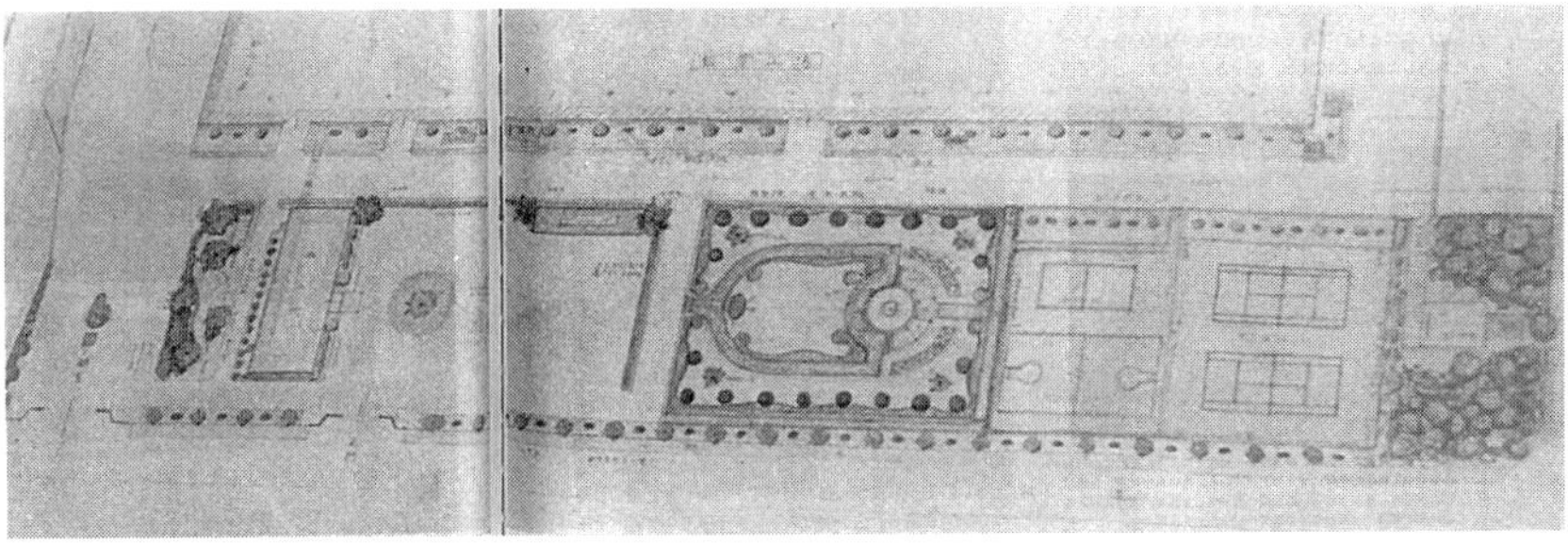

図 23　ダイハツ工業「池田工場」第 2 地区造園計画図

地コントロールを行うことで、環境形成に寄与することが求められるようになったのである。

ダイハツ工業「池田工場 第二地区」（図22）が一九六一年に設けた庭園は、[32] こうした工場敷地における環境整備の初期事例のひとつであるが、もともとは、公害をめぐる法制度というよりも、労使関係の向上を図る手段のひとつとしての性格を持つものであった。すなわち、この庭園は「単調なコンベヤ作業に従事する従業員の気分転換をはかるため」に整備されたものであり、[33] 従業員の「保健、慰楽、教養に役立つ」厚生施設のひとつとして考えられた空地であった。[34]〈平地（河川敷）〉に設けられた工場全体（約一二万平方メートル）の三分の一に相当する敷地東側四万平方メートルの空地が、椎原兵市（元大阪市公園課長）による造園設計（総工費一五〇〇万円）の対象となった。短冊状の敷地が北側から南側に向かって「神社地区、体育施設地区、花壇庭園地区、事務所付近地区」に分けられた上で（図23）、皇大神宮が祀られた神社地区にはクス・カシ・シイ・サザンカ・サンゴジュ・スギ・マツ等が植栽された丘が、体育施設地区にはテニス・バレー・バスケットの各コートが、花壇庭園地区には噴水池とパーゴラを中心にバラ・フェニックス（ヤシ）・シダレザクラ等による整形庭園と毛氈花壇が、事務所付近地区には日本庭園が、新しい工場の顔として整備されたが、一九六五年に建てられた本社社屋によって南側の大部分を失っている。

本田技研工業では、一九七六年一二月から、すべての製作所や研究所等が、一丸となって「ふるさとの森づくり」という緑化計画に取り組み、一九八五年頃ま

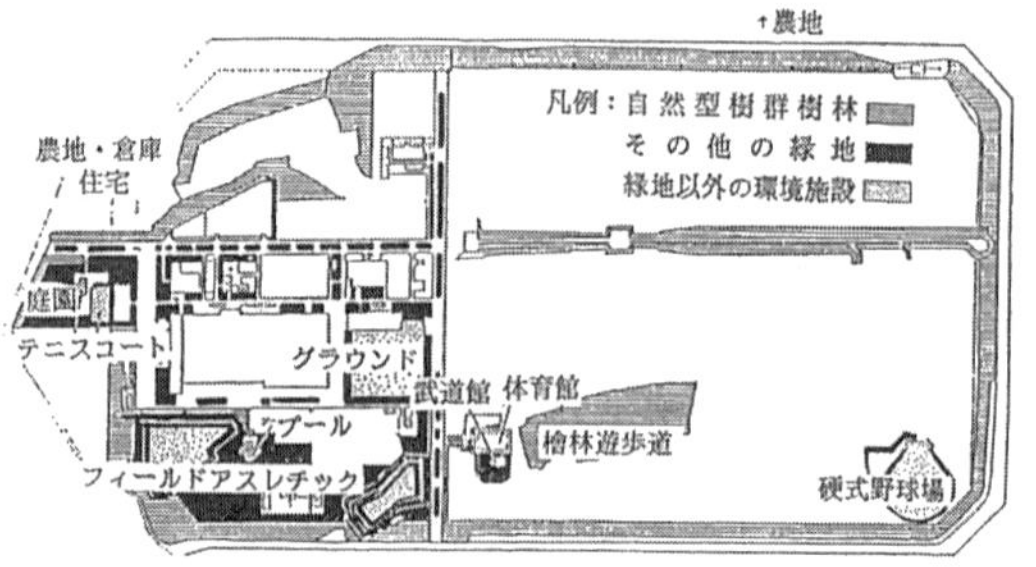

図 24 本田技研工業「熊本製作所」植栽計画図

では、明治神宮の約四倍に相当する五五万本の植樹を行ったという[35]。この緑化計画は、工場の周囲に塀や柵をつくらず、敷地全体を「防音機能・空気浄化機能・流下水量調節機能等」を持つ「環境保存林」によって囲い込むことで、「鎮守の森」を創出しようとするものであった。前述した「鈴鹿製作所」では、構内の「潜在自然植生図」「現存植生図」「植栽可能図」を作成し、「Honda Woods 鈴鹿の森」が設けられた。こうした植樹活動は、明治初年より開墾が始められた石薬師村鞠鹿野に入植した人々の多くが愛知県出身の植木業者であったことを背景とするものであり、彼らを中心とした「鈴鹿植木組合」は、工場緑化のためのサツキの生産を積極的に行い[36]、それは、戦後の「緑の田園都市」を標榜する市政に反映された。あるいはまた、「熊本製作所」では、一九七七年より工場周囲の「環境保全林」の植樹に着手し、一九八三年に緑化優良工場として日本緑化センター会長表彰を受ける頃には、植栽帯幅三〇メートル・敷地全周五・五キロメートルの「ふるさとの森」が完成した（図24）。このシイ・アラカシ・マテバシイを中心とする植栽帯の内側では、クラブハウス・体育館・武道場・プール・フィールドアスレチック・グラウンド・硬式野球場・セーフティパーク等からなる厚生施設が、低木・芝生（約二万五〇〇〇平方メートル）や檜林と、遊歩道によって結ばれていた。一連の緑化事業は、続くランドスケープの時代を先取りするものであったが、こうした評価以上に重要なことは、これらの造園が自動車工場という広大な敷地の外周部分を中心に展開されたことである。一九七二年の四日市公害訴訟の判決と、一九七三年の「工場立地法」の改正は、自動車工場を収める広大な敷地周縁部、すなわち大街区の周縁部の公共デザインを、民間私企業自らが積極的に緑化する機会を生み出すことになったのである。

本田技研工業が取り組んだのは、緑化事業だけではなかった。一九七七年には、直面するあらゆる危機を想定した「リスク・マネジメント」に関するプロジェクト・チームが立ち上げられ、本社と狭山・鈴鹿・熊本・浜松・和光の各製作所建物の耐震補強、非常時の備蓄、無線連絡網の設置を行うことで、「本田の工場に駆け込めば安心」と言われるほどの防災整備が行われたという。[37] こうした工場環境の整備は、当時は工場と地域住民が共存する上での「中間コミュニティづくり」として始められたものであったが、現在から遡ってみれば、自動車工場周縁部の「ふるさとの森」を非常時の防災拠点とする考え方は、先見的な試みとして高く評価されるべきであろう。

（3）〈水際〉の自動車工場

図25　日産自動車「横浜工場」

陸と海の玄関口――日産自動車「横浜工場」「追浜工場」

〈水際〉の自動車工場は、〈海岸埋立地〉と〈平地（河川敷）〉からなるが、ここではまず〈海岸埋立地〉の自動車工場を考えることにして、最初に日産自動車の「横浜工場」と「追浜工場」を取り上げてみたい。これら二つの自動車工場は、同じ〈海岸埋立地〉にあっても、時期的背景が大きく異なる。片方の「横浜工場」は、主要機械設備がアメリカから輸入され、一九三五年四月に操業が開始された（図25・図26）。その際、中心となったのは、日産自動車の母体のひとつである戸畑鋳物（株）自動車部（一九三三年設立）の、W・R・ゴルハム（1888–1949）らの外国人技師であった。[38] 広大な敷地（六万三六四七坪）は、横浜市が京浜工業地帯の埋立地として開

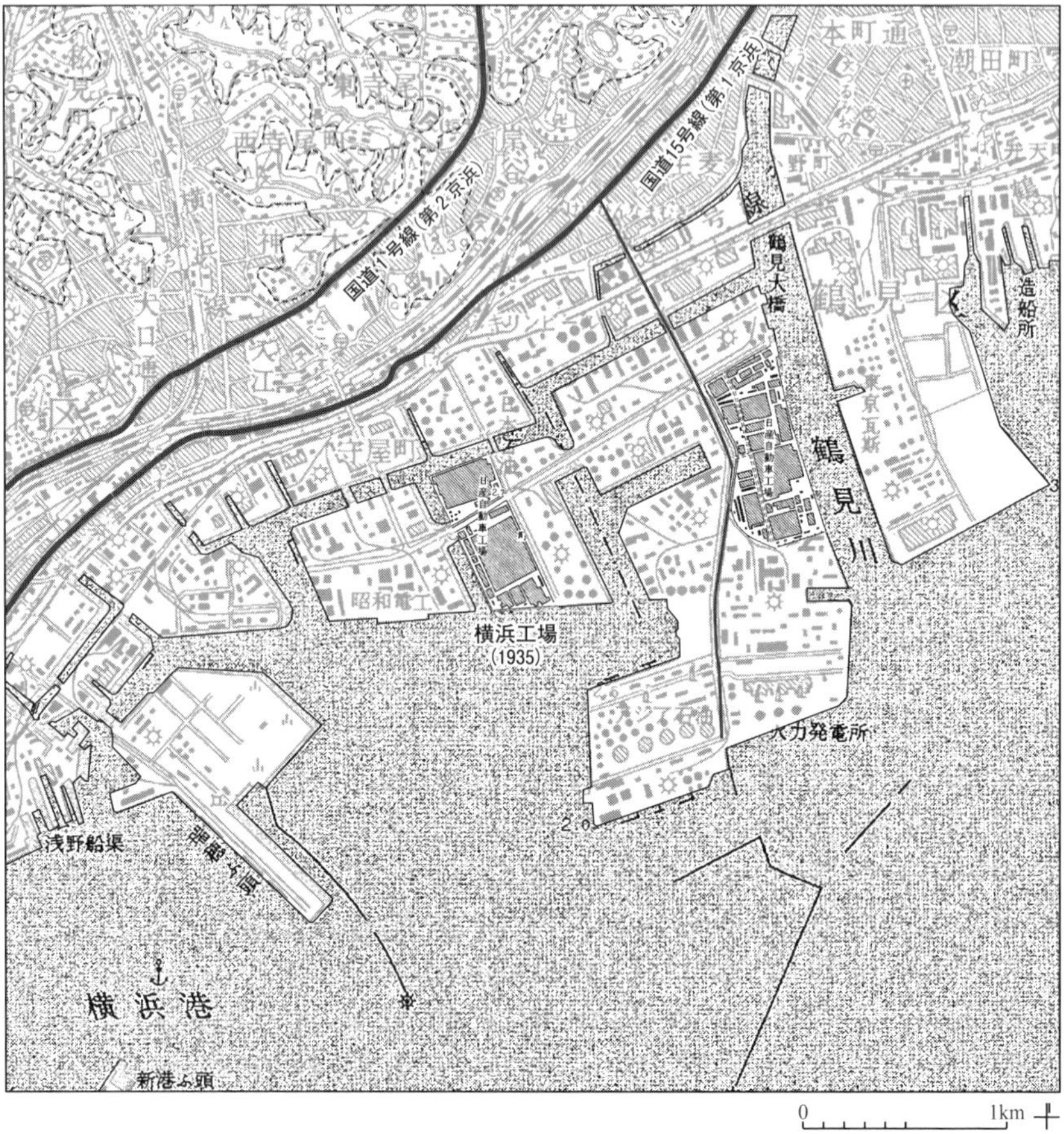

図 26　日産自動車「横浜工場」（1935）周辺地形図

発した土地を買い受けたもので、年産五〇〇〇台の大量生産が見込まれた。しかしながら、同じ年の八月の閣議において、政府は「自動車工業に関する根本方針要綱」を打ち出し、普通自動車に関する会社設立を日本の株式会社に限った許可制とし、「産業上、国防上必要な監督規定」を設けた。政府のこの方針は、戦時統制立法「自動車製造事業法」に連なるものであり、横浜工場は、本来の機能を十分に発揮できないまま敗戦を迎えることになった。しかも戦後は、「座間工場」（一九六五）の完成に伴ってエンジン・サスペンションなどのユニット生産の専門工場に転換した。

図 27　日産自動車「追浜工場」

もう片方の「追浜工場」は、「横須賀第一飛行場（追浜飛行場）」跡地の払下げを受けて、一九六一年に操業が開始された（図27）。追浜海岸は、「海軍航空発祥之地」（一九一二）となって以降、沖に浮かぶ夏島との間が埋め立てられ[39]、一九一六年に「横須賀海軍航空隊」とその飛行場が設置されていた（図28）。この払下埋立地が選ばれた理由は、(1)横浜工場に近いこと、(2)大半がすでに平坦な空地であったこと、(3)埋立により敷地の拡張が可能であること、(4)乗用車輸出の海運拠点となり得ること、という四点であった[40]。しかしながら「横浜工場」と「追浜工場」は、「直線距離にして一八キロメートル、最短コースの道路距離は二八キロメートル、自動車なら約五〇分で行ける」と記されているが[41]、同一地域の工場として考えてみれば、必ずしも近い距離とは言えない。実際に「追浜工場」の敷地選定については、この地域のほかに、先述した両毛地域の駐留米軍「キャンプ・ドルー」跡地も比較検討されており、日産自動車は、必ずしも近接する敷地を求めたわけではなかった[42]。戦後に設けられた「追浜工場」は、「横浜工場」との関連よりも、工場の西側を走る国道一六号線をめぐって「村山工場」と「座間工

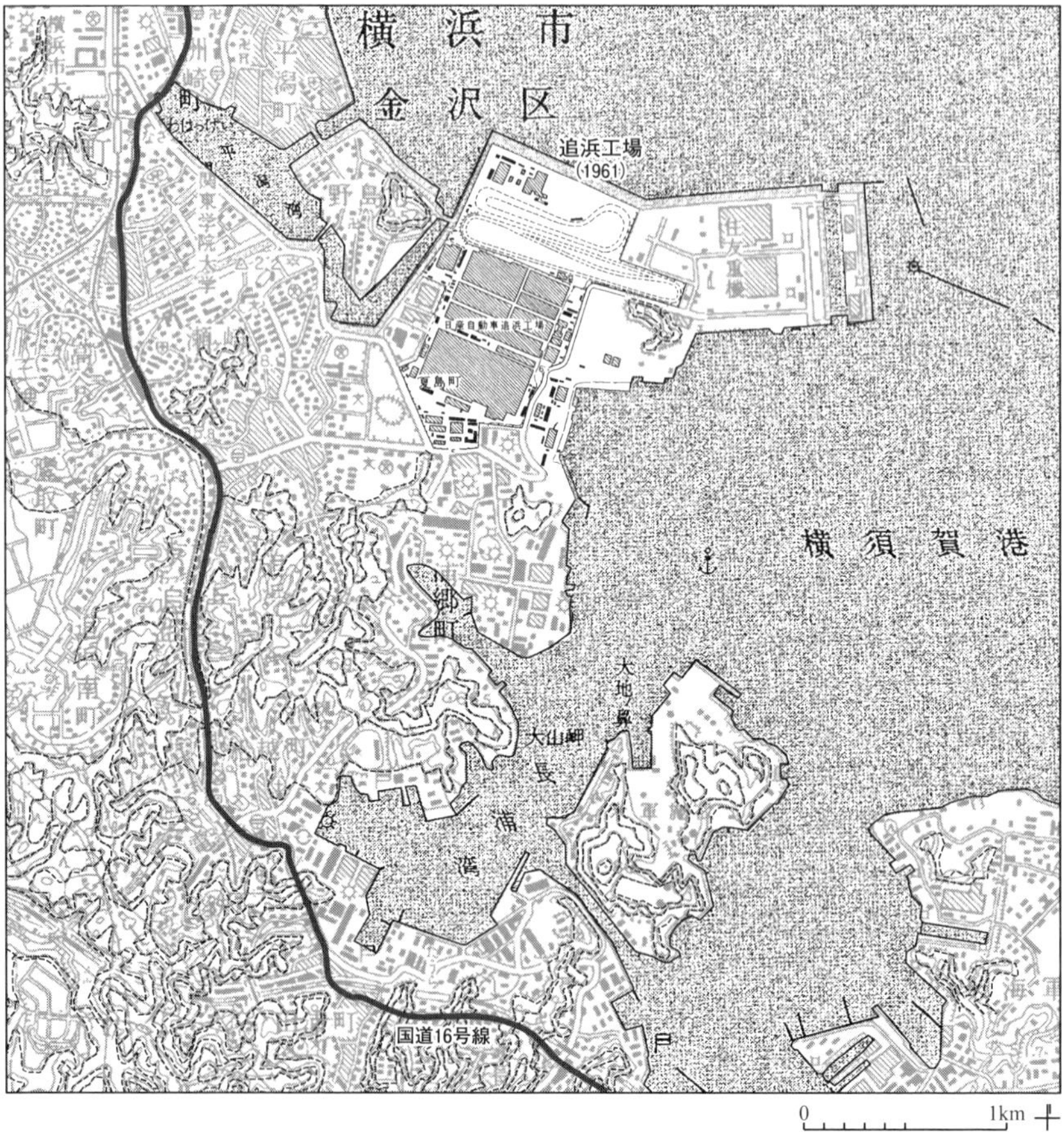

図 28　日産自動車「追浜工場」(1961) 周辺地形図

場」の布置と関連して扱われるべきである。先に述べたように、国道一六号線は、東京大都市圏地域計画の最外縁に設けられた「衛星都市」を結ぶ環状道路であり、「追浜工場」もまた、それらの「衛星都市」の中心工場のひとつだったのである。一九七〇年代までの日産自動車の工場布置は、明らかに国道一六号線沿いに展開された。日産自動車は、一九六七年に、内陸の「村山工場」や「座間工場」で製作された自動車を海外へ輸出するために、「横浜工場」と「追浜工場」の中間にあたる本牧に、「本牧専用埠頭」を設けた。「本牧専用埠頭」とこれらの工場を結んだのは、やはり国道一六号線であった。こうした一九七〇年代における自動車工場の〈海岸埋立地〉への進出は、日産自動車だけでなく、トヨタ自動車工業の「衣浦工場」(一九七八)、「田原工場」(一九七九)の建設についても共通する。

「横浜工場」と「追浜工場」の相違点は、建設時期だけでなく、埋立地の環境と建物の配置を見ても明らかである。「横浜工場」の敷地は、四周を運河で取り囲まれた人工島であり、隣接する人工島へ至る陸路は、敷地内を横断する産業道路が架かる東西二ヶ所の橋のみで、工場の建物本体は、海側へ押しやられて建て詰まっている。海の中に浮かぶ人工島であるにもかかわらず、水際空間に背を向けた姿は、〈台地〉や〈平地〉に設けられた工場と何ら変わるものでなく、陸側に玄関口を持つ。一方、「追浜工場」の敷地は、陸続きとなった敷地西側部分から海へ向けて半島状に突出しており、工場の建物本体は、陸側に寄せて建てられている。敷地の西半分は、塀で囲まれた工場であったのに対して、東半分は、一九六一年に完成当時は日本最大と謳われた高速テストコース(総延長二四三〇メートル)が設けられ、東京湾に開けた工場となった。

一九六九年に、工場正門に近い敷地の角に、従業員のための「日産自動車追浜工場体育館」が設けられ(図29)、陸側の玄関口が刷新された[43]。体育館部分と研修所部分の間に、工場外部からの玄関口を持つこの更生施設は、軟弱地盤の不同沈下に備えて、下部構造をRC造によって剛構造とする一方で、上部構造は鉄骨造によって軽量化が図られた。すなわち、体育館の付属諸室と研究所を収めた下部構造がRC壁構造によって造られ、その内部の体育館

図29　日産自動車追浜工場体育館

コートを囲うように三・五メートル間隔で建てられたRC造柱列の上に、水平方向材のフラット・バーと垂直方向材のボックス・バーからなる、薄い成《せい》を持った軽量鉄骨立体トラス・ユニット（一七五〇×一七五〇×八七五ミリメートル）の上部構造が載せられたのである。設計者であった大高正人建築設計事務所の西脇敏夫によれば、「この建物が建つことによって（工場を囲う）塀が取り除かれ、広大な敷地の一角が塀の外に開かれること」を目論んだとされ[44]、この建物の下部構造は、単なる軟弱地盤対策だけでなく、工場を囲い込むために延々と続く塀の一部を開放するためのデザインであったことがわかる。

「太陽・緑・空間」の工業都市――三菱自動車工業「大江工場」「水島製作所」

日産自動車の「横浜工場」と「追浜工場」が京浜工業地帯という〈海岸埋立地〉の自動車工場であったとすれば、三菱自動車（株）の「大江工場」は中京工業地帯に、「水島製作所」は瀬戸内工業地域の中核となる水島コンビナートに、それぞれ設けられた事例であった。三菱自動車は、もともと大正年間（一九一八〜二一）に三菱造船（株）「神戸造船所」で製作した二二台の「三菱A型」を、三菱内燃機（株）「名古屋自動車製作所（大江工場）」で大量生産しようとしたものが実現せず、「大江工場」における乗用車生産もまた、一九六〇年から開始される「三菱５００」の生産を待たねばならなかった（図30）。

三菱重工（株）の各地における工場建設について、岩崎小彌太（1879–1945）は「美田を潰すな、地元の平和を乱

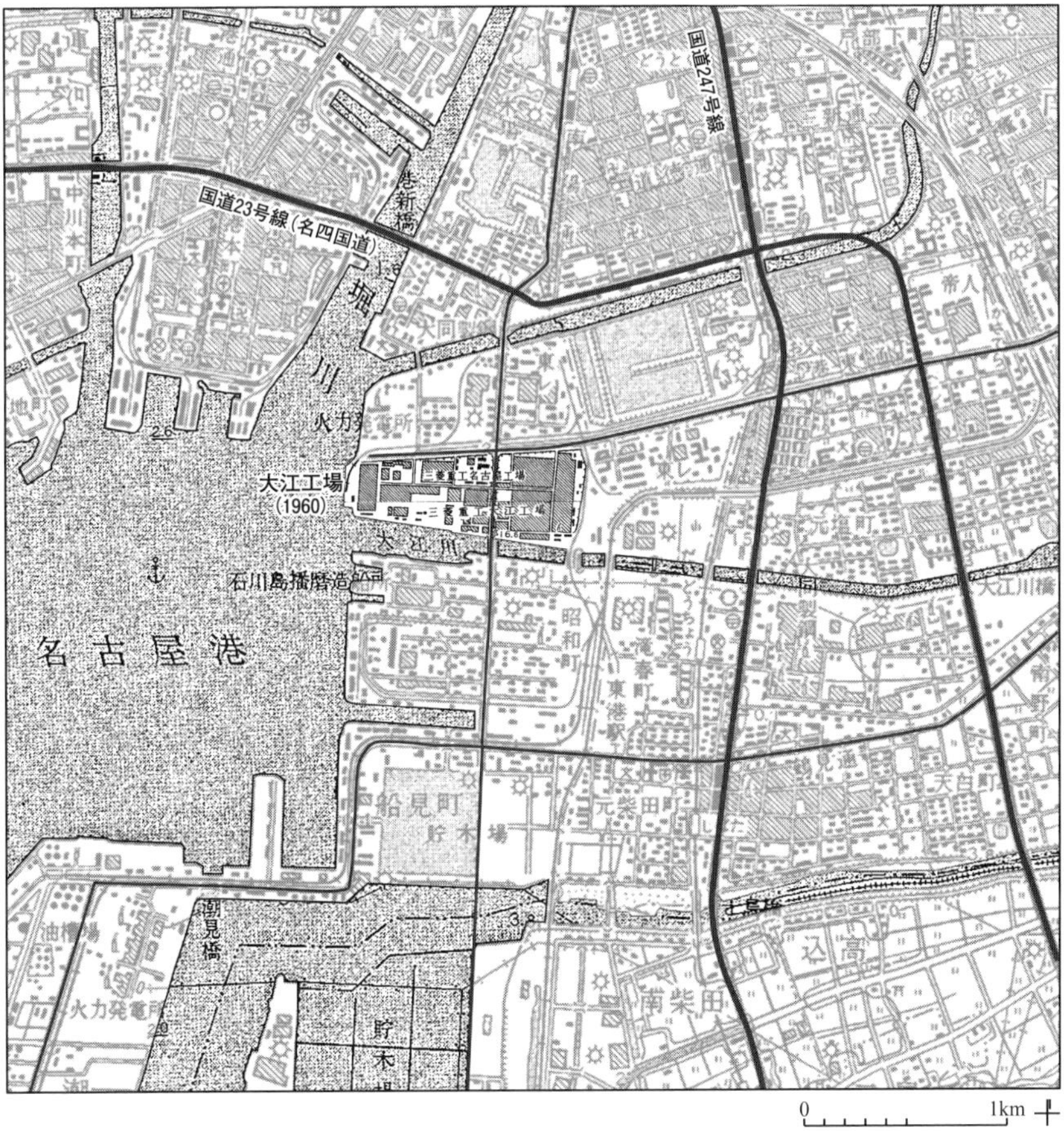

図 30　三菱自動車工業「大江工場」（1960）周辺地形図

すな、政治に干与するな」という方針で臨んだというが[45]、同じ〈海岸埋立地〉の自動車工場であっても、「大江工場」と「水島製作所」では開発の時期と背景が異なる。「大江工場」は、一九二〇年に名古屋市が主導して開発した名古屋港埋立地「第六号地」に、埋立工事が完了した翌年に建設された。そもそも、この工場は「潜水艦、飛行機、自転車、其他重油機関及軽油機関ヲ製造スル事」を目的として建設されたものであったが、「ワシントン軍縮会議」（一九二二）によって航空機戦力に目が向けられるようになった結果、自動車関連の製造は芝浦分工場に移管され、一九三四年には三菱自動車名古屋航空機製作所と改称されて「零戦」等の主力生産工場となった。この「第六号地」は、山崎川と大江川を含む運河に四周を囲まれた人工島であり、都心部を囲繞する環状道路を含む幹線道路によって六つの大街区に区分され、「大江工場」は、東邦電力（株）（現 中部電力）築地発電所や豊国セメント（株）（現 三菱マテリアル）と並んで大街区のひとつを占めた。大都市近傍の運河に四周を囲まれた人工島としての埋立地という敷地条件は、日産自動車「横浜工場」に近似する。さらに、「大江工場」が三菱自動車名古屋航空機製作所として「零戦」生産の主力工場になると、隣接する西側大街区に敷地が拡張されて、二つの大街区の間に、竹中工務店によって設計された「三菱重工名古屋航空機製作所本館ビル」（一九三六）が建設された。このRC造四階建の建物は、街区角に時計塔を擁するL字型平面形を持ち、大街区を強調する配置がなされた。R・アンウィン（1863–1940）が、「名古屋の都市計画は海岸を皆工業地域にしたが、これは野蛮である」と嘆いたように、こうした人工島としての埋立地のあり方は、臨海部を遠ざける結果を招くとともに、〈台地〉や〈平地〉に離散配置された工場と何ら変わるものではなかった。しかし、そこに設けられた街区としての工場のあり方は、異業種の工場が隣接する工業団地であった。

戦後は、被災した三菱自動車名古屋航空機製作所の工場を復旧し、様々な新型の機械設備を導入することで、スクーターからバスに至るまで多品種の自動車工場を実現する一方で、「三菱５００」を嚆矢とする小型四輪乗用車の生産を開始したが、組立ラインと工場建物が対応していないため、その生産能力には限界があった。こうした事由から、一九六三年に前述した西側大街区の〈水際〉に建設された工場が、小型四輪乗用車専用の組立ラインを収めるものとなった。また、一九六二年には、「大江工場」の限られた敷地に設けることができなかったテストコースを「岡崎試験場」として完成し、一九七七年には「岡崎工場」の生産が開始され、工場の立地が〈水際〉から〈平地（農耕地）〉へ移行された。このことは、前述した一九七〇年代における自動車工場の〈海岸埋立地〉への進出という動向と逆を行くものであり、三菱自動車が次に述べる「水島製作所」という〈海岸埋立地〉に立脚してきた証左でもあろう。

他方、「水島製作所」の設立は、戦時体制の中で発注者・生産者・用地提供者からなる三者の意向が一致した結果であった（図31）。すなわち、発注者である海軍においては、航空戦力を重視するようになったことで「航空機工場、飛行場、燃料基地などを併設し得る広大な後背地を有する用地」を必要としたこと、生産者である三菱重工においては、「大江工場」に飛行場を設ける場所がなく、「完成した機体を一旦分解し陸路各務原飛行場まで牛車・馬車で輸送」する必要があったこと、用地提供者である岡山県においては、横溝光暉（1897-1985、岡山県知事在任期間一九四〇―四二）の県政方針となった「農工両全」に沿って一九三九年に岡山県工場誘致委員会が航空機工場を誘致したこと、[46]である。その結果、工場用地（飛行場を含む）の造成と機械設備については、国家資金（一九四二年兵器等製造事業特別助成法）によって、工場建物・厚生施設用地と建物は、三菱重工の資金によって建設された。

さて、水島地域は、一九一一年から一九二五年にかけて行われた高梁川改修による旧東高梁川廃川地と、その河口地先海面の埋立地を対象として開発された。前者の地域では、一九四二年に三菱重工の専用鉄道が敷かれ、沿線に、住宅・学校・病院・体育館・社倉・公園等の厚生用地（六六万四八二四坪）をもった線状都市が形成された。一九四八年に専用鉄道が地方鉄道「水島鉄道」へ切り替えられた後に設けられた「弥生駅」と「水島駅」という二つの駅舎は、線状都市としての空間構成を、より強固にするものとなった。[47]他方、後者の地域では、専用鉄道の終端から海に向かって広大な工場用地（三三万六九八四坪）と飛行場用地（三一万五一五二坪）が設けられた。一般的

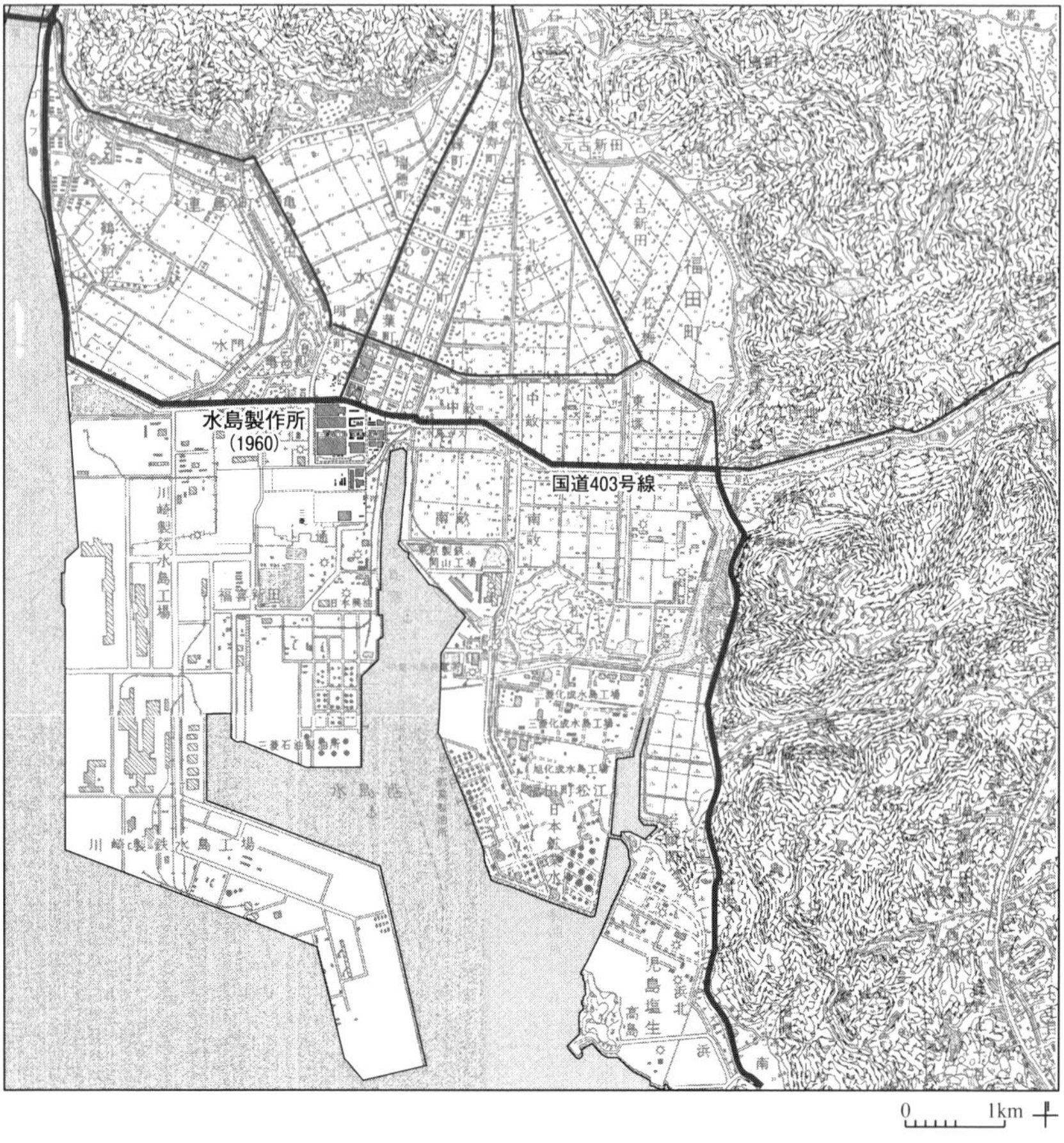

図 31　三菱自動車工業「水島製作所」(1960) 周辺地形図

に、ソ連の工業都市に代表される線状都市は、工場群を線状空間の一部として取り込む手法が一般的であるが、ここでは帯状の居住地区と、面状の工場地区に分別されている。

ところで、岡山県は一九四二年に、「連島都市計画」と名付けられた広大な都市計画を決定した（図32）。この計画は、水島地域の北部および東部丘陵地と旧西高梁川（現 高梁川）とに囲まれた干拓地を、環状道路と放射道路によって「工場、住宅、商店ニ適応スル」都市とするものであった。[48] 戦後まもなく岡山県知事となった三木行治（1903-1964、岡山県知事在任期間一九五一―六四）は、一九六二年に、「太陽と緑と空間の新産業都市」を標語とする「多核環状都市」を提言した。[49] この「太陽・緑・空間」という、ル・コルビュジエが『輝く都市』（一九三五）で示した近代都市が解決すべき「自然条件」を標榜するマスタープランは、[50] 高山英華（1910-1999）によってまとめられたものであった。

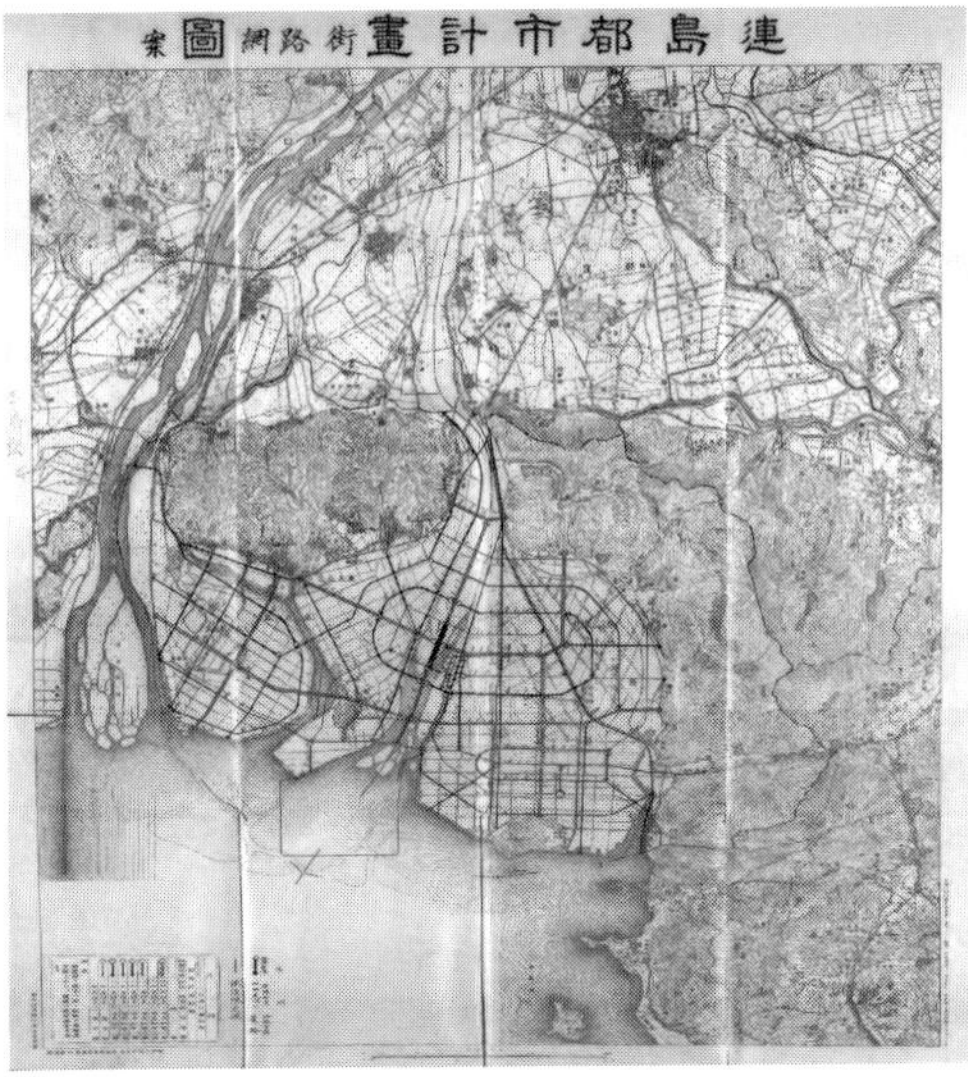

図 32　「連島都市計画街路網図案」

当時、高山は岡山の開発計画に大きく関与しており、市のマスタープランを作成しただけでなく、[51]「岡山県都市開発事業計画調査報告」として岡山中央駅前・備南台・玉島・水島の再開発計画もまとめた。[52] とりわけ、『水島地区市街地開発計画――立体的都市計画』では、旧東高梁川廃川地とその両側の街区群中央部分に、「骨格ゾーン」と名付けた連続的な立体公共空間の計画が提案された（図33）。「骨格ゾーン」は、「平面的には区画整理に基づく街路を主体とし、立体的には設備シャフトを内蔵してアミーバーのようにのびてゆく建築帯」であり、「そこにはすべての公

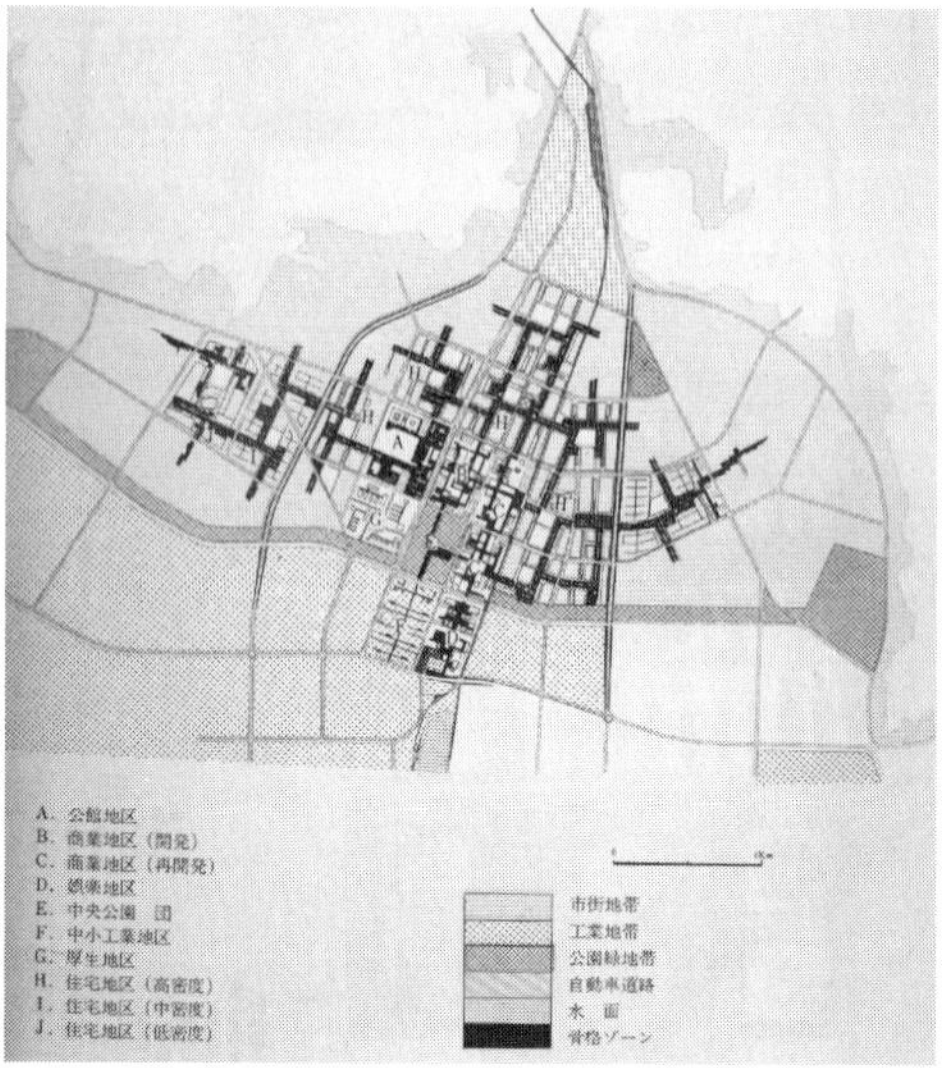

図 33　日本都市計画学会水島開発特別委員会「水島地区立体構想図」, 1962

共施設、設備（地下にガス、水道、電気などの諸設備）のシャフトを埋設」するとともに、「店舗、行政施設、医療機関、集会所などの諸施設を配し、学校、幼稚園、公園といったものを骨格沿に包含して設ける」ように計画された[53]。この計画は、戦前に三菱重工の専用鉄道沿線に開発された線状都市を再開発して東西方向へ拡張しようとするものであり、三菱自動車工業「水島製作所」北側の都市計画道路沿いに設けられた、居住地帯と工場地帯を分断する幅員一〇〇メートルのグリーンベルトと並行して開発される計画であった。幹線道路は、南北方向では居住地帯と工業地帯を貫通し、東西方向では一定の間隔（約四〇〇メートル）で設けられている。居住地帯と工場地帯の街区が同様の規模で考えられていたことが見て取れ、工場地帯の内外を問わず、「太陽・緑・空間」に溢れた都市が計画されていた。その際、戦前の線状都市が、格子状街区の中に群島状に分散配置された小公園を街路網で結ぶ空地のネットワークを形成する計画であったのに対して、戦後の高山らの立体都市は、都市基盤設備を内蔵する公共施設をT字型交差点の歩行者交通ネットワークとして形成する計画であったことも見て取れる。

「大広島計画」の自動車産業コンビナート

さて、次に〈平地（河川敷）〉の自動車工場を考えることにしよう。重要な事例は、東洋工業（株）（一九二七―、現マツダ）の「安芸府中工場」と「宇品工場」である（図34）。「安芸府中工場」（一九三〇、一九六〇）は、広島市東

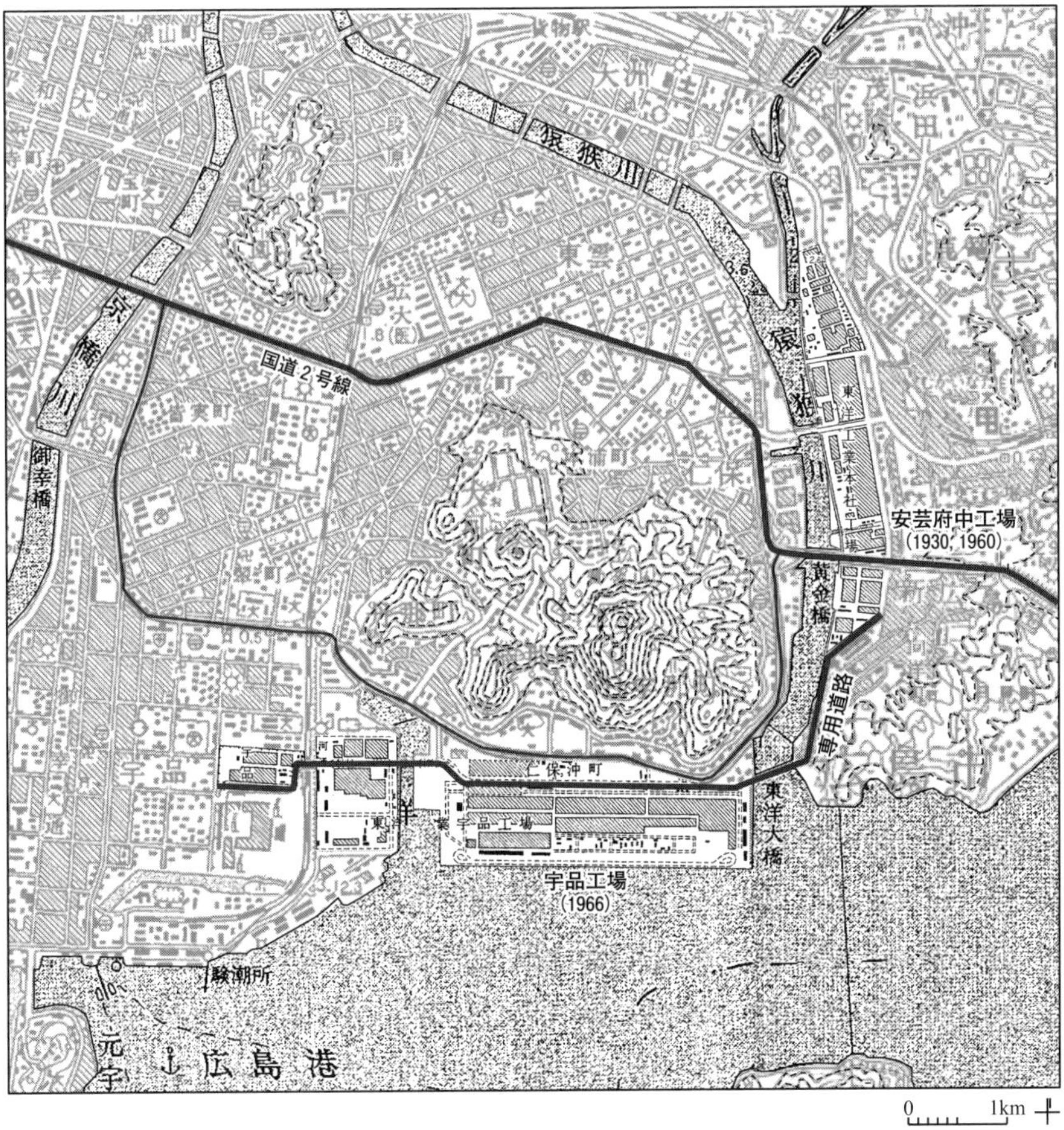

図 34 マツダ「安芸府中工場」(1930, 1960),「宇品工場」(1966) 周辺地形図

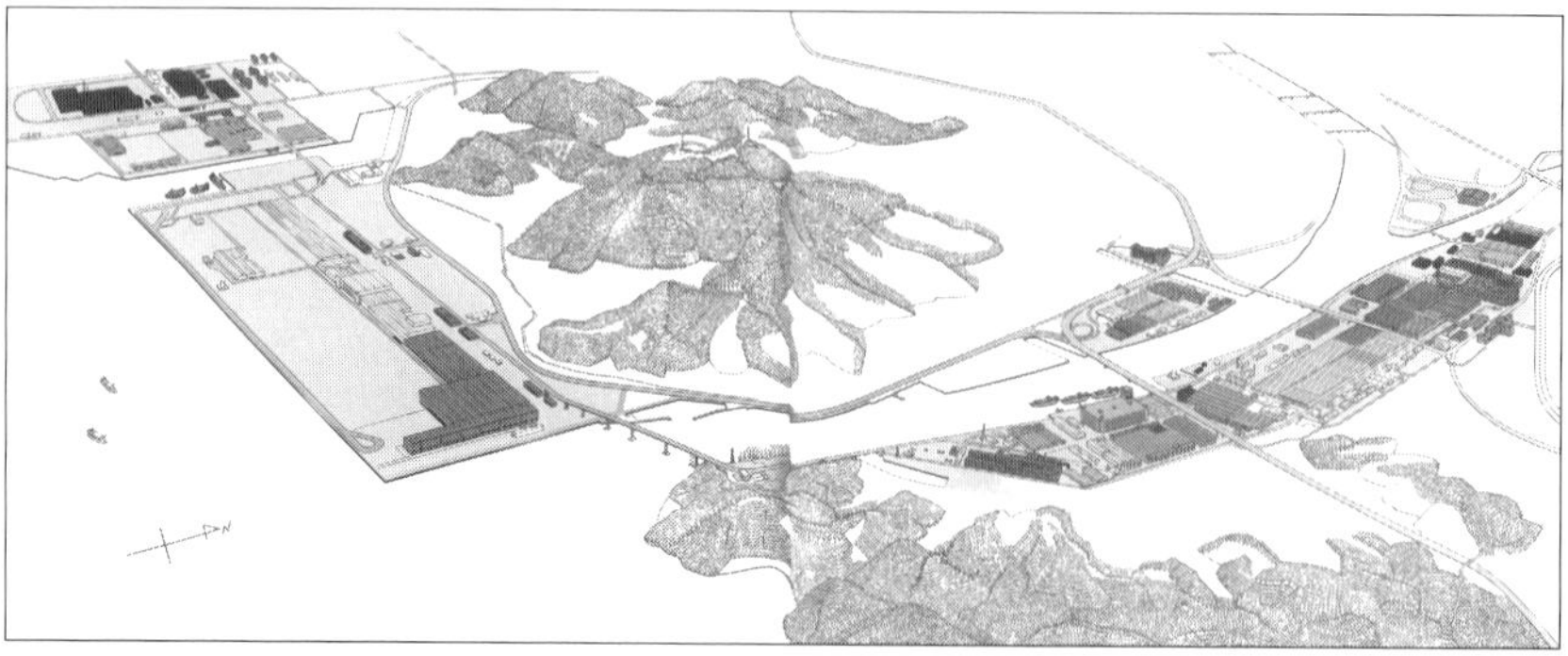

図 35　マツダ「安芸府中工場」および「宇品工場」鳥瞰図

部を流れる猿猴川の河口左岸と、かつて呉海軍工廠と広島市内を結んでいた幹線道路（現 広島県道一六四号広島海田線）に挟まれた細長い敷地に、自動車の製造工程をそのまま建築化した工場群が形成されたものである。猿猴川の河口左岸は、一八世紀後半に開拓された「青崎新開」の先に、二〇世紀に入ってから開拓された県営埋立地であった。「国民車」として開発された「マツダ・キャロル」（一九六〇―七〇）の生産が本格的になると、テストコースが本社工場から七〇キロメートル離れた山中に「三次自動車試験場」（一九六五）として建設される一方で、黄金山南側の埋立地に「宇品工場」（一九六六）が建設された。「安芸府中工場」と「宇品工場」は、東洋大橋およびその両端に設けられた二つの橋を含む専用道路で直結された。一九六五年一〇月に、日本開発銀行の地域開発融資を受け、一一億五千万円の費用をかけて建設されたこの専用道路は、専用喬合計一〇〇〇メートル（一企業の専用橋としては当事国内最長）と取付道路一七四五メートルからなるものであった（図35）。

一方、広島市は、一九五八年に、当該都市を中核とする広域都市圏計画「大広島計画」を発表し、昭和四〇年代後半には、この計画に基づいた周辺町村合併が一挙に進行した。『新建築』一九五四年一月号に掲載された丹下健三による「広島都市計画図」を見てみると、[54] 東洋工業自動車工場群が設けられた猿猴川河口地域は、まだ戦前の土地利用のままであったが（図36）、「大広島計画」において土地利用の方針が明確に打ち出されたのである。そ

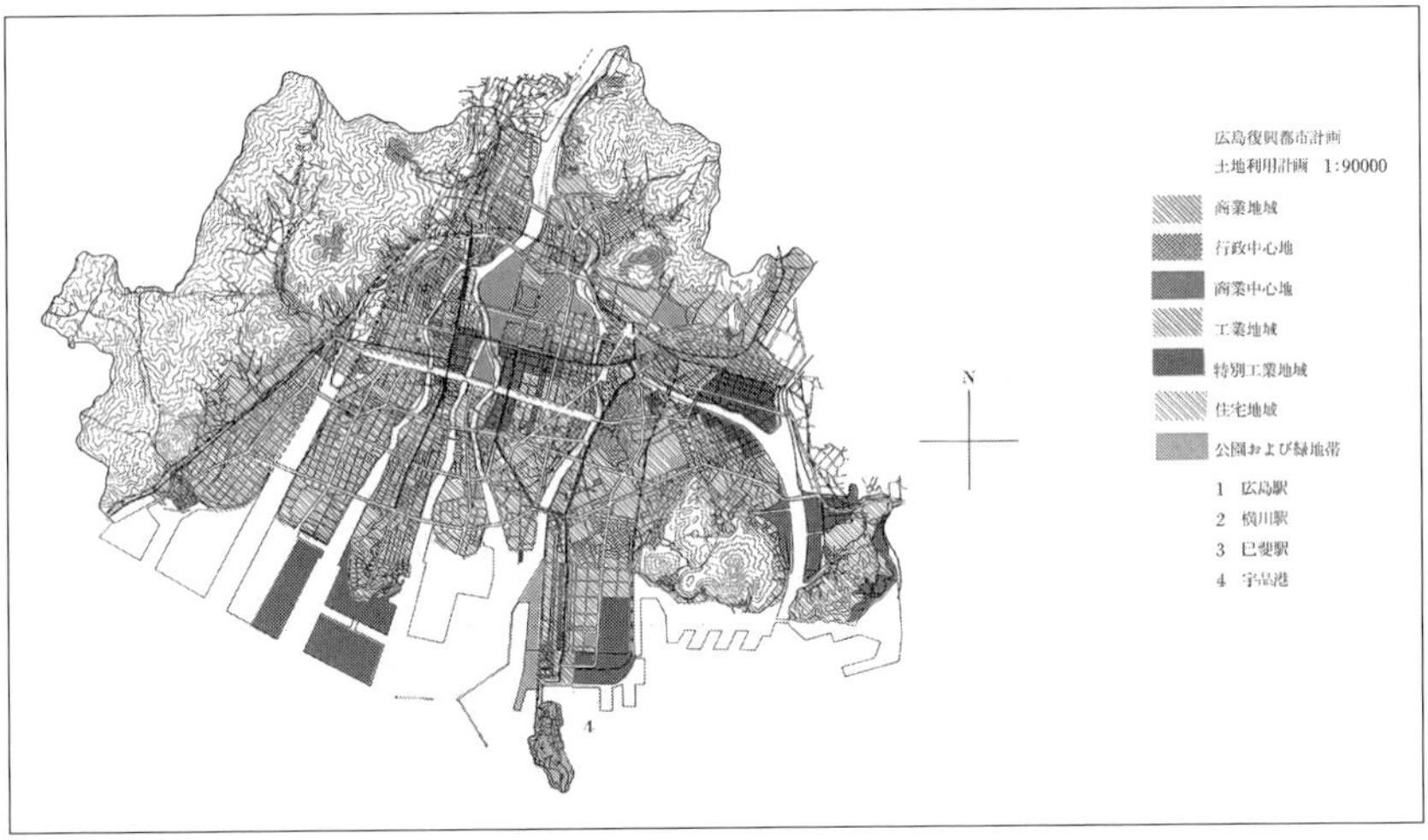

図 36　丹下健三ほか「広島復興都市計画土地利用計画」, 1954

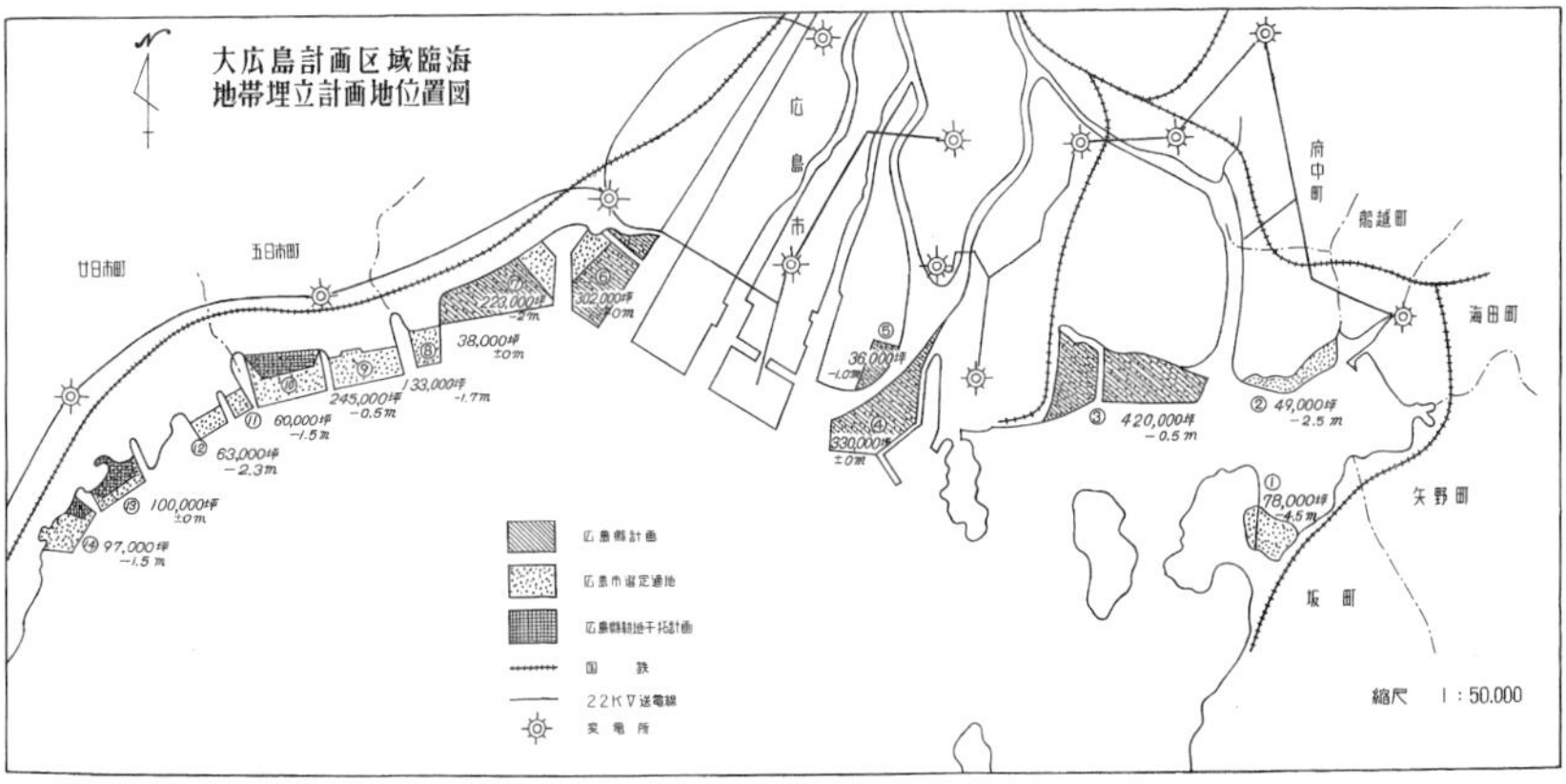

図 37　「大広島計画区域臨海地帯埋立計画」, 1960

れを示すのが、「大広島計画区域臨海地帯埋立計画」である[55]（図37）。とりわけ「宇品工場」が建てられた「宇品東部地区」は、この計画の中で最大面積となる四二万坪の敷地に、六三五万八〇〇〇立方メートルの海底浚渫土が投入された。「宇品東部地区」の土地利用と面積配分は、機械製造業またはセ精穀製粉業（三万五〇〇〇坪）・電気機械器具製造業（四万二〇〇〇坪）・輸送用機械器具製造業（九万坪）・窯業土石製品製造業（九万坪）・関連産業（三万五〇〇〇坪）となっており、機械工業を中心とした一大「コンビナート」地帯が形成される予定であった。

言葉に正確を期せば、「コンビナート」とは、製鉄産業や石油化学産業に代表される「原料供給と加工の両部門を併せる連合企業」であるが[56]、ロシア語の語感を考慮すれば、水際空間で計画的に「結合」された自動車関連工場群は、「自動車コンビナート」であったと言ってよかろう。東洋工業によるこれらの事例と同様に、ダイハツ工業が阪神間の猪名川沿いに設けた自動車工場群もまた、「自動車コンビナート」と言える。その「池田工場 第一地区」もまた〈平地（河川敷）〉の工場であり、「池田工場 第二地区」は隣接する既存集落を隔てて建設され、両工場は専用道路で直結されていた[57]。ダイハツ工業もまた、「ダイハツ・フェロー」（一九六六—七七）を「国民車」として生産するまでは、東洋工業と並ぶ「オート三輪」を製造する代表的企業であった。「国民車」を製造する目的で建設した新工場を、専用道路によって旧工場と結ぶという考え方もまた共通している。水際空間に建てられた複数の工場群を専用道路で結ぶという考え方は、「自動車コンビナート」にほかならないのである。

前述したトヨタ自動車工業や富士重工業の工場群もまた、相互に「結合」されていることに変わりないが、それらは専用道路によって「線状結合」されているのではなく、一般道路で「網目状結合」されている点で大きく異なる。つまり、ここで言う「自動車コンビナート」において重要なことは、「線状都市」としての工場の「結合」のされ方なのである。東洋工業は、「一社一工場システム」を掲げ、一九八一年に「防府中関工場」と「防府西浦工場」を建設するまで、本社機能と工場を猿猴川河口地域一箇所にまとめるよう努めていた。この「量産に応じ得る大規模工場の建設が最初から可能であること、長期的視点から協力工場が育成し易いこと、工場管理組織が重複しないこと、工場間輸送が合理化できること」を利点とした「一社一工場システム」が、猿猴川河口地域にようやく設けられた埋立地の限定された敷地条件と相俟って、工場群の「線状結合」が行われた結果、「自動車コンビナート」が形成されたのである。[58]

図 38　マツダ「安芸府中工場」外観

「機械」としての工場——東洋工業「安芸府中工場」「宇品工場」

猿猴川沿いに増築を重ねた「安芸府中工場」は、大よそが鋸屋根による自然採光で、全ての棟が河川と直交する方向に設けられた。そして川上から川下へ向けて漸次、増築が繰り返され、ついには河口に辿り着くことになった。「安芸府中工場」の塗装組立工場（一九六〇年五月）の外観は、谷口吉郎による「秩父セメント第二工場」（一九五六）に似る（図 38）。両者とも、連続したヴォールト屋根の軒を並べ、壁面全体にスチールサッシの方立と無目からなる格子を持つ。全面ガラスの壁面は、まさしくル・コルビュジエが「緑の工場（The 'Green Factory'）」（一九四〇）で目指した「光の壁」であった。[59] こうしたデザインは、コーキングによる止水が、経済的にも性能的にも不確実な施工方法であった時代に案出されたデザインであった。すなわち、サッシを押縁として扱うことで目地を封緘した出目地なのである。サッシの格子が、RC造の柱形と梁形によって構成された格子をさらに再分割することで、真壁構造の建築を彷彿とさせる。藤岡洋保は、谷口のデザインの特徴のひとつとして「格子」によるプロポーションのコントロールを挙げているが、[60] こうした出目地のあり方こそ、格子を強調する手段でもあったと言えよう。

一方、黄金山南側の埋立地に建てられた「宇品工場」は、海岸線に平行する長大な陸屋根の建物となった。埋立地北側に設けられた専用道路沿いに、竹中工務店の設計施工による車体工場（建築面積一万七〇〇〇平方メートル）と、清水建設の設計施工による塗装工場（建築面積二万五〇〇〇平方メートル）および車両組立工場（建築面積二万二〇〇〇平方メートル）からなる新工場群が、いずれも鉄骨造二階建でつくられた。その際、組立工場では、上下階の間に生じる部品供給が無人化されただけでなく、一九七〇年四月より、工場内の路面には、埋設ケーブルに流される高周波電流をキャッチして走行する無人運搬車が採用された。それは、二両連結で約四トンの運搬能力を持ち、時速五キロメートルで走行した。一九六八年一〇月、「宇品工場」の工場群は第九回ＢＣＳ賞を受賞したが、後述する工場建築のデザインもさることながら、我が国を代表する建設会社共同企業体（ＪＶ）が果敢に挑んだ軟弱地盤対策の結果でもあった。戦時中の軍需工場建設が地盤調査の結果放棄された場所で、「つくりたての埋立地に、夜トラックを置いておくと、朝には消えている」とさえ言われたという。[61]当時最先端であった圧密促進技術「ペーパードレーン工法」によって地盤改良が行われ、「伸縮ボルトによるかさ上げ方式」が採用された。とりわけ、後者の方式は、基礎と鋼管柱ベースプレートの間に、年間数十ミリメートル程度のかさ上げ調整を行うためのアンカーボルトを八本挿入したもので、新聞記者時代の坂根巌夫（1930-）によって「生きた脚」と評された。地盤沈下の絶対量は重要でなく、建物と生産システムの寿命に見合った沈下スピードが問題であり、建物と機械さえ傾くことがなければ、「三〇年間で二メートル沈下」してもかまわないという発想は、施主側の提案を受けて考えだされたものであったという。[62]この、自動車会社が案出した、建物を地盤から切り離して「建築＝機械」とする考え方は、後にＲ・ピアノ（1937-）と岡部憲明（1947-）によって設計された「関西国際空港旅客ターミナルビル」（一九九四）で大々的なジャッキアップシステムとして用いられ、埋立地軟弱地盤における建設方法の定番となった。

「建築＝機械」とする考え方は、建物の基礎部分だけではなかった。施主側の要望で、一階は九・〇メートル×九・〇メートル、二階は一八・〇メートル×一八・〇メートルに統一して部材が規格化された。この正方形格間が内部空間利用の等方向性をもたらすことは、トヨタ自動車工業「元町工場」で見た通りであるが、東洋自動車では、一九三一年に「安芸府中工場」を建設する際に柱割を四・五メートル・九・〇メートル・一八・〇メートルの三種類に統一して以来、社内で伝統的に用いてきた寸法体系であり、（株）日建設計による「防府工場」（一九八二）においても一八・〇メートルの正方形格間が採用された[63]。ここで建設会社が考え出したのは「骨組みの構法くらいであった」という[64]。竹中工務店では、地上で立体トラスの屋根と床のユニットを組み上げて、一八・〇メートルの正方形格間にクレーンで設置して工期短縮を図った。立体トラス屋根ユニットを反復して造られた工場は、鋸屋根を持たない矩形の長大な工場となった。とりわけ、組立工場の一階は部品庫に、二階は車両の組立ラインに充てられ、部品の供給と組立が建築的に立体化された画期的な自動車工場であった。組立工場は、工場内採光の均一化、付近一帯に流れ出る騒音の防止、潮風の流入による錆の防止のために、無窓の建築とされた上、屋根材と床材には、発砲コンクリートが採用され、吸音と断熱が図られた。その結果、この建物は、完全空調が施された最先端の工場となった。

図 39　マツダ「宇品工場」外観

この工場は、谷口吉郎による「秩父セメント第二工場」とは、大きく異なる。谷口は、工場の長大なマスをヒューマンスケールに分節したのに対して、この無窓建築は、工場のヴォリュームをそのまま建物の外形とすることで「モノリス」としての建築となった[65]（図39）。この対比は、安芸府中と宇品の組立工場にも当てはまる。両者の竣工年の差は、わずか一〇年に過ぎない。しかしながら、この一〇年間における合成ゴム製品の発達は著しいものであった。もとよりゴム工業は、一九世紀末に空気入りタイヤが考案されてから（一八八七年にダンロップが考案したという）、天然ゴムの自動車タイヤへの需要が急増したことで、飛躍的に発展したのだった。それはともかく、R・バンハムの言葉を借りれば、同じ組立工場でも、安芸府中の事例が「第一機械時代」の建築であるとすれば、宇品の事例は「第二機械時代」の建築であったと言えよう。[66]あるいはまた、安芸府中では、工場のファサードがサイズの異なるスチールサッシの方立と無目からなる格子の構成によって全体がつくられているのに対して、宇品では、単一サイズのパネルの反復によって全体が形成されており、E・バーク（1729-1797）が定義した美と崇高の違いとして捉えることもできよう。[67]自動車工場では、被覆が重要な要素である。その意味で、同じ「コンビナート」でも、「屋根のない」ことを旨とした石油化学工場と正反対の性格を持つ。[68]後者について菊竹清訓は、三菱地所・松田平田設計事務所・日本揮発油・千代田化工建設による「日本合成ゴム四日市工場」を見学した際、「建築を媒体とせず、スペースは機械によってはじまり、機械におわる」と述べたが、自動車の方は、「モノリス」としての建築から生産されるモノコックのカプセル（次章参照）となったのである。

2 自動車工場をめぐる史的背景

前節では日本国内の主要な自動車工場を地形によって分類したが、そもそもどのような歴史的背景によって各地方に工場が集積するようになったのだろうか。ここで、戦前から戦後にかけての我が国の自動車に関する工業政策と地方工業都市の発展について簡潔にまとめておきたい。

戦前期の自動車工業政策と地方工業都市の形成

第二次世界大戦前における我が国の自動車工業政策は、一九一八年に陸軍省の要求によって制定された「軍用自動車補助法」、一九三一年に商工省が設立した「自動車工業確立委員会」、一九三六年に陸軍省と商工省が協議して制定された「自動車製造事業法」という三つの施策を中心に展開された。[69] 最初の軍用自動車補助法は、「軍用保護自動車（トラック）」の国産化を図るものであったが、民間では橋本増治郎の（株）快進社「ダット号」（一九一四）や豊川順彌の（株）白楊社「オートモ号」（一九二五）が開発され、のちの小型自動車開発の礎となった。二番目の自動車工業確立委員会は、既存の国産自動車会社を統合して「中級車（一・五〜二・〇トン級トラック・バス）」に関する標準形式自動車」の国産化を図るものであった。これにより、石川島自動車製作所（株）・ダット自動車製造（株）・東京瓦斯電気工業（株）自動車部からなる既存国産自動車会社三社が統合されて、「商工省標準形式自動車いすゞ号」（一九三四）が完成した。最後の自動車製造事業法は、戦時統制立法のひとつであり、日本フォード（株）・日本GM（株）という外資系企業を排斥する一方で、自動車製造業を許可制としてトヨタ自動車工業・ヂーゼル自動車工業（現いすゞ自動車および日野自動車）・日産自動車の三社に統合した。同じ頃、ヨーロッパではナチス・ドイツが「歓喜力行団の自動車（KDF-Wagen)」（一九三八）を生産するために、ニーダーザクセン州に「歓喜力行団の自動車都市（Stadt des KdF-Wagens, 現ヴォルフスブルク）」を建設していた。

一方、工業都市の形成については、日本の工業地帯の萌芽が形成されたのは日清戦争以降であり、本格化したのは日露戦争以降だと言われている。[70] その後、一九三〇年には、全工業生産の五七・三%が、京浜・中京・阪神・北九州からなる四大工業地帯に集中することになり、[71] 第二次世界大戦前には工場の地方分散が提案されるようになった。そして一九三七年の日中事変を契機として、臨時軍事費特別会計のための公債発行限度額が次第に引き上げられる中で、大都市の周辺に「新興工業都市」と呼ばれる工業都市が建設されていった。一九三九年から、表2に挙げた全国二三地区九一六八ヘクタールが開発された。その際、海軍が、呉・横須賀・佐世保・舞鶴に続く工廠を、多賀城・豊川・光・川棚の新産業都市に建設し、このほかにも相模（高座郡寒川町）・高座（座間市および海老名市）・沼津（沼津市）・鈴鹿（鈴鹿市）・津（津市）にも工廠を建設した。これらの大都市周辺に設けられた新興工業

表 2　新興工業都市土地区画整理事業

地区名（府県名）	面積（ha）	事業開始年度	主要施設内容
八戸工業地帯（青森県）	391	昭和 15 年度	日本化学工業㈱，日本砂鉄工業㈱
多賀城（宮城県）	15	昭和 18 年度	多賀城海軍工廠
太田（群馬県）	932	昭和 16 年度	中島飛行機㈱
多賀（茨城県）	108	昭和 16 年度	㈱日立製作所
川口（埼玉県）	474	昭和 15 年度	鐘淵ディーゼル工業㈱
相模原（神奈川県）	1,594	昭和 14 年度	相模陸軍造兵廠
大和（神奈川県）	620	昭和 18 年度	高座海軍工廠
東岩瀬（富山県）	386	昭和 14 年度	住友金属工業㈱，㈱不二越
豊川（愛知県）	545	昭和 16 年度	豊川海軍工廠
挙母（愛知県）	220	昭和 13 年度	トヨタ自動車工業㈱
春日井（愛知県）	95	昭和 16 年度	陸軍造兵廠鳥居松製造所
臨海（三重県）	518	昭和 14 年度	海軍第二燃料廠
宇治（京都府）	684	昭和 16 年度	日本国際航空会社㈱
河西（和歌山県）	27	昭和 17 年度	住友金属工業㈱
広（兵庫県）	991	昭和 13 年度	日本製鉄㈱
福浜（岡山県）	99	昭和 18 年度	倉敷絹織㈱，立川飛行機㈱
室積（山口県）	71	昭和 17 年度	光海軍工廠
光（山口県）	208	昭和 16 年度	光海軍工廠
苅田（福岡県）	437	昭和 16 年度	日本曹達㈱，日立製作所㈱
春日原（福岡県）	460	昭和 17 年度	陸軍造兵廠春日製造所，九州飛行機㈱
相浦（長崎県）	20	昭和 18 年度	佐世保海兵団
大村（長崎県）	23	昭和 18 年度	海軍第 21 空廠
川棚（長崎県）	250	昭和 19 年度	川棚海軍工廠
計 23 地区	9,168		

都市では、関係工場敷地および人口集積を考慮して区域が決定され、旧都市計画法第一三条に基づき府県または市町村が事業主体となって土地区画整理事業が施工され、「緑樹帯・防火用貯水池・防空用緑地広場・公園・環状緑地帯」が整備された[72]。新興工業都市では、(1)鉄道・道路等の交通施設、工業用水・動力等の供給施設、公園・上下水道等の保健衛生施設に関する工業都市計画、(2)工場地の隔離、市街地の疎開、防火的建築、消防用水利施設に関する都市防空計画、(3)工場従業員の三〜五倍という「将来集積を予想せられない人口」が想定されていた(「将来、集積が予想しえない人口」という意味であろう[73])。

商工省が打ち出した一九三九年の「工業の地方分散に関する件」を受けて、一九四二年に「工業規制地域及び工業建設地域に関する暫定措置」が実施されたことで、工業規制地域における工場の新設と増設が統制され、前述の新興工業都市への建設誘致政策に拍車がかけられた。さらに、企画院が一九四三年に立案した「中央計画素案要綱案」では、重点的策定事項として「農工の適正な調和」「人口の合理的なる配置」「過大都市の疎開」が謳われたが[74]、これらは、戦前期における「日本型田園都市」計画の到達点でもあったと言える。ただし、新興工業都市が、「将来集積を予想せられない人口」を目指したことを考えれば、工業地域の地方分散とは、地域指定した当初は戦時体制下における必要悪の手段として捉えられていたことがわかる。だが、これらの都市をめぐる開発こそ、戦後の高度経済成長の過程で、大都市郊外に担保されていた農村地域に着手する契機となったと言える。

戦後期の遊休工場地の再利用

新興工業都市の大半の事業が未完のままで敗戦を迎えることになり、八戸・日立・相模原・大和・豊川・姫路・岡山・光・苅田の九市町は、一九五七年に「旧軍関係土地区画整理事業促進連絡協議会」を設立し、完工した[75]。その結果、戦前と戦中の工業地帯に関する考え方が、戦後にも継承されることになり[76]、工業の適正配置と産業関連施設の充実を目的として、「国土総合開発法」(一九五〇)、「首都圏整備法」(一九五六)、「工業用水法」(一九五八)などが制定された。

一連の法整備の後、「国民所得倍増計画」（一九六〇）を策定する中で、経済審議会産業立地小委員会によって、⑴企業における経済的合理性の尊重、⑵所得格差・地域格差の是正、⑶過大都市発生の防止、を謳った報告書が提出され、これを基にした「全国総合開発計画」（一九六二）が策定された。この計画の中で「東京・大阪・名古屋およびそれらの周辺部を含む地域以外の地域にそれぞれの特性に応じたいくつかの大規模な開発拠点」を設けるとして、「新産業都市」（一九六二）と「工業地域特別地域」（一九六四）が設定された。「新産業都市」は、道央・八戸・仙台湾・秋田湾・常磐郡山・新潟・富山高岡・松本諏訪・岡山県南・徳島・東予・中海・大分・不知火有明大牟田・日向延岡からなる一五地区であり、「工業地域特別地域」は、鹿島・東駿河湾・東三河・播磨・備後・周南の六地区であった。昭和三〇年代における工業立地は、京浜・中京・阪神の三大工業地帯へ再び集中しつつも、高度経済成長期における生産規模拡大・技術革新による設備の合理化・新製品の生産が、工場の地方都市分散施策を後押しする形になった。

こうした戦後の工業化の中で、我が国の自動車会社は「国民車」（次章参照）を生産するために、全国各地で広大な土地を探し求めることになった。既存の都市において、地権者の人数が限定された広大な土地を見出すことは容易でない。自動車工場の用地獲得に必要な条件は、土地のまとまった大きさと地価もさることながら、交通・上下水道・エネルギーに関するインフラストラクチュア、そして労働力である。戦後に遊休地となっていた軍需工場施設は、「国民車」を生産する自動車工場の諸条件を兼ね備えていただけでなく、既存の労働力を受け入れることができる「平和的再利用」でもあった。主要自動車会社の工場布置を戦前の新興工業都市と照らして見ると、両毛地域の富士重工業と、挙母地域のトヨタ自動車工業による初期工場建設は、正しくこれらの新興工業都市における工場そのものであったことがわかる。あるいはまた、前節で分析したように、鈴鹿地域の本田技研工業による工場は、海軍工廠の一部に新築された工場であった。さらに、新興工業都市との関係はないが、三菱自動車工業による初期工場である水島製作所・坂祝工場・京都工場もまた、戦前の三菱重工業の軍需工場の跡地が「平和的再利用」されたものであった。

3　自動車工場をめぐる都市空間

自動車工場の布置

高度経済成長期における日本の経済成長率は世界一であったが、「国民車」を生産する自動車産業は、その根幹産業であったと言って過言でなかろう。これまで見てきたように、そうした急成長を支えたのは、戦中に急増した軍需工場の土地・インフラストラクチュア・労働力の再利用であった。さらに、このことは、両毛地域の「中島専用道路」や、鈴鹿地域の「海軍道路」に代表されるように、戦中に形成された軍需工場のための幹線道路沿道に、多くのロードサイドショップが建ち並ぶ風景を創出することになる。

次に、第1節で取り上げた自動車工場を、本章冒頭における地形による分類〈台地／平地（農耕地）／平地（河川敷）／海岸埋立地〉に加えて、各地域における自動車工場の平面的な布置〈群島状布置／帯状布置／格子状布置〉に照らして見てみたい。結論を先に述べると、〈台地－群島状布置〉と〈平地（河川敷）－帯状布置〉については、強い相関関係が見られる。また、〈平地（農耕地）〉と〈海岸埋立地〉は、全く異なる環境であるにもかかわらず、〈格子状布置〉としての共通点を見出すことができる。こうした自動車工場の〈地形－平面的布置〉に関する類型は、後述する自動車工場の境界のあり方に関わるとともに、工場地帯を内陸型と臨海型に大別するこれまでの分類を越える視点を示すものでもある。

さらに、こうした各地域における自動車工場の平面的な布置による類型から漏れ出る工場群が、日産自動車が高度経済成長期に建設した自動車工場群である。それらは、他の自動車会社の工場群に比べて、工場間の距離が圧倒的に離れているために、ひとまとまりの工場群として認識できない。下記の三つの類型が、特定の都市に対する全体計画に関与するのに対して、日産自動車が高度経済成長期に建設した自動車工場群は、大都市圏地域計画の部分計画に関与するものだったのである。

①群島状布置——豊田地域、両毛地域、浜松地域

群島状布置のグループは、民間自動車会社が工場として適当な敷地を求め順次取得していった結果であり、豊田・両毛・浜松の三地域を挙げることができる。その際、両毛地域の工場はもともと自動車会社ではなく、航空機会社が戦前に取得した土地であったが、民間の会社が各工場の敷地取得を個別に行ったという点で同じであろう。また、豊田地域と浜松地域は、台地上の山林を工場用地とした点で、地形的にも近似する。これに対して、両毛地域の自動車工場は、平地を工場用地としており、地形の上では大きく異なるが、群島状布置という点では同じ類型として考えられる。これらの地域では、単独の工場とそこへ至る道路が先行的に設置され、周辺の都市計画が追随するようになされる傾向が見られる。すなわち、最初に工場が建設されて、周辺の開発が実状に照らして経年的に進められるということから、文字通りの「企業城下町」を創出することになるのである。

②格子状布置——鈴鹿地域、大江地域、水島地域

格子状布置のグループは、戦前に工廠として一括して開発された広大な土地の一部が、戦後に民間自動車会社に割譲されたものであり、鈴鹿地域と水島地域を挙げることができる。両地域に共通する点は、工廠が開発した土地が広大かつ平坦であり、割譲後は異業種の工場が隣接する工業団地となったことである。一方、鈴鹿地域が戦後に新たな中心市街地を形成することになったのに対して、水島地域は周辺を含めて工業地帯のままであり続けている点が、相違点として挙げられる。その結果、鈴鹿地域では、工廠時代の小街区のままで宅地化が進んだ市街地の内

部に、小街区が連結されて大街区がつくられ、そこに建設された自動車工場を抱える「企業城下町」が形成されたのに対して、水島地域では、同時代の小街区が連結された大街区群からなる工業団地の一角を自動車工場が形成することになっている。

③帯状布置——宇品地域、池田地域

帯状布置のグループは、河川敷や海岸埋立地という地形上の制限と、創業の地での規模拡張の結果であり、宇品地域と池田地域を挙げることができる。限られた敷地の中で工場規模を拡張することは困難を伴うが、そのため、水際空間で「線状結合」された工場群・テストコース・専用埠頭からなる「自動車コンビナート」が形成された。こうした水際の「自動車コンビナート」は、帯状の工場地帯を形成するため、市街地のエッジを形成することになり、特定の自動車工場による「企業城下町」というより、都市計画上の用途地域における工業地域の一部としての性格が強い。また、限定された敷地の中での土地利用が立体的になるため、工場内部に都市的様相を与えることになる。

自動車工場という「真空地帯」とその境界のあり方

戦後に「国民車」を生産し、日本を高度経済成長に導いた自動車工場は、戦中に急造された新興工業都市を中心とした軍需工場の「平和的再利用」であった。このことは、軍需工場をめぐる近代都市・建築システムが、第二次世界大戦を挟んで連続的な存在であったことを物語る。自動車会社によって創出された広大な大街区のあり方は、自動車を走らせるために建設された道路と並んで、自動車がその生産の現場を通じて社会に還元することができた「社会的費用」のひとつであったと言える。[77]

自動車の組立工場の敷地はどこも広大であり、工場本体のほかに、事務所棟・研究棟・テストコース等の関連施設や、従業員のための食堂・福利厚生施設等が広大な駐車場とともに設けられている。施設群を縫うように張りめぐらされた通路を、数千人規模の従業員が昼夜を問わず往来する様は、自動車工場自体がひとつの都市でもあることを示している。こうした巨大工場用地は、不特定の人物に開かれた場所ではなく、軍用地同様に入構が厳重に管理された「ゲーテッド・コミュニティ（Gated Community）」でもある。一方で、ひとつの自動車工場は、地域社会における雇用創出装置であるばかりでなく、年月が経過した巨大工場の周囲には、関連企業と関連施設が集積し共存関係を構築する。すなわち、自動車組立工場に代表される巨大工場は、その施設を有する都市にとって、永続的に交通の妨げとなると同時に交通を生み出す場所であり、そのことによってシンボルともなる。A・ロッシ（1931–1997）の言葉を借りれば、「歴史的永続性と病的な要素としての永続性」を兼ね備えるものとした「モニュメント」の一種なのであり、[78]地域社会において、R・バルトが皇居に見た「空虚な中心」[79]でもある。自動車組立工場は、地域と共にありながら地図の上では白抜きとなって内部の様子を窺い知ることができない「真空地帯」なのである。本章において検討した、工場の周囲に見られる高低差や緑地の存在は、こうした「真空地帯」を囲い込む境界のあり方を示すものであった。

日本が高度経済成長の直中にあり、トヨタの乗用車生産台数がトラック・バスのそれを追い越した一九六五年、C・アレグザンダー（1936–）は、「都市はツリーではない」という論文を著した。この小論の中で、アレグザンダーは米国の「孤立したキャンパス」をケンブリッジ大学トリニティ・カレッジと比較して、その問題点を指摘している。[80]「なぜ都市に境界線を引いて境の内は全て大学、外は全て大学以外のところと決めたがるのだろうか。たしかに明快な考え方ではあるが、現実の大学生活に即応するのだろうか。（中略）大学生活と市民生活が重なり合うところには酒場の喧噪、喫茶、映画など様々な行為のシステムが必ず存在する。」それでも、大学キャンパスの出入りはまだしも自由であろう。だが、自動車工場はそうではない。とはいえ、都市空間における敷地規模、バス停・駐車場・駐輪場等の交通関連施設、商業施設を中心とする半公共空間など、両者には共通点が多い。そうであるなら、日産自動車「横浜工場」の更生施設をめぐって記した、敷地を囲い込む塀の一部を開放する大高正人のデザインのように、自動車工場という持続的な「真空地帯」の境界も、民間企業が生み出した公共空間として様々な再編の可能性を有しているはずなのである。

「鋸歯システム」の自動車工場

ところで、これまで見てきた自動車組立工場の事例は、一部の例外を除けば、鋸屋根を戴く単層の建物である。片流れ屋根を並列することで均一な採光を可能とする「鋸屋根シェッド」と一定間隔で配置された柱梁の「構造フレーム」は、広大な均質空間を形成する。こうした鋸屋根を持つ工場は、スコットランド人技師のW・フェアベーン卿（1789–1874）が、一八二七年頃に提唱した「鋸歯システム（Saw-tooth System）」の考え方に端を発すると言われる。(81) ヨーロッパ産業革命初期の、繊維産業を中心とした軽工業では、水力によって一旦高所へ引き上げた軽量な材料を、重力によって再降下させる過程において製品化を行う立体的な工場が見られた。しかも、水力を動力としたために、こうした工場の立地は、強い水圧が得られる辺鄙な内陸部の河岸という限定された敷地となったため、立体化に拍車がかかることになった。しかしながら、J・ワット（1736–1819）による蒸気機関の発明によって、水力に代わる動力が得られると、工場は辺境の狭く険しい敷地を離れ、交通が便利で、平坦かつ広大な敷地を求めることになった。この過程において、フェアベーンが発明した「鋸歯システム」は、それまでの窓採光による数層からなる立体的な工場（Mill）を、屋根採光による単層の平面的な工場（Factory）に変えていったのである。こうした観点から見れば、本章で述べた東洋工業の「宇品工場」は、限定された敷地の中で立体化された点では産業革命初期の繊維工場と同様であるが、それとは異なって、部品供給は重力に逆らい下階から上階に向けて行われることを指摘できる上、無窓の建物であった。

その後、一九世紀末から二〇世紀初頭にかけて、「鋸歯システム」は紡織機と工場を一体のものとした繊維工場

図40 G. M. トゥルッコ「フィアット社リンゴット工場」, 1923

プラントの輸出を通じて、全世界に拡散したが、自動車工場に限ってみると、初期の工場は複層の建物であった。例えば、アルバート・カーンが、二〇世紀初頭にパッカード社のために設計した九つの初期工場は、外壁をレンガ造とし内部の構造体を木骨フレームとする数階建の「レギュラー・ミル・コンストラクション(Regular Mill Construction)」であったし、G・M・トゥルッコによる「フィアット社リンゴット工場」(トリノ、一九二三)もまた、広大な敷地に建設されたにもかかわらず、屋上にテストコースを戴くRC造五階建であった(図40)。こうした欧米の初期自動車工場の立体化は、シュート(滑降斜面路)等の重力による組立ラインを採用していたことと関係があろう(図41)。このことは、一九一三年から一四年に、フォード・モーター社デトロイト・ハイランドパーク工場に導入されたアイデアにその源泉があると言われており、[82] H・フォード(1863-1947)が、「コンベアベルト、移動式作業台、高架式レール、材料運搬車を採用した」という。[83] いずれの装置についても、手順を「組立ライン」として可視化する一方で、作業の所用時間を管理することが求められ、その背景にF・W・テイラー(1856-1915)の「科学的管理法」に基づいた「科学技術至上主義」が存在することは言うまでもない。[84]

ところで、A・カーンは、パッカード社の一〇番目の工場「パッカード社第一〇ビル」(一九〇七)において、弟のジュリアス・カーンとともに開発した「カーン・システム(Kahn System)」によって初めてRC造の自動車工場を設計した。[85] A・カーンが、自動車工場にRC造を採用した理由は、柱間寸法・耐火性能・壁面採光を向上させるためであり、複層の「レギュラー・ミル・コンストラクション」の代替であることには変わりなかったが、外壁と内部の構造体を同一のコンクリート・フレームとした点において大きな進歩であった。S・ギーディオンが「構成要素」と命名した現代建築の鉄骨やコンクリートによる「構造フレーム」は、C・ロウ（1920–1999）による「シカゴフレーム」の評価の中で、「古典古代やルネサンス建築におけるコラムの重要性に匹敵するほどの価値を持つに至った」と記されている。[86] 自動車組立工場の設計は、一連の作業を「組立ライン」上の手順に分解した後、「構造フレーム」によるグリッド上で再構築することになったのである。「構造フレーム」によるグリッドと「組立ライン」の関係は、ル・コルビュジエが近代建築の五原則のひとつとして描いた「自由な平面」そのものであり（図42）、「組立ライン」を考慮した「柱列グリッド」のサイズは、まさしく「モデュール」のデザインと言えよう。

「カーン・システム」は、一九〇九年から横浜の米国貿易商会（代表R・F・モス）が代理店となっていたため、日本においても取り入れられ、「日本フォード（株）横浜工場」（一九二五）に採用されたほか、伊藤平左衛門（九代、1829–1913）と木田保造（1885–1940）による「真宗大谷派本願寺函館別院」（一九一五）に採用されたことが知られる。[87] しかしながら、戦前期日本の自動車工場は、いずれも小規模なもので、まだ単層の「レギュラー・ミル・コンストラクション」であった。

図41　1913–14年頃のフォード・モーター社デトロイト・ハイランドパーク工場：建物内の引込線貨車と部品搬入テラス（上），シャシ用シュート（中），T型フォードの車体上部をシャシに載せる重力式コンベア（下）

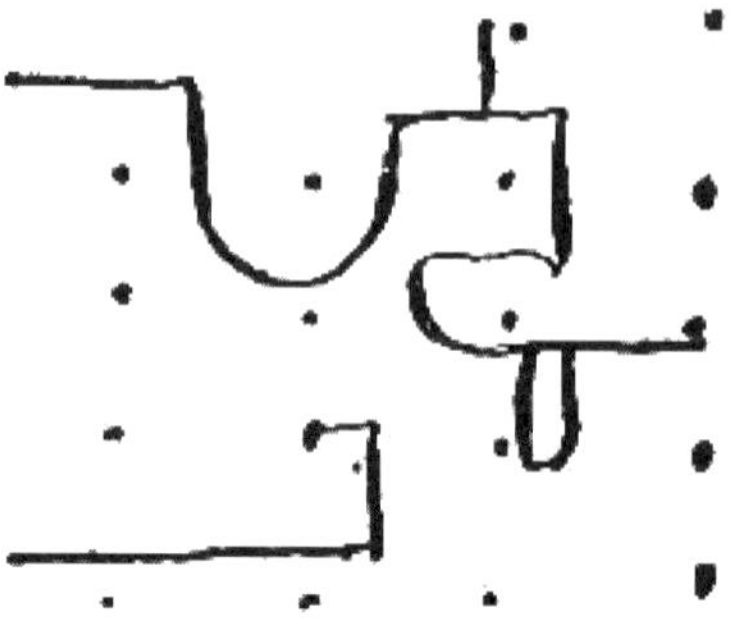

図42　ル・コルビュジエ「自由な平面」, 1926

「カーン・システム」に代表される米国のコンクリート・フレームによる自動車工場は、一九一〇年代に最盛期を迎えるが(88)、同じ頃A・カーンによる「パッカード社鉄工所」(デトロイト、一九一〇)や「フォード・モーター社B棟」(ディアボーン、一九一七)のように鉄骨造単層の事例が登場する(図43)。後にA・カーンの代表作となる一連の鉄骨造の事例は、「フォード・モーター社B棟」の長辺が八〇〇メートルにも及ぶことからもわかるように、組立ラインの線形をそのまま棟の長さに反映した長大な建物であった。しかも、これらの建物の短軸断面の屋根形状が、「鋸屋根システム」における片流れ屋根のようにアシンメトリーでなく、頂部にバタフライ型のハイサイドライトを設けたシンメトリーであることから、両側採光を前提とした単体空間として考えられていたことがわかる。このように組立ラインをそのまま長大な建物に反映する考え方は、機械設備と建築の応答という観点からすれば明快であるが、実際に作業工程管理を行う上では非効率的である。本章では、トヨタ自動車の工場の全長が時代を経るに従って次第に短くなっていることを指摘したが、このことは、単一の正方形格間において組立ラインを折り曲げて設置することで効率化を追求した結果でもあった。

　このように、欧米の自動車工場では、数層からなる立体的な工場が、外壁をレンガ造とし内部の構造体を木骨構造として造られ始め、一旦は鉄筋コンクリート構造を経由するが、最終的に屋根採光を考慮した単層の鉄骨造へと移行したのである。一方、日本の自動車工場は、決して立体化されることはなく、当初より単層の平面的な工場が、外壁をレンガ造とし内部の構造体を木骨構造として造られ始め、戦後に一気に鉄骨造の「鋸屋根システム」へと移行した。このことは、繊維産業を中心とする軽工業が世界恐慌後に斜陽産業となってから初めて本格化した日本の自動車産業の後発性と、そうした軽工業において確立された工場建築の平面性を示すものであり、このような

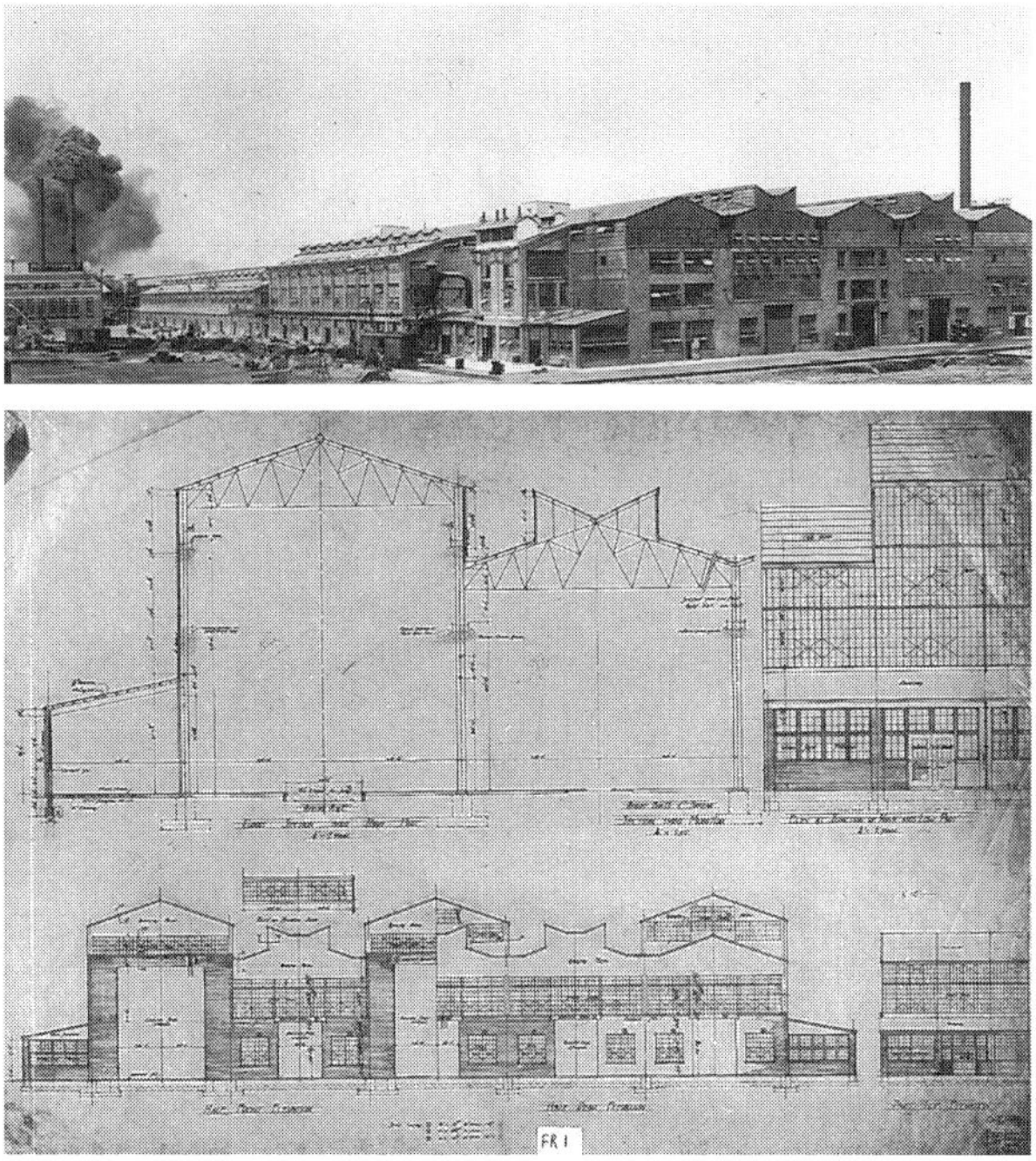

図 43　A. カーン「フォード・モーター社 B 棟」外観（上），断面図（下）：頂部にバタフライ型ハイサイドライトを設けたシンメトリー屋根断面を，桁行方向に展開した全長 800 m の長大な建物である。

産業成立の時期と工場建築に対する認識の差異こそが、自動車という普遍的機械を生産する工場をめぐって生じた近現代日本建築の地域性として考えることができるのである。

　Ａ・スミッソン（1928–1993）が、英国の建築雑誌『アーキテクチュラル・デザイン』の一九七四年九月号に寄稿した「マット・ビルディングの捉え方と読み方」と題する論文は、「匿名の集合体（anonymous collective）」のための「下敷き（mat）」としての建物のあり方を示すものであった[89]。こうした「マット・ビルディング」という考え方の萌芽は、一九五九年に「モビリティ」を標榜してＣＩＡＭと袂を分けた前述のチーム・テンによって見出され、一九七三年のベルリン会議で「マトリックス」について議論する中で彼らのデザイン・ボキャブラリーのひとつとして認識されるに至ったが[90]、本章で見てきた日本の自動車工場もまた、その一例に加えることができるに違いない。

第3章　〈居住環境〉のデザイン

自家用の自動車は、鉄道に代表される大量輸送システムと異なり、量産された個室空間による個別輸送システムである。自動車という存在と、それを停め置く場所は、どのように我々の居住環境を変容させ、〈クルマによるマチ〉を生み出したのであろうか。本章では、自動車会社による「量産住宅」について考察した上で、自動車と建築の間でなされた技術移転を、我が国におけるカプセル空間の発達に照らして検討し、自動車によって創出された居住環境の特徴について論じてみたい。

1　自動車会社による「量産住宅」

「最小限」の「マイカー」と「マイホーム」

一九三八年にナチス・ドイツが「フォルクスワーゲン・タイプⅠ」として知られる「歓喜力行団の自動車（KDF-Wagen）」を発表し、翌三九年にはフランスの「シトロエン・２ＣＶ」のプロトタイプが製作されたように、

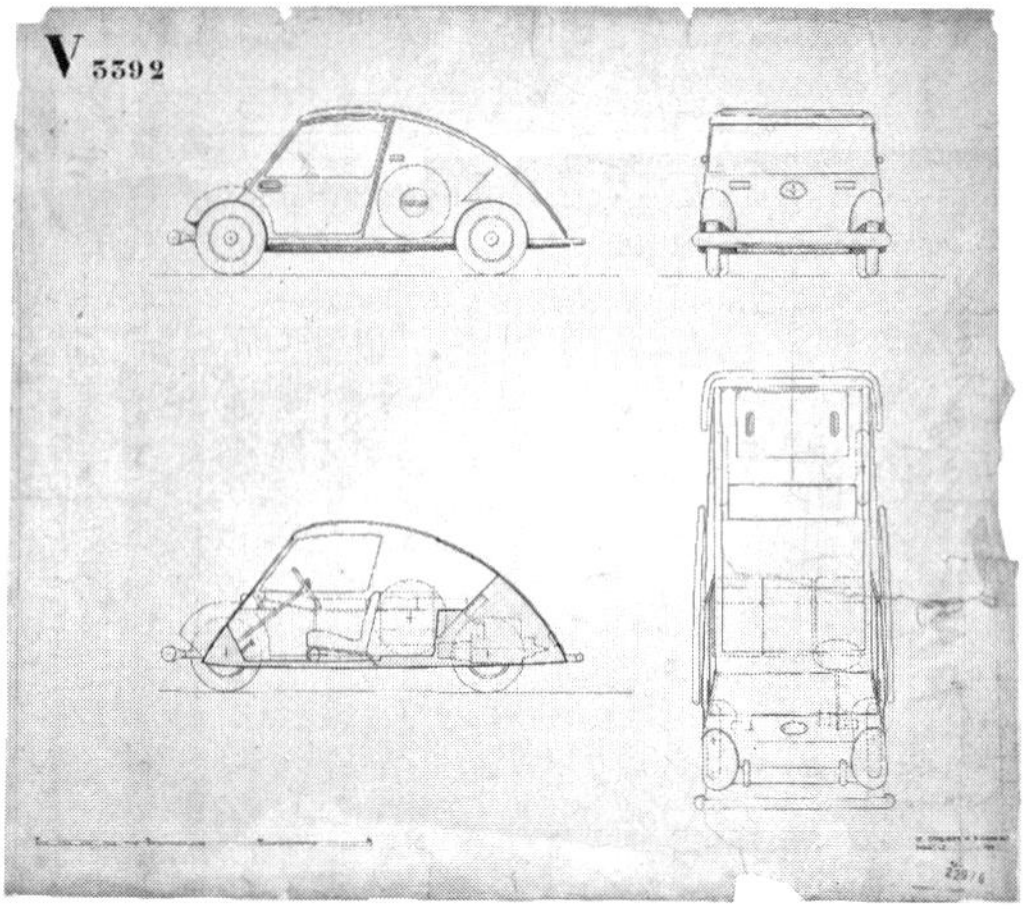

図1　ル・コルビュジエとP. ジャンヌレがSIAのために提案した「最小限自動車」（1935）：全長3,400 mm ×全幅1,650 mm，前列3人掛のこの自動車は，屋根形状が真円の一部であるように，幾何学形に照らした設計がなされている。

ヨーロッパにおける「国民車」の開発は、第二次世界大戦以前から盛んに行われていた。これらの「国民車」に求められた「最小限」の空間と「最大限」の機能との間に生じるデザインは、一九二九年にフランクフルトで開催されたＣＩＡＭ２（第二回近代建築国際会議）のテーマであった「最小限住宅」という言葉の内容に等しいと言える。[1] ル・コルビュジエと彼の従兄弟にあたるＰ・ジャンヌレ（1896–1967）もまた、一九三五年にフランスＳＩＡ（Société des Ingénieurs de l'Automobile, 自動車技術者協会）による「最小限自動車（Voiture Minimum）」設計競技のための提案を行った（図1）。しかしながら、この設計競技の参加者がＳＩＡメンバーに限定され、厳しい技術基準に照らして行われたため、彼らの資格審査が競技締切日に間に合わなかったという。その結果、『建築をめざして』（一九二三）に「自動車」の章を設けて以来、少なくとも一九二八年頃にまで遡ることのできる彼らの自動車に関するアイデアは、日の目を見ないまま蔵置されることとなった。[2] だが、「最小限自動車」設計競技案と同じ年に出版された『輝ける都市』（一九三五）は、この「最小限自動車」を走らせるための舞台であった。[3] こうした「国民車」をめぐるヨーロッパの動向と比較して、我が国の政策は圧倒的に立ち後れた。さらに、建築家が自動車を設計する事例となると、後述する池辺陽による「モビルター（NCC–1）」（一九六五）や、黒川紀章による「ムービングコア」（一九七〇）を待たねばならず、それとて自動車自体のデザインではなく、ジープに牽引されたトレーラー・ハウスに過ぎなかったのである。

一九五五年になって、通産省はようやく「国民車育成要綱案」を発表した。その主な内容は、「(1)最高速度時速一〇〇キロメートル以上が出せること、(2)乗車定員四人（うち二人は子供可）とすること、(3)平坦路時速六〇キロメートル走行時の燃費が一リットル三〇キロメートルを越えること、(4)大規模な修理をせずに一〇万キロメートル以上走行可能であること、(5)排気量三五〇～五〇〇cc、車重四〇〇キログラム以下とすること、(6)月産二〇〇〇台、工場原価一五万円以下で販売価格二五万円／台とすること」からなる六点であった。

　こうした政府の「国民車構想」に対する回答として、鈴木自動車工業による「スズライトＳＬ」（一九五七）、富士重工業による「スバル３６０」（一九五八）、東洋工業による「クーペＲ」（一九六〇）、三菱重工業による「三菱５００」（一九六〇）、トヨタ自動車工業による「パブリカ」（一九六一）、ダイハツ工業による「ダイハツフェロー」（一九六六）、本田技研工業による「ホンダＮ３６０」（一九六七）などの小型自動車が相次いで生産・発売された（図2）。なかでも「パブリカ」は、「パブリック」と「カー」が掛け合わされた造語で、文字通り「フォルクスワーゲン」の向こうを張る「大衆車」の名称であった[4]（図3）。さらに一九六六年には、こうした一連の軽自動車より一回り大きい小型車として、日産自動車による「ダットサンサニー１０００」、トヨタ自動車工業による「カローラ KE-10」が発売され、いわゆる「マイカー・ブーム」が到来することになった。

図 2　「東のスバル 西のワーゲン」: 東西の「国民車」を謳う「スバル 360」の新聞広告

　一方、「国民住宅」は、「国民車」に先行して戦前期から開

図3 トヨタ自動車工業「パブリカ」(1961):背後に写る建物は「元町工場」食堂・更衣室棟

発された。西山卯三によれば、それは「国民服や国民色」と同根であったとされており[5]、戦争の影を色濃く映すものであった。一九三九年に制定された「木造建物建築統制規則」によって三〇坪以上の住宅が新築できなくなった結果、厚生省を中心として「国民住宅」の研究と規格化が進められ、さらに一九四一年に発足した住宅営団において、厚生省が策定した設計基準を、西山卯三・市浦健・森田茂介らの住宅営団研究部が改訂して「企画住宅平面標準案」が公表された。同じく一九四一年に、建築学会によって「国民住宅」に関する設計競技が行われ、翌年の『新建築』誌においても「三〇坪小住宅」の特集が組まれた。建築学会の設計競技の勝者の一人でもあった内田祥文は(もう一人は谷内田二郎)、「国民住宅に就いて」という論考を『建築雑誌』一九四二年二月号に寄せている。ここで内田が住宅形式を立地条件別に分類したことは、住宅の立地をめぐる類型学を確立しようとした点において高く評価されるべきであるが、「国民住宅」が実際に日の目を見たのは、戦後のことであった。政府は、敗戦直後に六・二五坪の「応急簡易住宅」三〇万戸を建設する計画を立てるとともに、物資欠乏による経済統制という事由から住宅の建設規模に関する規制を行った。一九四六年には一二坪以上の住宅建設が禁じられ、この規制は翌年一五坪に緩和されたものの、一九五〇年まで継続された。このような状況の中で、『新建築』誌は「一二坪木造国民住宅」(一九四八年四月発表)、「家庭労働の削減を主体とする新住宅」(一九四八年八月発表)、「一五坪木造住宅:育児を主たるテーマとする」(一九四八年一一・一二月発表)、「五〇m^2木造一戸建住宅」(一九四九年四月発表)などの設計競技を立て続けに行ったのである。一二坪や一五

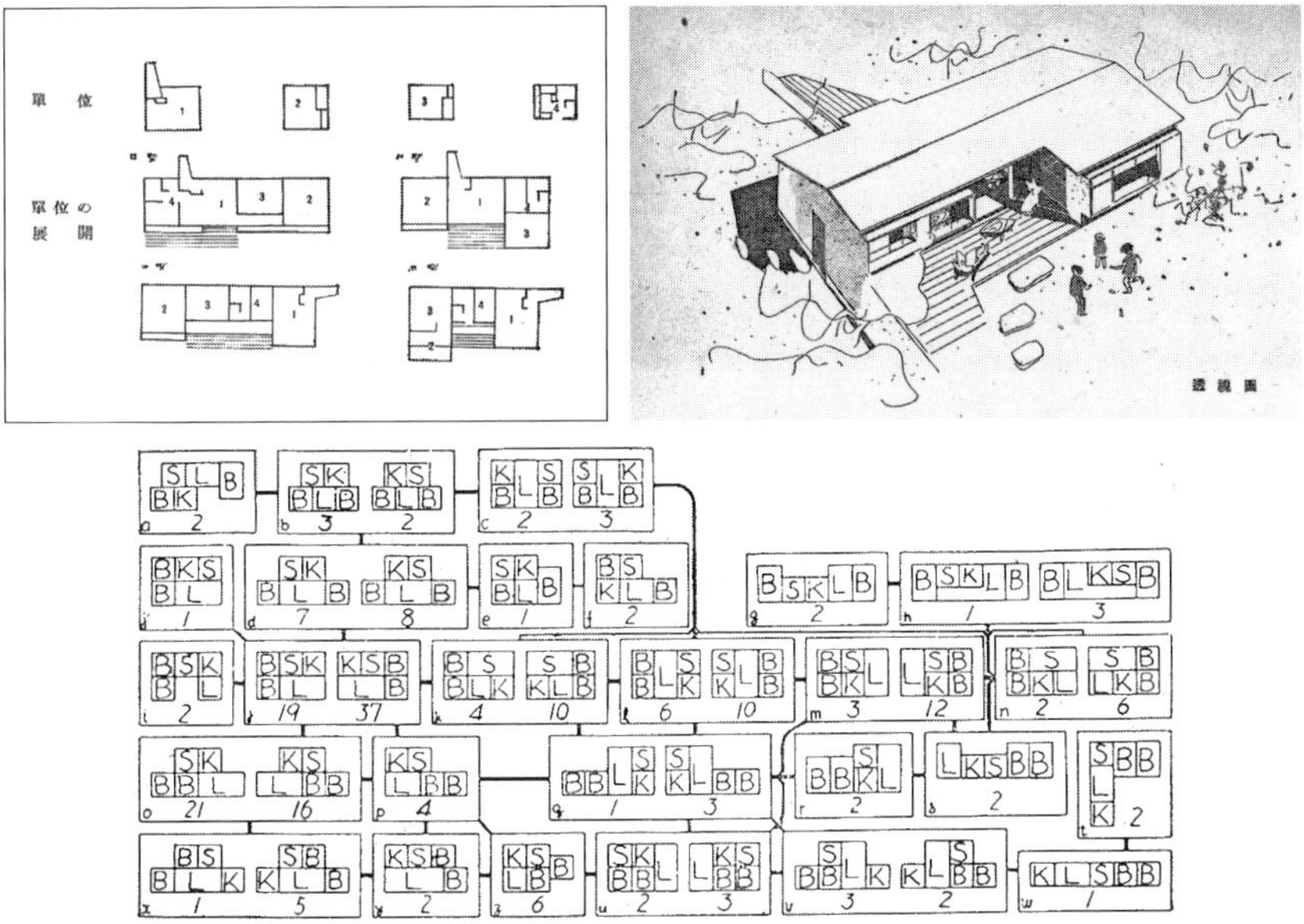

図4　福田良一「15坪イ型住宅」（1948）（上）：部屋のユニットの組み合わせによって考えられた15坪住宅の展開，清家清「15坪木造国民住宅懸賞競技応募二百余案の分類」（1948）（下）：清家清は，15坪の「国民住宅」を「B寝るための場，L団欒の場，K主婦の仕事の場，S衛生維持のための場」の組み合わせとして捉えた。

坪からなる延床面積は、きわめて小規模な住宅であることは間違いないが、これらの設計競技の入選案は、住宅周囲の外構が屋内に連続してデザインされているため、狭い印象を与えない。こうした屋内と屋外を連続したデザインとする点は、「ケース・スタディ・ハウス」で知られる『アート・アンド・アーキテクチュア（*Art & Architecture*）』誌上に載せられた住宅を移入したように見える。しかしながら、数値で限定された形態が、機能的に分割された室の組み合わせによって造り出されている点は大きく異なり、nLDKの祖型を垣間見ることができる（図4）。この点においては、「国民車」が生産上の最低数値目標の中で、効率性を追求したことと重なるものであり、自動車にしても住宅にしても「最小限」であることが美徳となったと言えよう。

　さて、政府により「国民車」構想が打ち出された一九五五年、日本住宅公団が発足し、一九七四年までに約五九万戸の賃貸住宅と、約三四万戸の分譲住宅が供給された。また、「千里ニュータウン」（一九六二）を皮切りに、「高蔵寺ニュータウン」（一九六八）、「多摩ニュータウン」（一九七一）に入居が始まり、全国の郊外丘陵地において「ニュータウン」と呼ばれる大規模な住宅地開発が行われ、農村から都市へと大量の人口が流入した。こうした流入人口の受け皿となったのが、「51C型」と呼ばれた2DKの住戸からなる「団地」であった（図5）。階段等の共用部分を含めて四五平方メートル／戸という狭さの中で、「食寝分離」を実現するための様々な工夫がなされたが、このことは「最小限住宅」における工夫と同種の機能主義的近代建築観に基づくものであったと言えよう。

　一九六〇年代前半に、「マイホーム主義」という言葉が登場する。山手茂によれば、大熊信行の「家の再発見」や、会田雄次の「家庭絶対論」などによって「家庭論争」が繰り広げられた一九六三年に、吉田光男によって「マイ・ホーム主義考えもの」という論考が発表され[6]、「マイホーム主義」が「日本的大衆社会の家族主義イデオロギーになり、家族政策の基盤になった」という。それは、戦前の「家」という共同体への帰属意識ではなく、「マイホーム」という「核家族」による「家庭生活への志向」であった。「マイホーム」という概念は、核家族化によって、より小さな社会構成単位に分解された家族観と、「マイカー」同様に最小限の単位空間として生み出された住宅観との間に生み出されたのである。そして内田隆三が、「貨幣への欲望がひらく広大な社会性のただなかに、「家庭」は小さなカプセルのように浮かんでいる」と指摘したように[7]、テレビ・洗濯機・冷蔵庫という「三種の神器」が、その「マ

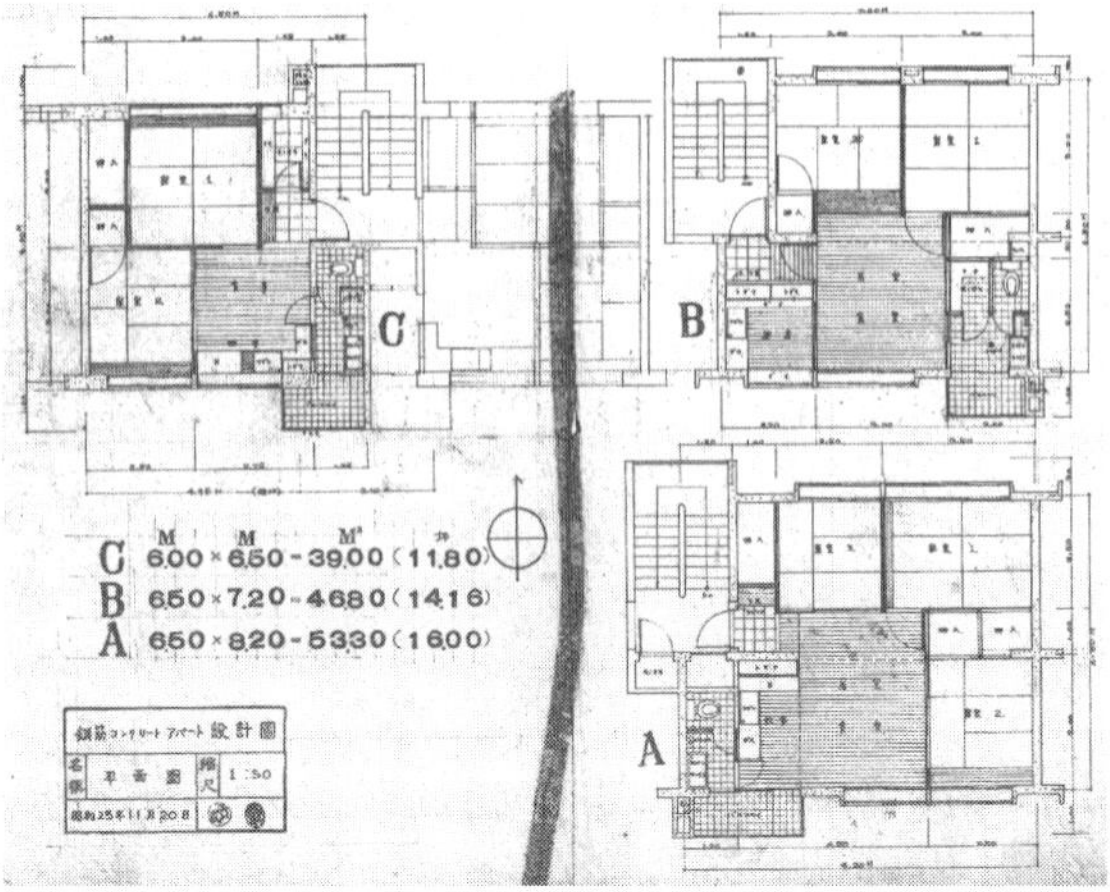

図5　吉武泰水らによって設計されたRC造公営住宅の計画案（1950年11月20日）：A案（16坪案），B案（14坪案），C案（12坪案）の中で，C案が「51C型」としてよく知られるが，それぞれ松田平田設計事務所，山下寿郎建築事務所，久米建築事務所によって実施設計がなされた。

イホーム」の物的象徴となったのだった。

プレファブリケーションによる「量産住宅」の系譜

ところで、現代日本の「量産住宅」のプレファブリケーション技術は、ＲＣパネル（Reinforced Concrete Panel, 鉄筋コンクリート・パネル）と、ＬＧＳ（Light Gauge Steel, 軽量鉄骨）の二つの系譜に大別される[8]。前者のＲＣパネルによるプレファブリケーション技術の系譜は、明治末年頃からＲＣ造によって電柱・水道管・土留・枕木・塀等を開発した、伊藤為吉（1864–1943）の「組立混擬石建築」に端を発すると言われている[9]。関東大震災後の一九二六年に「伊藤式コンクリート製造所」を興した伊藤は、「震災復興建築」として「家屋の骨組を耐震的に木造で造り、その外部全体をコンクリートのブロックで被覆する」という准防火建築（新案登録第九七三一七号）を発案し、乙種防火建築として認定された。さらに、一九三八年には、木造建築の骨組そのものをＲＣに置き換えて、「恰カモ木造ヲ以テ建テタル家屋ト等シク唯異ナル所ハ不燃材料ナル「コンクリート」ヲ原料トシ工場内ニテ製作シタル諸材料ヲ建築現場ニ搬出シテ建設ヲ図ル」という内容を記した『組立混擬石建築ニ就テ』と題する冊子を作成した（図6）。

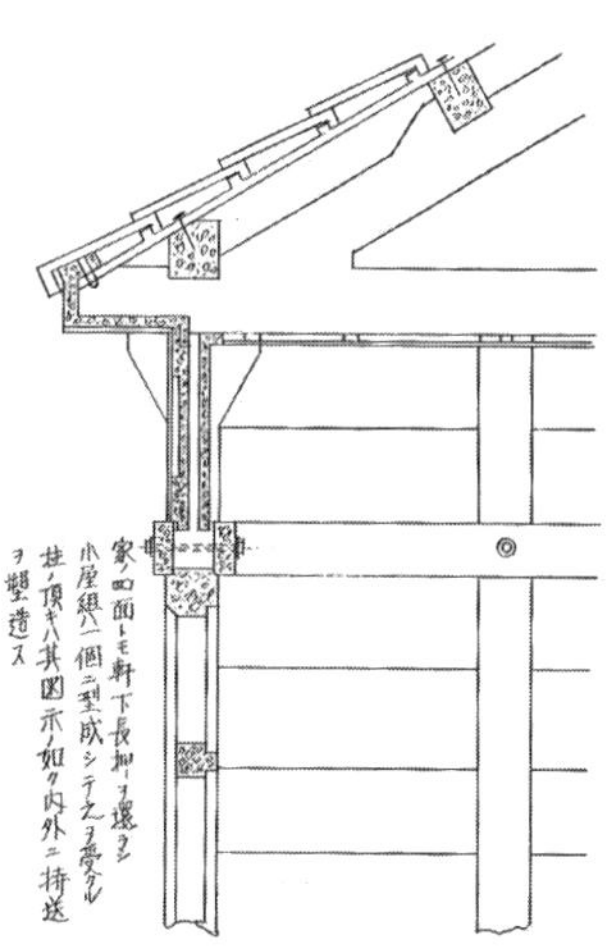
図6　伊藤為吉「組立混擬石建築」，1938

伊藤の冊子が世に出た翌年、田辺平学（1898–1954）と後藤一雄（1913–2000）は、内務省防空研究所の委託を受けて「組立式鉄筋コンクリート構造」に関する研究を開始した[10]。彼らの一連の研究は、戦中から戦後まで引き続いて行われ、研究目的が開始当初の「耐火耐震」から、戦局に伴って「防火耐震」へと移行し、戦後になって再び「耐火耐震」に戻され、一九五〇年に「プレコン（PRECON, Precast Reinforced Concrete Truss Construction）」という名前

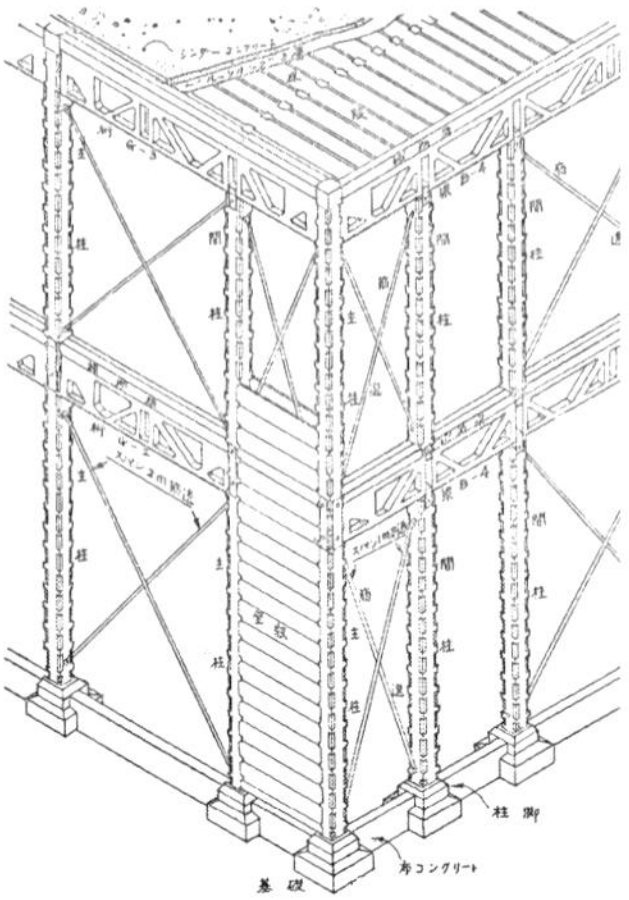

図7　田辺平学・後藤一雄「プレコン式コンクリート組立鉄筋コンクリート造」, 1950

で発表された（図7）。このように「戦争組立建築」から「戦災復興組立建築」へと至った「プレコン」の正確な定義は、「鉄筋とコンクリートを材料とする工場生産部品を、接点をピン接合とし、筋違を用いてトラス式に組立てて得られる構造」であった[11]。

他方、LGSによるプレファブリケーション技術の系譜は、一九三六年頃から同潤会や林産研究所において木材規格化の研究が開始され、戦中に住宅営団に引き継がれた「木造乾式構造」を背景とするもので、W・グロピウス（1883-1969）の「トロッケン・モンタージュバウ（Trocken-Montagebau, 乾式組立建築）」の影響を受けた、蔵田周忠（1895-1966）・土浦亀城（1897-1996）・山脇巌（1898-1987）・山口文象（1902―1978）・市浦健（1904-1981）等の建築家の活躍が大きかったと言われている[12]（図8）。「木造乾式構造」は、「トロッケン・モンタージュバウ」の「鉄骨枠パネル」を「木骨枠パネル」に代替したものであったが、戦後に製造機械が米国から導入されたLGSに関連付けて、「木造よりは不燃、RC造よりは安価」としたのが、岸田日出刀による『不燃家屋の多量生産方式』（一九四六）であった[13]。この考え方は、住宅金融公庫が作成した『不燃組立構造の住宅建設要領』（一九六二）に結びつく一方で、民間企業が主体となったLGSプレファブリケーションの技術開発がなされ、現在の大和ハウス工業（株）・積水ハウス（株）・パナホーム（株）につながることになった。

ところで、RCパネルとLGSによるプレファブリケーション技術が、「震災復興組立建築」と「戦争組立建築」を契機として生まれたことに比べて、現代日本の「量産住宅」の木造パネルによる技術は、歴史が浅く、一九六二年に三澤木材（株）（現ミサワホーム）の「木質パネル接着工法」に関する特許が建築基準法第三八条の認定を取得したことに端を発する。こうした木造パネルによるプレファブリケーション技術は、永大産業(株)や小堀住研(株)(現ヤマダ・エスバイエルホーム)につながることになった。この「木質パネル接着工法」は、文字通り接着剤を用いて断熱性と気密性が高いパネルを作成するものであり、LGSプレファブリケーションの背景となった戦前の「木造乾式構造」とは異なる。両者の相違は、「木造乾式構造」が「鉄骨造乾式構造」の代替であったこともさることながら、LGSプレファブリケーションの技術的規範が、一九五六年に「薄板鋼構造計算基準案」として確立されたのに対して、木造プレファブリケーションのそれが、一五年以上遅れて昭和四〇年代後半になって「木質系パネル構造技術基準」(一九七三)としてようやく提示されたこととも関連する。

さて、一九六四年に「工場生産住宅承認制度」とともに住宅金融公庫の貸付が開始されて、「量産住宅」の需要

図 8　W. グロピウスが「ヴァイセンホフジードルンク(Weißenhofsiedlung)」に出品した「トロッケン・モンタージュバウ」(1927):軽量鉄骨の構造体にコルクパネルと石綿セメントパネルの規格材が張られた。

が増大すると、通産省の技術官僚であった内田元亨（1925–1996）は、一九六七年に論文「住宅産業――経済成長の新しい主役」を著し、「自動車産業」に続く新たな製造業として「住宅産業」を位置づけた。[14] その後、一九七〇年に、建設省・通産省・㈶日本建築センターが共催する「パイロットハウス技術考案競技」が開催され、一一二社一四五件の応募案の中から、設備空間のユニット化と内装材の部品化を中心に検討がなされて一六社一七案が入選候補案として選出され、試作住宅の建設後に全一七案が入選となった。[15] さらにまた、一九七五年には、「ハウス55」に関する「新住宅供給システム開発プロジェクト提案競技」が開催され、翌年二〇グループ九〇社の応募案の中から三案（ミサワホーム・ナショナル住宅建材・小堀住研）が選出され、それぞれ量産された。[16]

このように、「住宅産業」は、自動車産業と同様に戦前からの国策産業であり続けたが、実のところ、両者は密接な関係を持ちながら成長してきたのである。プレファブリケーションによる「量産住宅」の系譜を繙くと、自動車会社が関与した事例を見出すことができる。ここでは、こうした自動車会社が関与した「量産住宅」の史実を明らかにするとともに、その空間的特徴と技術的特徴について検討してみたい。

（1）RCパネルの「量産住宅」――トヨタ自動車工業「トヨライトハウス」

トヨタ自動車工業は、RCパネル住宅の製造を積極的に押し進めた。豊田喜一郎は、「戦前から自動車と同じように住宅も工場生産化出来るものと信じ、アメリカ空軍B29の爆撃によって日本のほとんどの重要都市が簡単に焼失するに及んで、我が国の都市の戦災復興は耐火構造であることを強く希望」したという。[17] 一九四六年に、豊田喜一郎は「住宅産業のパイオニヤ《ママ》」となるために、前述した田辺らの開発した「プレコン」を豊田総建（株）施設部プレコン工場で生産し始めた。[18] 一九四八年に完成した試作第一号は、「東京鉄道局自動車庫」であった。[19] 鉄道会社が所有する自動車のための車庫が、自動車会社が製造したRCパネルで建設されたのである。次いで一九四九年時点での試作として、「神奈川県営・川崎市営共同住宅」（D40型、二階建、一二戸、四七五平方メートル）計二棟、「東京女子医科大学附属図書館」（二階建一部平屋建、延床面積五〇四平方メートル）、「東京工業大学職員集会所」（平屋建、延床面積一七七平方メートル）、「東京鉄道局アセチレンガス発生室」（平屋建、延床面積四平方メートル）、「東京地方専売局油庫」（平屋建、延床面積一三八平方メートル）が完成し、「大正海上火災保険（株）社宅」（二階建、四戸、延床面積一九八平方メートル）、「大成火災海上保険会社福岡事務所」（二階建、延床面積一八〇平方メートル）が設計されたほか、「トヨタ自動車工業（株）社員住宅」（D48型、二階建、四戸、一九六平方メートル）が建設された。この「トヨタ自動車工業（株）社員住宅」は、「一名の鳶職も参加させず、終始部品の製作に直接参与した「プレコン」工場部員のみの手によって、同じく研究的に建て方が実施された」と言われており、「クレーン附自動車・組

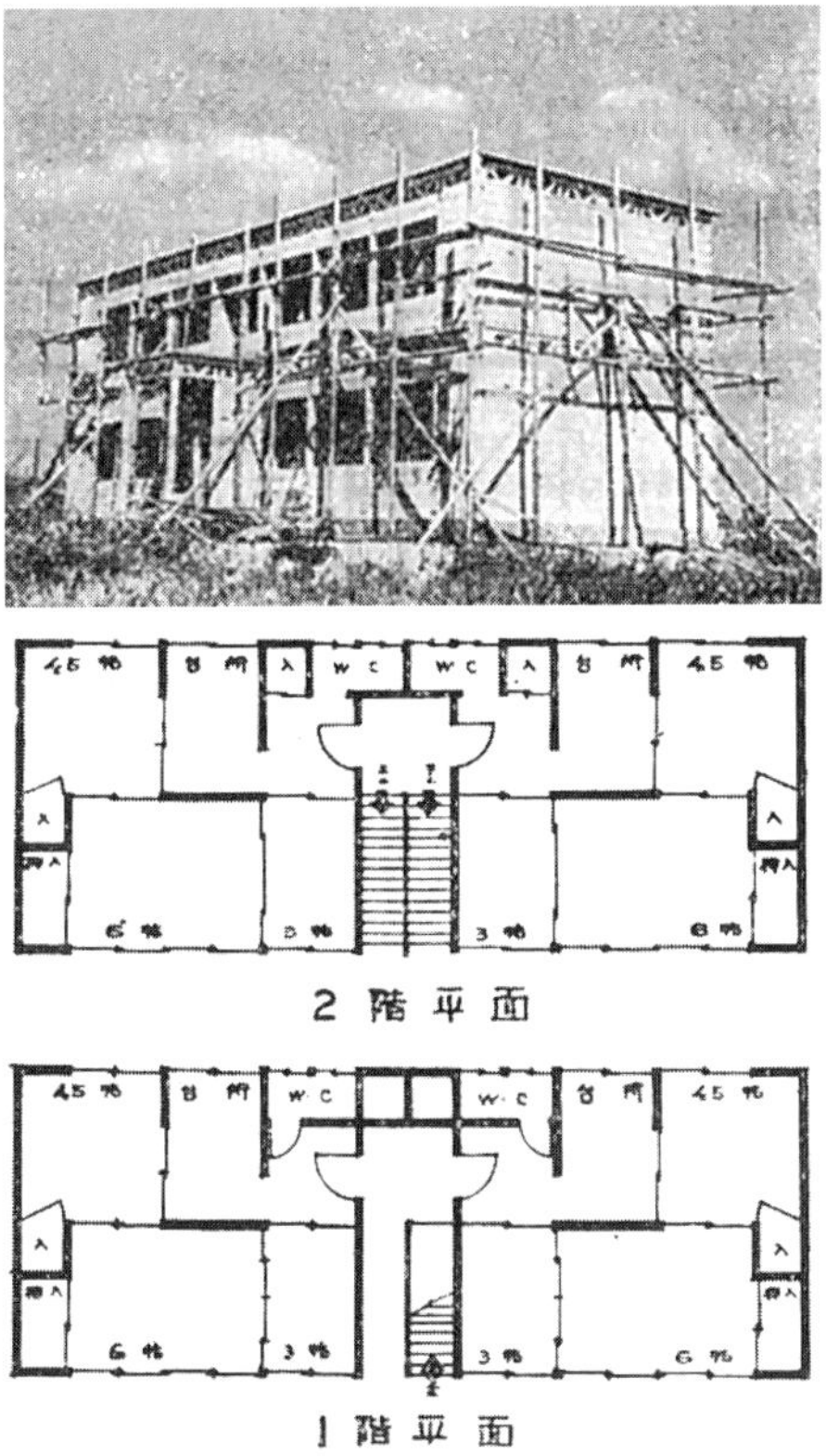

図9 「トヨタ自動車工業（株）社員住宅」（D48型，2階建，4戸，196 m^2）組立工事完了時の様子（上）と平面図（下）

立足代・ポータブル起重機の類」を使用することで「特別の施工機械を要せずに、従って比較的小資本でも組立工事は十分に実施可能」とされたこの工法は、後に「ティルトアップ工法」と名付けられた[20]（図9）。

一九五〇年には、同工場はユタカプレコン（株）（現トヨタT&S建設）として独立し、一九五二年から「プレコン」による住宅の量産化検討が本格化した。その後も田辺らとユタカプレコンによる共同研究は継続され、一九五八年に「プレコン」による住宅が豊田市営住宅に試験採用となったのを皮切りに、一九五九年には「トヨライトハウスA型」が愛知県営第一種簡易耐火住宅に採用された[21]。これを機にユタカプレコンは社名変更されて豊田コンクリート（株）となり、さらに翌一九六〇年には「トヨライトハウスB型」が開発され、建設省より「コンクリート量産公営住宅」（一九六二）と「乾式工法による中高層プレハブ住宅」（一九六六）の認定を受け、高度経済成長期における団地建設の一助となったほか、「トヨライトスクール」と名付けられた学校建築にも応用された。この「トヨライトハウスB型」が開発される過程で構法が大きく変更されたことは、大いに注目されるべきである。「トヨライトハウスA型」（図10A）が、PC板とPC臥梁からなる躯体の上に木造の切妻屋根を載せた平屋組立住宅であったのに対し、「トヨライトハウスB型」（図10B）は、PC臥梁がなくなり、薄肉リブ付PC板の上に直接床板を置く陸屋根の二階建組立住宅であった。これらの変更は、日本電信電話公社が大都市間同軸ケーブルの無人中継所のために「プレコン」を採用したおかげで「合理化、コストダウンが進められ、その中で臥梁がなくなり部品が整理され簡略化された」結果であったと考えられ、「トヨライトハウスB型」はRCパネルによる「外骨格」の建築の完成形であったと言える[22]。

ところで、前章で述べたように、トヨタ自動車工業は、一九六四年に住宅金融制度を設立する一方で、一九七五年に住宅事業部を新設することによって「持家制度」を確立した。この「持家制度」は、それまで社宅の供給によって行われてきた従業員の住宅政策からの大きな転換であった。ここで、トヨタ自動車工業の社宅を概観してみよう。トヨタ自動車工業の社宅政策は、戦前に「挙母工場」の完成に伴って、一九三八年に設立された挙母土地住宅（株）が建てた西町地区の社宅七〇戸を嚆矢とする。その後、栗林・竹生蒲・高畑・山畑・平芝前・神田・下林・長興寺・緑町の地区に合計一四四戸の戸建住宅を設けたほか、一九四〇年以降に、挙母工場周辺に建てた「第一寄宿舎」「第二寄宿舎」「前山アパート」「大林アパート」「挙母アパート」に合計八五〇戸を収容した。「挙母ア

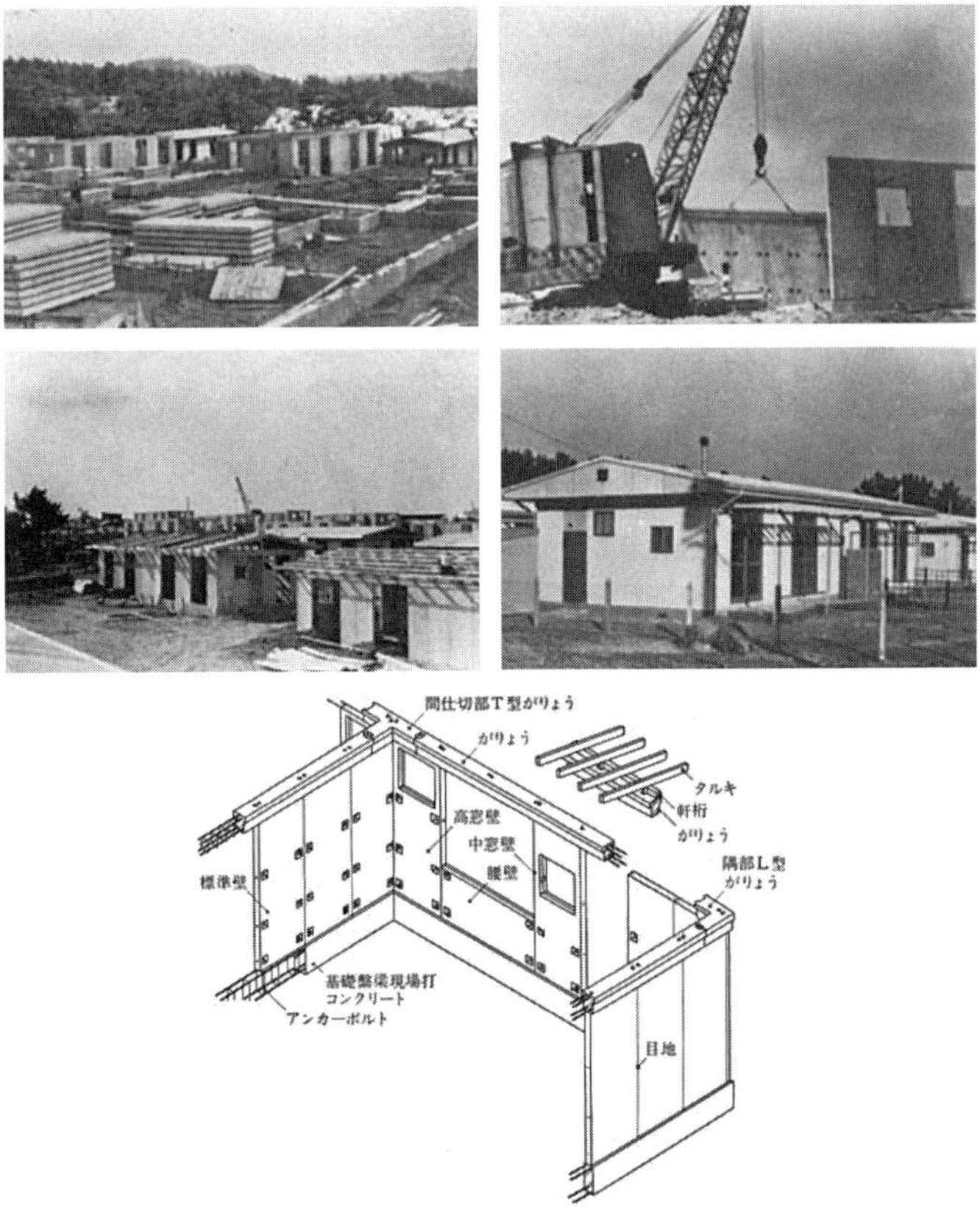

図 10A 「トヨライトハウス A 型」

パート」を除く社宅は、いずれも三栄工業（株）の請負によるもので、木造の戸建住宅であった[23]。

一方、戦後は、「元町工場」の完成に伴って、工場西方二キロメートルの場所に、一九五九年に二七〇〇戸が、翌六〇年に一〇〇〇戸が、トヨタ自動車一級建築士事務所によって設計された「トヨライトハウス」によって建設

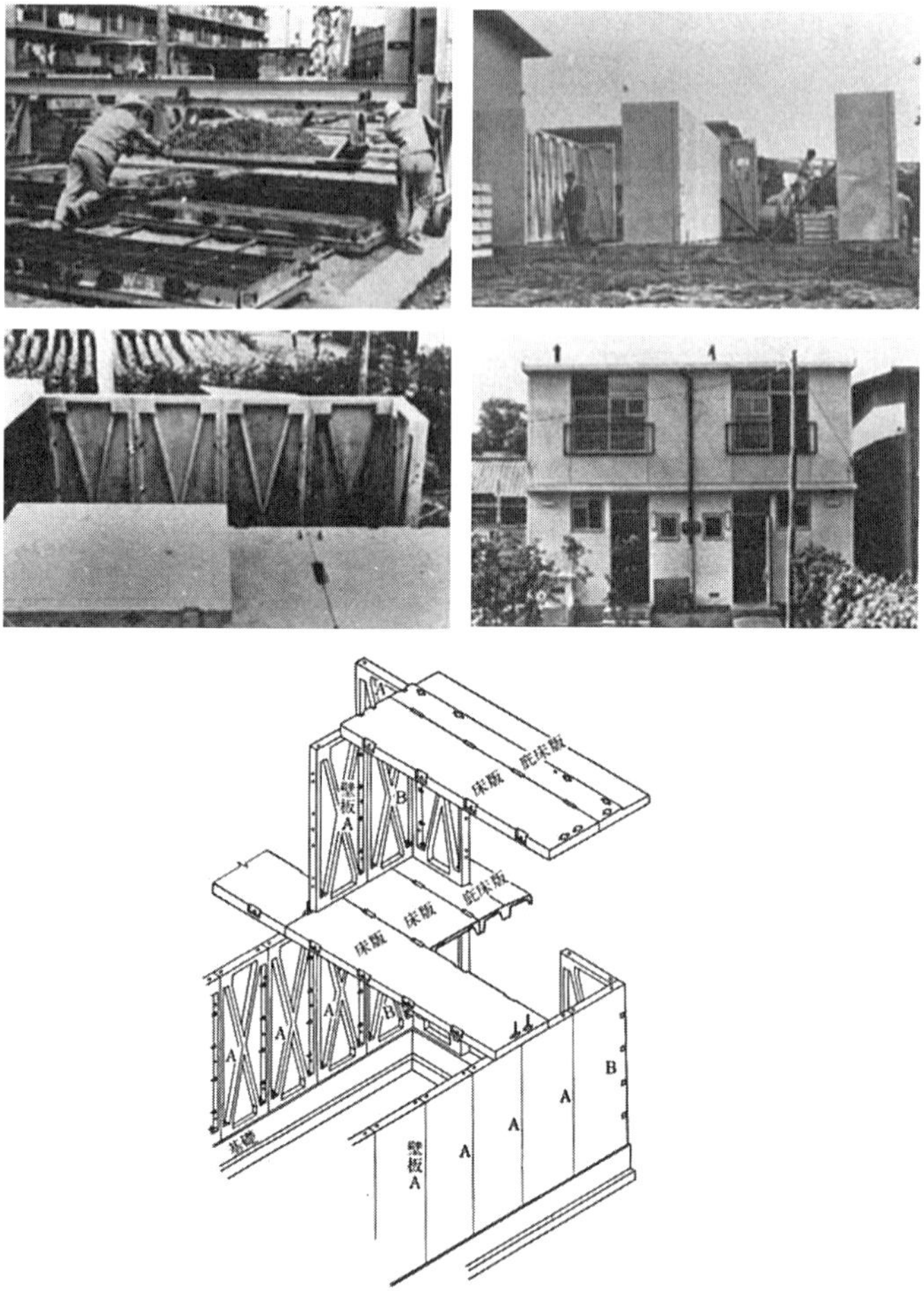

図 10B 「トヨライトハウスＢ型」：Ｘ字形リブが確認できる。

図11　聖心地区における団地整備：住棟端部に設けられた大型の階段室がロシア構成主義建築を彷彿させる。

された。あるいはまた、戦前からの大林地区では、社宅の建て替えが進められるとともに、永覚地区・聖心地区における団地整備が開始された（図11）。しかしながら、前述したように一九六四年に「持家制度」が導入されたことで、トヨタ自動車の社宅整備は終焉を迎えることになった。一九六五年より、社宅の代替となったのが、東和不動産による分譲住宅地開発であった。その後一〇年間で、豊田市内の明和町三九戸（一九六五）・今六七戸（一九六五）・丸山四〇戸（一九六六）・渡刈八〇戸（一九六七）・朝日一〇三戸（一九六七）・市木団地二五〇戸（一九六九）・伊保原七三〇戸（一九七一）・秋葉一〇〇戸（一九七四）・青木三〇戸（一九七四）・平戸橋六二戸（一九七四）・広川八五戸（一九七五）・美里四八戸（一九七五）・竹元団地五一戸（一九七五）の各地区が開発された。[24]

（2）木造乾式構造の「量産住宅」——日産自動車「プレモス」

「戦争組立建築」から「戦災復興組立建築」へ至る「量産住宅」の歴史の中で、トヨタ自動車工業によるRC造プレファブリケーションの「トヨライトハウス」と並べて論じられるのが、日産自動車の創始者である鮎川義介（1880-1967）が関わった木造プレファブリケーションの「プレモス」（一九四五—五一）であろう。[25]「プレモス（PREMOS）」という名前は、プレファブリケーション（ＰＲＥ）＋前川國男（Ｍ）＋小野薫（Ｏ）＋山陰工業（Ｓ）の頭

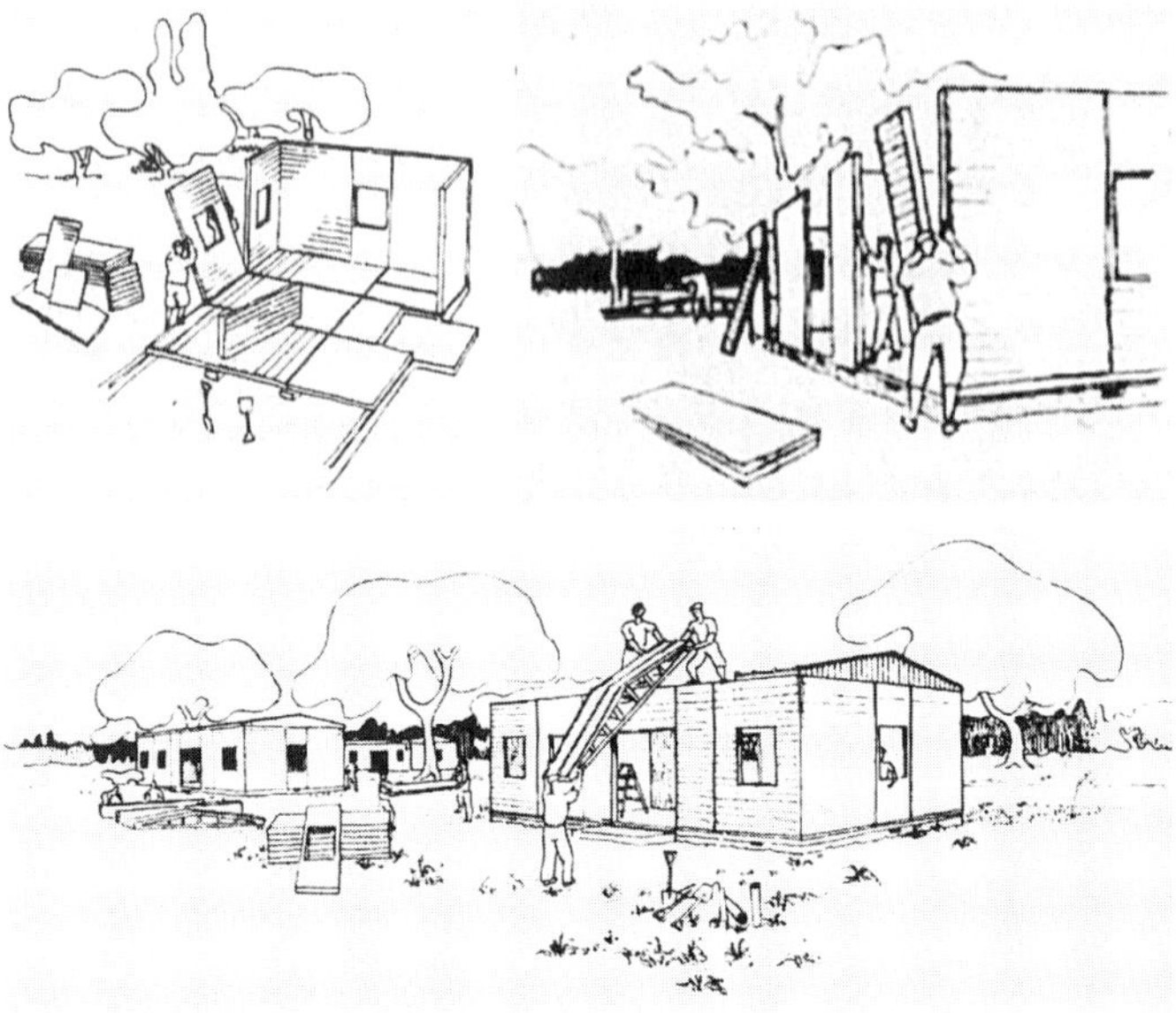

図12 「プレモス7型」組立の様子

文字からなる造語であり、建築家の前川國男（1905–1986）と構造学者の小野薫（1903–1957）が設計した木造プレファブリケーション住宅を、木製軍用飛行機の製作会社であった山陰工業が工場生産することを示す命名であった[26]。戦前に鮎川義介の率いる満洲重工業開発（株）が設立した「満洲飛行機製造（株）」の工場（山陰工業の前身）を前川國男が設計したことが、この木造組立住宅を生む契機となったと言われている。一九四六年二月に、山陰工業の敷地内に建てられた試作住宅を皮切りに、進駐軍将校官舎・国鉄宿舎・炭坑労働者住宅・市営住宅等の公設住宅から私設住宅に至るまで約一〇〇〇棟が建設され、特に炭坑労働者住宅に関しては鮎川の口利きが大きかったが、鮎川自身が、赤坂本邸に七二型を世田谷別邸に七型・七一型を建てた頃から、前川と意見が合わなくなったと言われている[27]（図12）。

試作七番目の住宅を基に、部材構成の異なる四タイプ（七型（基本型）・七一型（普及改良型）・七二型（普及改良型）・七三型（寒冷地型））が、「垂直荷重にも水平力にも耐えて主要構造材となる」木造パネルを用いた「耐力構造（Stressed Skin Construction）」によって量産された。「プレモス」七型では、「木造耐力パネル」によって形成された幅一〇〇〇ミリメートル・厚さ一〇〇ミリメートルの壁パネルが、五〇〇〇ミリメートル×一万一〇〇〇ミリメートル（約一六・五坪）の広さに並べられた床パネルの外周に建て込まれ、その上に成の低い木骨トラスを用いた屋根パネル（上面金属貼）が設置された（図13）。この住宅は、構造体となる外壁パネル二九枚・床パネル三五枚・屋根および庇パネル二六枚のほかに、間仕切パネル一七枚・窓一一枚・出入口枠一四枚によって造られ、「柱のない家」と呼ばれた「外骨格」の建築となった。[28] 前川は、この「柱」でなく「版」による建築が、「より安く、より早く、より大量に生産され、供給される」ことを望んだ。[29] 小野薫が考案したという「木造耐力パネル」は、「外骨格」という観点において後述する「モノコック構造」の国民車を予感させるが、初期の七型に見られるような内部を木板トラスで充塡補強した断面構成は、[30] 自動車というよりもむしろ航空機胴体の壁体に近い設計であったと考えられる。

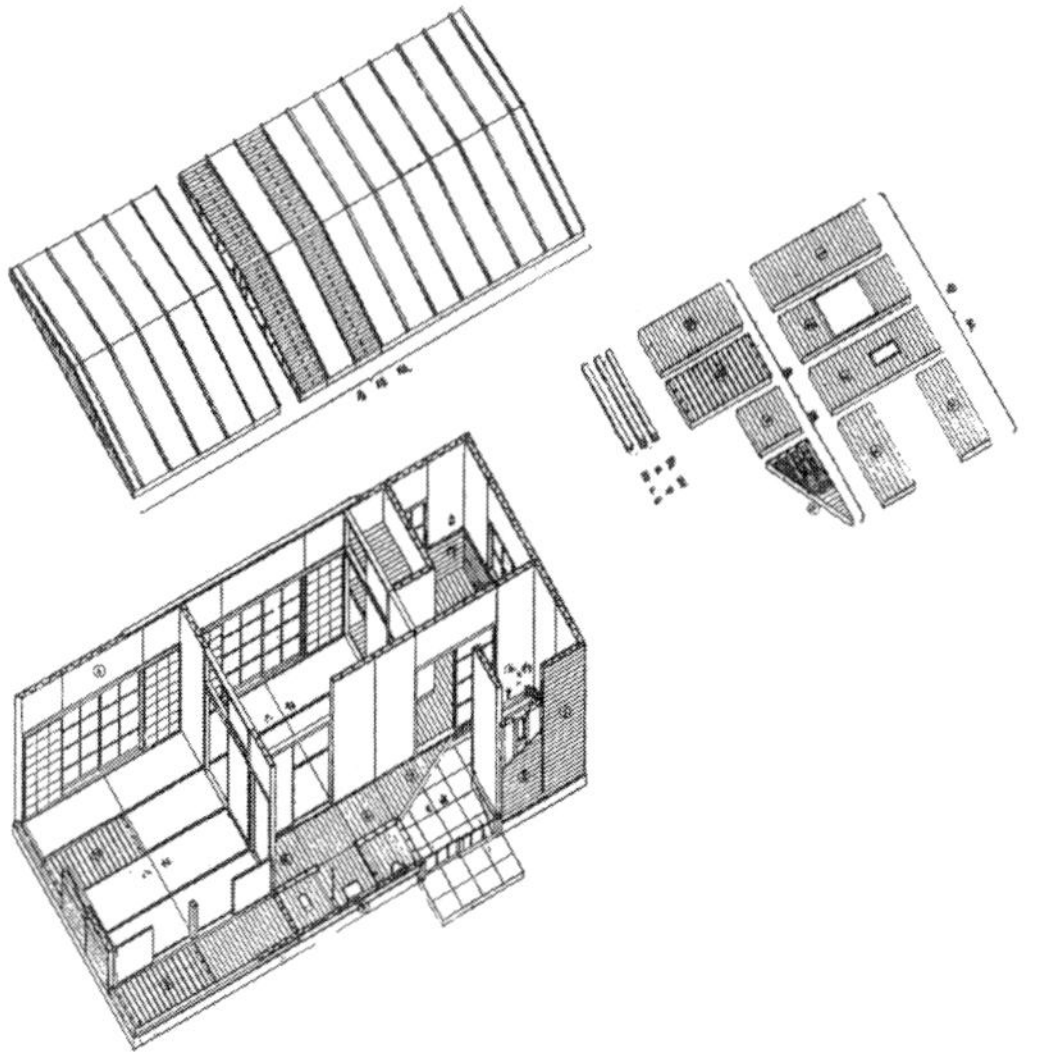

図13「プレモス7型」組立アクソノメトリック図

こうした「木造耐力パネル」による「外骨格」の住宅の背景には、一九世紀アメリカで確立された二インチ×四インチの規格材を用いたバルーン・フレーム構法（Balloon Frame Construction）があることは言うまでもない。しかしながら、構造と皮膜を一体化した「プレモス」の「木造耐力パネル」は、のちに「東京海上ビルディング（現 東京海上日動ビルディング）」（一九七四）において採用された「打込タイル」を用いた外壁に見られる「テクニカル・アプローチ」に通じるものでもあったと言えよう。

ところで、ル・コルビュジエの事務所で、前川と席を並べた坂倉準三もまた、「A字型棟持柱」を用いた「木造組立住宅」を手懸けた（図14）。この仕事は、C・ペリアン

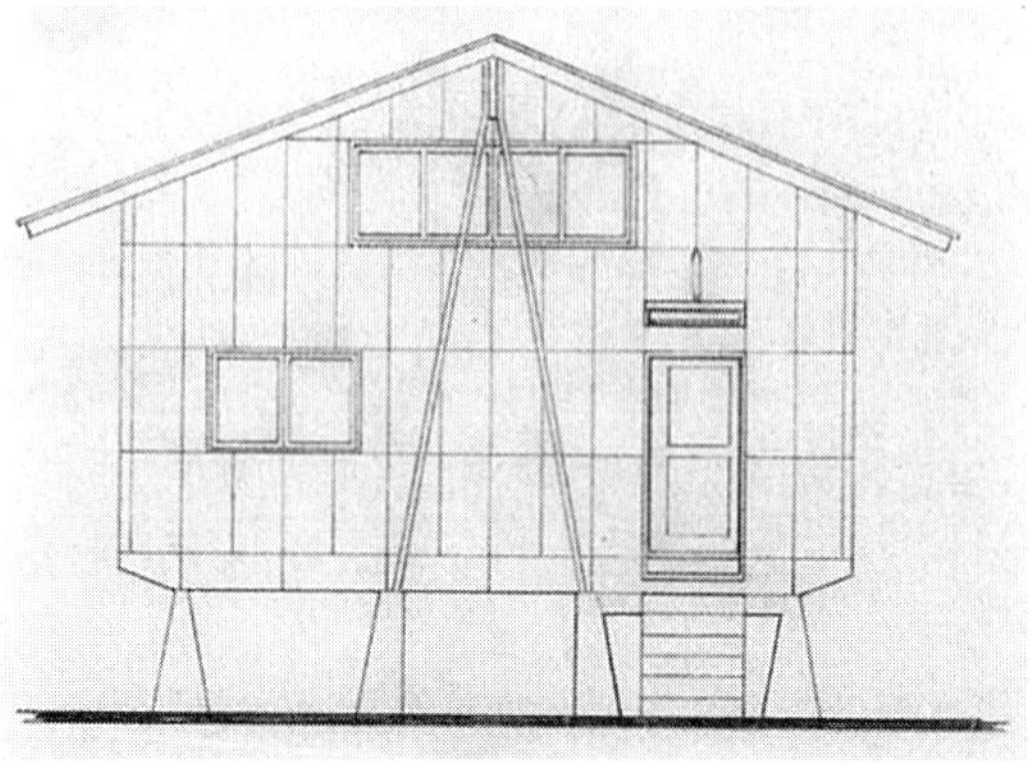

図 14　坂倉準三による「木造組立住宅モデルハウス」立面図

(1903–1999) が訪日（商工省輸出工芸指導装飾美術顧問、一九四〇—四二）した際に持ち込んだ図面の影響を受けて、一九四〇年より「戦争組立建築」として始めた様々な提案が、戦後の「復興組立建築」に結実したものであった。[31] ペリアンが持ち込んだ図面は、来日直前にJ・プルーヴェ(1901–1984)、P・ジャンヌレ、そしてペリアンが、フランス中南部オーヴェルニュ地方イソワール（Issoire, Puy-de-Dôme）に計画したSCAL（Société Centrale des Alliages Légers, 軽合金中央協会）の仮設薄鋼板工場に関する設計図であった。ここで彼らが提案したのは、プルーヴェが確立していたコンパス型支柱を内骨格とする「ポルティーク構造」（一九三八）と、木造パネルおよび「外骨格」による「軍用バラック」（一九三九）の構造デザインを取り入れた計画であった[32]（図15）。ペリアンの招聘に尽力した坂倉の「A字型棟持柱」が、プルーヴェの「ポルティーク構造」の影響を受けたものであったことは言うまでもないが、前川の「プレモス」における「木造耐力パネル」は、「軍用バラック」の木造パネルと「外骨格」を一体化させて「木造組立住宅」とする案であったと考えられる。ル・コルビュジエの事務所で席を並べたペリアン・前川・坂倉の間にあった「真の友情や仕事で形づくられた共謀関係が弱まることはなかった」が、彼女を日本へ招聘した坂倉に先んじて、上海で出迎えた前川との再会を、ペリアンは次のように回想している。「前川は私（ペリアン）にサカ（坂倉）の消息を知らせた。私はふたりのあいだに、ちょっと距離があるのに気づいた。このとき私は、自分が日本ではサカの一族に属し、その責任と保護下にあることを理解した。考慮しなければならない微妙な点、それが國男への私の好意に影響することはまったくない。[33]」ペリアンの感じた二人の間の

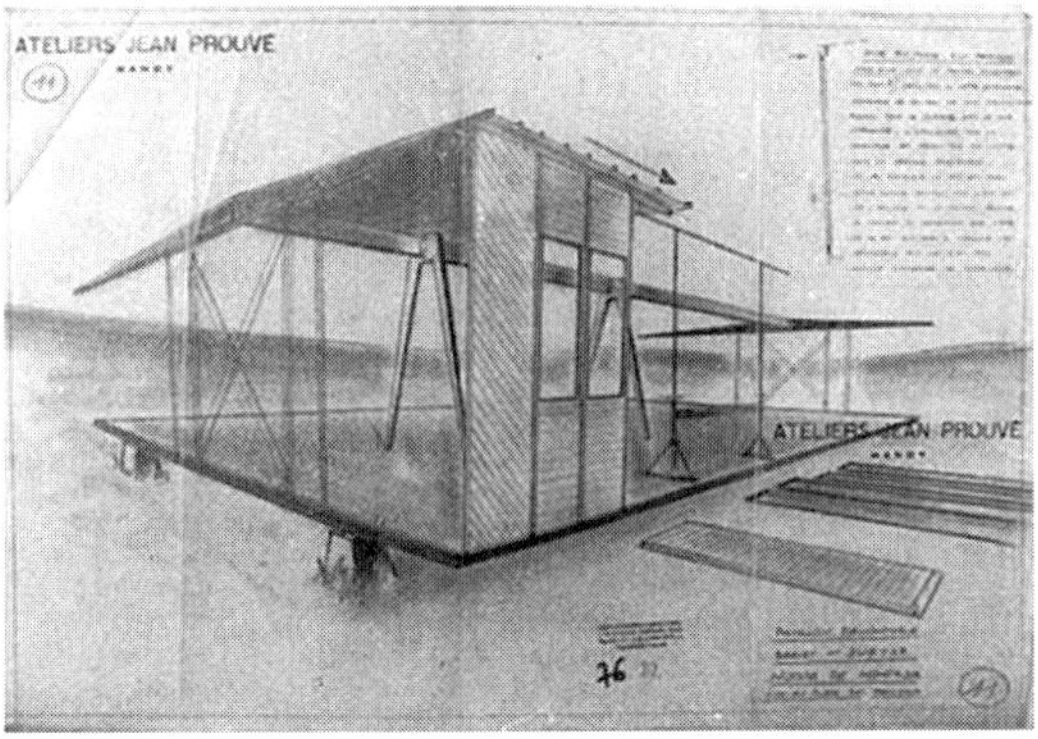

図 15　「ポルティーク構造」と木造パネルを用いた住宅の組立説明図

「距離」が、後に「組立住宅」の骨格の差となったと言えば、言い過ぎだろうか。

　前川に限らず、住宅のプレファブリケーション技術を開発し実現した近代建築家は、前述したように少なくなかった。しかしながら、それらを実際に一〇〇〇戸販売することができたのは、「プレモス」が初めてであった。「一〇〇万人の住宅」を掲げた前川にとって、[34] 販売数一〇〇〇戸という数字は必ずしも達成された目標数値ではなかったが、それまでの建築家が設計したプレファブリケーション住宅の販売戸数を考えれば、この住宅は間違いなく「大量生産」であり、日産自動車という自動車会社の存在があってこそ獲得し得た数値であったとも考えられる。一方で前川は、山田守（1894–1966）と並んでＣＩＡＭ２（一九二九）に出席し、Ｗ・グロピウス、ル・コルビュジエ＆Ｐ・ジャンヌレ、Ｖ・ブルジョア（1897–1962）、Ｈ・シュミット（1893–1972）らの「最小限住宅」に関する講演を聴講しえた数少ない日本人建築家であった。[35] 前川は、戦後に書いた「敗戦後の住宅」という論文の中で、ル・コルビュジエがＣＩＡＭ２の報告書に「最小限住宅」について記した「けれどもここでただ一つ欠けているものは空間である」という一文を引用して、「日本人の生活の矮小化」を案じている。[36] 後にＲＩＡ建築綜合研究所の川崎浩が、建築家に残された道を、「実験的住宅を設計して世の中を啓蒙していくという道ではない」と述べ、技術者としての「スペシャリスト」あるいは住宅産業そのものの「オーガナイザー」という役割の中に見出そうとしたが、[37] 前川によって示された住宅の量産化と空間の問題が、建築家の職能の問題に置き換えられ、住宅の「大量生産」をめぐる建築家の建築設計手法については先送りされたのである。

(3) LGSプレファブリケーションの「量産住宅」——トヨタ自動車工業「トヨタホームJA型」、富士重工業「ユニットハウス」、鈴木自動車工業「ミニハウス」

さて、前述した第二次世界大戦後における豊田市の住宅地に建てられた住宅群の構造が、一九七〇年を境に、大きく様変わりする。というのも、この時期に、トヨタ自動車工業は、従来のRCプレファブリケーション住宅「トヨライトハウス」に加えて、LGSプレファブリケーション住宅を開発したからである。トヨタ自動車工業の住宅研究開発グループとトヨタ自動車販売の企画調査部調査企画グループは、一九六九年に「スペースユニット」(幅二・五メートル×奥行二・五メートル×高さ二・七八メートル)と「平屋建住宅」(建坪九三・七五平方メートル)の試作製作を行い、翌七〇年には「二階建住宅」の試作三棟を「伊保原レジデンスパーク」(愛知県豊田市)に建設し、居住実験を行った[38](図16)。これらはいずれも、トヨタ自動車工業と関連グループ企業が総がかりで製作したもので、「プレス加工」によって造られた鉄板が、「防錆塗装」されたLGSフレームに、「スポット溶接」によって取り付けられるという、文字通り「自動車のボディと同じ感覚で鉄板をプレスした住宅」であったと言われている[39]。建物本体については、骨組と各部材の取付はトヨタ自動車工業第三技術部、部材塗装と断熱処理は同第五技術部、配管と配線の工事は同施設部によってそれぞれ分担され、建具・家具・設備等の付帯製品については、床間・押入・収納の試作は関連グループ企業トヨタ車体(株)、洗面・洗濯設備の試作は同じくアイシン精機(株)、キッチンと冷暖房設備の試作は同じく日本電装(株)(現デンソー)、浴室・トイレ設備の試作は同じく豊田工機によってそれぞれ分担され、文字通り

図16 「伊保原レジデンスパーク」に建てられた「二階建住宅」試作

自動車会社による「量産住宅」の試作品であった[40]。なかには、「洗える家」や「ワックスをかける家」等、住宅は動かない自動車であると言えるような発想もあったが、それらはいずれも不首尾に終わった[41]。

ここで興味深いのは、こうした試作住宅が、即座に個人向けの販売に至らなかった点である。一九七二年に最初に市場供給されたのは、レンタカーと中古自動車の事務所や店舗に応用された「スペースユニット」であり、一九七五年からは「二階建住宅」の試作を応用した「トヨタ・オフィス＆ショップ」が販売された[42]（図17）。トヨタ自動車工業の乗用車「Ａ１」が一九三五年に開発されても、最初に販売されることになったのはトラック「Ｇ１」であったように、日本における自動車販売は、個人向けの乗用車に先行して軍隊や公共団体向けのバスやトラックが販売された。同様に、自動車会社による「量産住宅」もまた、個人向けの販売に先行して事務所や店舗等の公的空間として供給されたのである。

一九七七年、それまでに開発された様々な「量産住宅」が、「トヨタホーム」の名の下に「ＫＣ型」と「ＪＡ型」の二系統にまとめられた（図18）。片方の「ＫＣ型」は、「鉄筋コンクリートユニット構造」と称され、戦前の伊藤

図 17 「スペースユニット」（上）と「トヨタ・オフィス&ショップ」（下）

図 18 「KC 型」（上）と「JA 型」（下）

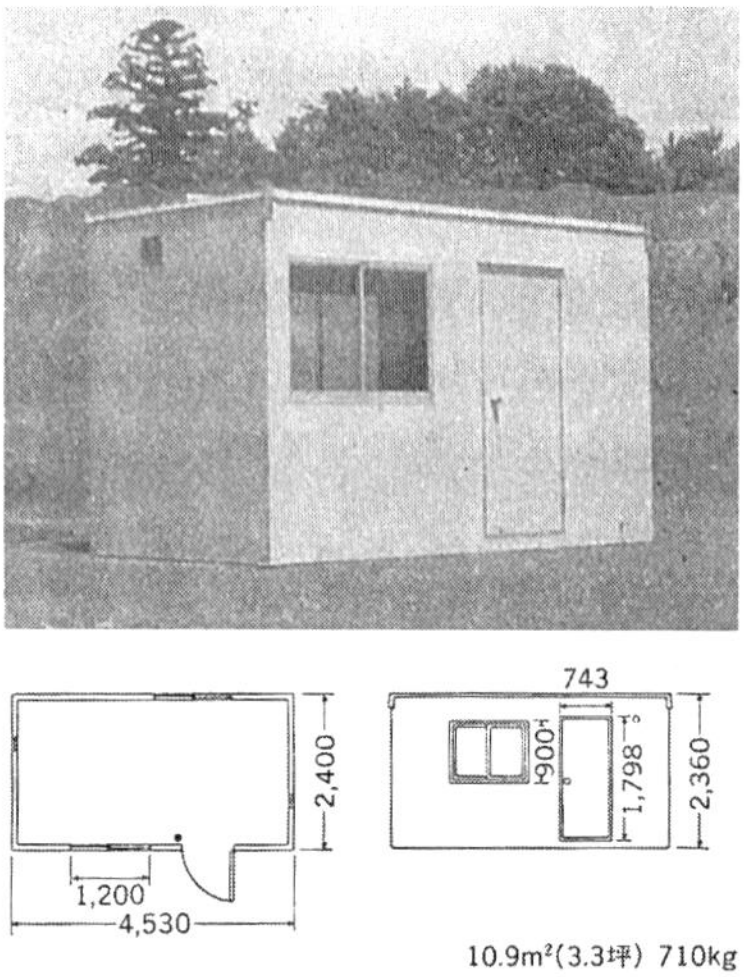

図19「ユニットハウスCA型」外観および平立面図

為吉の発明を田辺平学が展開した「プレコン」の流れを汲むものであり、ＲＣパネルによるプレファブリケーション技術の系譜に位置づけられる。もう片方の「ＪＡ型」は、「鉄骨ラーメンユニット構造」と称され、戦後に自動車製作技術を結集して造られた「スペースユニット」の流れを汲むものとして、ＬＧＳによるプレファブリケーション技術の系譜に位置づけられる。

　ところで、自動車ボディの構造を応用したＬＧＳプレファブリケーション技術を開発したのは、トヨタ自動車工業だけではなかった。富士重工業もまた、高度経済成長期の終盤に、検診車に代表されるバス空間の居室利用について開発を進めると同時に、こうしたバスボディ技術を応用して「オフィストレーラ」「キャンピングトレーラ」「コンテナハウス」等への展開を図った。例えば、一九七一年から販売が開始された「コンテナハウス」の一種である「ユニットハウス」は、建設現場の現場事務所用に開発され、設置・移動時の組立・解体を不要とする仮設建築であった[43]（図19）。ＬＧＳラーメン構造に張られた外皮は、簡易ビード加工された防火カラー鉄板であり、鉄板剛性を確保するために考え出された自動車ボディの技術そのものであった。また、内部に化粧合板が張られた総重量六七〇キログラムの「ユニットハウス」は、四〜六トントラックの荷台に積載可能であった。販売当初は、開口部にバス用上下スライド窓が設けられたことからもわかるように、この仮設建築は、富士重工業のバス生産部門が開発したＬＧＳプレファブリケーション技術によるものであった[44]。

　また販売当初は、広さ三坪程度の仮設専用であったが、店舗・事務所等の用途と耐久性に応えるために、桁方向連棟・妻方向連棟・二階建の各タイプが開発されるとともに、より大規模なパネル組立式の型も開発され、一九八二年には累計生産が一万棟を越えた。バブル経済末期における都市部での仮設現場事務所は、大規模化するとともに、手間のかかる組立式のプレファブリケーション建築から、輸送性・保管性・施工性に優れたユニット式の建築が求められるようになったため、「ユニットハウス」が大量に採用された。また、一九八四年には、壁と天井の断熱材を充実させるとともに、「庇・天袋・ロッカー・シューズボックス・飾り棚・出窓等」を採用した一般消費者向け「ミニハウス」の販売を開始した。[45] こうした富士重工業の「ユニットハウス」や「ミニハウス」は、「阪神淡路大震災」(一九九五)の被災者仮設住宅や「長野冬季オリンピック」(一九九八)の会場施設において大量に採用されたことからもわかるように、[46] 仮設建築として更なるデザインの可能性を有していると言える。

さらにまた、鈴木自動車工業(現スズキ、住宅部門はスズキハウスを経て現スズキビジネス)も、一九七四年に住宅産業に進出し、富士重工業と同様のLGSプレファブリケーションによる「ミニハウス」の販売を開始した。第一次オイルショック後に、「(自動車の)生産設備の稼働率を上げるには何を生産するか」という発想から生まれたという、この自動車会社による「量産住宅」もまた、「自動車の生産技術を応用し独自性を出すこと」「車両生産設備を活用すること」「現地では素人でも(短時間で)簡単に組み立てることができるようボルトによる(組立構造とする)こと」という三点を開発コンセプトにするとともに、「車両販売ノウハウを生かした独自の流通システムによる販売活動」が行われた。[47] その結果、「ミニハウス」では、自動車ボディを製作するための「ロール成形」技術を応用した複雑な鉄骨断面、自動車部品として使用される「SMC(シート・モールディング・コンパウンド)」を用いた土台型枠、自動車内装に使用される「ウレタン発砲」の技術を利用した「硬質発砲ウレタン充填サンドイッチ外壁パネル」等の独自技術が採用された(図20、図21)。しかしながら、こうした技術に関する建設大臣の特認が、当初の販売予定に間に合わず、「やむなく法に則った在来工法による木質ミニハウスの(中略)発売で急場を凌ぐ」ことになったため、木造ツーバイフォーによる木質プレファブリケーション住宅の販売が、LGSプレファブリケーションに並んで行われることになった。このように、富士重工業と鈴木自動車工業は、自動車ボディに関するプレスや塗装の技術を応用し、車両販売に関する独自の流通システムを構築した点においては共通する。しかし、一見したところ両者は「部屋」のスケールを持つ「量産住宅」として同じように見えるものの、富士重工業の「ユニットハウス」が自動車自体の空間的応用であったのに対して、鈴木自動車工業の「ミニハウス」は、自動車生産の技術的援用であった点において、大きく異なるものであったと言える。このことは、前者が主に建設現場の現場事務所としての需要を当て込んで開発されたのに対して、後者は「勉強部屋の代名詞でいわれるように（中略）住機能やファッション的外観がこれら（建設現場の現場事務所等の仮設建築）より高級なもの」を目指して開発されたこととも関連するであろう。

いずれにしても、富士重工業と鈴木自動車工業による「量産住宅」は、昭和三〇年代中頃の大和ハウス工業「ミ

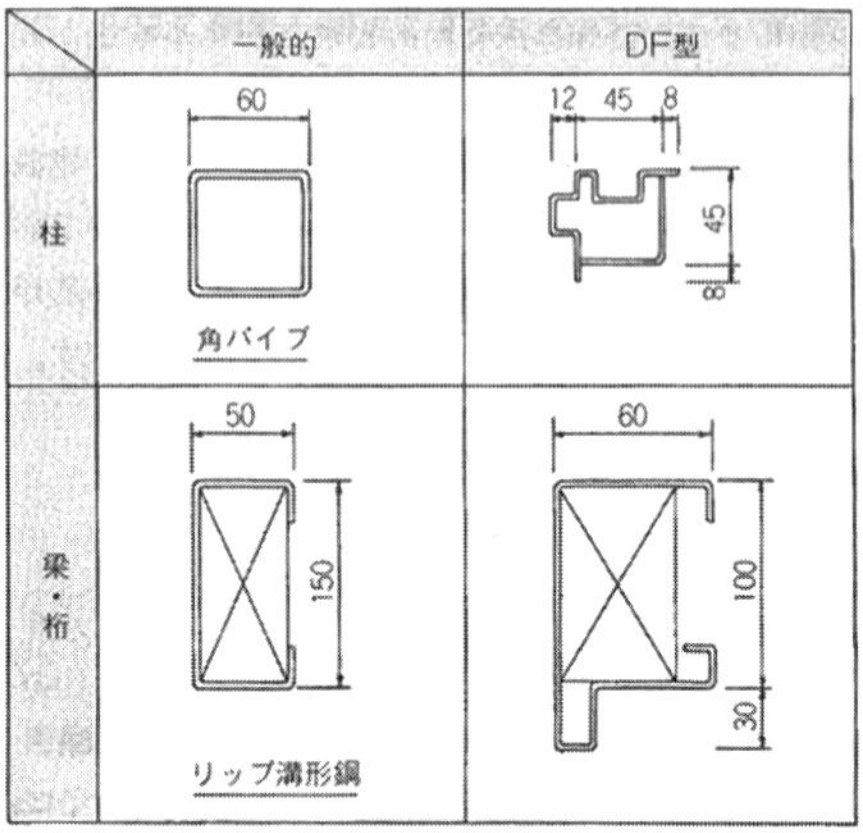

図 20　自動車の「ロール成形」技術を応用した「ミニハウス」の複雑な鉄骨断面

図 21　「SMC（シート・モールディング・コンパウンド）」を用いた土台型枠に「硬質発泡ウレタン充填サンドイッチ外壁パネル」の壁を設置して組み立てられる「ミニハウス」

ゼットハウス」（一九五九）や積水ハウス「セキスイハウスA型」（一九六〇）に比べると、いずれも後発組であった。しかし、こうした「部屋」のスケールを持つ「量産住宅」には、一九七三年から七四年にかけての最盛期に二〇〇社が参入したとされるにもかかわらず、鈴木自動車工業による「ミニハウス」は、一九八五年に市場の四〇％（約五万棟／年）を占めるまでになった。それは、先行するLGSプレファブリケーションによる小住宅の成功例がすでにあったこと、一九六四年に住宅金融公庫の門戸が「量産住宅」にも開かれるようになったこと、一九六七年に内田元亨の論文「住宅産業──経済成長の新しい主役」等によって「住宅産業」が「自動車産業」に続く新たな製造業として位置づけられたこと、を見届けた上でようやく入れた本腰であった。

2　自動車と建築の技術移転

「モノコック構造」による「スキン＝ボーン」

以上の自動車会社による「量産住宅」は、自動車に特有の技術が、住宅建築に移転された点において共通する。そこで次に、RC造・S造・W造の構造種別を問わず見出すことができた「外骨格」という自動車特有の構造と建築の関係について考えてみたい。

富士重工業のLGSプレファブリケーション技術の背景にあったのが、前述した「国民車」の一台である「スバル360」に採用された「モノコック構造」であった。通称である「てんとう虫」の通り、それはまさしく「外骨格」の自動車であった（図22）。「応力外皮構造」あるいは「張殻構造」とも呼ばれる「モノコック構造」は、一八七六年にフランス人A・プノーとP・ゴーシェによって提案され、一九二〇年代に航空機がアルミニウム合金によって金属化される過程において実用化されたと言われている。(48) 自動車には、一九二二年にイタリアの「ランチア・ラムダ」において最初に採用され（図23）、一九三〇年代に入ると、バッド（米国、一九三一）・シトロエン（仏国、一九三四）・リンカーン（米国、一九三六）・ルノー（仏国、一九三八）の各社が後に続いた。それまでの「T型フォード」（一九〇八―二七）に代表される自動車が、二本の縦通材を主とした鋼製の「車台」に金属と木製の「車体」が取り付けられた構造であったのに対して、これらの「モノコック構造」の自動車は、プレス加工された穴開きの鋼板によって「車台」と「車体」が一体となった構造が採用されたのである。鋼製部材を溶接等によって組み立てるのではなく、プレス加工され穴の開けられた板を折り曲げることによって成形するこの技術は、大量生産に

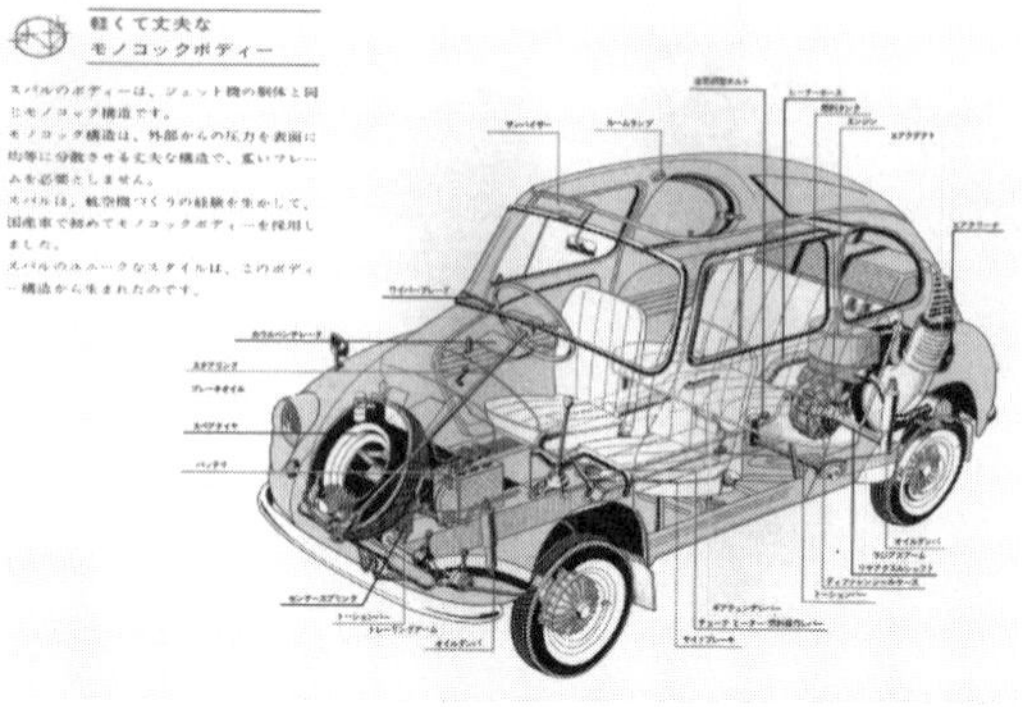

図 22　「スバル 360」のモノコック構造：シャシ・ピラー・ルーフが一体形成された。

図 23　「ランチア・ラムダ」のモノコック構造：シャシのみが一体形成された。

向いており、「国民車」において積極的に採用された。我が国では、一九六〇年頃から「モノコック構造」が本格的量産モデルとして採用されるようになったと言われている。(49) 現在、自動車にとって当たり前となったこの技術は、近代建築にとっては、きわめて逆説的な発見となった。なぜならば、これらの自動車では、構造形式がそのまま外装と内装を支持し、三者は一体化しているのであり、近代建築が「スキン&ボーン」と呼ばれたことからもわかるように、「スキン（皮膜）」が構造体から自立しているというその前提に反するものだからである。つまり、「モノコック構造」の自動車が生み出した空間は「スキン＝ボーン」となり、近代建築において教条とされてきた壁・床・天井からなる六面体に分割された空間がひとつながりになったもうひとつの空間と言えるのではないだろうか。

自動車の技術を詳細に見てみると、「モノコック構造」による「スキン＝ボーン」とするために必要であった技術が、「スポット溶接」を用いて一体化した「リブ（力木）」で補強された鉄板」にあったことに気づく。プレスラインから出てきた様々なプレス製品を繋ぎ合わせるために用いられた「スポット溶接」は、一九七〇年代前半までに生産ライン上で逸早くロボット化された。(50) 自動車産業における十八番《おはこ》の技術であった。トヨタ自動車工業や富士重工業が製作した「量産住宅」を見ればわかるように、この技術はＬＧＳプレファブリケーション建築に直接移転された。一方、自動車の「モノコック構造」を構成する「リブ（力木）で補強された鉄板」が間接的に技術移転した事例は、「量産住宅」のＲＣプレファブリケーション建築におけるパネル自体のデザインに見出すことができる。「トヨライトハウスＢ型」のＰＣパネル中央に設けられたＸ字形リブは（前掲図10）、軸組建築における柱・梁や、方立・無目を代替するものではなく、あくまでも「モノコック構造」の面材を支える「リブ（力木）」の形骸と見なされるべきである。「トヨライトハウスＢ型」が発展した「量産公営住宅」では、このＸ字形リブはなくなり、五本の無目状のリブに取り替えられている。

ところで、「量産住宅」のパネルを留めるジョイントの設計は、プレファブリケーションの材料を問わず、設計

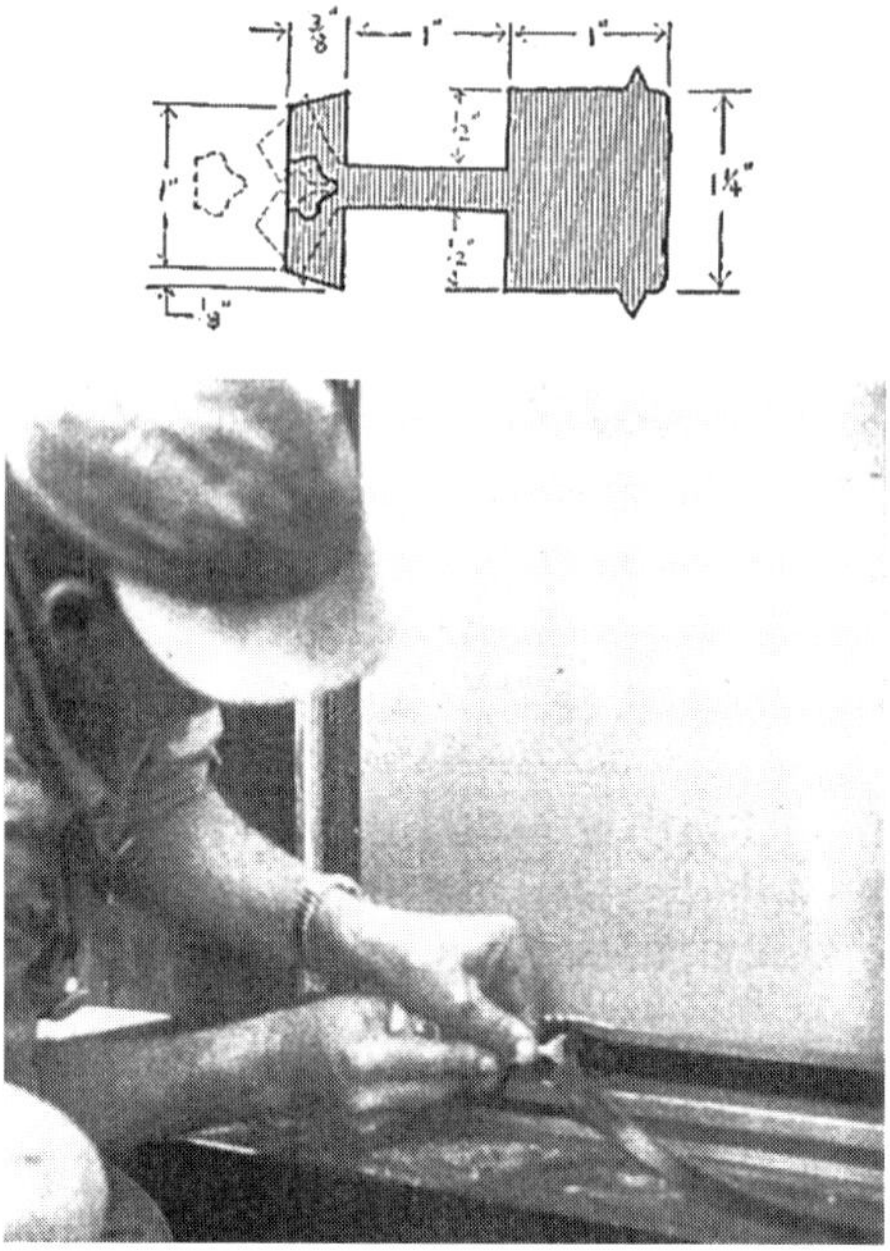

図 24 「GM 研究所」に採用されたジッパー・システムと，その取り付けの様子：窓ガラスと「琺瑯引鉄板」のスパンドレルが，「ネオプレン・ガスケット」によって支持された。

の要であり、多種多様なディテールが描かれた。自動車からの技術移転という点では、エーロ・サーリネン（1910-1961）が、「ゼネラル・モーターズ（GM）技術研究所」（一九四八―五六）のファサードにおいて開発したジッパー・システムが有名であり、その後のカーテンウォールに用いられるジョイント方法の定番となったことで知られる。エーロは、ガラス面と琺瑯引鉄板（Porcelain-faced Sandwich Panel）面からなるカーテンウォールにおいて、自動車部品に使用されていた「ネオプレン・ガスケット（Neoprene Gasket）」をクッション材として用いた黒色のサッシを採用した[51]（図24）。こうしたジョイントの設計について、日本における自動車の技術移転という観点では、松下電工（株）住宅事業部（現パナホーム）の社員が「松下一号型」の試作に携わった際、緩まないボルトをトヨタ自動車工業に尋ねて、パネル接合部に「スプリングワッシャー（バネ座金）」を用いたことが知られている。[52]当時の建築基準法施工令第六七項では、鉄骨造はリベット打または溶接を原則とし、ボルト接合は、小規模建築において「ボルトが緩まないようにコンクリートで埋め込み、又はナットの部分を溶接し、若しくはナットを二重に使用する場合」においてのみ使用可能とされていたため、「スプリングワッシャー（バネ座金）」は、専門家の実験を経て建築基準法三八条「特殊の材料」として認定された。

もうひとつ、「モノコック構造」が「スキン＝ボーン」であることに寄与した重要な技術は、外装材としての鉄板の性能を保持するために必要な、均一な膜厚と膜面を持つ塗装技術であった。自動車の塗装技術は、一九六五年頃を境に飛躍的に向上したが、その理由のひとつは、自動車の耐蝕性能向上に大きな役割を果たす電着塗装技術が導入されたことにあった。つまり、ボディを塗料浴槽に浸漬するそれまでの塗装方法が、負極化した塗料を正電圧を加えたボディに析出させる電着塗装に代替されたのである。[53] LGSプレファブリケーションの鉄骨部材もまた、自動車ボディと同様、昭和四〇年代に「アニオン電着塗装」が導入され、一九八一年以降に「カチオン電着塗装」に変更され、防錆処理されるようになったと言われている。[54]

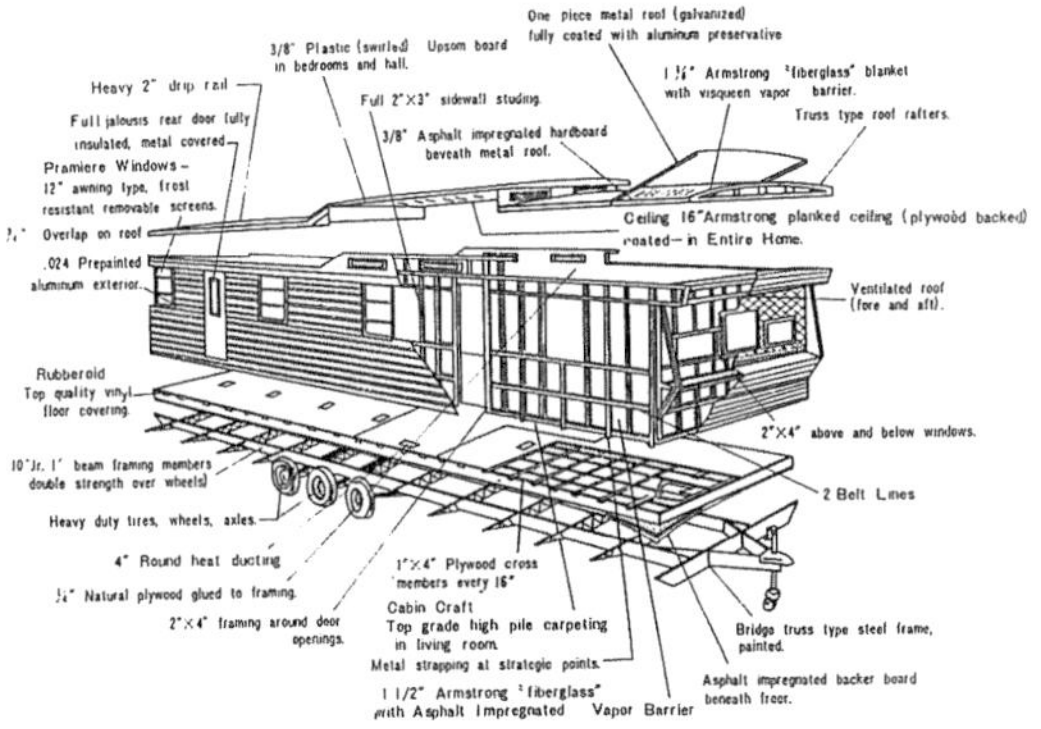

図 25　12’× 60’の「モビル・ホーム」

建築における「カプセル」の発見

ところで、自動車という「単位空間」を、「カプセル」として捉えたのは川添登であった。[55] 川添は、家族としてそれ以上分割することができない単位である「核家族」を、「目に見えないカプセル」と呼んだが、「マイホーム」は、まさしくそうした「核家族」を収容する器であった。「カプセル」という言葉が、内部に人間が入ることを示唆するようになったのは、一九五〇年代中頃に、飛行機の脱出装置やロケットの居住空間を指すようになってからのことである。さらに、「カプセル」という言葉を建築に対して意識的に用いたのは、イギリスの建築家集団アーキグラムのメンバーであったW・チョーク（1927-1988）で、一九六四年頃のことであった。[56]

あらためて自動車を「カプセル」として考えてみると、自律した一室空間が、移動可能であるということと、皮膜によって形成されているという二点に尽きるであろう。前者は、「モビル・ホーム」と呼ばれるトレーラー・ハウスを想像すればよい。「オートキャンプ」のために開発された「トラベル・トレーラー」が、一九三〇年代に「ハウス・トレーラー」として改良され、一九五〇年代に「モビル・ホーム」と呼ばれるようになったのであった(57)。モノコック構造を用いた航空機胴体を彷彿とさせる「流線型」の事例も認められるが、一九七〇年頃のアメリカでは、一般的には鋼製シャシの上に12'×60'（約二〇坪）の木造パネルの住宅が載せられたものが標準的であった(58)（図25）。それに対して、ナショナル住宅建材が一九六八年に量産化を始めた「モビルター」あるいは「663住宅」は、下部フレームを除いて、全てアルミニウム合金版によって構成されていた(59)（図26）。あるいはまた、黒

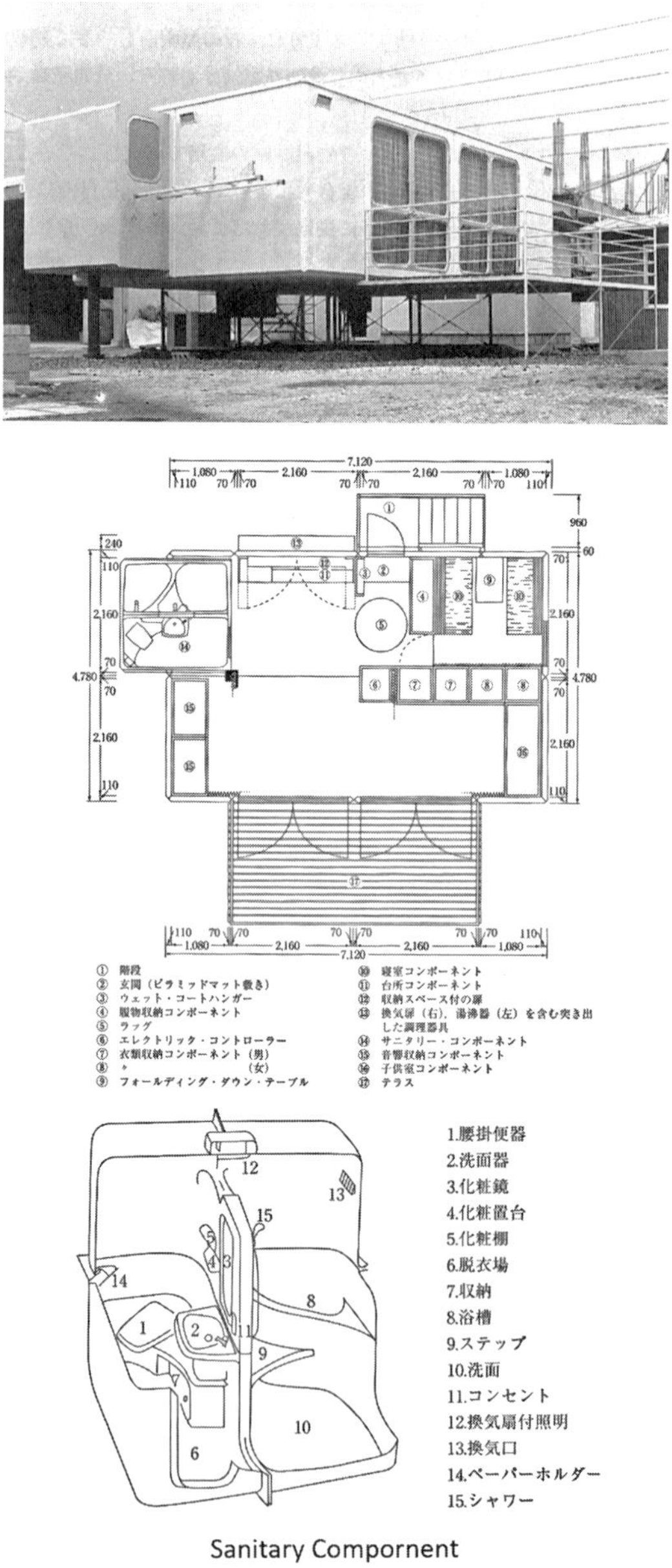

図26　ナショナル住宅建材「663住宅」

川紀章による「ムービングコア」（一九七〇）は（図27）、キッチン・バス・トイレという住宅の水廻りだけがよりコンパクトにまとめられたものであった。実際には、「カプセル」を上下水道に接続しないと機能しないため、この自律した一室空間が移動可能であるという点は、必ずしも現実的なものではない。しかし黒川は、自動車を「部屋」として捉え、[60]「人間の生活もまた、個人のレベルにまで分解されてしまう方向（家庭の崩壊）をとらえて、カプセルは個人に対応する空間」とし、[61]こうした「カプセル」を住宅のみならず建築全般に普遍化させようとした。既存の建築を「解体」し、「カプセル」という最小限の単位空間にまで分解し、それらを再統合し直そうとする建築的思考は、この時代に特有の建築観と言えるが、それは必ず「メガストラクチュア」という骨格＝準拠枠の中において構想された。しかしながら、「カプセル」の定義が「自律していること」であるならば、「メガストラクチュア」という準拠枠に依存してはならないはずであり、ここに、この時代における「カプセル」論の限界があると言えるであろう。

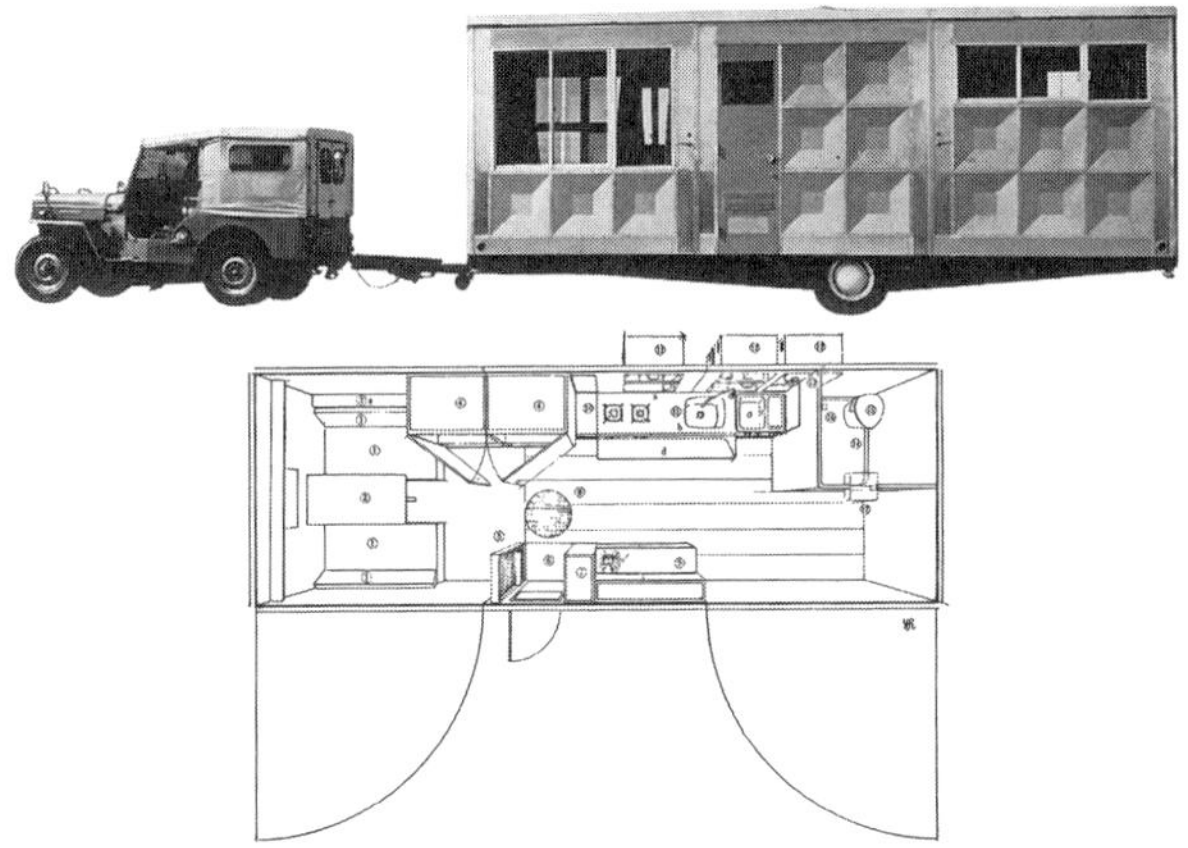

図 27　黒川紀章「ムービングコア」

　むしろ、自動車と建築の相関関係を考える上では、後者の自律した一室空間が、皮膜によって形成されているという点がより重要である。自動車を自律した一室空間として考え直してみれば、自動車の内部空間は、椅子だけが自立していて、他の全ての要素は、外装と内装が一体化した皮膜に取り付けられていることに気づくであろう。こうした認識は、自動車という「カプセル」が、「空間」と「モノ」の間に存在するもので、両者の境界が明確でないことを示唆する。翻って建築に置き換えてみれば、このことは、「建築」と

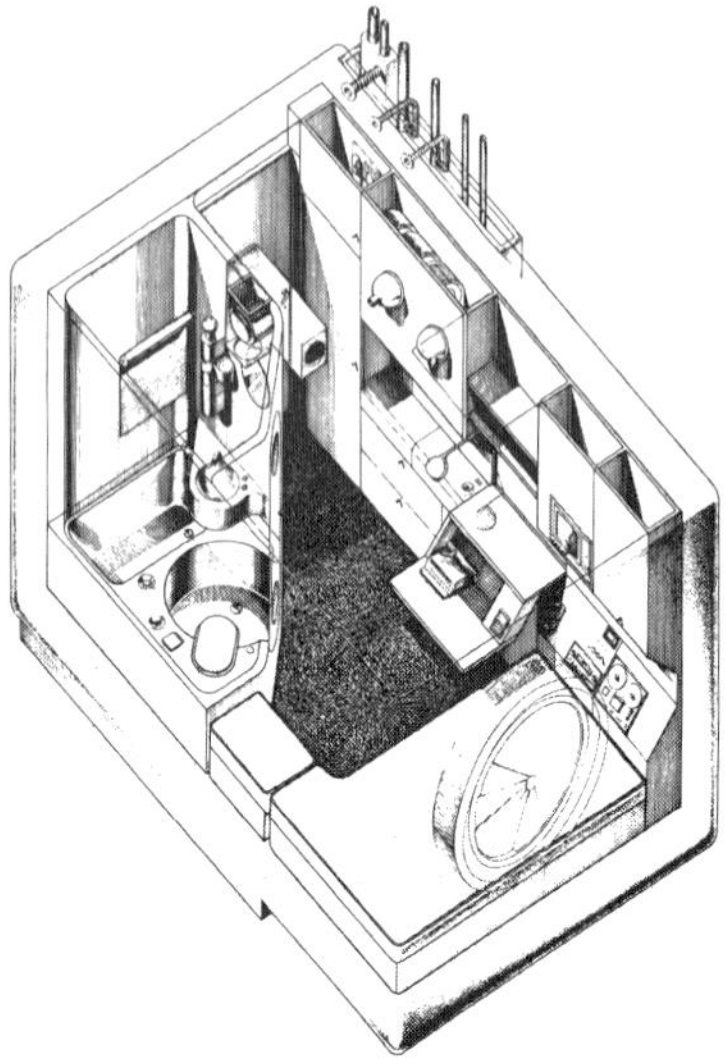

図 28　黒川紀章「中銀カプセルタワービル」個室内部

「家具」の関係についても言えるのである。

こうした「建築」の外装と内装が一体化した皮膜が、そのまま「家具」となった建築の有り様は、英国の建築家スミッソン夫妻による「未来の家」（一九五六）の影響を大きく受けている。我が国では、それは黒川によって実現され、「箱形量産アパート計画」（一九六二）、「プラスチックを用いた設備コアー計画案」（一九六二）、「ディスコティック・スペース・カプセル」（一九六八）、「日本万国博お祭り広場空中テーマ館」（一九七〇）という一連の試行は、「中銀カプセルタワービル」（一九七一）に結実した（図28）。より身近なところでは、皮膜による建築と家具が一体化したデザインは、ユニットバスなどを中心とした住宅産業において展開された。ユニットバスという概念自体は、一九一六年に、アメリカで一体成形されたダブルシェル方式ホーローびきの鋳鉄製浴槽が量産され始め、B・フラーによる鋼製の「ダイマキシオンバスユニット」（一九三八）に代表される「プレハブ式浴室」によって一九三〇年代までに確立されたが、十分に普及せず、実際には日建設計による「ホテルニューオータニ」（一九六二）において、工期短縮を目的としてFRP製の製品が東洋陶器と日立化成工業によって開発・量産された。翌年には、FRP製屋内設置用ユニットバス「ほくさんバスオール」が販売され、千里ニュータウンで風呂のなかった府営住宅を中心に大流行することとなった（図29）。住宅のベランダやキッチンの片隅を占拠したユニットバスは、住宅内部に停められた自動車と等しく、部屋でも家具でもないもうひとつの空間となったのである。

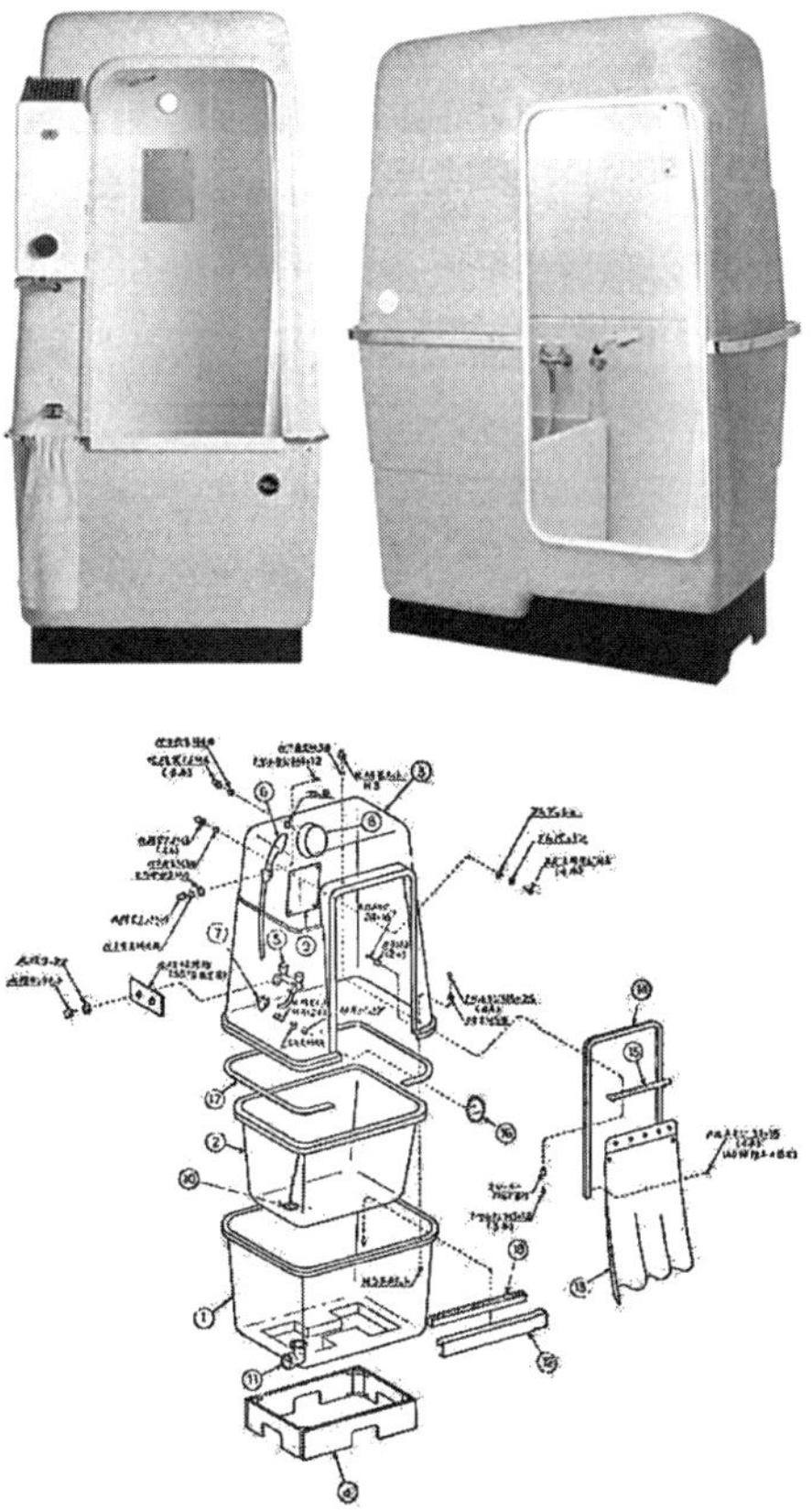

図 29　「ほくさんバスオール」外観および展開図

自動車における「ラウム」の再発見

これまで見てきた技術移転は、「自動車→住宅」というベクトルであった。では、「自動車←住宅」という逆向きの技術移転は、存在しないのであろうか。対象が持つスケールを考えれば、住宅の技術を自動車に移転することが困難であるのは、容易に想像ができる。住宅という「建築」は、場所によっては、ミリメートル単位はおろかセンチメートル単位の誤差や部材の遊びが常套的であるが、自動車という「商品」は、衣服のように緻密なサイズが要求される。住宅が自動車に入り込む技術的余地はほとんどないと言ってよかろう。しかしながら、二〇世紀末の自動車の中に、運動性能よりも居住性能を重視する事例が登場したことは、注目に値する。このことは、一九九〇年代に台頭した「ミニバン」と呼ばれる乗用車のデザインを考えれば、一目瞭然である。とりわけ、建築との接点を考える上で重要なことは、一九九七年にトヨタ自動車工業が販売を開始した小型乗用車に「ラウム（RAUM、空間）」という名前が用いられたことである。さらに、一九九八年に日産自動車が販売開始した小型乗用車「キューブ（CUBE、立方体）」もまた、同様に「空間」の気積を示す単語であった[62]。二〇世紀末に、こうした「空間」を重視した自動車が登場した理由は、自動車の「走る・曲がる・止まる」という基本性能が、ある程度の技術的飽和状態に至ったこと、一九八〇年代に自動車の内装が急速に高級化したことによって、単に移動のための乗り物ではなく快適な居住空間でもあるという認識が持たれるようになったことなど、自動車そのものに起きた変

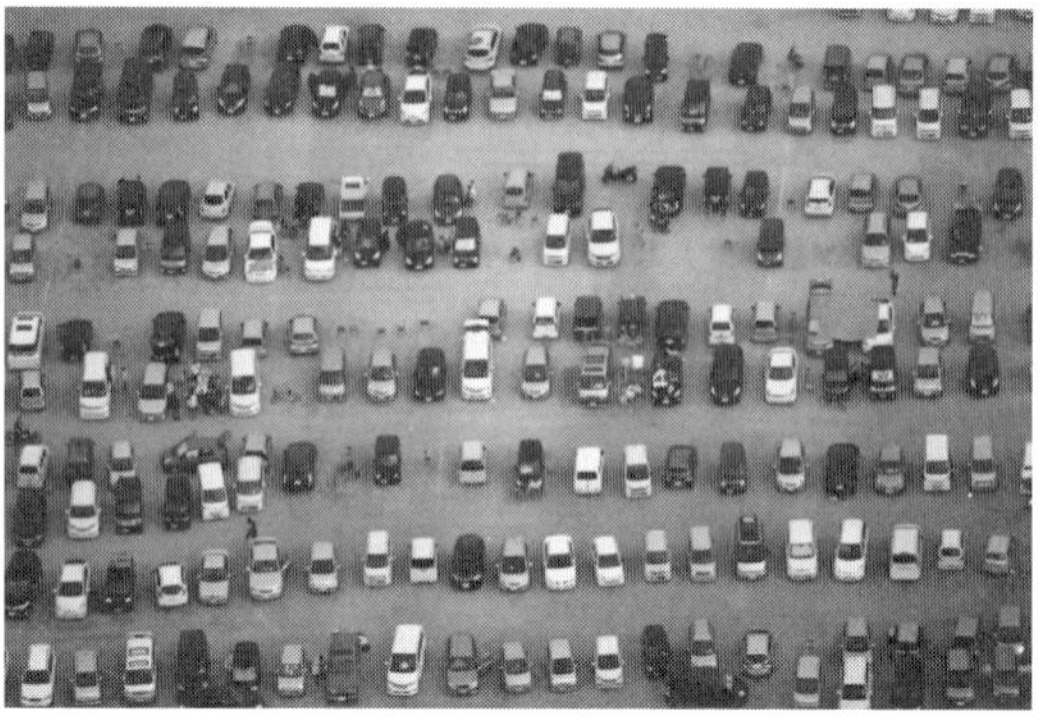

図 30　「熊本地震」で避難所となった小学校校庭に並ぶ車列

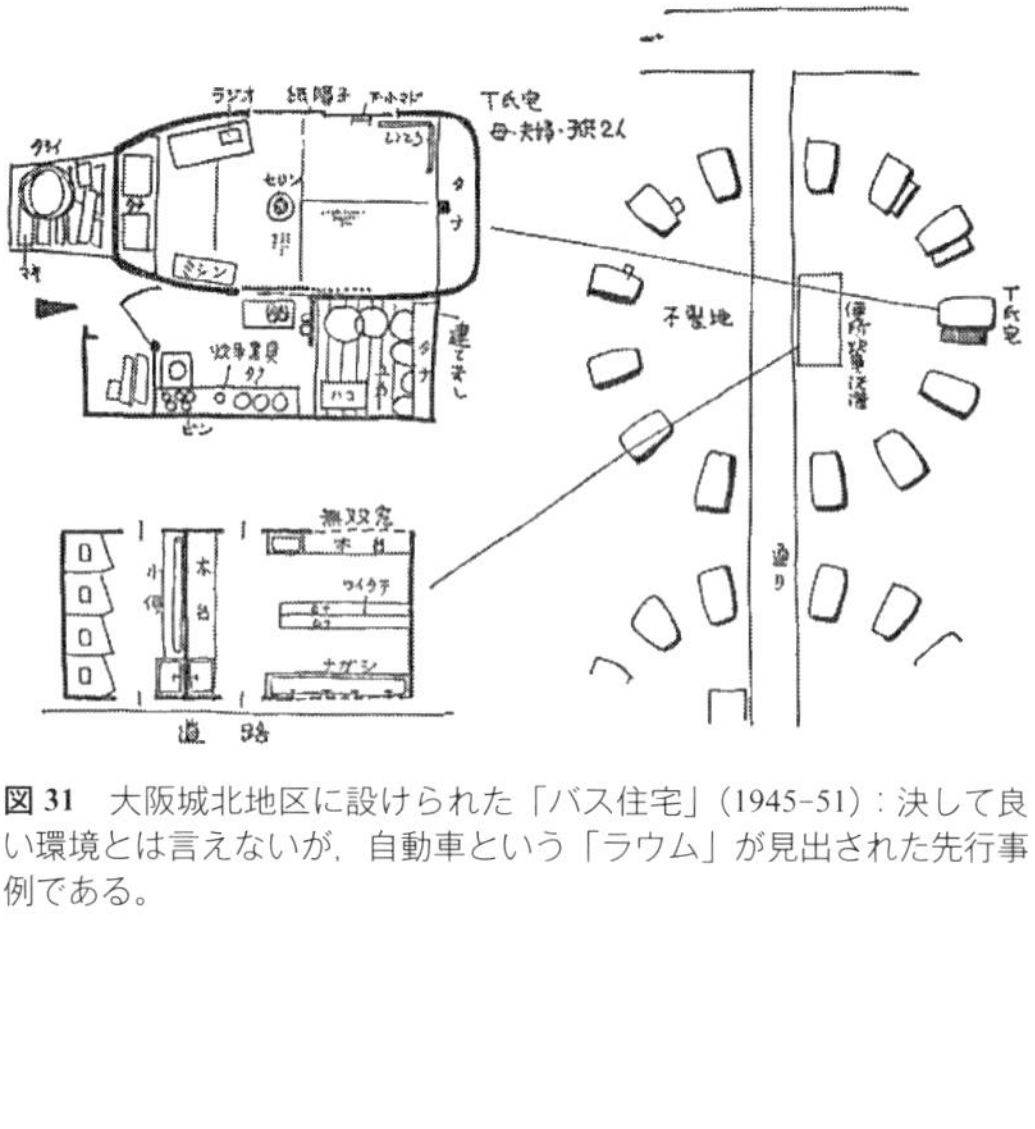

図 31　大阪城北地区に設けられた「バス住宅」（1945–51）：決して良い環境とは言えないが，自動車という「ラウム」が見出された先行事例である。

化として捉えることができる。しかしながら、それ以上に重要なことは、同時期の「個室」や「個食」という言葉が端的に示していたように「個」をめぐる生活スタイルが浸透したことである。そして、こうした「個」をめぐる生活スタイルを支えるのが、郊外における自動車社会の代名詞となっているコンビニエンス・ストアなのである。

二〇一六年に起きた「熊本地震」の震災後に度々取り上げられた映像の中には、避難所となった小学校校庭で「車中泊」する車列を写した映像があった（図30）。以来、俄に注目されるようになった「車中泊」は、自動車を「ラウム」として捉えた極限の姿と見なすことができる。この出来事は、自動車が身体を押し込むようにしてようやく内部に入ることのできる「カプセル」であるということをあらためて示唆するとともに、その側面や背面のドアによって作られる空間の可変性・拡張性や、そうした「カプセル」のレイアウトに建築デザインの余地があることを教えてくれる。戦後すぐには、「バス住宅」と呼ばれた木炭バスの廃車体を利用した公設仮設住宅があった。西山夘三の調査によって、大阪市営の城北地区・毛馬地区と、岐阜市の権現山々麓地区の事例が確認されているが、それらの車体の可変性・拡張性やレイアウトに対する工夫には、目を見張るものがある。とりわけ、城北地区の事例は、三〇〇坪程度の敷地二ヶ所に、各一三戸の「バス住宅」が共同炊事場・洗濯場・便所を収めた小屋がある広場を中心に放射状に配置されており、原広司らが調査したアフリカの集落を彷彿とさせる、集まって住むことの始原の姿を示すものであった[63]（図31）。

3　自動車が創出した居住環境

自動車会社による「量産住宅」は、それまでの受注一品生産であった「建築」を自動車同様の工場大量生産による「商品」とした点においても共通する。こうした「量産住宅」が、実際に自動車販売網を利用して、自動車同様

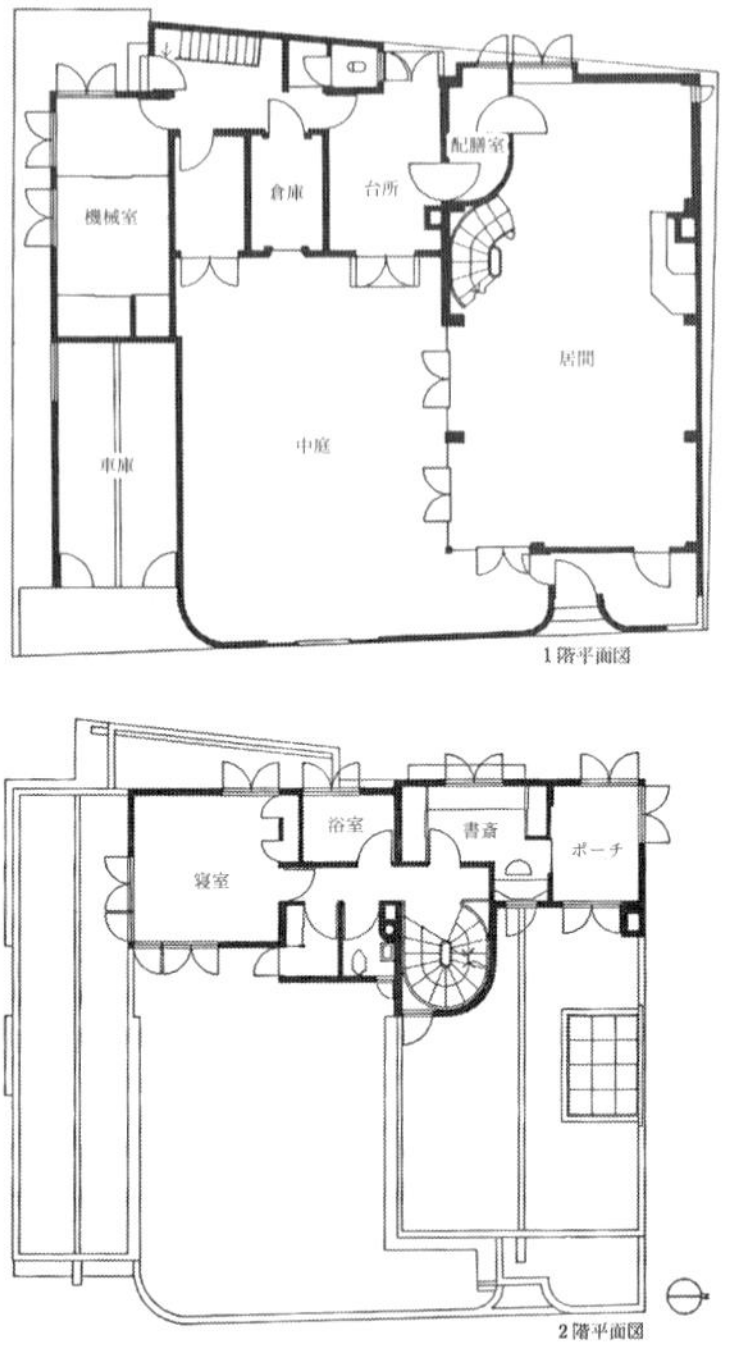

図32　A. レーモンド「レーモンド自邸」

の「商品」として供給されたことを考えれば当然のことであろう。そして、こうした「商品」としての住宅は、自動車で辿り着くことができる土地に、自動車とともに並置されるという興味深い結果を招くことになったのである。

「ガレージ」のある「邸宅」

戦前期に自動車を所有する住宅の多くは、敷地が十分に広く、「ガレージ／車庫」は、住宅の本屋とは別の独立した建物である場合が多かった。いわゆる「邸宅」と呼ばれる住宅では、別棟として「ガレージ」が設けられている。こうした邸宅の居住者の生活を考えれば、自動車は専属の運転手が運転や手入れをするものであるから、「ガレージ」が別棟であることは当然であり、玄関周りに転回するスペースと「車寄せ」があることの方が重要なのである。逆に言えば、こうしたスペースを取ることができる広い敷地を持つ者だけが、自動車を購入することができたということであろう。「ガレージ」は、敷地全体の中で、門から最も遠い位置に配置され、高級な輸入自動車が邸宅の奥深くに秘蔵されていたのである。もちろん、自動車を建築と一体化した比較的小規模な住宅の事例も、少なからず存在した。例えば、A・レーモンド（1888-1976）による「レーモンド自邸」（一九二三）は、「ガレージ」が住宅本屋と一体的にデザインされた戦前期における先駆的事例のひとつであったが、それでも、「ガレージ」から一旦外部の廊下に出てからでしか本屋に入ることができなかったのである（図32）。土浦亀城による「土浦自邸」（一九三五）では、「ガレージ」は本屋とは異なるヴォリュームとして配置されているが、敷地の高低差を生かしたランドスケープとして処理されている点が評価できる。また、堀口捨己による「若狭邸」（一九五八）は、地階に車寄せと車庫を擁しており、同様に立体的な構成となっている（図33）。これらの事例は、いずれも陸屋根のいわゆる「モダニズム建築」であり、「ガレージ」がヴォリュームの構成要素のひとつとして積極的に取り扱われた結果でもあった。

戦後初期には、池辺陽による「立体最小限住宅／No. 3」（一九五〇）、増沢恂による「増沢自邸」（一九五二）、清家清による「斎藤邸」（一九五二）、広瀬鎌二による「SH-1」（一九五三）などに代表される小住宅が賞賛された。これらは、いずれも限られた面積と資金の中で強いられた機能主義によるものであった。八田利也（磯崎新・川上秀光・伊藤ていじの共同筆名）の『小住宅ばんざい』（一九五八）によって引導が渡されたにもかかわらず、「大きな住宅は悪徳」とする住宅観は、その後も長く尾引き(64)、自動車が住宅内部に入り込む余地は残されていなかった。一方で、この時代は、敷地には未だ十分な広さがあった。このことは、ダイハツ工業のオート三輪「ミゼット」（一九五七）に触発されて名付けられた、大和ハウス工業による「ミゼットハウス」（一九五九）が、大ヒットしたという事実からも理解できる。パンフレットには、「子どもに勉強部屋を、老人に隠居部屋を」と謳われているが、当時の敷地には、本屋以外に「ミゼットハウス」を設置するだけの余裕があったのである。

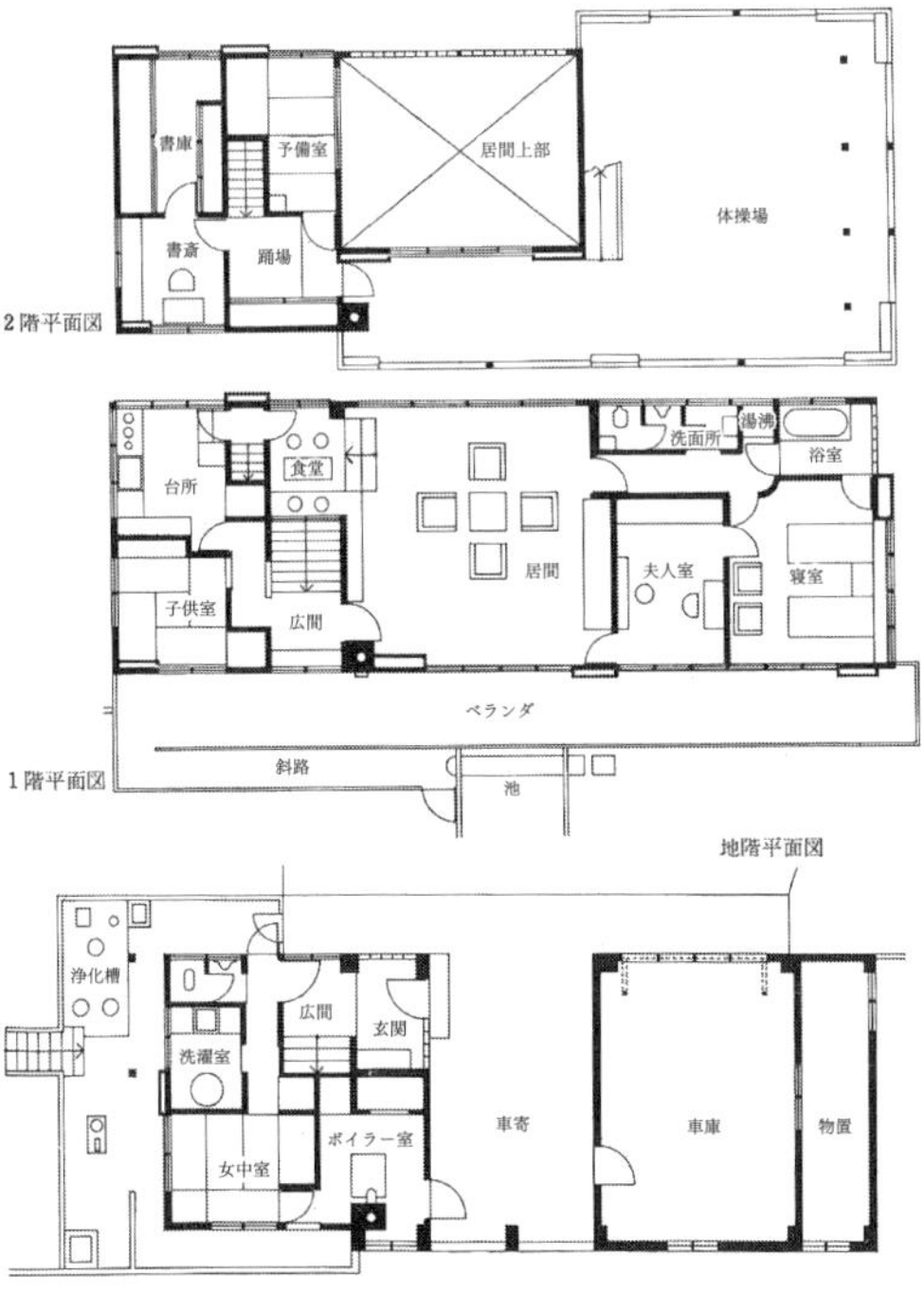

図33　堀口捨己「若狭邸」

こうした小住宅礼賛の傾向に一線を画した

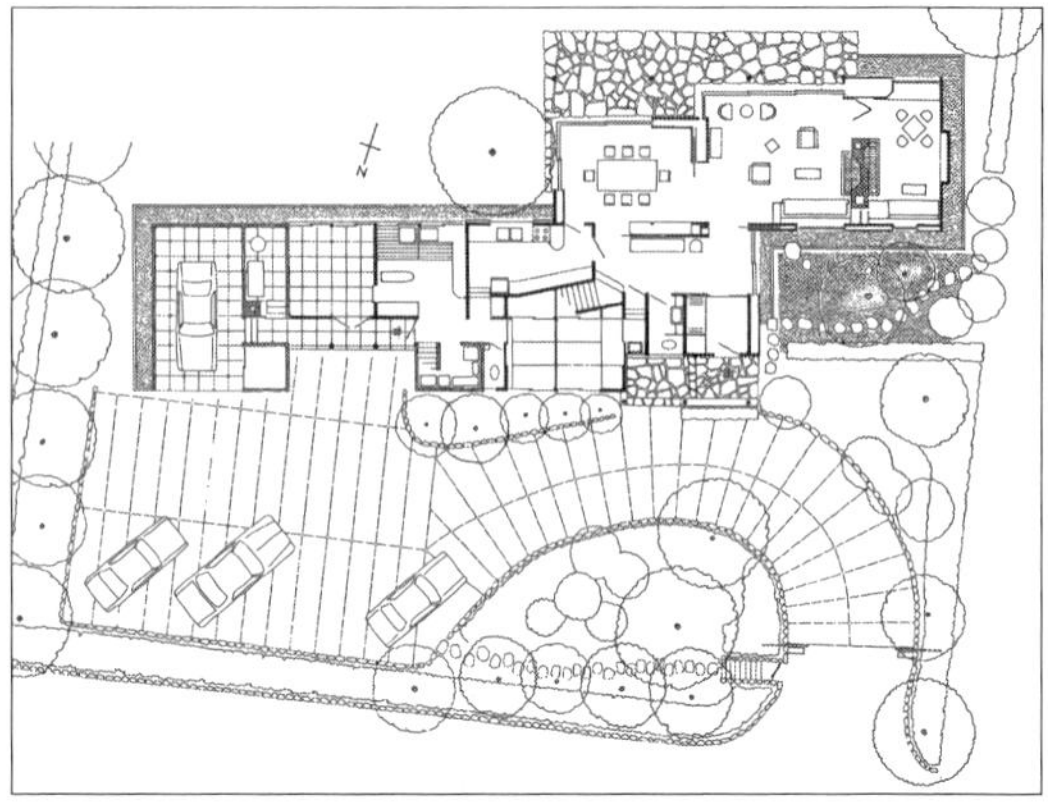

図34　吉村順三「代々木の家・有富邸」

のが、吉村順三による「代々木の家・有富邸」（一九五四）であろう（図34）。「代々木の家」では、エントランス周辺に自動車の転回スペースが、それまでの住宅には見られないほどに大きく取られ、外構デザインの要素として積極的に用いられている。自動車は、建物端部に設けられた「ガレージ」に収められるのみならず、その床仕上はユーティリティーを含むサービス空間と同じように描かれていることが見て取れる。つまり、ここでは、自動車の「ガレージ」が住宅を構成する部屋のひとつとして考えられていたと言える。こうした吉村の自動車に対する設計姿勢には、彼が一九四〇年にレーモンド事務所の所員として渡米し、住宅を含むいくつかの設計を担当した経験が大きく作用していると考えられる。吉村のほかにも、一九五〇年代に復活した一連の「大邸宅」を見直してみると、「ガレージ」が住宅の本屋に組み込まれている事例を見出すことができる。例えば、大江宏による「森の住宅」（一九五七）、坂倉建築研究所による「松本幸四郎邸」（一九五七）、谷口吉郎による「佐伯邸」（一九五八）などが挙げられるが、自動車は、こうした戦後における「大邸宅」の復活過程において、住宅の内部に場所を与えられたと言える。

「ガレージ」という新たな「土間」

ところで、篠原一男は一九五七年から六四年にかけて、「日本建築の方法」と題する一連の論考を著したが、これらの総括として上梓された『住宅論』（一九七〇）では、能登半島曽々木海岸の「下時国家」と飛驒高山の「日下部家」を取り上げ、民家の「土間」に関する再評価を行った。(65) さらに、篠原は「土間の家」（一九六三年）を発表し（図35）、現代住宅における「土間」の意義について考究したが、こうした篠原の言説は、復活した「大邸宅」における「ガレージ」の出現と並行するものであった。あらためて考え直してみれば、自動車は住宅に「ガレージ」という土足の空間すなわち外部空間を持ち込んだのであり、それは現代住宅における新たな「土間」であったと言えよう。また、このことは、建築だけの問題ではなく、自動車の運転に対する考え方が変化した結果でもあった。すなわち、自動車が、乗せてもらう対象から、自ら運転する対象に変化した結果であったのではないだろうか。戦前期における自動車は、富裕層が抱える運転手付きの馬車の代替物であったのに対して、戦後期では、「モータースポーツ」という趣味の一部を形成するとともに、「ガレージ」がこうした趣味のためのスペースとなったことは言うまでもなかろう。R・バンハムが指摘するように、「（初期産業時代における）エリートは機械力に大いに依存していたにもかかわらず、かれら自身はそういう力を操作する個人的経験をほとんど持っていなかった」が、自家用車が出現すると、「自分の手で操作することが可能になり、またそれが流行となった。（中略）その影響は心理に深く浸透する大変革なのであった[66]。」こうした心理的な「大変革」の中で、民家の「土間」が生活のための作業の場であったように、「ガレージ」は趣味のための作業の場となったのである。もちろん、戦前期においても、自動車を自ら駆る富裕層がいなかったわけではないが、戦後期に「国民車」の登場によって、こうした傾向にいっそう拍車がかかることになったと言えよう。山脇巌（1898-1987）が言うように、「車が下駄のようになってきた時代に、車は最も合理的に脱ぎ捨てられ、また何時でも素早く乗れることが必要である」ようになった。つ

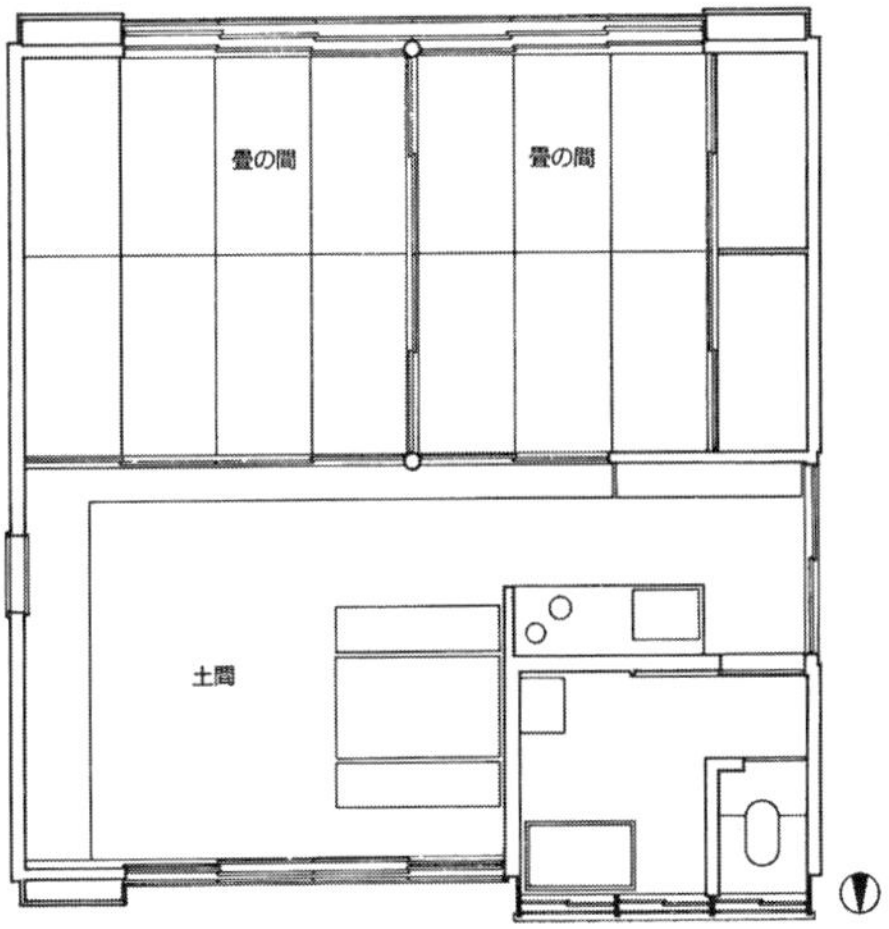

図35　篠原一男「土間の家」

まり、自動車は、独立した「ガレージ」ではなく、「下駄箱のようなもの」となった「カーポート」に停車されるようになったのである。[67]

図 36　森京介建築事務所「神保邸」:「カーポート」の屋根材鼻隠は，本屋 2 階屋根スラブに応じた見付寸法である。

「カーポート」という門扉

さて、『オックスフォード英語辞典』の第二版によれば、「ガレージ(Garage)」という語の初出は、英国の一九〇二年一月一一日付『デイリー・メール』紙においてであったのに対して、「カーポート（car-port)」の初出は、米国の一九三九年五月八日付『ライフ』誌であった。前者は「使用しない自動車を格納するための公的または私的な建物」であるが[68]、後者は「住宅の傍に建てられた柱によって支持された屋根を有する自動車収容施設」である[69]。つまり、「カーポート」は、「ガレージ」よりも四〇年近く後になって米国において生じた言葉であり、住宅に付属する私的な施設を指すということになるだろう。我が国における戦前期の住宅において、「カーポート」という言葉を見出すことはできないが、こうした語彙の成立時期と指示内容を考えれば首肯できるであろう。日本では、「カーポート」という言葉は、戦後期における敷地の小さな住宅に設けられた駐車スペースを指す言葉として登場することになったのである。

戦後期における「国民車」生産の成功によって、自動車は経済的にも物理的にも、敷地の小さな住宅に進入することが可能になった。その結果、敷地の小さな住宅では、「カーポート」が、住宅の本屋に隣接する仮設建築として設けられたり、本屋の一部を成す吹き放ち空間として設計されたりすることとなった。仮設建築の場合は、屋根材にキャンバスが用いられることもあったが、多くはプラスチックまたは亜鉛鉄板の波板が使用され、高橋靗一による「量産によるカーポート」(一九六二)や、鉄骨型鋼とポリエステル波板を用いた大徳商事(株)による「組立式カーポート」(一九六二頃)が登場した。構造体は、時代が下るにつれて、鉄骨から次第にアルミニウムに取って替わられ、メーカーによる既製品が主流となった。

黎明期の「カーポート」では、屋根材小口を処理するために設けた鼻隠を、本屋の軒部材寸法に応じた見付寸法とすることが、両者を一体的に見せる工夫のひとつであった(図36)。あるいはまた、小規模の敷地における「カーポート」は、住宅外周を巡る壁と一体的に設計されることが多く、門扉や塀を兼用することになった。当時の設計実例集には、「門と塀を利用した」や「門を兼ねた新形式」等を冠した「カーポート」が掲載されていることからもわかるように[70]、「カーポート」は、住宅の外観を整えるための要素として住宅の本屋に取り込まれる一方で、敷

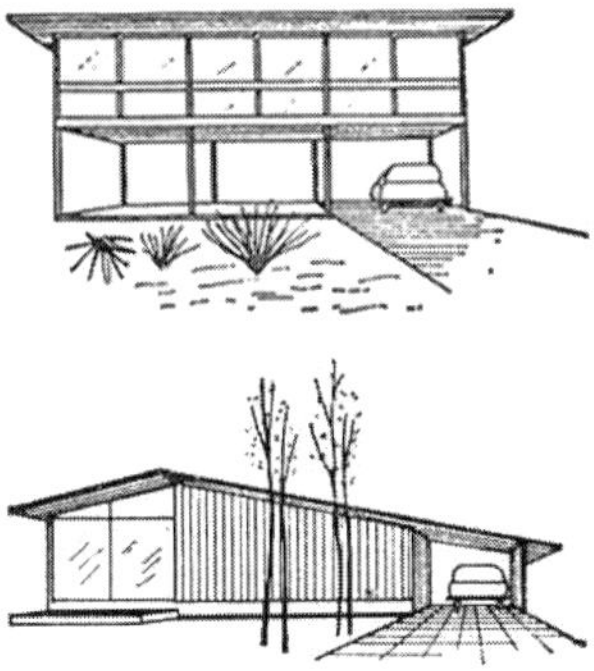

図 37 「カーポート」の実例図:大屋根の下に設けられた事例(上),ピロティに設けられた事例(下)

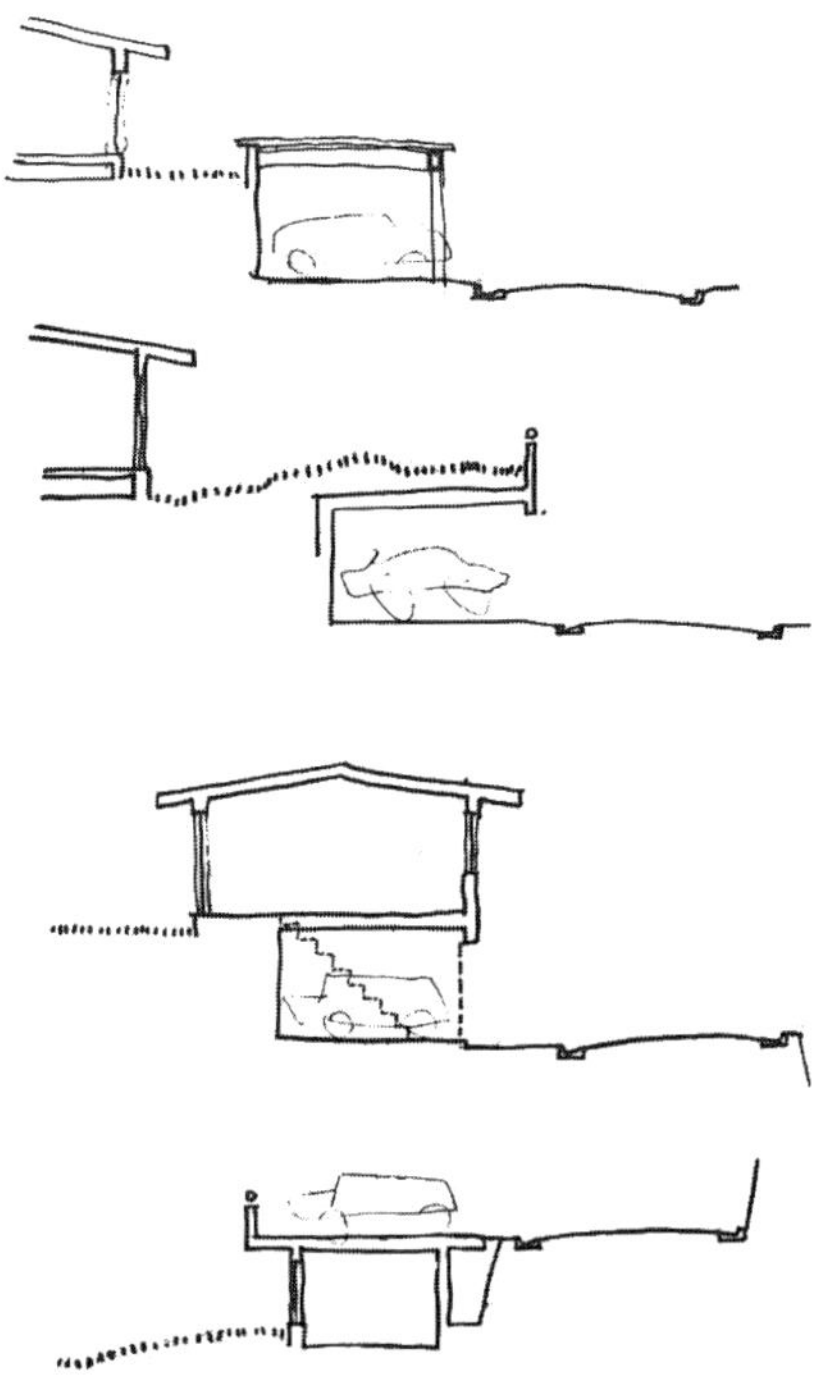

図 38 傾斜地のカーポートの類型

地の外周壁と一体化することになった。本屋と一体的にするにせよ、門や塀と一体的にするにせよ、既製品の「カーポート」を使用しようとすれば、困難を伴う設計となったろう。

他方、本屋の一部を成す吹き放ち空間として設計されたものは、大屋根下の吹き放ち空間に自動車を収容する事例と、ピロティやキャンティレバーによって主階床スラブ下に自動車を収容する事例に大別できる（図37）。とりわけ後者の事例では、敷地と前面道路の高低差が利用される場合が多く見られる（図38）。

傾斜地に建つ家

戦後期の建築雑誌を繙くと、一九五〇年代の中頃から、住宅の立地条件、すなわち敷地の条件を作品タイトルの一部に含む住宅作品が目にとまるようになる。林雅子による「傾斜地のすまい」（一九五六）、「段地に建つ家」（一九五七）、大江宏による「丘の上の住宅」（一九五七）、清家清による「崖の家」（一九五七）、「台地の家」（一九五九）、副田道夫による「傾斜地にたつ家」（一九六一）、藤井博巳による「PROJECT SRS／斜地に立つ集合住居計画」（一九七一）、三沢浩による「斜面の山荘」（一九七二）、「大地の山荘」（一九七二）など、枚挙に暇がない。

一九五〇年代以前の雑誌には、こうした敷地の地形を積極的に作品のタイトルに盛り込んだ事例は皆無であった。建築作品として取り上げられた住宅は、基本的には、「〇〇邸」という施主の名前が明らかにされたものであった。この時代に、このようなタイトルを持つ住宅では、名前を見れば、施主の人物像が想像できたとも言える。あるいはまた、大正期に「あめりか屋」によって持ち込まれた「商品住宅」では、「巧妙に出来た家」、「英国風の古雅な家」、「音楽室のある家」など住宅の特徴がタイトルとなったし[71]、戦後初期の小住宅をめぐる設計競技では、坂倉準三建築研究所による「中二階のある一一坪二戸建住宅」（一九四九）や、安田輿佐による「一八坪の家」（一九五二）など住宅の床面積がタイトルとなったこともあった。しかしながら、いずれにしても、敷地の形状が住宅の特徴を表すようになったのは、この時期以降のことであった。

その理由として、まず、戦前期に鉄道沿線の主要な台地上の開発が一段落を迎え、周辺の傾斜地さえもが開発の対象になったことが挙げられる。その際、新たな交通手段として浮上したのが自動車（とくに乗合バス）だった。しかしながら、戦後間もない時代に、無理をして傾斜地に建てる必要はなく、そこには別の理由もあったと考えられる。それは、ヴォリュームの組み合わせによって生み出される「インターナショナル・スタイル」と呼ばれる近代建築が、傾斜地という不整形な土地と出会ったことによる造形上の理由である。そしてこのことは、先述した「カーポート」が主要階の床下に収容される事例において特に顕著となる。すなわち、「カーポート」を擁するピロティまたはキャンティレバーで支えられた主要階のヴォリュームを、傾斜地の高い場所に配置することにより、このヴォリュームが、浮遊しているように見せる手法である。最も成功した事例は、宮脇檀による「ブルーボックスハウス／早崎邸」（一九七一）であろう（図39）。斜面から、主要階のヴォリュームが大きく突き出し、その足下には、擁壁を兼ねた「カーポート」が設置された。「〝この敷地なら面白い家できるよナ〟、〝そりゃできるさ〟」という施主との会話から始められたというこの建物は[72]、タイトルからして、空中に浮かぶ箱がまず目にとまる。しかしながら、その鍵は、「地盤の悪さのため実際には敷地の大半を掘りくずし、もう一度埋め戻す結果になった」という「カーポート」を含むコンクリート基礎による造形にあったのである。

図39　宮脇檀「ブルーボックスハウス／早崎邸」

コートハウス

ところで、一九六〇年代に入ると「コートハウス」と呼ばれる住宅が登場した。坂倉準三建築研究所の西澤文隆による「仁木邸」（一九六〇）や「平野邸」（一九六二）など

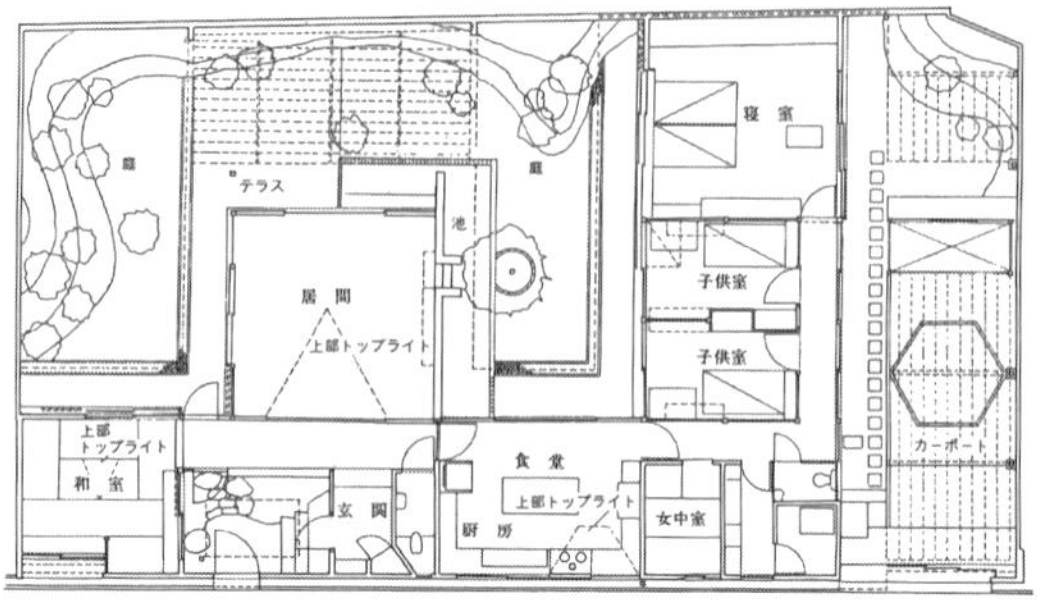

図 40　坂倉準三建築研究所大阪支所「正面のない家：平野邸」

の一連のコートハウス「正面のない家」や、ＲＩＡ建築総合研究所による「Ｒ–５」（一九六〇）、清家清による「銀杏を囲む家」（一九六一）などが挙げられる（図40）。さらに、一九六五年に行われた新建築住宅設計競技「サラリーマンのための住宅」では、六人家族（夫婦・祖母・子供三人）であることと、月収五万円であること以外は、敷地から規模まで全て自由に決めることができる設計競技であったにもかかわらず、選出された作品の多くがコートハウスであった。しかも、いずれの案も住戸直前で接道する自動車のためのスペースが設けられ、審査員であった清家清が、「自動車を乗り物としてでなく、STATUS SYMBOLとしての役割を果たさせているように見え（中略）自動車が身についていない」と苦言を呈するほどであった[73]。しかしながら、こうした「コートハウス」における「カーポート」に着目すると、住宅における部屋と区別がつかないことに気づく。つまり、戦後期における「大邸宅」の事例で見たのと同じように、本来は外部空間である「カーポート」が内部化されていることが見て取れるのである。加えて、「コートハウス」の場合には、これまで住宅の本屋と敷地境界の間に残されてきた空間もまた、「庭」という部屋として内部化された。「カーポート」によって浮かび上がった、住宅の本屋と敷地の外周壁の間に残された空間は、「コートハウス」のデザインによって調停されたと言えるのではないだろうか。住宅地の世代交代が進み、敷地が細分化された現在では、残余空間における合理的な設計が、より重要な課題となっているのである。

二重の「カプセル」

さて、こうした自動車をめぐる「コートハウス」の問題は、「カーポート」を含む敷地外周の残余空間を内部化

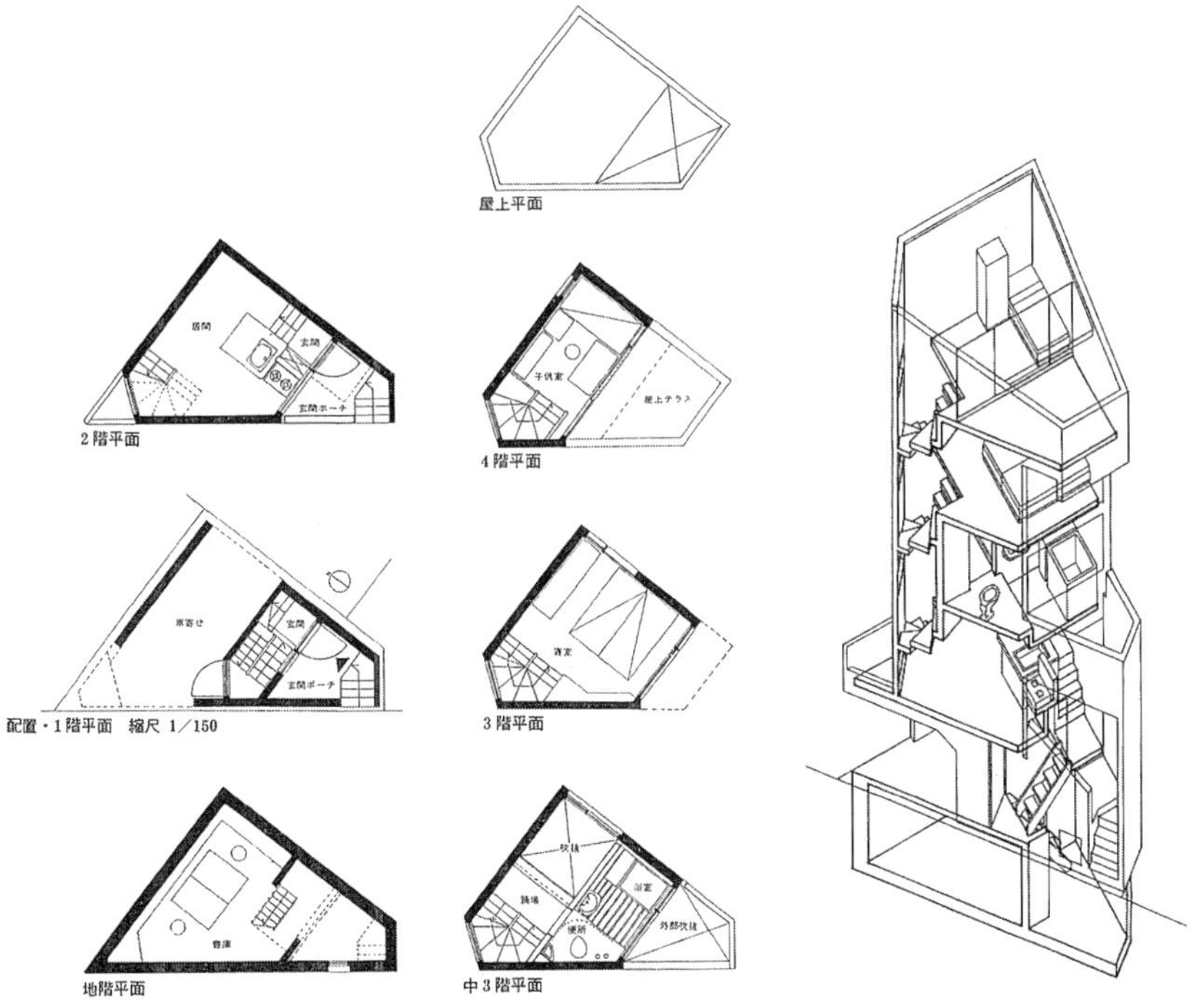

図 41　東孝光「塔の家」各階平面図およびアクソノメトリック図

することによって生じる住宅の「カプセル」化と言えよう。

前述した「正面のない家」は、郊外の比較的大きな敷地が平面的に「カプセル」化された住宅であったが、坂倉準三建築研究所で西澤の下に居た東孝光（1933–2015）が、「新宿駅西口地下広場」（一九六六）を設計するために上京し建てた自邸「塔の家」（一九六六）は(74)（図41）、都心部の狭小な敷地が立体的に「カプセル」化された住宅であった。そこでは、自動車一台分の敷地が、地下一階から地上五階建までひと続きとなった鉄筋コンクリート壁式構造の「カプセル」として設けられたのである。「カプセル」である自動車を収める敷地が、「カプセル」として再定義された住宅であった。「マイカー元年」に建てられたこの住宅は、建築家の実験住宅に過ぎなかったが、一九九〇年代にバブル経済が崩壊した後の都心部に建てられた「狭小住宅」を予見する建築となった。

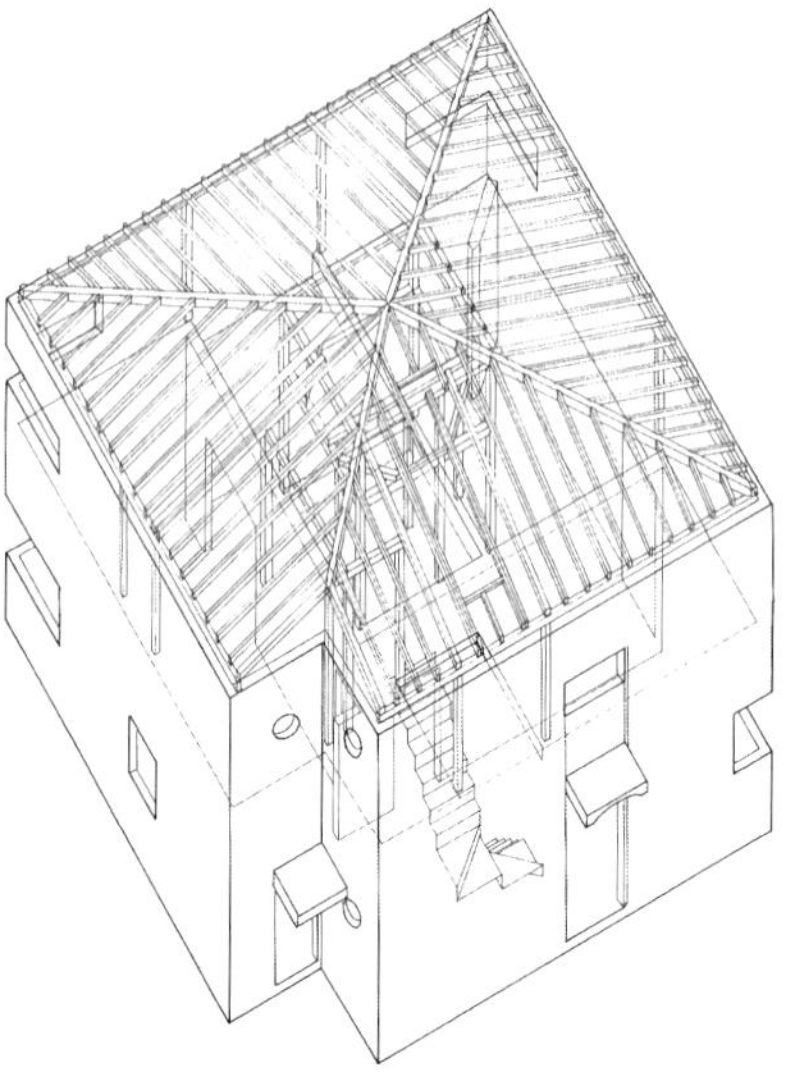

図 42 宮脇檀「木村ボックス」（1976）アクソノメトリック図：建物外壁を鉄筋コンクリート壁式構造とし内壁を木軸組構造とする混構造

先に述べたように、ユニットバスというプラスチック製の「カプセル」は、密かに住宅の再奥部に侵襲し、伝統的な住宅を内側から変えていった。一方で、自動車という「カプセル」そのものが、小さな住宅の敷地に侵入したことで、住宅自体が敷地と一体化した「カプセル」となったのである。こうした「カプセル」の二重性を構造上の差異として表現した住宅が、宮脇檀の「ボックス」シリーズであった（図42）。そこでは、建物外壁を街並みに応じた鉄筋コンクリート造とする一方で、内壁を人間の生活行動に応じた木造とする混構造で造られた。宮脇は、この対比を「堅い殻に柔らかい中身」からなる「建物と人間のアイデンティティ」として捉え、「プライマリィ・アーキテクチュア」と呼んだ[75]。長谷川堯（1937-）は「プライマリィとか、それとほぼ似たような意味で彼が使っている「ボックス」といった、幾何学的な殻がもつ建築的な意味を最後のところで、どうしてもつかみ切れない」と記したが[76]、建物外壁の「ボックス」は、間違いなく外骨格という「カプセル」として捉えることができるだろうし、それとは異なる構造体をもつ内壁が、（内骨格ではあるものの）外壁の内周に裏張りされたもうひとつの自律した「カプセル」として考えることができよう[77]。

以降、こうした二重の「カプセル」をもつ建築は枚挙に暇なく、それは内部空間のあり方を劇変させたと同時に、我が国の現代住宅のあり方を極端に内向的なものとした。この内向的空間が、乗車定員を数名とする「大衆車」がもつ核家族に特有の親密性に通じるとすれば、家族のあり方が問われる現在において、この二重の「カプセル」のあり方もまた問い直されているのである。

第4章　〈移動環境〉のデザイン

自動車は、時速一〇〇キロメートルを超える走行が可能な「カプセル」である。自動車を安全かつ快適に運転するためには、その性能のみならず、移動のための道路、駐車場、そして燃料補給の場所を備えた〈クルマのためのマチ〉の整備が必要となろう。本章では、黎明期の高速道路の建築施設、バスターミナルおよび物流ターミナル、ガソリンスタンドの配置と建築デザインについて考察することで、移動環境のデザインについて論じる。

1　自動車による高速移動のための環境

(1)　都市間高速道路の建築

「弾丸道路」の系譜

一九四〇年春、内務省土木局は「重要道路整備調査」に着手した。紀元二六〇〇年の高揚した空気の中で、我が国最初の高速道路計画は緒についた。前年度に鉄道省が「弾丸列車」構想を発表しており、「東京下関間新幹線建設基準」をまさに設けようとしているところであった。そのため同じ四〇年の九月には、東京・名古屋・京都・神戸の各商工会議所の呼びかけによって「東京下関間幹線道路建設促進同盟」が結成され、先行する「弾丸列車」に因んで「弾丸道路」という言葉が新聞紙上を賑わすようにもなったのである。「重要道路整備調査」を担当したのは菊池明・高野勉・片平信貴ら内務省の若手技師で、道路現況などを含む交通情勢・都市人口・工業地帯における工場の種類と生産量・自動車保有台数・港湾施設の位置と出入船舶トン数・その他交通発生源となる要素が調べられた。この調査は、一九四二年まで継続され、四三年には「全国的自動車国道網計画」に結実し、東京〜神戸間を最優先区間とする「国道建設調査」が四四年まで続けられている。そこでは、ルート選定と踏査調査・地形測量図(千分の一)の作成が行われ、特に名古屋神戸間については、実施設計までもが行われたが、省議において約二億円という建設費が認められず、菊池らの計画は反故となった。

さて、この「弾丸道路」の手本となったのが、「ライヒスアウトバーン(帝国自動車道)」であった。我が国における「自動車国道」という言葉は、当時ドイツで出版されたアウトバーン建設に関する三冊の技術書が、一九四二年に大島司朗によって『独逸自動車國道　技術的基本問題』として翻訳編集されたところに由来していると言われている。[1] ワイマール政権下におけるドイツの道路は、州や市町村の地方自治体によって別々に管理されていたが、ナチス政権下では、これらの管理はすべて道路制度総監の下に置かれることになった。A・ヒトラー(1889-1945)は、一九三三年一月に、アウトバーンの建設が六〇万人規模の失業者対策でありかつ第三帝国の兵站上必要となることを説いたF・トット(1891-1942)の論文「道路建設と道路管理」を見出すと、翌月にはもうベルリン・モーターショーにおいてアウトバーンの建設・モータースポーツの推進・自家用車の無税化を宣言、六月には関連する法整備とトットの道路総監就任を実行、八月には帝国アウトバーン社を帝国鉄道の子会社とするに至った。一九三三年は、文字通りアウトバーン元年となったのである。トットは、ミュンヘン工科大学で土木工学を学んだ後、カールスルーエ工科大学で学位を取得、大手道路建設会社の社長職を経て、一九三三年に道路制度総監、一九四〇年には軍需大臣に就任した。一九三八年からは「トット機関」を率いて、アウトバーン建設のほかに、ドイツ―フランス国境の「ジークフリート線」（一九三八―三九）の建設、フランス大西洋岸の「潜水艦掩蔽壕」（一九四〇―四二）の建設、フランス―スペイン国境からノルウェーに及ぶ「大西洋の壁」（一九四二）の計画などに携わった。ちなみに一九四二年の飛行機事故により急逝したトットの後任が、A・シュペーア（1905-1981）であり、我が国の新聞にトットの追悼記事を書いたのは、ほかならぬ菊池明であった。「弾丸列車」は、シベリアを経由してヨーロッパへ至る大陸横断鉄道の一部であったが、「全国的自動車国道網計画」もまた、中国・タイ・ミャンマー・インドを経てヨーロッパへ至る壮大な構想（現アジアハイウェイ）の一部であった。戦時体制の中で計画された道路であることを考えれば、「弾丸道路」にアウトバーン同様の、「大東亜共栄圏」の兵站上の事由があったことは否めない。しかしながら、鉄道と比較して、自家用自動車の開発が圧倒的に遅れていたこともまた、「弾丸道路」の整備を遅らせた理由であった。

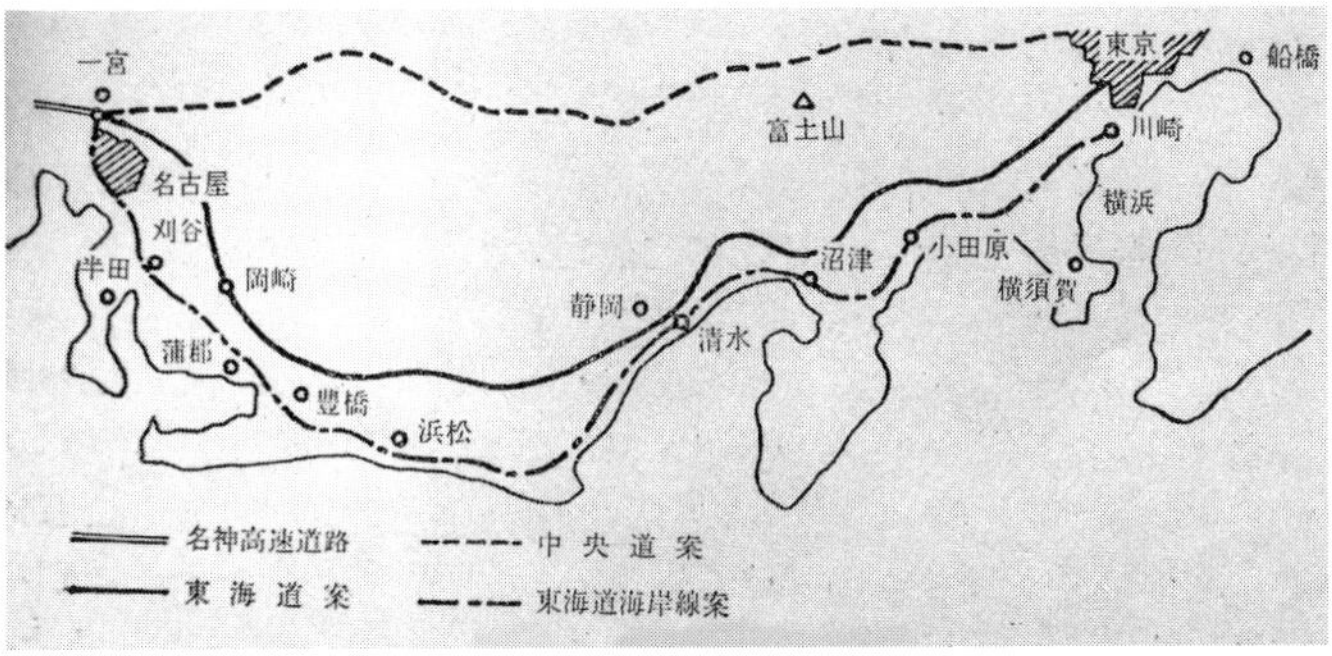

図1　第二次世界大戦直後の高速道路計画

「東海道」と「中央道」

第二次世界大戦直後における我が国の高速道路計画は、大きく三つに分けられる（図1）。一番目は、沼津出身の実業家である田中清一（富士製作所会長）が、一九四九年頃に提唱した「国土開発縦貫自動車道建設構想」であり、いわゆる「中央道」案である。戦前の内務省案が、国土を環状に連結する道路を海岸線沿いに通し、これを横断する連絡道路を架け渡す案であったのに対して、田中の案は、国土の背骨となる道路を本州中央の山岳地帯を縦貫して、必要に応じてここから肋骨状の連絡道路を延ばすという案であった。田中は、私財を投じて作成した図面と模型を、日本政府とGHQに持ち込み、この計画を説いて回ったと言われている。(2) 二番目は、松永安左衛門を委員長とする産業計画会議が、一九五七年に提案した「東京神戸間高速自動車道路についての勧告」であり、東京名古屋間を海岸沿いに全路線高架とする「東海道海岸線」案である。三番目は、戦前の内務省案を踏襲した「東海道」案であり、太平洋岸諸都市の背景となる山腹を通す案である。一九五五年に「国土開発縦貫自動車道建設法案」が国会に提出されてから、何度も検討が繰り返されたが、「中央道」案は、山岳道路であるため、気象の影響を受けやすく安全性に問題があり、「東海道海岸路線」案は、高架道路であるため高額になる可能性があった。また、後述するワトキンス調査団の報告書においては、中央道案は、「東海道沿いの路線との比較線ではなく、経済開発のために望ましいもう一つの計画である」とされた。さらに、運輸省が、新たな交通網でありドイツの「アウトバーン」に由来する名前を持つ「自動車道」としての「中央道」案を主張したのに対して、建設省は、従来道路の一環でありアメリカの「ハイウェイ」に由来する名前を持つ「高速道路」としての「東海道」案をそれぞれ後押しした。結局、一九五七年に、高速道路の道路網について定める「国土開発縦貫自動車道建設法」、高速道路の建設管理について定める「高速自動車国道法」、そして有料道路を公団に建設管理させる「道路整備特別措置法の一部を改正する法律」という三つの法律が公布されることになり、中央・東北・北海道・中国・四国・九州が「自動車道」として、名神・東名が「高速道路」として開発されていくことになった。

「東急ターンパイク」

ところで、こうした国土を縦断する「高速道路」や「自動車道」とは別に、昭和二〇年代末頃から、様々な県営有料道路や民間有料道路が開通もしくは計画されていた。日本道路公団が創立される一九五六年までに、日光道路・横浜新道・東伊豆道路・参宮道路・立山登山道路からなる五路線がすでに開通しており、その後、「観光道路」や「産業道路」と呼ばれる様々な有料道路が全国各地に計画されたが、これらは網羅的に計画されたものではなかった。こうした有料道路の中でも、渋谷から江ノ島まで計画された「東急ターンパイク」は、「弾丸道路」の向こうを張る壮大な計画であった。「ターンパイク（turnpike）」とは、一七世紀イギリスにおいて道路所有者が、「パイク（pike）」と呼ばれる鋲付きの遮断棒によって道を遮断し、料金を支払った馬車だけがこの棒を回転させて通行したことに由来し、後に有料高速道路を指すようになったと言われている。

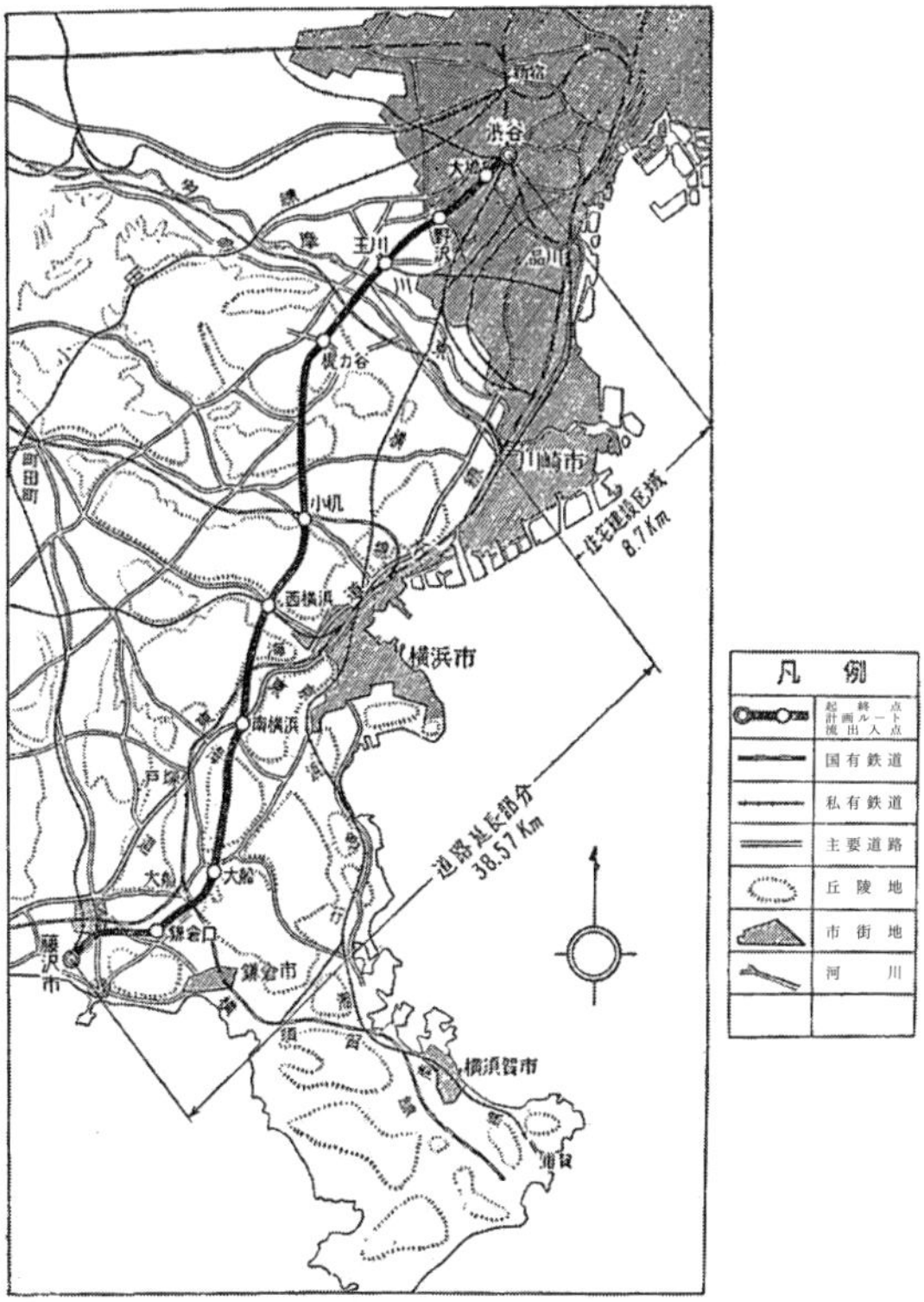

図2　「東急ターンパイク」路線図

「東急ターンパイク」とは、一九五四年三月に東京急行電鉄臨時建設部によって申請された有料高速道路（設計速度時速一〇〇キロメートル）であり、「渋谷駅附近の五〇メートル都市計画道路を起点に、二子多摩川を渡り、横浜の東部市街を掠め、保土ヶ谷と戸塚の中間で東海道線を横切り、大船、藤沢を経由して江ノ島に至る延長四八キロの路線」である(3)（図2）。渋谷では「日比谷または虎の門方面へ高架道路で延長」され、江ノ島からは「大磯への海岸ドライブウェーと鎌倉への県営有料道路に連なる」この計画は、渋谷

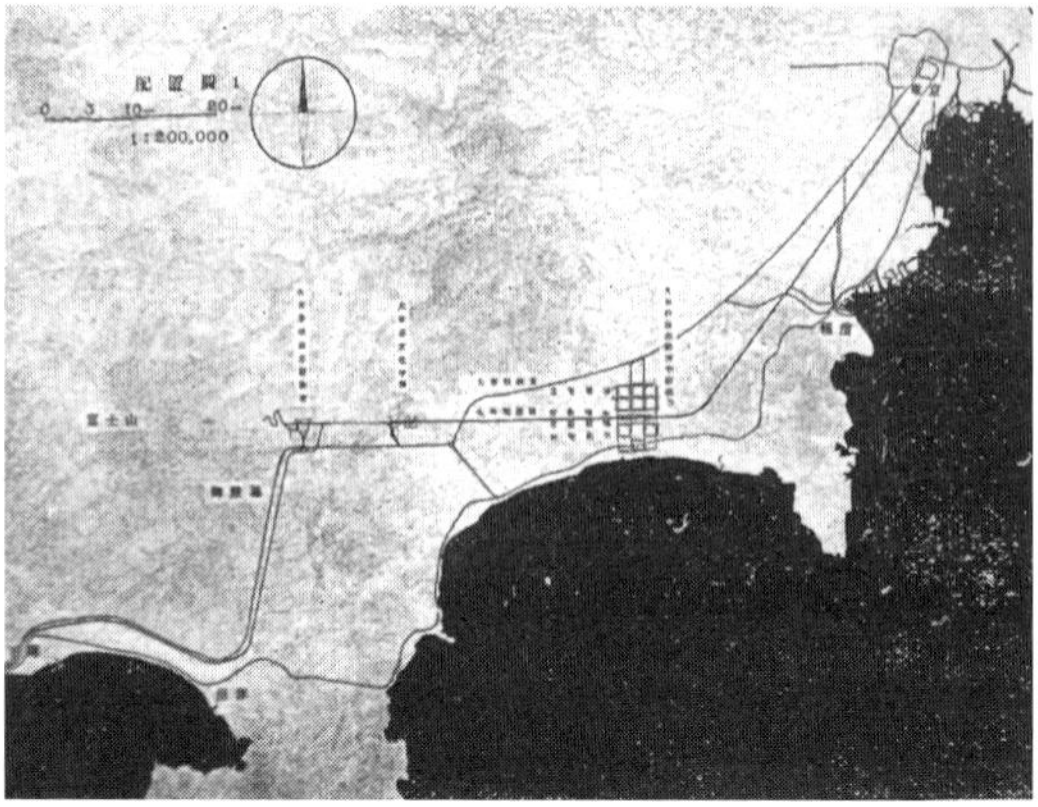

図3　丹下健三「大東亜建設記念営造計画」配置図

から多摩川の間を高架とし、途中九ヶ所のインターチェンジと一七ヶ所のバス停を予定していた。当時、東急不動産（株）顧問（のちの東急道路社長）であった近藤謙三郎（1897–1975）によれば、遅々として進まない建設省の弾丸道路構想を睨みながら、「（東急ターンパイクは）あたかもこの（弾丸道路）計画の一部を実施に移そうとするもの」（括弧内引用者）であったという。しかしながら、第三京浜道路（一九六五）と東名高速道路（一九六九）の完成によって、結局実現に至らず終わる。ただし、小田原から箱根までの間は一九六〇年に許認可され、一九六五年七月に開通している。

ちなみに、多少の違いはあるものの、このルートを想定したのは東急ターンパイクだけではなかった。例えば、戸塚道路（現 国道一号線）や、丹下健三が「大東亜建設記念営造計画」（一九四二）において想定したルートもほぼ同じであった（図3）。また、国策として計画されながらも遅々として進まない弾丸道路と、その一部を先行させる民間有料道路として計画された東急ターンパイクとの関係は、アメリカにおける「インターステート・ハイウェイ（州間高速道路網）」と「ペンシルバニア・ターンパイク（Pennsylvania Turnpike）」などの民間有料道路との関係に酷似している。アメリカにおける高速道路は、一九〇七年にニューヨーク州議会がブロンクス川委員会（Bronx River Commission）の設立を承認し、ブロンクス川を埋め立てやゴミの投棄による汚染から守るために買収した両岸の土地に「パークウェイ（parkway）」と呼ばれる帯状の公園と自動車専用道路を建設したことを嚆矢とする。しかし、アメリカ全土を睨んだ高速道路の計画は、一九三七年にルーズヴェルト大統領が「ニューディール」（一九三三―三九）のもとで示したとされる東西三ルート・南北三ルートからなる自動車専用道路網を待たねばならず、しかもこれはなかなか進まなかった。一九四一年に「地域間道路委員会（National Interregional Highway Committee）」が設けられたが、それが最終的に「インターステート・ハイウェイ」として発表されるのは、戦後の一九四七年である上、その建設が本格的になるのは一九五六年の連邦補助道路法において「インターステート・ハイウェイ」の整備に連邦補助金が適用されてからだったのである。しかしながら、ペンシルバニア・ターンパイク、メイン・ターンパイク、カンサス・ターンパイク、ニュージャージー・ターンパイク、ブランズウィック・セント・サイモン・コースウェイなどの局地的な有料道路がそれ以前に建設され、その後の州際道路網の整備に果たした役割も大きいことが指摘されている。[4]

なお、戦中に我が国が八紘一宇の思想のもとに造ろうとした「弾丸道路」のみならず、ナチズム政権のもとにつくり始めた「アウトバーン」やファシズム政権のもとにつくり始めた「アウトストラーダ」の高速道路網計画は、いずれも全体主義国家の社会システムと合理的な兵站システムを形成するために創出された公共事業であった。しかしながら、高速道路網という観点からすれば、ニューディールの下につくられた「インターステート・ハイウェイ」につながる自由主義国家の構想もまた、同様の公共事業であったのであり、両者は、全体計画の未完成部分に対する戦後説明の差に過ぎないのかもしれない。[5]

ワトキンス調査団報告書

経済白書において「もはや戦後ではない」と謳われた一九五六年五月一九日、R・J・ワトキンス（連邦統計利用者会議理事長、ダン・アンド・ブラッドストリート（株）調査担当重役、元米国統計学会会長）、E・E・ヘイゲン（MIT経済学部客員教授）、F・W・ヘリング（ニューヨーク港湾局港湾発展部総合計画担当次長）、G・E・マクロフリン（ワシントン輸出入銀行経済専門家）、W・オーウェン（ブルッキングス研究所幹部研究員（道路交通担当））、H・

M・サピア（トランス・パシフィック・エコノミック・コンサルタンツ代表）からなる六名が空路日本へ到着する。彼らは、建設省が神戸・名古屋高速道路計画の「経済的ならびに技術的妥当性に関して総合的、客観的に検討する」ために招聘した調査員であり、同年八月八日に、"Report on Kobe-Nagoya Expressway Survey" と題された調査報告書を提出した。この報告書は建設省道路局によって邦訳され、『ワトキンス調査団 名古屋・神戸高速道路調査報告書』と題されたA４版（菊倍判）一八一頁に及ぶ大部の報告書が出版された。(6) さらに翌年には、日本道路公団が『ワトキンス高速道路調査報告書の研究』を出版するに至る。

その報告書の冒頭には、フランシス・ベイコン（1561–1626）による一節が引用されている。「国家の繁栄と偉大さを決定するものに三つの要素がある——それは、肥よくな土地・繁忙な工場・人と物との場所から場所への容易な輸送、である。」その数頁後には、アメリカの真新しいコンクリートとアスファルトの高速道路、「ニュージャージー・ターンパイク」と「ニューヨーク・ステイト・スルーウェイ」を自動車が疾走する写真が、掲載されている。その直後には、我が国の、雨が降れば水たまりが連なり自動車が通れば土煙の上がる未舗装道路と、路面電車が車道敷石畳の上で交通渋滞を起こす都心部の写真が掲載されている。我が国における道路事情の劣悪さを示すために、対比的なレイアウトがなされているのである（図４）。

調査に当たり、ワトキンスらはまず、六つの問題提起を行った。「(1)神戸・大阪・京都・名古屋地域において輸送面で最も顕著に必要とされるものは何であるか？ (2)有料高速道路は、これらの運輸面の必要に応ずるための最も効果的な方法であるか？ (3)有料高速道路は、どの程度までその収入で所要資金を支払い得るか？ (4)この有料道路の技術的計画ならびにその事業費の清算は堅実な方法によって作成されたものであり、かつ妥当なものと認められるか？ もし妥当でない点があるならば、その点の修正方法はどうすべきか？ (5)この有料道路建設により日本経済の発展ならびに国際収支に及ぼす効果はいかなるものであるか？ (6)この有料道路建設のため所要の国内ならびに外国資本を割り当てることは、日本経済が、これ以外に必要とする主要なものを考慮に入れてもなお妥当と考えるか？」

これらの問いに対する回答として掲載されている調査結果と勧告の総括は、「日本の道路は信じがたい程に悪い」という文言に始まるきわめて辛辣な内容であった。長くなるが、当時の我が国の道路事情を十分に理解するために、具体的に列挙しておく。まず、道路運輸政策に関する最終的な調査結果として、以下の一六点が挙げられた。「(1)日本の道路は信じがたい程に悪い。工業国にして、これほど完全にその道路網を無視してきた国は、日本の他にない。(2)道路網の閑却は日本経済に重いコストの負担を課している。(3)現行の道路整備五カ年計画は誠にささやかなものであって道路網の甚だしい不備を是正するにははるかに足りない。(4)日本の道路費は少なくとも年五億ドル、すなわち一八〇〇億円に増加されるべきである。これは現在の額のおよそ三倍にあたるであろう。(5)最終的に

図 4 『ワトキンス調査団 名古屋・神戸高速道路調査報告書』口絵：「ニュージャージー・ターンパイク」「ニューヨーク・ステイト・スルーウェイ」と，当時の日本の道路事情が，対比的に掲載された。

東京まで建設を予定される高速道路の一部としての名古屋・神戸高速道路は、加速度的な道路整備計画の重要欠くべからざる一部である。(6)名古屋・神戸高速道路の構造上の計画は、健全な技術計画上の考えに基づいて行われている。(7)日本において、近代的道路をつくる補助的財政手段として、有料制の利用は経済的見地からも望ましいし、また、これが必要とされる高価な高速道路を早急に達成する唯一の実際的方法であるというもう一つの観点からも望ましい。(8)計画中の高速道路は、主に料金収入をもってまかなわれるであろうが、経営開始当初の数年間は、この収入だけでは高速道路の経費全部を支払うには足りない。(9)予想される料金収入と高速道路の年間所用経費全額との差は、国の特別ガソリン税または現行の自動車物品税を目的税にすることによって補てんすべきである。(10)道路および自動車に関する課税政策を更に改訂することが日本の道路輸送の発達に必要である。(11)一般の道路整備計画および高速道路を成功させるには大規模な技術援助ならびに訓練の計画が必要である。(12)東京より名古屋に至る中央道案は、東海道沿いの路線との比較線ではなく、経済開発のために望ましいもう一つの計画である。(13)現在以上に大きな責任と権限を政府に与えるように、日本の道路行政を改革すべきである。(14)自動車時代の恩恵を最大限に享受しようとするならば、交通および運転状態の改善にもっと力をいれねばならない。(15)日本の最大の経済発達のため必要とする輸送の質を確保するために、日本の運輸政策全般における大きな修正が必要とされるであろう。(16)道路問題の諸目標を達成するには理解ある世論が絶対必要である。」

続いて、輸送需要および効果に関する最終的な調査結果として、以下の二一点が挙げられた。「(1)神戸・名古屋間地域には、もっと大きい鉄道輸送能力が必要である。(2)鉄道は、道路輸送に当然転換すべき貨物および海上輸送に転換すべき貨物を、現在輸送している。(3)沿岸輸送船の輸送能力は、経済的に使用できる能力よりも低い。(4)国道の改良と維持の改善とが、神戸・名古屋地域では必要である。(5)高速道路を産業に役立たせるために高速道路にもっと多く立体接続を作る必要がある。(6)大都市内に工場、鉄道操車場、倉庫およびドックを含む工業地域への出入りのための特別なトラック用路線が必要である。(7)大型トラックの交通に堪える道路が必要である。(8)高速道路は大型貨物の輸送を可能にする。(9)出入制限措置をした都市連絡道路が神戸・名古屋地域では必要である。(10)神戸・名古屋地域では、もっと多くの都市間道路運送会社が必要である。(11)高速道路は、通行料金を支払っても、現在輸送されている商品の輸送量を約一〇～二〇％節減するという結果を生むはずである。(12)鉄道輸送から道路輸送への転換により得られる輸送費の節減は一ないし二〇％に及ぶが、平均すればわずかに約一〇％に過ぎない。(13)高速道路の使用により輸送時間の大きな節約が期待される。(14)高速道路においては、一様に良い道路条件が確立されているから工場への搬入が毎日定期的に行われ得る。(15)高速道路があれば在庫品の節約も可能であろう。(16)工業経営のより緊密な統合が高速道路により促進されるであろう。(17)高速道路は消費を刺激するであろう。(18)高速道路は工業経営に対し重要な輸送サービスを供給するであろう。(19)高速道路は輸出を大いに促進するであろう。(20)高速道路は観光事業を促進するであろう。(21)高速道路は農道林道の整備を促進し、新しい耕作適地、牧場および森林資源の開発を促進するであろう。(22)神戸・名古屋地域は、もっと安くて早くてしかも信頼できる道路輸送を、野菜、果実、家畜、精肉、卵、牛乳、鮮魚の輸送のため必要としている。」

このワトキンス・レポートは、「世界銀行（国際復興開発銀行、いわゆる世銀）」において検討がなされ、一九五七年一一月にオルド・ワールド審査部長が、一九五八年一月にカーギル極東部長がそれぞれ来日して視察し、一九六〇年三月に第一次借款（尼崎栗東間四千万ドル）、翌年一一月に第二次借款（西宮尼崎・栗東一宮間四千万ドル）の調印が行われた。ただし、この国際援助は、コンサルタントによる指導を仰ぐことが前提となっていた。それゆえ政府は、道路線形については西ドイツ政府道路局長に、土質についてはアメリカ合衆国公共道路局長に推薦を依頼した結果、前者からはF・X・ドルシュ（1899-1986、前西ドイツ政府道路局長）が、後者からはP・E・ソンドレガー（ミラーワーデン社およびウェスタン社共同企業体主任技術者）がそれぞれ推挙された。

このうちドルシュは、アウトバーンの生みの親であるトットの愛弟子であり、一九五八年に来日した際、日本の風景と道路について次のように述べたという。「日本は美しい風景を持っている。したがって、路線に対する美的価値を忘れてはならならい。しかも美しい路線は、技術的にも最適な路線である。美的に満足な道路は外国人を含む交通を引きつけ、有料道路としての重要な要素である。[7]」

この言葉は、日本建築の伝統を機能主義的見地から言い表した丹下の至言「美しいもののみ機能的である」にも通じる価値観である。[8] ドルシュが丹下の論文を読んだか否かは定かでない。しかしながら、トットがアウトバーン建設の信条としたことは、「森の中の曲線道路」という単純明快なものであり、この「郷土主義」を背景とする素朴な景観を実現するために、大変な努力が払われた。すなわち、「土地本来性」に基づいた混合林による景観の修復を行うために、「バイオダイナミック農法」と呼ばれた有機農法に基づく「表土保護」を行うとともに、「弧を描く」ために「数人のエンジニアとスキー仲間」とともにハイキングを行った上で、「最良の、美的なルート選定」に努めたのである。[9] 彼はこの信念に基づいて、次の三点の内容を指導した。すなわち、(1)道路線形の設計にクロソイド曲線を積極的に用いて地形に応じた線形とすること、(2)ラウンディングによる切土法面の処理と、ＰＣ斜π（プレキャスト・コンクリート斜材付π形ラーメシ構造）による跨道橋のデザインを中心に風致設計を行うこと、(3)中央分離帯を中心とした道路植栽を行うことである。

名神高速道路における「審美委員会」と「有料道路関係施設検討委員会」

この二人の世界銀行コンサルタントの指導の下、各種の設計方針が、以下の八つの委員会において検討されることになった。(1)土工排水設計委員会、(2)トンネル設計委員会、(3)橋リョウ設計委員会、(4)高架橋設計委員会、(5)舗装委員会、(6)ガードレール設計委員会、(7)特殊設計審議委員会、(8)有料道路関係施設検討委員会である。この中で、建築に関わる委員会は、「特殊設計審議委員会」と「有料道路関係施設検討委員会」である。

まず、「特殊設計審議委員会」は一般に「審美委員会」と呼ばれ、折下吉延（国立公園審議委員会委員／都市計画学、1881–1966）・岸田日出刀（東京大学工学部教授／建築工学、1899–1966）・鹿野信一（東京大学医学部助教授／眼科

学）・田中啓爾（東京教育大学名誉教授／地理学、1885–1975）の四名の委員からなり、「各種構造物および施設に関する美的設計」について、全九回に及ぶ審議が行われた。「審美委員会」の審議事項には、「施設」の文字が入っていたが、実際には橋梁を中心とする景観デザインに関するものがほとんどであった。瀬田川橋・桂川橋・鴨川橋の型式、大山崎橋・揖斐川橋・長良川橋・木曽川橋の色彩のほかに、各インターチェンジの跨線橋や本線に架かる中小の橋に至るまで、「道路透視図」を用いた審議が繰り返された（図5）。また、「審美委員会」では、名神高速道路のほかに、戸塚道路料金所の形状設計と塗装の色彩、若戸橋の橋梁塗装の色彩、関門トンネル坑口部の形状設計、天草五橋の形状設計と塗装の色彩について検討がなされている。

図5　名神高速道路における「道路透視図」の事例：日本で初めて道路計画に透視図が採用された。

建築については「有料道路関係施設検討委員会」において審議された。この委員会は、岸田日出刀・前川國男（建築家、1905–1986）・坂倉準三（建築家、1904–1969）・市浦健（建築家、1904–1981）・丹下健三（建築家、1913–2005）の五名の委員からなるが、この委員会は総裁の諮問機関として位置づけられ、「名神高速道路付帯施設についての助言、さらには東名高速道路その他の高速道路はもちろん、一般有料道路上の諸施設に対しても、建築的見地よりの検討、援助」することが求められた。両委員会が存在することによって、景観デザインと建築デザインの領分が明確化される一方で、岸田が両者を統一的に監督する立場となった。ただし、坂倉と丹下は、後述するように施設設計者となるために委員を辞職したので、第二回以降は谷口吉郎（東京工業大学教授／建築家、1904–1979）が参加することになった。

ところで、岸田は、一九三六年の夏に文部省の調査員としてベルリン・オリンピックを視察しているが、その時に体験したアウトバーンについて次のような文章を残している。「技術上の見地からみて、国有自動車道路はどこまでも同じ手法を示してゐるが、而も土地々々の地方的な伝統なり地理上の環境への調和がよく考えられてゐることは、特に指摘するに値することだ。主要道路の幅員は二十四米で、幅五米の緑地帯によって二路に分離されてゐるが、この緑地帯の庭園的意装は簡潔平明のうちに深い情趣をよく表してゐる。数多くの橋梁や堤防等も自然との調和がよく考へられてをり、道路築造の専門技術家と共に専門の庭園芸術家が共同参与して、道路と自然環境との調和に關し細心の注意が払はれたことも注目すべき事項のひとつである。[10]」

岸田の言説の特徴は、アウトバーンをナチス・ドイツの兵站上の理由ではなく、その審美的観点から評価している点であり、この審美眼が名神高速道路の両委員会において反映されたのである。名神高速道路の上下車線は、幅員三メートルの中央分離帯によって区分されているが、夜間走行時におけるヘッドライトの遮光のために四〜一〇メートルの間隔で植樹がなされている。これは、岸田がアウトバーンに見出した「緑地帯」にほかならない。全線においてこれを実現するためには、少なくとも二〇万本の植木が必要となり、この植木を育生するために、一九五八年一月に滋賀県甲賀郡石部町の国有開拓地一五・八ヘクタールと民有地二・一ヘクタールを合わせた一七・九ヘクタールが、専用の苗圃として開設された。名神高速道路の起工式は、同年一〇月に京都市山科区小野蚊ヶ瀬町にて行われるが、実はその半年以上前に石部の苗圃に鍬が入れられていたのである。

さらに、我が国初の高速道路における施設を、世界一流の建築作品とするために尽力したのは、岸田だけではなかった。浜口隆一（1916–1995）によれば、日本道路公団の内部では建築学科出身であった松本洋（1930–）らの援護が大きかったという。[11] 松本洋は、英国マンチェスター大学大学院都市計画学科を修了後、日本道路公団に入団し、企画課・計画課において名神高速道路建設に携わり、後に高速道路に関連する施設計画について様々な論考を残している。[12]

名神高速道路における関連施設のデザイン

一九五七年、日本道路公団の外郭団体として「高速道路調査会」が発足し、名神高速道路の建設に際して得られた様々な研究結果が、『高速道路と自動車』（一九五八—）に蓄積されていくことになる。高速道路に付帯する建築の設計についても、これらの研究成果を参考にして、第一回有料道路関係施設検討委員会現地視察会（一九六一年一一月一五—一七日）において、(1)トールゲート、(2)サービスエリア、(3)インターチェンジの営業事務所、の三つに大別して考える方針が打ち出された。すなわち、トールゲートについては「標準設計を考える」こと、サービスエリアについては「それぞれの場所によって、地理的環境、風土等に影響される性格から異なったほうが面白い」こと、インターチェンジの営業事務所については「(トールゲートとサービスエリアの)中間の性格を持つ」ことが求められたのである。以下ではこれらの建築デザインについて見てみたい。

図6　「参宮道路」トールゲート

トールゲート

まず、名神高速道路のトールゲートのデザインについては、第三回委員会（一九六二年四月三〇日）において審議されている。そしてトールゲートを「全線にわたって統一」するため、その足下に据えられたアイランド・ブースとともに、坂倉準三建築研究所に一任されることになった。また、参宮道路（一九五六年開通）、阪奈道路（一九五九年開通）、島原道路（一九六〇年開通）など、それまでの有料道路における料金所の多くは、トールゲートとアイランド・ブースが一体となったデザインであったのに対して（図6）、名神高速道路では、「屋根は大スパンにして、支持柱はブースおよびアイランド

に関係なく設計する」基本方針が打ち出された。(13)

トールゲートには、アイランド・ブースの個数の増減に適応させるため、工場製作されたT型断面形状を持つ屋根スラブ・ブロック（幅一七一〇ミリメートル×奥行八五〇〇ミリメートル×高さ一〇〇〇ミリメートル）を、ゲートの間口に応じたストレスを与えながら、現場打ちコンクリートの独立柱（高さ四七〇〇ミリメートル）に緊結するＰＳコンクリート工法が採用された。こうしたトールゲートのプレファブ化は、工期の短縮化と品質保証の両立に寄与しており、先に触れたドイツ人技術者ドルシュによるところが大きいと言われている(14)。ところで、屋根スラブ・ブロックの天井面は、自重を軽減するために肉抜きされているとともに、「セルリアン・ブルー」の塗装が施されている。この肉抜き部分の入り隅は曲面となっており、天井面全体を眺めると脊椎動物の骨格に似た印象を受ける（図7）。後述するように、坂倉はガソリンスタンドのキャノピーにおいてもＰＣコンクリートを積極的に導入しようとしているが、採算を度外視してまで挑戦した坂倉のこうした努力は、それまで土木構築物や体育館等の大空間建築に用いられることの多かったＰＣコンクリートによる工法を、ヒューマンスケールの建築空間に採用している点において評価されるべきであり、名神高速道路では、その結果としてＰＣコンクリートという材料を通じた土木と建築の接点となるデザインが

図 7　「豊中（上）・大津（下）インターチェンジ」のトールゲートと営業所

実現されていると言えよう。この屋根スラブを支える柱の断面形状は、ゲート天井辺りでは長軸方向に長く、逆に地面に接地するあたりでは短軸方向に長く偏平している。専用の鋼製コンクリート型枠が製作されたというこの彫塑的な柱形状は、ゲートの力学的構造に対する簡潔な解答を提示すると同時に、ブース・スペースの確保に寄与しており、構造と機能の両面において合理的な形状が選択されていることが理解できる。なお、トールゲートが高架道路上にある西宮インターチェンジと、軟弱地盤上にある大垣インターチェンジでは、屋根の自重を軽減するために、上記PCコンクリートではなく鉄骨立体トラスが採用されている（図8）。この鉄骨立体トラスのデザインについては、名神高速道路の標準仕様から外れているために、積極的に言及されることがない。しかしながら、こうした鉄骨立体トラスは、K・ワックスマン（1901-1980）が一九五五年の来日時に開催した「ワックスマン・ゼミナール」の課題「学校の教室ユニット」の構造体に酷似しており、当時としては最先端の構造デザインであった。このゼミナールは、ワックスマンがウルムのバウハウスで行っていた手法に基づいて催され、磯崎新・栄久庵憲司・川口衞らを含む二一名の大学院修士課程の建築学生や設計事務所の若手所員が参加している。[15] 磯崎が、後に大阪万博の「お祭り広場」（一九七〇）において鉄骨立体トラスを大々的に展開する以前の事例として評価されるべきであろう。

図8　西宮インターチェンジのトールゲート

「アイランド・ブース」についても、第三回委員会において、「量産可能な形式・形状にし、構造的にはアルミまたはスティールとする」基本方針が出される。一九五六年に開通した「湘南道路（現 国道一三四号）」の場合は、「屋根は無く、簡単な鉄筋コンクリート製のアイランド上に現在のブースよりも一回り大きい木製のブース」が置かれており、アルミまたは鉄による構造は、当時としては画期的なことであった。最終的には、赤色に塗られた鉄骨造平屋建となり、日本車輌ＫＫによって施行されている。料金収受員の視界を確保するため、ブースのコーナー材が省かれるとともに、鉄板とガラスが一体となった曲面として造られており、電車の車両に採用されていた流線型の意匠が応用されていることが見て取れる。さらに、この「軽快なゴンドラ風」と称されたブースを自動車の衝突から守るため、舟型のコンクリート製プロテクターが前後二ヶ所に据え置かれた[16]。ここではアイランド・ブースが、トールゲートの下を通過する自動車同様の「カプセル」として設計されているのである。したがって、トールゲートという「シェルター」が、時速一〇〇キロメートルを越える高速のスピードに応答し、アイランド・ブースという「カプセル」が、一旦停止に至る低速のスピードに応答したデザインであったと言えよう。

サービスエリア

次に、名神高速道路のサービスエリアは、一九五九年後半頃には、「大津・彦根をＡ級、吹田・養老をＢ級、島本・岩井をＣ級」とし、Ａ級にはレストラン・給油所・売店・便所を、Ｂ級にはスナックバー・給油所・売店・便所を、Ｃ級には給油所・売店・便所をそれぞれ設けることが決められていた[17]。しかしながら、候補地の地形や自然景観などの諸条件を考慮した結果、一九六一年四月に、吹田・大津・多賀・養老からなる四ヶ所のサービスエリアが選定された。この間、一九六〇年に高速道路調査会の中に「サービス研究部会」が設けられ、サービスエリアの機能・性格・配置などについて様々な研究が始まり、ここに石油連盟やトラック協会等からの意見も提供された。これらの研究は、名神高速道路の建設と平行して行われた。そして、名神高速道路のサービスエリアでは、「有料道路関係施設検討委員会」において敷地による「異なる性格」が求められる一方で、サービスエリアというビルディング・タイプに関する設計手法を確立することが課題とされたのである。この相反する課題を担ったのが、浦辺鎮太郎、村野藤吾、丹下健三、坂倉準三の四人の建築家であった。以下、西から順に見て行くことにする。

吹田サービスエリアは、本線によって分断される小規模なゴルフ場跡地（約一万坪）に設けられており、浦辺鎮太郎の率いる倉敷建築研究所によって設計されたものである（図9）。浦辺鎮太郎（1909-1991）は、一九三四年に京都大学を卒業後、倉敷紡績（株）を経て、一九六二年に倉敷レイヨン（株）内に倉敷建築研究所を設立し、一九六六年に独立して（株）浦辺建築事務所を社名とした。浦辺は、このサービスエリアのほかに、名神高速道路の「西宮・尼崎・豊中の各インターチェンジ営業所」（一九六三）、「日本道路公団大山道路管理事務所・料金所」（一九六

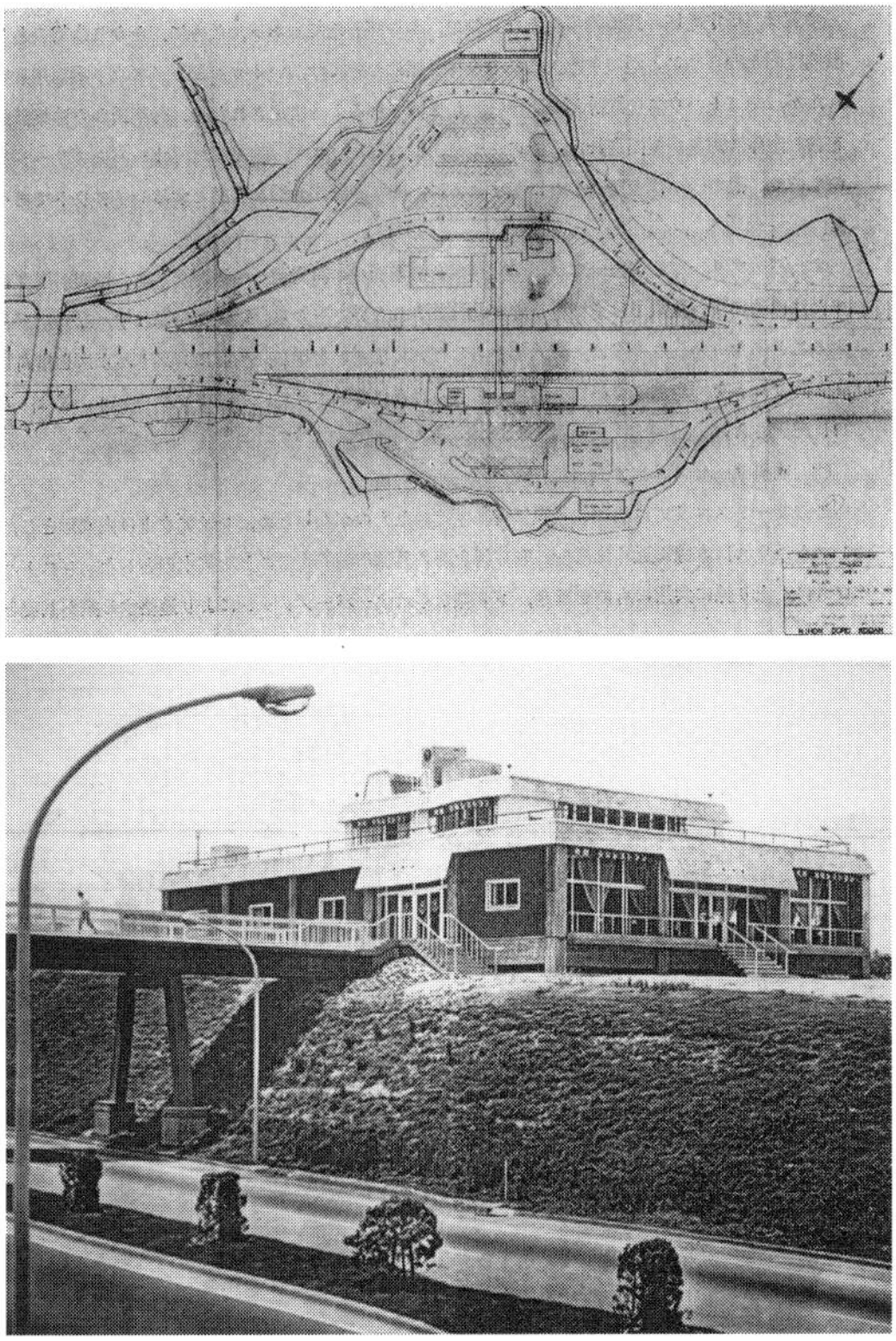

図9　「吹田サービスエリア」配置図（上）および外観（下）

三）、「日本道路公団大阪天理道路事務所営業所」（一九六八）、「日本道路公団小田原厚木道路料金所」（一九六八）、「国道二号線高峰サービスエリアレストラン」（一九六九）、「ドライブインレストランガーデンオオヤマ」（一九六九）、「日本道路公団阪奈道路富雄及び生駒山上口管理事務所」（一九六九）、「近畿高速道路大阪線木バリア管理事務所」（一九七〇）、「北陸高速道路加賀丸岡間管理施設」（一九七三）、「中国高速道路美作落合間管理施設」（一九七三）、「西名阪自動車道路香芝サービスエリア」（一九七三）、「北陸高速道路福井北インターチェンジ管理施設」（一九七四）の設計にも携わった。また、自動車に関連する作品に、一連の出光興産給油所「調布南給油所」（一九六六）、「小平南給油所」（一九六六）、「阪急梅田給油所」（一九六六）や、「両備バス西大寺ターミナル」（一九六六）、「両備バス玉島ターミナル」（一九六七）がある。吹田サービスエリアでは、「周囲の景観に特にすぐれたものがない」ために、レストハウスが本線上り車線沿いに設置され、下り車線側からは人道橋によってアクセスする方式が考え出された。つまり、上下車線両側に設けられた駐車場を結ぶ人道橋に、上り車線側の小高い丘の上に設けられたサービスエリアが直結されたわけである。この計画は、当初予定されていた「ふたつのレストハウス（摂津豪農の邸と茨木城）とそれをつなぐ歩道橋上のレストランが、型・規模こそ違え利用者の要求にこたえて生まれた」ものであるという。[18] ただし、残念ながら「摂津豪農の邸と茨木城」に関する詳細な記述は、見当たらない。ところで、サービスエリアを計画した当時の雑誌を繙くと、「オーバーブリッジ形」という言葉を目にする。これは、本線の真上を横切ってレストハウスを架け渡すという大胆な案で、高速道路上でのランドマークとしての効果が大きく、上下線共通の施設とすることができるため経済的であると考えられるが、建物外部の保守点検や火災時の本線への影響などの問題を孕むものでもあった。当時、欧米に先行事例があったが、我が国では、道路公団が機能と本線交通への影響を疑問視し、また道路上の建築物が法律上許可されていなかったことから、第四回有料道路関係施設検討委員会で、吹田と多賀のサービスエリアをめぐって議論されたものの、結局、不採用となった。そして、この議論の後に、名神高速道路のための委員会は開催されておらず、「必要に応じて岸田委員に指導」することに

図10　「大津サービスエリア」外観

なったと伝えられており、[19] この問題が、大きく紛糾したことが推測されよう。浦辺の吹田サービスエリアにおける陸橋は、こうした「オーバーブリッジ形」の名残でもあるのである。

大津サービスエリアは、琵琶湖を望む山腹に設けられており、村野・森建築事務所によって設計されたものである。村野藤吾（1891-1984）は、一九一八年に早稲田大学理工学部建築学科卒業後、渡辺節建築事務所を経て、一九二九年に村野建築事務所を開設、一九四九年に村野・森建築事務所に改称した。村野は、このサービスエリアのほかに、名神高速道路における「茨木・京都南・京都東・大津・栗東の各インターチェンジ営業所」（一九六三）の設計にも携わった。また、自動車に関連する作品に、一連の出光興産給油所「谷町給油所」（一九六〇）、「清水給油所」（一九六二）、「高松営業所」（一九六二）、「九州支店・万町給油所」（一九六二）がある。大津サービスエリアでは、琵琶湖に対する眺望を重視することと、急峻な地形のため広い面積を用意できないことが、レストハウスの配置とデザインを考える上での与件となった（図10）。このため、当初は琵琶湖を望む上り車線側に上下車線の施設を集中させる計画であったが、途中でインターチェンジとバスストップが併設されることになったため、下り車線側にもサービスエリアの敷地が用意されることになった。そのため、下り車線側では盛土高三〇メートルに及ぶ土工事を伴う難工事が発生している。下り車線側のサービスエリアから琵琶湖を遠望した際に、上り車線側のサービスエリアの施設によって視界が妨げられないように、下り車線側のレストハウスは、上り車線側のそれよりも五・五メートル高い丘の上に配置されることになったからである。さらに、上り車線側では、本線から最も離れた敷地端部に鉄骨造の単層レストハウスが設けられ、下り車線側では、本線沿いに鉄骨造二層のレストハウスが建てられており、建築設計の上でも琵琶湖への眺望が配慮された。上り車線側のレストハウスは、二重屋根となっており、食堂と便所が東西に並置された二つの建物が、大屋根によって覆われていた。また食堂の周囲は、大屋根によって吹放ちのテラスとなっていた。さらに、この大屋根は下り車線レストハウスの二階部分から見えるために、上部に小さなドーム状の突出部分一四四箇（縦八列×横一八列）が「金属製のオワンを無数に伏せた」ように設けられていた。これは、トップライトであったものが、途中で設計変更された結果のようにも見えるが、大屋根の支柱端部における曲線と相俟って、この建物に繊細な表情を与えている。一方、下り車線側のレストハウスは、二層の食堂と単層の便所が東西に並置されており、両者の中間に高架水槽が設けられ、便所の上部は琵琶湖を望むテラスとなっていた。ところで、上下両車線のレストハウスは、共に「銀白色」に塗られたスチールサッシによる全面ガラス張りの建物であった。スチールサッシのデザインについて見ると、上り車線側レストハウスでは、屋根まで届くマリオンが単一寸法（一三五〇ミリメートル）で割り付けられており、給油所に共通するデザインであった。これに対して、下り車線側レストハウスでは、A＝四五〇ミリメートルとB＝一三五〇ミリメートルという二つの寸法で割り付けられたマリオンが、ＡＢＡを単位として繰り返されていた上に、トランザム（床上七五〇ミリメートル）が用いられており、インターチェンジに付属する営業所に共通するデザインであった。サービスエリアに散在する形態・機能・規模の異なる建物のデザインを、村野はスチールサッシの割り付けによって緩やかに統一しようとしたのである。

しかしながら、この建物は暑くて仕方なかったことが伝えられている。瀟洒なファサードの前に、「ヨシズか何かをしかたなく外側にはりましてそれで今のところ住んでいる」状態であったという。[20] このように書くと、デザインが先行した有名建築家の失敗談に過ぎないが、浜口隆一によれば、このことは「高速道路の近代性にマッチする建築のデザインが要求する坪単価についての考え方の問題」であり、「道路公団側が道路だけは国際水準のものをやっておいてその囲《ママ》りの建築についてはバラックでいいんだという気持ち」によるところが大きかったという。このような問題を孕みながらも、このレストハウスは一九六三年一〇月に完成し、我が国最初の事例となったのである。なお、近年の研究によれば、京都工芸繊維大学美術工芸資料館所蔵の村野藤吾アーカイブの中から、名神高速道路関連の図面が三三枚、パースが五点見つかっている。うち一七枚が大津サービスエリアに関するものであるが、その大半は「フィーリングステーション」と記され、レストハウスに関するものは一枚だけとされている。[21]

多賀サービスエリアは、中世寺院（敏満寺）の遺跡の上に灌木林が広がる小高い丘に設けられた。設計は、丹下健三＋都市・建築研究所で、一九六二年四月にサービスエリア全体の計画が手掛けられた後、一九六五年九〜一〇月にレストハウスの設計が行われ、翌六六年四月に竣工した。丹下健三（1913-2005）は、一九三八年に東京帝国大学工学部建築学科を卒業後、前川國男事務所および東京大学大学院を経て、一九四六年に同大学助教授、一九六一年に丹下健三＋都市・建築研究所を開設し、一九六三年に同大学教授となった。丹下は、このサービスエリアのほかに、名神高速道路における「八日市・彦根・関ヶ原の各インターチェンジ営業所」（一九六三）の設計にも携わった。多賀サービスエリアは、計画当初、彦根インターチェンジに併設される予定であったが、本線通過交通に支障があることなどの理由で、多賀バスストップと併設されることになった。丹下は、ここで異なる二つの案を提示した。ひとつは前述の「オーバーブリッジ形」の案であり、もうひとつは正三角形グリッドを用いて設計された案であった。前者は、本線の両側に据えられた橋脚上に、おそらく鉄筋コンクリート造と判断されるトラス橋が架け渡され、その内部を二層のレストハウスにしようとする案であった（図11）。こうした鉄筋コンクリート造トラス

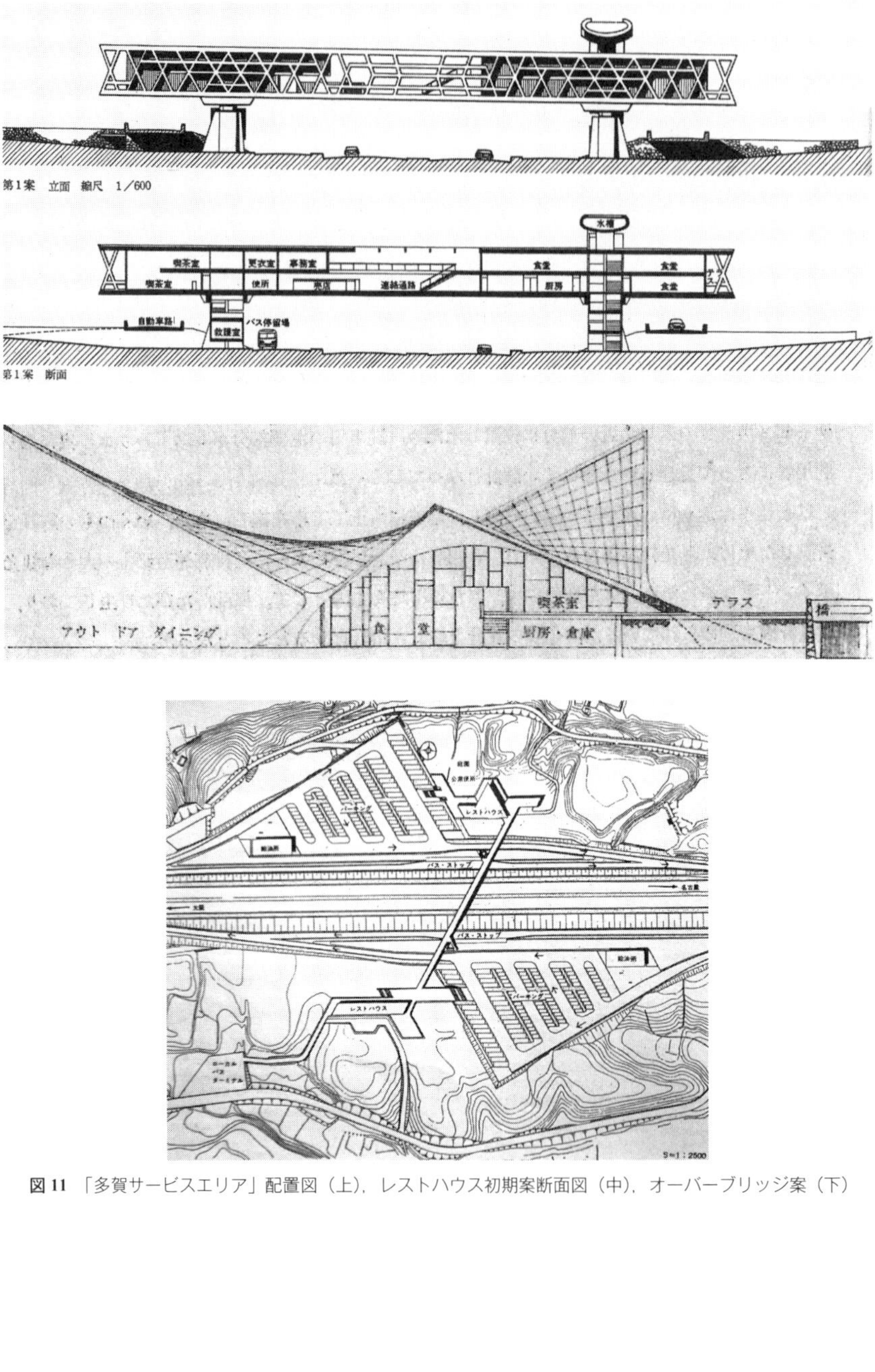

図 11 「多賀サービスエリア」配置図（上），レストハウス初期案断面図（中），オーバーブリッジ案（下）

を外骨格として、内部に無柱空間を生み出す案は、同時期の「築地計画」（一九六四）においても見出すことができる上、「山梨文化会館」（一九六六）へと至る道程の作品であったと言えよう。残念ながら、吹田サービスエリアに際して述べた理由によって、この案も却下された。採用されたのは、もうひとつの案であった。こちらの案では、上り車線側における、軒端にコールテン鋼を用いた三角形大屋根が載せられたレストハウスと、下り車線側における、平行四辺形大屋根が載せられたレストハウスが、それぞれ微高地のヒルトップに設けられ、両者は本線に対して六〇度の角度で架け渡されたブリッジによって結ばれている。上り車線側レストハウスにおける鉄骨造の三角形大屋根は、設計当初はＨＰシェルが想定されていたことを図面から読み取ることができるが、実施案では、三角形各辺中央に建てられた鉄筋コンクリート柱によって支えられている。また、ブリッジのみならず、駐車場の車列パターンや擁壁等の造園、建物外形から内部の間仕切り壁に至るまで、すべて六〇度の角度すなわち正三角形を基準とするグリッド上で処理されていることが見て取れ、サービスエリアの様々な要素に統一感を与えることに成功している。さらに、このブリッジの延長軸上には、琵琶湖岸の荒神山（標高二八四メートル）が控えており、井上章一が言う「遥拝の軸」を見出すことができるのである。[22] 唯一この正三角形グリッドから外れているのが、駐車場へのアプローチ道路の線分である。高速で走行する自動車が、本線から六〇度の角度で左折できないという機能的な理由もさることながら、緩やかな円弧から斜線に至るこの線分は、「国立屋内競技場」（一九六四）のアプローチに酷似しており、サービスエリアという空間を限定する「一対の平行線」が形成されている。[23] 丹下の下で設計を取りまとめた神谷宏治によれば、「多賀のサービスエリヤ《ママ》の計画を始めた一九六二～三年当時は、幸いに土木関係の設計がスタートした前後の状況であったので、私たちはレストハウスだけでなく、パーキングも含めた全体計画について提案した」という。[24] このサービスエリアは、単なる「駐車場つきのレストラン」ではない。周辺環境と一体化したデザインとして高く評価されるべきであろう。また、ヒルトップを利用したデザインは、「高速道路のスーパースケールと人間的スケールの対立、時速一〇〇キロメートルの高速の世界と歩行者の世界の断絶、走行の興奮と休息の安らぎ」という「対立と断絶」を、「継時的につなげる空間構成の変化、媒介的なスケールの導入」によって「調和と統一」しようとした結果であるという。[25] 丘の「頂上－平地」という地形の上下関係は、配置計画において「人－車」の関係に変換されている。こうした対立する言語をデザインによって調和しようとする手法や、六角形の格子に基づいた設計には、オランダの建築家A・ファン・アイク（1918–1999）の影響が見て取れるであろう。

養老サービスエリアは、象鼻山（別庄山）周辺の景観を求めて敷地が選定されたが、用地取得が困難となったため、牧田川沿いの平地に設けられた。レストハウスを手掛けたのは、坂倉準三建築研究所であった。坂倉準三（1904–1969）は、一九二七年の東京帝国大学文学部美学美術史学科卒業後に渡仏、一九三一年にパリ大学エコール・スペシアル・デ・トラヴォ・ピュブリックにて建築を修学、ル・コルビュジエの事務所を経て、一九四〇年に坂倉準三建築研究所を開設した。坂倉は、このサービスエリアのほかに、名神高速道路における「大垣・一宮・小牧の各インターチェンジ営業所」（一九六三）の設計にも携わった。自動車に関連する作品には、一連の出光興産給油所（四四件）がある。養老サービスエリアでは、交通量の増加に伴う増築が主眼となっていた。すなわち、既存施設の営業に支障なく増築工事が可能となるように、構造的に独立したユニットをエキスパンション・ジョイントによって接続する方式が採用されている（図12）。ひとつの構造ユニットは、八本の鉄筋コンクリート造壁柱と一四メートル×一四メートルのコンクリートスラブ屋根によって構成され、風車型に配置された四つの構造ユニットには、それぞれ食堂（二ヶ所）、トイレ・事務室、厨房・倉庫が収められている。また、構造ユニット相互の間に設けられた隙間は、建物内部における動線として利用されている。坂倉は、トールゲートの設計をめぐって、プレキャスト・コンクリート造を用いた部材の標準化を図ったが、サービスエリアにおいても同様に、標準化を試行したのである。

インターチェンジ営業所

最後に、インターチェンジ営業所について見てみよう。名神高速道路のインターチェンジには、営業所と車庫が設けられたが、これらも上記四人の建築家が分担したものであった。浦辺が西宮・尼崎・豊中を、村野が茨木・京都南・京都東・大津・栗東を、丹下が八日市・彦根・関ヶ原を、坂倉が大垣・一宮・小牧をそれぞれ担当した。なお『名神高速道路建設史（各論）』によれば、インターチェンジ自体は、「クローバーリーフ形（大垣）、ダイヤモンド形（尼崎）、トランペット形（豊中・茨木・京都南・栗東・八日市・彦根・関ヶ原・一宮・小牧）、Y字形（京都東・大津）」（括弧内引用者）が採用されているが、[26] 西宮インターチェンジだけは単純な「ロータリー形」となっている（図13）。

浦辺による営業所は、いずれも鉄骨造平屋建てで、外装にはセラミックタイルが張られており、浜口から「庶民

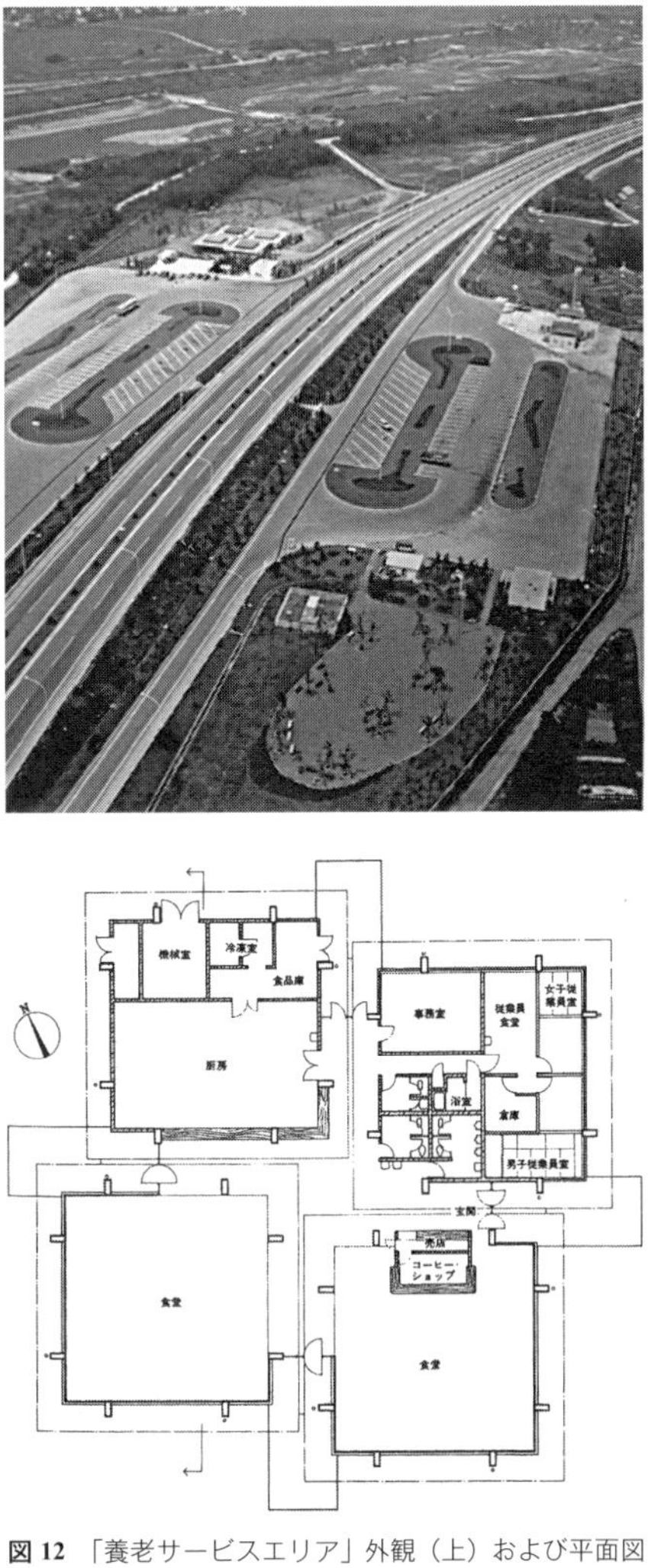

図 12　「養老サービスエリア」外観（上）および平面図（下）

的である」と評された。実際に、豊中インターチェンジ営業所の屋根は、三連ヴォールトの周りを下屋が囲む特異な形状にもかかわらず、波形石綿スレート葺きの安普請であった。しかしながら、尼崎インターチェンジ営業所が、高速道路高架下に設けられていること、豊中インターチェンジ営業所は、中庭に設置された鉄塔の基壇として設計されていることを考えると、建物が土木施設同様に高速道路における「地」として設計されているように見え、インターチェンジ営業所という建物の性格からすれば、浦辺の建築は、サービスエリアよりも評価されるべきである。

村野による営業所は、単層矩形平面の単純な形状であったが、インターチェンジのトールゲートを通過する自動車から見えるファサードについては、大津サービスエリアの下り車線側レストハウスと同様の全面ガラス張りのファサードが用いられ、その他のファサードについては、全面煉瓦タイル張りの壁面に矩形の窓が穿たれている。

坂倉による一宮インターチェンジ営業所は、トールゲート同様に、プレキャスト・コンクリートが採用され、構造的な実験を行う一方で部材の標準化を提案するものであった。両端に壁柱（上端五〇〇ミリメートル、下端七〇〇

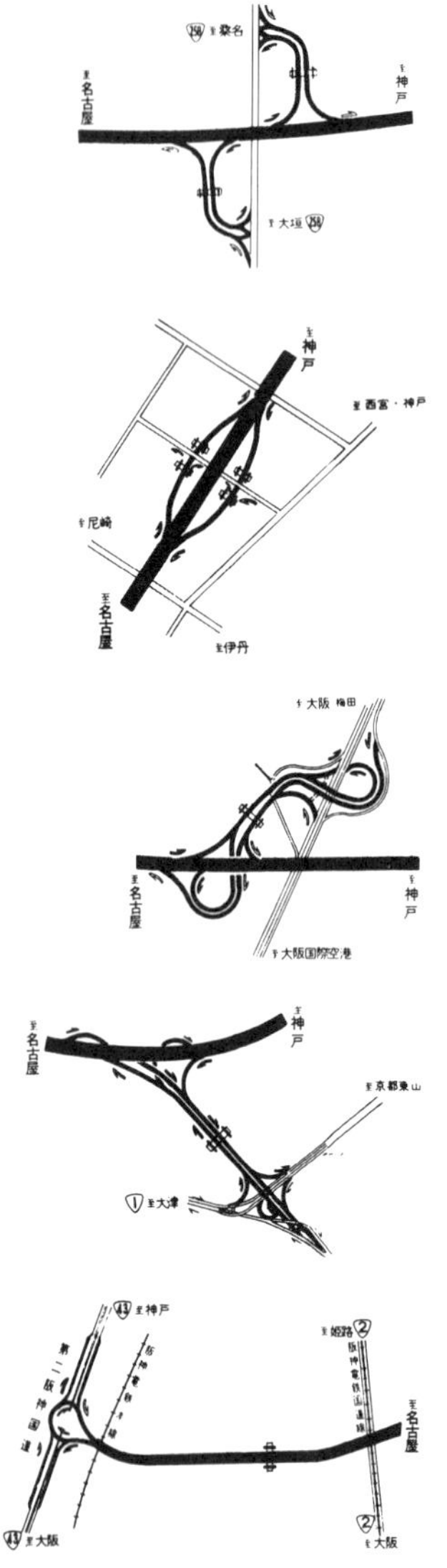

図 13　名神高速道路に採用された 5 種類のインターチェンジ。上から順にクローバーリーフ形（大垣），ダイヤモンド形（尼崎），トランペット形（豊中），Y 字形（京都東），ロータリー形（西宮）

ミリメートル）が取り付けられた二層分の高さを持つコンクリート・パネル（三〇〇〇ミリメートル×六一二〇ミリメートル）を、桁行方向にボルト連結して建て起こし、屋根および二階の床スラブ（WT版）を、このコンクリート・パネルに架け渡すことによって、一一メートルの無柱空間が実現されている。[27]

なお、丹下のインターチェンジ営業所については、残念ながら発表された形跡がない。

先述したように、インターチェンジ営業所については、「有料道路関係施設検討委員会」において「（トールゲートとサービスエリアの）中間の性格を持つ」ことが求められたが、実際にはサービスエリア同様、各建築家が敷地に照らした個性のみを表出させる結果となった。委員会がトールゲートの性格として求めた「標準化」に関するデザインの要点が不明なままとなったことは、土木分野からの不信を招いた形跡もある。土木出身の技術者集団の中で建築家を擁護する立場にいた松本は、次のように述べている。「今後、とくに考慮していただきたいことは……プロトタイプ（原型）の決定である。先生方が、それぞれの主張により自己のカラーを打ち出されることはおおいに結構であるが、それはサービスエリアまでとして、高速道路のインターチェンジにもっとも密着した付帯施設——管理事務所などの場合は、交通量によって変わるゲートのブースとか、人員構成に応じて採用できる数種のプロトタイプをつくることが、やはり設計の態度としてあるとおもう。もちろんこういうことは、高速道路計画に最初から建築家が参加した形で考えられるべきではあったが……。[28]」

我が国を代表する建築家が競合した結果、個性のある建築デザインが採用されることになった反面、坂倉を除く建築家は、「標準設計」という考え方を二の次にした点が、問題として残されたのである。

東名高速道路における関連施設のデザイン

こうした名神高速道路における試行錯誤は、一九六七年に高速道路調査会による『高速道路における休憩施設の計画設計要領作成に関する調査報告書』として結実した。[29] この中では、設置間隔や規模に関する適正値が示され、

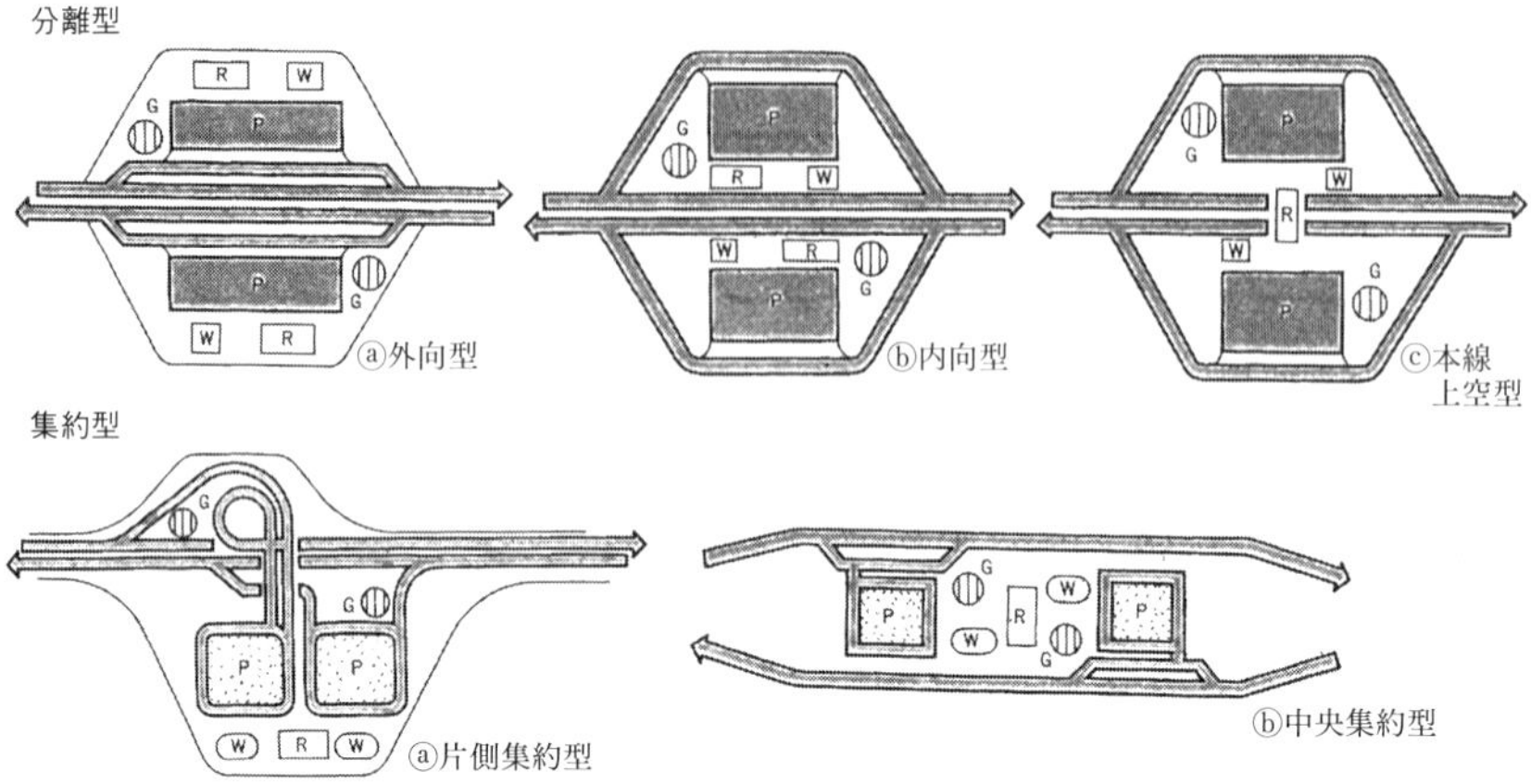

図 14　サービスエリアのタイプ（P：駐車場，G：給油・修理所，W：公衆便所（含売店），R：食堂）

東名高速道路ではこの報告書の内容が反映されている。また、海外の事例を含めた様々なサービスエリアに関する分析を通して、本線に対する施設要素（駐車場・給油修理所・売店便所・食堂）の配置構成の観点から、サービスエリアの諸型式がまとめられている。ここでは、サービスエリアの施設が本線の両側に配置され上下各線において別々の出入口を有する「分離型」と、施設が本線の片側または中央に配置され両線共有の出入口を有する「集約型」に大別され、さらに、本線沿いに駐車場が設けられレストランと公衆便所がその外側に設置される事例が「外向型」、反対に本線沿いにレストランと公衆便所が設けられ駐車場がその外側に設置される事例が「内向型」と呼ばれ、これらの組み合わせによって分類されている（図14）。

しかしながら、上記のような指針が存在したものの、実際の設計は、名神高速道路同様、当時を代表する建築家に一任されていた。以下に、彼らの競演を、名古屋から上り車線方向に見ていくことにする。

上郷サービスエリアは、柳建築設計事務所によって設計されている。柳英男（1919–1992）は、一九四三年に東京工業大学建築学科を卒業後、鹿島建設設計部などを経て、一九四八年に柳建築設計事務所を開設した。このサービスエリアのほかに、「名神高速道路養老サービスエリア」（一九八五）、「中央自動車道梓川サービスエリア」（一九八八）、「常磐自動車道守谷サービスエリア」（一九九三）、「東名高速道路牧之原サービスエリア」、「東関東自動車道市原サービスエリア」、「東北自動車道安達太良サービスエリア」、「北陸自動車道徳光パーキングエリア」や、「東海北陸自動車道白鳥インターチェンジ管理事務所」、「東関東自動車道市原インターチェンジ管理事務所」、「東北横断自動車道秋田インターチェンジ管理事務所」、「北陸自動車道金沢管理局」等の設計にも携わった。上郷サービスエリアの特徴は、施設を形作る様々な構成要素が、すべて個別に視覚化されていることである（図15）。すなわち、レストハウス（一ヶ所）、軽食堂（一ヶ

図15　「上郷サービスエリア」配置図（上）および外観（下）

所）、売店（二ヶ所）、公衆便所（男女別上下線別に計四ヶ所）、給油・修理所（二ヶ所）が、本線と駐車場の間に、すべて別棟で建てられているのである。また、このサービスエリアにおいては設計も当初、「オーバーブリッジ形」が目論まれていた。一般的に「オーバーブリッジ形」における特徴は、本線を走行する自動車に対してランドマークとしての機能を有することと、上下両車線のサービスエリア間が自由に往来できることだとされるが、ここでは、これら二つの特徴が、個別の要素に分解されて実現されている。つまり、前者には、高架水槽とハイポール照明を兼ねる高さ三〇メートルの鋼管の塔が相当し、後者には、歩行者と農業用水を兼ねた橋が相当すると言えよう。サービスエリアの分類としては、「片側集約内向型」と呼ばれる事例である。またここでは、「(本線を走行する）自動車を包囲するように人工的な土の移動」が、積極的に行われている。[30] 本線両側の法面部分は緩傾斜とされ、「本線を走る自動車を見ながら休息できる」ように「園地」として設計されるとともに、ここに円形平面を持つ公衆便所とベンチが配置されている。公衆便所の床スラブは、円形平面の中心に据えられた円柱（直径一八〇〇ミリメートル）からキャンチレバーによって持ち出され、床スラブの円周沿いに建てられた四本の柱によって支えられている屋根スラブは、床スラブよりもさらに一・八メートル程度張り出しており、両者の周囲にはアルミパイプが取り付けられている。その結果として、上下逆にした円錐台状の施設が、傾斜の付けられた園地に対して浮き上がって見えるように設計されているのである。レストハウスと売店の方は、菱形をした平面形によってまとめられ、反り上がった鉄板屋根が載せられた建物であった。周囲には軒が巡らされ、これら以外の円形を基調としたデザインと調和しておらず、いずれも取り壊されている。

浜名湖サービスエリアは、芦原義信建築設計研究所によって設計され、浜名湖に突き出した半島の上に設けられた。芦原義信（1918–2003）は、一九四二年に東京帝国大学工学部建築学科を卒業後、坂倉建築研究所および現代建築研究所を経て、一九五三年にハーバード大学大学院を修了。その後、マルセル・ブロイヤー事務所を経て、一九五六年に芦原義信建築設計研究所を開設した。また、法政大学工学部教授、武蔵野美術大学教授を経て、一九七〇年には東京大学教授となった。このサービスエリアのほかに、東名高速道路における「浜松・三ヶ日の各インターチェンジ営業所」（一九六九）、「宇利トンネル換気塔」（一九六九）、「三ヶ日トンネル受電所」（一九六九）の設計にも携わった。浜名湖サービスエリアは、上下両車線の駐車場がループランプによって下り車線側にまとめられた「片側集約外向型」の事例である。東名高速道路における同型の事例は、浜名湖のほかに富士川があるが、いずれも周囲の景色が良い敷地において採用されている。上下両車線の駐車場の間は両側に列植されたプロムナードとなっており、浜名湖に面した敷地南端に建てられたレストハウスに至るよう設計されている（図16）。レストハウスは、単層のRCラーメン構造（鉄筋コンクリート柱梁構造）に陸屋根が載せられた建物で、南北方向に六列、東西方向に九列、合計四五本の柱群が並べられただけの単純な建物である。柱間は南北東西ともに約六メートルであり、ひとつの格間に対して四つの円形トップライトが設けられていて、建物の南北面と東面には、「アウトダイニングテラス」と名付けられた幅約三メートルの列柱廊が巡らされており、芦原が「Pスペース―Nスペース」と名付けた入れ子状の空間構成を読み取ることができる。とはいうものの、こ

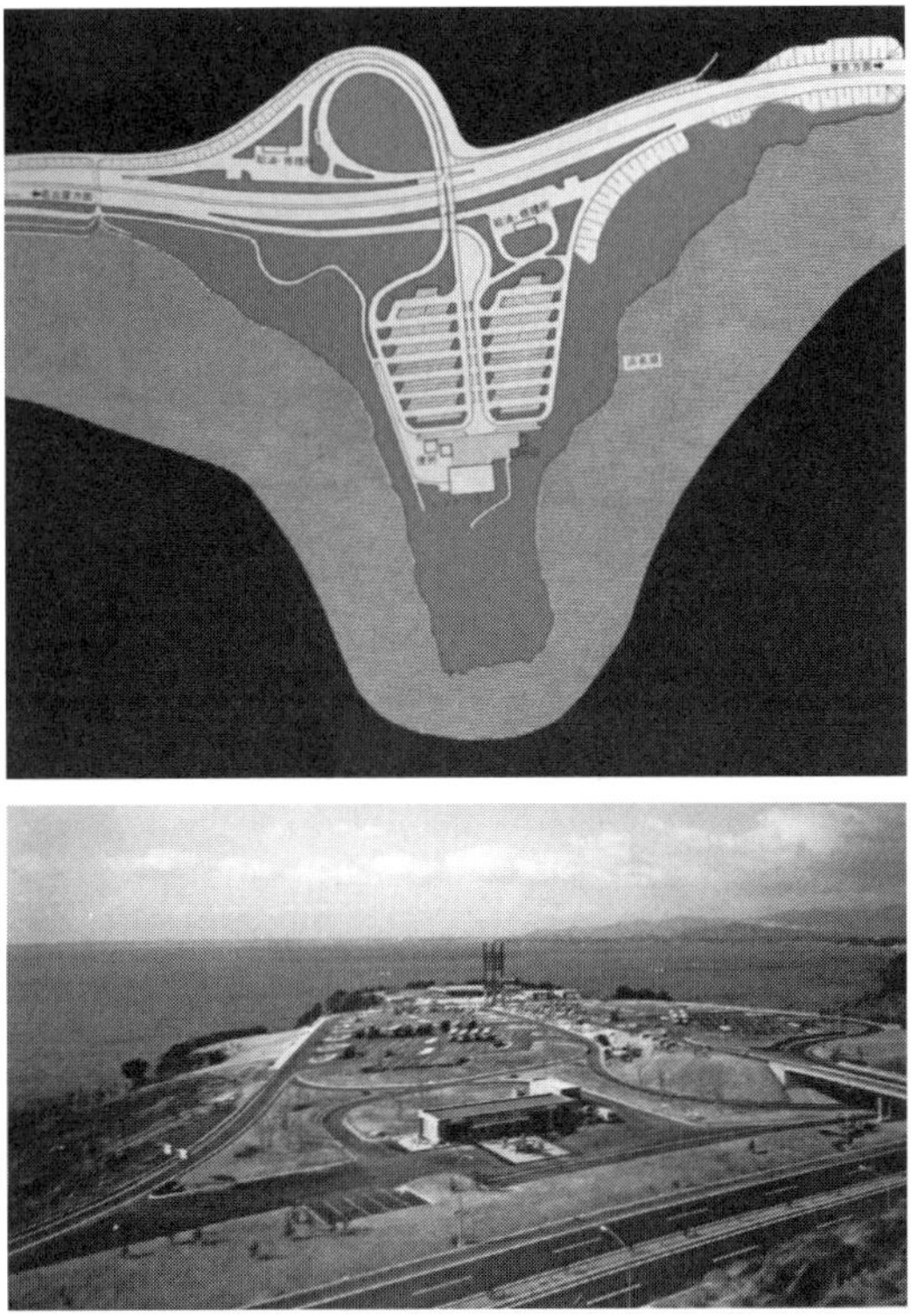

図16　「浜名湖サービスエリア」配置図（上）および外観（下）

のレストハウスは、名神・東名両高速道路の中で、最も控えめな建築デザインであろう。芦原の関心事は、建築デザインにではなく、駐車場からレストハウス南側の広場に至る緩傾斜を利用した「外部空間」の設計にあった。レストハウス北側の広場は、駐車場側から階段五段分、レストハウス側から階段四段分高く、敷地の中で最も高い場所に設定されている。この微かな床面の高低差を利用した設計によって、自動車が並ぶ駐車場の人工的な景観と、湖水風景が広がる自然の景観が二分されている。わずかな段差であるが、この効果は圧倒的であり、レストハウスからさらに傾斜した南側の芝生広場に立つと、そこがサービスエリアであることを忘れてしまうほどである。反対に駐車場側から見ると、レストハウス北側の広場へ至る大階段が、柱梁からなるレストハウスの基壇となるとともに、レストハウスの水平性を強調するのに一役買っているのである。こうした芦原の設計手法は、「知覚心理学」を建築において応用したものであった[31]。同時代のアメリカでは、土木景観工学の分野を中心として「知覚心理学」が積極的に応用されたが、外部空間に関する芦原のデザイン理論は、その手法を建築デザインに応用するものであったと言える。この芦原の設計に対する姿勢は、土木と建築が共有できる方法論を考える上で重要であったと言えよう。一方、サービスエリアには、本線を走行する自動車から一望できるランドマークが必要である。レストハウス北側の広場前に建てられた巨大な照明タワーは、上述した芦原の外部空間を重視した控えめな建築デザインを補償するランドマークであり、「駒沢公園管制塔」(一九六四)において採用された鉄筋コンクリート造による校倉のタワーが、ここでは鉄骨造によって再現された。

牧ノ原サービスエリアは、大高建築設計事務所によって設計されており、茶畑の広がる丘陵地帯の中に建てられた。大高正人(1923-)は、一九四九年に東京大学大学院工学研究科を修了した後、前川國男建築設計事務所を経て、一九六二年に大高建築設計事務所を開設した。牧ノ原サービスエリアは、地形上の制約によって、上下両車線の施設が本線両側に向かい合うことのない変則的な配置となっている(図17)。したがって、上下車線でそれぞれ異なるサービスエリアの形式が採用され、上り車線では「外向分離型」、下り車線では「内向分離型」として設計された。上り車線では、本線沿いに設けられた駐車場が大型車両と小型車両に明確に分けられており、敷地の最も奥まった位置に設けられたレストハウスもこれに応じて敷地両端の二ヶ所に配置されている。レストハウスは、単層の鉄筋コンクリート造一部鉄骨造で、角形鉄筋を用いた立体トラスで造られた大屋根が架けられており、両者の間に公衆便所と売店が配置され、煉瓦ブロック舗装によって結ばれている。他方、下り車線においては、本線沿いにレストハウスと、売店・便所が敷地両端の二ヶ所に配置されており、両者は上り車線同様に煉瓦ブロック舗装によって結ばれている。レストハウスも、上り車線と同じ構造体に角形鉄筋による立体トラス造の大屋根が架けられているが、こちらでは、地形に応じて地上三階建ての立体的な構成となっている。レストハウスの構造設計を担当したのは、木村俊彦構造設計事務所である。木村俊彦（1926–2009）は、一九五〇年に東京大学工学部建築学科を卒業後、前川國男建築設計事務所と横山構造設計事務所を経て、一九六四年に木村俊彦構造設計事務所を開設した。角形鉄筋による立体トラス造の大屋根は、厨房や便所などを含むサービス部門と、その反対側に置かれた機械室とからなる二つの鉄筋コンクリート造のマスによって支えられて、大きく張り出している。とりわけ下り車線では、鉄筋コンクリート造のマスが、高架水槽ならびに建物周辺の擁壁と一体的に設計されており、土木・建築・造園が一体となったデザインであったこ

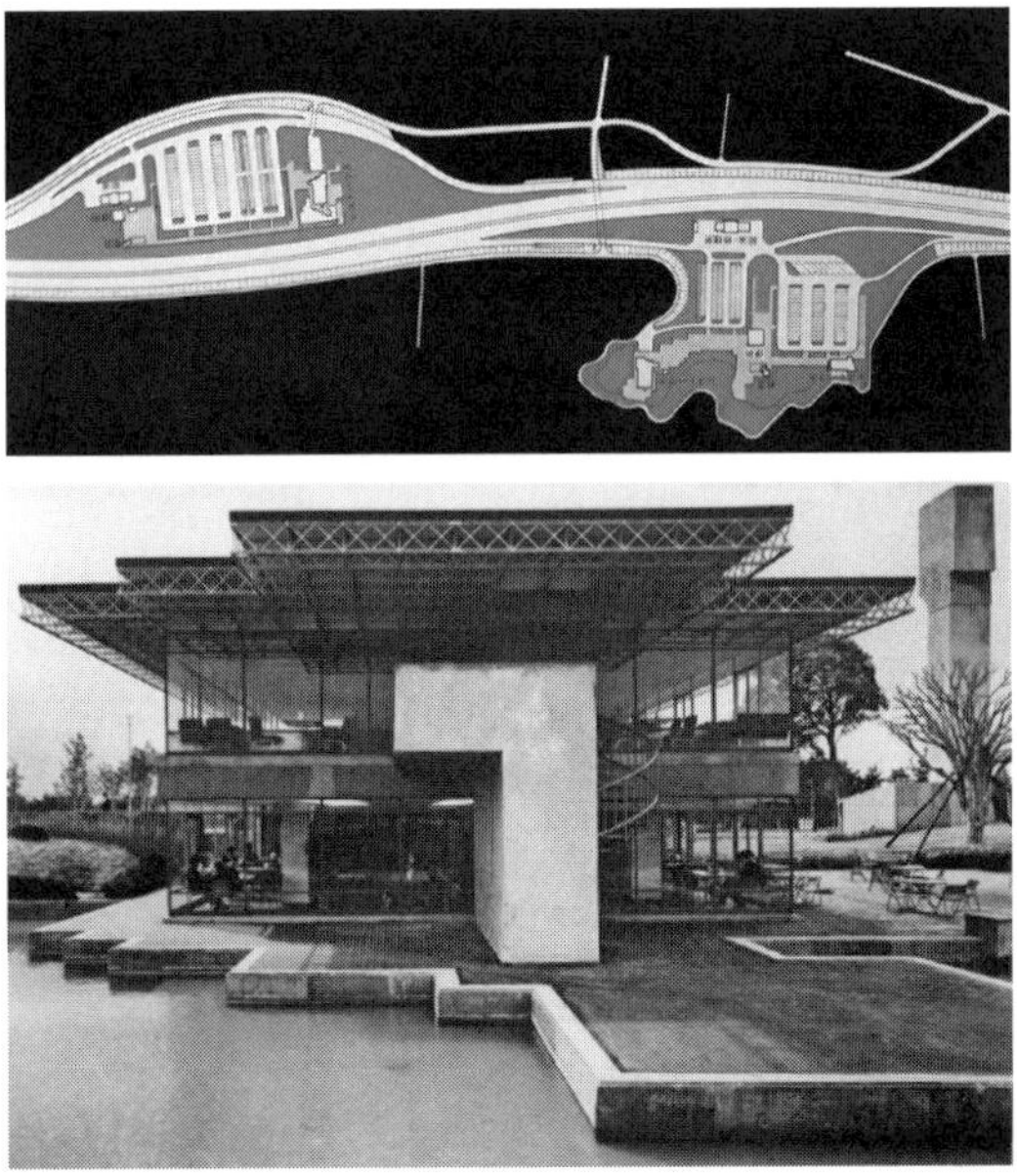

図 17　「牧ノ原サービスエリア」配置図（上）および外観（下）

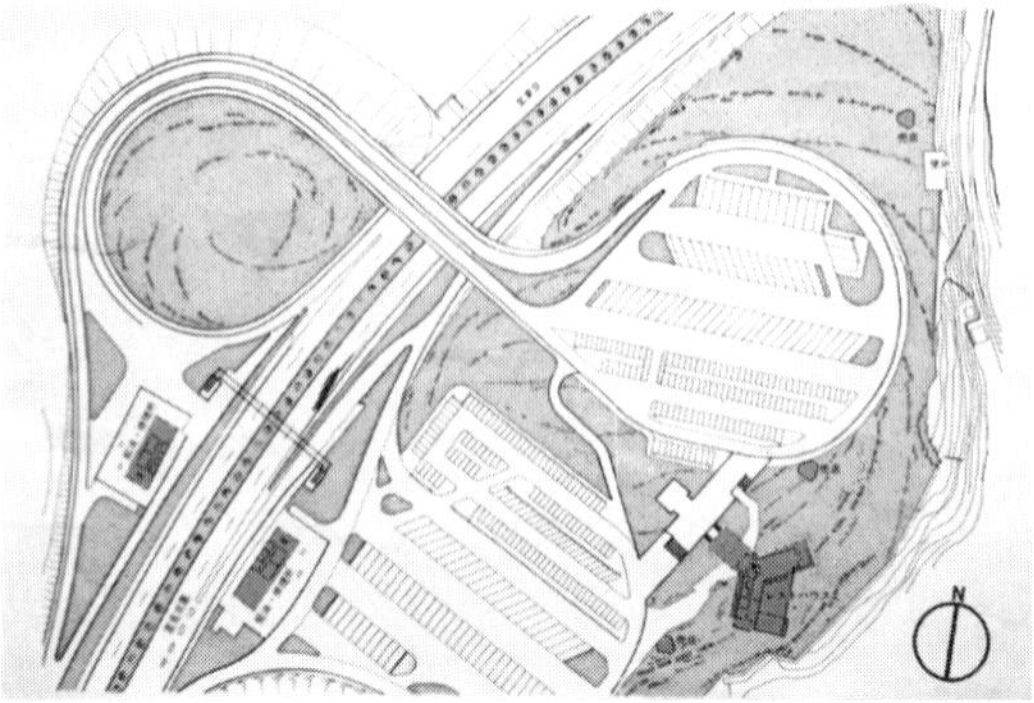

図 18　「富士川サービスエリア」配置図（上）および外観（下）

とが見て取れる。

富士川サービスエリアは、清家清＋デザインシステムによって設計されており、富士川を眼下にして富士山と駿河湾を眺望できる河岸に設けられている。清家清（1918–2005）は、一九四一年に東京美術学校建築学科を卒業、次いで四三年に東京工業大学建築学科を卒業後、海軍に従軍、復員した後、東京工業大学助手・講師・助教授を経て一九六二年に同大学教授となった。設計教育に携わる傍ら清家清＋デザインシステムの名前で数々の作品を発表し、自動車に関連する作品として「第三回モーターショウ」（一九五六）、「東芝運輸ターミナル」（一九六二）がある。また清家は、このサービスエリアのほかに、東名高速道路の「清見寺トンネル」と「換気塔」の設計にも携わった。富士川サービスエリアは、上下両車線の駐車場がループランプによって下り車線側にまとめられた「片側集約外向型」の事例である（図18）。レストハウスは、富士川に最も近い場所において両駐車場を結ぶプロムナード中央に面して配置されている。この鉄骨造の建物は、「三矢形」と呼ばれる平面形を持ち、中央に建てられた「マスト」と呼ばれる鋼管（直径三一八ミリメートル）から三方向に吊り下げられた鉄骨の棟木の下に屋根が形作られている。一階にエントランスおよびサービス部門がまとめられているため、二階の三つの翼部は、すべてレストランの客席空間に充てられており、客数や客層に応じて使い分けることが想定されていた。下り車線の駐車場が、上り車線よりレストハウス階高の約半階分低い位置にあるため、両者の間には斜面が設けられ、そこに「黒松林」が造成されて、建設時に敷地から掘り出された自然石を「転石風に扱った」造園が施された。この「黒松林」の本線にほど近い場所に建てられた鉄骨造の給水塔は、卵形のタンクが導水管によって支えられた簡素な構成であるが、W・G・クィスト（1930-）によって設計された「アイントホーフェンの給水塔」（一九七〇）を彷彿とさせる。

足柄サービスエリアは、黒川紀章建築・都市設計事務所によって設計されたものである。黒川紀章（1934-2007）は、一九五七年に京都大学工学部建築学科を卒業後、東京大学大学院工学研究科建築学専攻在学中の一九六二年に（株）黒川紀章建築都市設計事務所を設立し、一九六四年同大学院を修了した。また黒川は、このサービスエリアのほかに、東名高速道路における「御殿場・沼津の各インターチェンジ営業所」（一九六九）、「愛鷹パーキングエリア」（一九六九）の設計にも携わった。足柄サービスエリアについて黒川は、初期案（一九六四）より一貫して「外向分離型」を採用している（図19）。同じく「外向分離型」である浜名湖サービスエリアや富士川サービスエリアでは、周囲の景観によって採用された型式であったが、ここでは、「(施設が) できるだけ本線から離れ、自然の中へ挿入されていくような」配置を求めた結果であったという。本線沿いの既存樹木が保全された上に、模型の敷地周縁の樹木が丁寧に造られており、黒川が近景となる緑地との相関関係の中で建築を考えていたことが見て取れる。足柄サービスエリア以外では、「外向型」においては周辺風景が、「内向型」においては高速道路本線が設計の際に重視されているが、向きの外内の違いはあるにせよ、外部環境との相関関係において設計されていた。一方、足柄サービスエリアだけは、敷地周縁の緑地が上下各線のサービスエリアを囲い込むことによって、内部に周辺の風景からも高速道路の本線からも断絶された空間を形成している。こうした敷地周縁の緑地は、ディズニーランドの周囲を取り巻く「盛り土」と同様に、「虚構の世界と日常世界とを切り離すための目かくしの機能」を果たしていると言えよう[32]。また、ここでは、「一つのレストランをいくつかのレストランの複合体として考える」いわゆる

図 19　「足柄サービスエリア」初期案（上）および実現案（下）

「カフェテリア方式」が提案されており、「管理・サービス・厨房部門（根）」から「食堂部門（幹および枝）」が成長する姿を建築的に表現しようとしたものであるという。[33] この「根」と「幹および枝」という考え方は、キャンディリス・ジョシック・S・ウッズによって提示された「ステム（stem）」という概念を踏襲するものであるが[34]、世界デザイン会議東京大会（一九六〇）において提示された「メタボリズム宣言」の根源にある生物のアナロジーとして建築を捉えようとした結果でもあったろう。その初期案の構造は、「無梁版構造のスラブを、現地形を生かしたままピロティで持上げ、その上部構造は鉄骨で、透明ガラスが主体」として考えられていた。しかしながら一九六九年に発表された竣工作品は、本線に対して四五度傾けられた八メートル×八メートルの鉄骨柱梁による架構単位が、施設規模と敷地周縁の地形に応じて連結されたものとなった。柱上端に増築用のブラケットが取り付けられるとともに、箱樋によって強調された架構単位の上に、スリットを持つように変形された方形屋根が戴る作品に変更されている。辛うじて「カフェテリア方式」は採用されたが、周囲の自然に向けて成長していくイメージが損なわれてしまった。こうした架構単位を単位空間とするデザインには、「オランダ構造主義」の影響を見て取ることができ、増改築の可能性が表現されると同時に、黒川が足柄サービスエリア以外に関与した、「御殿場インターチェンジ監理施設」、「沼津インターチェンジ監理施設」、「愛鷹パーキングエリア」との「ユニフォーミティ」が確保されている。[35]

海老名サービスエリアは、菊竹清訓によって設計された。菊竹清訓（1928–2011）は、一九五〇年に早稲田大学理工学部建築学科を卒業後、竹中工務店、村野・森建築事務所を経て、一九五三年に菊竹清訓建築設計事務所を開設した。これ以外の高速道路関連施設として「めかりパーキングエリア」（一九七五）、「壇の浦パーキングエリア」（一九七五）、「中央自動車道諏訪湖サービスエリア」（一九八〇）がある。海老名サービスエリアは、本線を走行するクルマにとって「オーバーブリッジ形」に最も近い印象を受ける（図20）。これは、本線両側に設けられたRC造の人道橋への出入口である「ゲート」が、人道橋の橋脚と見なされるため、人道橋とゲートが一体化して橋としてのランドマークを形づくることに成功しているからであろう。実際に、菊竹が『近代建築』誌上に掲載した写真には、竣工後に写された「ゲート」を橋脚として、モンタージュにより「オーバーブリッヂ・レストハウス」が架け渡されているのである。[36] また、同時期に設計された「佐渡グランドホテル」（一九六七）には、「ブリッジ」という同様の造形言語が採用されていた。一方、このゲートの両側には、レストハウスと公衆便所が本線に沿って建て並べられており、その外側に駐車場が、さらにその外側に給油修理所が配置されており、「内向分離型」の典型として挙げられよう。当初の設計では、レストハウス・公衆便所・給油修理所などの施設を駐車場の外側に配置するこ

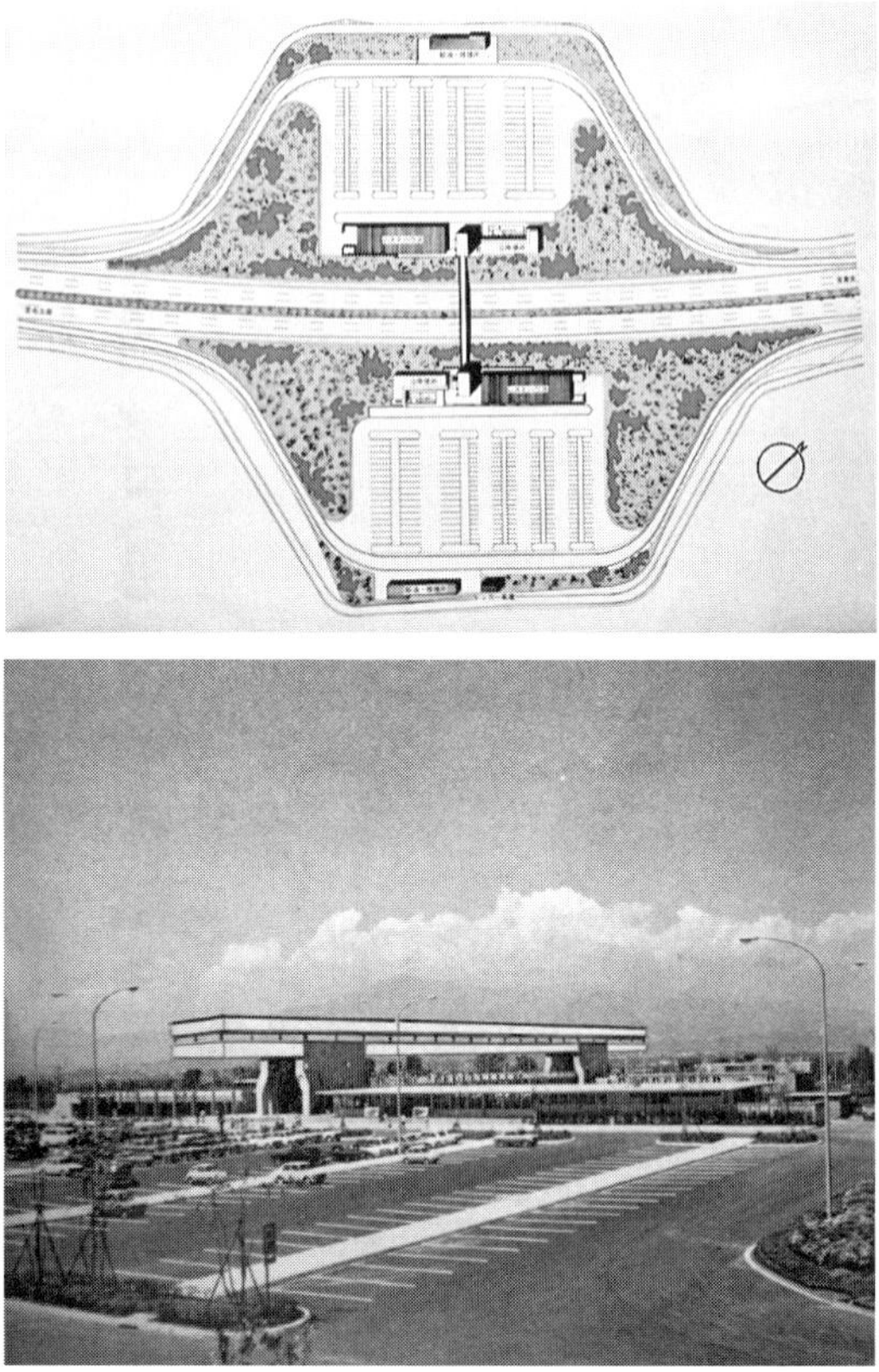

図 20 「海老名サービスエリア」配置図（上）と竣工写真を基にしたモンタージュ（下）

とが考えられていたが、周囲の風景に目を引くものがないばかりか「将来周囲に住宅・工場などが建つことも考慮して」、レストハウスと公衆便所が本線両側に設置されることになったという。人道橋・公衆便所・レストハウスの屋根スラブは、ほぼ同じ高さに揃えられ、ゲートの高さを強調するように設計されている。またレストハウスは、鉄骨造（一部鉄筋コンクリート造）で、屋根は折板が載せられただけであるが、RC造で造られた公衆便所の屋上はテラスとなっており、人道橋と相まって、走行するクルマや、本線両側の法面に施された庭園を眺めることのできる場所が用意されている。ここではさらに、内部空間の色彩計画においても挑戦的な提案が行われている。この施設の設計担当であった長谷川逸子（1941-）によれば、菊竹は「視界がスピーディーに流動し、飛ぶ人間の識別能力の限界の中で、人間が視覚化できる色というのは、より彩度の高いカラーとホワイトであろう」と考え、インテリアの色彩計画について田中一光に相談した。その結果、上り車線は暖色系カラー（レッド・ピンク・オレンジ）が、下り車線は寒色系カラー（ブルー・バイオレット・グリーン）が、それぞれ基調色とされ、椅子やカーテンなどの布地と、照明器具を含む天井に用いられた。これに対して、柱・梁・壁・床・カウンターなどは、素材に関係なくホワイト（N=9.0）とされた。その結果、サービスエリアの利用者は、高速道路に架けられた人道橋を通して、暖色系カラーと寒色系カラーのエリアを行き来することになる。しかしながら、この建物における菊竹の最も重要な提案は、家具に関するものであった。ひとつは、自身が設計した座面に色布を貼り込んだ白色FRP製の椅子である。「客の立ち座りによるカラーの量の流動と加減が客の動作のサインでありサービスの指標となる」と言っているように、単なるスーパーグラフィックに矮小化されるものではない。もうひとつは、彼が「ミラーボックス」と呼んだ「ムーブネット」である。「ムーブネット」とは、「スカイハウス」（一九五八）と名付けられた自邸において提案された、様々な家具が集約的にデザインされたものであるが、ここでは「ミラーボックス」と呼ばれ、「レヂ・カウンター、ショーケース、サンプルケース、クローク、テレフォン台、ステレオ装置、手洗器、空調ユニット、集中照明など」のデザインが集約されて、ボックスの一辺にフィルムが貼られた特殊合わせガラスが用いられていたことに因んでいるという。いずれにせよ、空間の可変性に菊竹の関心があったことは間違いない。

ＣＩＡＭ世代とチーム・テン世代

ところで、名神と東名の両高速道路が全通した一九六九年の時点で、これまでに見てきたサービスエリアの設計に携わった建築家の年齢は何歳であったのだろうか。名神高速道路では、浦辺六〇歳・村野七八歳・丹下五六歳・坂倉六五歳、東名高速道路では、柳五〇歳・芦原五一歳・大高四六歳・清家五一歳・黒川三五歳・菊竹四一歳である。西高東低、神戸より上京するに従って若くなっていくことに気づく。岸田の人選が、年功序列であっただけのことであるが、このことは結果的に名神と東名の間に興味深い差異を生み出した。まず、名神高速道路においては、丹下を除く三人は戦前から設計の実績があった。坂倉はル・コルビュジエの愛弟子の一人であったし、丹下はＣＩＡＭ８（一九五一）に出席していた。「折衷主義」と評される作品を生み出す村野を同じ俎上に載せることは困難であるが、浦辺はＷ・Ｍ・デュドク（1884–1974）を目指し、一九六〇年にＷ・グロピウスを倉敷に招待している上、「クラシキ・モデュール（ＫＭ）」によってル・コルビュジエと並走しようとした。一方の東名高速道路の六人は、全員、戦後になって設計活動を開始した世代であった。大高・黒川・菊竹は世界デザイン会議東京大会（一九六〇）に際して「メタボリズム・グループ」を結成したメンバーであった。芦原もまた同会議にパネリストとして出席し「内的秩序」と「外的秩序」について発表した。つまり、名神高速道路の付属施設の設計者が、ル・コルビュジエらの「英雄時代」の建築家が先導したＣＩＡＭに影響を受けた世代であったのに対して[37]、東名高速道路の付属施設の設計者は、世界デザイン会議東京大会に触発された新しい世代であったと言え、スミッソン夫妻やＡ・ファン・アイクらが先導したチーム・テンに影響を受けた世代であった。一般的に、第二次世界大戦を境にして、近代と現代が二分されることが多いが、実際には戦前期に教育を受けた世代が戦後復興を行ったことは言うまでもなく、近年の研究では、近代と現代の境が一九六八年にあるとする論調が散見できる。この意味において、名神と東名の両高速道路のサービスエリアは、我が国の建築が近代デザインから現代デザインへと変容する過程を、時速一〇〇キロメートルの速度で通覧することのできる貴重な施設であったと言えよう。

第1章でもふれたように、丹下が出席したCIAM8の課題は、「都市の中心核」であった。この内容は、後に同名のタイトルを持つ図書として出版されたが[38]、その中では「歩行者の至上権」が都市デザインの要点として主張されており、モータリゼーションの中で歩行者を中心とした建築空間のあり方を模索するものであった。一方、チーム・テンでは、「モビリティ」の概念が中心的課題のひとつであり[39]、その中心的提唱者であったスミッソンは、次のように言っている。「〈モビリティ〉は交通システムの問題であるばかりでなく、自動車が増えても生き延びることのできる新しい都市パターンに適応する建築のタイプを探し出すことでもある。[40]」前者では、歩行者の空間を再検証することによってクルマを排除し、後者では、クルマ社会の新たなビルディング・タイプを志向した。クルマをめぐる両者の思考は、全く異なる方向を向いていたのである。

土木と建築の融合

また、『名神高速道路　日本のアウトバーン誕生の記録』など、名神高速道路と東名高速道路が建設された当時に出版された図書には、「土木と建築の融合」という言葉を散見できるが[41]、一体どの点において「融合」されたのであろうか。ここで、上記の施設分析に基づいて再度検証してみたい。

最初は、高速と低速という速度に応じた設計である。このことは、委員会において検討された形跡はないが、すべての建築家の設計手法に共通している。名神高速道路では、ヒルトップを残す土工事と対応して考えられており、高速から低速へ至るヒエラルキーが、土地の起伏に応じて考えられていた。これに対して、東名高速道路では、照明灯や給水塔を用いたランドマークの配置計画に置き換えられていた。あるいは、芦原が東名高速道路浜名湖サービスエリアにおいて試行した、知覚心理学を応用した設計手法もまたここに含まれるものであろう。

また、こうした速度のヒエラルキーに応じたデザインを、丹下健三は「都市スケール」と「人間スケール」からなるスケールの問題として再定義した。丹下はさらに、佐藤内閣の総理府主催の研究競技「二十一世紀の日本、その国土と国民生活の未来像」で研究提案を求められた際、「日本列島の将来像――東海道メガロポリスの形成」というレポートをまとめ、[42]その中で交通・コミュニケーション施設を「インフラ・ストラクチャー」、その建築施設を「エレメント・ストラクチャー」と呼び、両者の「新しい連結の仕方」を模索しようとした。

二番目は、最後まで実現することはなかったが、名神高速道路の吹田・多賀、東名高速道路の上郷・海老名において提案された「オーバーブリッジ形」というサービスエリアの形式である。橋と建物が一体となった一連の計画は、我が国における「家橋」の事例のひとつとして評価されるべきであり、R・バンハムが提唱した「メガストラクチュア」(一九七六)にほかならない。[43]

S・ギーディオンは、空間概念を、エジプト・ギリシア建築において見られる彫塑的空間、ローマ建築に由来する内部空間およびヴォールト架構による空間、遠近法によらない視覚上の改革を伴う空間、の三つに大別しているが、[44]このうち第三の空間概念においては、「これまで知られていなかった内外空間の相互貫入とか、異なるレヴェルの相互貫入といった要素が導入されてきた」とする。こうした相互貫入は、シェル・コンクリート・ヴォールトなどのローマ建築に由来するヴォールト架構とは異なる「特殊なヴォールト架構の形態」によってもたらされているとされ、後者は特に「自動車の影響によってもたらされた」橋梁を中心とした土木技術であった。

三番目は、坂倉がトールゲートにおいて用いた、プレキャスト・コンクリートという工法が挙げられる。そもそも「プレキャスト・コンクリート」という呼称は、二つの工法の上に成立する用語である。ひとつは、「プレストレスト・コンクリート(PSコンクリート)」であり、もうひとつは、「狭義のプレキャスト・コンクリート(PCコンクリート)」である。前者のPSコンクリートの技術は、一九二八年にフランス人土木技術者E・フレシネが橋梁に関する特許を取得し、四年後には我が国でも公開されている。名神と東名高速道路でも、「プレキャスト・コンクリート」が本線に架かる跨線橋に積極的に導入され、坂倉はそれに倣うようにトールゲートにおいてもこれを採用したが、これらはPSコンクリートのことである。一方、後者のPCコンクリートの技術は、一八六七年にフランス人庭師J・モニエが鉄筋コンクリートによる植木鉢で特許を取得したことで知られ、我が国では、鉄道の枕木に使用されたことが契機となって、最初期には「浜松町駅ホーム上屋」(一九五四)、「お茶の水駅庇」(一九五五)、「新宿信号所」(一九五六)など旧国鉄関係の施設に導入された(45)。モニエの植木鉢が工場生産を前提とされていたことを考えれば、現場打ちコンクリートが例外なのであり、PCコンクリートの技術は、部材の標準化という概念と不可分の関係にあると言えよう。この点に関して、坂倉の養老サービスエリアと黒川の足柄サービスエリアの実施案では、構造単位と一体的に考えられたPCコンクリート部材の標準化が見て取れた。

設計と監理の問題

『名神高速道路建設誌』を繙くと、たとえそれが岸田の指名であったにせよ、どの時点で、誰が建築家として選出され、何を設計したかが明らかにされている。これに対して、『東名高速道路建設誌』では、その過程が全く不明であるばかりか、建築家の名前が一切伏せられているのに驚く。ただ一言だけ、「建築の専門家に相談した」とだけ書かれているのである。

また、工事平均単価について見ても、名神高速道路では一箇所あたり七万三四七五円であったが、東名高速道路ではおよそ四倍の二九万四〇〇〇円が計上された(46)。少しは建築工事に対する理解がなされたようであるが、土木工事については、工程別に一平方メートルあたりの単価が表記されているのに対して、建築工事については、一箇所あたりの価格表記の丼勘定である。扱う桁が違うことは承知しているが、せめて坪単価程度は知りたいものである。

こうした建築に対する扱いの変化について考えられる理由のひとつは、土木分野の中にあって建築家を擁護してきたキーパーソンが、舞台を去ったことであろう。まず一九六二年に岸道三（日本道路公団初代総裁）が逝き、次いで一九六六年には岸田が亡くなった。浜口が言うように、「（岸と岸田は）友達で顔がきくから委員会をつくり……（岸田が委員長を務めた二つの委員会は）始めからかなりレベルの高いコンサルタント機関」であった。[47]なお、彼らに続くように、公団内部で土木と建築を取り結んだ松本までもが、東名高速道路が全通した一九六九年に、アジア開発銀行に出向し、土木と建築が融合する萌芽は、萎れてしまった。一方、『高速道路における休憩施設の計画設計要領作成に関する調査報告書』（一九六七）をはじめとする様々な設計指針が、日本道路公団の内部において制度化され、使用する部材が標準化されていく中で、建築家が新しいアイデアを提案する機会が次第に失われたということもあったであろう。

しかしながら、本当の問題は建築の内部にあったようである。大高正人は、牧ノ原サービスエリアを雑誌に発表した際、「こんな事ではいい建築はつくれない」という論説を寄せて次のように述べている。[48]「東名計画課と一緒に基本計画を立て基本設計を仕上げるまでは順調に進み、特にサービスエリアではその全体計画までタッチすることができた」が、実施設計に入った段階で、「基本設計は大変更され……東名計画課で予算化してあった監理のための費用も、道路公団の建築関係者の主体性が無くなるという理由で監理はたのまないということになった」と大高は言う。「土木の人達は良いものを造ろうという常識がお互いに通じ合ったのに、建築になると建築の人達に通じないのである。」このことは、戦前に立派な設計組織のひとつであった諸官庁の営繕組織が、戦後には、設計ではなく監理組織に変質したことに関連するであろう。その後、大高・菊竹・黒川・柳の四人は、東名高速道路のサービスエリアの設計体制をめぐって、「公共建築における「設計」の確立」と題する座談会を行ったが、[49]大高の絶望は、この変質を逸早く捉えたものであったように思われる。

敷地の地形や固有の風景を生かしながら建築家が個性を競い趣向を凝らしたサービスエリアのデザインは、一九八〇年代後半から次第に改築され、「分離外向型」の標準的なサービスエリアに作り変えられた。黒川は一九八八年に、菊竹は一九九一年に、自身が設計したサービスエリアさえも改築した。新しいサービスエリアは、一見すると、地方の個性が生かされたデザインが施されているように見えるが、高速道路建設時のデザインと比較すると、サービスエリアとしての基本形式は一律化され、こうした形式をパッケージとして覆うことだけが、デザインとなってしまっている。

図 21　東松照明による東名高速道路建設現場の写真

建設と破壊の間にある風景

一九六七年の春、詩人の谷川俊太郎（1931–）と写真家の東松照明（1930–）は、連れ立って建設途中の東名高速道路を取材した。このとき谷川は、「道から道路へ」というエッセイを残しており、その中で、東名高速道路という建設行為が破壊行為でもあることを伝えている。「(東名高速道路の建設現場では) ものを作っている事と、壊している事とのけじめが、上手く見分けられぬ事がある。」[50]

東松照明による、高速道路を微塵も感じさせない建設現場の風景写真が、この言葉を裏付ける（図21）。当時の東松は、戦災復興の中で次第に薄らいでいく戦争の傷跡とともに、「四日市コンビナート」（一九六〇）に代表される高度経済成長の裏側をフィルムに収める仕事をしていたが、ここで撮られた写真もこうした一連の作品のひとつであった。彼らの高速道路建設に対する批判は自動車会社の販売促進用の小冊子に掲載されており、そのことにも驚かされるが、高速道路はそれまでの風景を一変させる土木工事だったのである。

実は、名神高速道路では路線調査の項目の中に、埋蔵文化財に関する調査が入っていない。ひと言「寺と病院と学校には気をつけろ」といわれた」ことだけが『名神高速道路建設誌』に記されている。[51] しかしながら実際には、多賀サービスエリアが、聖徳太子草創とも言われる敏満寺の寺跡に建設されているほか、路線上には多くの遺跡や史蹟が点在した。京都府教育庁文化財保護課が一九五九年にまとめた『名神高速道路路線地域内埋蔵文化財調査報告』によれば、調査が「曲りなりにも実施できた」のは、梅原末治（京都府文化財専門委員）、有光教一（同専門委員）、森蘊（奈良文化財研究所所員）、坪井清足（同所員）、酒詰仲男（同志社大学教授）のおかげであったとされ、彼らが調査したのは、芝町遺跡・大宅廃寺址・深草廃寺址・けんか山古墳・嘉祥寺址・貞観寺址・西飯食町遺跡・鳥羽離宮址の八ヶ所であったという。[52] また、この調査の背景には京都を中心とした「青年考古学協議会」の活躍があったことが報告されている。[53]「青年考古学協議会」は、一九五五年秋の日本考古学協会総会を契機に京都で結成され、名神高速道路に関連する調査後に、関西文化材保存協議会や京都学生考古学研究会などに発展的に解消された。こうした動きは、大阪の「三島郷土史研究会」や「茨木考古学研究会」等を巻き込むことになり、一九五八年四月には日本考古学協会において「名神間高速道路対策特別委員会」が設けられ、日本道路公団総裁と文化財保護委員長に対して事前調査とそのための財政措置に関する要望書が提出された。その結果、調査費用二三四万円（公団八二％、国九％、京都府九％）が同協会に支払われ、大阪府五ヶ所（高槻市岡本山古墳前方部外部施設・土保山古墳・磐手杜神社古墳・吹田市釈迦池須恵窯址群・垂水弥生遺跡）と滋賀県四ヶ所（敏満寺址・新開古墳・ケンサイ塚古墳・瀬田廃寺）についてもこれに準じて支出されたという。[54]

一方、東名高速道路では、東京都二ヶ所、神奈川県六ヶ所、静岡県四三ヶ所、愛知県一七ヶ所からなる全六八ヶ所の埋蔵文化財調査が行われ、愛知県と静岡県では、『東名高速道路関係埋蔵文化財発掘調査報告書』が取りまとめられている。[55] 埋蔵文化財が、東名高速道路だけに多かったわけでなく、上記の調査からも推察されるように名神高速道路においても当然多かったはずであろう。実は、こうした発掘調査が東名高速道路の建設から本格的に行われるようになったのは、名神高速道路の建設途中、あまりに多くの遺跡に出会うことになり、未調査のまま破壊に至った結果であった[56]。一九六四年、日本道路公団は、文部省文化財保護審議委員会と協議の上、埋蔵文化財発掘調査に関する実施要領を発表した。高速道路あるいは一般国道の開発に伴う埋蔵文化財に関する発掘調査がようやく緒についたのである。東名高速道路では、登呂遺跡における弥生時代の水田跡をめぐって、道路の盛土構造の一部(一二七メートル)が高架に変更された。戦前期において、「史蹟名勝天然記念物保存法」(一九一九)の成立に至る過程が、鉄道の敷設と並走した作業であったように、高速道路もまた、建設＝破壊という過程の中で、遺跡や史蹟に関する保存と保全に出会うことになったのだった。戦後の文化財保護政策は、一九四九年に起きた法隆寺金堂の火災が契機となり、一九五〇年に「文化財保護法」が公布されるに至ったが、これは戦前に制定された「国宝保存法」、「重要美術品等ノ保存ニ関スル法律」、「史蹟名勝天然記念物保存法」を統合しただけの局所的な法制度であった。これに対して、一九六六年、京都・奈良・鎌倉の歴史的環境保全をめぐって、「古都における歴史的風土の保存に関する特別措置法」いわゆる「古都保存法」が公布され、「歴史的風土保存区域」が指定されるとともに、翌年には、これらの区域の中で特に枢要な地区が「歴史的風土特別保存地区」として指定されるに至り、戦争によって一度は途絶えた保存と保全に関する行政が、再び隆盛する契機を得た。高速道路をめぐる発掘調査は、こうした保存運動に先鞭をつけることとなったのである。

一方で、名神高速道路のサービスエリアでは、敷地における開発以前の地形を利用した配置計画が行われていることが見て取れる。ヒルトップにレストハウスが建てられ、その麓の平地に駐車場が配され、垂直方向に歩車が分離されている。これに対して、東名高速道路では、ヒルトップが残されたサービスエリアはなく、敷地全体が平地となるように整地がなされ、水平方向に歩車が分離されている。歩車分離方向が垂直方向から水平方向へと変更された理由は、名神高速道路に比べて東名高速道路建設時には、高速道路の利用台数増加に比例して、サービスエリア内に駐車場として使用されるより広大な平坦部が必要となったことと、東名高速道路における最大土工量が、名

図 22　桜井パーキングエリアに残された 3 本の老松

神高速道路の二倍である一万立方メートル／日となったところからもわかるように、一九六〇年代の中頃から国産建設機械が発達し切盛土工が容易になったことが挙げられる。(57)なお、歩車分離の水平性は、バリアフリー概念が浸透するとともに、より顕著になっており、浜名湖や富士川に代表されるサービスエリアの微地形さえも整地されている。ところで、岸田がアウトバーン視察において最重視したのは、橋やトンネルなどの土木構築物でもなければ、サービスエリアに建てられた建築物でもなく、造園であった。八日市インターチェンジにおいて既存の松林が全面的に保存されたこと、桜井パーキングエリアにおいて三本の老松が残されたことなど、名神高速道路では樹木の保存が、造園設計の要とされた（図22）。反対に、東名高速道路では、こうした話題は、全く見出せない。東名高速道路において見られた埋蔵文化財への配慮は、このようなより大規模に変貌する風景に対する代償であったと言えるのではないだろうか。

「二一世紀の日本における日本の国土と国民生活の未来像の設計」と自動車による都市デザイン

一九六七年に、経済企画庁調査調整費の地方都市圏に関する調査を基に、自治省は「広域市町村圏計画」を、建設省は「地方生活圏計画」を、農林省は「農村総合整備計画」をそれぞれ提示したことからもわかるように、(58)地方都市では戦災復興計画が一段落した。この頃から「地方都市圏」という考えが台頭し、一九六九年に策定された新全国総合開発計画では「広域生活圏」という考え方も提示された。このような動向の中で一九六八年一〇月、第二次佐藤（第一次改造）内閣下の総理府は、「二一世紀の日本における日本の国土と国民生活の未来像の設計」と題する研究競技を主催した。この研究競技は、一九六五年二月に発足した「社会開発懇談会」における大原総一郎（1909–1968）の提案を契機として発足したもので、「二一世紀の日本」に関する一般向けの募集事業を経て、一九六七年一二月に専門家向けの募集要項が発表された。翌六八年二月の応募〆切には一九グループが応募申請し、資格審査の結果、応募できたのは、二一世紀研究会（鈴木グループ）、早稲田大学「二一世紀の日本」研究会、二一世紀の日本研究会（丹下グループ）、中部開発センター、二一世紀関西グループ、首都圏総合計画協会、二一世紀研究会（磯村・高山グループ）、日本経済研究センター、日本リサーチ・センターからなる九グループであった（巻末付表を参照）。それぞれ一九六八年度から七〇年度までの三年間で、九七八万円の研究費を用いた研究成果について、都合一〇回にわたる審査が、一九七〇年一二月から翌七一年四月にかけて行われた[59]。

最終的に、二一世紀研究会（鈴木グループ）、早稲田大学「二一世紀の日本」研究会、二一世紀の日本研究会（丹下グループ）からなる三グループが総合賞を獲得し、残る六グループが特別賞を受けることとなった。加筆修正の程度は様々であるが、研究競技の終了後に公刊された彼らの提案はいずれも、高度経済成長期における「地方」のマスタープランを先鋭化した形で提示するものであったと言える。

これら九グループによる提案の特徴は、(1)大阪万博の直前に隆盛した「未来学」の影響が大きいこと[60]、(2)慣習的な方位や方角を超えた提案が見られること[61]、(3)関東大震災を契機とした首都移転案が見られること[62]、(4)国土／大都市／核都市または中小都市／農山漁村からなる四つの「規模」、または、高密度集積／低密度分散からなる二つの「密度」による都市の分類が行われたこと、(5)高速道路による環状都市構造の提案と都市内交通を（小型）自動車によるとする事例が多いこと、からなる五点を指摘できる。ここで、自動車がもたらした都市デザインのあり方として興味深いのは、(5)に関する点である。

例えば、中部開発センターの宮坂正治（1923–、信州大学繊維学部工業経営学研究室）・津端修一（1925–2015、日本住宅公団）・御船哲（日本住宅公団）は[63]、標高三〇〇～一〇〇〇メートルの地域に散在する中小都市群を自動車交通によって水平方向に結ぶことで「中信都市連合」を形成し、これらの都市群と標高一〇〇〇～一三〇〇メートルに設けられた自然施設拠点をそれぞれの水系沿いに垂直方向に結んでみせる。すると、ちょうど松本・長野・上田・塩尻を結ぶ「中信都市連合」が、八ヶ岳から美ヶ原に至る「自然地域」と「原始地域」の山塊を中心とする環状を描くのである。この中信地方の盆地を辿る「中信都市連合」は、「二五〇キロメートル一周を二時間で結ぶネットワーク」として考えられており、さながら国土交通計画における巨大ロータリーの建設計画であったと言える。また、この計画をさらに大きな領域で考えていたのが、首都圏総合開発協会による「八ヶ岳山麓連担都市群」であろ

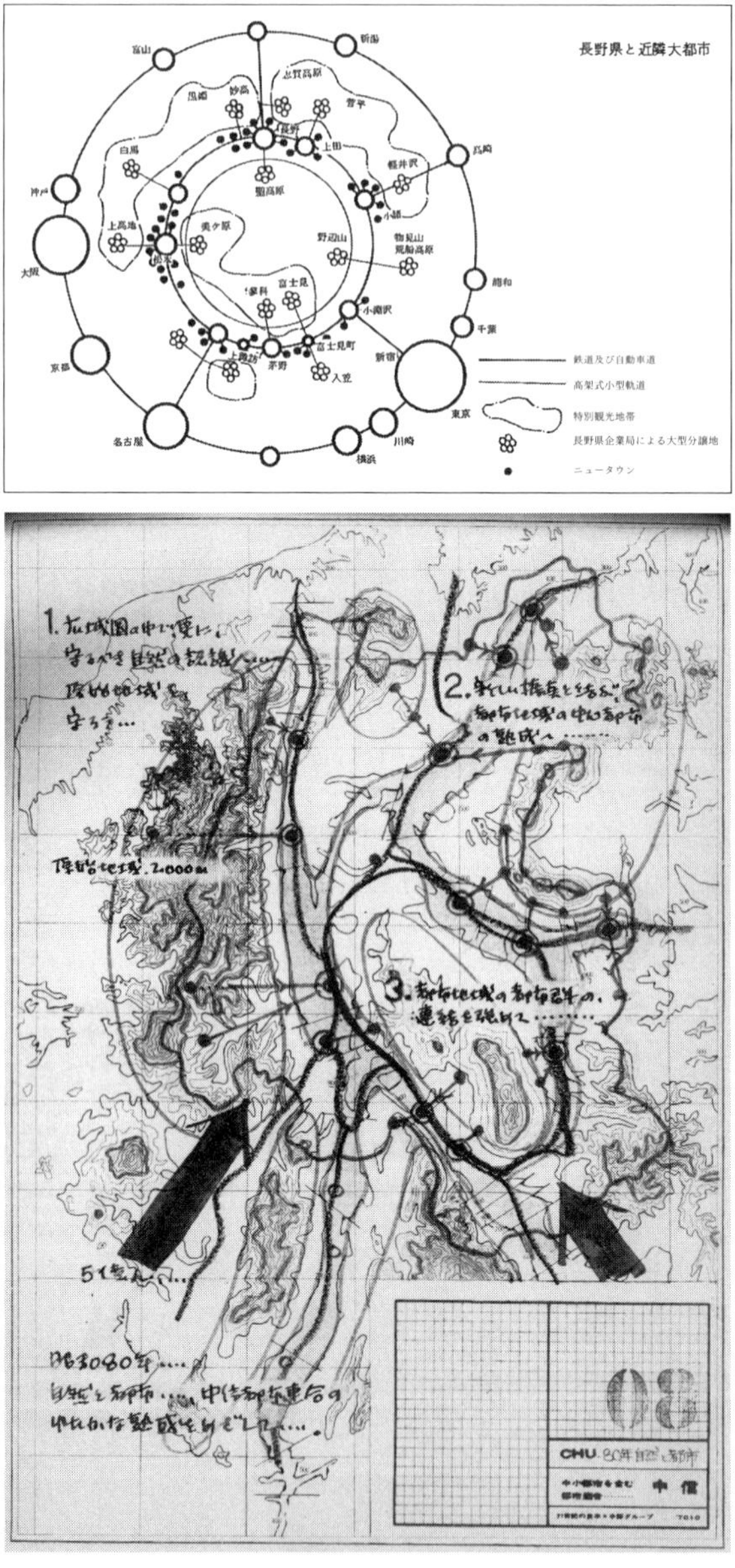

図23　中部開発センター,「中信都市連合」と首都圏総合開発協会,「八ヶ岳山麓連担都市群」における高速道路による環状都市構造の提案

う（図23）。

こうした緑地を都市で囲い込む手法と一見正反対であったのが、早稲田大学「二一世紀の日本」研究会であった。同研究会の西野吉次は、「交通技術の将来」において、東京の将来のあり方を次のように述べている。「現在の国電山手線周辺に沿ってオフィスを再展開し、その内側は空気清浄化のため緑地地帯、大公園を作る。住宅はオフィスの外側に配置し、周辺の郊外地に都市型工場が配置される。」[64]（図24）ただし西野は、二一世紀初頭までに交通通信体系が発達し人口分散が進むと予測し、「いく度かの天災を経験して、人々は分散システムのより快適なことを身をもってさとることになる」と記しており、こうした計画を、東京よりもむしろ人口五〇万人程度の核都市にいっそうふさわしいあり方として提案している。そしてそこでは、新たな環状交通としてL・フォーゲルの「パーソナル・エクスプレス・システム」が想定されており、自動車交通が都市間交通に当てられている。

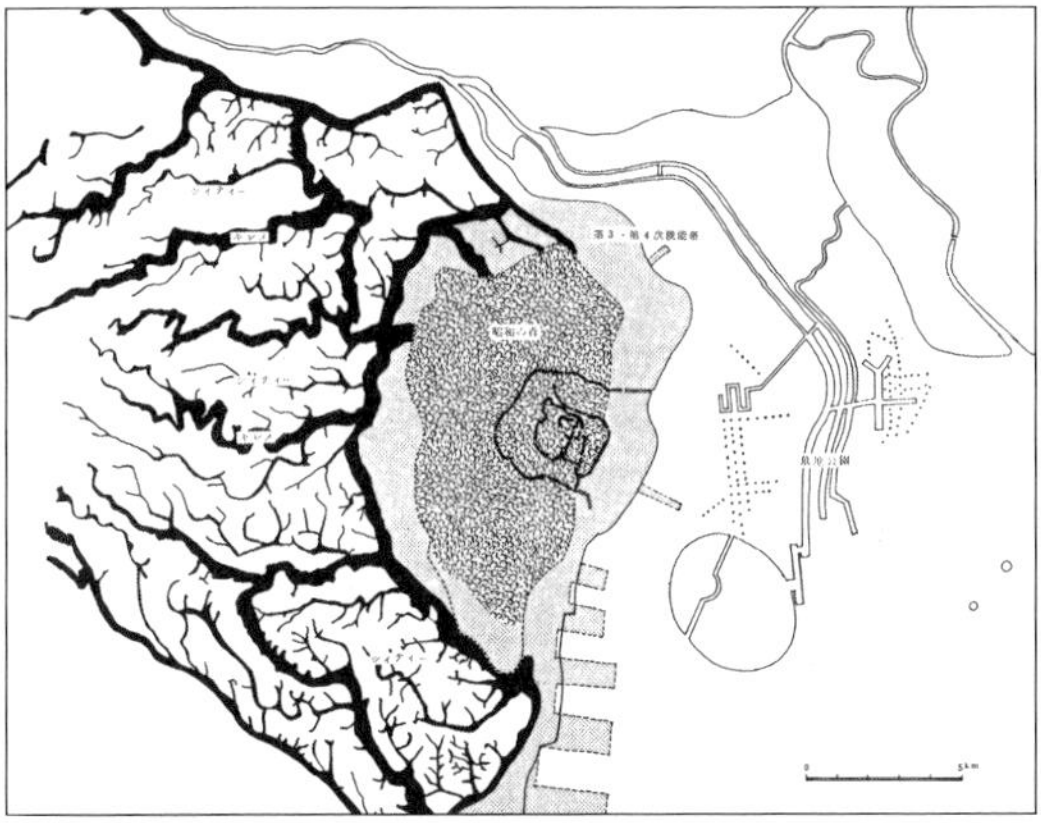

図 24　早稲田大学「21 世紀の日本」研究会『日本の未来設計』における鉄道による環状都市構造の提案

このように、ドーナツ状の緑地帯を内包する核都市と、その周囲に散在する衛星都市の関係は、R・バルトが見出した「空虚な中心」たる皇居を持つ東京の都市構造を山手線にまで広げて考えたものとも言えるが[65]、それよりも、E・ハワードによる「田園都市」のダイアグラムの、第二次世界大戦後における展開として評価されるべきであろう。オランダの低地に散在する中小都市を環状に結ぶことで、「グリーンハート」と名付けられた広大な緑地を囲い込む「ラントスタット」は、一九六五年に制定された「空間計画法」とともに創出された同時代の都市デザインであり、「田園都市」における「都市＝図」と「田園＝地」の関係を反転することで得られる都市デザイン上の発見であった。

しかしながら、「田園都市」と「ラントスタット」は、いずれも「環状放射」というダイアグラムに収められるものであり、その意味では西野らの提案のみならず宮坂らの提案とも共通する。これらの都市デザインに対して、丹下健三がかつて創出した手法は、「線形平行射」という新たなダイアグラムであった[66]。この「開放端をもつ一対の平行線によって「空間」を区切る」という方法は[67]、ソビエト工業都市に見られる「帯状都市」を応用したダイアグラムとして位置づけることができ、まさしく「球心型構造から線型構造への改革」にほかならなかった[68]。そしてその延長線上に丹下は、前述した「日本列島の将来像——東海道メガロポリスの形成」をまとめ、そこで交通・コミュニケーション施設と建築施設の新しい関係を考えようとしたのであった。

（2）都市高速道路と建築

「ロードタウン」の系譜

一九一〇年、E・チャンブレス（?–1936）とM・M・ヘイスティングス（1884–1957）は、「ロードタウン（Road-town）」（一九一〇）を提唱した[69]（図25）。これは、道路と建築が一体化された計画であるが、建築が高速道路の単なる「付属施設」ではないことを示すものでもある。そこで次に、我が国における「ロードタウン」の系譜について考えてみたい。

最初に挙げられるのは、秀島乾（1911–1973）が一九四九年に設計した「スカイビル及びスカイウェイ」である[70]（図26）。この案には、道路が建設される場所に応じて、三つの断面計画が用意されている。まず、「鍛冶橋、土橋間の外濠線の位置と形状と地質を活用」した「地下一五米、地上四五米、全長一二〇〇米の帯状高層ビルデング《ママ》」であり「将来当然建設されるであろう東京—下関間の自動車専用道路の基点」として考えられた断面(A)であるが、これについては、地上二・三階の中央部分に収められた「専用人道・商店街」両側の地上五メートルに「高速自動車路線」（設計速度時速八〇キロメートル）が通され、その上層階（八層）は「屋上緑地帯」を備えた「貸事務所高層建築」とされ、地上階と地下階（四層）にはそれぞれ「パーキング（五〇〇台）」と「ガレージ（二四〇〇台）」が設けられた。当時、「三十間堀の埋立を始め東京駅八重洲口前の外濠埋立地には高層ビルが計画されていた」ために、秀島は「パリーのブルーバードは城砦跡を近代的に更生してパリーの都市美を造成した」ことを念頭に、「下水化した不用河川」を活用することを目論んでいた。次に、新橋以南の新幹線鉄道上に計画され「途中東京港、第六号環状街路及び羽田空港に連絡」する「都市内断面」(B)については、地上二階に「高架鉄道」が通され、その屋上は「自動車専用道路」とされた。さらに、「六郷川（多摩川下流）」で京浜国道に連絡する「田園断面」(C)は、土手の中央に「鉄道」が通され、その両側は「自動車」道路とされた。そして、断面(A)が「スカイビル」、断面(B)および(C)が「スカイウェイ」と名付けられた。「スカイビル」のデザインは、「その保持する国際的本質から世界性に立脚する現代建築の簡明直截な表現とした」とある。完成予想図を見てみると、外濠の堀割と橋に囲い込まれた以前の形状が、新たな版状の街区ヴォリュームとして再生されている点、しかもこのヴォリュームを形成する外壁が道路を支える構造躯体から自律した「スキン&ボーン」によっている点、版状ヴォリュームのスカイラインが揃えられることによって水平性が強調されている点など、一九三二年にH・R・ヒッチコックとP・ジョンソンによって提唱された「インターナショナル・スタイル」の影響が大きいことが見て取れる。

図25　E. チャンブレス・M. M. ヘイスティングス「ロードタウン」断面透視図

秀島の「スカイウェイ」は机上の計画で終わったが、

「スカイビル」は一九五一年に設立された東京高速道路（株）の路線において実現された。東京高速道路は、銀座周辺の外濠・汐留川・京橋川を埋め立て、高架による無料自動車道路を建設し、高架自動車道路を屋上部分とする全一四棟のビルの賃貸収益によって、その建設費用と運営費用を回収する計画を打ち立てた。米国の建築家L・I・カーンは、「高速道路は、川のようである。これらの川は、サービスを受ける地区を縁取る」と言ったが、[71] 東京高速道路の路線は、まさしく銀座を囲む川となった。この計画は、一九五九年から土橋―城辺橋間が共用され始め、一九六六年には蓬萊橋―新京橋間が全通し、現在、銀座一丁目から八丁目に至る約一〇万平方メートルの貸室スペースが、店舗・事務所・駐車場として利用されている。この高速道路は、首都高速道路等の高速道路について

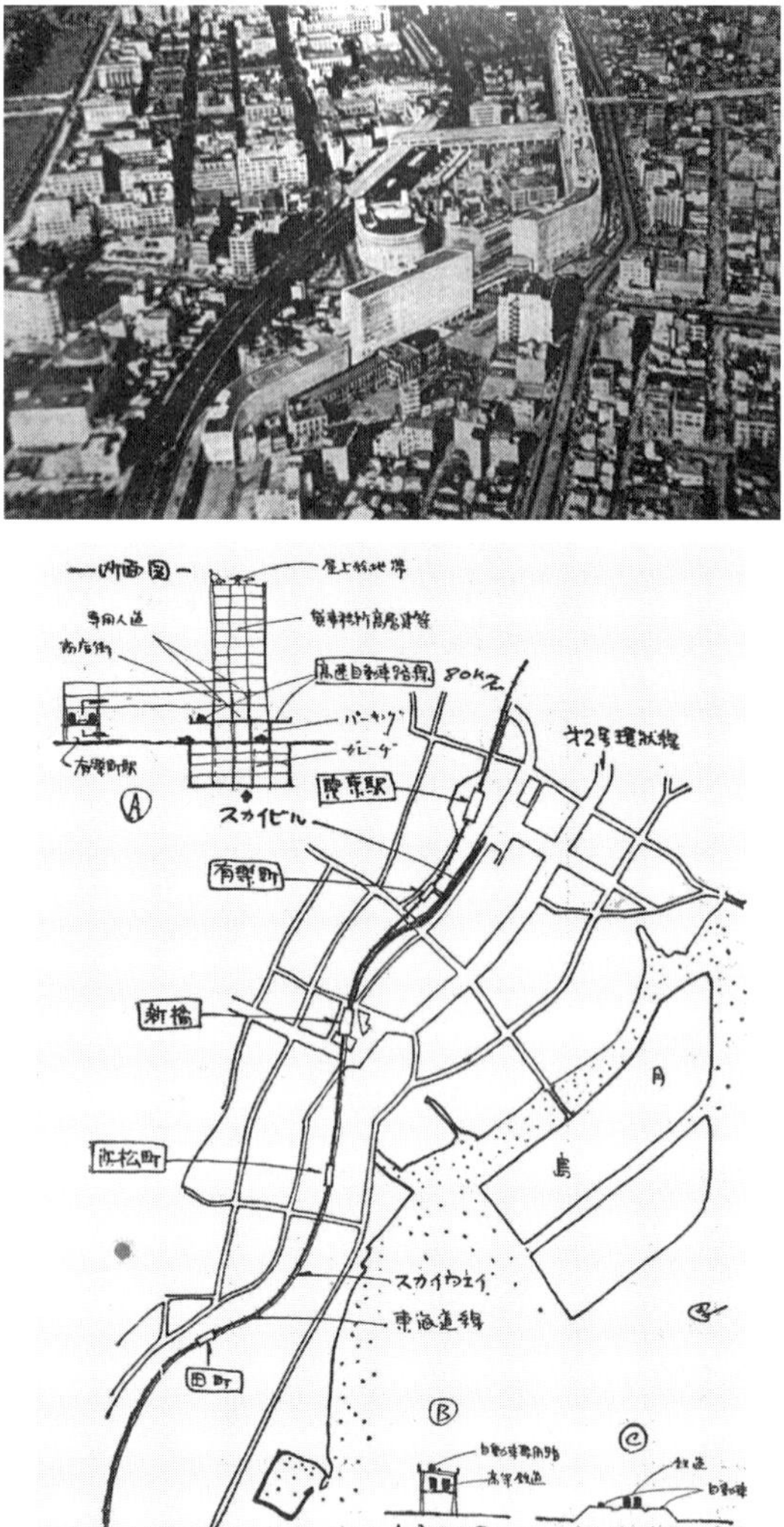

図 26　秀島乾「スカイビル及びスカイウェイ」外観モンタージュ（上）と配置および断面図（下）

定める道路法や道路整備特別措置法ではなく、道路運送法によって実現されたもので、計画的な道路網の一環として許可されたものではなかった。戦前期に「弾丸道路」実現の可能性を探るべく調査を行った菊池明(建設省技監)に至っては、この「一キロちょっと」の高速道路計画について説明を受けている最中、「ふざけるな」と言い放ってその場を立ち去ったそうである。(72)

ところで、この一連の構造体は、実は、三つの構造形式から成っている。鉄筋コンクリートの温度変化と乾燥収縮に応じて三〇～四〇メートルごとに設けられたエクスパンション・ジョイント(伸縮継手)の形状の差異によるものであるが、それは雨水処理と外装デザインの点から改良が加えられた結果であった。土橋丸ノ内橋間(一九五四～五八年)の「吊り桁構造」に始まり、丸ノ内橋―紺屋橋間(一九五八年)および土橋―蓬莱橋間(一九五八～一九六一年)の「突合わせ構造」を経て、紺屋橋―新京橋間(一九六四～六六年)の「持ちかけ構造」に至る。道路を跨ぐ部分(以前は堀割に橋が架けられていた部分)には、鉄骨造の橋が架けられた。建物ファサードについては、高架道路防護壁と同一構面に揃えられた上で、有田焼タイルが全面的に貼られたことと、水平連窓が採用されたことによって、建築と高速道路の一体的なデザインに成功している。同様の事例として、日建設計による「阪神高速道路・大阪市道高架街路・船場センタービル」(一九七〇)が挙げられるが、ここでは、下部の建物部分に焦茶色の煉瓦タイルが貼られている一方で、上部の高速道路防護壁部分には打ち放しコンクリートが採用されており、両者はデザインの上では切り離されたために、建物が高速道路の単なる脚柱になってしまっている。

秀島の「スカイビル」計画から東京高速道路の経営路線に至る背景には、「不用河川埋立事業」と「露店整理事業」があった。前者は、戦災による瓦礫や灰燼を一掃するために「不用河川」を埋め立てるものであり、後者は公道上を不法占拠した露店を一掃するものであった。この事業を推進した東京建設局の局長が石川栄耀であり、秀島は石川の「意をうけて」絵を描いたと言われている。二人は、一九五一年より早稲田大学の都市計画講義を担当し、一九五三年には石川の沖縄出張に秀島が随行している。その石川は戦中、「大東亜区域に於ける国防都市計画」

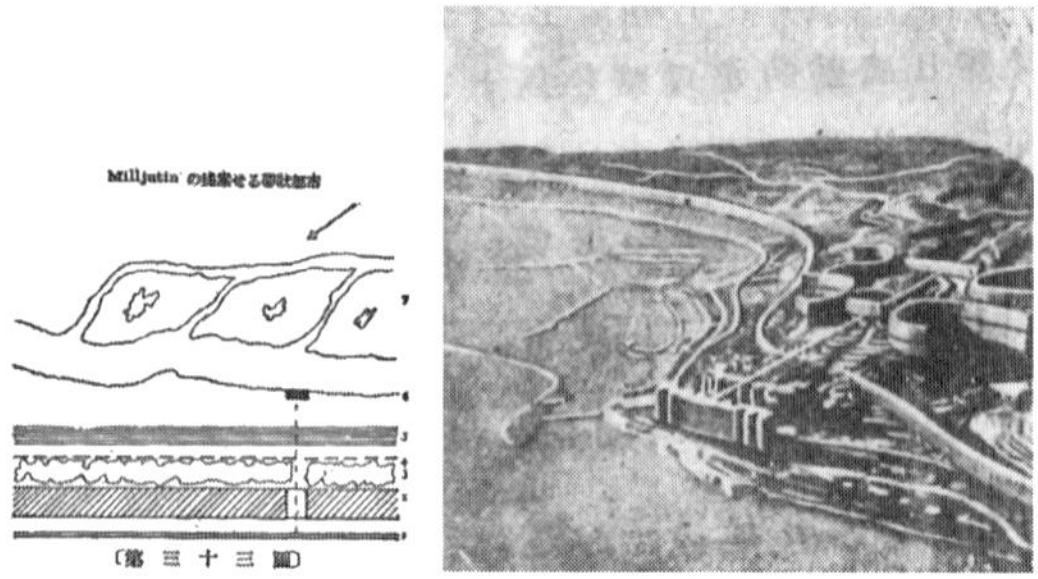

図 27　「防空都市」として紹介されたN. A. ミリューティン「帯状都市」（左）とル・コルビュジエ「オビュ計画」（右）

のひとつとして「帯状都市」の事例を挙げているが、ここで提唱された「帯状都市」とは、「工場と住居が一列づつ五乃至六〇米の緑地帯によって貼り合わせてある細長い都市」であり、これを「曲線に直し提唱」した事例として、ル・コルビュジエの「オビュ計画」が参照されている。[73] 石川が「帯状都市」を防空都市の一形態として紹介したのは一九四一年であったが、[74] 翌四二年には、より詳細な分類がN・A・ミリューティン（1899–1942）の「帯状都市」とともに掲載された[75]（図27）。同じ年に、山田正男（1913–1995、のちの首都高速道路公団理事長）も「防空都市計画」に関する論文を発表しており、ここでは様々な「帯状都市」が紹介された。さらに、一九三八年に石川の下で内務省都市計画東京地方委員会技師として「東京都市計画高速道路網計画、事業目論」を作成した山田は、石川がこの高速道路計画における「高架下を店舗、事務所に使い、通行料も取るけれど、店舗、事務所を賃貸した費用で建設費を償還しようという案をつくった」という。あるいはまた、石川が編集に深く関わった『都市創作』には、藤田進一郎（大阪朝日新聞社調査部長）による「明日の都市」という論文が巻頭に掲載されているが、[76] この論文において藤田は、「古ぼけたフロックコートを着け、田舎もの丶やうにむさくるしく、風采のあがらない顔つきに、眼ばかりギョロギョロさせながら、アメリカぢうの各都市の新聞社を訪ねては、後世大事と小脇にかゝへた自案の道路都市の絵巻ものをおし展げ、人のうるさがるのも厭わず、熱心に説明して歩いた」という（ヘイスティングスと思われる）「無名の天才」の姿とともに、「道路都市」の実例としてル・コルビュジエの「三〇〇万人のための現代都市」を紹介した。このように石川が戦前のかなり早い段階において、「ロードタウン」について注目していたことは間違いなく、それを戦災復興の銀座において実現していったのである。

ところで、本章の冒頭で「東急ターンパイク」（一九五四）について言及したが、この計画が興味深いのは、単にそのルートだけでなく、渋谷多摩川間の高架部分（八キロメートル）のデザインにもよる。驚いたことに、この高架下はガレージ・倉庫・商店・事務所・住宅として利用するための「路下室」として、およそ八億円の計画費が計上されているのである（図28）。東急不動産の近藤謙三郎の試算によれば、この高架道路建設によって約五〇〇戸

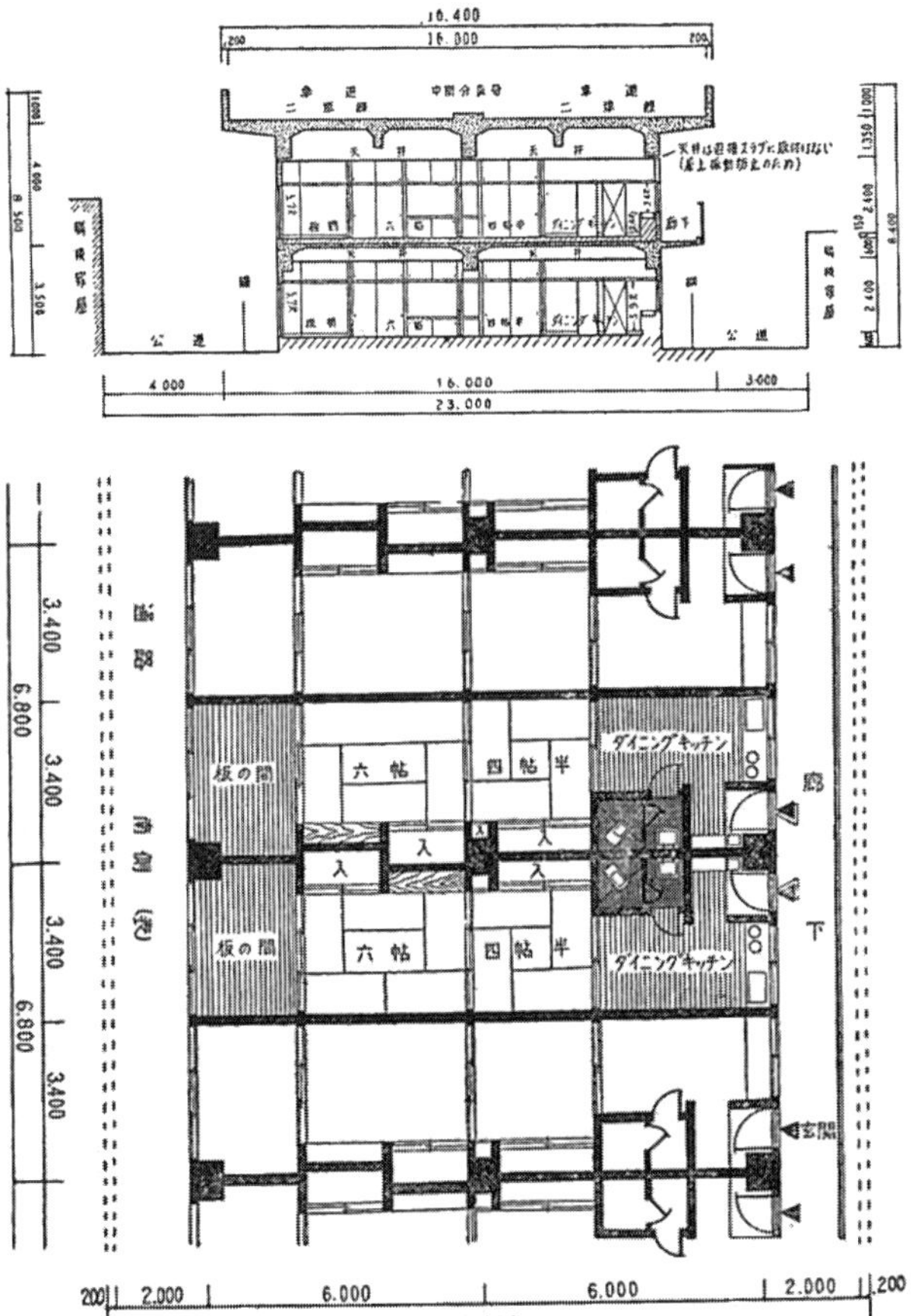

図 28　「東急ターンパイク（渋谷多摩川間の高架部分）」平面図および断面図：2DK サンルーム付風呂なしであるが，「構造の堅実性，防火性については，現在の住宅としては最高を行くもの」と記されている。

の既存住宅が取り壊されるのに対して、[77] その下に約三五〇〇戸(一五坪／戸、二層を想定)の「永久不燃家屋」が提供され得るという。この計画に、こうした住宅政策が含まれているのは、五島慶太の率いる東急電鉄が構想していた「城西南衛星都市(現 多摩田園都市)」に至る交通網整備の一環であったことによる。東急電鉄は、この計画のために小冊子を作成しているが、これは、「東京に高速(高架)道路の民営を夢見て」いるという近藤個人の意志によるところが大きかったと考えられる。残念ながら、地主による自動車道建設反対運動によって、東急田園都市線に取り替えられ、渋谷多摩川間は高架ではなく地下に埋設されることになった。この計画の背景には、戦後間もない時期の住宅不足解消が企図されていることは否めないが、それ以上に、「線状都市」の事例として評価されねばならないであろう。秀島によれば、近藤が満洲国民政部建設局長時代に提案した「大東港一五〇万都市計画」は、「水豊ダムを始め東辺道の一大鉱工資源を背景とする大帯状工業都市であって、その市街中央の高速道路と帯状工業港湾を骨格とする大計画」であったという。先述したように、秀島の「スカイビル」計画と、その実現案である東京高速道路の路線は、戦中に石川や山田によって「防空都市」として提唱されたル・コルビュジエの「オビュ計画」に起源を見出すことができた。これに対して近藤の「東急ターンパイク」には、旧ソビエト社会主義共和国連邦における、ミリューティンや、レオニドフ(1902–1959)を含むOSA等によって「帯状都市」として提唱された、もうひとつの「線状都市」の系譜を見て取ることができるのではないだろうか。なお、用語の正確さを期せば、「ロードタウン」に代表される「線状都市(Linear City)」と、一定の幅を持った帯が層状に分節された「帯状都市(Ribbon City)」は、同根ではあるが形態としては異なる。近藤の背景には、こうしたソビエトを経由して満洲で展開された「帯状都市」の構想が秘められているのである。

A・ソリア・イ・マタ(1844–1920)によって「線状都市」(一八八二)が提唱されて以来、鉄道交通をインフラストラクチュアとして展開した都市計画は数多く存在する。同様に、高速道路をインフラストラクチュアとした計画もまた、数多く存在する。しかしながら、道路と建築が一体化された「ロードタウン」の計画はそれほど多くない。チャンブレスの計画やル・コルビュジエの「オビュ計画」のほかには、丹下健三による「二万五〇〇〇人のためのコミュニティ計画」（一九五九）がようやく挙げられよう。また、G・A・ジェリコが描いた「モートピア（Motopia）」（一九六一）も、上記の「線状都市」を格子状に展開したものであった。[78] このうち、チャンブレス、ル・コルビュジエ、ジェリコの計画では、いずれも屋上に配置された道路が建築と等しい断面を持つ矩形断面が採用されたが、丹下の計画では、道路がアルファベットのAの文字形をした「基本架構」の脚部にモノレールと一緒に収められている（図29）。そしてこの丹下の計画以降、こうしたA形の架構を持った線状都市が現れるようになった。例えば、P・M・ルドルフ（1918–1997）による「ロウアー・マンハッタン・エクスプレスウェイ計画」（一九六七）、マクミラン・グリフィス・ミトによる「ブルックリンの線状都市計画」（一九六七—六九）などが挙げられる。翻って秀島の「スカイビル」もその断面を見直してみると、道路が建物低層部の両側にあり、丹下のA形の架構の原型と見ることもできるのではないだろうか。

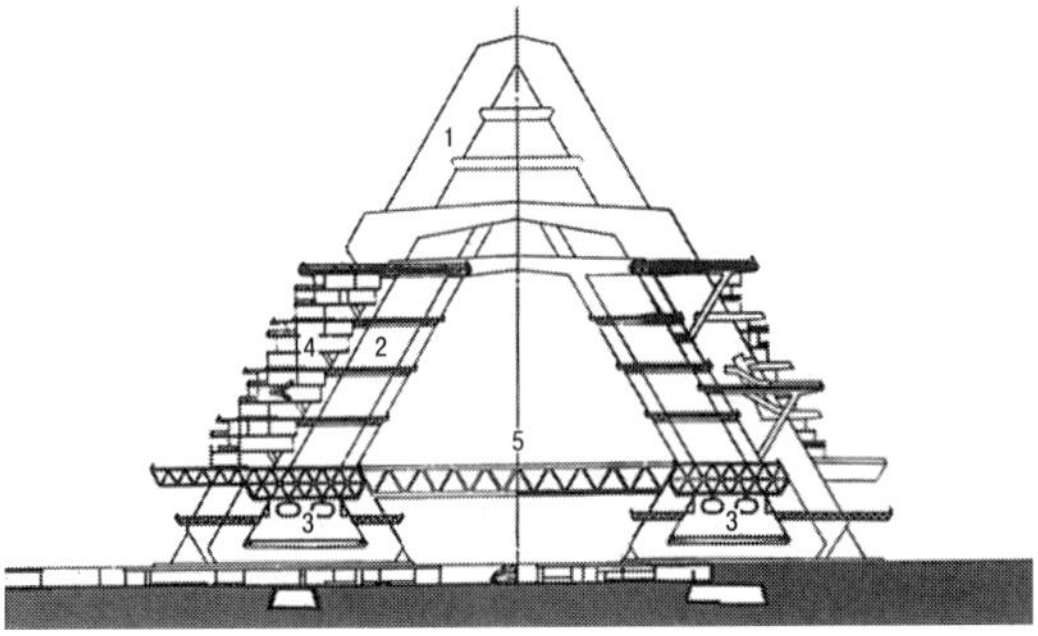

図 29 丹下健三「25000 人のためのコミュニティ計画」断面図 1. 人工土地のための基本架構，2. 人工土地，3. モノレールおよび自動車道，4. 住居単位，5. 広場（人工土地）

首都高速道路網計画

首都高速道路は、一九六二年一二月の京橋—芝浦間開通を皮切りに、翌六三年一〇月のオリンピック開催に合わせて、順次開通した。こうした首都高速道路に関する構想は、実は「弾丸道路」（一九四〇）よりも古い。「弾丸道路」の計画を遡ること二年、一九三八年に山田正男（内務省都市計画東京地方委員会委員）等によって「東京高速道路網計画案」が立案され、一九四〇年には、石川栄耀によって「大東京地方計画と高速度自動車道路」が立案されている。[79] 山田案が、四本の「環状線」と八本の「放射線」からなる単純な「環状放射形」による計画であったのに対し、石川案は、「環状線」が二本に減らされた代わりに「放射線」八本のうちの四本が通過交通とされ、都心と副都心のまとまりがより明確化された。

戦後には、近藤謙三郎（日本道路利用者会議事務局長）による案（一九四九）、秀島乾による「東京高速道路網試案」（一九四九）、そして首都建設委員会事務局による「首都高速道路網の新設に関する勧告」（一九五三）が相次いで発表された。近藤案は、地下鉄に比べて建設コストが安い「ノン・クロス・ロード」すなわち高架高速道路によって、すでに計画されていた地下鉄路線を選んで代替させる計画であった。また、秀島案は、江戸時代の運河網を活用しようとする計画であった。首都建設委員会事務局案は、当時の自動車交通量の分析と動向に基づいて計画されたものであった。一九五九年、首都高速道路公団が設立されるが、最終的には、戦前に計画された「環状放射」路線を採用し、高架道路を街路と運河の上に張り巡らせる案に落ち着いたのである。

首都高速道路から「見ること」と「見られること」

ところで、名神高速道路と東名高速道路においてデザインの主眼となったのは、時速一〇〇キロメートルで走行する自動車から「見る」ことであった。高速道路から「見る」こと、それは高速で視認される建築の発見であった。名神・東名高速道路と比べると、首都高速道路は建物が高速道路に隣接しているために、両者間に成立する視覚構造はより強い相関関係を持つことになり、それは当然建築設計に大きく反映されている。首都高速が完成した後に、建築家の設計方法はどのように変質したのであろうか。次に、首都高速沿いの数例の建築を取り上げ、高速道路をめぐる建築設計手法について考えてみたい。

まず、最もセンセーショナルな回答をした作品は、丹下健三による「静岡新聞・静岡放送ビル」（一九六七）であろう（図30）。この建物は、鋭角三角形の街区の尖端に位置し、狭隘敷地の中央に建てられた鉄骨鉄筋コンクリート造の円筒形コア・シャフトから、鉄骨構造の執務空間が、キャンチレバーによって南北方向に持ち出されている。コア・シャフトは、「コミュニケーション・シャフト」と名付けられ、エレベータおよび階段からなる垂直動線と、便所および配管スペースからなる設備動線が収められている。丹下はこの作品において、名神高速道路の「多賀サービスエリア」で見出した、対立する「スケール感」による設計手法をさらに押し進め、「多賀サービスエリア」における「高速道路のスーパースケールと人間的スケール」が、ここでは「アーバン・スケールとヒューマン・スケール」として再定義された[80]。具体的には、敷地三辺が道路で囲まれた交差点に位置し、高速道路と新幹線などの列車がすぐ横を通るという「ダイナミックなアーバン・スケール」に関して、建物前面でカーブする高速道路が考慮され、直径七・七メートルの「コミュニケーション・シャフト」が用意された。他方、銀座商店街の町並みを構成する「柱スパンやサッシュ割、ショウ・ウィンドーなどのヒューマン・スケール」には、「コミュニケーション・シャフト」の円周を三九等分した幅六二〇ミリメートルを単位寸法とするアルミキャスト外装が、「力強いけれども細やかで、樹皮のように親しみのある」デザインとして用意され、執務空間のサッシ割に連続するように考えられた。一九六三年に建築基準法が改正され、敷地面積に対する建築延床面積の割合である「容積率」によって高さを制限する制度が導入されたが、我が国におけるそれまでの建築物の高さは、住居地区が二〇メートルまで、それ以外は三一メートルまでという単純な制限であった。したがって、当時の銀座の街区は高さ三一メートルに揃えられ、この建物は、こうした街区の端部に建てられたので、雑誌に掲載された断面図には、隣接するビルの外形線とともに「三一メート

図 30　「静岡新聞・静岡放送ビル」外観

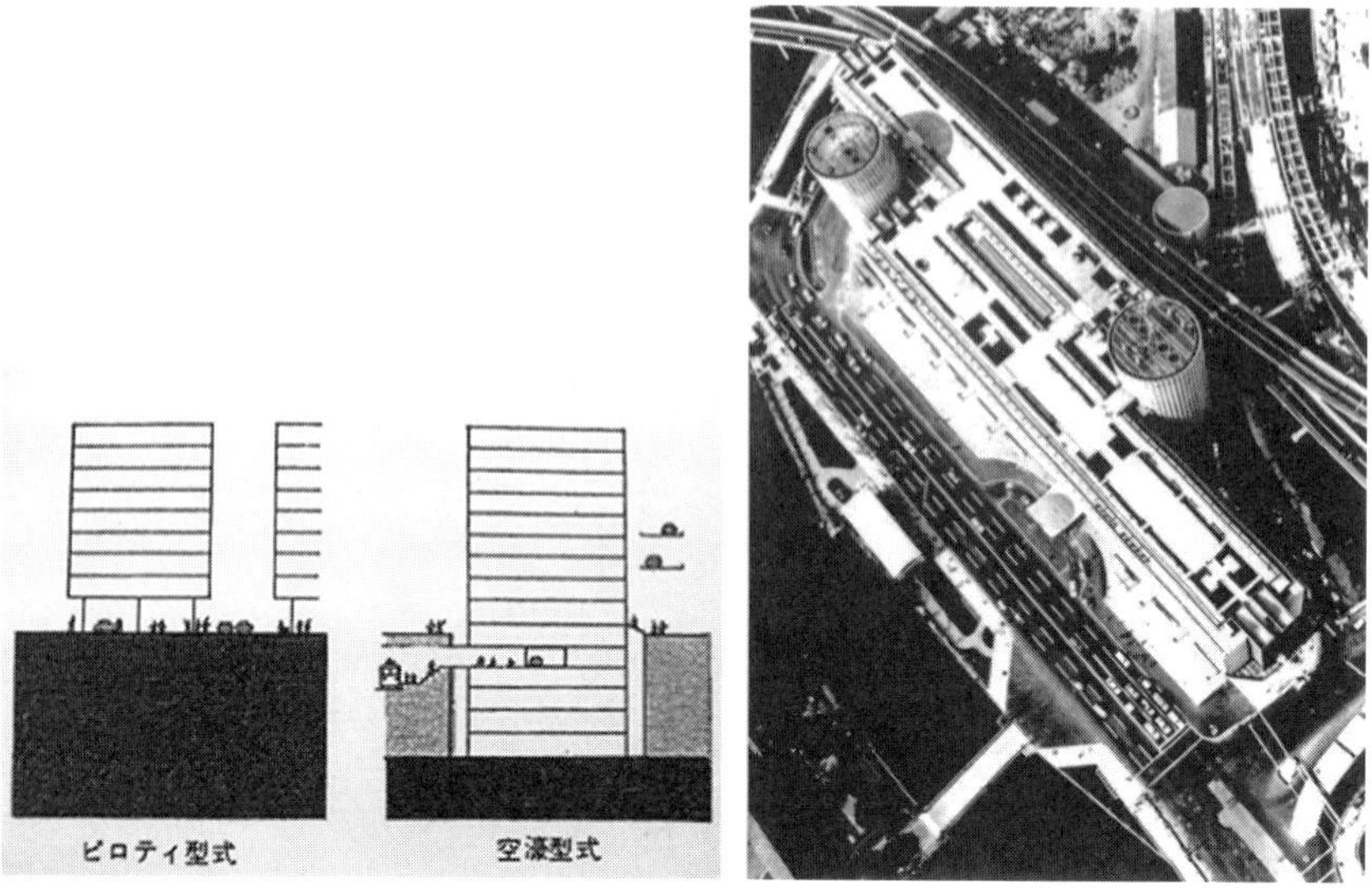

図 31　「パレスサイドビル」外観（右）および概念図（左）

ル」という最高高さが記入されており、この建物の北側の屋上庭園の高さは、おおよそこの高さに揃えて決められたことがわかる。しかし反対に、建物の南側では、高速道路の路面高さの二倍となる四層分のヴォイドが用意されている。その結果、高速道路を走行する自動車からは、二層分のヴォイド（A）と三層分の執務空間マス（B）が、ABABAとなるようにファサードが構成されていることが見て取れる。このように、この作品では、高速道路と銀座の町並みという相反する景観要素を調停するために、高速道路に依拠したマスとヴォイドの構成によって、「都心へのひとつの玄関先といったシンボリックな性格」がデザインされたのである。さらに、これらの執務空間マスの上部は、いずれも屋上庭園となっており、高速道路を眺める多様な視点場が用意されたと言えよう。

　次に、日建設計・林昌二による「パレスサイドビル」（一九六六）は、丹下と同じように円筒形の形態を用いたが、全く異なる思想によって造られたものであった（図31）。林は「三愛ドリームセンター」（一九六三）によって、都心部において円筒形の建築をすでに実現しており、こうした形態が「シンボル」としての効果を持つことを実証していた。林は、「環境条件から建築の骨格を引き出すこと」が重要であり、この条件は「道路・地下鉄・高架道路などの構造的環境」と「人間・物品・エネルギーの循環制御にかかわる外的環境」によると言う。実際には、敷地南側の内堀通・北側の首都高速道路・地下鉄東西線竹橋駅への接続による「構造的環境」と、エレベータ・輪転機・空調機などの配置による「外的環境」から、雁行配置された二つの矩形オフィス棟の外部に、二つの円筒形コアが据え置かれる配置が採用され、このことによって、オフィス棟は、地階から屋上階までの全ての階が単純な床スラブと天井によって構成されることとなった。空調の室外機はすべて、二つの円筒形コアの上部に収められたために、オフィス棟の屋上には、高速道路を俯瞰する広い屋上庭園が形成された。この建物に関して、自動車と建築を考える上でいっそう興味深いのは、内部空間の構成が、高速道路のメタファーによって説明されていることである。林によれば、「パレスサイド・ビル一階の商店と外周道路との関係は、ちょうど一般の建築と高速道路との関係に似ており、ふたつの入口はインターチェンジに相当する」という。[81] このことは、以前この敷地に建てられていたA・レーモンドによる「リーダーズ・ダイジェスト東京支社」（一九四九）が採用していたピロティではなく、建物の周囲に設けられた空濠によって地表面と一旦絶縁し、「人、物、エネルギー」などの必要な「循環」に応じて再接続するという手法が採られたことによっている。つまり、ここでは「人、物、エネルギー」が流体として捉え直されており、玄関の金属庇やステンレスメッシュの階段手摺など、随所に見られる秀逸なディテールを持つデザインは、これらを「制御」するためのデザインなのである。

「パレスサイドビル」の三年後、清水濠を挟む西隣の旧近衛師団司令部の敷地に、谷口吉郎によって「東京国立近代美術館」（一九六九）が建てられた。しかしながら、竣工当時に発表された谷口の設計趣旨を読んでみても、敷地が前面の平川濠と背後の高速道路に挟まれた「はげしい新旧の接点」と記されているほかには、高速道路に関する記述は一切なされていない。[82] むしろ、谷口がここで「舞台」として用意したのは、皇居の石垣はもちろんのこと、「パレスサイドビル」を眺めるテラスであったと言えよう（図32）。

同じく日建設計・林昌二による「アイ・ビー・エム本社ビル」（一九七一）は、高速道路をめぐる視覚構造を考える上で画期的な作例となった。名神高速道路以来、高速道路における景観シミュレーションは常に行われてきたが、それらはいずれも透視図を用いて、高速道路上の跨線橋などの見え方を、特定の景色の中で再確認する程度であった。しかしこの建物では、橋梁同様に景観シミュレーションがなされたばかりか、その検討方法にコンピュータ・グラフィックが導入されたのである（図33）。しかもここでは、高速道路上で立ち止まった視点ではなく、走行する自動車からのシークエンスとして、ワイヤー・フレーム画像が描き出された。敷地東側を通る二階建の首都高速道路二号線からの景観が、当時日本に三台しかなかったというディスプレイに次々と映し出されたのである。世界的コンピューター・メーカーの一角を占める企業本社ビルの設計である。必要床面積の算定、エレベータの必要台

図 32　谷口吉郎「東京国立近代美術館」

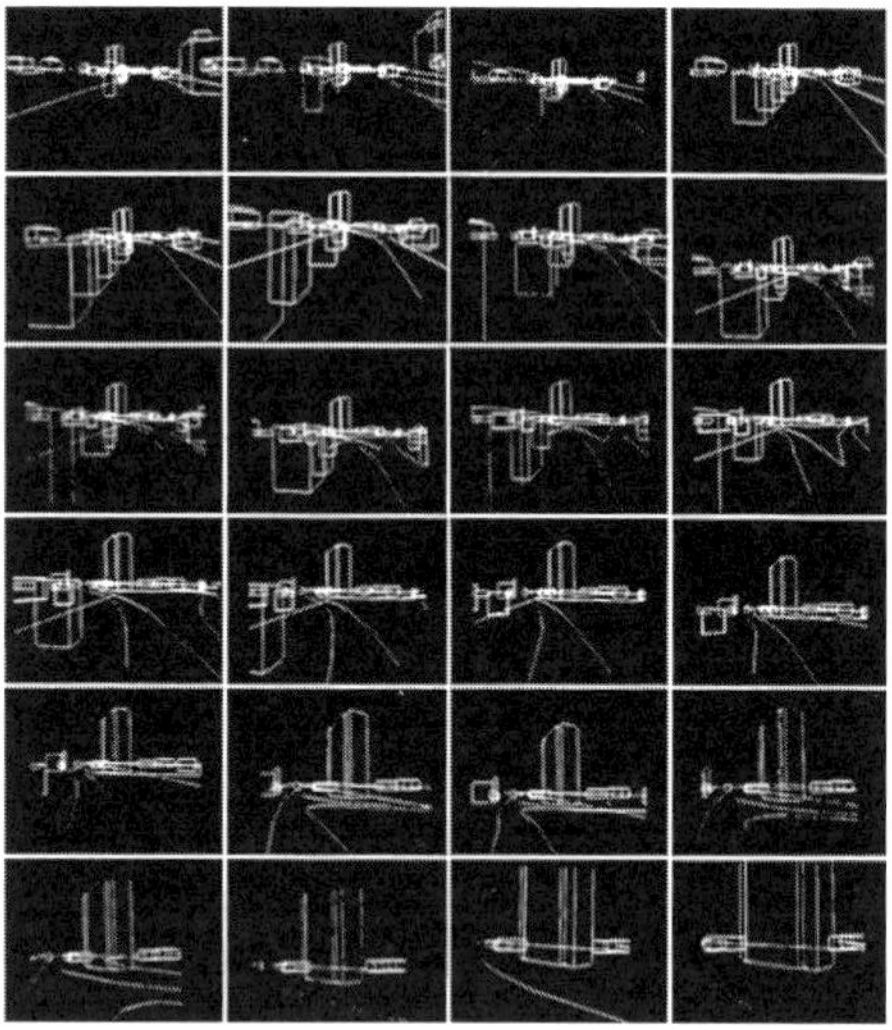

図 33　日建設計・林昌二「アイ・ビー・エム本社ビル」：高速道路からの外観および玄関の内観

数、構造設計、対風圧のためのガラスの厚さ、熱負荷計算、工程監理に至るまで、あらゆる場面においてコンピュータが導入された。いずれも、今となっては、コンピュータを用いない方が困難を要することばかりである。さらに、上述したコンピュータによる高速道路景観シミュレーションの方法は、建築内部空間の設計においても採用された。外装のプレキャスト・コンクリート形状の決定と、エントランス周辺における見え方の検討に導入されたとのことである。後者は、いわゆる「ウォーク・スルー」という手法であるが、その発端は高速道路を走る自動車の「ラン・スルー」であった。

都市に架けられた橋

谷川俊太郎は、先述した東名高速道路に関するエッセイの中で、「高速道路は道ではない」と言っている。「土地の上に築かれながらすでに土地ではない。私には全線これ橋のように感じられる。そこにはもはや路傍というようなものも無い。[83]」

高速道路全体における橋梁部分は、名神高速道路よりも東名高速道路の方が多く、首都高速道路では、大半が橋梁構造によって造られている。しかしながら、この橋は通常の橋とは少し異なる点を持つ。すなわち、通常の橋は、河川や道路などの流体を横断するために対岸に架け渡されるのに対して、首都高速道路という橋は、流体と平行に、都市と都市の間に架けられているのである。こうした都市間に架けられた壮大な橋のイメージは、コンスタント(1920–2005)の「ニュー・バビロン」(一九五九―七四)や、ヨナ・フリードマン(1923–)の「空中都市」(一九五九)によって見出された。あるいは、丹下の「東京計画一九六〇」(一九六〇)もまた、既存の都市に架かる橋であったと言えよう(図34)。秀島の「スカイウェイ」や「スカイビル」という言葉には、そうした「空中」を走る自動車からの新たな視線が込められている。さらにまた、首都高速道路に隣接する建築を設計した丹下と林は、秀島同様に屋上庭園を用意したが、それらは高速道路を眺めるための場所であったと同時に、高架高速道路自体の代替空間でもあったのではないだろうか。

道路照明とヘッドライト

「見る」ことに関して重要なのは、照明である。しかし、昭和二〇年代までの道路照明は、自動車交通のための

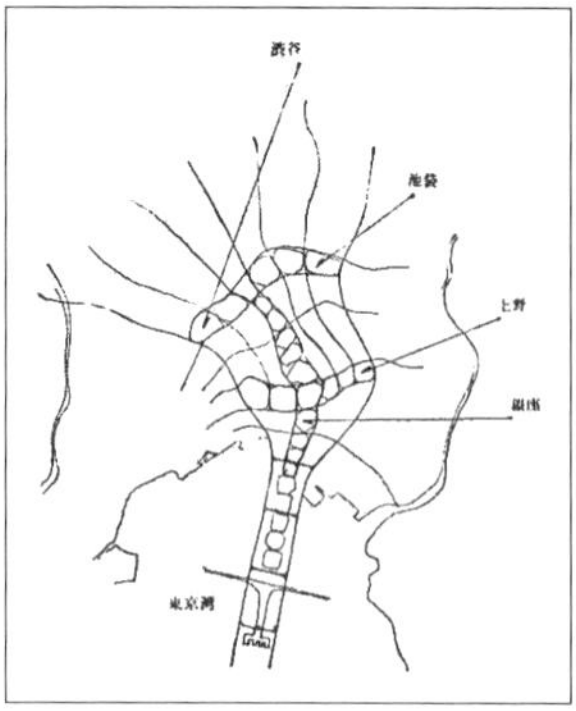

図 34　都市に架けられた橋：コンスタント「ニュー・バビロン」コラージュ地図（上），Y. フリードマン「空中都市」コラージュ透視図（中），丹下健三「東京計画 1960」の地上部分スケッチ（下）

ものではなく、商店街などの人々が集まる場所のためのものであり、そこではプリズムガラスとアルミニウム電解研磨反射鏡の組み合わせによって水銀ランプの配光を制御する「丸型」と呼ばれる道路照明器具が一般的であった。[84]自動車のための道路照明が大きく発展するのは、一九五四年に、運転者にグレアを与えないよう非対称二方向に配光する「ハイウェイ型」と呼ばれる道路照明器具が開発されてからであった[85]（図35）。一九五八年には照明学会が交通道路の照明基準を発表し、一九六〇年には日本照明器具工業会によって標準化が検討された「テーパーポール」を、住友金属工業や日本鋼管などが生産するようになった。

道路照明は、名神高速道路では経済的負担が大きいという理由から、「インターチェンジやサービスエリアと、高速道路本線とをつなぐ減速、加速車線」に限定して設けられたが、首都高速道路では全線照明が行われた。[86]いずれの場合も、照明学会・高速道路調査会道路照明分科会などの学識経験者が中心となって、防眩と均一照度が得られる道路照明器具を検討し、上記「ハイウェイ型」の改良型が採用された[87]（図36）。かくして一九六〇年代初めになると、（株）小糸製作所やスタンレー電気（株）など、それまでに自動車のヘッドライトを製作していた照明器具メーカーが、自動車のための道路照明や交通信号機の分野にも参入することになった。[88]

図 35　「ハイウェイ型」道路照明設備：建設省が昭和 38 年度予算に道路照明設備費として 2 億円を計上し第二京浜道路など 32 km に設置された。

こうした新型の道路照明や交通信号機の背景には、一九五〇年代に進展した自動車ヘッドライトに関する開発があった。自動車ヘッドライト自体の規格が考えられ始めたのは、一九四一年に自動車電球委員会がその企画案を商工省に答申したとの記録が残されている

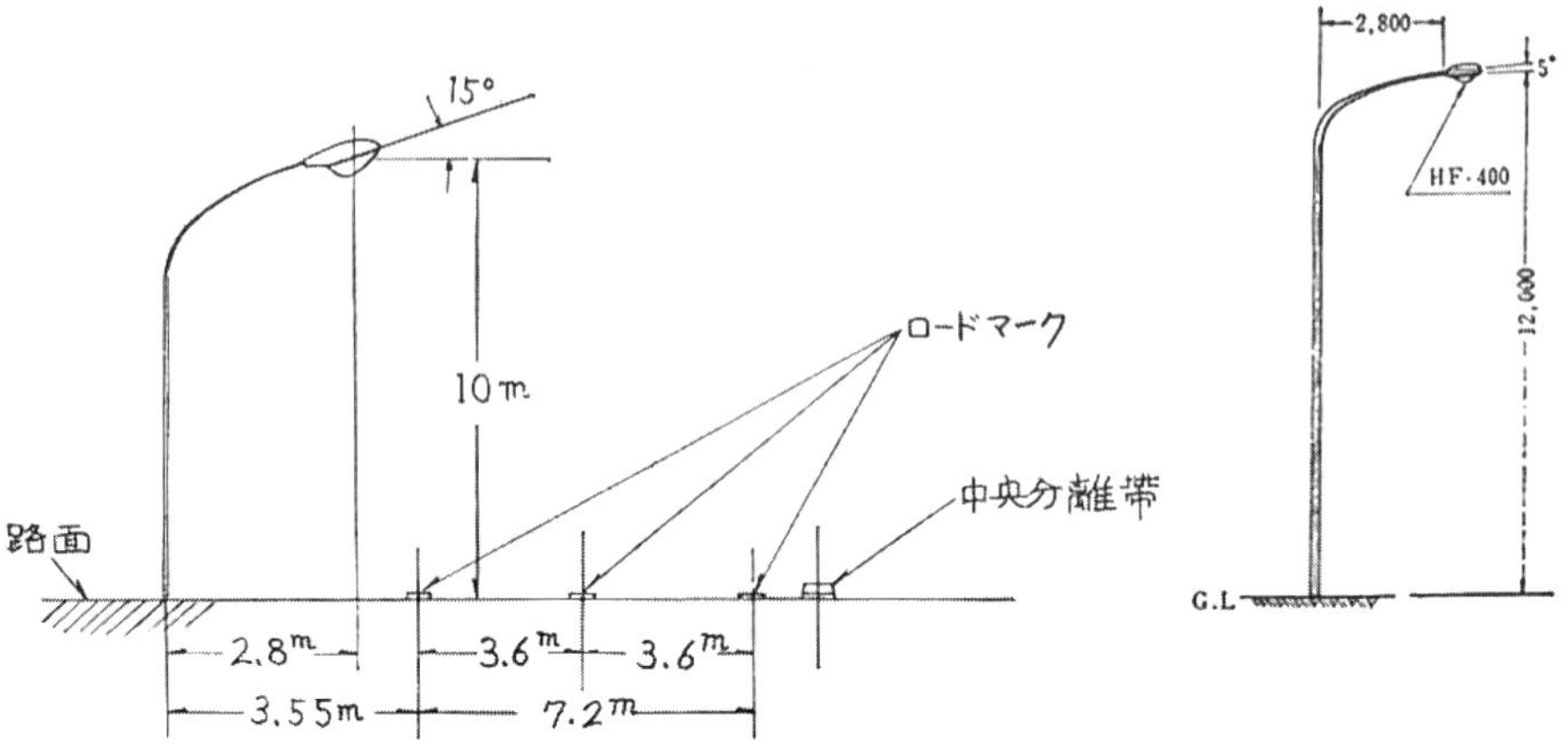

図 36　名神高速道路（左）と東名高速道路（右）に採用された「ハイウェイ型」道路照明設備：東名高速道路の道路照明は，名神高速道路のものより，ポールの高さが 2 m 高く，取付角度が 10° 小さい。

ものの、実際には、第二次世界大戦後間もない一九四七年のことであった[89]。自動車ヘッドライトの光源は、一九一六年に東京電気(株)が自動車用電球として製作を開始した白熱電球を嚆矢として、一九七〇年代後半にハロゲン電球へ、九〇年代中頃にディスチャージバルブへ、そして二〇〇〇年代後半にＬＥＤへと変化した。しかしながら、道路照明にとって、光源以上に重要であったのは、自動車のヘッドライトをめぐって、一九五〇年代に国内生産に至った、レンズと反射鏡を密封一体化する「シールドビーム」と呼ばれるリフレクターランプの改良であった[90]。自動車のための道路照明と自動車のヘッドライトは、光源の違いこそあれ、反射鏡によって対象を照らす同種の照明器具となったのである。

2　駐車のための環境

公設パーキング

一九五七年、「駐車場法」が制定されたが、実際には路上駐車が交通の流れを阻害し、都心部における駐車場の確保は喫緊の問題となっていた。「駐車場法」制定の翌年には、パーキングメーター(設置当初は一五分間につき一〇円であった)が早くも設置されたが、当初の目的は、都心部における駐車場の確保ではなく、「街路の駐車を整理し、有料駐車の習慣を一般に広め、収益は路外駐車場設備の一助にあてる」ことであった[91]。当時のドライバーには、駐車料金を支払うことなど想定外であったろうし、多くの実例集が当時出版されていることからもわかるように、駐車場自体、全く新しいビルディング・タイプだったのである（図37）。

我が国における駐車場の歴史を繙くと、一九二九年に東京・丸ノ内に建てられた「丸ノ内ガラーヂ」が、自走式駐車場の最初の事例として挙げられる[92]（図38）。この二五〇台の自動車を収容する鉄筋コンクリート造六階建の自走式立体駐車場は、三菱合資会社地所部長であった赤星陸治（1874–1942）が、大倉財閥二代目総帥の大倉喜七郎（1882–1963）と相談し、「自動車のホテル」を目指して建てたものであった。この時期の駐車場は、都心部の交通問題を解決するためではなく、高級な自動車を収容するための車庫の趣が強い。「丸ノ内ガラーヂ」は、単に自動車保管の場所であるだけでなく、「ガソリン、オイル、その他の用品の販売」や「入庫毎にガラーヂサービスとして洗浄掃除は何回でも無料」というサービスを受けるガソリンスタンドとしての役割も備えていた[93]。また、鈴木一男（日本道路公団）と佐々木淳（日本住宅公団）が一九五八年に著した『駐車場建築の実例』には、「ナゴヤ・パーキング・センター」が「わが国最初の本格的駐車場ビル」として紹介されている[94]（図39）。地上四階建の全階を駐車場とするこの建物は、延床面積一〇三〇坪で約一五〇台収容可能であり、「オープン・デッキ傾斜路システムの駐車場ビル」であったという。

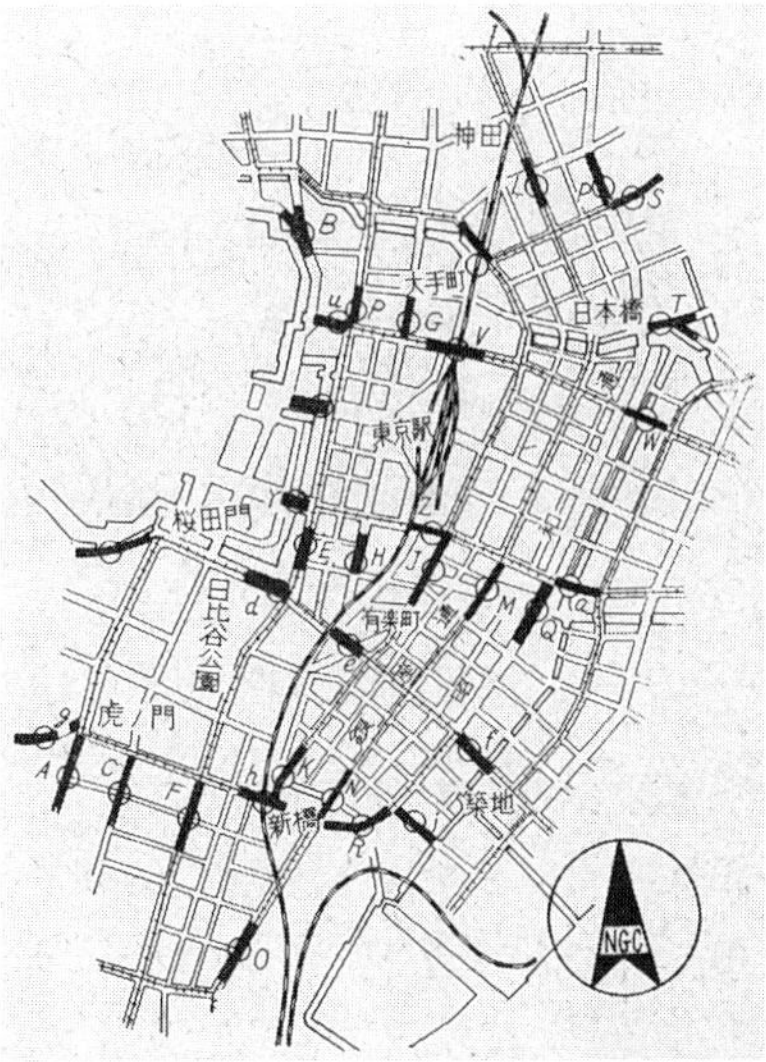

図 37 「駐車場法」制定時期の東京駅周辺のパーキングメーター分布図

一方、機械式駐車場の事例も、一九二九年に角利吉が

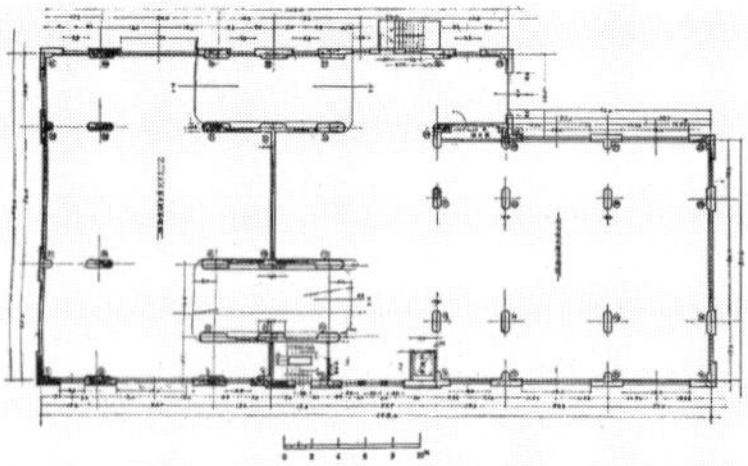

第二・三・四・五階平面

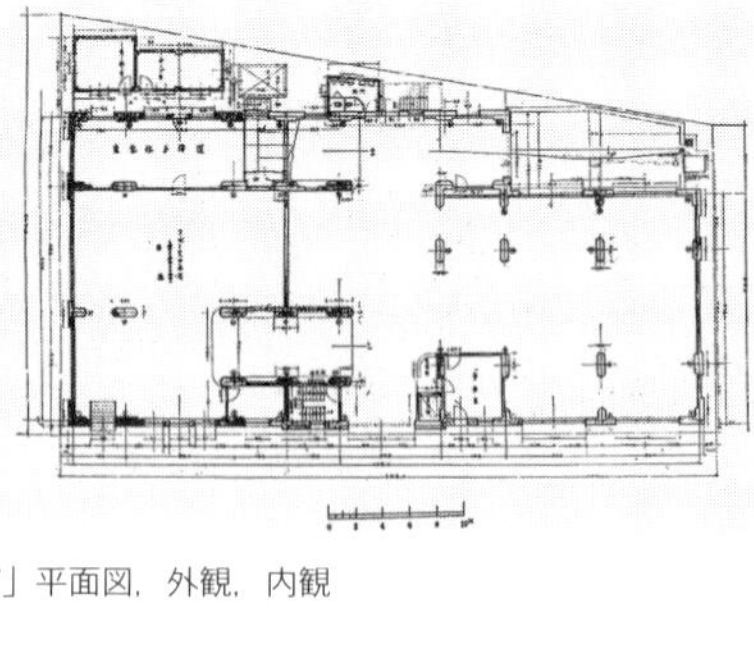

第一階平面

図 38　「丸ノ内ガラーヂ」平面図，外観，内観

「垂直循環方式」による駐車場である「自動車車庫」に関する実用新案の権利を取得した。残念ながら、このアイデアは実用化に至ることはなく、一九六〇年になってようやく「二段方式」による機械式駐車場が東京都千代田区に設置された。一九六〇年代には様々な自動車の収容方式が開発され、「垂直循環方式」（一九六一）、「エレベータ方式」（一九六二）、「エレベータ・スライド方式」（一九六三）、「多層循環方式」（一九六四）、「水平循環方式」（一九六六）、「平面往復方式」（一九六七）、「多段方式設置」（一九七五）といった形式が生み出された。(95)

　しかしながら、こうした駐車場の多くは民間が営業する月極契約であったため、都心部における短時間駐車のための駐車場は、公共施設としての整備が先行した。日本道路公団では、東京・日比谷公園の地下に地下二層分の「日比谷自動車駐車場」（一九六〇）を建設したのを皮切りに、大阪では長堀川の埋立によって造られた地上部と地下に「長堀自動車駐車場」（一九六三）を、福岡では警固公園の地下に「福岡中央自動車駐車場」（一九六六）をつくった。(96)いずれも都市計画決定を受けて、自走式駐車場として地下に建設されたものであったが、福岡の事例については、坂倉準三建築研究所による設計であった。このうち、「日比谷自動車駐車場」の地下一階には、「洗車室」や「修理室」が設けられていたことからもわかるように、当初は月極契約の「ガレージ」としての性格を併せ持っていたようである。また、市町村が経営する駐車場施設としては、日建設計による「大阪市立安土町駐車場」（一九六五）が挙げられる。この駐車場は「エレベータ・スライド方式」によって建てられたという記録が残っているが、ここに限らず、初期の駐車場は傾斜路に面積を取られることに抵抗があったようである。また、「八重洲第一地下

図 39　「ナゴヤ・パーキング・センター」外観

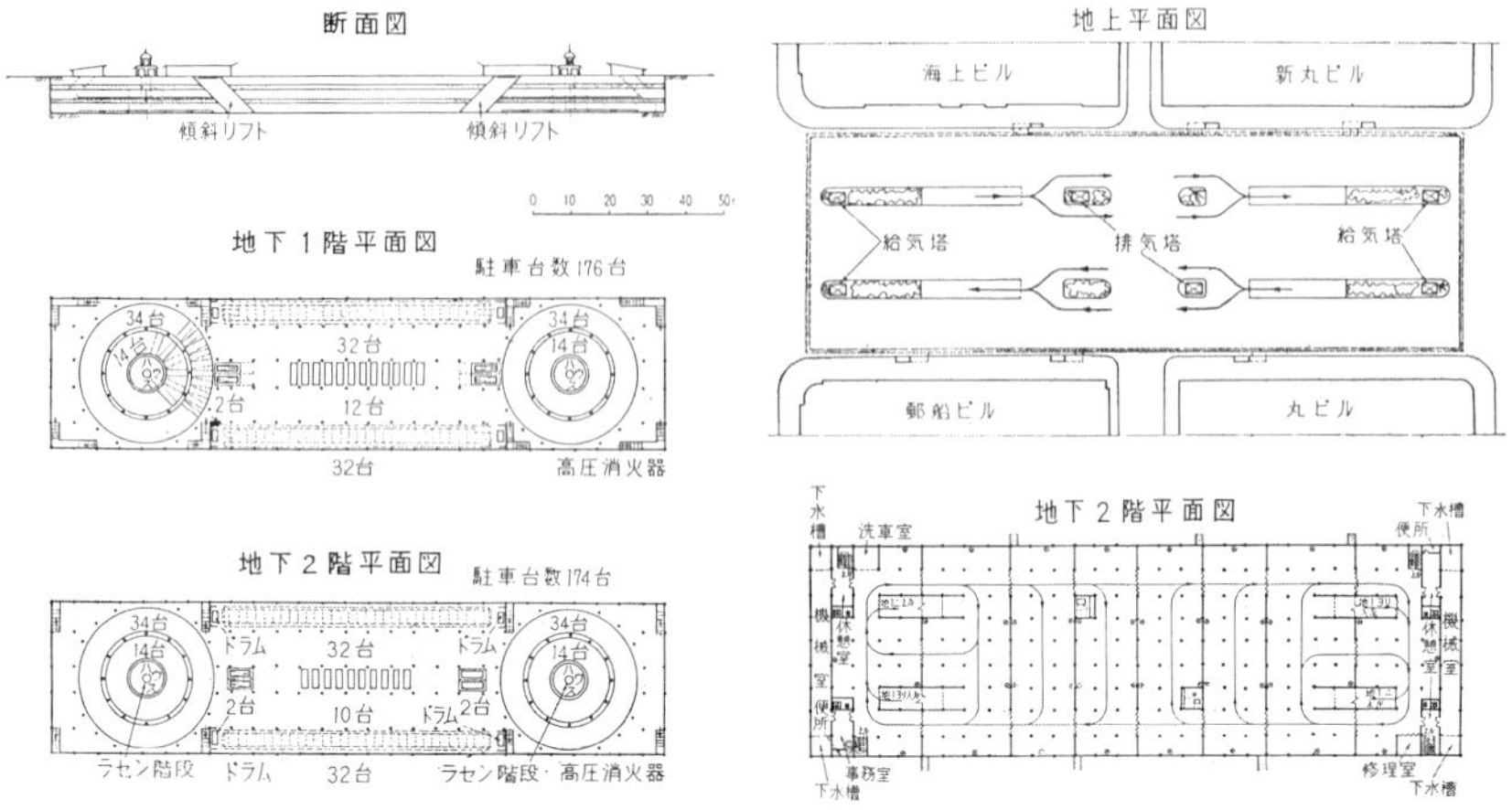

図 40　「丸の内地下有料駐車場」および「八重洲第１地下有料駐車場」平面図，断面図

有料駐車場」は、「鋼索軌道登山電車」のメカニズムに似た「傾斜式リフト」を利用する独創的な計画であった（図40）。この「傾斜式リフト」は、第二次世界大戦中に航空母艦搭載機が甲板間を昇降するために開発された昇降装置が、応用されたものであったとされている。さらに、この駐車場の駐車スペースは、四機の二重ターンテーブル（外側三四台、内側一四台）によって構成されており、その中心には螺旋階段による昇降装置が設けられていた。駐車場の平面図を見ると、本来車路であるはずの部分が駐車スペースとして利用された興味深い計画であったことがわかる。

「ヒト」と「モノ」の「ターミナル」

一九五九年四月、自動車輸送の近代化を図るため、「自動車ターミナル法」が成立した。この法律における「ターミナル」とは、「旅客の乗降又は貨物の積卸しのため、自動車運送事業の事業用自動車を同時に二両以上停留させることを目的として設置した施設であって、道路の路面その他一般交通の用に供する場所を停留場所として使用するもの以外のもの」とされているが、これでは何のことかわからない。具体的に言えば、ひとつは、都市間の長距離交通から都市内の短距離交通に（あるいはその逆に）「ヒト」が乗り換えるための鉄道駅前の「バスターミナル」であり、もうひとつは、都市間の長距離輸送から都市内の集配運送に（あるいはその逆に）「モノ」を乗せかえるための中継基地となる「トラックターミナル」である。運輸省が一九六三年に打ち立てた「自動車ターミナル整備計画」では、向こう五ヶ年間で、「バスターミナル」を全国三一ヶ所（東京一一ヶ所、大坂三ヶ所、札幌、仙台、川崎、横浜、新潟、名古屋、京都、尼崎、神戸、広島、岡山、下関、高松、徳島、松山、福岡、熊本）に、「トラックターミナル」を全国一二ヶ所（東京四ヶ所（名古屋方面・甲府方面・高崎方面・仙台方面）、名古屋二ヶ所（東京方面・大阪方面）、大坂二ヶ所（名古屋方面・広島方面）、札幌、室蘭、広島、新潟）に、それぞれ設ける予定であった。いずれも、払下げまたは貸付けられた国公有地に、民間企業が「ターミナルビル」を建設運営し、それに対して税制等の優遇措置を講じようとするものであった。

「ヒト」の「ターミナル」──「バスターミナル」

「バスターミナル」が必要となったのは、交通の結節点となる都心部の駅前広場であった。戦後の大都市駅前では、自動車に関わる交通問題のほかに、解決しなければならない二つの課題を抱えていた。ひとつは、一九六一年に市街地改造法と防災建築街区促進法が制定され（後に都市再開発法（一九六九）として統合）、多くの市町において、駅前再開発が「市街地再開発事業」の中心的事業となったことである。このことは、闇市等によって不法占拠された土地に関する区画整理事業と大きく関連していた。もうひとつは、国鉄が、第二次世界大戦前に小林一三（1873–1957）が阪急電鉄梅田駅で行った手法を取り入れ、駅舎をデパート等の商業施設と一体化させた「民衆駅」を各地に生み出したことであろう。「民衆駅」とは、「駅本屋の一部を部外者が使用することを条件として、駅本屋建設資金の一部または全額を部外者が負担して建設された駅」のことであり、一九五〇年に建設された豊橋と池袋（西口）を嚆矢として、一九五二年には尾張一宮・高円寺・福井・札幌等、一九五三年には金沢・沼津・松江・富山等、一九五四年には東京駅（八重洲口）等の建設が続いた。[97] これらに対応する複合施設が生み出された結果、

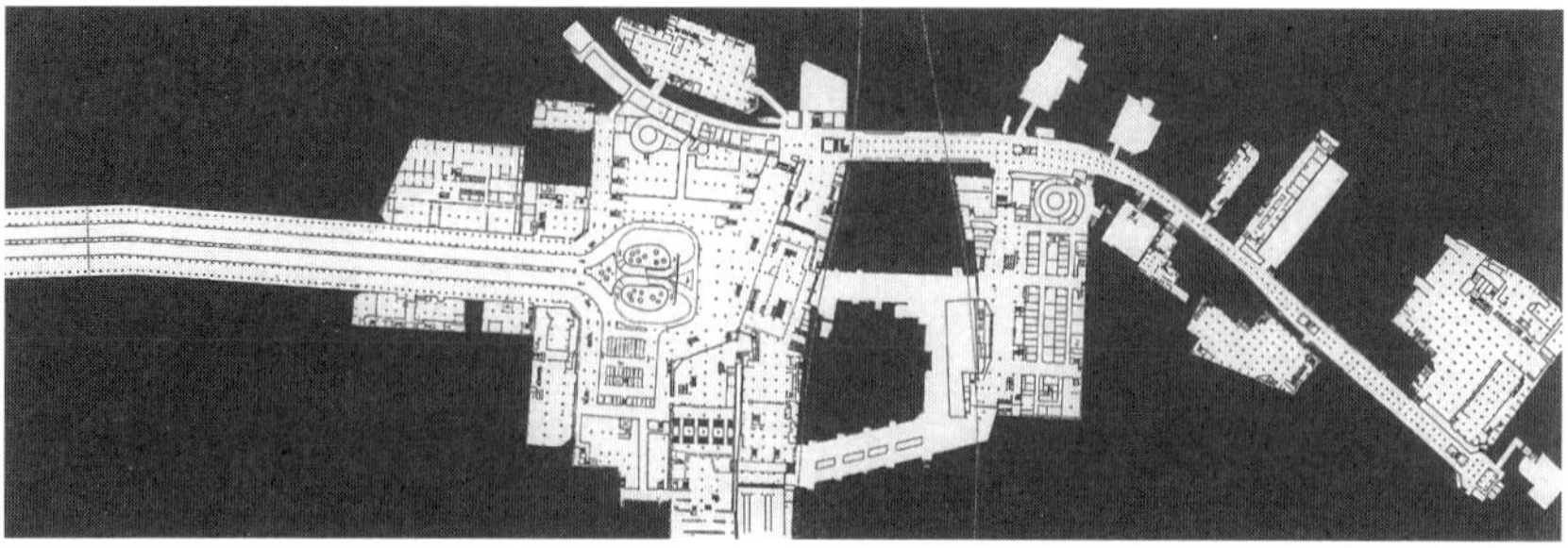

図41　坂倉準三「新宿西口広場・ターミナルビル」平面図

「ターミナルビル」は我が国に特有の建築空間のひとつとなったのである。

駅前における「バスターミナル」の筆頭として挙げられるのが、坂倉準三建築研究所による「新宿西口広場・ターミナルビル」であろう[98]（図41）。「新宿駅西口計画」（一九六〇）を皮切りに、「新宿西口広場及地下駐車場」（一九六六）と「小田急新宿西口駅本屋ビル」（一九六七）が相次いで設計され、戦後、甲州街道から青梅街道まで不法占拠による店舗が連なっていた風景は一変した。大正末期から昭和初年にかけて、新宿駅西側に広がる大蔵省東京地方専売局淀橋工場と淀橋浄水場の移転計画がたびたび浮上したが、これが実現に至ったのも戦後のことであった。一九五〇年に制定された「首都建設法」は東京都を整備対象とし、その後の東京の発展を見込んで一九五六年に制定された「首都圏整備法」では、東京駅を中心とする半径五〇キロメートルと一〇〇キロメートルの位置に副都心と副々都心が想定された。そして一九五八年の首都圏製審議会において、新宿は、渋谷・池袋と並ぶ副都心開発地区のひとつとして定められたのである。計画の大部分は、一九五七年から五八年にかけて行われた東京都広報渉外局首都建設部による「新宿副都心地区実態調査」において提案されており、実際には東京大学工学部建築学科高山英華研究室の高山英華・川上秀光・伊藤滋によるものであった。高山英華（1910–1999）は、一九三四年に東京帝国大学工学部建築学科を卒業後、数々の戦後の主要な都市計画に携わるとともに、東京大学工学部建築学科および都市工学科教授を歴任した。この提案が、「計画」ではなく「調査」と名付けられたのは、調査開始時点で新宿副都心地区には、重要連絡幹線道路整備計画

（首都圏重要連絡幹線道路整備一〇ヶ年計画）および既成市街地における一一計画（建築物高層化計画・公共住宅整備計画・路外公共駐車場整備計画・宅地整備計画・下水道整備計画・義務教育施設整備計画・公共空地整備計画・道路整備計画・上水道整備計画・主要な鉄道軌道等の整備計画・都市高速道路整備計画）が関連しており、これらの諸計画を整理し検討する中から創出されたためであった。坂倉順三建築研究所で設計を担当した、阪田誠造・水谷碩之・東孝光・荒田厚・鳥栖那智夫・松本敏行・佐々木隆文の七人が行った座談会によれば、[99]「（一九六〇年に）すでに都市計画決定したものの実現化のための設計が（一九六一年に）われわれの依頼された仕事」であったとされ、その上で彼らが成し得たことは、「広場の場合には大きな開口部を中心に取ったこと」で、「建物についていえば、小田急のホームの上に大きな空間をつくったこと」であったという。高山が提案したのは、「（淀橋）浄水場跡地にオフィス街ができることも考えて、駅地下道と接続する歩廊を駅前広場の地下に設け、その両端に車の出入にさまたげられない人のための広場をもうけること」であった。「大きな開口部」は、自動車の動線もさることながら、地下広場の換気方法を考えた末に生み出された案で、この「中央開孔」のほかに、「密閉案」と両者の「中間案」があったという。しかしながら、この座談会では、結果的に「西口の広場は、自動車のための交通広場にすぎず、人間が自由に歩けるといった広場にはなっていない」とされた。さらに、「上に登るにあたっても、地下を歩くにしても明確なシステムによってそれを知らせるストラクチャーはもうなくて（中略）スペースのオーガニゼーションがルーズになってしまった」と述べている。新宿駅の東側（歌舞伎町）では、石川栄耀によって複数の「小公園」が採用され、平面的に分節された人間のための都市計画が行われたが、対する西側では、「交通広場」によって、立体的に連続した自動車のための都市計画が行われたのである。

実現した新宿駅前の再開発計画とは別に、磯崎新・森村道美・曽根幸一は「新宿・淀橋浄水場跡地開発計画」（一九五九）を発表し、大高正人と槇文彦は「群造形へ」（一九六〇）と題する提案を行った（図42）。両者は、新宿駅周辺と淀橋浄水場跡地からなる敷地こそ同じであるが、考え方が全く異なる。磯崎らの計画では、駅周辺の既存

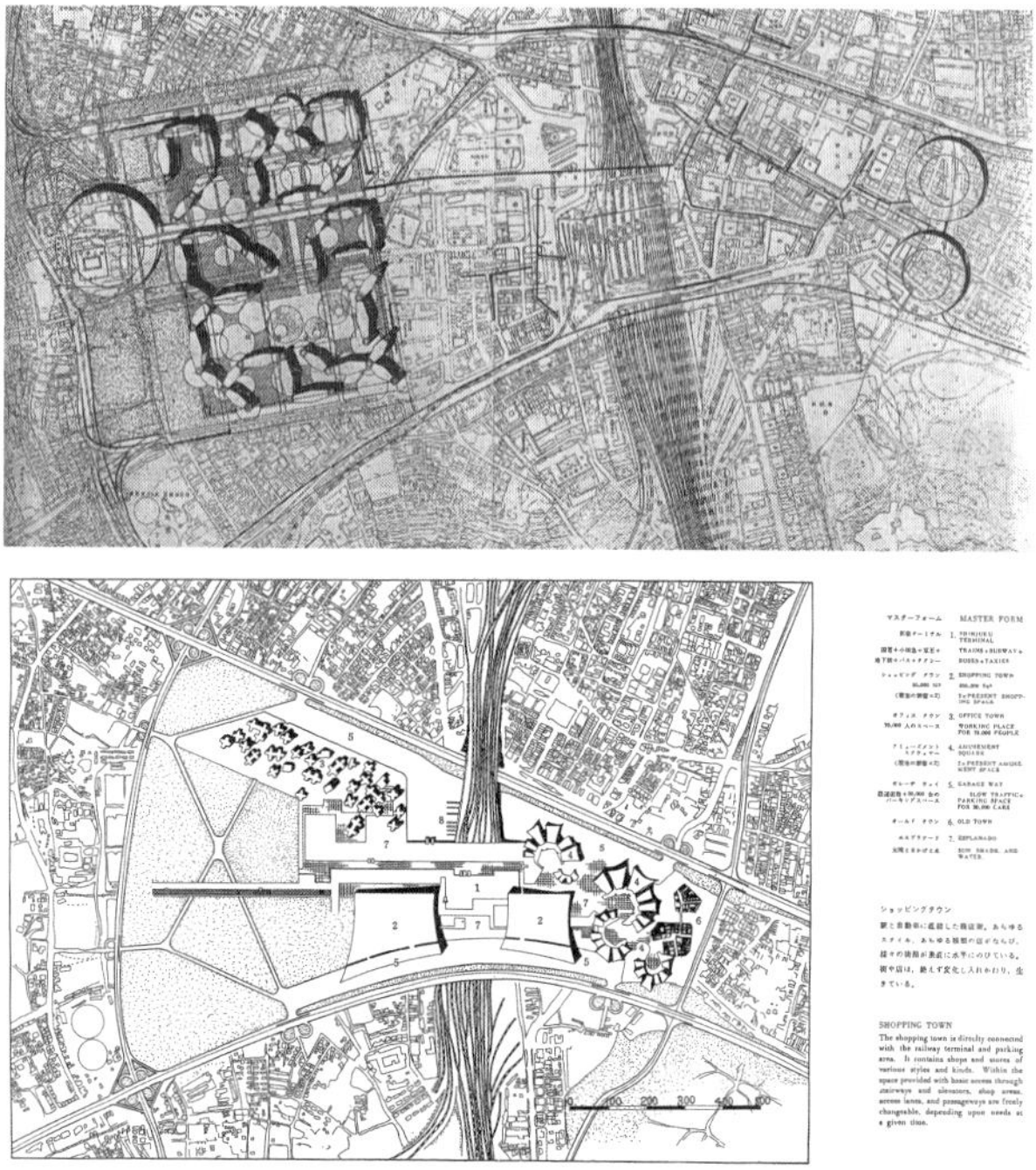

図42 磯崎新・森村道美・曽根幸一「新宿・淀橋浄水場跡地開発計画」（上）と大高正人・槇文彦「群造形へ」（下）

街区にはペデストリアン・デッキが架けられただけで、提案の核は、浄水場跡地に設けられた。(100) すなわち、柱状の「ジョイント・コア・システム」によってオフィス群が空中に架け渡され、「既に区画整理のおわった道路を再びやりかえたり全ブロックをクリアランスすることではなくて、地上を自動車にあたえて人間は空中をあるく」ように、「自動車の活躍する街」が計画されたのである。対する大高と槇の計画では、浄水場跡地は公園とされ、「人工土地」が架け渡された駅周辺に立体的な市街地が再開発されることになっていた。(101) こちらでは、既存の街「オールド・タウン」が、保存地区として部分的に残されている。つまり、前者が、既存の都市の上空に「橋」を架けるイメージであったのに対して、後者は、既存の都市を新たな「地盤面」によって覆うイメージであったと言えよう。だが、いずれの計画においても、歩車は立体的に分離されている。

「新宿西口広場」の竣工後、ＲＩＡによる「桑名駅前戦災復興事業」（一九六九）をはじめとして、全国各地の駅前再開発計画が相次いだ。こうした地方都市における駅前再開発事業においても、ペデストリアン・デッキが駅前広場に架けられ、地上を走る車と橋上を歩く人という具合に歩車が明確に分離された事例が多かった。しかしながら、現実の「新宿西口広場」では、地上でも地下でも歩車が共存していたのである。

当時の「西口広場」を写した有名な写真がある（図43）。駐車場へ至る自動車のスロープを、学生の「群衆」がうねりとなって地下広場へ下りていく様子をとらえた一枚である。撮影したのは山田脩二（1939-）。桑沢デザイン研究所を卒業後、一九六二年に独立して建築雑誌『スペースデザイン』を中心に活躍した写真家であり、作品集『山田脩二・日本村　一九六九〜七九』には、この写真のほかに多くの「群衆」の写真が収められている[102]。一九六九年二月、出来上がったばかりの「西口広場」に多くの学生が集まり始め、反戦フォーク・ゲリラ集会が始まった。そのほかにも、出入国管理法案反対のハンスト、新宿郵便局の自動読取機設置反対運動など、吉見俊哉の言う「新宿的なるもの＝家郷」の一部を形成する場所であった[103]。その活動は次第にエスカレートし、六月二八日、ついに機動隊と衝突した。警視庁は、同年五月には道路交通法違反を理由に集会を禁止していたが、この事件が契機となって取り締まりが強化され、「広場」から「通路」に改められた。歩車が共存し、「スペースのオーガニゼーション」がルーズになってしまった」からこそ、このような「群衆流動」が導かれたのではないだろうか。

図 43　山田脩二「新宿西口広場」

ところで、坂倉は新宿駅西口再開発に携わる以前に、「難波ターミナル」（一九五〇―七〇）と「渋谷ターミナル」（一九五二―七〇）の計画にも関わっていた。難波では、南海電鉄のターミナルの周囲に、「南海ビル高島屋新館」（一九五〇）、「南海会館」（一九五六―五七）、「南海ビル増築」（一九七〇）が順次建てられた。「頭端型」と呼ばれる駅舎形式を有する駅コンコースの周囲に、街区に沿った複数の建築物が建てられた姿は、一九世紀以来の西欧における駅舎建築の空間構成を彷彿とさせる。しかしながら、難波の場合には、自動車ではなく人間の動線をコントロールすることが計画の焦点であった。一方、渋谷の計画では、「人の流れ」と「車の流れ」の相関関係の上に成立するデザインが追求された。渋谷は、文部省唱歌「春の小川」（一九一二）にも謳われた渋谷川が流れ込んでいた窪地に、五つの鉄道（国鉄線・京王帝都井の頭線・玉川線・地下鉄線・都電）が交錯し、すぐ南側を高速道路が走る敷地において、「渋谷総合計画」（一九五二）と「渋谷再開発計画」（一九六四）からなる二つのマスタープランが立案された。「東急会館」（一九五四）、「東急文化会館」（一九五六）、「東横百貨店増築」（一九五六）、「京王帝都電鉄渋谷駅」（一九六〇）、「渋谷駅西口ビル」（一九七〇）およびこれらを結ぶ連絡橋という部分的なプロジェクトが実践されたが、坂倉建築研究所ではこの間、「何度も提案された計画案・改造計画等何人かのスタッフが常に渋谷に関係」していたと言われている。[104] 坂倉は、他の副都心と比較した時に生じる渋谷独自の問題点として、(1)大量の輸送機関と人の流れが一点に集中していること、(2)中心部に大資本の商業施設が集中しすぎていること、(3)坂が多く土地に高低差があること、の三点を挙げており、これらに対する提案の中心となったのが、(1)交通機関の集中を分散化させること、(2)人の出入口を分散して多く設けること、(3)土地の高低差を利用して街を立体化させ人と車の流れを分離して循環させること、(4)人々を引きつける施設を分散して設けること、の四点であった。[105]

ここで「渋谷総合計画」と「渋谷再開発計画」における自動車に関する考え方について検討してみよう。「渋谷総合計画」（一九五二）は、東京急行・東横百貨店総合建設本部との共同設計であるが、雑誌等に公表されていないため、『東急会館パンフレット』（一九五四）に掲載された「東急会館附近の将来図」を以て代替することにしたい（図44）。一方、「渋谷再開発計画」（一九六四）は、「渋谷再開発促進協議会」へ提出されたレポートであったが、『現代日本建築家全集一一　山口文象とＲＩＡ・坂倉準三』に掲載された「渋谷再開発計画'66」の図版を元にして分析することにする（図45）。まず、「東急会館附近の将来図」では、「地下鉄線」、「ターンパイク」、「国鉄線」および「東急バスターミナル」（未完）に囲まれた交通広場が形作られ、「近距離バスのりば」と「タクシー駐車場」が配置されていた。これらの自由曲線による造形は、「東急会館」西側ファサードの曲面と一体的に設計されており、「中世のゴシック伽藍の広場にも比すべきわれわれの時代の多くの人たちの喜び集う広場」となるように設計された。[106]また、「東急バスターミナル」は、西側背面で「ターンパイク」と直結しており、地上三階程度と考えられる「ターンパイク」のレベルに駐車場が設けられていた。つまり、この交通広場にデザインが集中しており、「東急バスターミナル」がこの広場を囲い込む上で重要な役割を果たしていたことが見て取れるのである。他方の「渋谷再開発計画'66」では、国鉄の東西両側に駅前広場（「駅広二号」、「駅広一号」）が設けられており、この二つの広場と北側の二つの交差点を大規模な人工地盤と地下街によって結ぶ計画であった。このことは、オリンピック関連道路として整備された「放射二二号線（国鉄東急立体交差）」と「放射四号線（青山通り・玉川通り）」によって、交通量の増大が見込まれた結果であった。さらに「東横百貨店」などの既存建物を含む地上二階部分には「アルケード」が設けられ、建物内外の公共階段が記されており、立体的な歩行者道路計画であったことがうかがえる。国鉄駅西口「駅広一号」の全面に人工地盤を架けたモンタージュ写真さえ残されている。これは、ほかならぬ「東急文化会館」と、地下鉄操車場跡地に建てられた「京王帝都電鉄渋谷駅」の間が、すべて連絡橋によって結ばれた結果でもあった。つまり、「渋谷総合計画」（一九五二）では自動車を中心とした広場が考えられていたのに対して、「渋谷再開発計画'66」では、歩行者を中心とした広場が考えられるようになったことが見て取れる。このことは、吉見俊哉が、渋谷の人の流れが、一九七五年頃に「道玄坂界隈から公園通り界隈に移行している」と指摘した「渋谷的なるもの＝

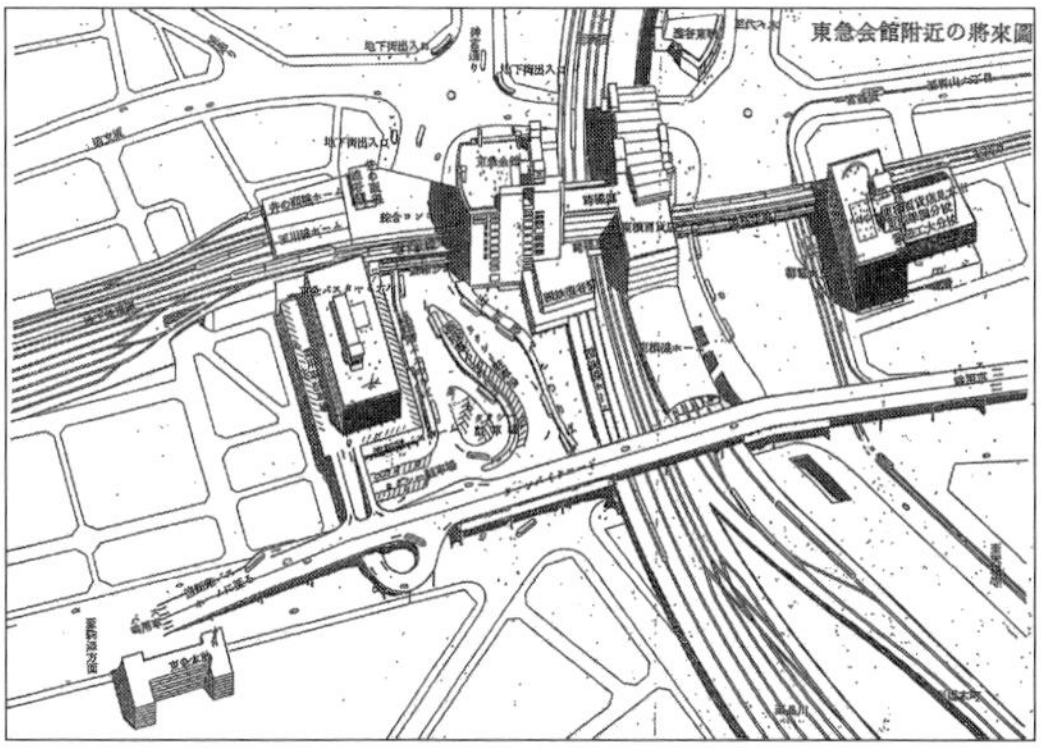

図 44　「東急会館附近の将来図」

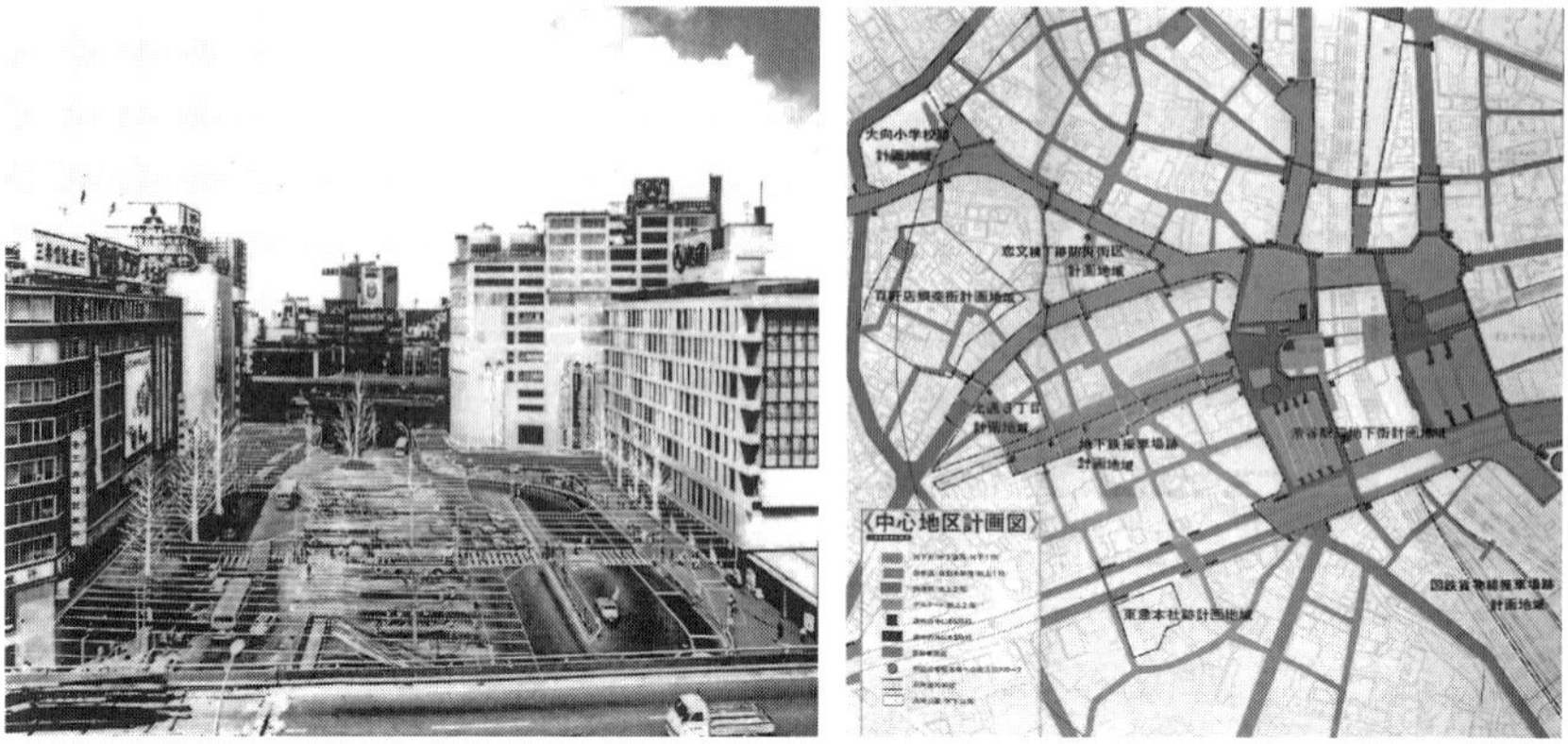

図 45　坂倉準三「渋谷再開発計画'66」中心地区計画図（右）およびモンタージュ（左）

未来」の遠因になったと言えよう。[107] 吉見は一九六〇年代までの「新宿的なるもの」から七〇年代以降の「渋谷的なるもの」への移行について指摘したが、前述の新宿における「地下広場」と渋谷における「アルケード」が、「新宿的なるもの＝家郷」と「渋谷的なるもの＝未来」というイメージの対比を形成することになったと考えられるのである。

　ところで、このようなマスタープランの下で建てられた建物の外観は、各階の床スラブがスパンドレルとして表現されていること以外、決して統一されたものであったとは言えない。一人の建築家が、二〇年近くにわたってひとつの街の全体計画から個々の建物まで設計する機会は、それほどあることではない。にもかかわらず、坂倉はこの街に統一性よりも多様なデザインを持ち込んだ。浜口隆一が、「ひとりの建築家の造形的構想が巨大な企業体の営みのなかでやや水増しされながら、しかしとにかく成長してゆく姿がよくわかる。と同時にここではそれよりもっと広範な、さまざまな商業資本の雑草的膨張によって、ともすればおおわれかねない状況もうかがわれる」と言っているように[108]、このことは、坂倉が「東急電鉄が細胞分裂的に増殖する渋谷開発」に対して積極的に取り組み[109]、何度も描き直した結果であったと思われる。「地域社会は本来アメーバのように捉えどころなく動くのが本来の姿である」という認識を得ることとなった坂倉が設計した一連の建物は、今や周辺の建物と完全に同化しており、この意味において「地」となる「民衆駅」を造ることに成功したと言える。その一方で、「ターミナルビル」というビルディング・タイプにおける坂倉の「図」としてのデザインは、自動車の動線によって導かれた曲線のデザインであり、そこに新宿と渋谷に共通する視線を見出すことができるのである。

なお、坂倉は新宿と渋谷に並ぶもうひとつの副都心である池袋についても、「池袋副都心再開発計画案」（一九六四）を手掛けている（図46）。この計画は、巣鴨拘置所の跡地を対象とした計画であったが、最終的には一九七八年に三菱地所ＫＫ・池袋新都市建設室によって、「サンシャインシティ（サンシャイン60、プリンスホテル、ワールドインポートマート、文化会館、専門店街アルパ）」が建てられた。坂倉の案は、人工地盤上に磯崎新の「空中都市」を彷彿とさせる高層棟を建てるものであった。とりわけ高速道路の高さに揃えられた人工地盤の上部が、自動車交通および駐車場として設計されており、丹下健三による「東京計画一九六〇」の「サイクル・トランスポーテーション・システム」が想起される興味深い案であった（図47）。

図46　坂倉準三「池袋副都心再開発計画案」模型

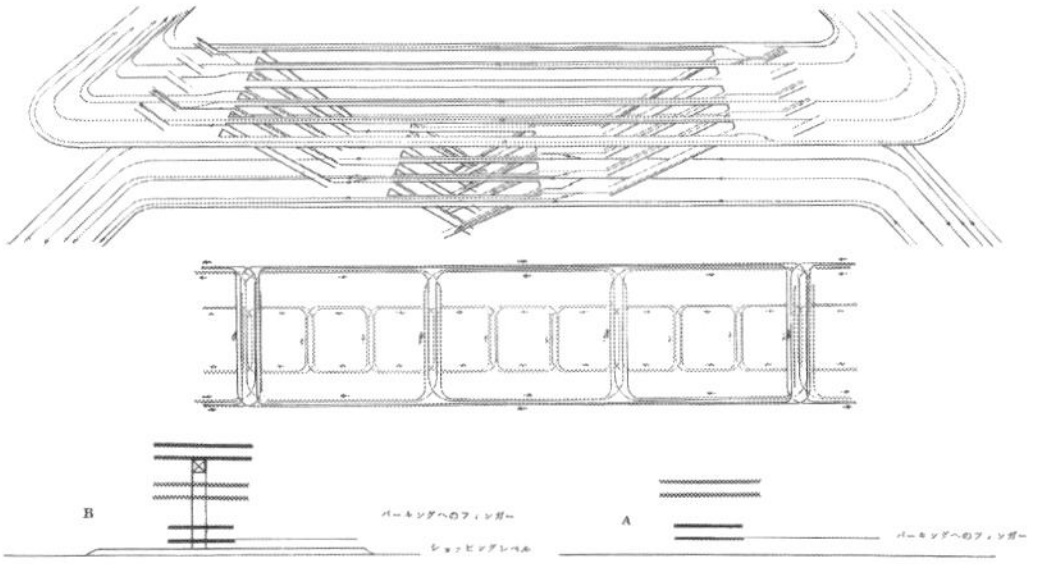

図47　丹下健三「サイクル・トランスポーテーション・システム」

「モノ」の「ターミナル」——「トラックターミナル」、「流通センター」、「卸売市場」

一九六七年四月、運輸大臣の私的諮問機

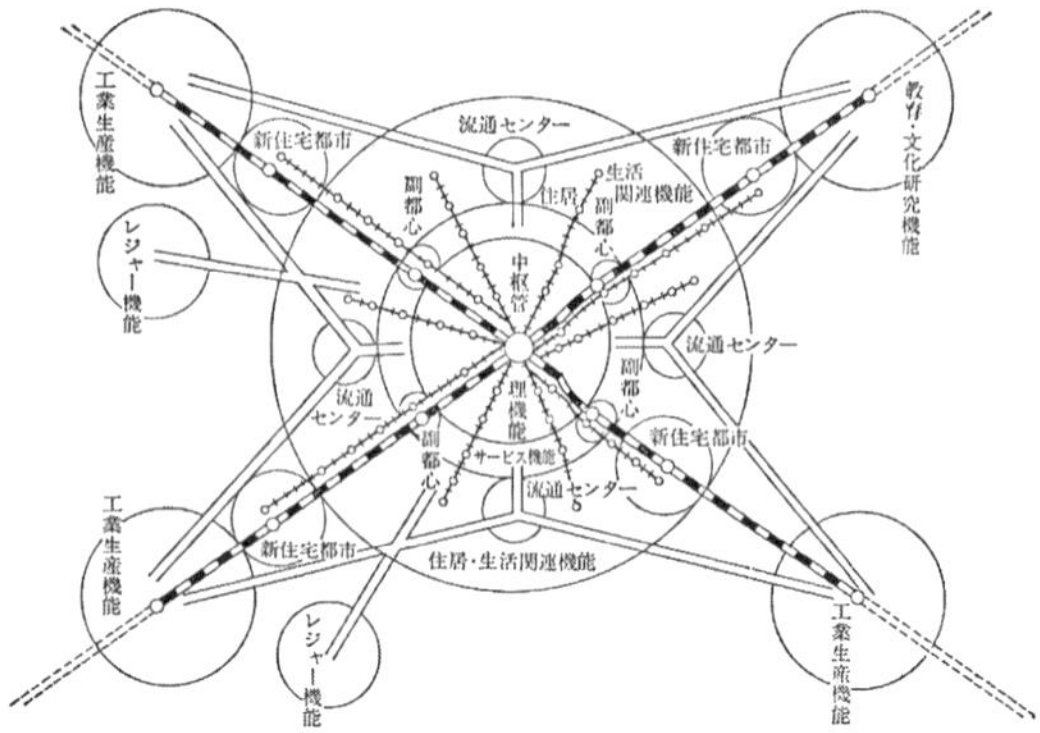

図 48　将来の大都市圏交通体系図

関「運輸経済懇談会」の初会合が行われ、この席上で「物的流通問題」と「都市交通問題」という二つの問題が取り上げられた。「物流」という言葉は、この会議の過程で「物的流通（Physical Distribution）」を略したものが一般化したと言われている。(110)「運輸経済懇談会」は、その後、一九六九年三月までに、「物的流通問題」について懇談会を一二回とワーキンググループ審議会を二二回、「都市交通問題」について懇談会を一一回とワーキンググループ審議会を二四回、それぞれ開催し、(111)大都市を中心とする「物流」について検討していった。こうした動きは、一九六六年に制定された「流通業務市街地の整備に関する法律」に基づくものであり、東京・大坂・その他の政令指定都市（札幌・仙台・名古屋・広島・福岡）が対象とされた。

「ヒト」が乗り換えるための「バスターミナル」が、都心部の駅前広場に関する再整備であったのに対して、「モノ」を乗せかえるための「トラックターミナル」は、市街地周縁部を通過する幹線道路沿いの開発となった。「物流」を「太く、短く、早く」する「流通革命」のために、(112)大都市では「トラックターミナル」を中心とする流通拠点が、大都市の外郭環状道路と都市間主要道路の結節点に計画された。一九六九年に描かれた「大都市圏交通体系図」を見ると、副都心の外側の幹線道路周辺に「流通センター」の文字を見出すことができるが、「トラックターミナル」は、その根幹をなす施設として考えられていた（図48）。ちなみに、「流通センター」の字義は、曖昧である。一九八〇年代に入ってもなお、物資流通経路上の最適地に設けられた流通拠点であることに違いはないが、「一定の定義をもった使われ方はしておらず、使う側の考え方によって便宜的な呼び方がされている」

と言われている。[113] これは、(1)「流通センター」を広域計画上の物流拠点とする都市スケールで捉える考え方、(2)「トラックターミナル」を中心とする複合施設として建築スケールで捉える考え方、(3)「マーチャンダイズ・マート(Merchandise Mart)」と呼ばれる卸売業者のための複合施設として建築スケールで捉える考え方、に大別することができる。いずれにせよ、「流通センター」は「物流」のための拠点であり、その布置は、一九二四年に国際都市農村計画・田園都市協会が開催した「アムステルダム国際都市計画会議」における「大都市圏計画の七原則」が曲解され戦時体制下に整備された「大都市圏計画」を継承した放射環状道路計画が下敷きになっていることが見て取れる。[114] ちなみに上田篤(1930-)は、こうした「物流」をめぐる「放射環状パターン」をよしとせず、日本では「河川と海」という地形的制限を受けることが多いため、「リニヤ《ママ》パターン」による都市デザインを提案した。[115] とりわけ、古来の交通軸である「河川」を都市軸とし、高速道路による国土幹線に結ぶことによって「流通コンビナート」を形成しようとする計画であり、水系を利用した現代都市デザインのひとつとして注目されるべきであろう。

東京商工会議所では一九六四年に、「トラックターミナル」を中心にした倉庫・問屋・ショッピングセンターという一連の商業施設と、駐車場・住宅とが一体となった「東京流通センター」の構想を打ち立てた。これらの計画は、運輸省と日本トラック協会(一九四八―、現 全日本トラック協会)が中心となって検討し、一九六三年度予算では成案しなかった「首都ターミナル公団案」に基づくものであった。大河原春雄(1916-1997、東京都首都整備局都市計画部第一部長)は、その建設地五ヶ所について、次のように記している。「一つは、京浜二区(大井の競馬場と羽田空港の間の埋立地)につくり、主としてトラックターミナルにしたいと考えます。二つめは、調布狛江地区で、区部からは外れていますが、多摩川べりで、ここは東海道、中央道が入ってくる交通の要衝になっています。三つめは、板橋地区で、大宮バイパスが入ってくるところです。前橋方面からの交通を引受ける場所にあります。四つめは、足立地区で、これは東北道に結ばれます。五つめは、葛西地区で多少、埋立地も入ったところで、内航船がかなり着岸できるように施設し、海路で物資の集散も出来るようにしたいと思います。[116]」その後、用地問題な

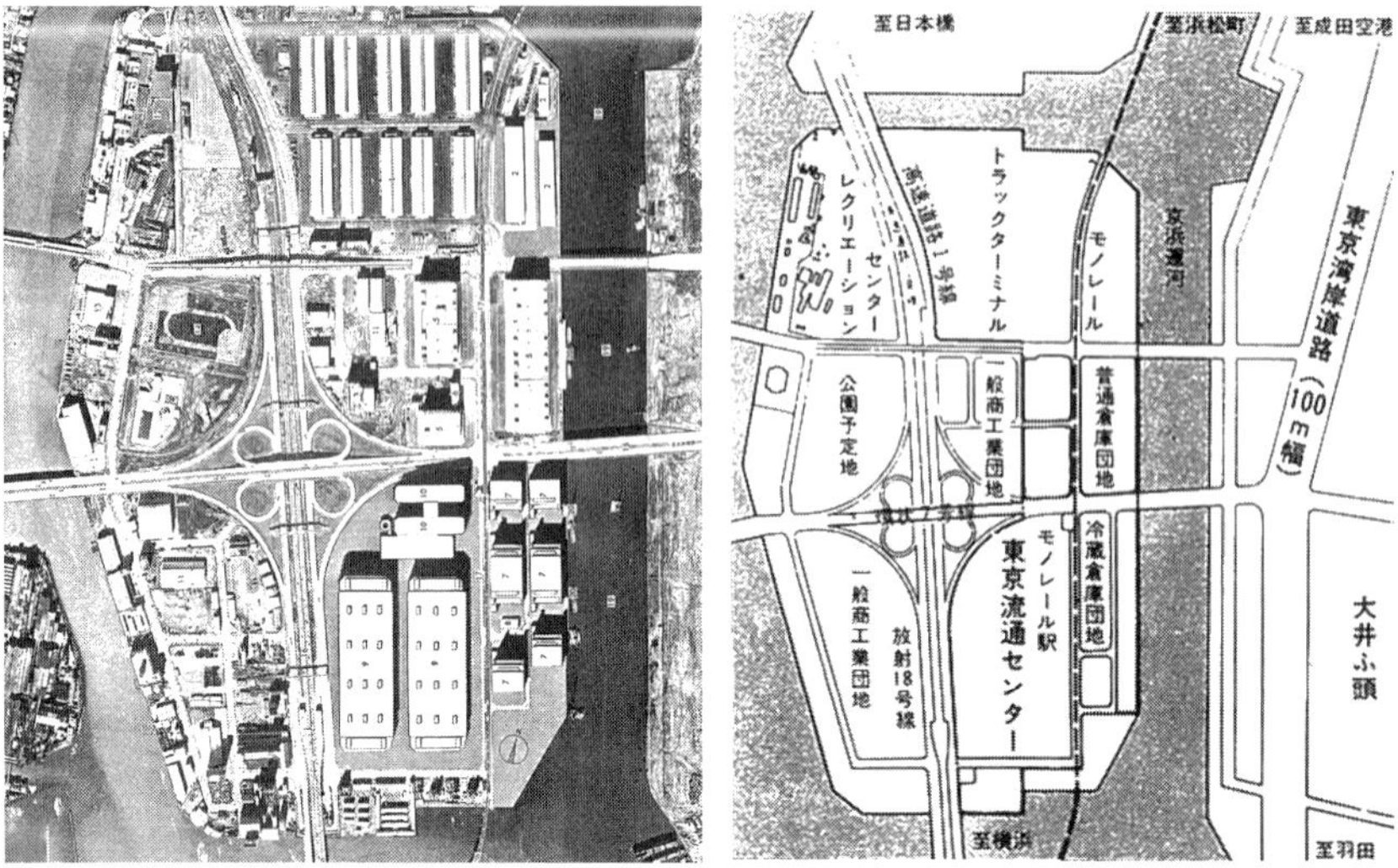

図 49　「京浜二区　流通団地」の配置計画および航空写真コラージュ

どから、調布地区が消え、川崎地区と越谷地区があらたに追加された。ちなみに大阪では、北大阪・東大阪・南大阪からなる三つの「トラックターミナル」が、大阪中央環状線に沿って計画された[117]。

次いで、一九六五年に運輸省・東京都・大手輸送会社などの民間企業が共同出資して「日本自動車ターミナル（株）」が設立され、こうした広域計画の先鞭を付ける施設の建設が開始された。「京浜二区」と名付けられた埋立地（大田区平和島二・三・六丁目の各一部七一・九ヘクタール）では、首都高速道路一号線と環状七号線が交差するクローバー型インターチェンジの東側に、北側から「トラックターミナル」「普通倉庫センター」「東京流通センター」「冷蔵倉庫センター」の建物群が、一九六九年から七一年にかけて建設された（図49）。なかでも、三菱地所が設計した「東京流通センター」は、RC造地上六階建で長さ三一二メートル×幅九〇メートルの平面を持つ巨大物流ビル（延床面積一七万三六五二平方メートル）であり、五二〇バースの立体駐車場を擁する[118]。単純な矩形平面の積層によるものであったが、妻面長さを利用した斜路が、建物両端部のファサードを特徴づけた（図50）。また、各施設を結ぶ立体高架道路と地下道路が、梓建築事務

図 50　三菱地所「物流センタービル」外観

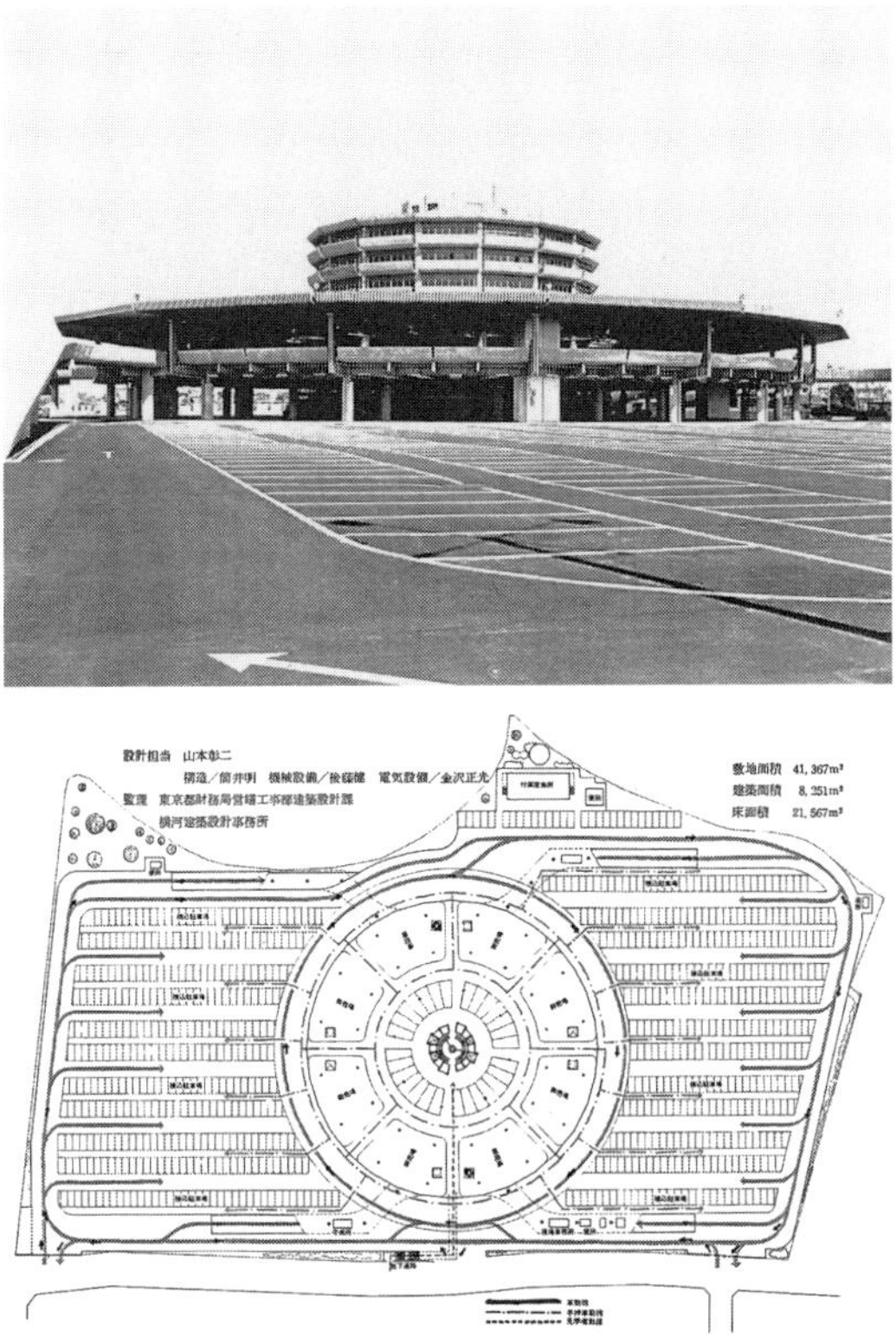

図 51　横河建築設計事務所「東京都中央市場世田谷市場」外観および平面図

所（株）によって計画されたが、建設費用と用地不足のために未完となった。(119) その結果、広大な埋立地に、巨大な建物群が「図」となって建ち並ぶ風景が生じた。

また、一九七〇年代の中頃には、地方都市郊外に中央卸売市場の建設が相次いだ。日建設計工務（株）大阪事務所による「神戸市中央卸売市場東部市場」（一九六九）、日建設計名古屋事務所による「岐阜市中央卸売市場」（一九七一）、日建設計による「和歌山中央卸売市場」（一九七四）、黒田建築設計事務所による「明石市公設地方卸売市場」（一九七六）、日建設計大阪本社による「奈良県中央卸売市場」（一九七七）、山下設計による「宮崎市中央卸売

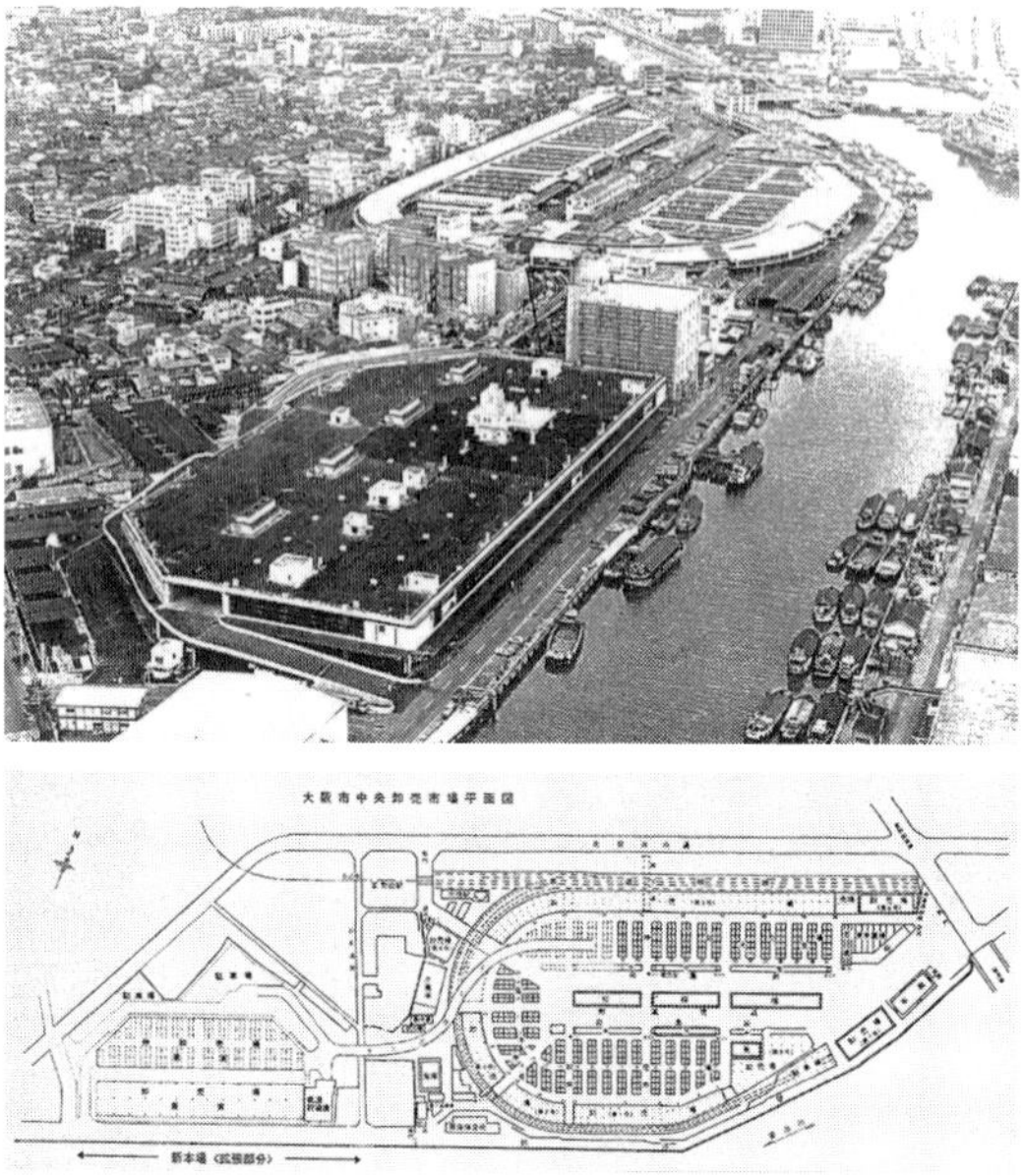

図52　大阪市建築局・日建設計大阪本社「大阪中央卸売市場新本場」外観および平面図

市場」（一九七七）、「宇都宮中央卸売市場」（一九七四）、「久留米市中央卸売市場」（一九七四）等の建設が相次いだ。いずれの市場も、地方都市郊外の主要幹線道路沿いに、広大な駐車場とともに設けられた低層の建物であり、第5章で詳述するショッピングセンターに似た景観を呈する。横河建築設計事務所による「東京都中央市場世田谷市場」（一九七二）でさえ、円形平面の建物と周囲の駐車場パターンが、人と車の動線をよく考えて設計されている一方で、両者の関係は、上述の卸売市場と変わらないものであった（図51）。

　これらに対して、一九三一年に安治川沿いに建てられた「大阪中央卸売市場本場」の公道と民有地を挟んだ西側に、大阪市建築局・日建設計大阪本社が設計した「新本場」（一九七四）は、敷地の形状を最大限利用するとともに、自動車道路と建物が一体となった綿密な設計がなされていた[120]（図52）。「旧本場」は、建物外周を鉄道引込線で囲い込まれた内側に、平屋建の卸売場建物群が建て並べられているのに対して、「新本場」は、建物外周を囲い込む自動車斜路（幅員一〇メートル）の内側に、下階二層分の卸売場と上階二層分の駐車場が積層され、その屋上も駐車場とされた。自動車斜路による囲い込みは、不整形の敷地形状に応答するとともに、安治川に向けて開いたファサードを形成することに寄与している。さらに、新旧両建物は、既存の道路を改修拡幅することで得られた蛇行した自動車ランプで結ばれ、公道と民有地を挟んで建つ両者間の複雑な動線を巧妙に処理したことが見て取れる。

　このほかに、一九六〇年代後半から中小企業進行事業団による「流通業務団地（通称、流通団地）」が全国各地で建設された。例えば、ＲＩＡ建築総合研究所による「新大阪センイシティ」（一九六九）は、一九六三年に設立された新大阪繊維街協同組合が、大阪駅南側にあった梅田繊維街の問屋四〇〇店舗を、駅前再開発に伴う防災街区造成事業によって、新大阪駅北側に移転した「流通団地」である[121]（図53）。三街区にわたるＲＣ造地上三階地下一階建の街区型ビルには、地下にトラックターミナルが、地上に店舗が、それぞれ収められたほか、ここでも屋上が駐車場とされた。街区型ビルが採用された理由は、「梅田方式」と呼ばれた「みせ－かいわい－とおり－まち」からなる既存の都市構造を洗練しようとした結果であった。三つの街区型ビルは、地上三階と地下一階の連絡通路で連結

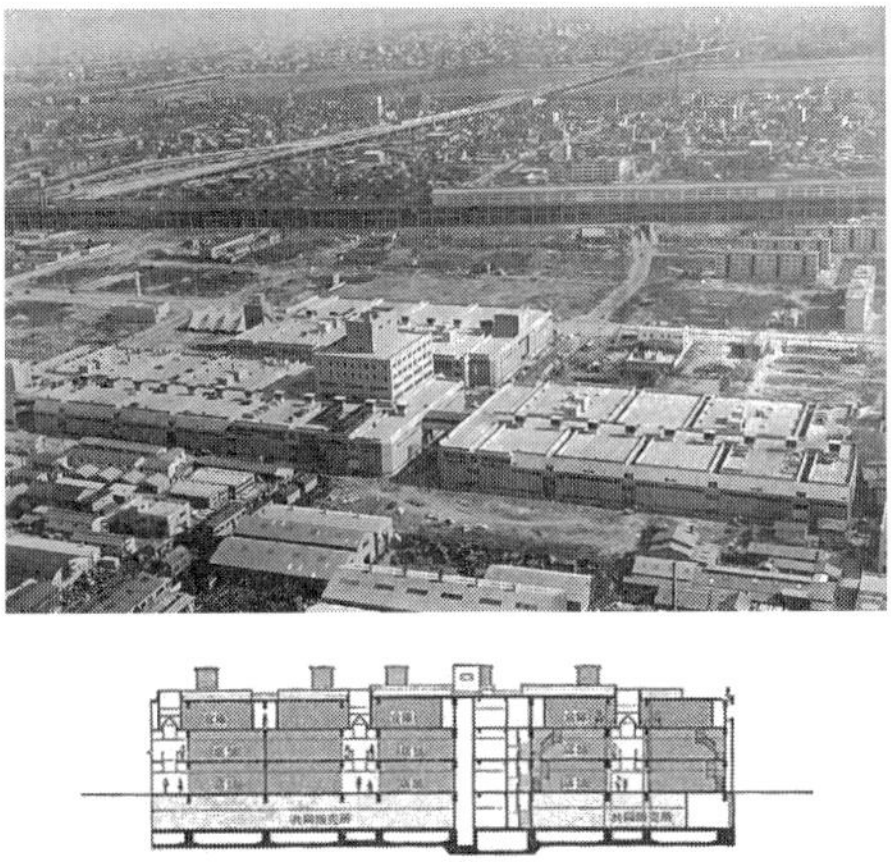

図 53　RIA 建築総合研究所「新大阪センイシティ」外観および断面図

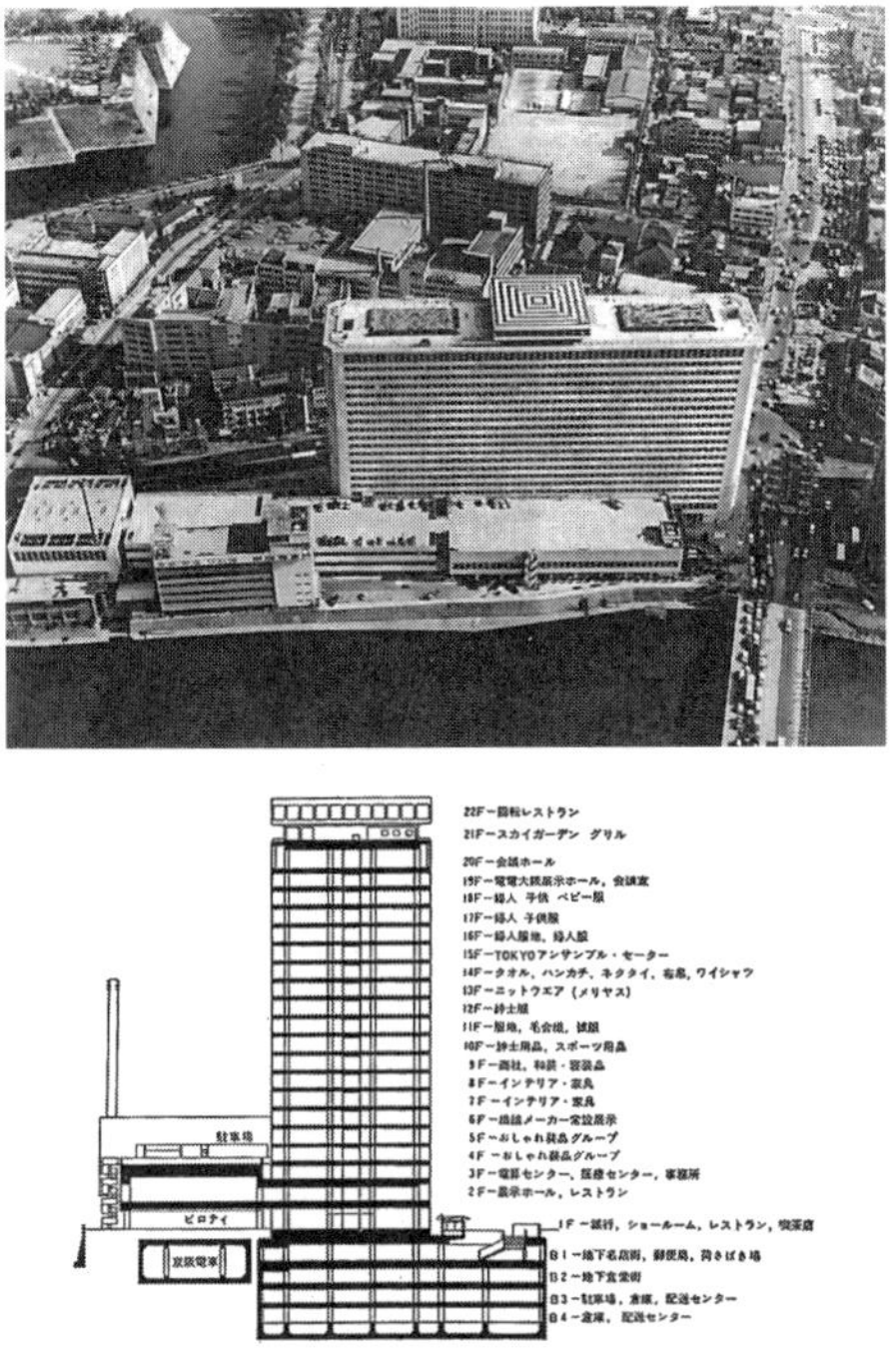

図 54　竹中工務店「大坂マーチャンダイズ・マート（通称 OMM ビル）」外観および断面図

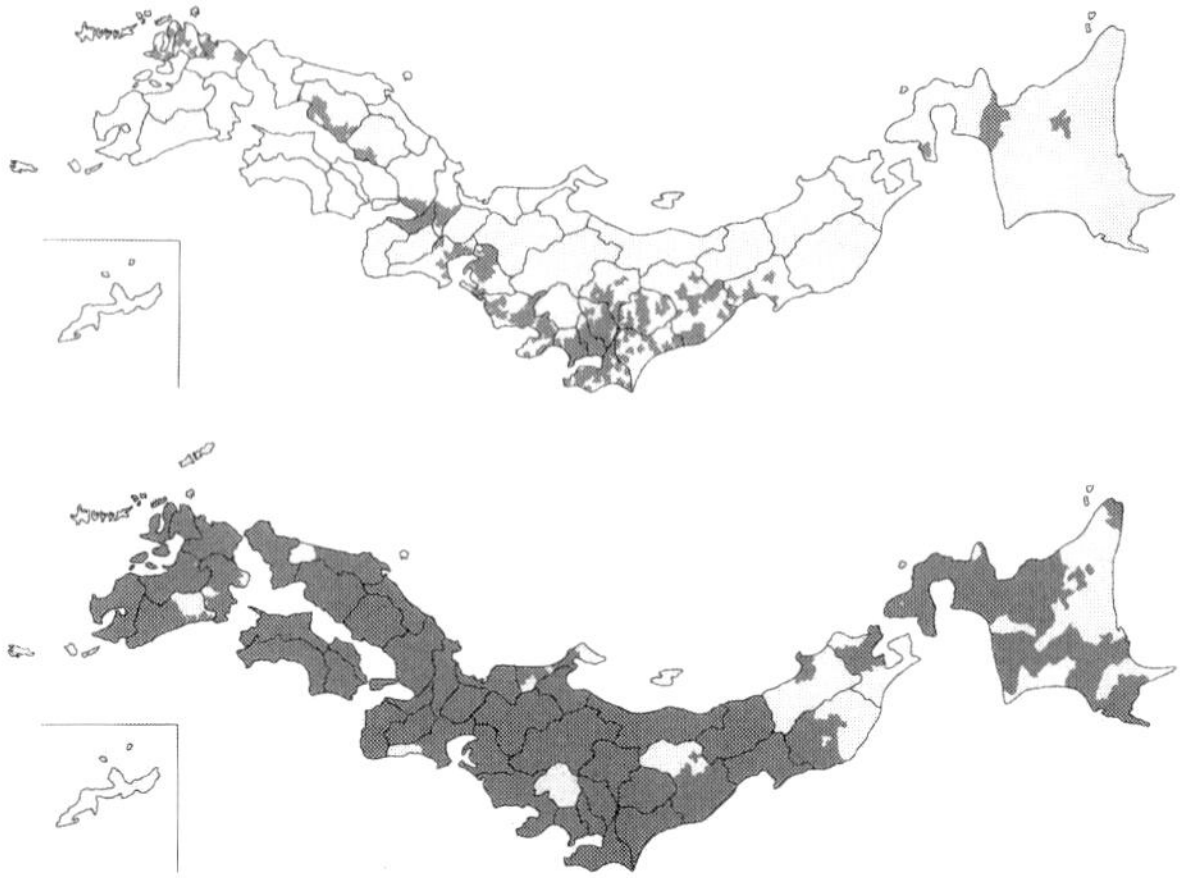

図55　1977年（上）と1984年（下）の宅急便サービスエリア

されていたほか、街区型ビルの一部がSRC造七階建となっており、そこに事務室が収められた。

あるいはまた、竹中工務店による「大坂マーチャンダイズ・マート（通称OMMビル）」（一九六九）は、米国シカゴのGAP&Wによる「マーチャンダイズ・マート（Merchandise Mart）」（一九三〇）をモデルとして計画された[122]（図54）。本家の建物が、シカゴ川支流畔のノースウェスタン鉄道引込線上部に建てられたのに対して、この建物は、大川畔の京阪電鉄上部に設けられた。この地上二二階・地下四階建の建物は、S造による低層棟に大展示場・駐車場を、SRC造による高層棟に展示場・店舗・貸室・倉庫・荷捌駐車場を、それぞれ収容し、最上階に回転レストランと屋上庭園を戴く複合建築である。中心市街地に全七〇〇台収容の駐車場を提供することで必要となる交通対策として、周辺道路歩道を延三五〇メートルにわたって敷地内に取り込むことで車道を拡幅するとともに、天満橋を二階橋とすることで建物前面交差点の交通緩和が施された[123]。

ところで、「トラックターミナル」は、上述した公共団体が設置し複数の運送会社が利用する「一般ターミナル」と、運送会社が自社で設置利用する「専用ターミナル」に大別される。「専用トラックターミナル」に先行して建てられており、枚挙に暇がないが、我が国を代表する宅配会社の「専用トラックターミナル」が全国に展開し、宅配便のサービスエリアが全県に及んだのは、一九八〇年代中頃になってからである（図55）。ヤマト運輸（株）では、この頃に「高速道路のインターに近い場所に、物量に応じ五〇〇〇坪（一万六五〇〇平方メートル）程度以上の敷地面積を有し、高速自動仕分機を設置する」施設である「ベースターミナル」を各県一ヶ所以上設置し、また「市・区・郡ごとに一ヶ所以上、四万世帯に一ヶ所、半径二〇キロメートル以内三〇分圏内」を集配区域とする「センター」を配置することで、全国集配送網を確立するとともに翌日配達体制を推進した。その結果、「センター」店舗数は、最終的に全国の警察署と同数である一二〇〇を数えるに至ったと言われている。[124] また、同社は、並行してコンビニエンスストアと集配提携を開始し、一九八七年にファミリーマート、翌八八年にローソンジャパン・サンチェーン、さらに一九八九年にはセブンイレブンジャパンと一括契約を行った。[125] それによって、集配拠点は飛躍的に増大し、「モノ」の移動は毛細血管のように全国に張り巡らされ、宅配便は、一八七一年に開始された郵便に代わるもうひとつの「物流」となったのである。

3 燃料補給のための環境

ガソリンスタンドの始まり

我が国におけるガソリンスタンドは、一九一九年二月に日本石油（株）が東京瓦斯電気（株）の進言を受けて、「ビジブル式のスタンド」を設置したことを嚆矢とするという記述が残されている。[126] また、「日本石油東京駅前給油所」（一九二二頃）（図56）は、画像として残されている最初期の事例のひとつである。現在のガソリンスタンドのようにキャノピーと呼ばれる大屋根もなく、交番を彷彿とさせる小屋に設けられた入口の両側に計量機が一台ずつ置かれている。入口の窓は、花頭窓のようでもあり、H・ギマール（1867-1942）によるアールヌーヴォーの地下鉄出入口のようにも見える。

図 56 「日本石油東京駅前給油所」外観

一九三〇年代に入ると、販売競争が激化し「安売り合戦」が行われ、「ガソリンガール」や「スタンドガール」と呼ばれる職種が登場したことが伝えられている。版画家であり漫画家でもあった前川千帆（1888-1960）は、当時の様子を次のように書き留めた。「交通枢要の地の電柱の蔭にあるガソリンタンク　自動電話の様なセットの中に退屈さうな女の子、これが文化の魁をする自動車のオアシス、ガソリン嬢、隣り近所があるぢゃなし、お客がどんどんあるぢゃなし、退屈な彼女の生活を、慰めて呉れるものは顔馴染の圓タク君、態々《わざわざ》コースを、迂回して敬意を表して行く。[127]」電話ボックスのような狭い場所に閉じ込められた「ガソリン嬢」や、当時のガソリンスタンドが、大都市を一円均一の料金で走る「円タク」運転手の溜り場であったことがよくわかる。[128]

固定式ガソリンスタンド設置箇所は、一九三〇年に二〇〇〇件を突破し[129]、燃料の「配給」・自動車の「維持と修繕」・石油会社の「広告」を中心とする業態が確立された[130]（図57）。黎明期の日本のガソリンスタンドに積極的に取り組んだのは、A・レーモンドであった。設計を依頼したのは、ライジングサン石油（現 昭和シェル石油）で、一九〇〇年にロイヤル・ダッチ・シェル（設立当時、サミュエル商會）日本法人として設立されている。レーモンドは、「横浜給油所」（一九三〇—三一）と「巣鴨給油所」（一九三〇—三一）という形態の異なる二ヶ所の給油所を設計している（図58）。横浜の事例は、キャノピーを支える構造体と事務所が一体的な鉄骨構造によって形作られ、作品集には「商業上の見地より社色黄及赤へ黒・白二色を加へたり」と記されている。[131] 鉄骨トラス構造のキャノピーは、キャンチレバーによって事務所の四周に三メートル余り張り出しており、その上部には‘SHELL と描かれた

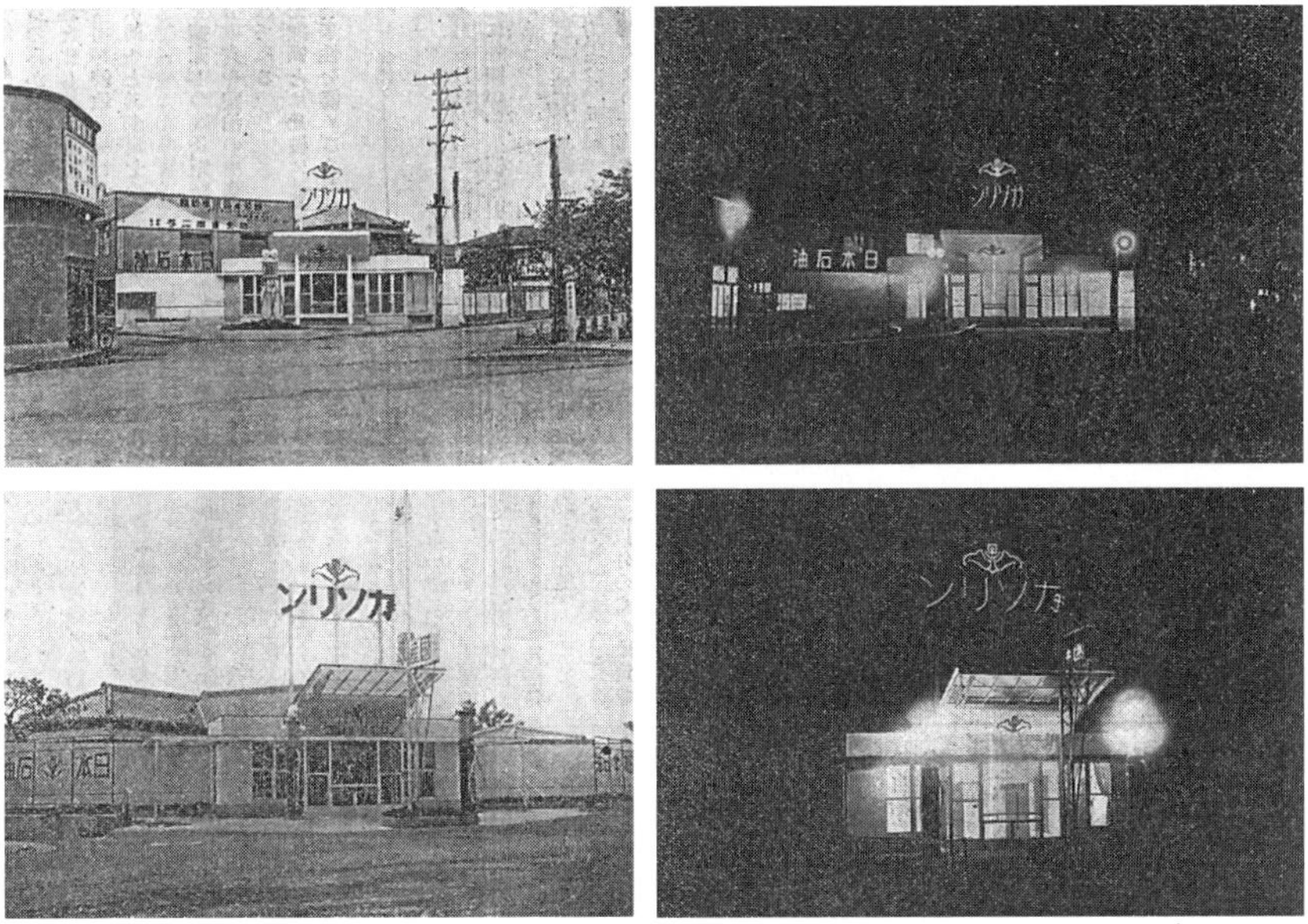

図 57 1935 年頃の日本石油（株）「前橋県庁前給油所」（上）と「静岡市弥勒給油所」（下）の外観および夜景

看板がいっそう張り出している。トラス内部に収められた電球は、夜間、キャノピー下の給油作業場所を照らすとともに、キャノピーの四周に幕板として貼り巡らされた不透明ガラスと相まって、屋根全体を浮かび上がらせたであろう。事務所は、外周にH型鋼を配置したガラス貼りの執務室部分と、鉄筋コンクリート造と思われる便所および倉庫からなる設備コア部分によってT字型の平面が形成され、自動車停車側の壁面には透明ガラスの大きなショーウィンドウが設けられている。計量機は、この平面形を取り囲むキャノピー外側の三方向に三ヶ所設置され、その内側に小型自動車が、外側に大型自動車が、それぞれ停車するように計画されていることが見て取れる。これに対して巣鴨の事例では、鉄筋コンクリート造が採用されている。全長三〇メートル近い長大な壁面が、自動車が転回する動線に沿わせられるとともに、敷地の形状を整えるように端部に配置されている。事務所などの諸施設は、この壁の裏手に残された三角形の敷地に設けられ、壁面の一部として設計されている。入口扉枠の高さで上下に塗り分けられた壁面中央から突出したキャ

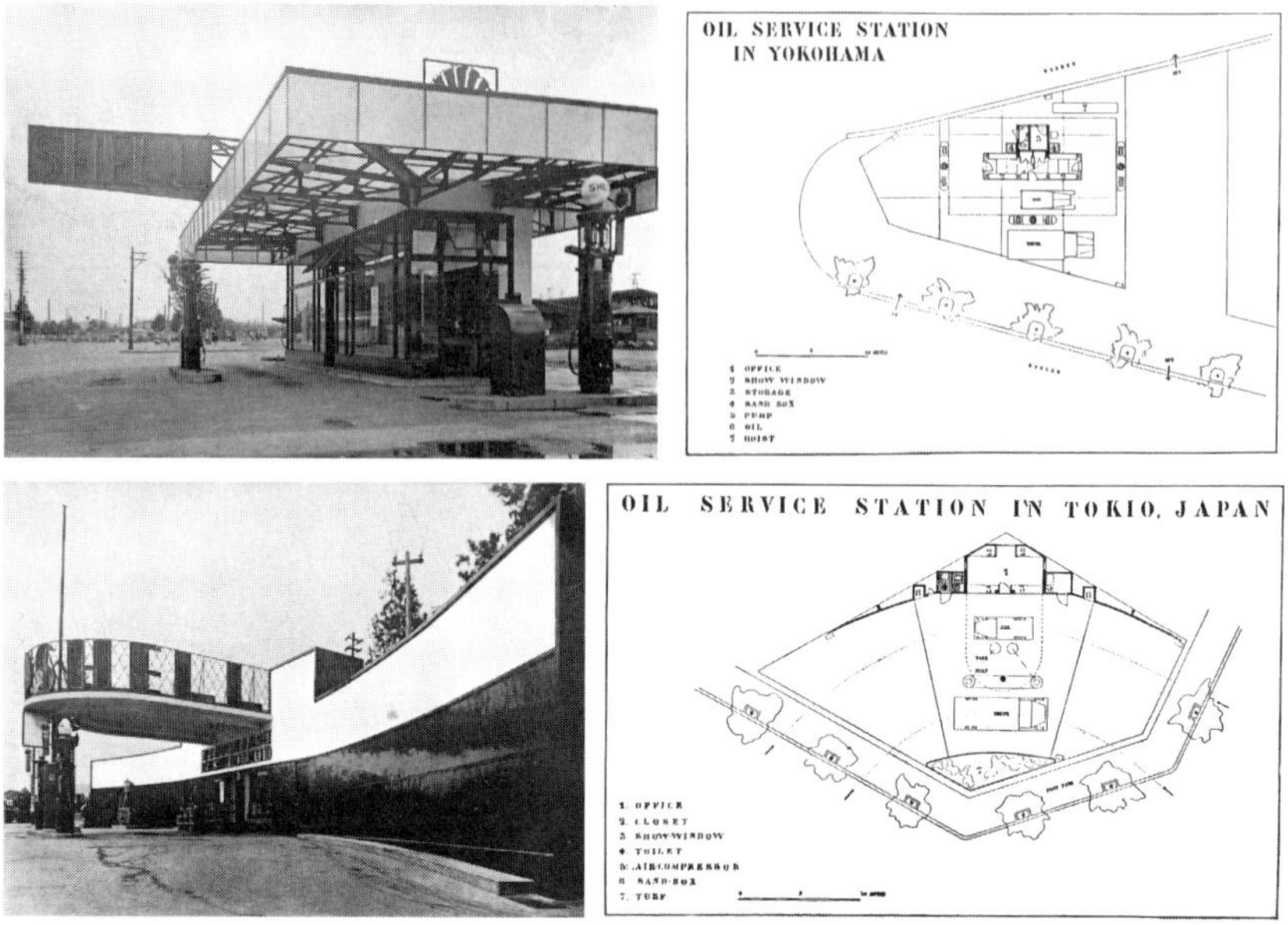

図 58　「横浜給油所」（上）と「巣鴨給油所」（下）の外観および平面図

ノピーと看板は、計量機が設置されたアイランド上に、丸柱によって支えられており、事務所・キャノピー・計量機アイランドが一体的に設計されていることがわかる。「アールデコ調」とされているが[132]、むしろイタリア合理主義のデザインを先取りしているようにも見える。また、この作品においても、キャノピーの内側に小型自動車が、外側に大型自動車が、それぞれ停車するように計画されている上に、自動車の動線が点線で示されている。

レーモンドの設計したガソリンスタンドは、これら二ヶ所のみであったが、我が国におけるガソリンスタンドの歴史を考える上で画期的なデザインであり、その後のガソリンスタンド建築に大きな影響を及ぼした。とりわけ巣鴨の事例における長大な壁は、後に防火壁に置換されたと言われている。後にレーモンドは、「普通敷地は角地であったが、鉄筋コンクリートの耐火壁で、給油所を近所の家から切り離した。この点は後年防火規則に取り入れられ、給油所には今でもこのような壁が建てられている」と記している[133]。レーモンドの述懐が正しければ、現在、ガソリンスタンドの敷地三方向を囲うコンクリート製の壁は、レーモンドによるこの建物の壁に原型があるようである。しかしながら、よく見ると、この建物もやはり角地に建てられていること、単純な防火壁以上に車の転回に応じたデザイン上の効果が大きいこと、レーモンド自身が「両翼を用ゆる方法は、広告の効果を増大せしるため」と述べていることを考え合わせれば[134]、原型に直結するとは言い難い。

給油所の設計以外に、レーモンドが手掛けたライジングサン石油に関連する作品としては、「ライジングサン石油社宅群」（一九二七―二九、山手）、「ライジングサン石油社宅フラット」（一九二九、山手）が、作品集に掲載されている。これらの社宅群は、「平面上、仕事上、ともにその時代ではずば抜けていた」とレーモンド自身、自負するものであった[135]。また、作品集には、スタンダード石油（現エクソンモービル石油）の社宅群も設計したことが記されている。これは、「支配人社宅」（一九二七―二九、山手）、「ソコニーハウス」（一九四九―五〇、本牧・山手・伊皿子）であるが、残念ながら給油所に関する記録はない。

モータリゼーション時代の到来

大正期における自家用自動車台数は、全国でわずか一万二〇〇〇台（一九二一年）しか存在しなかった。一方、第二次世界大戦後、「国民車」が登場すると、自家用自動車の生産台数は、二四万九〇〇〇台（一九六一年）、六九万六〇〇〇台（一九六五年）、三一七万九〇〇〇台（一九七〇年）、四五六万八〇〇〇台（一九七五年）という具合に、順調な右肩上がりを示した。自動車台数の増加に伴って、全国のガソリンスタンド軒数もまた、飛躍的に増加した。特に一九六一年に、原油輸入の外貨割当制度が撤廃されると、前年度（一九六〇年）に八五〇〇軒であったガソリンスタンドは、一九六四年には倍以上の二万軒にまで一気に数字を伸ばしたのである。

急増するガソリンスタンドの大半は、日本石油ＫＫ工務部、シェル石油株式会社技術部など、石油会社工務部による設計であった。これらの事例は、基本的にキャノピーがなく、事務所とアイランドが分離された形式であっ

図59　W. D. ティーグによるガソリンスタンド

図60　「山小屋風」のガソリンスタンド

た。しかしながら、事務所・広告・照明は統一的なデザインで設計されており、初期的な「コーポレーション・アイデンティティ（corporation identity）」（以下ＣＩと表記）が実践されていた。特に日本石油は一九五一年より、米国テキサコ系カルテックス社の傘下にあったため、Ｗ・Ｄ・ティーグ（1883-1960）によって設計されたテキサコ（Texaco）のガソリンスタンドの標準デザインの影響を受け、建物のエンタブラチュア部分が三本の線で飾られていた（図59）。なかには、戸田組、宮内建設ＫＫ、梅垣組などの建設会社による設計施工事例も見られたが、これらの設計者による最大の特徴は、ガソリンスタンドが建てられた敷地の性格を反映した事例があったことであろう。別荘地に建てられた「山小屋風」のガソリンスタンドなどは（図60）、ガソリンスタンドとしての一般解を求めた前者とは正反対に、場所に根ざした特殊解を導くものであり、結果的には、アウトバーンに見られた「郷土主義」に通じるデザインであったと言えよう。

建築家の起用

ガソリンスタンドの設計に対して、建築家を積極的に起用したのが、出光興産であった。なかでも坂倉準三は大きな役割を果たした。坂倉建築研究所では、五〇件以上の出光興産のガソリンスタンド（作品集に名前が載せられているものだけで五三件）を設計した。坂倉によるガソリンスタンドは、キャノピーのデザインが主体的に行われ、建物自体をサインとして扱う傾向があったことを指摘できる。こうした傾向は、「皆それぞれ独自なものにしてほしい」という施主の希望に沿った結果であり[136]、統一されたデザインによって企業イメージを伝えようとするＣＩの戦略とは逆の考え方であった。

坂倉が一連のガソリンスタンドにおいて行ったのは、鉄筋コンクリートによる大スパン構造の実験であった。「（車と作業の動線を最優先した）機能というファクター、デモンストレーションとしての造形というファクターを考慮して大スパン構造を採用」したという。そのために、坂倉は、様々な鉄筋コンクリート造の構造形式による屋根を採用したのである。例えば、「元町給油所」（一九六〇）ではＨＰシェルカンティレバー、「茅ヶ崎給油所」（一九六〇）ではＰＳコンクリート折板、「広島東給油所」（一九六〇）・「松江給油所」（一九六〇）・「神戸税関所前給油所」（一九五九）ではＨＰシェル、「池袋給油所」（一九六〇）・「横浜羽衣町給油所」（一九五七）では傘型円錐シェルが、それぞれ採用された（図61）。本章第１節において記したように、我が国では、この時期に、大スパン構造を支えるためのコンクリート技術が発達したが、坂倉のガソリンスタンドは、こうした技術に関する実験にほかならなかった。ＲＣシェル構造によるガソリンスタンドとしては、Ｈ・イスラー（1926–2009）による「ドイツィンゲンのガソリンスタンド（チューリヒ）」（一九六八）が有名であるが、出光興産における坂倉の一連の試みは、これに先行するものとして高く評価できる。こうしたガソリンスタンドにおいて、屋根以外に坂倉が尽力したのが、排水用の側溝パターンによる床面のデザインであった。

坂倉は次のような展望を述べていた。「（日進月歩する計量機やサービス機器の）メーカーとエンヂニアーとの協力なしではガソリンスタンドの設計を進めることはできない」こと、および「サインポールや屋上看板などのデザインについては私は建築家の分野ではなく、むしろグラフィックデザイナーの分野ではないか（中略）設計の当初からグラフィックデザイナーとの協力により進めて行く」必要があることであった。ガソリンスタンドという小規模な施設において、坂倉が行った鉄筋コンクリート造の構造形式に関する実験は、我が国の建築史上において高く評価されるべき事例であったが、CIという観点からすれば、必ずしも成功したとは言えなかった。その上、坂倉自身が「必ずしも経済的でない」と指摘したように、一九七三年のオイルショック以降、鉄筋コンクリート造のキャノピーは姿を消し、鉄骨造のキャノピーが主流となったのである。

ところで、出光興産が起用した建築家は坂倉準三だけではなかった。村野藤吾もまた、その一人であった（図

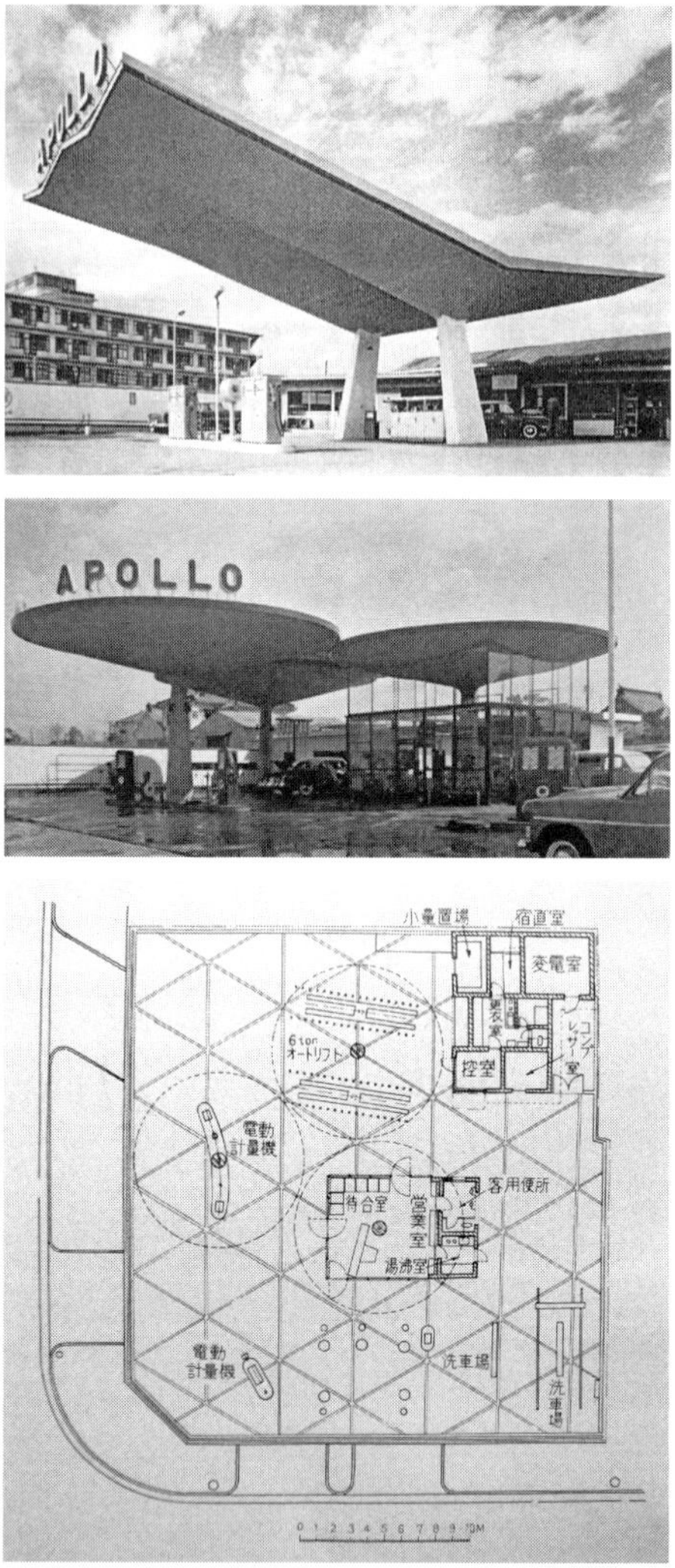

図 61　坂倉準三建築研究所「元町給油所」外観（上），「横浜羽衣町給油所」外観（中），同配置図（下）

62)。村野・森建築事務所による「谷町給油所」(一九六〇)は、鉄骨造のガソリンスタンドであり、計量機アイランドとキャノピー支柱が一体化された特徴的な作品であった。このキャノピーには、先細りの十字形平面柱とH型鋼梁による架構が採り入れられており、ミース・ファン・デル・ローエ(1886-1969)による「ベルリン国立美術館新ギャラリー」(一九六八)を彷彿とさせる。また「清水給油所/カズオスタンド」(一九六二)も鉄筋コンクリート造のガソリンスタンドで、キャノピー支柱と広告塔が一体化されており、「千代田生命保険相互会社本社」(一九六六)の玄関キャノピーを彷彿とさせる。あるいは、「高松営業所」(一九六二)も、同じく鉄筋コンクリート造のガソリンスタンドであり、「箱根プリンスホテル」(一九七八)と同じモチーフをもつ屋根が載せられた円形平面が、ここでは自動車動線に則した形態として用いられている。「九州支店・万町給油所」(一九六二)は、鉄骨鉄筋

図 62　村野・森建築事務所「出光興産谷町給油所」外観(上),「同清水給油所/カズオスタンド」外観(中),「同高松営業所」外観(下)

図63　菊竹清訓「ガソリンスタンド計画案」模型

コンクリート造による作品となったが、プレファブユニットによるファサードは、「名古屋都ホテル」（一九六三）と同じ手法であり、ガソリンスタンドの上階に上屋を持つ初期事例のひとつとなった。さらにまた、給油所以外の出光関連作品としては、「北海道支店」（一九六二）、「仙台支店」（一九六三）、「千葉市店」（一九六三）が挙げられる。なお、坂倉と村野以外の建築家による出光興産関連作品としては、浦辺鎮太郎による「初芝住宅」（一九六七）、岡田新一による「平川郷団地計画」（一九六六）、「港北クラブハウス」（一九六八）、「中央研究所」（一九六九）などが挙げられる。

菊竹清訓は、一九七一年に、「丸善石油サービス・ステーション」を提案した（図63）。それまでのガソリンスタンドでは、従業員の事務所と計量機アイランドは平面的に配置されていたが、ここでは計量器アイランドを覆う屋根の内部に従業員事務所を収める立体的な構成が採られ、「より多くの車に、より充実したサービスを、より短時間に、より少ないスペースで」与えることができる「サービス・ロボット」として提案されている[137]。多くの事例が、「計量機をキャノピーの下にどのように収めるか」という建築側から立てられた命題に対する回答であったのに対して、菊竹の「サービス・ロボット」は、「計量機の上にキャノピーをどのように付けるか」という機械側からの発想であったが、実現することはなかった。このほかに、こうした計量器アイランドと事務所が積層された事例としては、吉弘晴行による「M石油警固給油所計画案」（一九七〇）[138]や、ASAによる「エッソスナックハウス　ファンゴ」（一九七一）[139]が挙げられる。特に後者は、上階に軽食ができるスペースを兼ね備えており、国道一六号線沿い（小平・大野台・横浜川井町・京葉鷺沼）に展開された。

キャノピー・事務所・計量機アイランドの相関関係

このように「ガソリンスタンド」の建築史において最も重要な点は、キャノピー・事務所・計量機アイランドの相関関係であるが、この関係は一九六〇年代を境として大きく変貌したことが見て取れる。まず、一九六〇年代以前では、基本的にキャノピーはなく、仮にあったとしてもテントなどによる仮設的なものであった。この場合、事務所とアイランドが一体化された事例と、事務所とアイランドが分離された事例に分けられる。これに対して一九六〇年代以降では、キャノピーが設けられるようになった。ここでは、キャノピーの構造形式によって、「キャンチレバー型」と「門型フレーム型」の事例に大別される。前者の事例では、さらに、キャノピー支柱が、事務所構造体と一体化されたものと、計量機アイランドと一体化されたものに細分できる。ここで、キャノピー支柱が事務所構造体と一体化された事例において特筆すべきは、給油設備がキャノピーの天井配管に組み込まれた「懸垂式給油設備」と呼ばれる方式が採用されたことである。この方式は、都心部の自動車回転半径を十分に確保できない小規模敷地のために、ゼネラル石油によって「ノンスペース型ＳＳ」として発明され、日本と韓国に独自の方式であると言われている。[140] また、「門型フレーム型」の事例では、門型フレームの片方が事務所構造体と、もう片方が計量機アイランドとそれぞれ一体化された。なお、一九七〇年代以降になると、正確にはオイルショック（一九七三年）以降に、経済的理由とＣＩ戦略の強化によってガソリンスタンドは画一化されることになる。

ガソリンスタンドのグローバル・デザイン

モービル石油（現エクソンモービル石油）では、Ｅ・ノイズ（1904–1977）が、一九六四年から起用されることになった。ノイズは、一九三八年にハーバード大学デザイン学部を卒業後、Ｗ・グロピウスとＭ・ブロイヤー（1902–1981）の下で建築家として働いた後、一九四〇年代にＭＯＭＡのインダストリアル・デザイン部門のディレクターを経て、第二次世界大戦後にＩＢＭおよびモービル石油のデザイン総監を務めた。ノイズの設計によるガソ

図 64　E. ノイズ「ペガサス SS 第 1 号店」（左）および「スターティング・ゲート式アイランド」（右）外観

リンスタンドのプロトタイプは、ひとつの円形キャノピーの下に円筒形ポンプが設置され、キャノピー支柱と計量機アイランドが完全に一体化されたものであった。また、円形のキャノピーは、どのような敷地形状にも対応できる画期的なものであった（図64）。このプロトタイプに基づいて造られた「ペガサスSS第一号店」は、一九六九年に愛知県犬山市専正寺町に設置された。ノイズは、このプロトタイプにさらに改良を加えた「スターティング・ゲート式アイランド」を開発した。それは、二重天井の骨型アイランドに角形ポンプが据えられ、キャノピー支柱と計量機アイランド・事務所が一体化されたものであった。我が国では、「ペガサス21SS第一号店」として、一九八七年に、横浜市中区間門町に設置された。

また昭和シェルのガソリンスタンドには、一九七一年にR・ローウィ（1893-1986）が起用された。ローウィは、一九一〇年にパリ大学を卒業後、第一次世界大戦に従軍、一九一九年に渡米し、『ヴォーグ（*Vogue*）』誌のイラストレーターを経て、一九二九年頃からインダストリアル・デザインを手掛け、シェルのマークもデザインした。この一九七〇年に雑誌発表されたガソリンスタンドのプロトタイプは、[141]「MAYA型SS」と名付けられ、軒先端部の鼻隠が薄くなるように処理され角が丸められた矩形キャノピー（折板鋼板）の下に、支柱と球形ポンプが一体化されたアイランドが設置されたものであった（図65）。さらに、このガソリンスタンドでは、事務所と整備室からなる二種類の「箱形ユニット」が用意されていた。第3章で見た「箱形ユニット」が、住宅産業以外に採用された事例として注目に値する。なお、「MAYA型」とは、ローウィによって提唱された、「（消費者の欲求が）新しいものの誘惑と未知のものに対する恐れとの間の一種の綱引き」状態にあるとされた「ＭＡＹＡ（Most Advanced Yet Acceptable／最も先進的であるが受け入れられない）段階」に因んだものであった。[142]

日本石油もまた、時代が少し下る一九八二年七月に、二十数年ぶりに刷新された系列給油所の「基準デザイン」を発表した。それは、フランス人デザイナー、ジャン＝ロジャー・リュウによるものであった（図66）。レーモンド以来、ガソリンスタンドを囲い込むようになった壁面が、石油会社のロゴやマークではなく、自動車のスピードに応じた色面によって処理されている。リュウによるデザインは、スーパーグラフィックの手法がＣＩとして用いられた点において高く評価できる。

竹山実建築総合研究所による「シェル六本木給油所外壁塗装」（一九七二）もまた、同じようにスーパーグラフィックの手法が採られ、既存の画一的なデザインのガソリンスタンドを、藤原昌美のイラストによって「需要者（ガソリンスタンド経営者）側とその周辺の不特定な環境から修正」しようとする試みであったが、[143]リュウとは全く逆の発想によるものであった（図67）。ここでは、ガソリンスタンドを囲い込む外周壁だけでなく、隣接する七階建の建物の壁面も一緒に塗装されたのである。

いずれにせよ、石油産業は、ＣＩという考え方が最も浸透した産業のひとつであり、ガソリンスタンドのデザインは、こうしたＣＩに則して世界的に統一されていくことになった。

図 65　R. ローウィ「MAYA 型 S. S.」外観

図66　J.-R. リュウによるガソリンスタンド

図67　竹山実と藤原昌美による「シェル六本木給油所外壁塗装」

「給油所」から「サービス・ステーション」へ

一九六〇年代中頃からの本格的なモータリゼーションは、単に石油を販売するだけの「給油所」から、自動車整備部門と自動車関連部品売店部門を備えさらにサービスを充実させた「サービス・ステーション」へと、ガソリンスタンドの業態を変化させた。その背景にあったのは、一九六一年に「原油輸入の外貨割当制度」が撤廃されると同時に石油に関する貿易が自由化され、翌年に「石油業法」が制定されたことであった。結果として各石油各社は小売販売網を拡大し、通産省が一九六五年に、ガソリンスタンドの建設数と設置距離に関する規制の行政指導を行うようになったことからもわかるように[144]、ガソリンスタンドの急激な乱立を招くことになり、ガソリンスタンド相互におけるサービス競争が引き起こされたのである。ガソリンの販売価格よりもサービスが重視されるようになり、観光地の伊豆のガソリンスタンドでは「熱いお茶の一杯」を給仕することが日常化した。もはや、ガソリンスタンドに求められるのは、自動車への給油だけでなく、自動車の整備すらも超えて、自動車を運転する人間に関わるサービスが重視されるようになったのである（図68）。美建設計事務所（石井修）による「石橋サービスセンター」（一九六六）は、既存のガソリンスタンドに隣接して新たに設けられた施設であった

図68　出光と森永が一体となった「森永ハウス」

が、一階にコーヒーショップと事務所、二階にレストラン、三階に子供用サーキットと娯楽クラブがそれぞれ収容された。さらには、駐車場を併設するガソリンスタンドさえ出現した。日本石油では、こうした駐車場を併設したガソリンスタンドが、「名古屋と東京の大久保の環状線道路」に設置されていたという記録が残されており、これらのほかにも計画中であったとされている[145]。こうなると何のための施設なのかわからなくなる。実際、このころから、ガソリンスタンドの経営者に向けて、数多くの経営指南書が出版されるようになった。あるいは、各石油会社では、こうした動向に対して、技術とサービスを一律化するために、各地域に拠点施設として、「スタンドマン」のための「給油所学校」や「トレーニングセンター」が設けられた。W・D・ティーグは、「サービス・ステーション」について、「現代の様式の定着を証明するもの」と記したが[146]、こうした近隣とのサービス合戦の末、ガソリンスタンドは、自動車社会における「アーキペラゴ／群島」としてのインフラストラクチュアとなったのである。

ガソリンスタンドがもたらした「サービス照明」

過剰なサービスは開店時間の延長にも及び、ガソリンスタンドの夜間営業がいっそう重視されるようになった。一般的に、ガソリンスタンドは、敷地に対して屋外または半屋外の占める面積が七〇〜八〇％となり、そこで安全に給油を行うために、屋外照明が求められる。本章の第1節で記したように、一九五〇年代に進展した自動車ヘッドライトをめぐる技術開発によって、反射鏡を備えたランプに関する技術は飛躍的に向上し、屋外用リフレクターランプの国産化に大きな影響を及ぼした。そして一九六〇年代になると、こうした屋外用リフレクターランプが、夜間営業を行うガソリンスタンドのアイランドに、計量器と並んで順次設けられるようになった[147]。以後、夜間営業という時間サービスをめぐって、自動車を照らす灯りと自動車が照らし出す灯りは、ともに屋外照明に関する最先端技術のための舞台となったのである。

本節のはじめにふれた昭和初年のガソリンスタンドの中には、すでに夜景を撮影した写真が残されている。こうした一九五〇年代までのガソリンスタンドでは、事務所から洩れ出る白熱電灯のわずかな灯りと広告のネオンサインからなる発光体である「建物」を直接光として見ることとなる。一方、六〇年代以降のガソリンスタンドでは、蛍光灯や水銀灯を光源とする屋外用リフレクターランプに照らし出された敷地全体という「場所」を間接光によって見ることになる。W・シヴェルブシュ（1941-）が言うように、近代の照明は「祝祭照明」と「公安照明」という二面において開拓された[148]。しかしガソリンスタンドの照明はもはや、イルミネーションや花火による近世的な「祝祭照明」でもなければ、夜間交通の安全確保を目的とした街灯による近代的な「公安照明」でもない。それは、蛍光灯や水銀灯を光源とする屋外用リフレクターランプで敷地全体を照らし出し自動車のための演出を行う現代的な「サービス照明」になったと言えるのではないだろうか。

第5章　〈消費環境〉のデザイン

自動車は、定期的なモデルチェンジによる消費システムを構築するとともに、その機動性と運搬能力によって、消費生活スタイルを一変させ、〈クルマのためのマチ〉を創出した。本章では、自動車販売店のデザインを分析する一方で、自動車交通を中心に展開されたレジャー施設とショッピング施設を取り上げ、自動車によって生み出された消費環境のデザインについて考察する。前者では、耐久消費財の代表である自動車販売のあり方を、建築デザインの透明性に照らして検証し、後者では、自動車を主要交通機関とする施設に焦点を当て、両者の施設と駐車場のデザインの相関を検討することで、自動車をめぐるライフスタイルの変容について考えてみたい。

1　自動車販売のための環境

ポスト・オイルショックの建築・都市を考えるとき、より日常的で身近な施設のデザインの台頭に注目しなければならないであろう。ここではまず、一九七〇年代中頃から八〇年代初頭にかけて大きく変容した自動車ショールームを取り上げ、そのデザインについて論じてみたい。オイルショックの影響を受けて、自動車各社のショールームは、販売車種の多様化と販売方法の合理化を進めるため、従来の業販体制を見直すとともに、都市部に集中していた販売拠点施設を、郊外に分散し始めた。川添登が「私はカビになりたい」と述べ[1]、また前述のようにM・ラゴンが「自動車は、事実、古い都会の体内における怪物、黴菌《かびきん》である」と喝破したように[2]、自動車のショールームは、オイルショックを契機として、その胞子を本格的に飛散し始めたのである。

オイルショック前夜の自動車ショールーム

一九五五年に、通産省が「国民車育成要綱案」を発表して以来、自動車会社各社は小型乗用車を相次いで生産・発売したが、ひと口に「国民車」と言っても、その販売システムは多様であった。それでも基本的には、各地の販売店が顧客に直接販売する「直売システム」と、地元の「モーター屋」と呼ばれる業者を通じて販売する「業販システム」に大別される[3]。まず、前者の「直売システム」の方は、戦前期から自動車生産を行っていた企業が採用した。例えば、トヨタ自動車では、後にトヨタ自動車販売の社長に就任し「販売の神様」と呼ばれるようになった神谷正太郎（1898–1980）を、一九三五年に日本ゼネラル・モータースから招聘し、会社設立当初より米国の「フランチャイズ・システム」を自社の自動車販売に取り込むことに成功した。一方、後者の「業販システム」は、本田技研工業のように、二輪車の販売網を活用した企業が採用した。いずれのシステムも、自動車を顧客が自ら買い求めにくることはまれで、事務所に詰めた「セールスマン」が各家庭に出向いて商談を行い（図1）、修理はガソリンスタンドを兼ねたサービス指定工場で行うのが一般的な方法であった（図2）。つまり、自動車の販売と修理は、異なる組織が別々の場所で行うことが多かった。このことは、「ガソリンスタンド」が、単なる給油所から様々な付加価値を備えた「サービス・ステーション」に変質したこととも符合する。もとより、我が国に「サービス」という概念そのものを導入したのが、自動車であった。大倉喜七郎によって創設された大手輸入代理店である日本自動車

（株）の石沢愛三が、大正末期に米国の自動車販売を視察した際に知り得た概念であると言われている(4)。それまで「信用」によって行われてきた耐久消費財の売買は、「サービス」という実体のない付加価値に左右されることになり、高度経済成長期には、販売店相互の「サービス」をめぐる過剰な競争が、大量の「セールスマン」を生み出し、「無責任」な商品販売もまた生じさせることになったのである(5)。

通産省の「国民車」構想の発表から一〇年が経過し、「いざなぎ景気」（一九六五年一一月〜一九七〇年七月）の中で、自動車が「三種の神器（3C（Color Television, Cooler, Car））」のひとつに数えられるようになると、排気量一〇〇〇ccクラスのひと回り大きな自動車が発表され始める。最初に「ファミリア」（東洋工業）が一九六五年に発表され、次いで、このクラスの代表格となる「カローラ」（トヨタ自動車工業）と「サニー」（日産自動車）が登場するが、その一九六六年は、後に「マイカー元年」と呼ばれるようになった。そしてその同じ年に、小田原市郊外を流れる酒匂川を国道一号線が跨ぐ橋の橋詰に建てられた「トヨタ自動車販売（株）小田原サービスセンター」は、当時の自動車ショールームの先進的事例として挙げることができる。上部に塔を載せたRC造二階建の円形平面の販売店が、大型看板を載せたRC造平屋建のガソリンスタンドと同じ敷地に建てられているのが見て取れる（図3）。前者の建物（図版奥）は、同時代の観光地に建てられた展望施

図1　本田技研工業のセールスマン募集広告

図2　「ニッサンサービス指定工場」（1964 年頃）

図 3　トヨタ自動車販売「小田原サービスセンター」

図 4　日産プリンス東京販売「鮫洲サービスセンター」

設に近似しており、R・ヴェンチューリの言葉を借りれば「ダック（Duck：空間・構造・プログラムからなる建築のシステムが、全体を覆う象徴的形態によって隠し込まれ、歪められている）」に相当する[(6)]。一方、後者の建物（図版手前）は、「デコレイテッド・シェッド（Decorated Shed：空間と構造のシステムがプログラム上の要請に無理なく従い、しかも装飾が他のものと無関係に取り付けられている）」に相当しよう[(7)]。このような奇抜な形態と巨大な看板を特徴とする建物は、「田園」というタブラ・ラサの土地において自動車の購買意欲を喚起するとともに、主要道路沿いのランドマークとなり、さらに市街化区域の最前線を示す指標ともなった。

これに対して、同時代における大都市中心部の先進的事例としては、赤松菅野建築設計事務所による「日産プリンス東京販売（株）鮫洲サービスセンター」（鮫洲、一九六八?）が挙げられよう（図4）。片持ち梁で張り出して設けられた「斜路」が、RC造一〇階建のオフィスビル外周を取り巻いており、販売・接客部門は「斜路」の外側に、修理工場部門はその内側にそれぞれ設けられていた。都心部における限定された土地の屋上を立体的に利用した結果、「斜路」という自動車特有の象徴的形態が直截に表現されたこの建物は、巨大な看板以上の効果を生む造形を持つ。前章第２節「駐車のための環境」において検討したように、日本で「斜路」を持つ建物がそれまでなかったわけではないが、それらはほとんどが建物内部に設けられた「斜路」であった。この建物が示すように、二〇世紀初頭にル・コルビュジエによって見出され、C・パラン（1923–）とR・コールハース（1944–）によって昇華された歩行者のための「斜床」のデザインは、自動車の「斜路」というもうひとつの「斜めの建築」であると言えよう。[8] R・バンハムは、こうした打放コンクリート仕上による彫塑的な表現の建物を、「ニュー・ブルータリズム（New Brutalism）」と呼んだが、[9] この都心部の拠点施設として建てられた自動車ショールームは、詠み人知らずの「ニュー・ブルータリズム」となったのである。

ポスト・オイルショックにおける標準化

プレ・オイルショックの自動車ショールームが、大都市中心部に集中配置された鉄筋コンクリート造の大規模店舗であったのに対して、ポスト・オイルショックの自動車ショールームは、次第に、郊外に分散配置された鉄骨造の小規模店舗へと移行した。「重厚長大」から「軽薄短小」へ向かう自動車ショールームの背景には、各社共、オイルショックの影響と車種の多様化の中で行われた業販体制の体系化があった。大都市を中心に設置された拠点の間に残された空白地区は、独立した小さな商圏として捉えられ、「サービス」が遍く行き渡るように考えられた。例えば、本田技研の「ＯＰ１（Open Point 1）」（一九七〇）と「ＯＰ２（Open Point 2）」（一九七二）、日産自動車の「COMPASS（Customer Oriented Marketing And Strategic System）」（一九七四年開始）、三菱自動車の「Ｍ－Ｍ運動（より良く More Value, より多く More Volume, より努力 More Effort, より利益 More Profit）」（一九七五年一月開始）という社内改革は、いずれも市場・顧客・セールスマンの管理方策を確立するものであり、ホンダ以外はポスト・オイルショック対策でもあった。その結果、一九七〇年代末までに、トヨタでは四系列、日産では四系列（後に二系列に集約）、ホンダでは三系列、三菱が二系列、マツダでは二系列へと販売店の再統合が行われた。[10]

図5　三菱自動車販売「カープラザ店」店舗モデル

図6　本田技研工業「ホンダベルノ」店舗モデル

こうした業販体制の体系化に伴う販売店の再統合は、自動車ショールームの標準化を招くことになる。例えば、三菱自動車販売では、「M‐M運動」の一環として、「SPD店（Single Point Dealer）」（一九七六年七月）七六箇所と「カープラザ店（Car Plaza）」（一九七七年三月）一八六箇所が、統一されたデザインで展開された（図5）。この三菱の「SPD店」と「カープラザ店」のみならず、ポスト・オイルショックに標準デザインによって展開された自動車ショールームは、各社とも、建物上部の水平帯であるエンタブラチュアおよびガラス・カーテンウォールからなる建物と、自立型の大型看板からなる点が共通する。その際、色彩／車種／販売系列の明確な相関関係の提示がCI事業と並行して行われた。それを最も明確に打ち出すことができたのが、本田技研の「シビックを中心にした経済的な商品と赤いイメージカラーのプリモ」（一九八五年一月）、「アコードを中心にしたラグジュアリーな商品でシルバーのクリオ」（一九八四年七月）、「プレリュードを中心にしたスポーティな商品でグリーンのベルノ」（一九七八年一一月）という方針であった（図6）[11]。また、エンタブラチュアを強調する自動車ショールームのデザインは、前述のW・D・ティーグによるテキサコのガソリンスタンドの標準デザインにおいて案出されたものであったが、各社とも、その成《せい》に収まる扁平なロゴマークを、色彩と並んでC

I事業の中で用意した。こうしたCI導入に伴うデザインの標準化を経て、自動車ショールームはガソリンスタンドと並ぶ現代の「看板建築」となったのである。(12)

さらに三菱自動車販売の「SPD店」では、建物全体を白色の正方形格子パネルによって統一することで、壁面部材の標準化が図られた。ちなみに、後述する本社の内装においても同様の正方形白色格子パネル（ネオパリエ）が用いられた（図7）。これは、「ニューヨーク・ファイブ（New York Five）」のメンバーの一人であったR・マイヤー（1934-）が、「アセニウム」（一九七五―七九）に端を発する一連の白色正方形格子パネル作品を発表し始めた

図7　三菱自動車販売「SPD店」店舗モデル

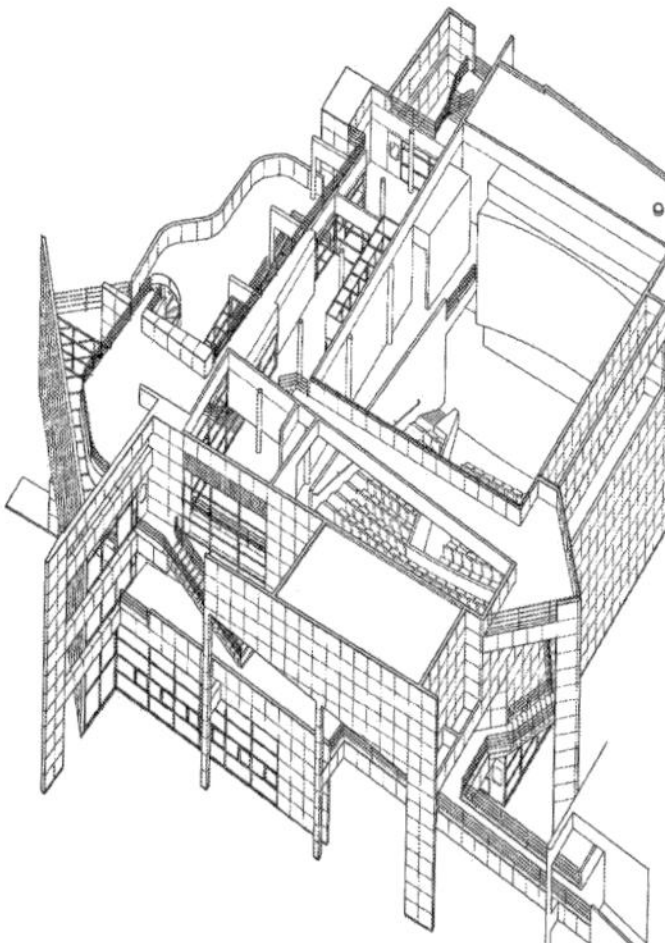
図8　R. マイヤー「アセニウム」

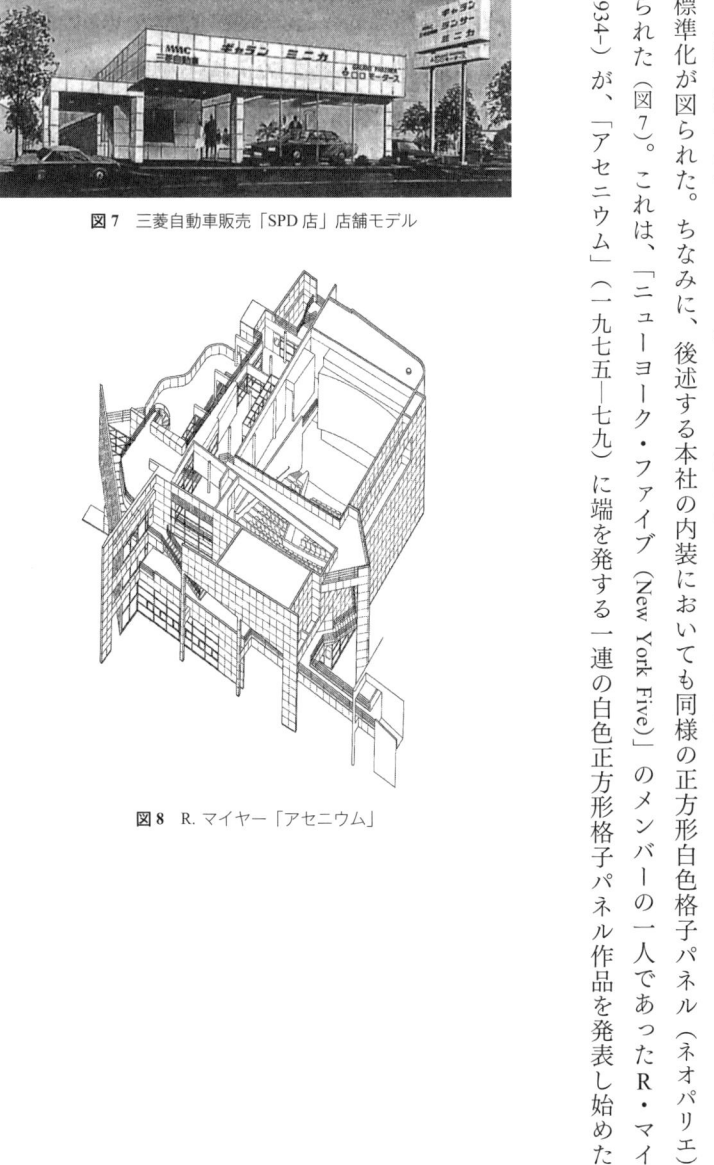

のとほぼ同じ時期である（図8）。また、スーパースタジオ（Super Studio）が白色正方形格子を先行的に家具・墓碑・住宅に適用した「シングル・デザイン」（一九六八—七〇）も、白色正方形格子パネル作品に数えることができよう（図9）。これらの作品群に対して実際に影響が大きかったのは、ソル・ルウィット（1928–2007）による「シリアル・プロジェクトＡＢＣＤ」（一九六六）をはじめとする正方形グリッドを用いた現代彫刻であり（図10）、Ｒ・クラウス（1941–）は、こうした正方形格子を「芸術の空間が自律的であると同時に自己目的的なものであることを宣言する」要素であるとし、[13] 対象全体を覆うことによって得られる自律的な形態として捉えた。つまり、三菱自

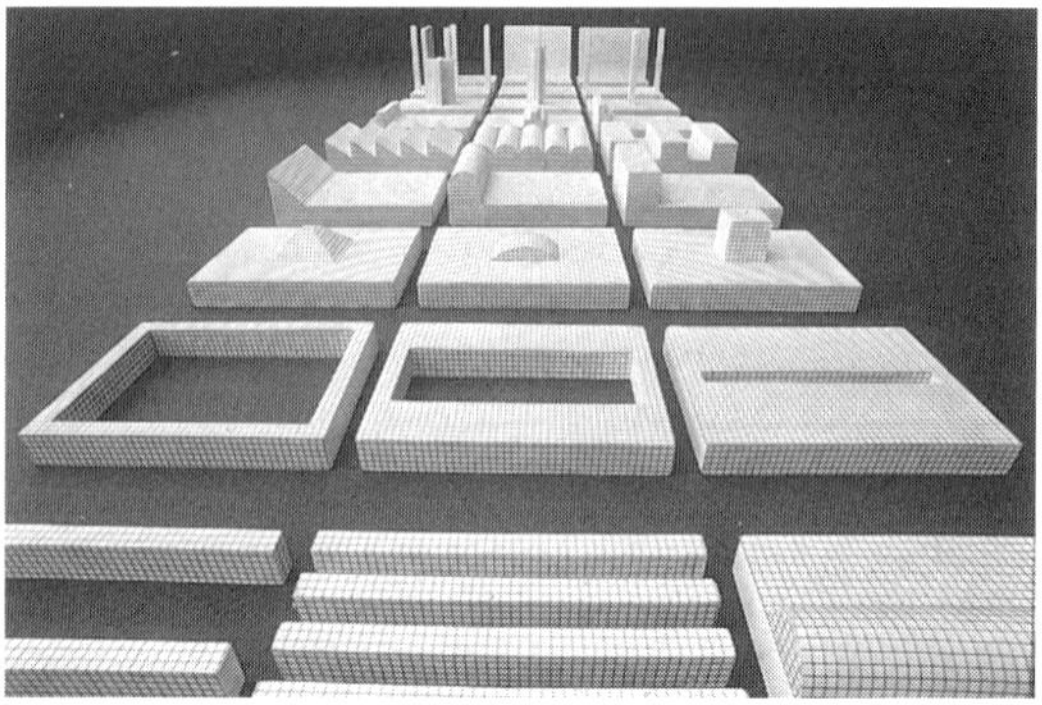

図 9　スーパースタジオ「建築的ヒストグラム（Architectural Histogram）」：別名「建築家の墓（Architect's Tombs）」として知られる 27 個からなるオブジェは，「シングル・デザイン」のひとつとして設計された。

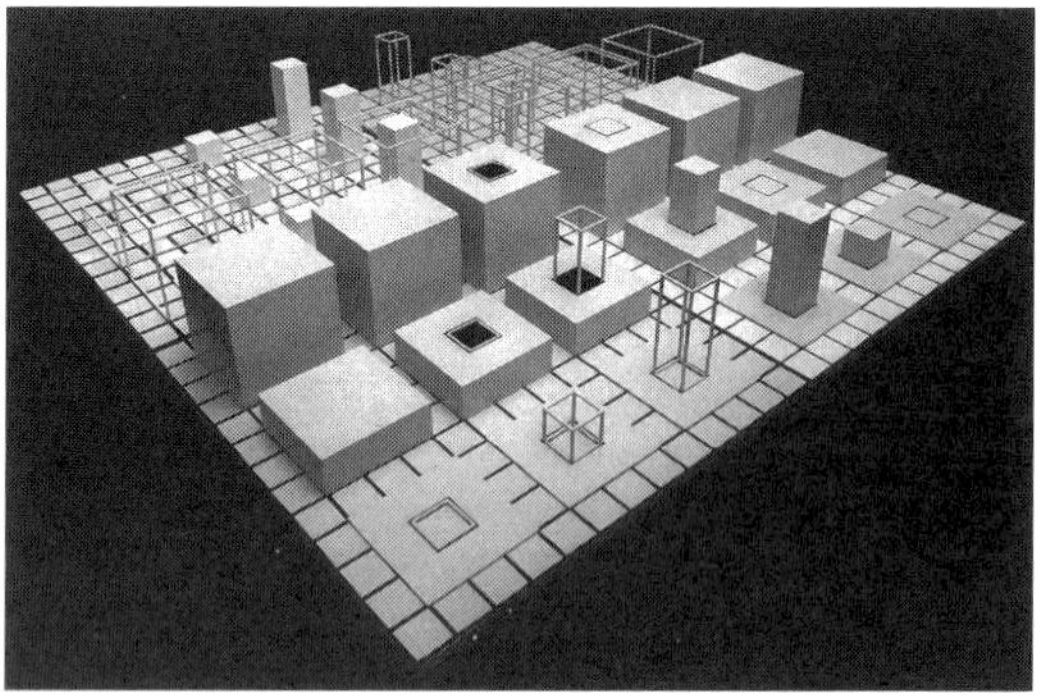

図 10　ソル・ルウィット「シリアル・プロジェクト ABCD」

動車販売の自動車ショールームは、白色正方形格子によって、建物自体が「オブジェ」となる現代彫刻としての性格を身に纏うことになったと言えよう。さらにまた、主に郊外ロードサイドで展開した「SPD店」の外壁正方形白色格子パネルは、後述する「三菱自動車本社ショールーム」（一九八二）のように、都心部のオフィスビルに設けられたショールームの内部空間においても使用されることで、都市と郊外の建築デザインを同質化させるものとなったのである。

標準化に潜む新たな建設技術

一九六〇年代中頃から、自動車自体のガラスが、大きな転換点を迎えることになる。まず、フロントガラスには、割れた場合に全面細かい粒状になり運転者の視野を遮ることがないように、一部分だけはやや大きな破片となり透視域ができる強化ガラス「ビジライト（Visilite）」が、一九六五年一〇月に開発され、トヨペット・コロナに用いられた。また、リアガラスには、季節や天候によってガラス表面に結露や凍結が生じないように、中間膜にきわめて細い電熱線を挟み込んだ合わせガラス「サーライト（Therlite）」が、一九七一年一月に開発され、ニッサン・プレジデントに用いられた。(14)

こうした自動車のガラスために開発された技術を建築に適用したのが、エーロ・サーリネンであったことは、第3章第2節「自動車と建築の技術移転」において記した通りである。(15) サーリネンは、自動車のガラスを支持するガスケットの技術を、建築サッシに導入した。自らの事務所の目と鼻の先にあるゼネラル・モータースから、「GM研究所」（一九五五）の設計を頼まれ、その建物の妻面に、釉薬によって鮮やかな色が施された「釉薬焼付け煉瓦（Glazed Brick）」を用いたのに対して、平面では、窓ガラスと「琺瑯引き鉄板（Porcelain-faced Sandwich Panel）」のスパンドレルを、「ネオプレン・ガスケット（Neoprene Gasket）」によって支持する手法を案出し、このジッパー・システムがその後「カーテン・ウォール」のジョイントになくてはならない方法となったのである。

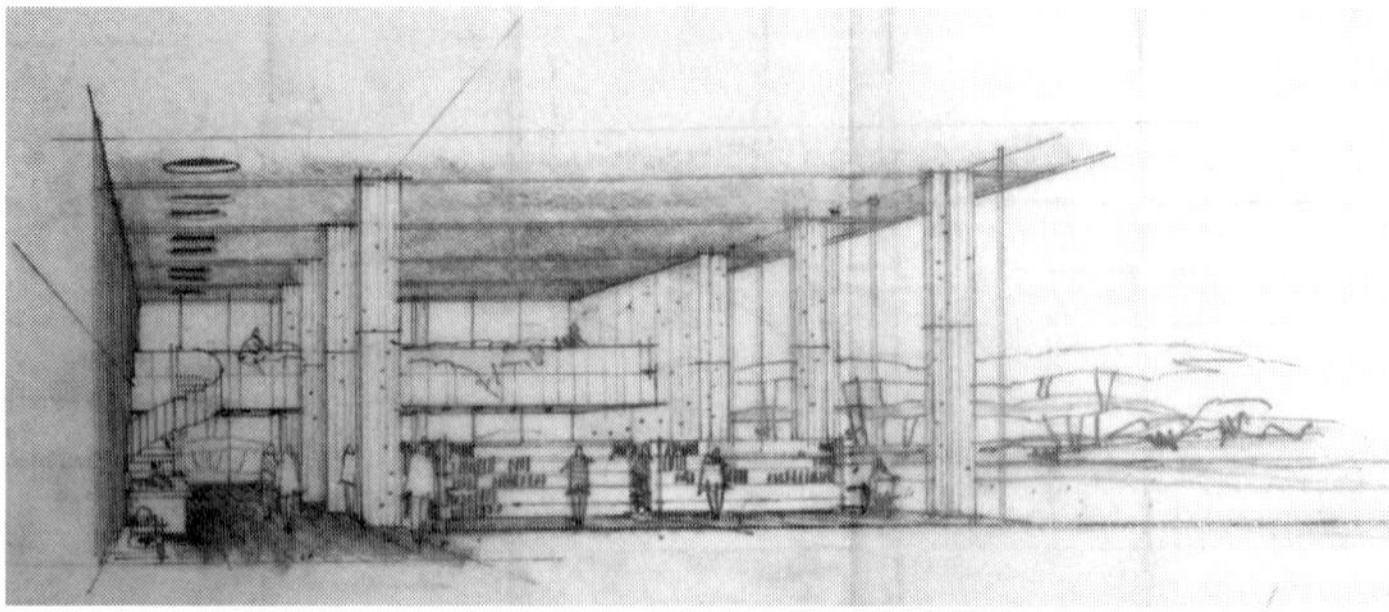

図11　村田政真建築設計事務所「四日市市立図書館計画案 室内透視図」

自動車ショールームのショーウィンドウを最大化させたのは、この「カーテン・ウォール」と「サッシュレス・ウィンドウ」という二つの建設技術であった。「カーテン・ウォール」は、当時「サスペンド工法」と呼ばれ、板ガラスを特殊金具で吊り下げるため、仮に大寸法であってもその自重によって歪みや破損が生じることが少ない施工方法である。したがって、開発当初は、商店のショーウィンドウ、ショールーム、ホテルのロビーなどにおいて積極的に導入された。「サスペンド工法」は、一九六〇年に西独のハインリッヒ・ハーン硝子社（Glasbau Heinrich Hahn）によって開発されたが、我が国では、「プロフィリット・ガラス（Profilit Glass）」と呼ばれる溝型ガラスの技術導入に伴う施工実習のために欧州出張した日本板硝子の社員が、一九六三年に知り得た技術だったと言われている。[16]「カーテン・ウォール」を公共施設へ積極的に採用したのは村田政真（1906–1987）であった。例えば、村田の郷里である四日市に建てられた「四日市市立図書館」（一九七三）では、二層吹抜けの開架書架北側に「サスペンション構法によるフレームレスガラス（「基本設計図書」特記事項記載内容）」が設けられている（図11）。村田はこのサッシレス・カーテン・ウォールのことを「枠無し吊り硝子の透明壁」と記しており、一階開架書架と北側庭園を一体化させるとともに、「図書館機能を市民生活の中に溶合」することを期待していたという。[17]なお、この建物南面には、近鉄湯の山線からの騒音防止のために、「遮音性の高い（アルミニウム）気密サッシ」が用いられており、サッシ技術の最先端を誇示するデザインであったと言える。観光ホテル建築の大家として名を馳せた村田は、初期の「サッシュレス・ウィンドウ」を、眺望が重視されるホテル・ロビーなどに導入していた。「四日市市立図書館」では、ショールームやホテルなどの民間施設で先行して用いられた最先端技術を、図書館という公共建築に適用することで、古色然とした公共建築を名実ともに市民に開かれた建築にしようとしたのである。

自動車ショールームに停められた新車に試乗するとき、人は、フロントガラスとショーウィンドウの向こう側に、実際の街の風景を見出し、そこを疾駆する姿を我知らず夢想する。その瞬間、外部空間にあるべき「オブジェ」としての自動車を、その内部から二枚のガラス越しに見ていることなど、誰も気にも留めないであろうし、二つの窓が相関関係を有する二〇世紀中盤の大発明であることに気づくこともないのである。こうした「透明性」について、C・ロウとR・スラツキーは、一九六三年と七一年の二度にわたって、イェール大学建築学部の機関誌『パースペクタ（*Perspecta*）』に、「透明性――実と虚」と題する論文を掲載した。[18] ロウとスラツキーの「透明性II」の邦訳が最初に紹介された『建築と都市』一九七五年九月号の表紙には、N・フォスターが創出したガスケットの施工方法が載せられている（図12）。彼らの分類によれば、標準化された自動車ショールームは、「実の透明性」に相当するものであり、彼らが殊更に強調した複数の「タブロー（Tableau）」が生み出す「虚の透明性」を自動車ショールームに見出すには、今少し時間が必要であった。

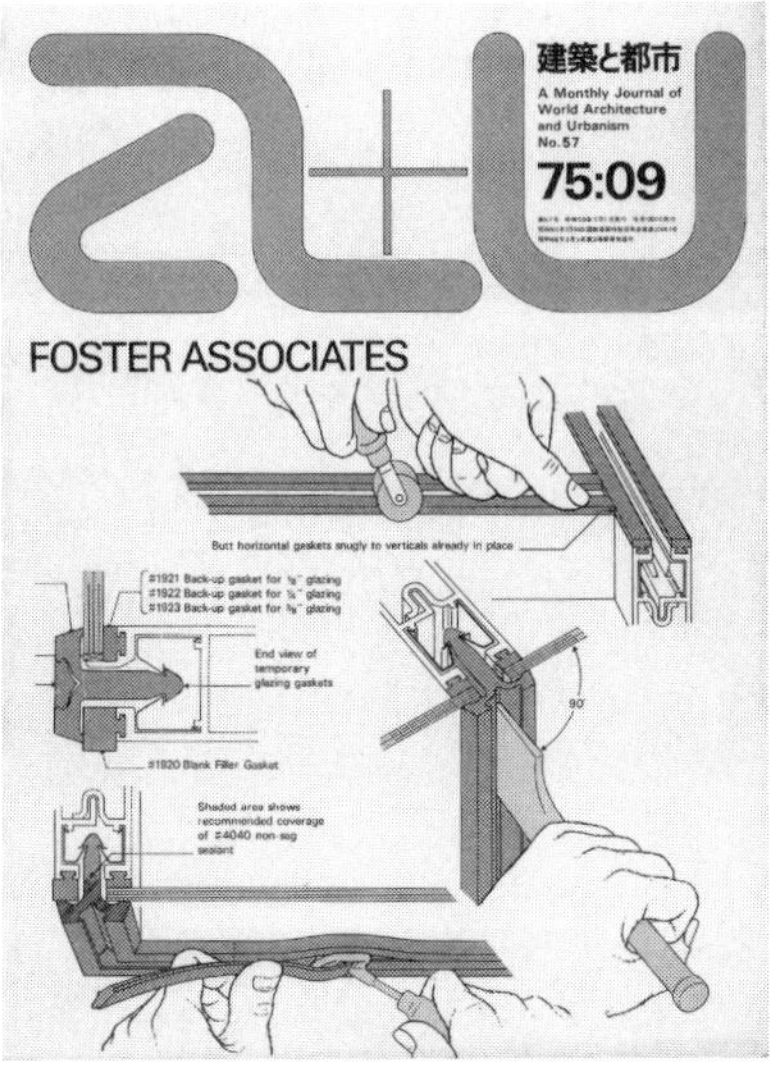

図12　C. ロウとR. スラツキーによる「透明性II」の邦訳が掲載された『建築と都市』1975年9月号表紙

外部空間と内部空間の等質化

ところで、自動車の展示方法に着目すると、戦後最初期には、主たる展示空間は屋外であった。このことは、一九五四年四月二〇日から二九日にかけて、日比谷公園にて開催された「第一回 全日本自動車ショウ（Tokyo Motor Show）」の展示を見れば明らかである。[19] 公園の芝生に白い木柵が設けられ、その内側に、展示自動車がまるで家畜のように停め置かれていることが見て取れる（図13）。台座に載せられた新型自動車も認められるが、わずか数台である。第六回（一九五九年）より晴海埠頭の「東京国際見本市会場（国際貿易センター、一九五九、設計 村田政眞）」に場所が移され、さらに第二八回（一九八九年）からは「幕張メッセ（一九八九、設計 槇文彦）」で開催、第四二回（二〇一一年）に現在の開催地である「東京国際展示

図 13　「第 1 回 全日本自動車ショウ」における展示の様子

図 14　「第 7 回 全日本自動車ショウ」における展示の様子

場（通称　東京ビックサイト、一九九五、設計　佐藤総合計画）」に移されている。我が国のモーターショーの展示は、一九五九年から内部空間になったのである。そして屋内展示となるに伴って、「ターンテーブル」と呼ばれる回転式の台座を用いた展示方法が、次第に増加した。ただし一方で、たとえ屋内展示となっても、初期の台座周囲には、柵・植栽・池などの外構デザインの要素が用いられていることに注意すべきである（図14）。

さて、実際の自動車ショールームにおいて外部空間と内部空間を連続的に捉える建築のあり方をいっそう推し進めたのが、都心部一等地の本社ビル一階に設けられた、楠見建築設計事務所による「三菱自動車本社ショールーム（港区芝、一九八二）」であろう（図15）。このショールームは、「店頭・店内の区別はなく、歩道を含めた前庭からビル中央部のエレベーターホールまでの全域を、床（特注の硬質ノンスリップタイル）・壁（白色ネオパリエ）・天井（ステンレスパイプによる簀子）共に夫々均一な素材で構成」されていた[20]。そこでは、通常、外部空間に用いられる床材と、前述の郊外ロードサイドで展開した「ＳＰＤ店」外壁の正方形白色格子パネル（ネオパリエ）を内部空間に使用することによって、内部と外部を反転させるとともに、都市と郊外の建築デザインを同質化させたと言える。さらに、このショールームにおいて注目すべきは、新型の自動車が円形台座の上に載せられて展示されている点である。このことは、自動車という展示物が、台座という「パレルゴン（Parergon）」に据え置かれることによって、美術館における彫刻同様の「オブジェ」として扱われるようになったことを意味する（「パレルゴン」とは、Ｊ・デリダによれば、「作品（ergon）でもなく、作品の外のもの（hors d'œuvre）でもなく（中略）作品に〈場を与える〉もの」である[21]）。さらに、同じ空間の壁面には、五十嵐威暢（1944–）と早瀬和宏（1945–）による自動車部品を用いたレリーフが懸けられ、ディスプレイは乃村工藝社と旭通信社によって取りまとめられており、さながら自動車をモチーフとした美術館の様相を呈している。つまり、これは、自動車という「オブジェ」を内部空間に据え置くための空間デザインだったのである。

一方、伊東豊雄（1941–）による「ホンダクリオ世田谷ショールーム」（一九八六）では、自動車は内部空間では

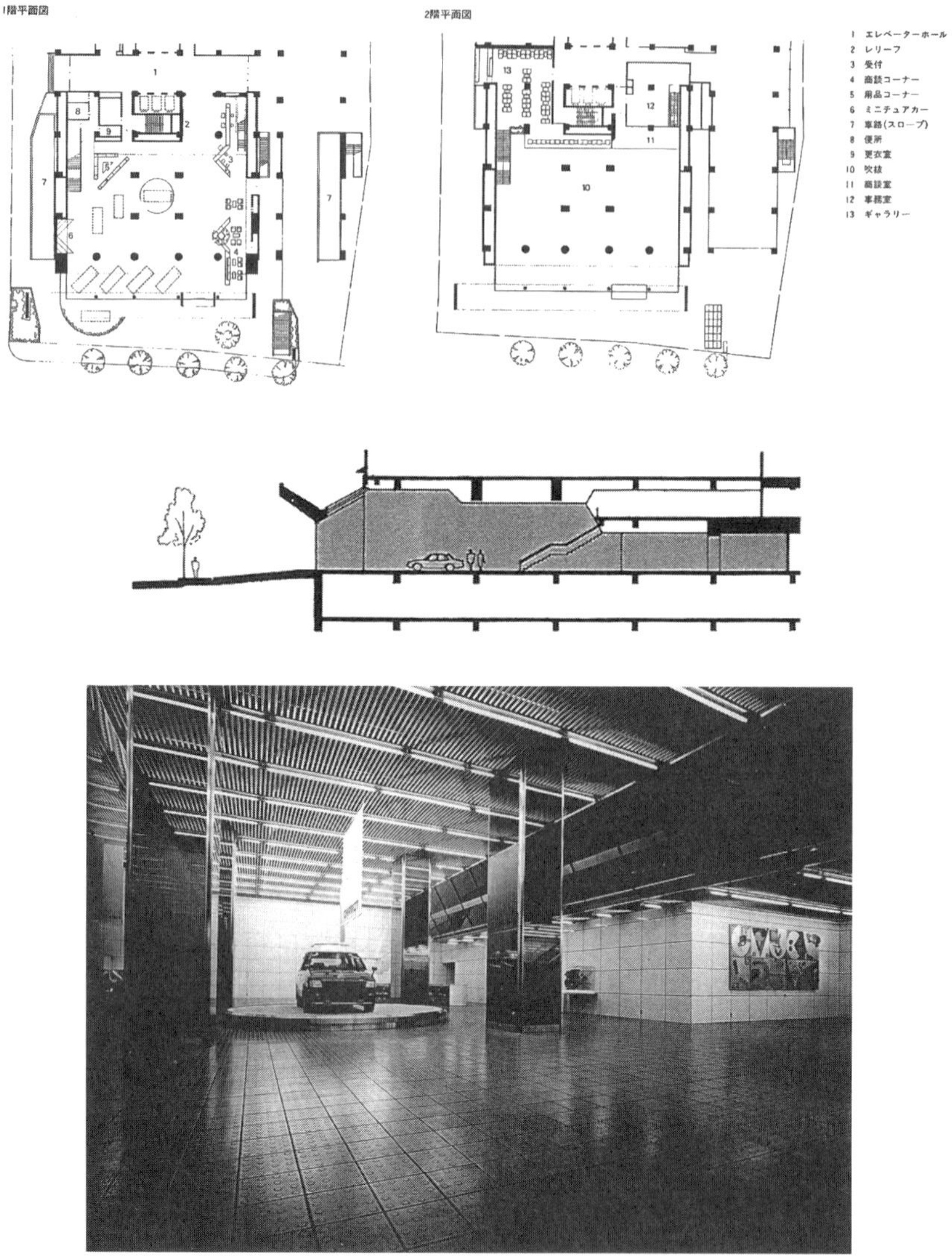

図 15 楠見建築設計事務所「三菱自動車本社ショールーム」平面図，断面図，内観

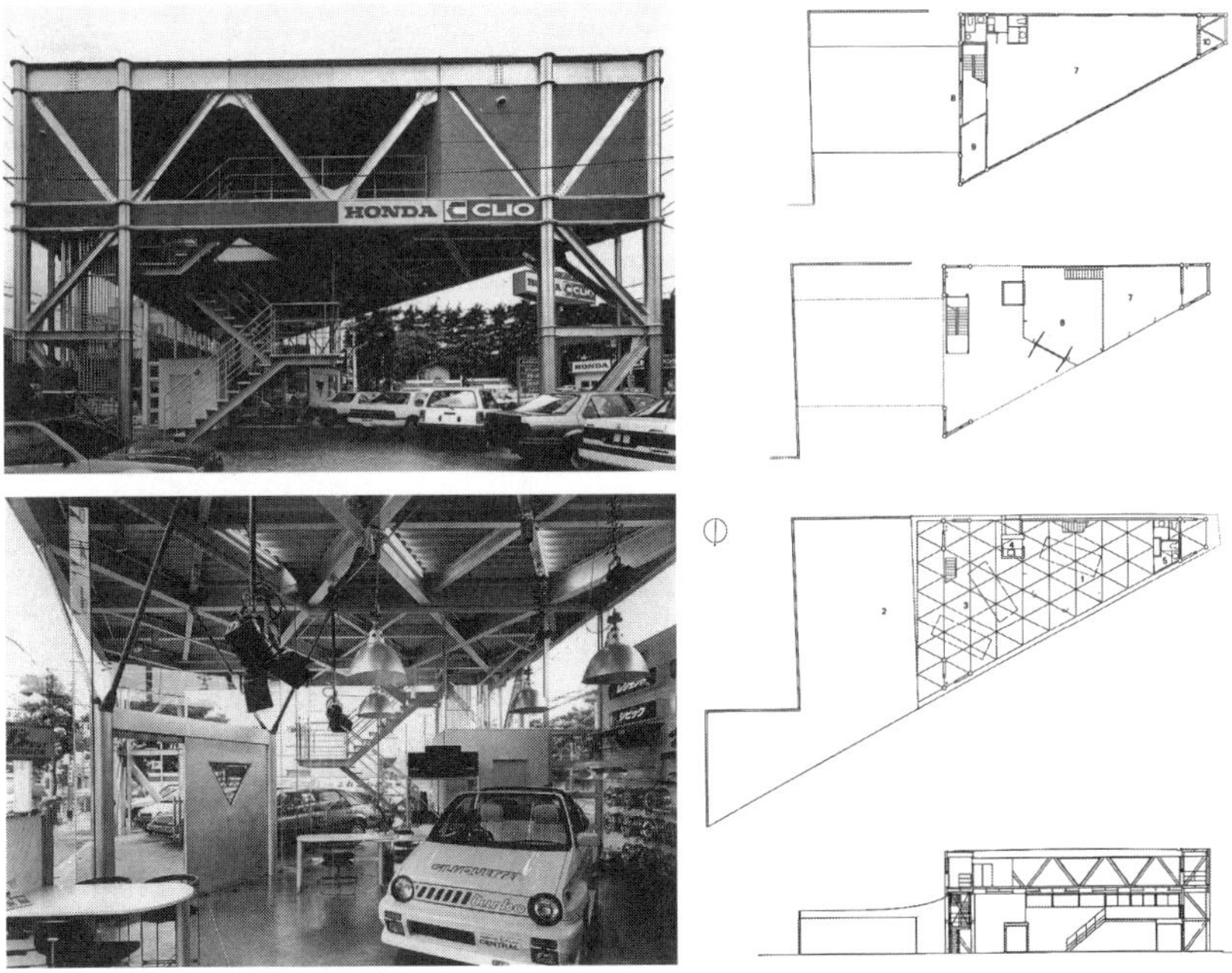

図16　伊東豊雄「ホンダクリオ世田谷ショールーム」平面図，断面図，外観，内観

なく、大屋根の下の半外部空間に停め置かれた(図16)。ここでは、スペースフレームによって地上階を無柱空間(最大スパン二〇メートル)とすることによって、都心部の限られた土地が立体的に利用されるとともに、半外部のショールーム空間が形成されている。二等辺三角形のラチストラス床梁による単層上階が、三角形敷地の三隅に建てられた鉄骨造の三本柱によって支持されたこの建物は、「劇場のプロセニアム・アーチ」としての剝き出しの構造体によってファサードが形成され[22]、半透明の外骨格として設計されている。大屋根の下に配置された小空間(ここでは自動車も含めて考えるべきである)は、「東京遊牧少女のパオ」(一九八五)や「西条の家」(一九八六)、「レストラン・ノマド」(一九八六)の空間構成に近似しており(図17)、「半透明の皮膜に覆われた空間」における「包《ぱお》」に相当するものであったと言えよう[23]。のちの伊東のデザインに見られる、緩やかに包まれた空間の「二重性」によって生み出される「内向性」は[24]、自動車という極小の内部空間

図17 伊東豊雄「レストラン・ノマド」

を持つ「カプセル」が、大屋根の下に停め置かれるこのデザインの延長線上にあると考えられよう。

こうした事態は、オイルショック前後の地下街や商店街アーケードなどの盛り場の空間をめぐって、鳴海邦碩らが「従来の屋外空間が、屋内空間化する」ことを「インテリア空間化」と呼んだことの対極にある。(25) 一九八〇年代に「エクステリア空間化」したと言えよう。つまり、この時期に、外部空間と内部空間は、等質化することになったのである。アルド・ファン・アイクが提唱し、黒川紀章が翻案した「中間領域（In-between Realm）」とは、こうした外部空間と内部空間の等質化の結果として立ち現れた設計対象領域だったのではないだろうか。

自動車をめぐる自閉空間

一九八〇年代の中盤になると、それまでは訪問販売が大半を占めわずか二五％程度であったショールーム販売の比率が、四〇％にまで達するようになり、「地域密着型」の営業がいっそう求められるようになったと言われている。(26) 郊外に伸展した幹線道路のロードサイドでは、自動車ショールームが集中する場所が出現し、ショールーム間における差異化が図られることになる。

こうしたショールーム間における差異化の好例が、大林組による「トヨタカローラ岸和田営業所」（一九八五）であろう（図18）。看板は相変わらず標準化されたデザインであり、鉄骨造平屋建であることも、他社の標準化された自動車ショールームと変わらないが、ここでは「従来のものは白い外壁と大きなガラスの建物」であるため「従

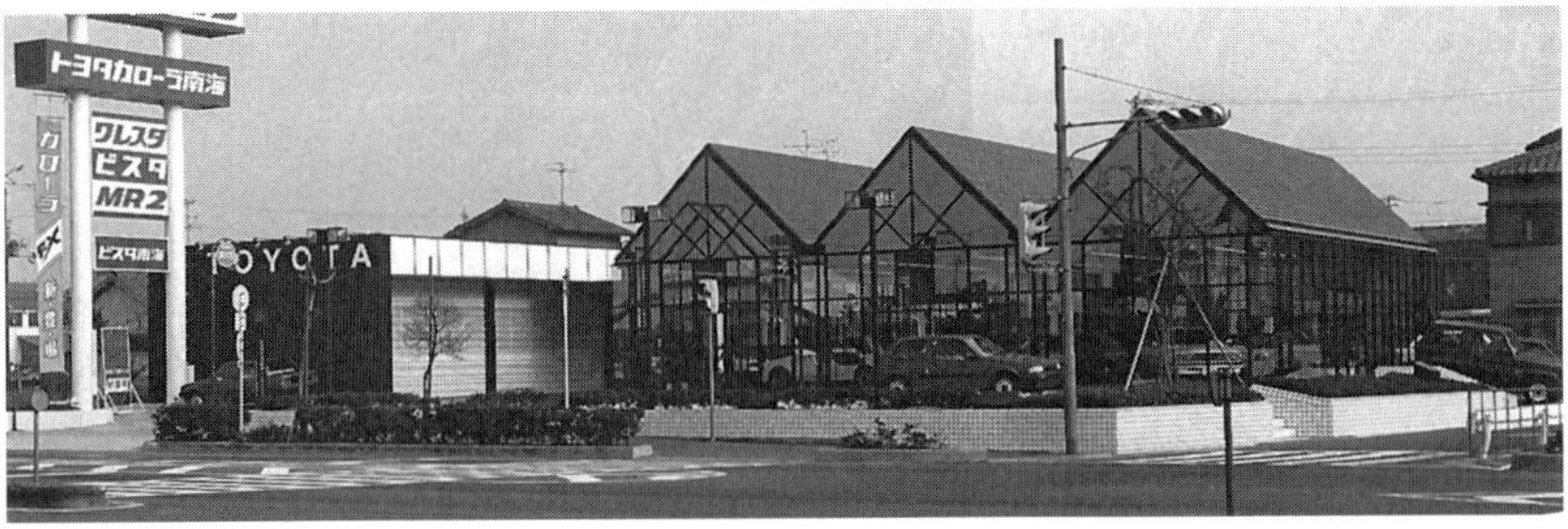

図 18　大林組「トヨタカローラ岸和田営業所」

来のショールームの形に捉われず自由に発想」されたという。[27] その結果として採用された切妻屋根の連棟は、建物を周囲の環境から異化するためのものではなく、むしろ周囲の住宅の家並に応答するものとなった。このことは、モータリゼーションが創出したロードサイドというもうひとつの郊外を、自動車ショールームが認識した結果でもあったと言えるであろう。一九八〇年代にオフィスビルに多用されたコールテン鋼サッシュで支持されたハーフミラーガラスを建物全面に採用することによって、都市と郊外の建築デザインを同質化させることに成功している。

同じ頃、トヨタ自動車は多目的の機能を備えた自動車ショールームを相次いで展開した。「トヨタ・オートフォーラム日の出」（仙台、一九八六）には、ラジコンモデルショップ、地元ラジオ局のサテライトスタジオ、レーシング場、多目的ステージが併設され、「動くものすべてを集めた遊びの発信基地」と標榜されたという。[28] また、「ツインカム」（日進、一九八七）には、ギャラリー、ビデオレンタルショップ、雑貨店、カフェテラス、会議室、多目的ホールが併設されたほか、ドライブイン・シアター、オフロード・コース、住宅展示場まで設けられ、「地域コミュニケーションを重視し、グループ全体のイメージアップを図るためにも、アメニティな「遊び心」の場」が目指された。[29]

同様に、ロードサイドというもうひとつの郊外を肯定的に捉えた好例が、早川邦彦（1941-）による「秋田日産コンプレックス ラ・カージュ」（一九九〇）であろう（図19）。この施設は、秋田市北西郊外四キロメートルの「サイン・看板類が乱舞する国道（現県道五六号線）に面する」三角形の敷地に建てられ、[30] 鉄骨造地下一階地

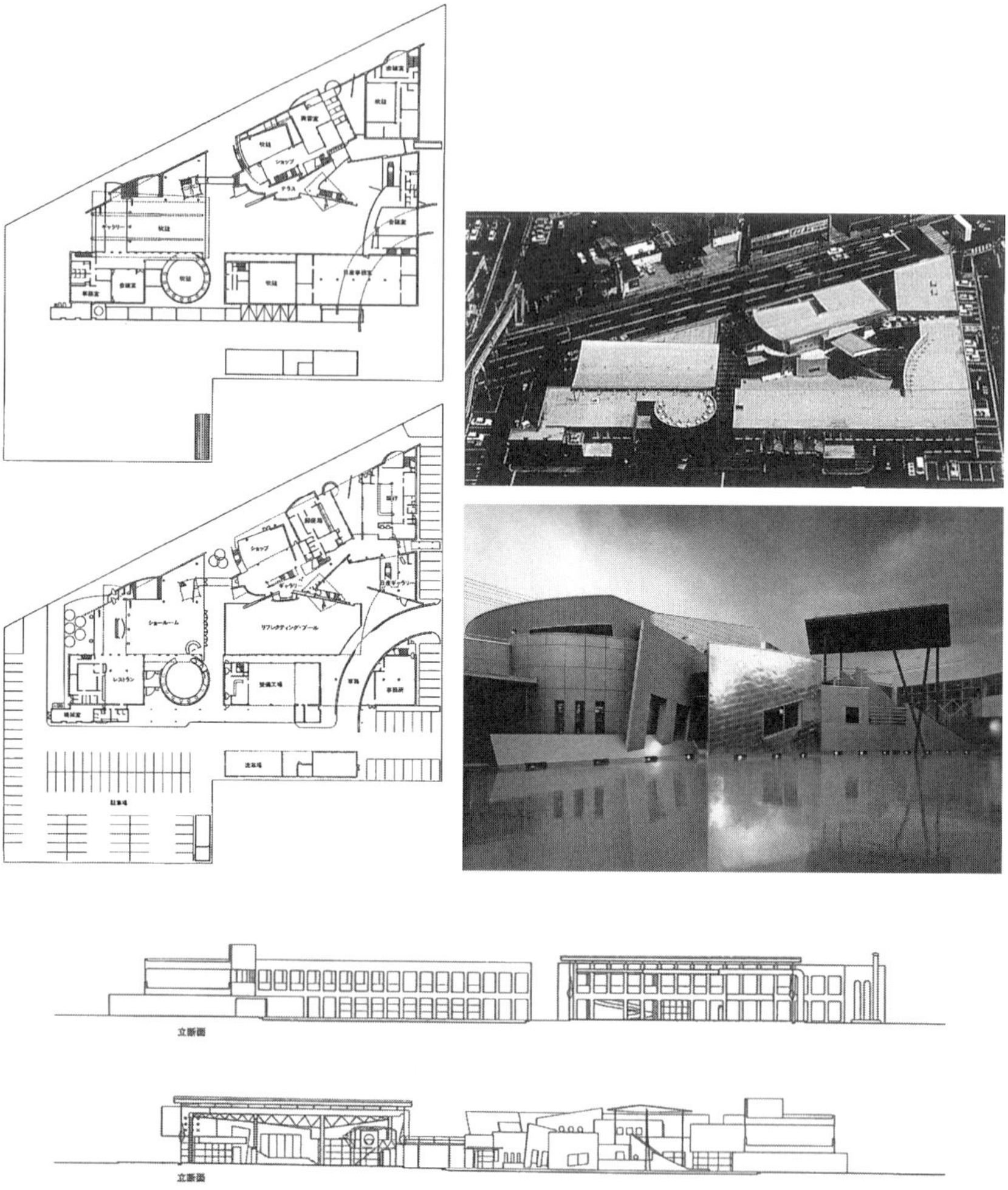

図 19　早川邦彦「秋田日産コンプレックス ラ・カージュ」平面図，立断面図，外観

上二階建で、全長一二〇メートルの長大な建物である。秋田日産本社が収められ、企画段階でセゾングループが関与したこの建物には、展示場・事務所・整備工場・洗車場からなる従来の自動車ショールームだけでなく、銀行・郵便局・店舗・レストラン・ギャラリー・会議室からなる複合施設が、「リフレクティングプール（一二メートル×二五メートル、水深二五センチメートル）」のある中庭の周囲に設けられた[31]。バブル期のメセナ的発想のひとつであったが、ここでは、ロードサイドの自動車ショールームに、駐車場を共有することが可能な半公共施設が併設されたのである。いみじくも、早川が「今、問題なのは、都市の個々の歴史性に関わることではなく、郊外に対する一般解としての建築モデルをつくること」だと記しているように[32]、自動車をめぐるサービスを公共サービスとして捉え直そうとした点において、ロードサイドにおける素朴で先駆的な解法であったと言えよう。

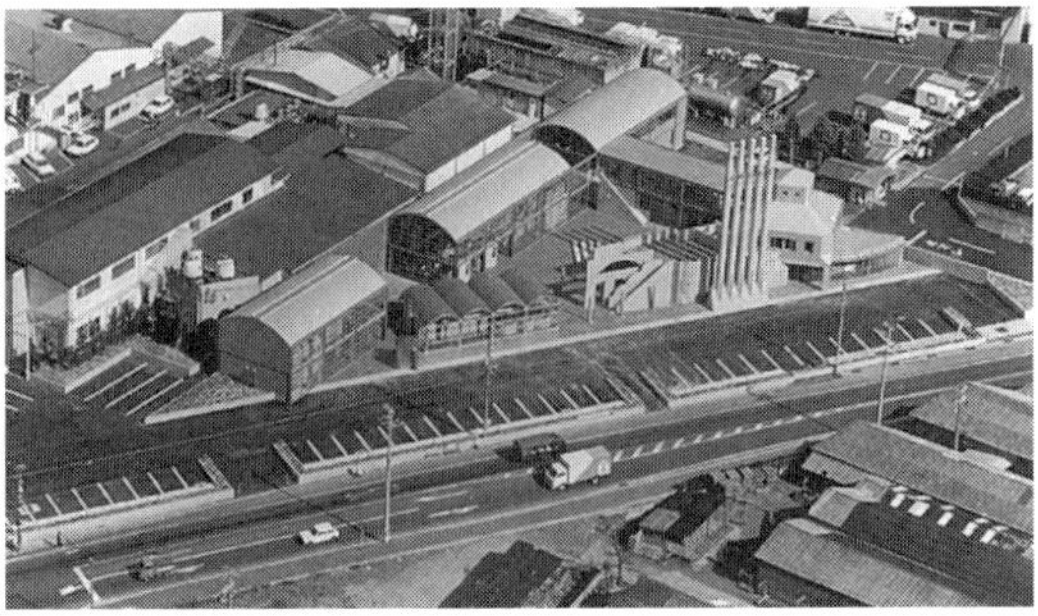

図 20　早川邦彦「ANGLE」外観

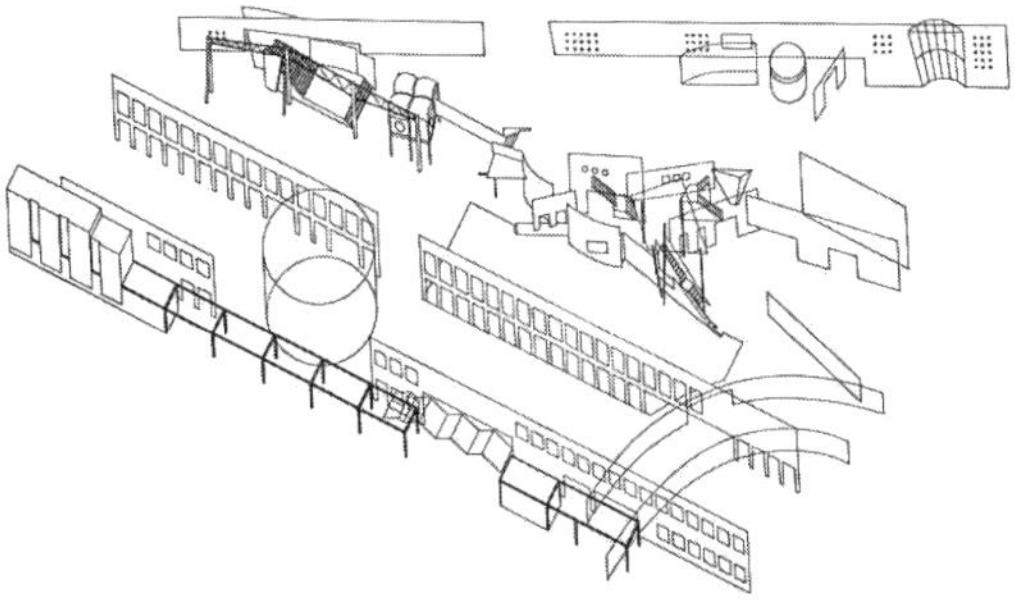

図 21　早川邦彦「秋田日産コンプレックス ラ・カージュ」における5つの層状空間構成

ところで、早川の作品には、同様の敷地形状と配置計画である「ANGLE」（姫路、一九八八）があったし、中庭を中心にまとめられた平面計画や、パステルカラーの外皮を纏うファサードは、「アトリウム」（中野、一九八五）、「ラビリンス」（杉並、一九八八）等の集合住宅の発展として捉えることができる（図20）。しかしながら、ここでは、道路・駐車場と建物によって二重に囲

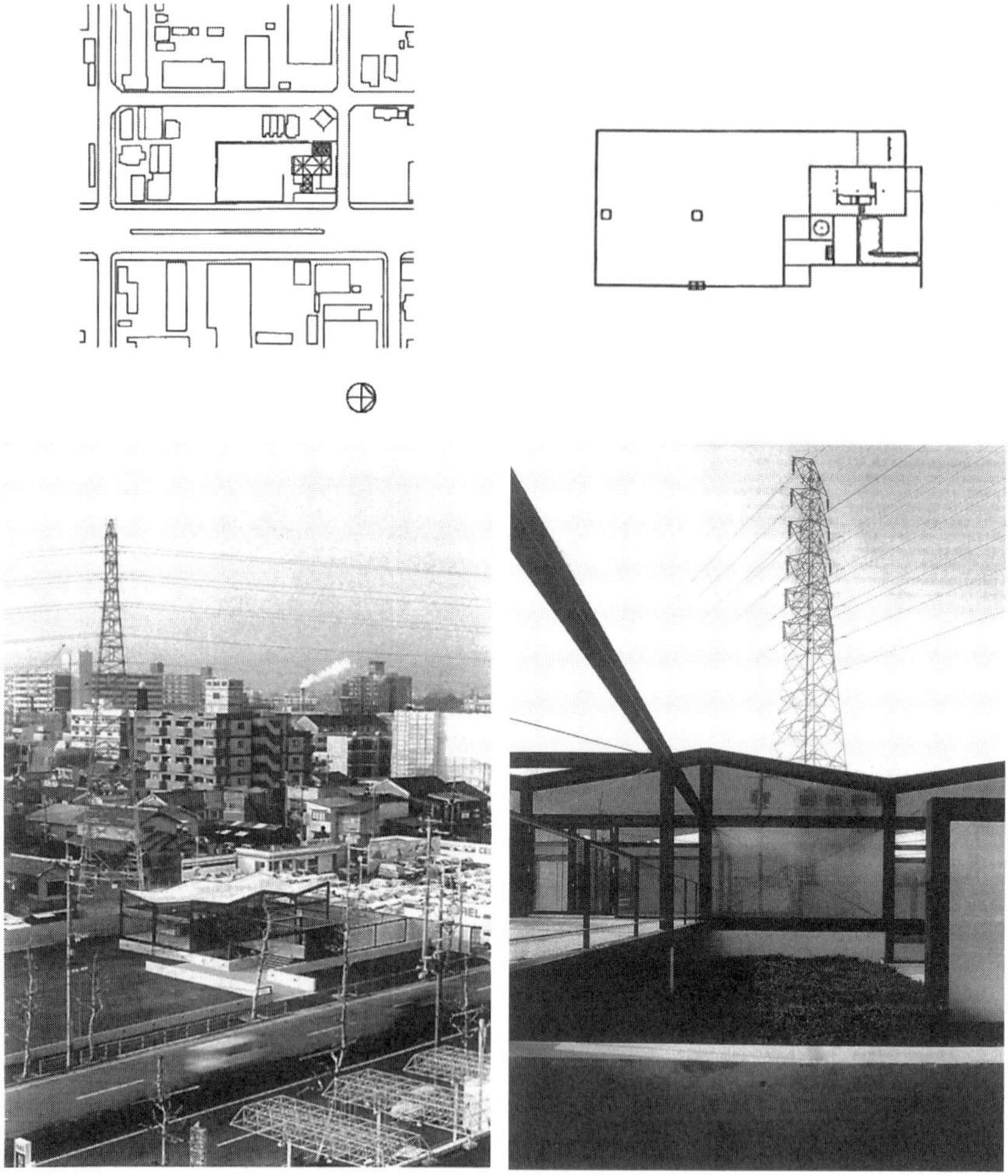

図 22　岸和郎「トヨタオート京都 AUTO LAB」配置図，平面図，外観，内観

い込まれた中庭型平面に、異なる四種類のファサードによって分節された、道路に平行する五つの層状空間構成（「リズム・反復・静止・衝突・加速」）が重ねられている[33]（図21）。自動車の速度に応答する複数の「層」に分節された空間と、道路の喧噪を避けるように設けられた「中庭」の自閉的空間は、ロードサイドというもうひとつの郊外のあり方を示すとともに、我が国のバブル期における建築デザインの本質を示すものでもあったと言えよう。

自動車ショールームの建築をめぐって、ロードサイドに「中庭」という都市空間に特有の建築言語を持ち込んだのは、早川だけではない。岸和郎（1950–）もまた、「トヨタオート京都 AUTO LAB」（右京区西京極、一九九〇）において、早川とは異なる形で「中庭」のデザインを追い求めた（図22）。鉄骨造地上平屋建のこの建物は、「騒然とした風景の中でエア・ポケットのように静かな建築」となるように設計されたが、具体的な建築要素としての「中庭」を持つ建物ではない[34]。敷地を複数の矩形に分割した平面は、ミース・ファン・デル・ローエの一連のコートハウス住宅を彷彿とさせるが（図23）、レベル差（一二〇〇ミリメートル）が設けられた建物部分と駐車場を一体的に設計したランドスケープは、むしろ開放的である。岸が、「長くその風景の中で生き残ってゆけるような建物」としたデザインは[35]、駐車場が分散していた当時の周辺風景を積極的に捉えたものであったが、施設自体の増改築と、周辺の建て詰まりによって、原型をとどめない。岸の試みは、ミースをめぐる「言語ゲーム」として、きわめて知的で洗練された手法であると言えよう。しかしながら、我が国のロードサイドにおいて、現代建築によってコンテクストを創出することがいかに困難であるかを物語る事例でもある。

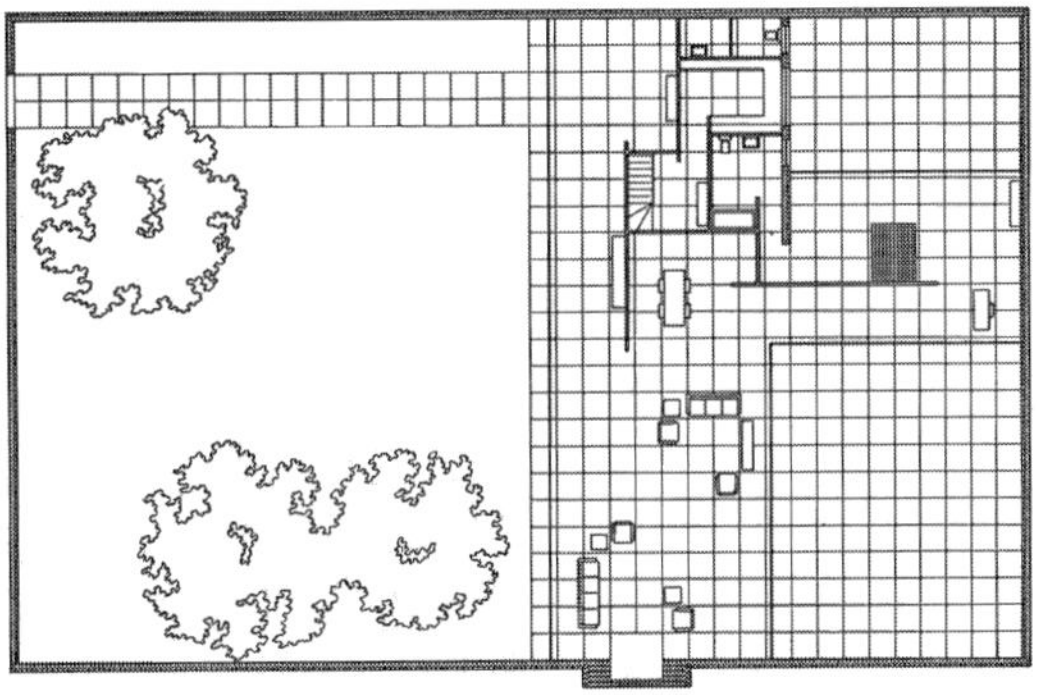

図23 ミース・ファン・デル・ローエ「三つのコートを持つコートハウス計画」（1934）平面図

図 24　隈研吾「M2」外観

こうした郊外ロードサイドにおける現代建築によるコンテクスト創出という問題意識を逆手に取ったのが、バブル末期の環八沿いに立ち現れた、隈研吾（1954–）による「M２」（世田谷区、一九九一）であろう（図24）。この名前には、従来のマツダ「M１」を越える、新生のマツダ「M２」という意味が込められたという。[36]「ドーリック」（港区、一九九一）や「ラスティック」（新宿区、一九九一）に並んで、我が国のポストモダニズム建築を代表するこの作品は、実は、A・ロース（1870–1933）、G・B・ピラネージ（1720–1778）、そしてR・ヴェンチューリを念頭に設計されたものであったという。[37] たしかに、段状の空間構成はロースを、階段のある薄暗いアトリウムはピラネージを、地域と時代を超えたファサードの「多様性と対立性」はヴェンチューリを彷彿とさせる。のちに隈がこの建築設計について、「都市を俯瞰すれば、あらゆる都市はカオスである（中略）そこにカオスの建築を置けば、建築もまた周囲のカオスになじんで消えてくれる」と語ったように、[38] ファサードにおけるイオニア式オーダーの柱頭・半円アーチ・コーベルなどからなる古典建築の語彙と、I・レオニドフによる「重工業省計画」の頂部を思わせる近代建築の語彙との断片から成るアサンブラージュは、建築デザインのカオスを生み出し、都市デザインのカオスに同調することで「建築を消す」ものであった。しかしながら、こうした建築のあり方は、丹下健三以来の「建築デザインすなわち都市デザイン」とする、都市デザインに対する建築デザインの積極的関与のあり方を放棄するものであったと言えまいか。むしろ、この建物は、高速道路の遮音板がスパンドレルに、同じく高速道路のガードレールが手摺に採用されており、土木と建築を結ぶ「モノ」に焦点が結ばれている点が評価されるべきであろう。こうした隈の「モノ」に対する視線は、自身が村野藤吾の作品を通じて建築における唯物論について論じ[39]、以降の作品では、ガラス・プラスチック・木などの特定素材のデザインを試行錯誤していることからも明白であろう。

「野立看板建築」

ここまで本節では、我が国における自動車ショールームの変容について検討してきた。同様に第4章第3節「自動車エネルギーのための環境」では、我が国のガソリンスタンドの建築デザインの変容について検討したが、これらの自動車ショールームとガソリンスタンドが、「都市」と「田園」の間に生み出された「郊外」という第三の空間において隣り合って建ち並ぶことは、しばしば目撃される光景である。ここで、両者を比較してみよう。

両者は、そもそも自動車のための建築であり、郊外における布置が近似する。宅地としては不向きであるロードサイドの三角形角地に建てられた結果、周辺のランドマークとなる点も共通する。P・スミッソンは、「一九五〇年代の末に我々は、速やかに交換でき定期的に再塗装できることが、BP（英国石油）のガソリンスタンドの移ろいやすい美学とテクノロジーをふさわしいものにしているのを認識するに至った」と述べ[40]、ガソリンスタンドが、一九六〇年代を席巻する、建築の可変性に関する視点を孕むビルディング・タイプであることを発見した。ガソリンスタンドに少し遅れて、自動車ショールームもまた、ポスト・オイルショックの標準化と透明性を支えるテクノロジーに支えられて、一九八〇年代以降に郊外のロードサイドに展開されたビルディング・タイプであった。とりわけ、この時期に両者が、CI導入に伴う部材と色彩の標準化によって成し遂げられた現代の「看板建築」であったことは、先に見た通りである。この新たなビルディング・タイプは、従来の木造商住併用建築のファサードを様々な様式で飾った都市部の「デコレイテッド・シェッド」としての「看板建築」ではなく、自動車を停めるための半外部空間を、看板と一体化した鉄骨造の屋根が覆う郊外の「ダック」としての「野立看板建築」であった[41]。

しかしながら、これら二つの自動車のための建築は、全く異なる性格を持つ。ガソリンスタンドは、自動車の

図 25　自動車ショールームの接道配置事例：針谷建築事務所「静岡スバル自動車 掛川営業所」（1990）

「動線」のための空間であり、人間ための空間は、道路から後退した敷地の最も奥まった位置に設けられるのに対して、自動車ショールームは、自動車という「モノ」を人間に見せるための展示空間であるため、前面道路境界いっぱいに建てられるのである。その上、ガソリンスタンドは、外部空間を屋根で覆うことによって内部空間化しようとした建物であるのに対して、自動車ショールームは、内部空間をショーウィンドウによって外部化しようとした建物である。このように、ガソリンスタンドと自動車ショールームは、郊外のロードサイドに、オイルショックを挟んで相次いで立ち現れたように見えるが、その空間的志向は正反対なのである。

また、標準化された自動車ショールームに共通するのは、建物本体の部材や色彩のデザインだけではない。建物の配置そのものが、通常のロードサイド・ショップにおける駐車場と建物の関係が反転されたものとなる。自動車ショールームでは、ガソリンスタンドやコンビニエンスストア等と異なり、エンタブラチュアとガラス・カーテンウォールからなる建物を前面道路に接道し、通行する人々へ自動車を展示するために、駐車場が側面または背面に追いやられるのである。このことは、自動車ショールームが、たとえ郊外の敷地であったとしても、前面道路境界いっぱいに建てられる伝統的な都市建築と同じ配置になることを示唆する。つまり、自動車ショールームは、都市と郊外を同質化する配置要因を備えていると言える。こうした自動車ショールームの両義的性格は、一九八〇年代以降、スプロールした市街地の景観に大きな影響を及ぼしたと考えられる（図25）。

「パレルゴン」と「透明性」に支えられた「モノ」

本節において自動車ショールームに関して検討してきた内容をまとめると、自動車という「モノ」の展示空間と、耐久消費財をめぐる「サービス」の拠点であったということになる。まず、自動車ショールームを「モノ」のための展示空間という観点から見直してみると、床面のデザインに大きな特徴を見出すことができた。つまり、最初期の自動車ショールームでは、自動車はアスファルトやコンクリートの外部空間に停められただけであったが、次第にタイル張の内部空間に置かれるようになった。なかには、台座の上に据え置かれて自動車が彫塑同様のオブジェとして扱われる事例を見出すことができ、自動車ショールームの床面は、「作品に〈場を与える〉もの」である「パレルゴン」にほかならなかった。[42]また、自動車は、耐久消費財を象徴する「モノ」であるとともに、「カプセル」として内部に「空間」を持つ。この両義的な性格は、ひとたび自動車ショールームの新車に試乗すれば、壁面のデザインを通して経験することができる。すなわち、自動車ショールームに据え置かれた自動車の運転席に座れば、フロントガラスとショー・ウィンドウという二枚のガラス越しに外部空間を眺めることになり、そこを走る姿をつい夢想してしまう。こうした壁面の「(実の) 透明性」をめぐる経験が、自動車ショールームにおける「モノ」としての自動車のもうひとつの特徴なのであろう。

これらの、自動車ショールームにおける「パレルゴン」と「透明性」からなる二つの特徴は、自動車が「モノ」として据え置かれる「家具」と、内部に「空間」を持つ「建築」の間にある両義的スケールを有する存在であることに由来する。自動車に特有のスケールが生む「モノ／空間」あるいは「家具／建築」の両義的性格は、第3章において検討した内容と同根である。すなわち、自動車が、自律した内部空間を被膜によって覆う「カプセル」のパッケージデザインであるとすれば、自動車ショールームは、そうした自動車を「モノ」としてさらに覆う「シェッド」のパッケージデザインだと言える。しかも、それは「半外部空間」なのである。

一九世紀後半にパリに現れてヨーロッパ中に広まった「パサージュ」[43]は、都市中心部に内包されたガラス張りの

図 26　パサージュ・デ・パノラマ，1799–1800

通路空間であり、その技術的出自は、当時、郊外で隆盛を極めた温室建築にあり、都市中心部に移植された郊外のアーキタイプであった（図26）。自動車ショールームとパサージュは、いずれも「モノ」を展示する「半外部空間」という観点からすれば同じであるが、自動車ショールームが「家具としての「モノ」／建築」のスケール間に生じる空間であったのに対して、「パサージュ」は「家具に収められた「モノ」／部屋」のスケール間に生じる空間であったと言える。また、W・シヴェルブシュは、鉄道ターミナルを「半分工場、半分宮殿」の「ヤヌスの顔」を持つ建物としたが[44]、片木篤（1954–）は、このビルディング・タイプ上の二項対立を「田園」と「都市」という対比に拡張して捉えた[45]。このように考えれば、二〇世紀中盤に立ち現れた自動車ショールームもまた、都市と郊外はもとよりその境界にガラス張りの広場空間を創出することによって、両者を同質化するのに一役買ったと言えるのではないだろうか。

「近傍」のための「サービス」

自動車ショールームは、自動車という目に見える「モノ」を展示商談する場所であるとともに、サービスという目に見えない「モノ」すなわち購入後の整備点検が行われる場所でもある。繰り返して述べるが、「サービス」の概念は、大正末期に自動車とともに輸入されたと言われている。日本自動車の石沢愛三が、「今般当社は完全なるサービス・ステーションに依り顧客各位の御便宜を計ることに相成候……」という案内葉書を出したところ、

「サービス・ステーション」の注文が方々から届いたという。[46] この出来事は、「サービス」という目に見えない「モノ」を、当時の日本人が全く理解していなかったことを伝えている。「サービス」という言葉が、製造業者や販売業者など専門家による助言や助力という意味において用いられるようになったのはようやく一九一〇年代末であった。[47] その後、一九二〇年代末には、放送業務をサービスと呼ぶようになり、第二次世界大戦後には、C・G・クラーク（1905–1989）が一九四一年に考案した「産業分類」のひとつである「第三次産業」が、「サービス産業」と呼ばれるようになった。近代システムが創り出した「サービス」という目に見えない「モノ」のやりとりは、オイルショックの前後には、時代の言葉となった。このように「サービス」を目に見えない「モノ」のやりとりとして捉えるとき、L・I・カーンが「トレントン・バスハウス」（一九五五）の設計に際して提唱した「サーブド・スペース（Served Space）／サーバント・スペース（Servant Space）」は、建築における「機能」の相互補完関係を「サービス」のやりとりとして捉え直し、その関係を空間に翻訳したダイアグラムであったと言える。

「サービス」はまた、目に見えない「モノ」をやりとりすることで、空間と場所を等質化するものでもある。例えば、「交通」という「サービス」は、「郊外」という場所を創出することで、「都市」と「田園」という二極間を等質化する。I・イリイチの言説を土台にして「学校・医療・交通」の「制度化」について論じた山本哲士（1948–）によれば、「交通」という「サービス」は、「学校」「病院」と並んで、「庶衆の側から自発的に生成してきたものでなく、歴史の変移の中で、最初は、国家的制度から押し付けられてきたものであるが、やがて、庶衆の一人一人に個別の利を与えるものとして変容され、庶衆からもそうであると認識され、人びとの側から積極的に要求されるものへと変わってきた」という。[48] しかしながら、自動車ショールームが創出した「サービス」のあり方は、「都市」と「都市」あるいは「都市」と「田園」を結ぶ「交通」に代表される制度としての「サービス」ではない。むしろ、自動車ショールームの離散的布置は、E・フッサールによって提起されM・ハイデガーによって明確化された「隔たりをなくすこと（Ent-fernung）」に基づいた「近傍」の概念を想起させると言えるかもしれない。[49]

2　自動車が拓いた消費環境

（1）自動車が拓いたレジャー

「レジャー（Leisure）」による「空地＝緑地」の整備

一九三三年七月二九日から八月一四日にかけて、マルセイユとアテネを往復する「パトリ二世号（S. S. Ptris 2）」というギリシア船籍の客船において、CIAMの第四回会議が催された。船上会議を提案したのはM・ブロイヤーで、客船を借り出したのはル・コルビュジエの一本の電話であったと言われている。[50] 会議のテーマは、「機能的都市（The Functional City）」であり、世界三三都市に関するここでの成果を基に、一〇年後にJ・L・セルトとル・コルビュジエによってまとめられたのが、「アテネ憲章」であった。[51] その間、第五回会議が一九三七年にパリで「住居と余暇（Dwellings and Recreation）」というテーマで開催された。「アテネ憲章」は、全九五の条項から成り、その内、第一条から第八条までは「総則」が記され、第九条から第二九条までは「住居」、第三〇条から第四〇条までは「余暇」、第四一条から第五〇条までは「勤労」、第五一条から第六四条までは「交通」、第六五条から第七〇条までは「都市の歴史的遺産」について、それぞれ、都市の現状における「危機と対策」が取り扱われた後に、第七一条から第九五条までは「結論」が記されている。ちなみに第六回会議は、一九三九年に開催が予定されていたにもかかわらず、第二次世界大戦によって中止を余儀なくされ、一九四七年になってようやく開催されたが、そこに「余暇」という言葉はもはや見当たらなかった。一九四三年にル・コルビュジエが著した『アテネ憲章』に挙げられた「余暇」に関する条項を以下に列挙してみよう。

考察30・一般的に空地は不足している。31・空地がたとえ十分にある時でも、その分布状態は通常まずしくて、したがって市民一般の利用に不便である。32・空地が偏在しているために、都市の過密地区の居住条件の改善には役立たない。33・利用者の近くに設置させるため、まれに存在するスポーツ施設は、一般に暫定的な設備で、やがて将来は住宅街、工場に充てられる場所につくられてきた。変転きわまりない一時性だ。34・総じて、週一回の余暇に利用せられうる土地と、都市との連絡は、うまくいっていない。要望35・すべての住宅街には、これからは幼年、青少年、青年の遊戯や運動の場整備のために必要な緑地帯を備えること。36・不健康な街区をつぶし、その跡地に緑地帯をつくるべきである。これにより隣接空域は浄化される。37・新しい緑地帯は、はっきりと決まった目的に使用されるべきである。たとえば児童公園、学校、青少年センター、その他住宅と密接な関係を持つすべての公共建築物の設置。38・週一回の余暇時間は、あらかじめ適当な準備が整った森林、公園、運動場、スタジアム、海浜、その他で展開せられるようであるべきだ。39・公園、運動場、スタジアム、海浜等。40・河川、森林、丘陵、山岳、渓谷、湖沼、海など、現存の要素を配慮に入れて考えるべきこと。(52)

これを読むと、現状についての考察として、「余暇」を行うために必要な「空地」が偏在しており機能的でない上に、「余暇」のための公共施設が用意されていないことが問題視されており、これを解決するための要望として、現状に応じた公共施設を「緑地」に設置することが述べられている。つまり、ここでは、都市空間における「余暇」＝「空地」と捉えられており、それはそのまま公共施設を備えた「緑地」なのである。すなわち、「レジャー」と呼ばれた「余暇」の空間を整備することが、近代都市計画が第二次世界大戦後に持ち込んだ課題なのであった。

ソーシャル・ツーリズム

日本では一九四八年七月に「天皇誕生日」、「憲法記念日」、「こどもの日」が祝日として制定された。翌四九年より、いわゆる「ゴールデン・ウィーク（黄金週間）」が始まったが、この言葉自体は、映画業界が盆と正月以外の新しい集客期間として一九五二年に設定し、誕生したと言われている。[53] しかしながら、一九五〇年代の中頃には、映画ではなく「目立つドライブ組」のように、[54] 早くも「ドライブ」という文字が新聞紙面に登場した。ここでの「ドライブ」とは核家族による小旅行であった。

一九五〇年代の後半には、観光の「社会的支援」と「政策的普及」を主目的とする「ソーシャル・ツーリズム（social tourism）」の概念がヨーロッパから持ち込まれた。この運動の一環として、我が国では、全国各地に「国民宿舎」と「国民休暇村」が建設され始めた。残念ながら、長期休暇制度等は導入されず、制度の上での「ソーシャル・ツーリズム」が成功したとは言い難いが、一九七〇年代の中頃までに関連する多くの施設が建設された。

一方、一九四九年に「国立公園法」が改正された際、新たに「国定公園」制度が設けられ、翌年「琵琶湖国定公園」が指定されたのを皮切りに、多くの都道府県立自然公園が国定公園に指定されていった。さらに一九五七年には、この「国立公園法」が抜本的に改正されて「自然公園法」が制定され、一九六三年六月には観光基本法（現観光立国推進基本法）が公布されて、レジャー・ブームの素地が造られたのである。これらの「ソーシャル・ツーリズム」の背景にあったのが、ほかならぬ自動車であった。

「ドライブウェイ」、「スカイライン」、「パークウェイ」

名神・東名高速道路が完成した一九六〇年代の後半頃から、全国各地において「ドライブウェイ」、「スカイライン」、「パークウェイ」と呼ばれる観光道路が設けられるようになったが、その多くが、都市近郊の山々を尾根伝いに結ぶ観光道路であった。自動車の登坂能力は、こうした山々における旅行のあり方を一変させ、「総合開発」と名付けられた面的な開発を促す契機ともなった。

『名神高速道路建設誌 各論』を繙くと、名神高速道路の経済効果として、栗東・八日市・関ヶ原といった内陸部に工業地帯が集中し、沿線全域の地方都市に人口が分散しつつあることが報告される一方で、京都府・滋賀県・岐阜県では、他府県にはない「観光」に関する効果が増大しつつあることが記されている。特に京都府では、「名神高速道路開通後、乗用車やバスによる日帰り客が目立って増加しており、鉄道客はやや減少の傾向をたどっている」ことが、滋賀県では、「高速道路を利用して、琵琶湖国定公園の利用者数が著しく増加しており、また、（西武・阪急・名鉄・サンケイ等の）民間資本による観光投資も活発になり、地域的にも湖北地区にまで観光開発が及びつつある」（括弧内引用者）ことが、それぞれ述べられている。その結果、両者の県境にある比叡山には「比叡山ドライブウェイ」（一九五八）と「奥比叡ドライブウェイ」（一九六六）が通され、両県からのアクセスを容易にすることとなった（図27）。その際、こうした大都市近郊の観光道路の沿道では、「裏六甲ドライブウェイ」（一九二八／一九六二舗装）や「信貴生駒スカイライン」（一九六四）などのように、自動車のための多くの「夜景スポット」が創り出された。これらは、自動車によってようやく登ることができるようになった丘陵地や、ようやく辿り着くことができるようになった河岸や海岸から、発光体となった都市を遠望する「場所」が見出されたものである。

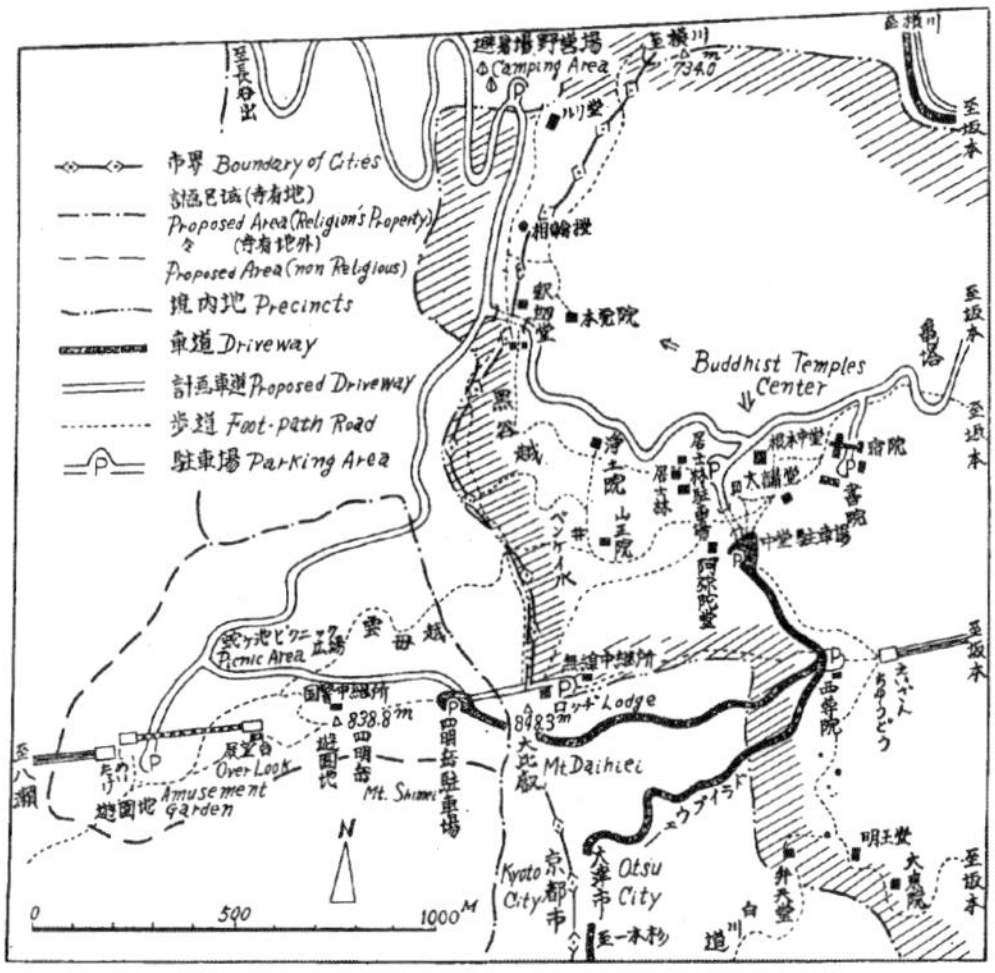

図27 加藤誠平・前淳一郎「比叡山総合観光開発計画 施設配置図」

また、香川県のほぼ中央に広大な面積を占める溶岩台地「五色台」では、浅田孝＋環境開発センターによる「五色台開発マスタープラン」が計画され、台地を南北に縦断する「五色台スカイライン」（一九六四開通）沿いの、尾根ごとに設けられた六つの地区に、展望休憩所・ピクニックランド・センターハウ

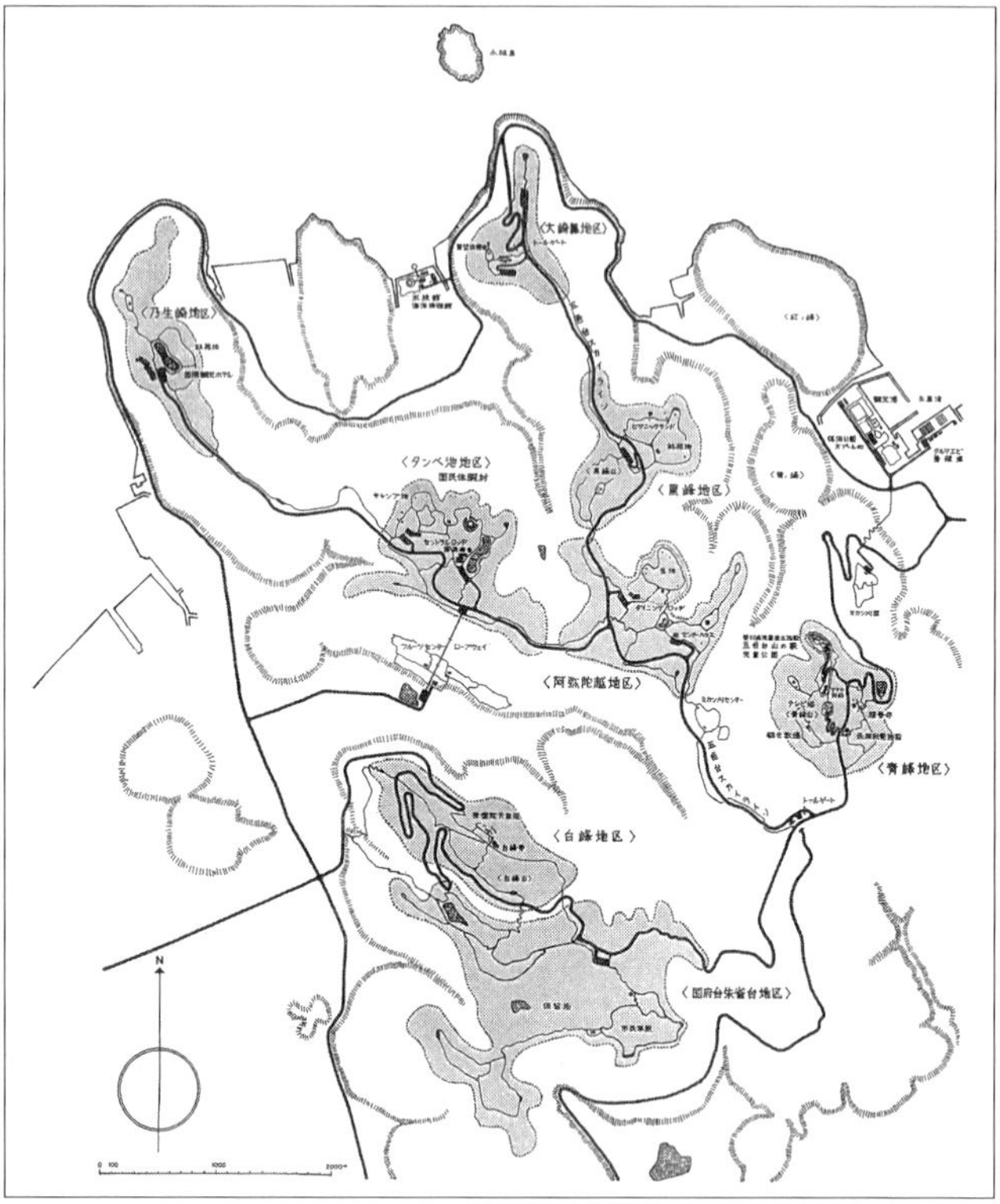

図 28　浅田孝＋環境開発センター「五色台開発マスタープラン」

ス・国際観光ホテル（未完）・国民休暇村・児童厚生施設などの施設が分散配置される予定であった（図28）。このうち、タンベ池地区の「五色台国民休暇村」、青峰地区の浅田孝＋環境開発センターによる「五色台山の家」（一九六五）[55]、阿弥陀越地区の黒川紀章建築・都市設計事務所による「五色山荘」（一九六七）と「五色台ビジターセンター」（一九六九）[56]、大崎鼻地区の香川県建築課（山本忠司）による「瀬戸内海歴史民俗資料館」（一九七三）が実現された[57]。

「スカイライン」は、都市近郊の標高数百メートルの山々を結ぶだけにとどまるものではなかった。「富士山スカイライン」（一九七〇）や「乗鞍スカイライン」（一九七三）は、「登山」そのもののあり方を一変させ、それまで一部の登山家だけのものであった数千メートル級の山々を、一気に大衆化させた[58]。中部山岳国立公園の北部地域である「立山黒部有峰地域」では、一九六二年に富山県・関西電力・北陸電力・立山開発鉄道の四者からなる立山黒部有峰開発株式会社（ＴＫＡ）による「立山観光産業道路計画」が発表された。富山県立山町と長野県大町市を、

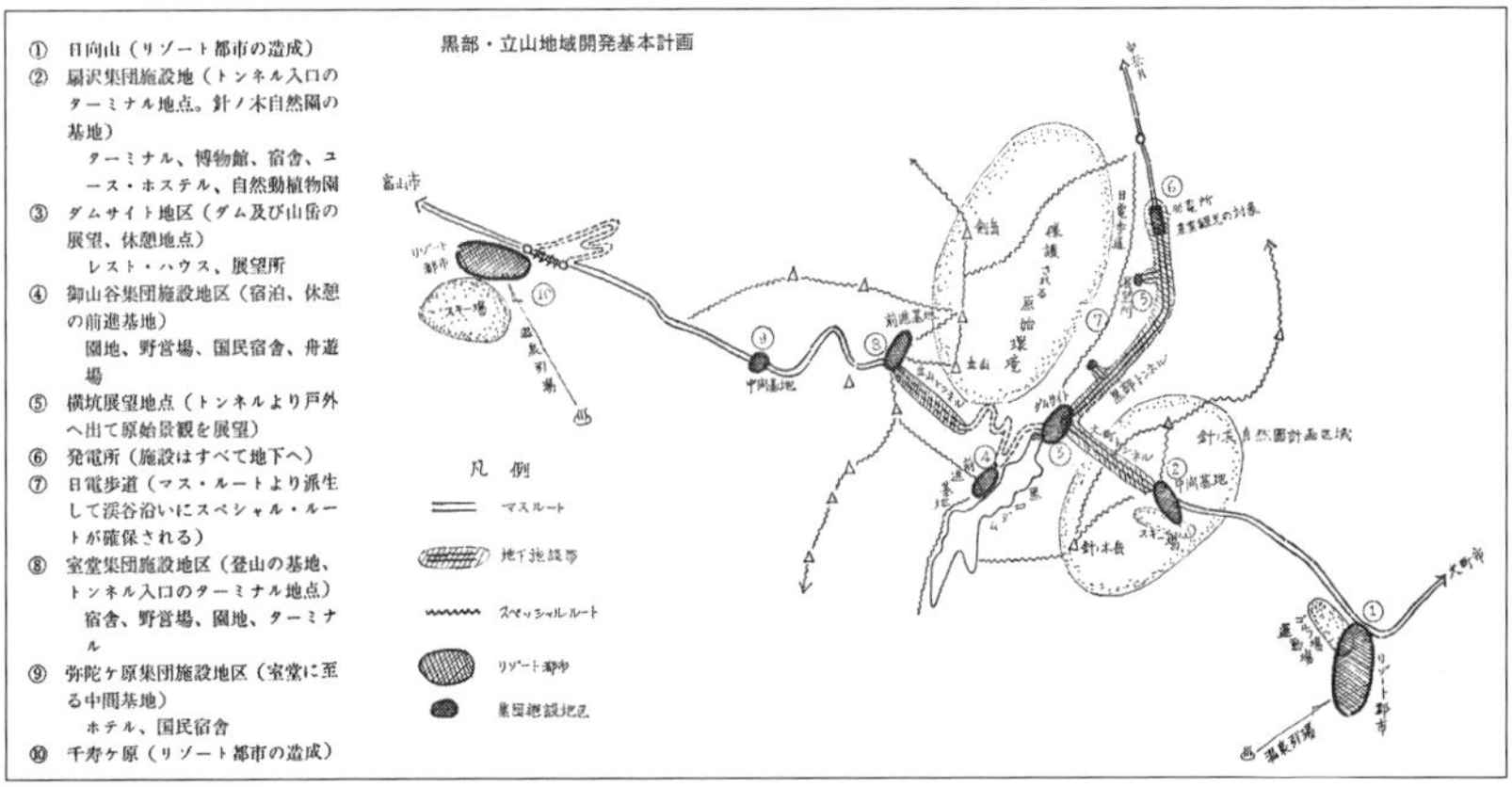

図 29 「黒部・立山地域開発基本計画」

ケーブルカー・バス・ロープウェイを乗り継いで結ぶこの山岳観光ルートの計画は、一九七一年に「立山黒部アルペンルート」として実現された[59]（図29）。計画当初は、「全線を二車線とし、立山をトンネルで貫き、トンネルの東側出口二の沢（大観峰）から黒部ダム右岸までを自動車道一貫」とする「自動車一貫計画案」も構想されたが、最終的には、二の沢（大観峰）—黒部ダム右岸の間は、ロープウェイによって結ばれることになった。その結果、富山県側の立山町からは、藤橋—室堂間の一般自動車道、室堂—大観峰間（立山トンネル）のトンネルバス専用自動車道、大観峰—黒部平間のロープウェイを経由して、黒部ダムへと至る計画が採用された。一方、長野県側の大町市からは、黒部ダム工事車両用道路として長野県大町市からの「大町ルート」と富山県黒部市からの「黒部ルート」がすでに開通していたため、この工事トンネルを再利用することとなった。この最終案においては、海抜二五〇〇メートルの室堂高原が重要な位置を占めることになり、室堂ターミナルビルの敷地については、当初は室堂平の上に建設される計画であったが、自然公園審議会において、室堂平からの眺望を考慮する必要があることと、雪崩や鉄砲水の危険が少ないことが指摘され、大谷が選定された[60]。施設の設計は、同審議会委員の一人であった藤島亥次郎（1899–2002、東京大学名誉教授）によって推挙された村田政真建築設計事務所に一任された（図30）。また、立山ロープウェイの「大観峰駅」（一九七〇）を設計したのは、吉坂隆正であった（図31）。駅舎の敷地としてこの地が選定されたのは、背後にある斜面が急傾斜であるために比較的雪崩の危険性が少ないことと、駅舎が据え置かれる岩盤がしっかりしていることが主な理由であったという[61]。それまで一〇〇〇メートルであったロープウェイの支点間距離が一五〇〇メートルに変更されてもなお特例措置を受けなければならなかった一七一〇メートルという長大なスパンを、標高二三一六メートルで支える建物であった。吉阪は、「ダムのコンクリート壁が大好きだ。（中略）コンクリート壁を建築に生かすなら、逆に言って建築が土木的なスケールに発展する他ないのではなかろうか」と言った

図30　村田政真「ホテル立山・室堂ターミナル」

図31　吉坂隆正「立山ロープウェイ大観峰駅」

人物であり、[62]実際、彼の多くの建築に打ち放しの鉄筋コンクリート造が採用されている。我が国における「ニュー・ブルータリズム」の典型とも言える吉坂のコンクリートの肌理は、[63]本実《ほんざね》型枠の木目が転写された「型枠表現主義」と呼ぶことさえできるほどの荒々しい仕上がりであり、圧倒的な自然の中にあってこそ成立する「山岳建築」において、正鵠を射るものとなった。

「国民宿舎」、「ユースホステル」、「国民休暇村」

一九五六年に「国民宿舎制度」によって、全国各地の自然公園を中心とする自然環境に恵まれた地域に、多くの「国民宿舎」が建設された。[64]「国民宿舎」の場所の選定にあたっては、周辺に対する眺望が優先されたため、自動車によって容易にアクセスすることが可能となった山頂部を敷地として開発された事例が多い。ただし、大半はバス交通を前提とした施設となっていた。さらに、こうした宿舎は、前野淳一郎（1926–）が「一般旅館との間にはっきりした差異は認められず、やや性格のあいまいな点がないでもなかった」と指摘したように、[65]エントランスロビーに片廊下型の居室が連続する平面計画が採られた事例が多く、つまり、規模こそ小さいが、同時代に建てられた観光ホテル同様の建物であった。

一九六三年、『国際建築』の特集のために、「レジャー」をめぐる建築のあり方について識者による議論が交わされた。参加者は、阿久比喜孝、石岡俊二、糸賀黎、島田直幸、佐々木宏、高橋新太郎、竹内侃克、田辺員人、田畑貞寿、林実、前野淳一郎の一一人で、数夜深更に至るまで議論が行われたことが伝えられている。[66]その中で、「高い所を保護しなければならない」という考え方が提示された。具体的には、ひとつは「施設をいっさい置かないか、または、宗教施設・象徴施設といったものだけをおく」方法であり、もうひとつは「いろいろな旅館とか、そういったものまで置くけれども、それらを樹木でおおい隠すなどして、遠くから見えないようにする」方法であるという。加えて、この「高い所」同様、「国土の突端だとか、また、非常に低い所、川ぶち、海岸といった低い所にも、また別の価値がある」とされた。こうした議論は、自動車によって見出された「レジャー」のための施設が建てられる場所に関するものであったが、実際に建てられた「国民宿舎」の多くは、それまで手付かずのままであった場所に対峙した「図」となる建物であった。イギリスでも一九世紀末にオクタヴィア・ヒル（1838-1912）が、南東部のウィールド丘陵の頂上部分とそこへ至る歩道を保護する活動を行ったが、ここでもまた同様の議論がなされていたにもかかわらず、多くの施設が、眺望を求めるあまり山頂や岬の突端に建てられてしまった。[67]

しかしながら、こうした国民宿舎の中にも、「自然と建築の融合」を図る建築が出現したことも注目されるべきである。その代表的な事例として、ＲＡＳ設計同人による丹沢の国民宿舎に関する一連の設計が挙げられる。一九六一年に原広司・宮武恒男・香山壽夫・慎貞吉・宮内康を中心として結成され、宮沢賢治の「羅須地人会」に因んで命名された建築設計集団ＲＡＳは、丹沢の国民宿舎に関連して、「丹沢の自然を守るセンターとバス待合所」（一九六二）および「国民宿舎丹沢ホーム」（一九六九）の設計を行った（図32）[68]。ＲＡＳメンバーの一人であった香山壽夫によれば、「〝自然と融合する〟という概念は自然との対立をふまえた上でその両者を止揚するという概念であるべきで、自然の中に単純に融けこむのは、創作の放棄を意味する」という姿勢で設計に臨んだ。[69]ここでは、他の宿舎が敷地とした山頂部ではなく、山腹の傾斜地の斜面に階段状に小規模な建物が建てられ、山緑の点景となるように下見板張りの外装は黄色に塗装された。[70]また、「国民宿舎というものは家族中心でなければ」という考えから、ホールを中心とした立体的計画が採られており、従来の片廊下形式による平面的な宿舎とは一線を画すもので、原の「有孔体」の理論が具現されたものであった。その際、内部のホールと外部のテラスの上部を覆うようにそれぞれ設けられた四つの搭は、「外部と内部を全く反転」するように考えられていた。残念なことに、この画期的な宿舎も、ＲＡＳの中心的メンバーであった原広司自身の設計によって一九九六年に建て替えられている。

「国民宿舎」と並んで「ソーシャル・ツーリズム」を保証する施設として、同時期に建設されたのが、「ユースホステル」であった。運輸省は、一九五八年より地方公共団体に補助金を交付して全国各地におけるユースホステル建設を促進し、一九六四年時点で全国五三ヶ所に建設された。こうした動向に先鞭をつけた建築家の作品として、芦原義信による「日光ユースホステル」（一九五九）、生田勉（1912–1980）による「館山ユースホステル」（一九六二）、高橋靗一（1924–）による「福井ユースホステル」（一九六七）や「虹の松原ユースホステル」（一九六八）などが挙げられる。(71) このうち生田と高橋による建築は、「交歓室」を中心とした集中式平面が目新しいが、基本的には観光ホテルや旅館のデザインと大差のないものとなった。その上、利用者として「青少年」を対象とする理由から、最寄りの鉄道駅から離れた立地にもかかわらず、玄関前でバスが転回するためのスペースが設けられたこと以外には、自動車に対する配慮は特になされなかった(72)（図33）。

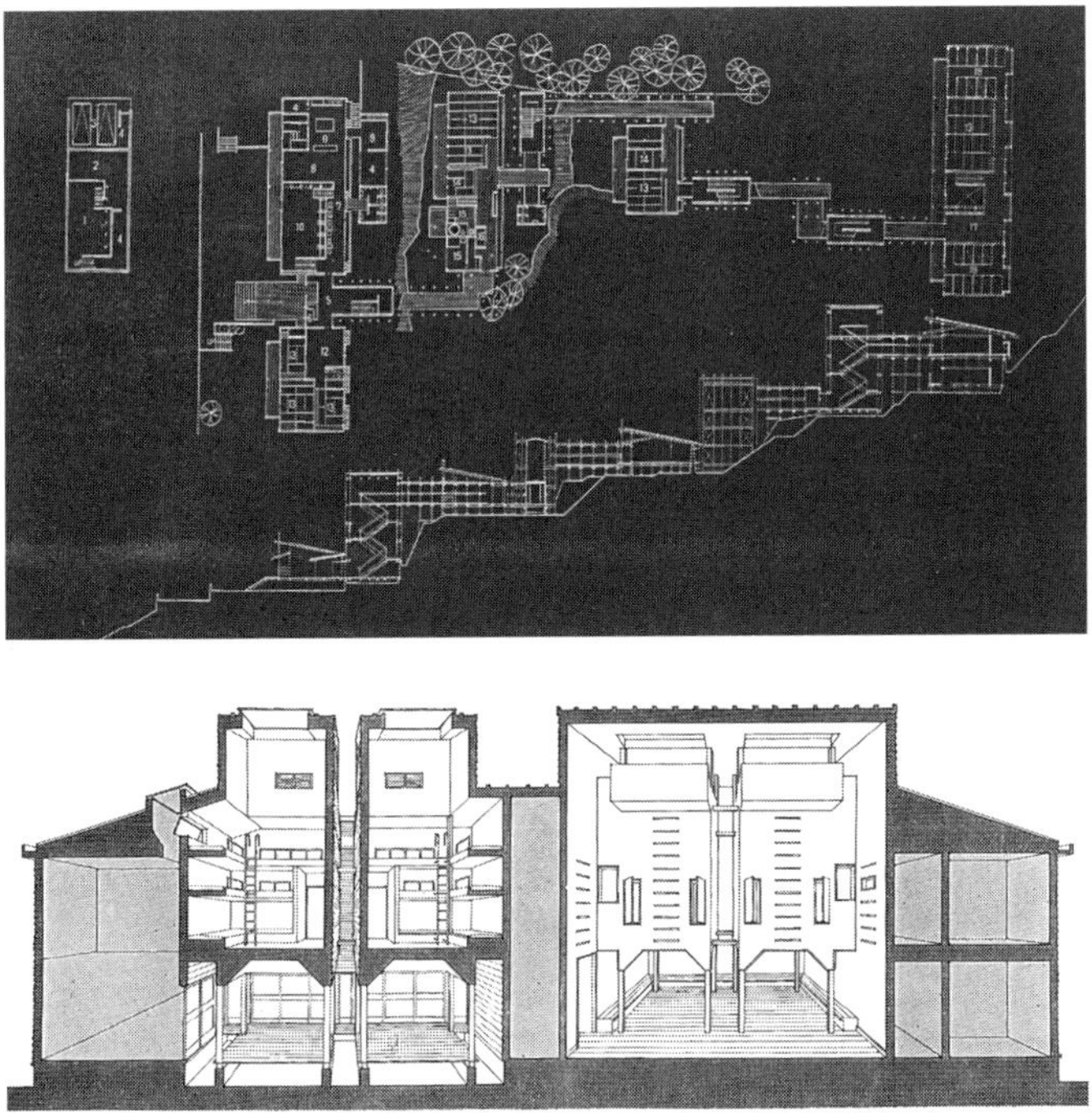

図32　RAS「丹沢の自然を守るセンターとバス待合所」平面図，断面図（上）および「国民宿舎丹沢ホーム」断面図（下）

　このように、「国民宿舎」と「ユースホステル」が、いずれもバス交通を前提として開発されたのに対して、「国民休暇村」は、バスもさることながらマイカー交通を重視した「ソーシャル・ツーリズム」のための施設であった。「国民休暇村」は、「自然公園のなかに、区域を画して低廉でしか

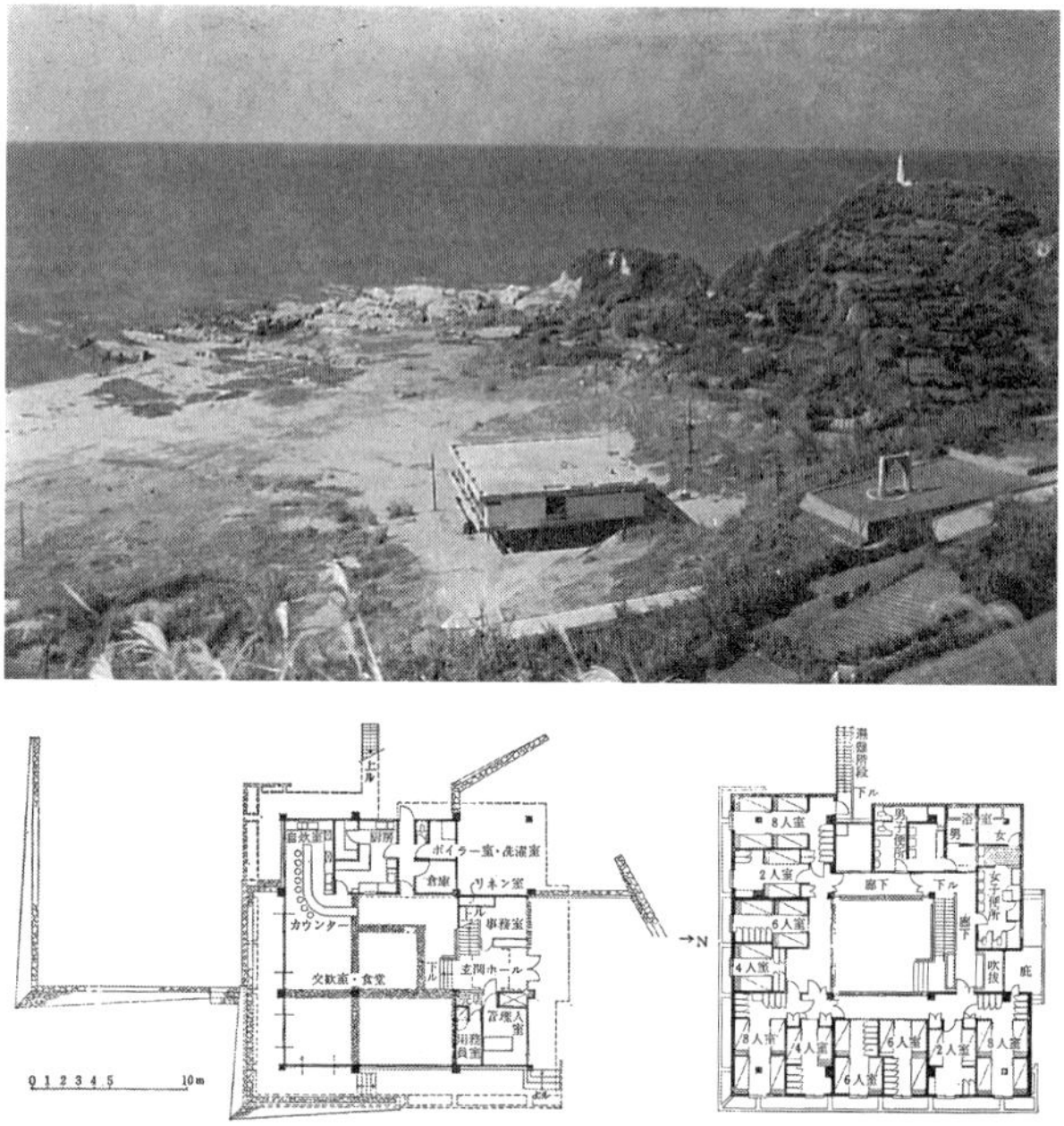

図33　生田勉「館山ユースホステル」外観および平面図

も清潔な宿泊施設を中心とした利用施設を総合的に整備し、庶民が家族づれで気軽に利用できる近代的保健休養地を造成する」（厚生省国立公園部）ことを目的に、厚生省が管轄する施設として、一九六一年に発足した。[73] この「家族旅行うけいれのための、自然を主題とするホリデー・センター」の建設運営のために、（財）国民休暇村協会が設立され、一期五年の間に二〇ヶ所が予定され、投資額約七〇億円が見込まれた。一九七〇年代には、運輸省による「青少年旅行村」（一九七〇）、農林水産省による「自然休養村」（一九七一）、地方公共団体による「家族旅行村」（一九七八）など、「村」と名付けられた公共レクリエーション施設の開設が相次いだが、「国民休暇村」はその先駆けとなった。いずれの「村」も、鉄道駅からは遠く、バスやマイカーによる来村を前提として計画されており、施設には大規模な駐車場が設けられた。

「国民休暇村」は、国および地方公共団体が整備する「公共施設」である「公園道・駐車場・園地・給排水施設・休憩所・公衆便所など」と、国民休暇村協会が整備する「有料施設」である「宿舎・ダイニングロッジ・ケビン・野営場・海水浴場・スキー場・ロープウェイ・観光リフト・水族館・博物館・舟遊施設など」の二つの部分から成る。五〇町歩から二〇〇町歩という広大な敷地の中に、多様な施設種が散在することになるため、両者の間で、「造園技術者が一貫してプロセスにタッチする」とともに、「デザイン上の統一が得られるよう、一休暇村一設計事務所（設計者）の原則」が打ち立てられたとされている。しかしながら、実際には、マスタープランに対する責任の所在は曖昧なまま進められたようである。例えば、琵琶湖東岸の「近江八幡国民休暇村」では、宮ケ浜の東部に一粒社ヴォーリズ建築事務所（ヴォーリズは設計時すでに他界していた）によって「宿舎」、六角形をした「レストハウス」と「バースハウス」、「休憩舎（テントハウス）」が設計され、同浜西部に生田勉によって「レクリエーションセンター」、「浴場」、「ケビン」、「プール及び園地」、「キャンプセンター」、「従業員宿舎」が設計された[74]（図34）。前者「宿舎」では、大規模な土工事によって、土地が造成されたことが見て取れる上、「レストハウス」と「バースハウス」は、床スラブが地盤面から浮いた位置に設定され、求心的な屋根が架けられている。これに対して、後者「レクリエーションセンター」では、浜辺に続く緩斜面に合わせた三つの床レベルが設けられ、一二個の四角錐トップライトがランダムに配された一枚の大きな傾斜屋根が載せられて、周辺に対して開放的な空間が生み出されているのである。両者の空間に対する考え方は全く異なるものであり、その結果、統一感を欠いた施設となった。

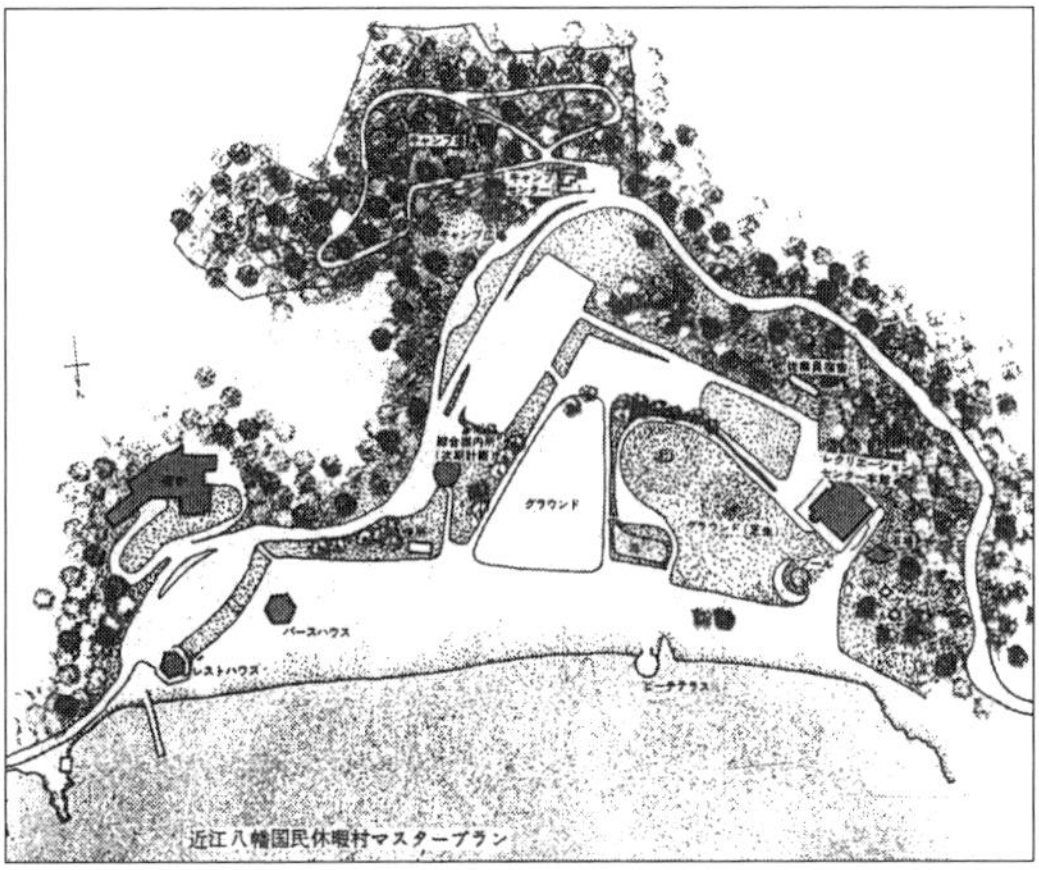

図 34　「近江八幡国民休暇村マスタープラン」

　国民休暇村協会による「裏磐梯国民休暇村の計画案」（一九六四）や、黒川紀章による「伊良湖国民休暇村」（一九六六）を見ればわかるように、「国民休暇村」にはしばしば「モーターキャンプ場」や「モーターケビン（モーターキャビン）」と呼ばれる自動車のための野営場が設営されていた（図35）。こうした自動車による旅行者のための宿泊施設である「モーテル」を、建築家が設計した事例は少なく、吉村順三による「伊豆山に建つモーテル計画案」（一九五七）、日建設計工務（株）による「モテル箱根」（不明）、長谷部稔・中村良三による「SPACE PACK 琵琶湖畔にたつ Motorist's Hotel」（一九六九）などが挙げられるのみである。このうち「SPACE PACK」は、琵琶湖大橋の袂に広がる湖水浴場の松林の中に建てられたキャビンであり、自動車を収納するために必要な大きさを持つ「テトラヘドロン（四面体）」を単位として設計されたとされている（図36）。「モーテル」が表舞台で活躍する建築家の仕事となることは困難であったが、「レジャーハウス」という名前の既製品としては製造販売された。

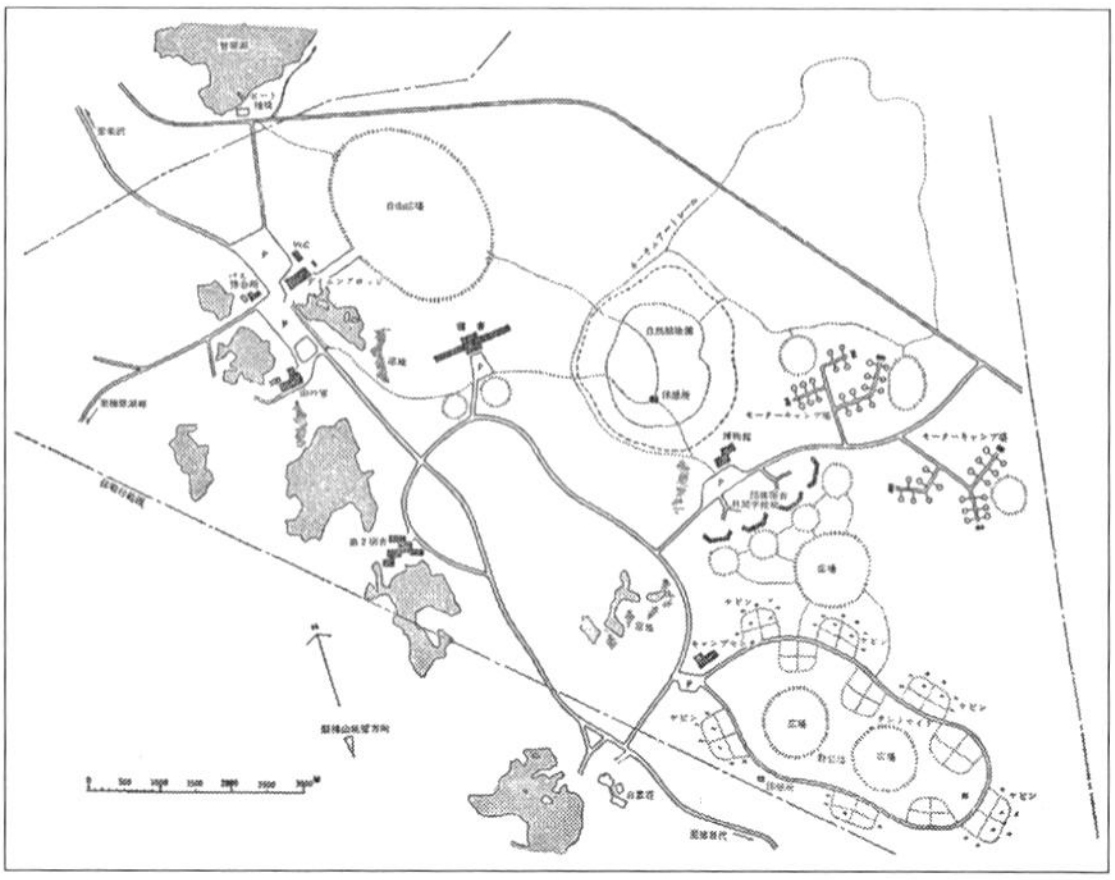

図 35　「裏磐梯国民休暇村の計画案」

図 36　長谷部稔・中村良三「SPACE PACK 琵琶湖畔にたつ Motorist's Hotel」

例えば、一九七二年には、岩谷産業（株）「ビラパール」、川崎重工業「コンテナハウス」、昭和電工（株）「サンレホー8型2S–A1」、高崎産業（株）「高崎UHS–C–70」、（株）トーメン「オーロラCF–45」、常盤産業（株）「ビッグモービルロッジ」および「トータス」、大丸グループ「レジャーカプセル」、太陽工業（株）「パンドラ99」、大和ハウス工業「ダイワミニレジャーハウス」および「ダイワユニットハウスIII型」、日経アルミ（株）「日経スペースカプセル」、日光化成（株）「やどかり」、長谷川万治商店「Q-HUT」、東方ユニット研究所「DAN-L」、ビッグウェイ「MOS」、不動プレハブ（株）「プレニーユニット」、（株）マキバ「マキバシャレー」、利昌工業（株）「フローラ」などが、「レジャーハウス」として名を連ねることになった。[75]

「国民休暇村」の宿舎の設計については、樋口清（1918–）が、「土地の高低を利用」した建設によって生じる地下階の居住環境、「レゾ《ママ》ートホテルと在来の旅館を折衷した平面」の標準化、「単純で直截な建築」の表現に注目して、「休暇村の建築」のあり方を述べている。[76] ともあれ、自動車によってようやく辿り着くことのできる辺鄙な場所の開発は、J・アーリの言う「自然の消費」にほかならなかったであろう。[77]

日本型「モーテル」の誕生

ちなみに「モーテル」は、「ラブホテル」あるいは「レジャーホテル」と名前を違えて、全国各地の高速道路のインターチェンジ周辺に集積した。そもそも「モーテル（Motel）」という言葉は、アメリカ西海岸の主要道路沿いに展開した宿泊施設群を示すもので、遅くとも一九二五年までには登場したようであり、[78] 一九三〇年代には、「ハイウェイに直結したコテージの新種」を指すかたちで用いられている。[79]

日本では、一九五〇年代後半に箱根・熱海・名古屋に「モーテル」が開業したと言われているが、「モーテル・箱根」に至ってはトラック運転手が昼夜を通じて利用できる休憩所に過ぎなかった。個別の客室とそれに応じた駐車場を備えた「ワンルーム・ワンガレージ」の「モーテル」が登場したのは、日本ハイウェイ事業（株）が経営した「モテル北陸」（一九六三）が嚆矢であり、「モテル京浜」（一九六八）が後に続いたという。[80] こうした日本型「モーテル」は、一九六七年には、全国で約一〇〇〇軒も建てられ、五年後にはその六倍の軒数に膨れ上がった。その結果、これらの日本型「モーテル」を対象に、一九七二年に施行された「風俗営業等取締法」の改正において「モーテル営業を規制する規定」が設けられた。しかしながら、この改正では「個室に接続する車庫」という「ワンルーム・ワンガレージ」が規制対象であったため、「ツールーム・ワンガレージ」であれば日本型「モーテル」の定義から外れることになり、一九八五年に「新風俗営業等取締法」が施行されるまでに一万軒以上が建てられ

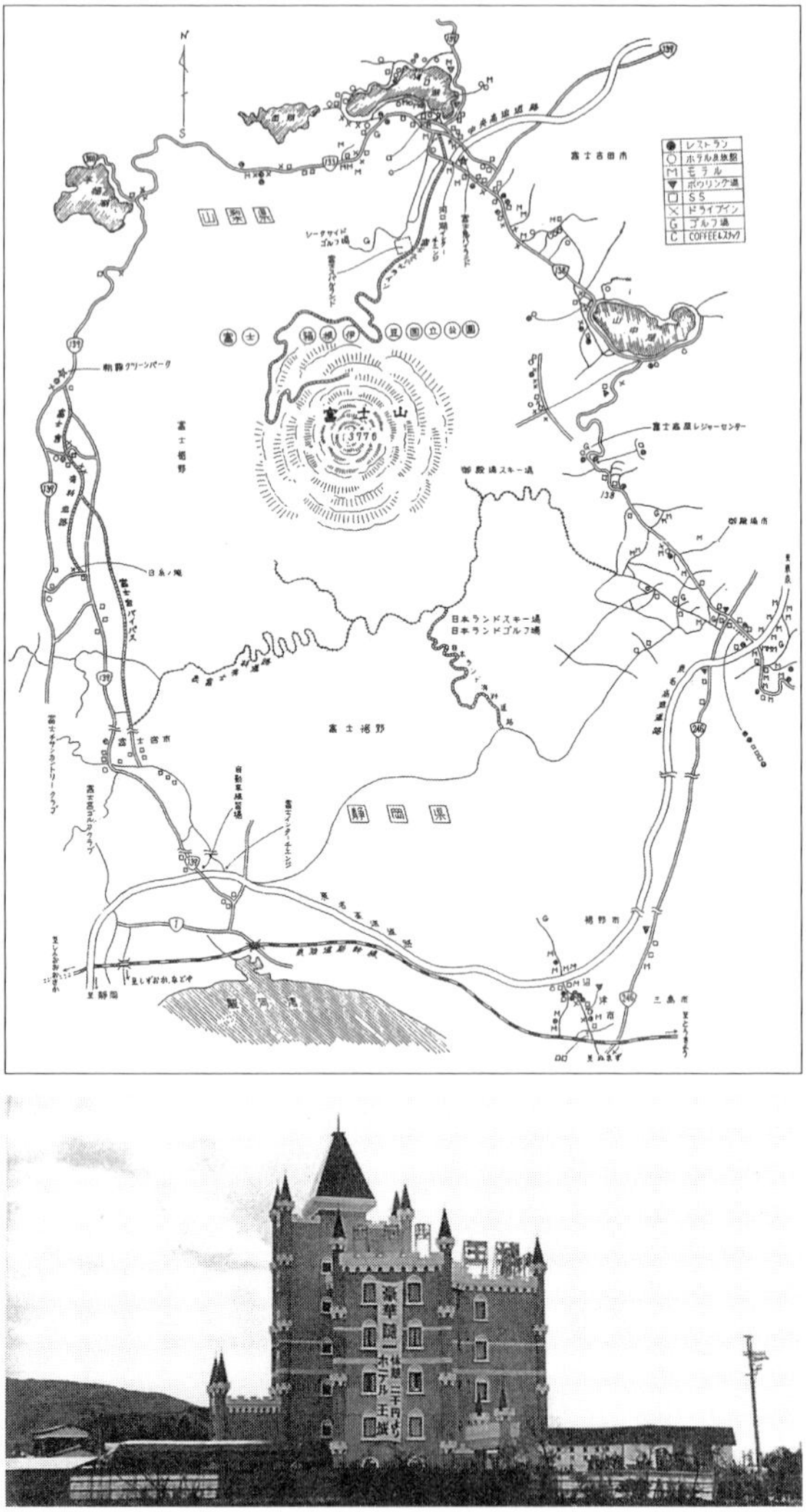

図 37　富士山周遊道路におけるレジャー施設プロット図（上）と東名高速道路御殿場インターチェンジに建つ「ホテル王城」（下）

た。[81]そのため、日本の高速道路のインターチェンジなどの自動車専用道路の出入口周辺には、城郭・宮殿のようなイメージをもつ「まやかし」の高層建築群が乱立することになったのである[82]（図37）。

このように、日本では、性愛空間のレジャー化が、郊外において一気に進展したのである。インターチェンジ周辺の景観という観点からすれば、上記の「まやかし」の高層建築群は、お世辞にも美しいとは言いがたい。しかしながら、第一次オイルショックの前年に、一台の「自動車」と一つの「部屋」の直接的関係をめぐる法制度が取り沙汰されたことは、興味深い事実である。その際、低層の「モーテル」における「自動車＝部屋」という関係は、自動車をめぐる建築デザインを考える上できわめて重要である。「ワンルーム・ワンガレージ」の「モーテル」は、自動車と部屋からなる二つの「カプセル」が直結する場所であり、両者を繋ぐための壁・床・天井のデザインは、自動車と建築の関係の中であらためて考えてみる価値があろう。

「マスレジャー」のための「複合施設」の整備

ところで、こうした戦後期の「余暇」のあり方について、高度経済成長期の終盤に三村浩史（1934–）が、週休制と年次休暇を得られるサラリーマンが「消費的楽しみの追求」を行う「レジャー」から、週休二日制と長期有給休暇を得られる全市民が「労働を支える基盤としての多様な文化創造」を行う「レクリエーション」に移行し、両者とも「マス化（大衆化）」する傾向にあることを論じた。[83]この論考では、「全国土空間をレクリエーション資源として認識」することで、「全国土を何らかの公園－国民のにわと考え他の利用目的と共用、重用させる方法」すなわち「国土空間の高密レクリエーション利用」が提案された。[84]

こうした「マスレジャー」は、「レジャーセンター」という新たなビルディング・タイプを出現させた。[85]坂倉準三建築研究所の太田隆信（1934–、のちに坂倉建築研究所大阪事務所長）は、上で取り上げた「国民宿舎」、「国民休暇村」、「ユースホステル」などの「（それまでの）公共投資の大衆啓蒙形施設」に対して、「（これからの）民間投資の大衆迎合形施設」である「レジャーセンター」の代表例として、中山克己建築設計事務所による「グランスパー長島温泉」（一九六四）、川岸一級設計事務所と海上静一建築事務所による「びわ湖温泉紅葉パラダイス」（一九六三、一九六六—二〇一二）、常磐開発建築設計課による「常磐ハワイアンセンター」（一九六六）と、自ら担当した「箕面観光ホテル＋スパーガーデン」（一九六五、一九六八）を挙げた。このほかにも「レジャーセンター」の代表例として「奈良ドリームランド」（一九六一—二〇〇六）や「伊豆富士見ランド」（一九六六—九九）などが挙げられ（図38）、一九六二年に全国一七四カ所にあった「レジャーセンター」は、一九六九年には二一四カ所にまで急増したと言われている。[86]

「レジャーセンター」の特徴を明らかにするために、戦前期に開発された遊興施設と比較してみると、[87]まず、戦前に建設された「遊園地」は、小林一三が箕面有馬電気軌道という都鄙間鉄道の中間地点に池田室町住宅地（一九一〇）を開発し、「都」にターミナル・デパートである阪急マーケット（一九二五）を、「鄙」に遊興施設である宝塚劇場（一九二四）をそれぞれ設立するビジネスモデルの中で見出されたように、民間鉄道会社が郊外の沿線開発を行うために採った常套手段のひとつであった。[88]一方、「レジャーセンター」は、国土計画に伴う「産業道路」や「観光道路」と名付けられた道路開発を当て込んだ土地の投機目的によるところが大きい。例えば、「グランスパー長島温泉」は名四国道（国道二三号線）が、「びわ湖温泉紅葉パラダイス」は湖西道路（国道一六一号線）が「産業道路」と関連して、「箕面観光ホテル＋スパーガーデン」は箕面ドライブウェイ（大阪府道・京都府道四三号豊中亀岡線）が、「伊豆富士見ランド」は富士見パークウェイ（伊豆スカイライン支線）が「観光道路」として、それぞれ同時期に整備されたことからもわかるように、「レジャーセンター」は、自動車交通に依存した建築である。次いで、戦前に開発された遊興施設と比較して「レジャーセンター」の建築的特徴として挙げられる点は、それらが周囲に対して自閉した「複合施設」であることだろう。太田によれば、「レジャーセンター」は、「大衆演芸場‐大浴場（温泉施設）、プール‐ボーリング‐スケート（スポーツ関連施設）、ホテル‐旅館（宿泊施設）といった今までそれぞれ単独の企業と考えられていた各施設」（括弧内は引用者）が統合され、「各種遊戯施設、飲食施設など」を媒体として結合した「複合施設」であり、「常時一万～二万（人）という超群衆をのみこむ巨大なシェルター」であるという。[89] つまり、「レジャーセンター」は、「産業道路」や「観光道路」によって見出された自動車による「マス

図 38　RIA 建築綜合研究所「伊豆富士見ランド」

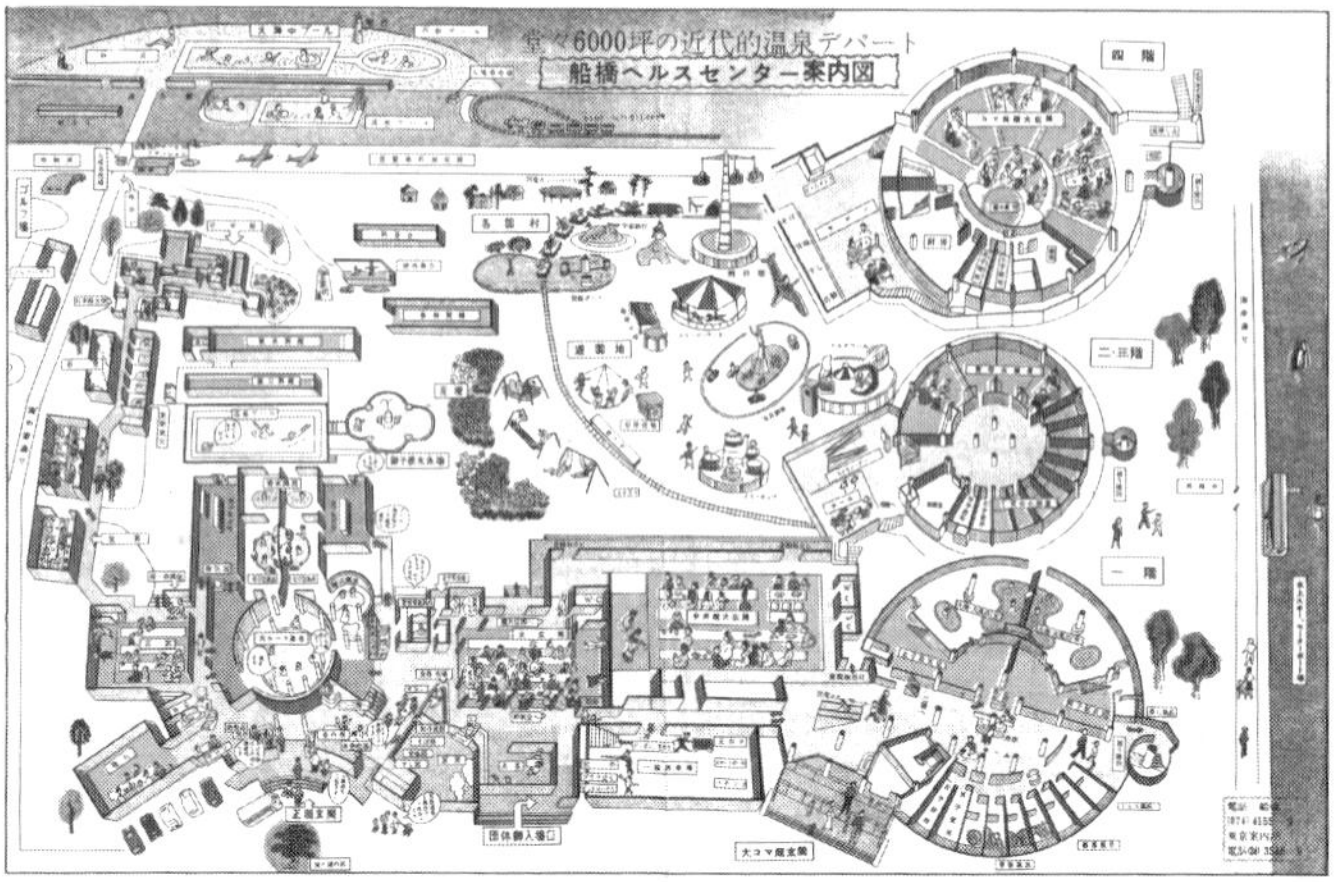

図39　「船橋ヘルスセンター」案内図（1960年頃）

レジャー」のための「複合施設」として定義されうる。実際に「レジャーセンター」は、建物に組み込まれた巨大なバスターミナルと広大な駐車場を持ち、自動車という「カプセル」を降りた「マス」は、ここで自閉した「複合建築」へと乗り換えるのである。しかも、戦前に開発された遊興施設が、鉄道やバスなどの公共交通機関を乗り継いで行くことで、「日常」と「非日常」との切替が徐々に行われたのに対し、「レジャーセンター」は、駐車場に降り立った時点で、突然の切替が迫られるのである。

低地のレジャーセンター――「船橋ヘルスセンター」と「長島温泉」

「レジャーセンター」を最初に体現したのは、丹沢善利（豊春、1891–1969）の率いる朝日土地興業（株）が一九五五年一一月三日に開業した「船橋ヘルスセンター」である（図39）。「生盛薬館」という甲州出身の売薬業者を父に持つ丹沢は、[90] 戦前期には「日蘭貿易」（一九一四）を設立して南洋貿易で成功したほか、「満洲ホップ麦酒」「常磐合同炭礦」などの経営に携わり、「特殊製鉄やタングステンなどの新事業」を興した。その丹沢が戦後になって一転して設立したのが朝日土地興業（一九五三、のちに三井不動産に吸収合併）である。[91] そして一九四八年の春に船橋市の八四一七平方メートルの海浜埋立地でガス採掘中に温泉が湧出したことを契機として、船橋市に経営を依頼された千葉県選出の衆議院議員千葉三郎（1894–1979）が、小林一三に相談して一九五二年七月に「(社)船橋ヘルスセンター」

を設立し、海岸埋立地一一万坪の開発と経営を、中学校時代の親友であった丹沢の朝日土地興業に委ねたのである。船橋ヘルスセンターの設立は、菊池寛実（1885–1967）や南俊二（1882–1961）といった財界人からは、「埋立による土地に魅力をもちまた国家的見地から出資応援」を受ける一方で、[92]地元民には、「海岸を埋立てることによってザッと一千世帯の漁民が離職するため、その連中に職を与える」ものとして[93]大いに歓迎された。丹沢は、一九三八年頃に「登別グランドホテル」に宿泊した際に「こんな浴場が東京の近くにあったら……中小企業や、農山漁村の老人やそのお子達の団欒場、安易でしかも豊かな遊び場をつくってあげたい……」と空想した内容を、ここで実現したという。[94]

このウォーターフロントの広大な埋立地に、ありとあらゆる遊興施設が詰め込まれ、一九六〇年代中頃には年間四五〇万人以上の集客と三〇億円以上の売上があったと言われている。[95]当時、この施設を取材した開高健は、「遊び」のプログラムを羅列することで、「遊ぶものナンデモアリマス」という雰囲気を表現した。[96]「ボウリング。玉突き。パチンコ。スマートボール。電気銃。大ローマ風呂。大滝風呂。トルコ風呂。牛乳風呂。酵素風呂。大広間。コマ舞台。パノラマ舞台。スタンドバー。売店。貸切室。あんま。お化けハウス。南国サロン。熱帯魚。床屋。ワニ池。動く歩道。エスカレーター。モノレール。ゴーカート。水中翼船。人工衛星。宙返り飛行機。ムーンロケット。ジェットコースター。釣堀。回転ボート。飛行塔。茶碗自動車。ローラースケート。宇宙ロケット。テルターワール。空飛ぶ象さん。円盤ボート。魔法のお城。自動式の野球のバッティングコーナー。遊覧船。モーターボート。水上スキー。海水プール。潮干狩。セスナの遊覧飛行機。夏でも出来るスキー場。民謡。素人のど自慢。ジャズ。ハワイアン。手品。歌舞伎。女剣劇。鼓笛隊。おでん。すし。天ぷら。ラーメン。定食。そば。トンカツ。赤だし。ビフテキ。スパゲッチ。アイスクリーム。天丼。サイダー。ビール。ウイスキー。日本酒。牛乳。ホテル。ゴルフ。クラブハウス。中華料理。パーマネント。結婚式場。噴水。ミュージックホール。玄関。便所。台所。ゴミ捨場。長崎ちゃんぽん……」実際には、それぞれの空間に大小があり、上下左右前後の位置関係があるが、入場

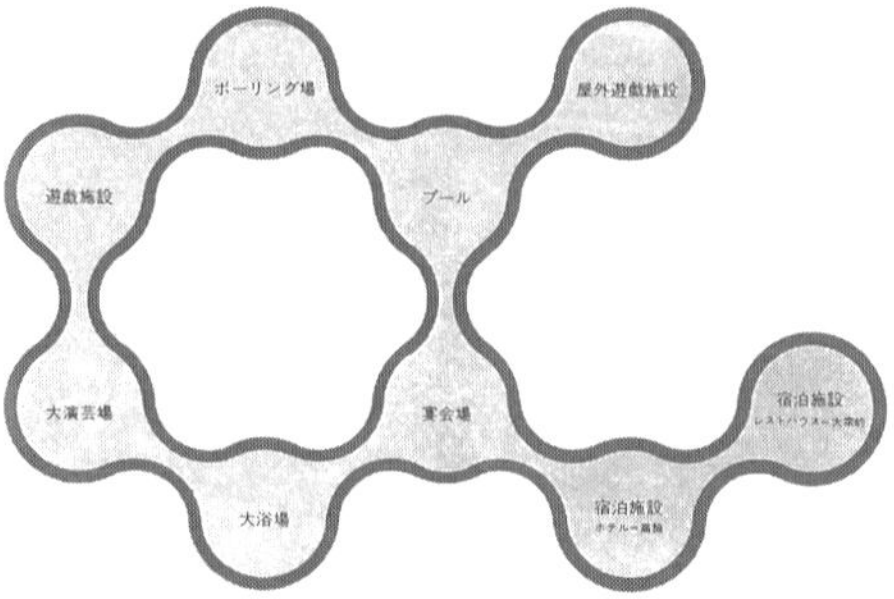

図 40　太田隆信による「レジャーセンター」のダイアグラム

者にとって、それらのヒエラルキーは重要でなく、すべての行為が等しく「遊び」のプログラムとなる。配置図をあらためて見てみても、増築に次ぐ増築を重ねた無節操な施設の布置は、さながら「遊び」のためのデ・コンストラクション建築の様相を呈する。R・コールハースは、『錯乱のニューヨーク』において、「コニー・アイランド」が、二〇世紀初期のマンハッタン島の開発と並走するものであったことを記したが、[97]「船橋ヘルスセンター」は、二〇世紀中期の東京都心部の戦後復興と並走するものであったと言えよう。

アトラクション空間がチューブ状に連結されたその内部は（図40）、いったん中に入ると、縁日の境内のように、「忘我と率直と盲目の数時間がたのしめる（中略）巨大なステテコの共和国」であった。[98] しかも、十以上を数える「広間」は、冷房装置もなく、夏期は「人いきれと汗と水虫の匂い」でむせ返る空間であった。[99] 谷中・長谷川建築事務所の意匠設計と園部構造計算事務所の構造設計を基に、西松建設によって建てられた建物群の中で、設立当初に建てられた六〇〇坪強のRC造部分は、埋立地の沈下量を考慮して軽量コンクリートが用いられたという。[100]

一方、建物の外部には、広大な駐車場が設けられており、「つらなる観光バスは、東京、茨城、埼玉の近隣は勿論、北は福島、岩手、西は静岡、名古屋、さらに新潟、長野方面から文字通り車をならべ、しかも、夕刻満員札止めの盛況を眺めて、大部分が、素通りを余儀なくされていた」という。[101] さらに、観光バスで溢れかえった駐車場では、「バス迷子」が続出し、船橋市内は交通麻痺を起こしたという。[102] 建物の周囲を囲むのは駐車場だけではない。「多摩川スピードウェイ（オリンピアスピードウェイ）」（一九三六）と「鈴鹿サーキット」（一九六二）に続いて、日本の常設サーキットのひとつとして一九六五年七月に完成した「船橋サーキット」がまた、敷地の南端に設けられた。「船橋ヘルスセンター」は、自動車の海に浮かぶ島となったのである。その後、「伊香保ヘルスセンター」「館林分福センター」「熱海ヘルスセンター」など、各地の「ヘルスセンター」が「船橋ヘルスセンター」の後に続いた。のちに「健康ランド」や「クアハウス」などと呼ばれるようになった施設の周囲もまた、駐車場で占拠されている。小林一三が、阪急平野を舞台にして、電車を利用する中流階級の家族を対象としたビジネスモデルを創出したのに対して、丹沢は、千葉の埋立地で、自動車を利用する労働者階級の家族を当て込んだ遊興地開発を行ったのである。しかしながら、一九七一年、東京湾岸道路工事が着工されると、「ステテコの共和国」は敷地が分断されるとともに、地盤沈下を防止する目的で天然ガス・温泉源の採掘が禁じられ、その幕を下ろした。

もうひとつの代表的な初期のレジャーセンターが「長島温泉」（現ナガシマスパーランド）である。一九五三年一〇月、三重県では、揖斐・長良・木曽からなる木曽三川の河口デルタ地帯で、桑名市から桑名郡木曽岬村に至る約九九二六ヘクタールの地域が「水郷県立自然公園」に指定された。この自然公園のほぼ中央、文字通り南北一三キロメートルに長い島である長島の南端にある松蔭という場所で、一九六三年八月二七日に、富山で大谷天然瓦斯（株）を営む大谷伊佐と信美治の親子が、地下一五四〇メートルから摂氏六〇度余度の温泉を掘り当てた。伊勢湾台風と第二室戸台風によって壊滅的な被害を被りながらも、五度にわたる掘削の末に湧き出た温泉であった。低地でのガス採掘中に温泉を掘り当てた点において、「船橋ヘルスセンター」と同じ背景を持つ。

伊勢湾台風以前は、地名通りに「松と桜の喬木が生い茂り、竹やぶは防潮堤いっぱいにひろがり、キツネやムジナの巣窟だった」という場所に湧いた温泉を、[103] レジャー・ランドにするためには、二つの要因が必要であった。ひとつは、東京商科大学（現 一橋大学）を卒業後に松坂屋・新東宝・後楽園スタジアムに務め長島観光（株）初代社長となった服部知祥（1901-?）が、易経の大家であった山口凌雲によって大谷親子と引き合わされ、八面六臂の活躍をした結果、開業時の資本金六億円、第一期工事の総工費三〇億円という膨大な資金を獲得したことである。もうひとつは、中部経済連合会が、高度経済成長に伴うレジャー・ブームを背景に、伊勢湾台風と第二室戸台風後の復興計画の目玉として、「中京をヒンターランドとする一大レクリエーションセンターを建設する」という「長島総合開発計画」を策定したことである(104)。

長島温泉の設計者は、中山克己(1901–1987)である。中山は、一九二七年に早稲田大学理工学部建築学科を卒業後に勤務した渡辺仁建築工務所において、ロサンゼルスとベルリンのオリンピックの会場施設を研究して幻の東京オリンピックの会場構想図をまとめた人物であった。一九三八年には満洲国体育保健協会建築委員に就任し、敗戦まで満洲国の首都新京(現 長春)を中心に多くの設計に関わった。戦後は、一九四八年に中山克己建築設計事務所を設立し、井上宇一(1918–2009)と共に「オリンピック代々木競技場および駒沢公園の企画設計並びに監理」にて日本建築学会賞特別賞(一九六四年)を受賞した。なお、中山の弟は、日本興業銀行の頭取を務め「財界の鞍馬天狗」の異名を持つ中山素平(1906–2005)である。

図 41 「長島温泉」外観

中山は、伊勢湾台風後におよそ二〇〇〇億円を投じて復旧された全長約一〇〇〇キロメートル高さ六・五メートルの堤防に一体化した建築として、長島温泉に「一大レジャー・センター」を創出した。長島の南端にあるこの施設へ至る唯一の交通手段は自動車である。このことは、開業後半世紀が経過した現在も変わらず、今や一万三〇〇〇台を超える広大な駐車場を擁する。にもかかわらず、一九六八年八月に県営長島有料道路が開通するまで、自動車走行を可能とする道路は、堤防道路以外にはなかったのである。したがって、最初期の長島温泉の建物は、堤防道路から直接侵入できる地上三階の高さを持った人工地盤を挟むようにして建てられた(図41)。最初期の図面によ

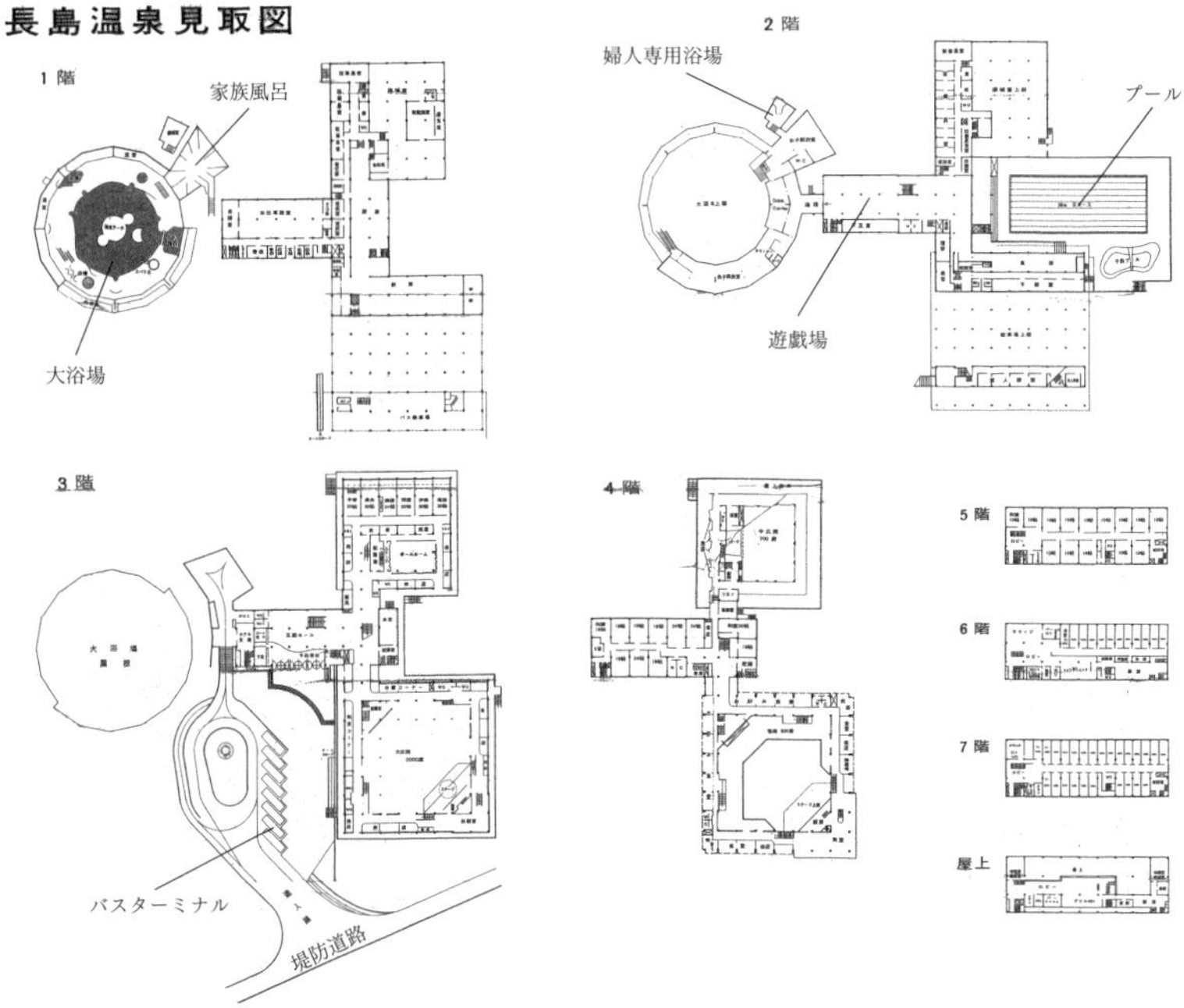

図 42　「長島温泉見取図」：設立当初の長島温泉の図面によれば，家族風呂と女性専用浴室が設けられているが，円形大浴場は男女混浴であったようである。

れば、大小二つの正方形平面を持つ四階建ての低層棟と、二階建ての円形大浴場を結ぶ格好で、七階建ての高層棟が設けられている。地上三階で堤防道路に直結する大きい正方形平面の棟には、バスターミナル・駐車場からなる交通施設と、二六〇〇名を収容する大広間が、小さい正方形平面の棟には中広間（七〇〇名収容）・ボールルーム・機械室がそれぞれ収められている。円形大浴場は、正確には正一六角形をした建物であり、中央の直径五〇メートルの大浴槽の周囲に小規模な浴槽が設けられており、全面ガラス張りの窓際は、熱帯の植物が植えられるとともに熱帯魚の水槽が設置されていた（図42）。一方、高層棟は三階に設けられた玄関ホールを介して、四階以上をすべて宿泊室（和室二六室・洋室三八室）とする一方で、二階を遊戯場とプールに至る利用客動線の要とし、一階を事務所と厨房を含むサービス動線の要とするように設計されている。つまり、堤防道路の高さに起因する断面計画が、建築内部においても巧みになされていることが見て取れるのである。

モビリティリゾート――「三重県水郷県立公園開発計画」と「鈴鹿サーキット」

「長島温泉」を推進した中部経済連合会は、桑名郡長島町（現　桑名市長島町）を中心とした県立公園を計画するように三重県に働きかけ、一九六五年に三重県商工労働部観光課が環境開発センターに委託する形で「三重県水郷県立公園開発計画」が作成された。長島町を中心とするこうした開発計画の背景には、一九六四年に三重県によってまとめられた「長島町総合観光計画基礎調査書」（一九六四）と、一九六三年に三重県農林水産部が委託した、松田延一（三重大学農学部）による「桑名郡長島町における営農類型の策定」ならびに位田藤久太郎（三重大学農学部）による「桑名郡長島町における園芸適作物の調査」の存在がある。[105] 前者の調査報告書は実態調査に過ぎないが、後者の二つの調査報告書では、「長島町営農計画」として「農業を巡る新情勢」や「温泉近接地域の開発」が記されている。後述する「中央縦貫道路」を前提とした農学者によるこの計画案は、実態調査と計画が渾然一体となった戦前期における「郡是・町村是」の様相を呈するものであり、同時代に盛んに行われた「地域計画」の内容には程遠いものであったが、低地特有の特徴を地域経営に反映させた点において注目に値するものである。

「三重県水郷県立公園開発計画」を作成した環境開発センターは、一九六一年四月に浅田孝を中心に設立された「日本初の民間都市計画・地域計画コンサルタント会社でありシンクタンク」である。[106] 冒頭を「地域計画エキスパート　環境開発センター」の文字が飾るＡ４版の報告書の扉書のほかにも、「名四国道出入ランプ模式図」の描かれ方が（図43）、丹下健三の「東京計画一九六〇」における都市軸を形成する「サイクル・トランスポーテーション・システム」に酷似していることなどから、計画は浅田の仕事だと判断できる。[107]

前述のように長島は、三重県と愛知県の県境を流れる木曽三川によって形成されたデルタ地帯にある中州である。この計画では、島内に設けられる幹線道路線形パターンによって、「中央縦貫型」「外環状型」「内環状型」からなる三つの開発パターンが想定された（図44）。「中央縦貫型」は、幹線道路が島の中央を南北方向に縦貫するように設けられており、この道路から二次的な道路が東西方向に延びているのが見て取れる。このパターンは、この中央幹線道路沿いの線的な開発か、あるいは島内全域の面的な開発のどちらかを前提として考えられた。前者の場合は、開発地域が水際線から離れてしまうため、水郷地帯における開発として「景観的にも意味をなさない」ことが、後者の場合は、全面的開発に至ることは「空間的にも経済的にも問題が大きく、水際線の利用と直接つながらない」ことが、それぞれ指摘されている。「外環状型」は、幹線道路が島を取り囲む堤防の上またはそのすぐ内側に設けられており、この環状の外周道路沿いに水際線から島の内側に向けて開発が行われることが想定されていた。「オランダの護岸にも見られる」というこのパターンは、現在「スーパー堤防」と呼ばれる考え方に近いものであるが、既存の堤防集落に対して開発余地を見出すことが困難であるのに加えて、堤防と道路の行政管理が重複するとともに、緊急時の避難路として堤防道路が適当でないことが指摘されている。「内環状型」では、島を取り囲む堤防から一定の距離をおいて並走する幹線道路が設けられており、この堤防と環状の内周道路とに挟まれた用地を開発することが想定されていた。このパターンは、前述した二つのパターンの短所を補うものとされ、以下八つの特質が挙げられている。(1)内周道路によって開発区域を区分できること、(2)堤防と環状の内周道路とに挟まれた用地を埋め立てることによって水際線に関連した開発が可能であること、(3)内周道路に囲まれた広い農地を担保できること、(4)堤防と道路の行政管理を明確に区分するとともに堤防を「プロムナード」として歩行者に供することができること、(5)内周道路を一方通行として効率的な交通計画ができること、(6)内周道路の交通を一時的に遮断して「そのまま

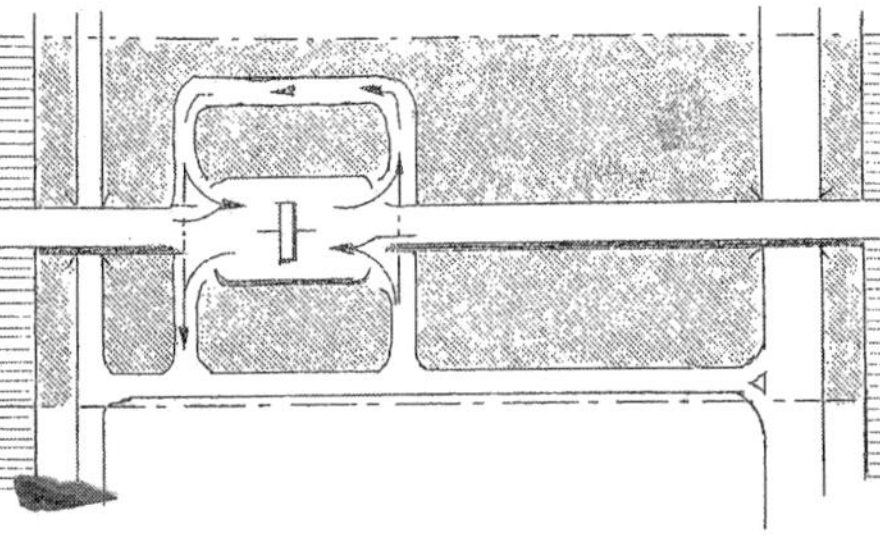

図43　「名四国道出入ランプ」模式図

サーキット自動車レースに利用」できること、(7)堤防道路と内周道路を併用することによって程度に応じた開発ができること、(8)内周道路が「上水道・温泉給湯など、循環した配管が妥当なもの」の敷設に好適であること。長島における公道サーキット計画が実現することはなかったが、長島温泉では、一九七七年に「スーパーカー・フェスティバル」が開催されることになる。

ちなみに、計画者の浅田が模式図を描いた名四国道出入ランプは、鉄筋コンクリート造の構造物として今も辛うじて姿をとどめている（図45）。そして一九六八年、このランプの傍に建てられたのが、「サニーワールド長島」で

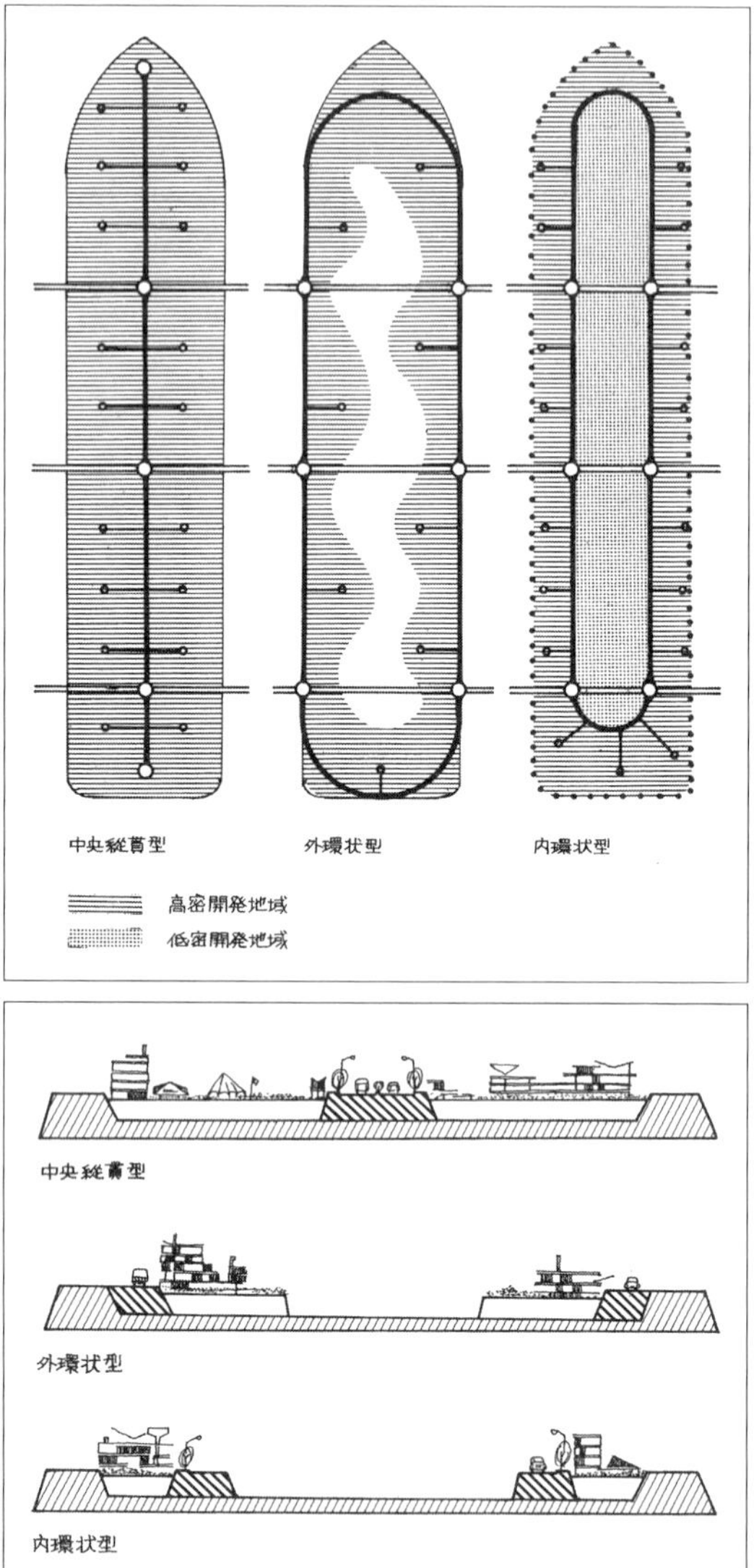

図 44　「三つの開発パターン：中央循環型・外環状型・内環状型」平面模式図，断面模式図

あった（図46）。「ココヤシ、大王、女王ヤシ、大型樹種の大規模な群落、マンゴ、パパイア、バナナなどの熱帯果樹、群生するシダ類、サボテン水草類など三〇〇〇種、一万五〇〇〇本」の熱帯果樹園のために、竹中工務店が設計施工した温室建築は、「樹木の成長とともに、常に建物も一緒に伸び、また広がってゆく」という明確な方針によって造られた不定形な建物であった(108)。すなわち、ここでは、熱帯植物の背丈に応じた一定の容積を確保するために、樹種によって異なる高さを持つ単純な架構の立方体の組み合わせによって創出される空間構成が、「唯一のデザイン要素」として考えられていたのである。植物園のみならず、水族館や禽舎などプログラムの「成長」を目指したこの建築は、鉄とガラスの部材をユニット化することによって、オープン・システムの直截な造形となり、それは名四国道沿いのランドマークとなった。

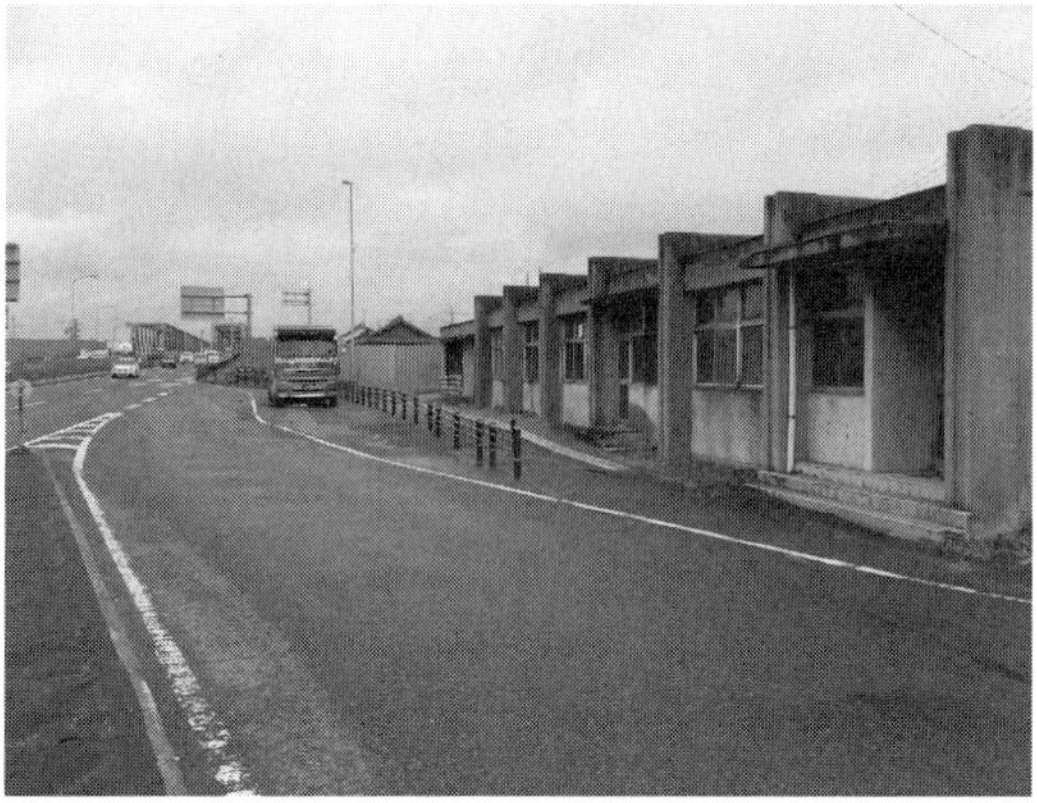

図45　「名四国道出入ランプ」関連施設

図46　「サニーワールド長島」外観

　ところで、「公道サーキット計画」は、必ずしもル・マンの「サルト・サーキット（Circuit de la Sarthe）」（一九〇六―）、モナコの「シルキュイ・ド・モナコ（Circuit de Monaco）」（一九二九―）、ニュルンベルクの「ノリスリンク（Norisring）」（一九四七―）等のように、「モータースポーツ」のための場所として積極的に見出されたものではなかった。一九五九年には、公道をオートバイで暴走する「カミナリ族」が登場し、また、一九六〇年代中頃から新宿中央公園・名古屋久屋大通公園・京都宝が池公園・大阪万博公園・広島平和公園などの周辺道路において、自動車による暴走行為が見られるようになったように、(109)整備された公道は「街頭サーキット」と呼ばれた(110)。

一九六二年に、本田技研工業は、日本初の本格的レーシングコース「鈴鹿サーキット」を開発するとともに、「人の移動に関わる領域すべて」である「モビリティ」をテーマとする「モーターリゾート」の開発に着手した。開発当初は、前述の「カミナリ族」や「マッハ族」等の暴走ドライバーに運転マナーと運転技術を教育するために全国各地につくられ「テック」と名付けられた、オートバイのためのサーキットのひとつであった（図47）。実際に「ここで一度走ると自動車のこわさが全身でわかる」と言われたという(111)。サーキットの建設候補地は、「水戸の射爆

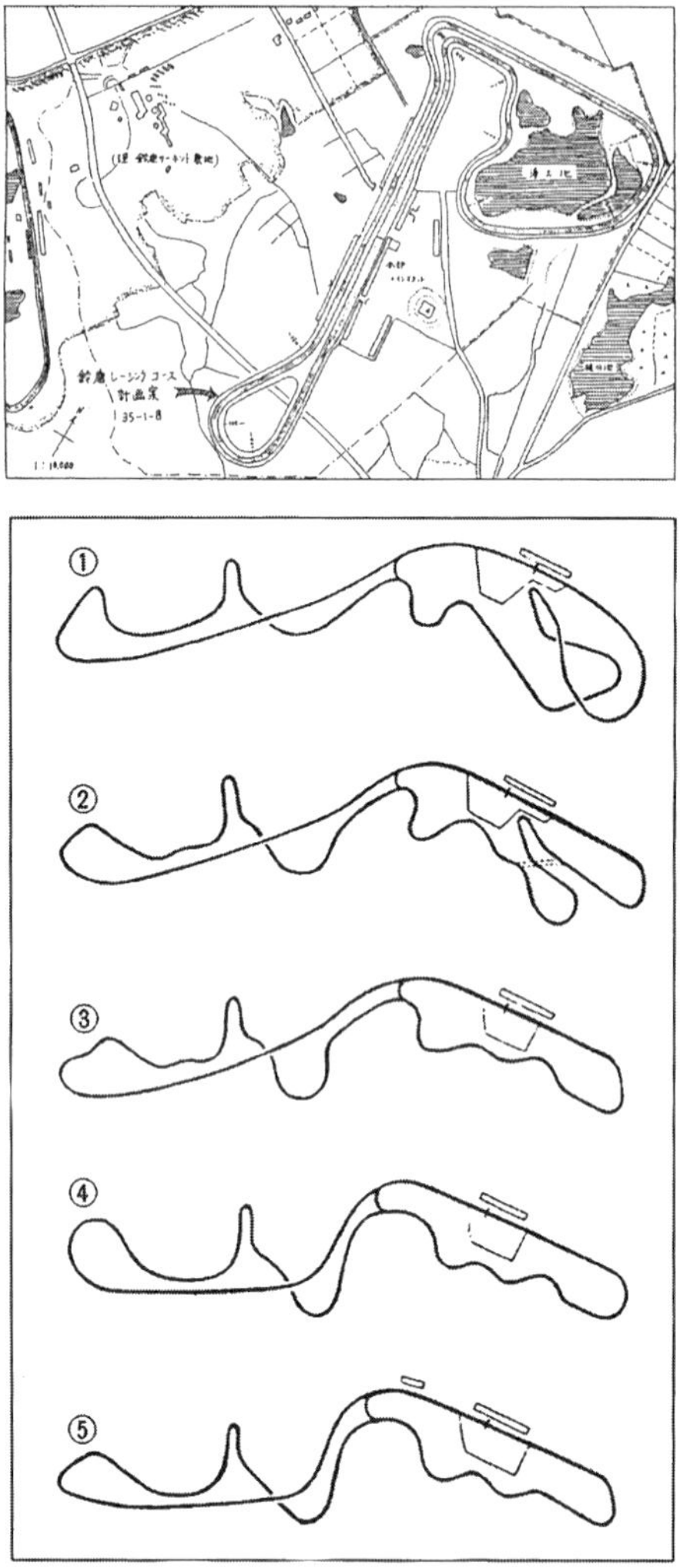

図 47 「鈴鹿サーキット」のコースデザインの平地案（上）と丘陵地案（下）：当初（1960/01/08）は，浄土池周辺の水田地帯が敷地候補とされたが，本田宗一郎が「田んぼを潰してはダメだ」と主張したため，鈴鹿海軍工廠山の手発射場と同地下倉庫群跡地の丘陵地帯が新たな敷地候補となった。①丘陵地原案（1960/08/26）②ヨーロッパ視察後の修正案（1961/01/16）③フーゲンホルツ助言後の修正案（1961/01/29）④現地測量後の修正案（1961/05/29）⑤最終決定案（1962/01/15），原案に描かれた3ヶ所の立体交差は，予算の都合により1ヶ所になった。

場跡や浜名湖近辺、滋賀県の土山など」様々な場所が挙げられたが、[112] 結局、鈴鹿に落ち着いた。その後、「生駒テック」（一九六一—六五）と「多摩テック」（一九六一—二〇〇九）が完成し、さらに「朝霞テック」（一九六四）が続いた。これらの自動車のための遊園地は、いずれも、「（乗り物が）線路に固定されていない」、「子どもに帰順していない」という二つの点において他の遊園地と大きく異なるものであり、[113] 後に「モートピア」と名付けられた。また、一九六七年には、一室定員八名、五〇〇人収容の修学旅行専用棟「ナイセストビレッジ（N棟）」が建設され（図48）、小・中・高生に「科学と産業」を体感させる修学旅行が提案された。[114]

一九七八年には「鈴鹿八時間耐久オートバイレース」が、一九八七年には「F1日本グランプリレース」がそれぞれ開催され、自動車に関する社会教育を目的に始められたこの遊園地は、ようやく日本の「モータースポーツ」のメッカとなった。鈴鹿市は、「国際都市づくりを目指して鈴鹿サーキットを核とした〝世界の中のレーシング都市スズカ〟構想」を発表し、本田宗一郎（1906–1991）と藤澤武夫（1910–1988）による「モビリティリゾート」のアイデアを街ぐるみで実現することとなったのである。

図 48　鈴鹿サーキットのホテル群：「テクニランドホテル」の背後には，山荘風ホテルとキャビン風ホテルが建て並べられ，さらに後方斜面には，修学旅行専用棟「ナイセストビレッジ」が建てられた。

自動車による季節のデザイン——「常磐ハワイアンセンター」と「ハワイドリームランド」

ところで、農村の真ん中に、忽然と南国イメージ溢れる建築が立ち現れる風景は、「サニーワールド長島」だけではなかった。京都の丸玉観光の企画による「びわ湖温泉紅葉パラダイス」（一九六三、一九

図49　「常磐ハワイアンセンター」内観

六六）では、「ジャングル風呂」と名付けられた熱帯植物が植えられた大浴場と、大ホール・ボーリング場が一体となった施設が、琵琶湖岸の田園地帯に建てられたように、高度経済成長期には、温泉を「ジャングル風呂」として目玉にする事例は各地に見られた。新たに掘り当てられた温泉だけでなく、草津温泉のように中世以来の温泉にさえ、温泉の余熱を利用した温室を中心施設とする「草津熱帯圏」（一九七〇）が設けられた。

　こうした南国イメージの究極にあったのがハワイであった。戦前よりハワイは夢の島であったが、戦後まもない時期に「憧れのハワイ航路」（レコード発売一九四八、映画公開一九五〇）がヒットし、高度経済成長期には、「トリスを飲んでHawaiiに行こう」（一九六一年一一月放映開始）というCMが流行したことからもわかるように、夢や憧れではなく実際に訪問可能な観光地のひとつとして注目されるようになった[115]。しかし、一九六四年四月に海外旅行が自由化したとはいうものの、庶民にとってハワイ旅行はまだ高嶺の花であった。そのような中でオープンしたのが、常磐湯本温泉観光が企画し、常磐観光開発建築設計課によってまとめられた「常磐ハワイアンセンター」（一九六六―六八）である（図49）。この施設は、福島県いわき市の郊外に、閉山後の坑道から湧き出る温泉を利用して始められた。「ハワイアンビーチ」と名付けられたプールの上に架けられた立体トラスによる全面採光のヴォールト屋根の下には、プールのほかに植物園・ステージ・飲食施設が収められ、一九八〇年代にオフィスやホテルの建築に持ち込まれた「アトリウム」に先駆けた空間であった。「アトリウム」は、建物断面を一望することのできる空間であるが、ここでは、当時の写真を見ればわかるように、人々はステージ上で繰り広げられるフラダンス・ショーを見つめるとともに、その向こう側にもヤシの木の下に広がるプールで泳ぐ人を見下ろす人がいて、またそれを食事する人が見上げることができた。つまり、館内の様々なアクティビティは、ヴォールト屋根の下で「見ること」と「見られること」という関係に還元されたのである。

もうひとつの農村におけるハワイもまた、東北地方の田園地帯（山形県山形市）に忽然と立ち現れた祝祭空間であった。黒川紀章が設計した「山形ハワイドリームランド」（一九六六―六七）である（図50）。「常磐ハワイアンセンター」が、全面採光のヴォールト屋根によって「覆われた建築（Covered Architecture）」であったのに対して、黒川の「ハワイドリームランド」は、プール・釣場・水族館のある中庭が、レストラン・ゲームコーナー・大広間・宴会場などが収められた不定形の帯状建物によって「囲われた建築（Enclosed Architecture）」であった。すなわち、前者は、「アトリウム」によって内部空間の温熱環境が管理されたのに対して、後者は、「中庭」によって外部空間の視覚環境が管理されたのである。いずれの事例も鉄道駅からは遠く離れた場所にあり、アクセスは自動車に頼らざるを得ず、農村の真ん中に突如現れる楽園の姿は、太平洋に浮かぶ離れ小島に重なる。自動車が農村に持ち込んだ時間と距離は、ハワイという常夏の島のイメージを通じて、季節をデザインするのにも一役買うことになった。

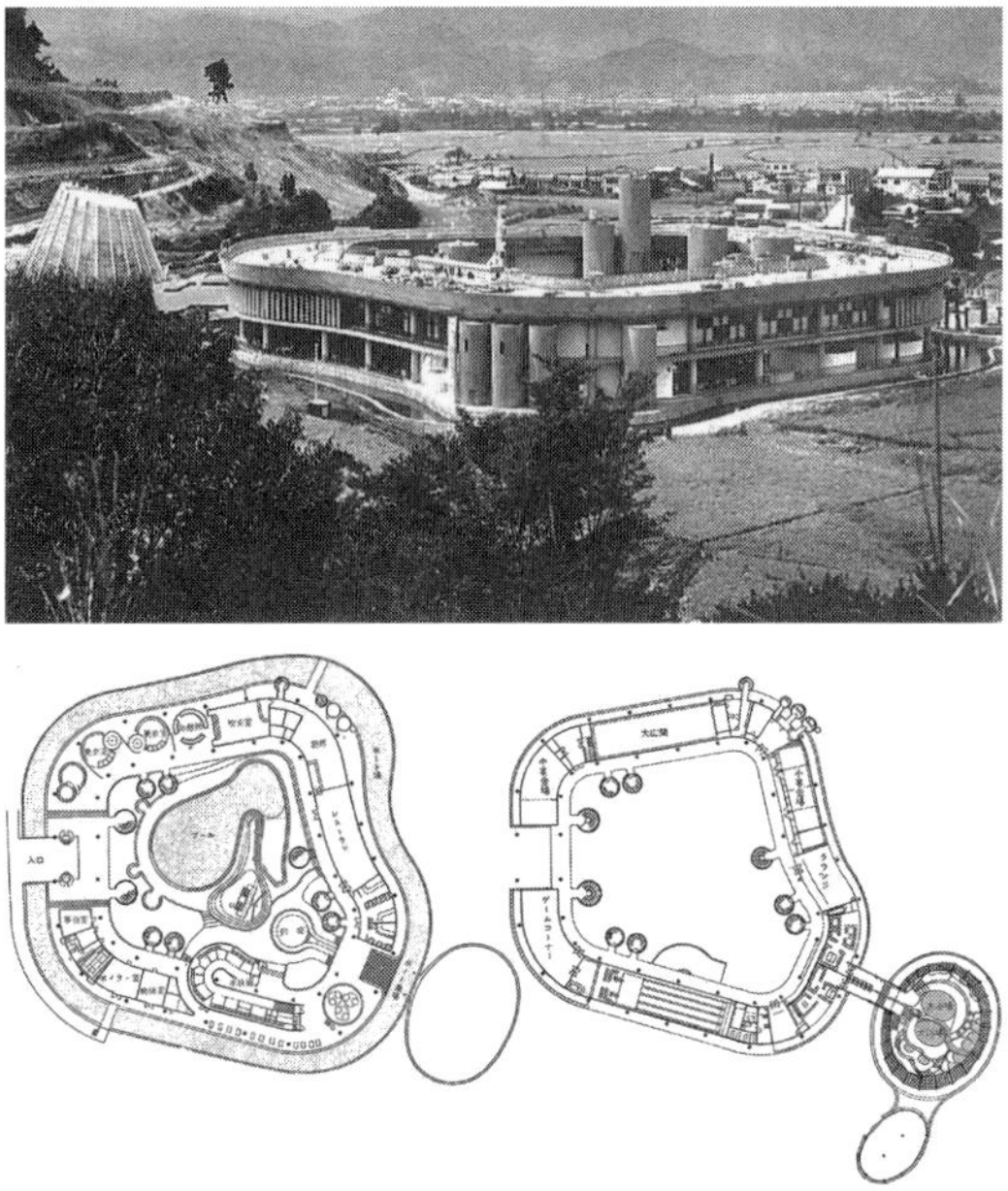

図 50　黒川紀章「山形ハワイドリームランド」外観および平面図

高度経済成長期の「レジャーセンター」において見出された二つの原型は、ハワイをめぐる小さな試みに過ぎなかったが、バブル景気の中でその特徴を大きく開花させた。片方の「覆われた建築」で管理された温熱環境は、「フェニックスリゾート・シーガイヤ」（宮崎、一九九三）や「ららぽーとスキードームザウス」（船橋、一九九三）のように、実際に常夏や常冬を創出した。[116] もう片方の「囲われた建築」の中では、南国のイメージだけでなく、「東京ディズニーランド」（浦安、一九八三）や「ユニバーサル・スタジオ・ジャパン」（大坂、二〇〇一）のように無尽蔵に物語が紡がれることになる。覆われるにせよ、囲われるにせよ、レジャーは、断面方向または平面方向に見出された円環の中に閉じ込められることになったのである。

自動車がもたらした南国イメージ――伊豆・南紀・南九州

こうした南国イメージはまた、伊豆・南紀・南九州などの、高度経済成長期における新婚旅行の人気スポットにおいても醸成されて行った。昭和四〇年代は、これら三地域だけでなんと新婚旅行の九割を占めていたという。[117] 一九六三年に発行された『新婚旅行案内』には、日本交通公社による各種乗物から宿泊施設まですべてをセットにした「新婚旅行特選コース」の内容が記載されているが、[118] 北海道・東北・関東・中部・関西・西部の各支社が、特選コースとして設定した全八八コースの中で、関東支社によるものは、伊豆（二）・箱根伊豆（一）・北陸（一）・南紀（四）・九州（四）からなる合計一二コースであった。北陸を除く一一コースは、いずれも、伊豆・南紀・九州という温暖な土地が取り上げられたのである。なお、この一九六三年版では、いずれも公共交通機関とハイヤー・タクシーによる移動が前提となっているが、一〇年後に出版された改訂版では「ドライブ旅行の問題点」という項目が設けられ、レンタカーやマイカーの利用も想定されるようになったことがわかる。[119] とりわけ伊豆と南九州は、こうした自動車交通の影響が大きかった。

伊豆では、一九五〇年に伊東と熱海が「国際観光文化都市」に指定されて、[120] それぞれ、「伊豆シャボテン公園」

（一九五九）、「熱海サボテン公園」（一九六七）と名付けられた植物園が設けられ、南国のイメージが植えつけられた[121]（図51）。海浜部では、「熱海ビーチライン」（一九六五）と名付けられた海岸道路が完成すると、市内埋立地に東駐車場（バス六〇台、乗用車二四〇台を収容）と和田浜駐車場（バス三〇台、乗用車三〇台を収容）が設けられた。山間部では、「熱海サボテン公園」と「伊豆スカイライン」（一九六二）を結ぶ「熱海高原ロープウェイ」の山頂駅舎を兼ねた円形建物「玄岳ドライブイン」（一九六六）がつくられ（図52）、巨大な駐車場（バス三〇〇台、乗用車一〇〇〇台収容）が設けられた。さらに、海浜部と山間部を結ぶ「熱海新道／パノラマ・ハイウェイ」（一九六六）が開通し、沿道に「熱海自然郷」の別荘地が開発された[122]。

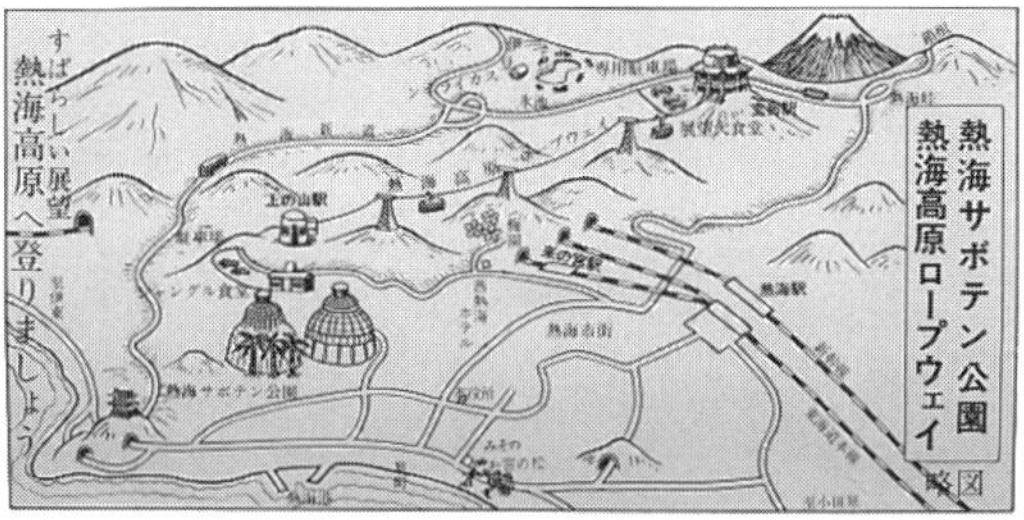

図 51　「熱海サボテン公園／熱海高原ロープウェイ」略図

図 52　「伊豆スカイライン」

一方、南九州では、毎日新聞が一九五〇年に主催した「新日本観光地百選（海岸の部）」において、この葉書投票のために新たに命名された「日南海岸」が一二〇万票を獲得し、一九六〇年の春にはそこへ皇籍離脱した昭和天皇の第五皇女清宮が島津久永とともに新婚旅行に訪れ、さらにその二年後には当時の皇太子・美智子ご夫妻が訪問して、その人気は決定的なものとなった。こうした宮崎の南国イメージの形成は、宮崎交通の岩切章太郎（1893–1985）が一九三六年から始めた植林活動の結果で

図 53　岩切章太郎によって開発された「ロードパーク」：「植え足し」と「切り出し」によって生み出された風景

あった。彼は、国道二二〇号線沿いにフェニックス（ヤシ）を街路樹として植林し、宮崎と日南海岸を結ぶ観光道路を「ロードパーク」として演出した。その方法は、美しい風景を「一段と引き立つ」ようにフェニックスを植える「植え足し」と、美しい風景の「じゃまになるものを全部切り去って、だれの目にもその美しさがすぐわかるようにする」樹木の「切り出し」であった[123]（図53）。我が国において積極的に植樹された南方系の樹木としては、戦前期の郊外住宅をはじめとする洋風建築の庭先に植えられたシュロとソテツが代表的であろう。住宅地の中で、すっくと伸びたシュロの木の下には、必ずと言って良いほど、近代建築を見つけることができる。植えられた当時、洋風建築のデザインと相俟って、それらは周囲の風景の中でその場所を「図」とする道具立てのひとつであった。岩切の「ロードパーク」の二つの方法は、日南海岸の名勝を「図」として演出するためのフェニックスによる修景計画であった。

岩切が宮崎交通で行った開発は、「ロードパーク」にとどまらない。「コドモノクニ」、「サボテン公園」、「霧島国立公園えびの高原開発」など、実に多くの観光地開発を行っている。なかでも「霧島国立公園えびの高原開発」では、「霧島高原ホテル」（本館一九五八、ヒュッテ一九五九、新館一九六〇）、「宮崎交通バスターミナル」（一九五九）、「えびのレストセンター」（一九六〇）をはじめとする施設すべてが、村田政眞によって設計された（図54）。村田は、このほかに「宮崎交通本社ビル」、「宮崎観光ホテル」などの設計も行ったことからわかるように、岩切は村田の設計に全幅の信頼を寄せていた。しかしながら、村田のデザインは、敷地に対する建物ヴォリュームの巧妙な配置が最大の特徴といえ、これまで検討してきた南国イメージには程遠い。岩切が、村田の建築に口を出すことは一切なかったが、建築と植栽については次のように述べている。「いつでも建築ができると、その周辺の植え込みに細心の注意を払うのが私（岩切）のやり方である。建物は建物だけで立派なのではない。その周辺の樹木と相映えて、初めてほんとうの美しさが出るのだと思う。[124]」

岩切が創り出した南国イメージは、一九八七年に制定された「総合保養地域整備法」いわゆる「リゾート法」において、「宮崎・日南海岸リゾート構想」が、「会津フレッシュリゾート構想」と「三重サンベルトゾーン構想」に並んで法第一号の指定を獲得したことで、色濃く定着することになった。一ツ葉海岸沿いの南北約一〇キロメートル、総面積七〇〇ヘクタールに計画された高層の中核施設「宮崎シーガイア（のちにフェニックス・シーガイア・リゾートに改称）」は、ホテル・国際会議場・温泉・ゴルフ場・プールなどを擁するリゾート施設であり、宮崎県と宮崎市が出資する第三セクターによって経営が始められた。なかでも、三菱重工業による「オーシャンドーム」は、三〇〇メートル×一〇〇メートル（屋根全開時開口一八〇メートル×一〇〇メートル）の膜屋根（透光率約一〇％）で覆われた開閉式ドームであり、「一九一五年のカリブ海に浮かぶコロニアルリゾート」をテーマとして全体がまとめられたという[125]（図55）。

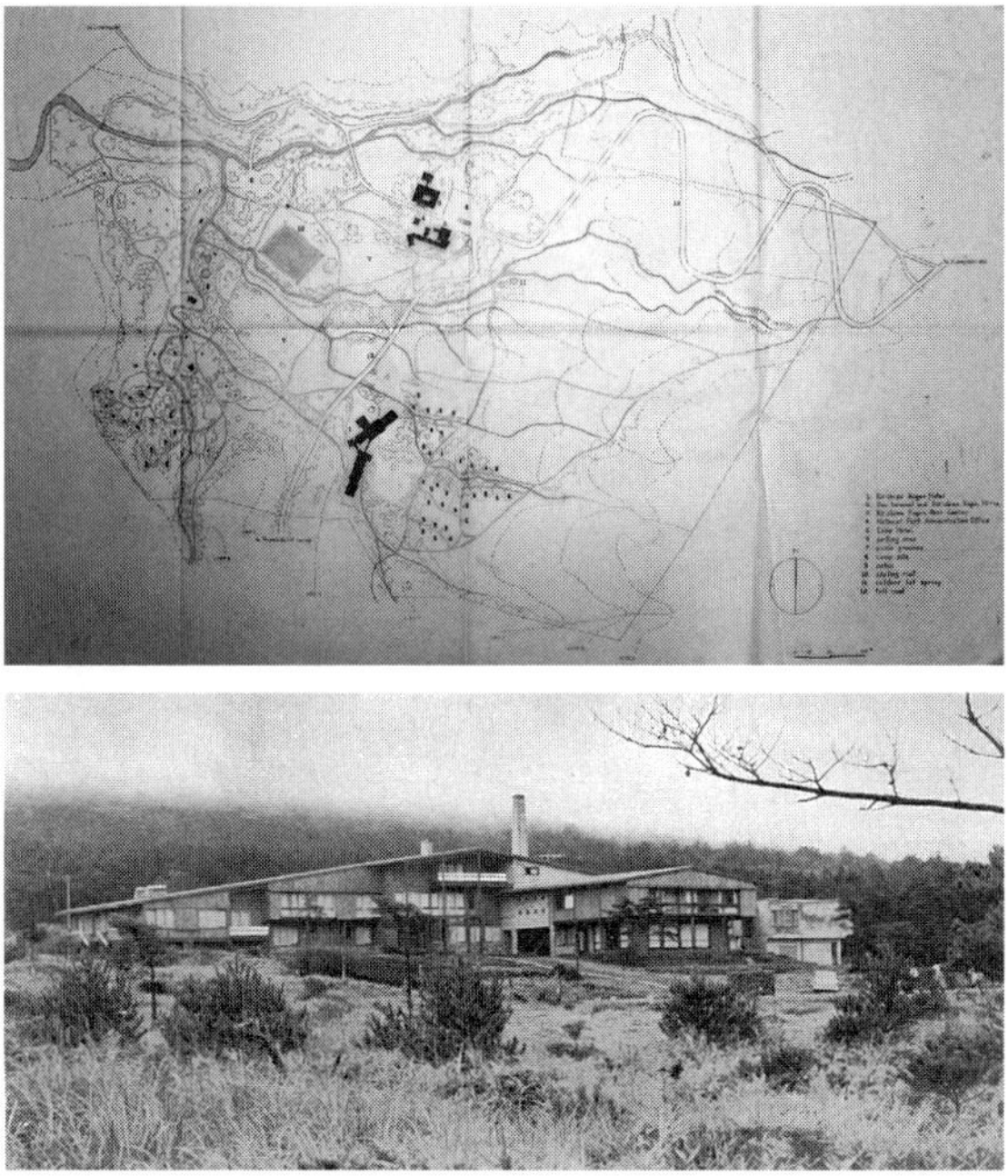

図 54　村田政眞 'EBINO RESORT TOWN PLANNING' および「霧島高原ホテル」本館

実は、こうした南国ブームは、日本における

図 55　三菱重工業「オーシャンドーム」

自動車旅行に限られた現象ではなかった。しかも建築デザインについても、同様の傾向が見られた。L・ルフェーブルとA・ツォニスは、第二次世界大戦後に中南米を中心とする熱帯で展開された近代建築のデザインを「トロピカル・リージョナリズム（Tropical Resionalism）」と呼んだが[126]、そこでは、熱帯の強い日差しを遮るために設けられた深い出庇が、建物の水平性を強調する一方で、同じく日差しを遮るためのコンクリート格子によるファサードが、建物のマスを形成することになり、独自の建築デザインを形成していた。

こうした後進国における近代建築の「後衛主義」こそ、後に、K・フランプトンがルフェーブルとツォニスの理論に照らして呼んだ「クリティカル・リージョナリズム」であった[127]。これら第二次大戦後に現れた熱帯特有の近代建築デザインを通して、後進国の開発に向けられた眼差しは、日本での南国ブームを通して伊豆・南九州の自動車による観光地開発に向けられた眼差しに符合するだろう。

自動車のスキー場ゲレンデ乗入れ

先にもふれたように、自動車が観光地に持ち込んだのは、常夏の島だけではない。雪山もまた、身近な存在とした。戦後、京都では一九四八年に、東京では一九五〇年に、それぞれスキーバスの運転が開始されたのを嚆矢として、高度経済成長期には、鉄道による「駅前スキー場」から、バスやマイカーによる「自動車乗入れスキー場」へ、大きく転換した。例えば、「中里」「湯沢」「石内」などのスキー場は、「駅前スキー場」として開発されたが、

「苗場国際」「栗子国際」「斑尾高原」などのスキー場は、「自動車乗入れスキー場」として開発された[128]。その際、「駅前スキー場」が地元資本による比較的小規模な開発であったのに対して、「自動車乗入れスキー場」は中央資本が参入する大規模な開発となった。とりわけ、「斑尾高原スキー場」は、一九七一年に藤田観光（株）が、長野県や飯山市と共同で開発したものであり、ホテルやペンションと駐車場が一体的に整備された、大型観光バスによるスキーツアーを見据えた計画であった（図56）。こうした動向に対して、ＪＲ東日本は、一九九〇年に新幹線による「駅前スキー場」の開発を行った。「ガーラ湯沢スキー場」は、上越新幹線越後湯沢駅から引き込まれたガーラ湯沢駅に直結しており、温泉施設もあるその駅はスキー場営業期間中のみ開設される臨時駅となった[129]（図57）。

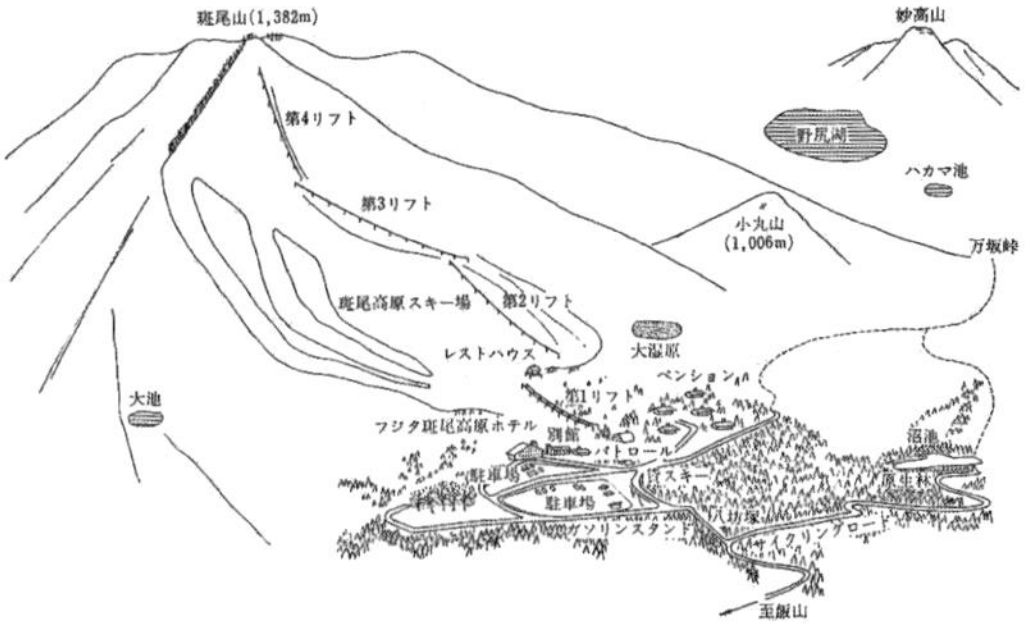

図 56　「斑尾高原スキー場」ゲレンデマップ

しかしながら、バブル景気が進行する中で、自動車利用によるスキー人口は、徐々にその数を伸ばしていた。バブル最盛期に公開された「私をスキーに連れてって」（一九八七）のヒットによって、舞台となった志賀高原スキー場と万座温泉スキー場のプリンスホテルには、多くの自動車が乗り入れることになった。ドア・トゥ・ドアでのゲレンデ到着、出発地と出発時間の自由、多人数乗車による交通費節約という自動車（とりわけマイカー）の利便性に加えて、高速道路網の整備と、スキー場のナイター営業によるピーク時間分散によって、「駅前スキー場」は、「自動車乗入れスキー場」に凌駕されたのである。ヤマト運輸長野支店が、一九八二年一二月に始めた「スキー手ぶらサービス（翌年より「スキー宅急便」に改称）」は、こうした鉄道利用を前提とする「駅前スキー場」の利用人口減少を止めるのに一役買ったが、結局は自動車交通による輸送の結果でもあった[130]。

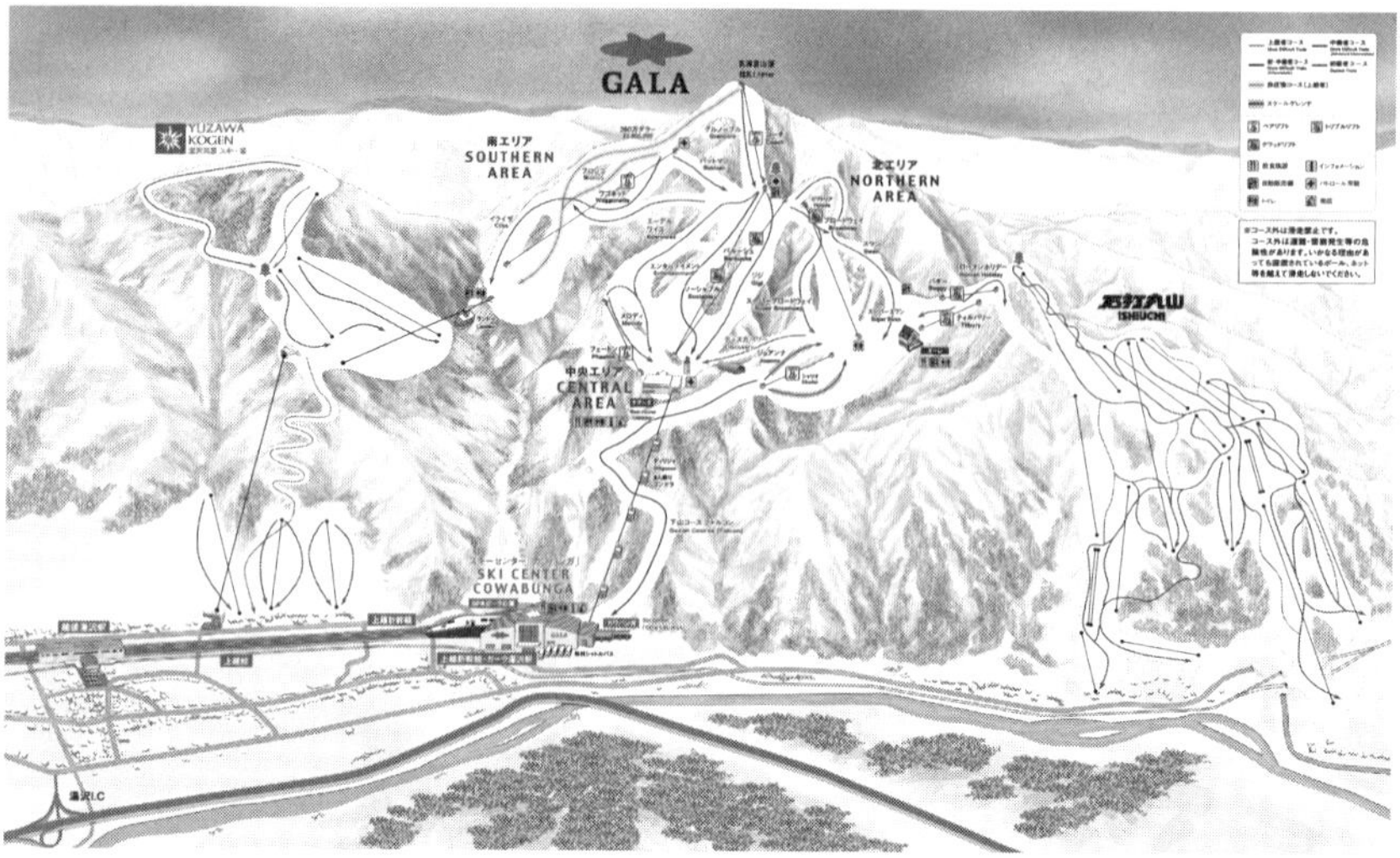

図 57　「ガーラ湯沢スキー場」ゲレンデマップ

一九九三年に、岩手県湯田町が発表した「峠山パークランド」基本計画は、東北横断道秋田線錦秋湖サービスエリア一帯三〇ヘクタールに、官民合わせて七四億円を投じて、スキー場・森林公園・オートキャンプ場・宿泊施設・温泉施設を整備しようとするものであった。かつて、スキー場・キャンプ場・小動物公園を運営していた民間レジャー施設「峠山牧場」（一九八四年廃業）を、建設省（現 国土交通省）が一九九〇年から始めた「ハイウェイオアシス構想」のひとつとして再開発しようとする計画だった。残念ながら、ここでスキー場がサービスエリアと一体的に経営されることはなかったが、「自動車乗入れスキー場」の極北となる計画であったことは間違いない。実際、一九九四年には、上信越自動車道佐久平パーキングエリアに直結したスキー場「パラダ」において、地元のスノーマシン製造を手懸ける樫山工業（株）と佐久平尾山開発（株）が、人工造雪によるゲレンデ整備を行うことによって、この計画は実現された（図58）。

今や、スキーは日帰りでも行けるのが当たり前である。東京から九〇分の「カムイみさか」（一九八八）や、名古屋から一二〇分の「ホワイトピアたかす」（一九九二）など、「コンビニ型スキー場」も登場した。しかしながら、一九九四年

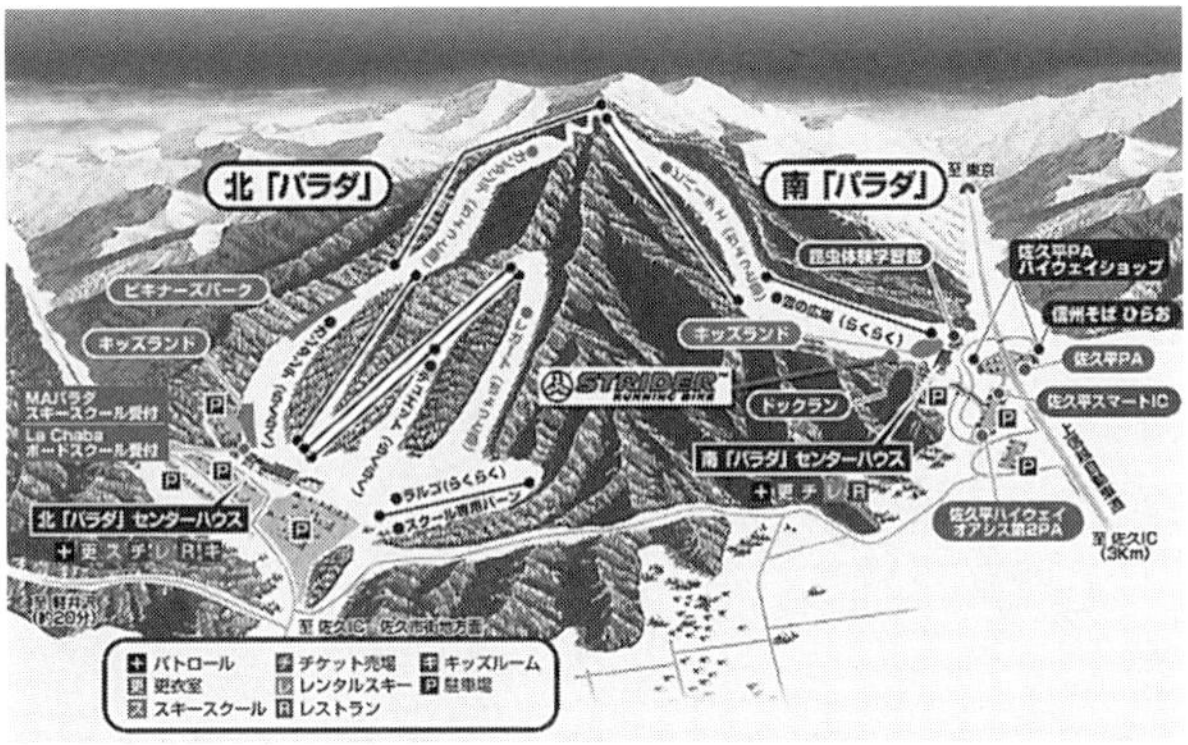

図 58 佐久スキーガーデン「パラダ」ゲレンデマップ

には、藤原信らによって「スキー場はもういらない」と言われるまでに開発し尽くされ、バブル景気の終焉とともにスキー人気はかげりを見せ始めることになった。[131]

ららぽーとスキードームザウス

一九九三年の初夏、「船橋ヘルスセンター」跡地の一角に、全長四九〇メートル、最大幅一〇〇メートル、標高差八〇メートル、最大斜度二〇度のスロープが、忽然と立ち現れた。Spring Summer Autumn Winter in Snowの頭文字を取って、「ザウス（SSAWS）」と名付けられた当時世界最大の通年型屋内人工降雪スキー場である。基本計画は、空間設計・KAJIMA DESIGN・NKKの三者によって、実施設計・監理は、KAJIMA DESIGNとNKKによって行われた（図59）。当時KAJIMA DESIGNの副部長であった阿部和信はこのプロジェクトについて「都会に山をもってくるというアイデアが発端」であったと述べているが、[132]「船橋ヘルスセンター」の「ゴールデン・ビーチ」が人工の海浜であったのに対して、今度は人工の雪山ゲレンデというわけであった。

ちなみに、「船橋ヘルスセンター」にも人工スキー場が設けられたことがあったが、プラスチックブラシ（人工芝）が敷き詰められ「ハイランドスキー場」と名付けられたこの施設は、夏場には「大滝すべり」と呼ばれた巨大な滑り台に変えられるものであった。

ところが、「ザウス」は夏場でも相変わらずスキー場であった。人工の斜面に「巨大な冷蔵庫」を載せるこの計画は、鹿島建設が一九八五年頃から始めた「都会で一年中、気軽にスキーを楽しめたら」という「アーバンスラローム」プロジェクトの一環だった。このプロジェクトは、一九八七年五月に「都会のアフターファイブにスキーを」というキャッチフレーズで発表され、U字型とI字型のゲレンデを持つプロトタイプが提示された[133]（図60）。発表後、二〇〇件程度の問い合わせがあり、その中の二〇件程度に実際の敷地に対する計画がなされ、最終的に三井不動産の土地にI字型のゲレンデが建設されることになったという。

スキーというレジャー・ブームにかげりが見えた二〇〇二年の晩夏、「ザウス」は営業を終了し、翌々年にかけて取り壊された。同じ場所に建てられたのは、北欧家具量販店ＩＫＥＡであった。奇しくも「ザウス」の内装デザ

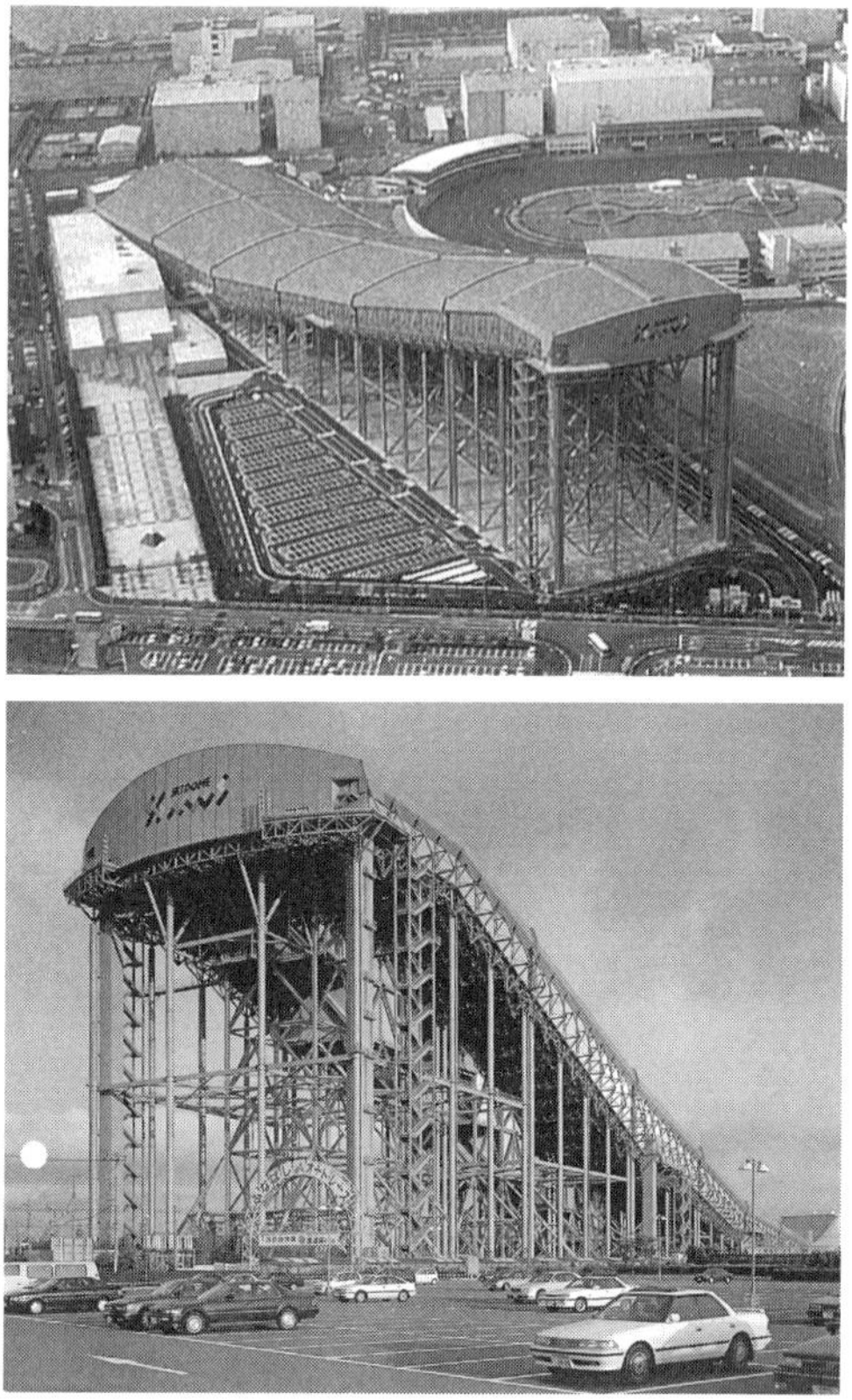

図 59 KAJIMA DESIGN · NKK「ザウス（SSAWS）」外観

図 60 KAJIMA DESIGN「アーバンスラローム」プロジェクト模型

図61　KAJIMA DESIGN・NKK「ザウス（SSAWS）」内観

インコンセプトであった「スカンジナビア・モダン」を継承することになったが（図61）、「船橋ヘルスセンター」の時代以来の模倣された「自然」の中での「レジャー」の系譜は一掃された。しかし、駐車場は違う。一一〇〇台を停車可能とした「ザウス」の平面駐車場が、ゲレンデの真下と足下に設けられていたのに対して、ＩＫＥＡは駐車場を建物の上に戴くというように、置かれる場所は異なれども、駐車場は営々と残されたのである。駐車場という一見すると更地に見える場所が、今や様々な道路網の中で巧妙に創出されねばならない空地であることを物語る事実である。複雑な道路網に結びついた巨大駐車場は、もはや、空地という名の不可欠なインフラストラクチュアの一部なのであろう。

（2）自動車が拓いたショッピング

「ショッピングセンター」という言葉は、一九世紀の終わりにはすでに用いられていた。それは、Ｅ・ハワード（1850–1928）が著した『明日——真の改革にいたる平和な道（*Tomorrow : A Peaceful Path to Real Reform*）』（一八

図 62　三井建設・フジタ工業・KMG 建築事務所「ららぽーと船橋」外観

九八）の第七章に登場する。[134] この本の名前は知らなくとも、四年後の改訂版である『明日の田園都市（*Garden City of To-morrow*）』の名は、知る人も多いであろう。「ショッピングセンター」という言葉は、郊外の理想郷である「田園都市」の「中心」として見出された言葉なのである。ハワードが見出した「ショッピングセンター」は、同心円状に広がる街に設けられた「ショッピング」の「中心」に近いリングにあったが、今や大型の「ショッピングセンター」の多くは、自動車でしか赴くことのできない郊外にあり、なかには「ららぽーと船橋」（一九八一）のように、「くうねるあそぶ。」（一九八八）ための「ショッピングタウン」となっているものさえある[135]（図62）。

「ショッピング」に関して、一九七〇年に、加藤秀俊（1930-）が、それまでの「買物」との相違点を指摘している。それまでの「買物」が、必要に応じた購買行為であったのに対して、「ショッピング」は、「買い回る（米語 shop around）」という娯楽性を伴う購買行為であるという。[136] 加えて、加藤は、日本のデパートに「サロン的販売」という「呉服屋の精神」を見て取り、[137]「ショッピングセンター」の原型を「よろず屋（general store）」に見られる商品の迷宮に求めている。[138] すなわち、「ショッピング」とは、「モノ」に溢れた空間を逍遥することを含んだ購買行為なのである。そのための空間が、歩行者優先となるのは自明であるが、その周囲には、自動車やバスを含めた様々な交通手段との「乗換え」が発生する。「ショッピング」のための場所は、自動車と歩行者のターミナルでもあるのだ。

「ステーション・バスターミナル」と「バスターミナル・デパート」

一九六〇年代後半から七〇年代前半の地方都市では、市街地と郡部を結ぶ広域交通計画の要として、多くのバスターミナルが建設された。これらの開発は、「万台シティバスセンター（新潟交通バスステーションビル、新潟）」（一九七三）、「広島バスセンター」（一九七四）、「北海道中央バス札幌ターミナル」（一九六六）のように、バス会社資本によって建設された都市中心部バス交通の基点となる事例と、「天神バスセンター（福岡）」（一九六一）、「博多バスターミナル（福岡）」（一九六五）、「名鉄バスセンター（名古屋）」（一九六七）のように、鉄道会社資本によって建設された主要鉄道駅に直結または隣接する事例に大別される。前者の鉄道駅に接続しない事例が、中央駅から約一キロメートル程度離れた、既存の中心商業地区に設けられることが多かったのに対して、後者の鉄道駅に接続する事例は、戦災復興事業の駅前再開発に伴って創出され、闇市跡地の新興商業地区に連結されることが多かった。大半のバスターミナルは、「ステーション・バスターミナル」と称される後者の立地であり、第4章でも見たところだが、「鉄道駅とバスターミナルが結びつき、そこに民衆駅やその他の商業施設を集積させ、人の動きと、商業施設の累積効果から、新しい中心商業地区を形成する動向は、欧米ではあまり例のない、わが国独自の傾向」であった[139]。

「ステーション・バスターミナル」

この「ステーション・バスターミナル」の事例として忘れてはならないのが、名古屋駅前の「名鉄バス・ターミナルビル」（一九六七）である。設計は、谷口吉郎研究室による設計指導、日建設計工務（株）による設計管理として発表されている。当時は未だ路面電車が主要な市内交通であったが、大都市を中心にバスが主役となりつつあり、名古屋市も一九六七年に、一九七三年までに路面電車を全廃することを決定した[140]。

このバスターミナルは、一九七〇年時点における一日あたりの乗降客を一五万人とし、一日最大三〇〇〇台のバ

図63　谷口吉郎研究室・日建設計工務株式会社「名鉄バス・ターミナルビル」外観

ス発着を見込んだ、我が国で初めての本格的な「バスターミナル」となった。当時は諸外国にも同じ規模の適当な事例が存在しなかったため、「バス路線運行現況調査に基づく将来計画」、「大型バスによる運行テスト」、「バース形式（並行型・並行櫛型・多島型・一島型）の検討」、「誘導斜路の形式」、「群衆流動の検討」、「バスの騒音測定」、「バスによる振動測定」、「施設容量の検討（OR法またはモンテカルロ法）」等の様々な検討が行われた。敷地は、国鉄・名鉄・近鉄が並走する名古屋駅東側の、南北に細長い二つの街区に跨がっており、斜路は都市計画街路（広小路通り）を挟んだ南側の街区に及んでいる（図63）。建物本体の全長が約一七五メートル、斜路を含めると三〇〇メートルを越える「メガストラクチュア」である。長大なだけではない。北端の街区には、坂倉が設計した「私鉄ターミナルビル」である「名古屋近鉄ビル」（一九六六）が、南端には「住友銀行ビル」がそれぞれ建てられているため、T字型の平面形となっている。また、地下には名鉄新名古屋駅のホームを擁し、地上には二〇階建ての高層塔屋が載せられている。建物三・四階がバスターミナルに、B1・五・六階部分が駐車場にそれぞれ充てられ、自動車が長大な斜路を登って至るこの建築を、谷口は「建築の形をした交通の立体ブロック」だと言った。[141] 実はこの建物は、高層ビルでありながら、従来然とした剛構造を採用している。理由は、設計途中に高さ制限から容積率制に変えられたこと、上述したように複雑な形状であること、地盤が柔らかいことにあったが、この剛構造を実現したのが、「高硬度遠心力鋳鋼管」いわゆる「Gコラム」と呼ばれる構造材であった。この「Gコラム」は、東海道新幹線新大阪駅の建設に際して初めて建築資材として採用されたものであり、もともとは地下鉄や高速道路の柱として用いられたものであった。実際この建物は、柱梁からなるラーメン構造の（しかも谷口の）近代建築とは思えないほどの安定感を持っているのだが、構造上は建築物ではなく土木構築物だと理解すればそれも得心できる。また、谷口は五階の屋上部分を、「建築に囲まれたプラザ」と呼ぶとともに「地上と考えたい」と言ったが、前述した土木構築物の安定感を含めて、相対化された地盤面を実感する重要な場所が生み出されていると言える。

「バスターミナル・デパート」

次に、既存の中心商業地区における事例として、二〇世紀後半の地方都市における市街地再開発に大きな影響を及ぼしたのが、「山形屋バスセンター」（鹿児島、一九六三）や「天満屋バスステーション」（岡山、一九六八）に代表される「バスターミナル・デパート」である。これらはいずれも、主要鉄道駅から離れた都市中心部に立地する地元資本の老舗百貨店がバスターミナルと直結した事例であり、「天満屋バスステーション」はその嚆矢となった。「バスターミナル・デパート」という言葉は、阪急電車の創始者である小林一三が、鉄道駅のターミナルと百貨店を直結することで創出した「ターミナル・デパート」に「バス」を冠したものである。小林は、一九二〇年七月に梅田駅に隣接して五階建ての「阪急ビルディング」を竣工し、その三階から五階に阪急電鉄の事務所を収める一方で、一階を白木屋に貸して日用雑貨を販売し、二階には乗客向けの大衆食堂を収めた。一九二五年に、白木屋との賃貸契約が満了したのを契機として、同ビル二・三階を直営マーケット、四・五階を食堂に改装し、さらに一九二九年四月には、地上八階・地下二階建ての「阪急百貨店」を建設して、名実ともに「ターミナル・デパート」を開業したのである。

戦後まもない一九四九年一二月、岡山に中心を置く百貨店「天満屋」の社長であった伊原木伍朗（1909–1960）は、小林一三の成功に倣いつつ鉄道交通をバス交通のターミナル「セントラルバスステーション」に置き換えることで、「バスターミナル・デパート」を創出した。小林の「ターミナル・デパート」という着想自体、当時の百貨店が、各店舗と主要駅の間を乗合自動車で連絡して客を送迎していた不便の克服に端を発するものであったことを考えれば、先祖帰りしたもののようにも考えられるが、「セントラルバスステーション」は、市内に分散するバス路線の基点を一カ所に集約した、市街地と郡部を結ぶ地方都市の公共交通計画の要であり、一私企業の営利を超え出ている点で、戦前期の百貨店による乗合自動車とは大きく異なるものである。

「セントラルバスステーション」は、山陽新幹線の建設（一九六七―七二、新大阪―岡山間）や水島工業地帯の活況を背景に、一九六八年一一月に竹中工務店広島支店によって、「天満屋バスステーション」として再整備された（図64）。「天満屋バスステーション」は、「店舗棟・バスステーション棟・商品管理センターおよびパーキング棟」からなる三棟が、それぞれ都市中心部の一街区を形成するものである。これら三つの小街区は、いずれも路面電車が走る広幅員街路で囲まれた大街区の内部に位置する。天満屋が現在の土地に店舗を構えたのは一九二四年であり、前面の上之町・中之町・下之町・栄町を縦断する歩行者道路は、北端の県庁と南端の映画館の集積を結ぶ通りで、大変賑わっていたと言われる。[142] 大街区の内側に巨大なバスセンターを設けることは必ずしも合理的とは言えないが、路面電車による交通計画を補完する意味において、大きな役割を果たす。こうした「バスターミナル・デパート」をめぐって、建設当時に伊藤滋（1931-、当時、東京大学工学部都市工学科助教授）が「(公共施設と商業施設を共存させる手法が) 小規模な都市では、むしろ積極的な再開発のモメントにもなりうる」と述べているが、[143] 少子高齢化に伴う中心市街地の空洞化が進行する現在こそ、注目すべき事例であると言える。

実際のバスステーション棟の建築物は、一日一五〇〇台以上のバスを乗り入れ可能とする一六バースを擁し、地上レベルのピロティに設けられた幅員二〇メートルで長さ一〇〇メートルのプラットホームを、同サイズを持つ地上二階と地下一階の名店街のヴォリュームによって挟み込んだものであり、「地下道とオーバーブリッジ」によって残りの二棟に結ばれる。つまり、断面として見れば、ここでは自動車のための空間が、人のための空間によって

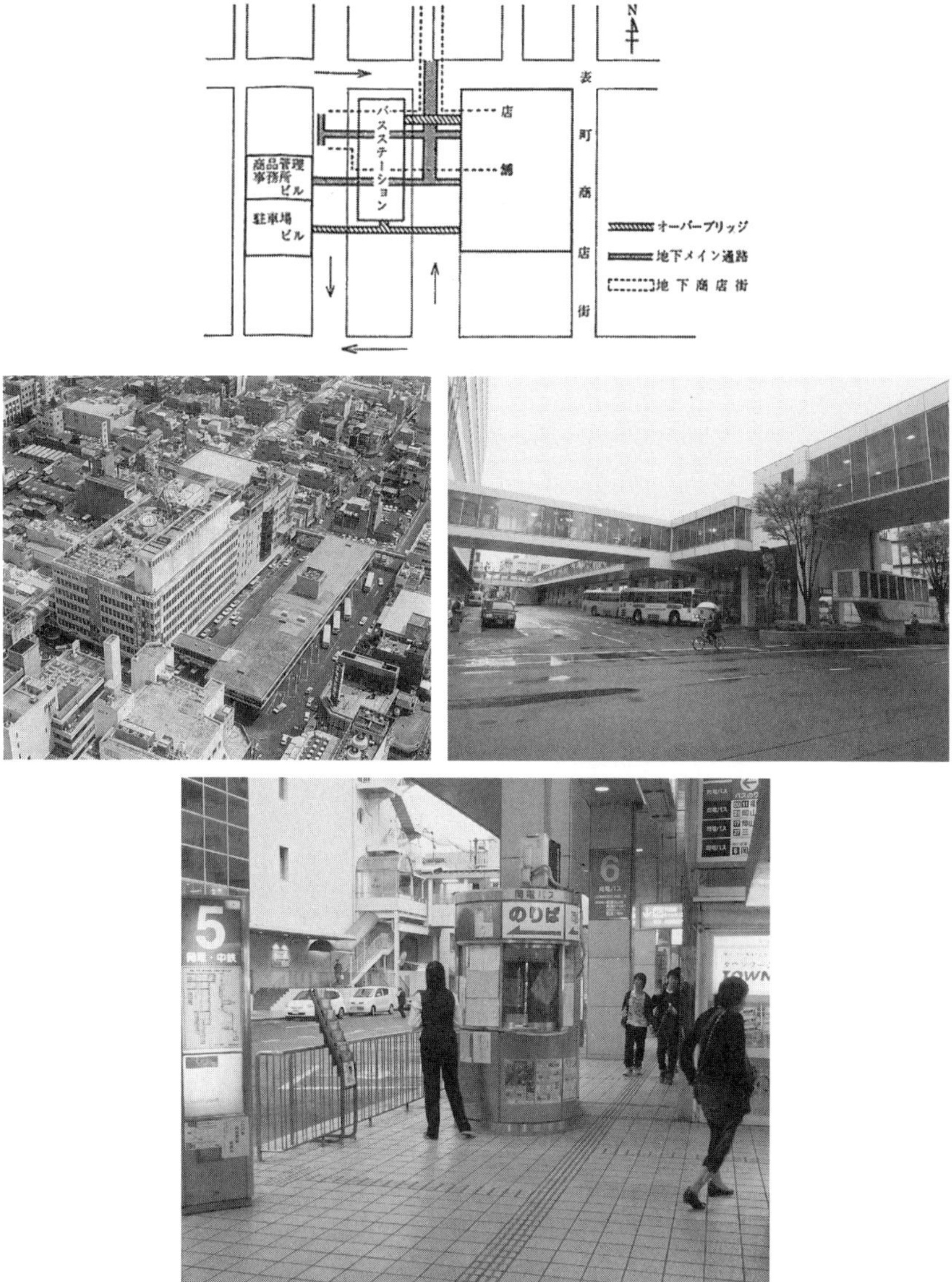

図 64　竹中工務店広島支店「天満屋バスステーション」配置図，外観，案内所

図 65　浦辺鎮太郎「西大寺ターミナル」外観

挟まれる人／車／人という「サンドウィッチ空間」が形成されている。長大なプラットホーム上には、バースごとに「案内所」が設けられており、バスの到着状況に関する実況放送が行われている。こうした、都市中心部の地上階におけるバスターミナルは、現在の設計ならば歩行者の安全を考えて立体的な歩車分離を図ることになるだろうが、都市の活気を視認できるとともに同一平面上での乗り換えの利便性という観点からすれば重要であろう。

このバスターミナルに乗り入れる両備バス関連の施設を設計したのは、浦辺鎮太郎であった。浦辺は、「バスターミナルこそ地方都市の日常生活のコアである」という考えの下に、「西大寺ターミナル」（一九六六）、「玉島ターミナル」（一九六七）等を設計した（図65）。これらのバスターミナルは、いずれも「ショッピングセンター」を収容しており、「究極的に地方都市の発展と文化の高揚に果たす役割の大きなことを自覚し、その実行に踏み切った」と記している。[144] 小林一三が阪急電車において行った、鉄道駅舎を百貨店と結びつける手法は、地方都市において、バスターミナルをショッピングセンターと結びつける手法に代替されたのである。

ショッピングセンターの原型

現在のショッピングセンターの原型を作り出したのは、オーストリア・ウィーン出身のユダヤ人建築家V・D・グルーエン（1903-1980）である。グルーエンは、ウィーン美術アカデミーに学び、P・ベーレンスの事務所で働いた後、一九

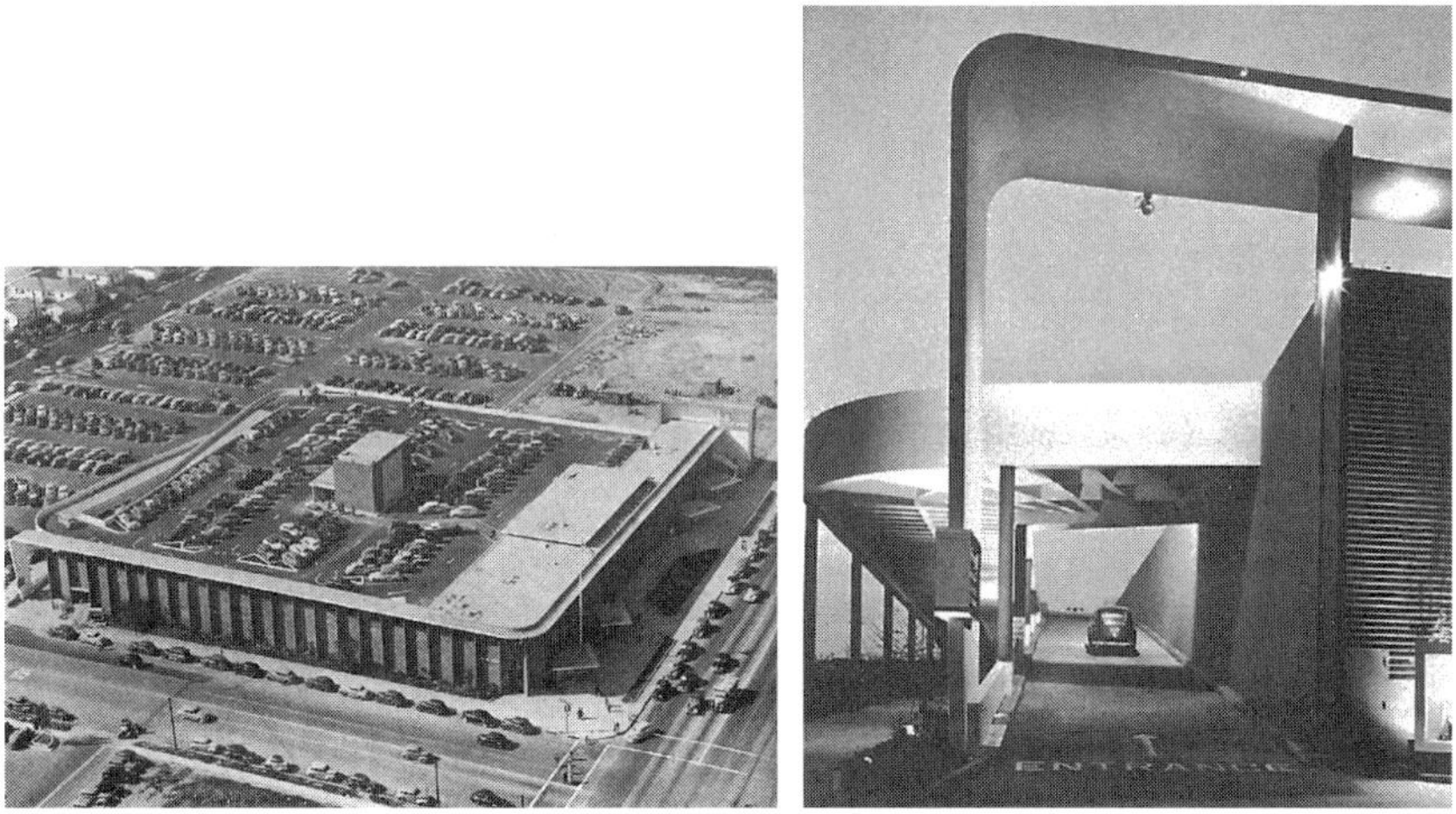

図 66　ミリロンズ百貨店の屋上駐車場と斜路

三三年にウィーンで建築設計事務所を開設した。一九三八年には渡米し、一九四九年にビクター・グルーエン・アソシエイツを設立した。屋上に自走式駐車場を設け、その下に商業施設を収容するショッピングセンターの原型を、「ミリロンズ百貨店ウェストチェスター店」（ロサンゼルス、一九四八）に採用して以来（図66）、グルーエンは大規模なショッピングセンターの計画と設計を行った。この自走式立体駐車場の下に商業施設を設けるというショッピングセンターの発明は、都市空間における立体的な歩車分離の考えに結びつけられ、後年G・エクボ（1910–2000）と協同したカリフォルニア州フレスノの「ペデストリアン・モール」（一九六八）として結実した[145]（図67）。彼はコロンビア大学・ハーバード大学・イェール大学・マサチューセッツ大学・イリノイ工科大学・ライス大学・南カリフォルニア大学などで教鞭を執り、とりわけライス大学では「市民のための建築家」と呼ばれ、アメリカ建築家協会の特別功労会員となった。また、グルーエンの事務所は、C・ペリ（1926–）、F・O・ゲーリー（1929–）、T・メイン（1944–）など、米国を代表する多くの現代建築家を輩出している。グルーエンは三冊の邦訳を含む多くの著書を残したが、なかでも、一九六四年に出版された *The Heart of our Cities : The Urban Crisis : Diagnosis and Cure* は[146]、W・ディズニー（1901–1966）によ

図 67 V. グルーエンおよび G. エクボ「ペデストリアン・モール」カリフォルニア州・フレスノ

る「明日のコミュニティ実験的試作案（Experimental Prototype Community of Tomorrow、通称 EPCOT)」に多大な影響を及ぼしたと言われている[147]（図68)。

グルーエンは、ショッピングセンターの配置計画として、(1)周囲の地域を守ること、(2)最大の徒歩交通量を生むように配置すること、(3)各種の車両交通相互ならびにこれらと歩行者を分離すること、(4)買手と売手に対して最高の慰安と便宜を図ること、(5)整頓・調和・美観を作ること、からなる五点を挙げている[148]。また、グルーエンは、ショッピングセンターのモール[149]・中庭・アーケード等からなる「公共歩行者エリア」を、「外向型」と「内向型」に大別している（図69)。「外向型」では、(1)買物客の流れが分割されることと、(2)入口が二箇所になることによる費用を理由に、「買物客の流れを導き入れるには損である」としている。他方、「内向型」では、(1)入口が一箇所で済むこと、(2)外部看板が不必要となるため魅力的な外観をつくることができること、(3)バランスの取れた買物客の流動をつくることができることを理由に「公共エリアにおいてアメニティのすべてが体験できる」としている。すなわち、内向型の方が、買物客のコントロールをしやすいということであろう[150]。

老舗デパートによる郊外ショッピングセンターの嚆矢——「玉川高島屋ショッピングセンター」

我が国における「ショッピングセンター」の嚆矢となったのは、松田平田坂本建築設計事務所による「玉川高島屋ショッピングセンター」（一九六九）である（図70)。東急田園都市線・大井町線と国道二四六号線が並走して多

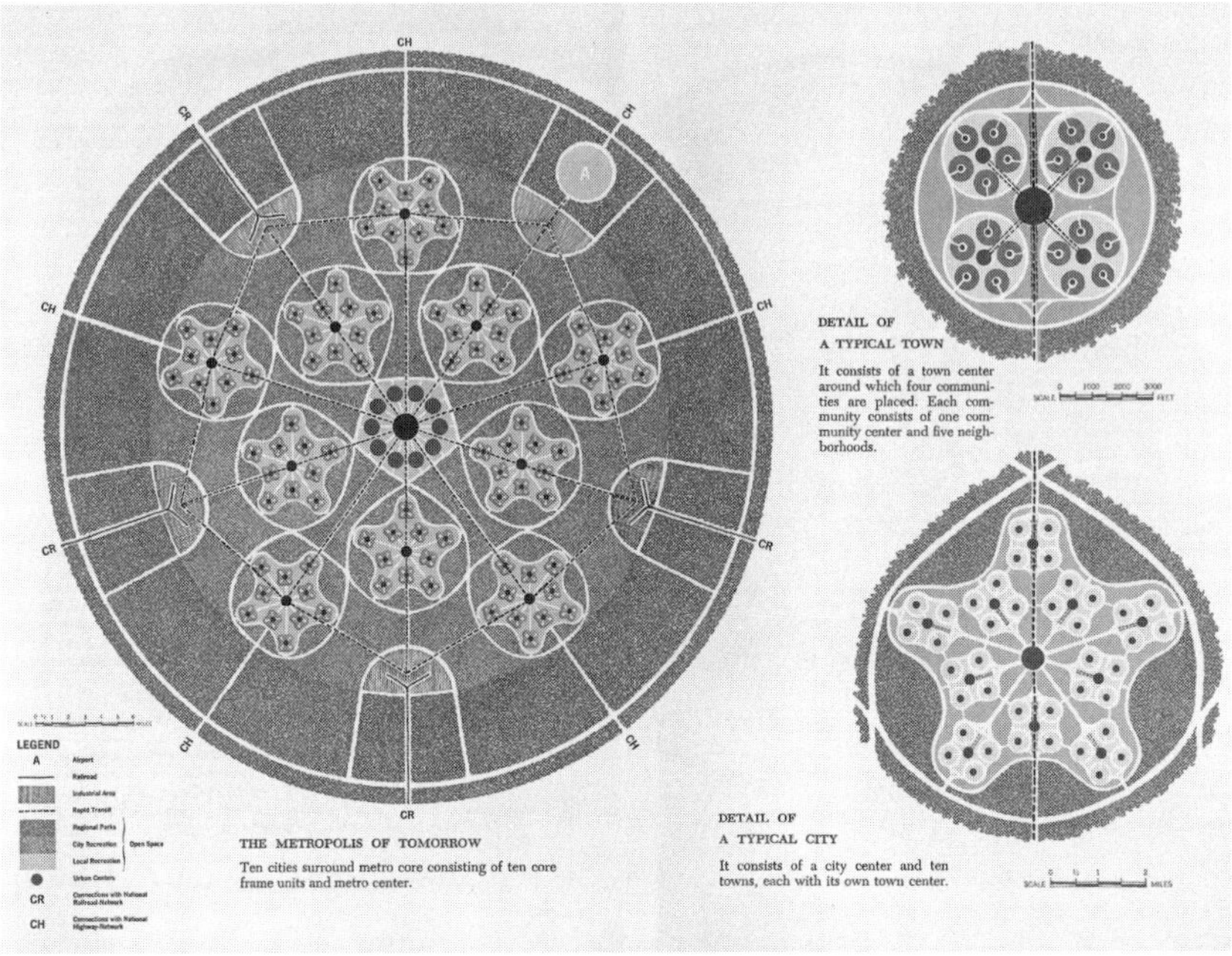

図 68　V. グルーエン「明日のメトロポリス」

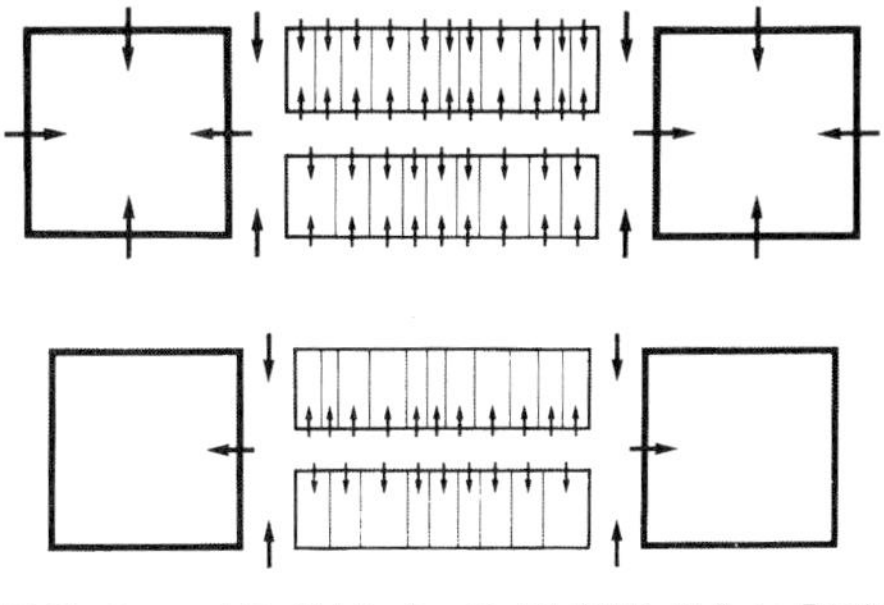

図 69　ショッピングセンターの「外向型」（上）と「内向型」（下）に関する模式図

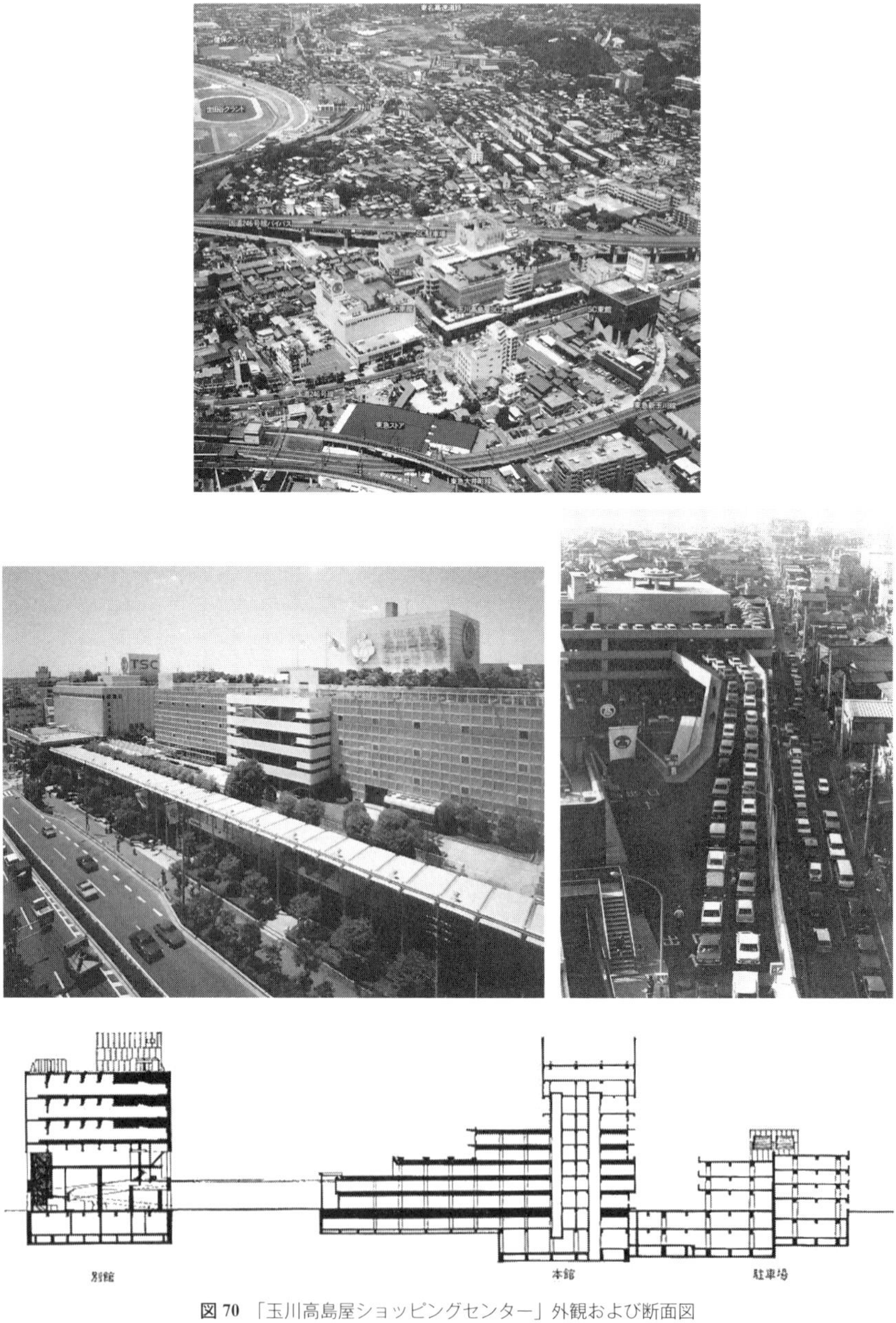

図 70　「玉川高島屋ショッピングセンター」外観および断面図

摩川に架かる橋の橋詰の土地を開発したのは、老舗デパートが「ショッピングセンター」という新たな事業分野を開拓するために出資した東神開発（株）である。「玉川高島屋ショッピングセンター」のある二子玉川は、近藤謙三郎によって我が国における「ロードタウン」として開発された「東急ターンパイク」が、五島慶太による「城西南衛星都市建設構想」を経て、菊竹清訓による自動車を用いた「田園都市」たる「ペア・シティ」となったものである。「玉川高島屋ショッピングセンター」はその端部に位置しており、自動車のための「センター」であった。本館・立体駐車場・東館の三棟からなり、本館と駐車場は地上三階の連絡通路と地下のトンネルで結ばれた。立体駐車場（駐車台数一〇〇〇台）は地下一階・地上三階からなり、駐車スペースを増大し車路面積を低減するために、スキップフロアが採用された。さらに、一階にはガソリンスタンドとオートカーウォッシャーが設けられ、カーアクセサリー・ショップも収容された自動車のための一大拠点でもあった。[151]

この自動車のための「センター」は、「ショッピングセンター」という新たなビルディング・タイプの橋頭堡となるため、きわめて慎重な開発がなされており、現在から振り返ってみても、新鮮な視点を与えてくれる。まず、本館の延床面積四万二六二二平方メートルに対する駐車台数一〇〇〇台という数字は、アメリカにおける同時代・同規模の施設に比べればきわめて小さい。「玉川高島屋ショッピングセンター」のデベロッパーであった東神開発で開発を担当した一人であった倉橋良雄（元日本ショッピングセンター協会会長、1914–2003）は、「（アメリカの「リージョナル型ショッピングセンター」を）そのまま日本にもってくるのはまだ早い（中略）」と判断し、ストックホルム郊外の「ファルスタ」（Farsta Centrum と思われる）と「フェリンビー」（不明）を視察した上で、「大量交通機関とマイカー双方の利用を考えた」という。[152] これは、当時、店舗設計の第一人者であった川喜田煉七郎（1902–1975）が、一九六〇年の秋から冬にかけて巡見し世界中の商店に関する報告書において、アメリカの「ショッピングセンター」を「植民地から急速に発展した特殊な歯車の中においたものをそのまま形式化して、世界全体のスタイルのように錯覚したり、その形だけのセルフサービスが店舗の終局の姿だと考えてしまったりする如き世の中である」

図 71　「クングスガータン（Kungsgatan）」のショッピングセンター内観：1960 年に世界中の商店街を巡見した川喜田煉七郎は，ストックホルムの「立体商店街」におけるエスカレータの重要性に着目した。

と非難する一方で、ストックホルムのクングスガータン（Kungsgatan）のショッピングセンターを「立体商店街」と呼んで高く評価し、そのエスカレータの効用を重視したことに通じる視点である[153]（図71）。また、「玉川高島屋ショッピングセンター」東館には、ボーリング場が収容されている。黎明期のショッピングセンターでは、開店最初の数年間は集客に苦労したことが伝えられており、日本設計事務所による「東武川越ボウル・ショッピングセンター」（一九七二）や、後述する竹中工務店設計部による「ダイエー中百舌鳥ショッパーズプラザ」（一九七四）など、ショッピングセンターとボーリング場を合築することで、集客効果を当て込んだ事例が続いた。

ここで、これら本館・駐車場・東館の建物が、すべて別棟である点に注目したい。東館の低層部に車路が内包されているほかは、基本的には個別の建物が単一の機能を持っている。その後、南館（一九七七）・新立体駐車場（一九七九）・集合住宅（一九七九）・スポーツドーム（一九八二―八六）・UPスタジオ（一九八六）・ドックウッドプラザ（一九八七）・プラザストア（一九八八）が順次建てられたが、すべてが別棟の街区型建物であり、駐車場と複数の商業施設によってひとつの都市空間が形成されている。このことは、松田平田坂本建築設計事務所が用意した、本館前面に設けられた「アーケード」[154]の影響が大きかったと言える。駐車場が別棟とされたことによって得られたもうひとつの重要な点は、本館三階と四階の一部を利用してセットバックした屋外テラスが設けられたことである[155]。「ショッピングセンター」の屋上が歩行者のための外部空間として取り込まれることはあまりないが、ここでは、三階と四階に緑化された屋外テラスが設けられたのである。そこには、この施設の経営母体であるデパートの屋上の雰囲気が残されたと考えることもできるが、この施設の立地は、都市郊外の河岸段丘であり、都心部のデパートの屋上とは全く異なる風景が広がる。増築が重ねられた現在は望むべくもないが、竣工時の四階屋外テラスは、多摩川とその河岸段丘を横断する東急田園都市線と東急大井町線を眼下に眺められる、新たな視点場でもあったのである。あるいはまた、三階テラスを載せたアーケードは、自動車のための「センター」が接道する国道二四六号線に向けたファサードを創出しており、この施設に与えられた「太陽と緑のショッピングセンター」というキャッチフレーズを文字通りのものとした。こうした郊外における都市景観の創出は、それまで都心街区に展開してきたデパートが、ショッピングセンターの黎明期に開発を試みた結果として得られたものであり、広大な敷地一面に広がる駐車場の中に建てられる現在のショッピングセンターの風景とは一線を画している。

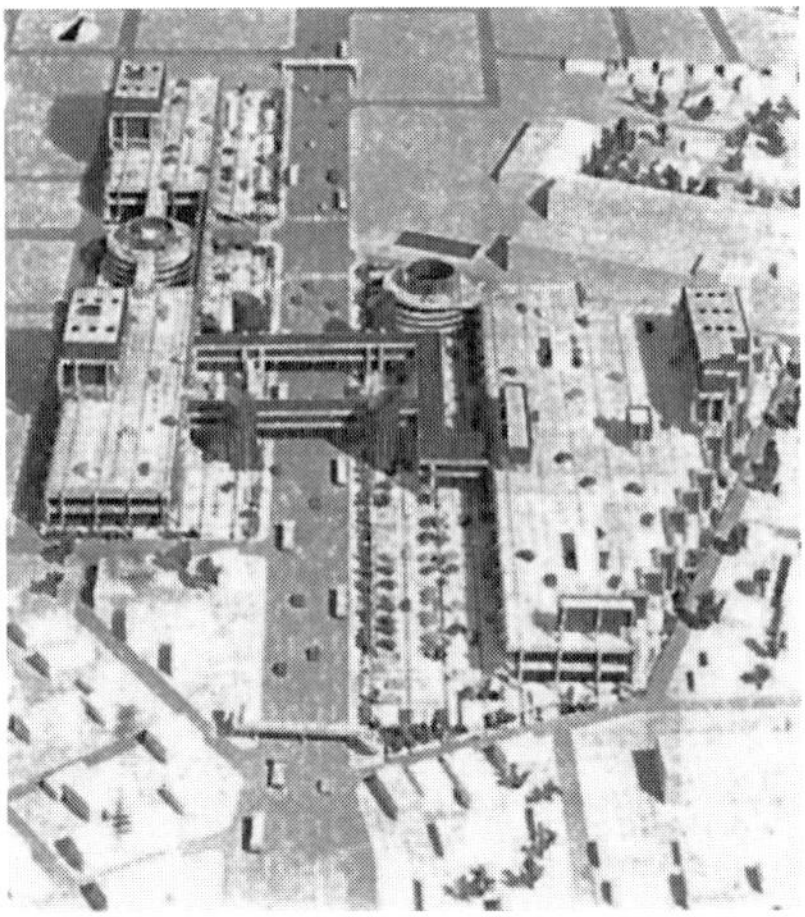

図 72　丹菱開発・清水建設「パークモール・ショッピングセンター」模型写真

郊外の大型店舗には、いずれも大規模な駐車場が併設されたが、丹菱開発と清水建設による「パークモール・ショッピングセンター」（一九七三）は（図72）、都市計画道路と一体化した計画であった。敷地中央を東京都市計画道路幹線街路環状第八号線（いわゆる環八）が通過しており、自家用自動車・タクシー・バスからなる交通動線が「イージーアクセス、イージーパーク」できるように計画され、当時としては国内最大の「郊外型ドライブショッピングセンター」となった。[156] 環八を挟んで約一〇〇メートルの隣棟間隔で建てられた二棟の建物の周囲には、緑化された駐車場が設けられ、両者は地下の「パブターン」（public turn の略）によって結ばれており、ステーション・

バスターミナルと同様またはそれ以上の交通計画が採用されていたのである。

「流通革命」による郊外ショッピングセンターの誕生――「ダイエー中百舌鳥ショッパーズプラザ」

一九六二年、林周二（1926–）は「流通革命論」を発表し[157]、小売店舗の大型化と流通の短縮化を図ることで新たな流通システムを開発する必要性を論じた。この「流通革命」は、高速道路を利用することで、既存の都市の外側から輸送網を確立する一方で、スーパーマーケットというセルフサービス方式によるショッピングを定着させた。

我が国におけるスーパーマーケットの第一号は、一九五三年一二月に東京・青山に開店した「紀ノ国屋」であると言われている。その後、一九五〇年代後半からは、「西武ストアー（現 西友ストアー）」（一九五六）、「主婦の店」（一九五七）、「東光ストア（現 東急ストア）」（一九五七）等の食料品舗に続いて、「ニチイ」（一九五七）、「スーパーストア（現イオン）」（一九五九）、「いずみや（現イズミヤ）」（一九五九）、「イトーヨーカ堂」（一九六〇）等の衣料品店においてもセルフサービス方式が導入されるようになった。林周二は、大正期における百貨店の誕生とその大衆化の過程を「第一次流通革命」とし、こうしたスーパーマーケットの出現とその後の急速な発展を「第二次流通革命」と呼んだが[158]、後者の「流通革命」は、一九三〇年代の米国において、フォードが編み出した自動車の合理的生産方式である「フォーディズム（Fordism）」の影響が大きく、さらには、これらの「ロードサイド・ショップ」の特徴のひとつであるフランチャイズ制によるチェーンストアもまた、その背景に「フォーディズム」があった。

こうした「流通革命」を阪神地区で実践し、「ショッピングセンター」として全国に展開したのが、中内功（1922–2005）によるダイエーであろう[159]。最初期の事例として、竹中工務店による「ダイエー中百舌鳥ショッパーズプラザ」（一九七四）が挙げられる（図73）。この「ショッピングセンター」は、地下一階・地上二階建（一部三階建）のＲＣ造の建物として、堺市中百舌鳥の溜池の傍に建てられた。地下一階と屋上階が駐車場に、二層分の地上階は商店とレジャー施設（プールとボーリング場）に充てられた。ここでは、「オープンスペース」と呼ばれる（のちに「アトリウム空間」と呼ばれるようになる）ガラス屋根で覆われた吹抜け広場空間が、施設の東西両端部に設けられており、この両者が「モール」と呼ばれる同様のガラス屋根で覆われた吹抜けの通路空間（幅九メートル×長さ一五〇メートル）によって結ばれる、比較的単純な平面構成になっていた。しかしながら、この「オープンスペース」と「モール」のシークエンスは、「オープンスペース→セミオープンスペース→エンクローズモール→セミオープンモールとつながる軸」として捉えられる細やかな空間構成がなされていた。[160] 幅員と天井高に強弱を設け

図 73　竹中工務店「ダイエー中百舌鳥ショッパーズプラザ」外観および内観

ることで、B・ルドフスキーの言う、「(街路の)囲いの連続性とリズム」がデザインされている。[161]一方、断面構成を考えてみると、ここでは人のための空間が、自転車のための空間によって挟まれる車／人／車という「サンドウィッチ空間」が形成されているのである。一般的には、「サンドウィッチ空間」という言葉は、「ドミノ・システム」に代表される二枚の床スラブによって挟まれた近代建築の空間を指示するが、ここでは、駐車場という自動車のための空間によって、商店という人のための空間がサンドウィッチされている。自動車と人からなる空間の「挟む‐挟まれる」という関係について言えば、先述した「天満屋ステーション」とは正反対の空間構成であったことが見て取れる。

さて、ダイエーの売上が三越を抜いて日本一になった翌年の一九七三年、(社)日本ショッピングセンター協会が設立された。同協会が発行する『ショッピングセンター名鑑』の冒頭には、ショッピングセンターの定義が、次のように記されている。「ショッピングセンターとは、一つの単位として計画、開発、所有、管理運営される商業・サービス施設の集合体で、駐車場を備えるものをいう。その立地、規模、構成に応じて、選択の多様性、利便性、快適性、娯楽性等を提供するなど、生活者ニーズに応えるコミュニティ施設としての都市機能の一翼を担うものである。」[162]つまり、ショッピングセンターは、「駐車場を備える」ことが前提とされたものであって、設立当初に行われた勉強会では、「ノー・パーキング、ノー・ビジネス(No parking, no buisiness)」がモットーとされたと言われている。[163]大規模な駐車場を備えていることが、それまでの店舗との最大の相違点であり、初期段階に「パーキングセンター」と名付けられて不評であったことを、「ショッピングセンター」の生みの親であるV・グルーエンが回想している。[164]

「ショッピングセンター」という地下街

ところで、歩行者空間を考える際、我々は「道」を単なる線形の平面ではなく、壁・床・天井からなる三次元の

図 74　1911 年 1 月 1 日付 *Illustrirten Wiener Extrablatt* 誌に掲載された「ロースハウス」の風刺画：雨水枡蓋と「ロースハウス」ファサードの近似

図 75　ヘルツォーク&ド・ムーロン「バーセルの店舗併設集合住宅」（1984, 1993）外観

「道空間」の断面として捉え直す必要がある。

一九世紀末のウィーンで活躍した建築家A・ロース（1870–1933）は、「ロースハウス」（一九一〇）において（図74）、街のマンホールの蓋をそのまま建築化することで、「装飾は犯罪である」とする自身の近代建築観を具現したことで知られる。[165] あるいはまた、現代を代表する建築家ヘルツォーク&ド・ムーロンが、バーゼルの街路側溝の溝板を集合住宅の外装に用いたのは、当然ロースの事例を踏まえたデザインであった（図75）。考えてみれば、ヨーロッパの石畳の「道」では、路面が、接道する建物壁面と同じ素材からなるのである。それに引き換え、日本の伝統的な「道」とそこに接道する建物の壁面は、素材が異なる。

日本においても、「道」がデザインの対象となる空間として認識されたことがなかったわけではない。例えば、大正末期に橡内吉胤等によって興された「都市美運動」が挙げられるが、その内容は、一九一九年に都市計画法が公布されたことを契機とした帝都の表層的な美観運動にとどまるものであり、道路断面のあり方を問うものではなかった。結局、「道」が路面と壁面に囲まれたU字型をした「空間」として再認識されるようになるのは、戦後も一九七〇年代中盤になってからのことであった。このことは、一九六八年に旧都市計画法が廃止されたことと関連する。つまり、特定区制度（一九六一）と容積地区制度（一九六三）の導入を経て、一九七〇年に容積制の全面適用に至る過程において、都市空間に従来の高さ制限に変わってD／Hの概念が浸透したのである。実際に、一九七五年の建築雑誌上では、「道空間」に関する二つの重要な特集を見出すことができる。ひとつは、『都市住宅』一九七五年四月号で編まれた、道空間ゼミナール（後藤伸一・市川宏雄・倉田直道・湯本則之・川原道也など）による「セミナー道空間」という特集であり、もうひとつは、『建築文化』一九七五年二月号で編まれた、竹山実による街路の記号論であって、いずれも「道」を空間として捉えようとする動きの一端と見なされよう。

「アーケード」[166]の原型となった「パサージュ」は、馬車と悪天候を回避するために、鉄とガラスの屋根と大理石の床材を用いて創出された歩行者専用の空間であった。W・ベンヤミンは、次のように記している。「一八七〇年までの道路では馬車が中心的存在だった。舗道は細くて体を寄せ合わねばならなかった。それゆえに遊歩の場は主としてパサージュであった。パサージュは悪天候からもまた馬車の交通からも守ってくれたからである。[167]」「パサージュ」の誕生から一〇〇年後、馬車は自動車に取って代わられ、一九七〇年までの道路では自動車が中心的な存在だった。

一九六〇年代の日本では、「買物道路」、「通学道路」、「遊戯道路」など、「時間的交通規制による道路の広場的利用」が行われるようになったと言われており、[168]「歩行者天国」が、一九六八年に旭川市において、一九七〇年に銀座・新宿・池袋・浅草においてそれぞれ実施された。いずれも状況に応じて、歩行者が道路を一時的に占有するもので、モータリゼーションに対する反動として現れたものであったと言える。

また、一九七〇年代までの日本の「道空間」は、路面と壁面の素材がたしかに異なっていたが、七〇年代に入ると、舗道のタイル舗装が著しく発達する。このことは、商店街と地下街における路面のあり方に大きく関係している。商店街では、上田篤による「旭川モール」（一九七二）や、竹中工務店による「くずはモール」（一九七二、枚方）が、その先鞭を付け、高橋志保彦建築設計事務所による「馬車道モール」（一九七八、横浜）、「仙台一番町モール」（一九七九）をはじめとする一連の仕事や、環境開発研究所と竹中工務店による「イセザキモール」（一九七八、横浜）によって、路上にあるベンチや街頭が「ストリート・ファニチュア」という言葉にまとめられた（図76）。一方、地下街については、一九六〇年代初めに建設された名古屋駅・梅田・三宮の地下街は、いずれも地上交通と地下交通の整理が主眼であり、[169]街区型ビルを建設することで街区の再開発を行うという手法が採用された。そのような中で、「阪急三番街」（一九六九―七三）では、「川のある街」や「滝のある街」と名付けられた人工の池・噴水・滝が設けられた地下通路が形成された。モータリゼーションの発達によって、歩行者の空間が囲い込まれたことが最大の理由であるが、照明や空調の設備が発達したことに伴う内部空間の外部化でもあったと言える（図77）。なお、こうした「モール」のあり方は、「トロント・イートン・センター」（一九七九）など、厳冬期における外部空間の代替空間として発達し、一九八〇年代に「アトリウム」と呼ばれるようになった人工環境のパブリックスペース形成に結びつく。

図 76　上田篤「平和通り買物公園」(1972, 旭川)：タイル舗装された商店街

これらのオイルショック前後の地下街や商店街アーケードなどの盛り場の空間をめぐって、鳴海邦碩らは「従来の屋外空間が、屋内空間化する」ことを「インテ

図 77　竹中工務店「阪急三番街」（1969-73）：タイル舗装された地下街

リア空間化」と呼んだが、(170) それは過度に作り込まれた「人間のための街路」であったと言えよう。(171) 結局、「内向型」の「インテリア空間化」されたショッピングセンターは、こうした地下街と何ら変わらないのである。

ワンセンターのショッピングセンター——「泉北パンジョ」

一九七〇年代における最先端の歩車分離は、郊外のニュータウンにおける「ワンセンター」方式に見られる。ニュータウンの中核施設は、イギリスの「カンバーノールド（Cumbernauld）」（一九五六）や「フック（Hook）」（一九六一）等において、近隣住区の単位を超える「リニア・コア（Linear Core）」として集積され、ショッピングセンターも「リニア・コア」の商業施設として開発された。「リニア・コア」では、自動車と歩行者が徹底して立体的に分離され、多くの場合、建物下部に自動車駐車場が収められた。我が国では、「泉北ニュータウン」（一九六五―八二）や「高蔵寺ニュータウン」（一九六六―八一）において、この「ワンセンター」方式が採用された。

「泉北ニュータウン」（想定人口およそ二〇万人）の泉ヶ丘地区センターに建てられた「泉北パンジョ」（一九七四）は、大阪都市開発と高島屋による開発であり、環境開発研究所と坂倉建築研究所によって、起伏のあるセンターと住区ブロックを結ぶ歩行者ルートの起点として設計された（図78）。敷地は、北側を主要道路（泉北中央線）に限定され、道路を隔てた南側を公園として残された緑の丘に囲まれた、東西方向に起伏のある土地である。安井建築事務所によって設計された立体駐車場は、敷地北側の主要道路に沿って設けられており、建物自体は、東西で七メートルに及ぶ地形の高低差を利用するとともに、敷地南側の公園に応答するように、建物の二階と三階レベルに「エスプラネード」と名付けられた、段状に植栽の施されたデッキがつくられている。外観には、F・L・ライトの「マリン郡庁舎」（一九六六）のように、建物の水平性を強調する成の浅い連続アーチの軒が設けられた。

「泉北パンジョ」においてもまた、商業施設と並んで、当初は、室内にはボーリング場・室内プール・アーチェリーやスカッシュ等の施設、屋外には打放しゴルフ場からなるレジャー施設が計画されたが、第一次オイルショックを介して「レジャー産業」が変質する「試練の時期」と重なった。とりわけ、当時の手軽な「レジャー」の代表

図 78　環境開発研究所・坂倉建築研究所「泉北パンジョ」外観

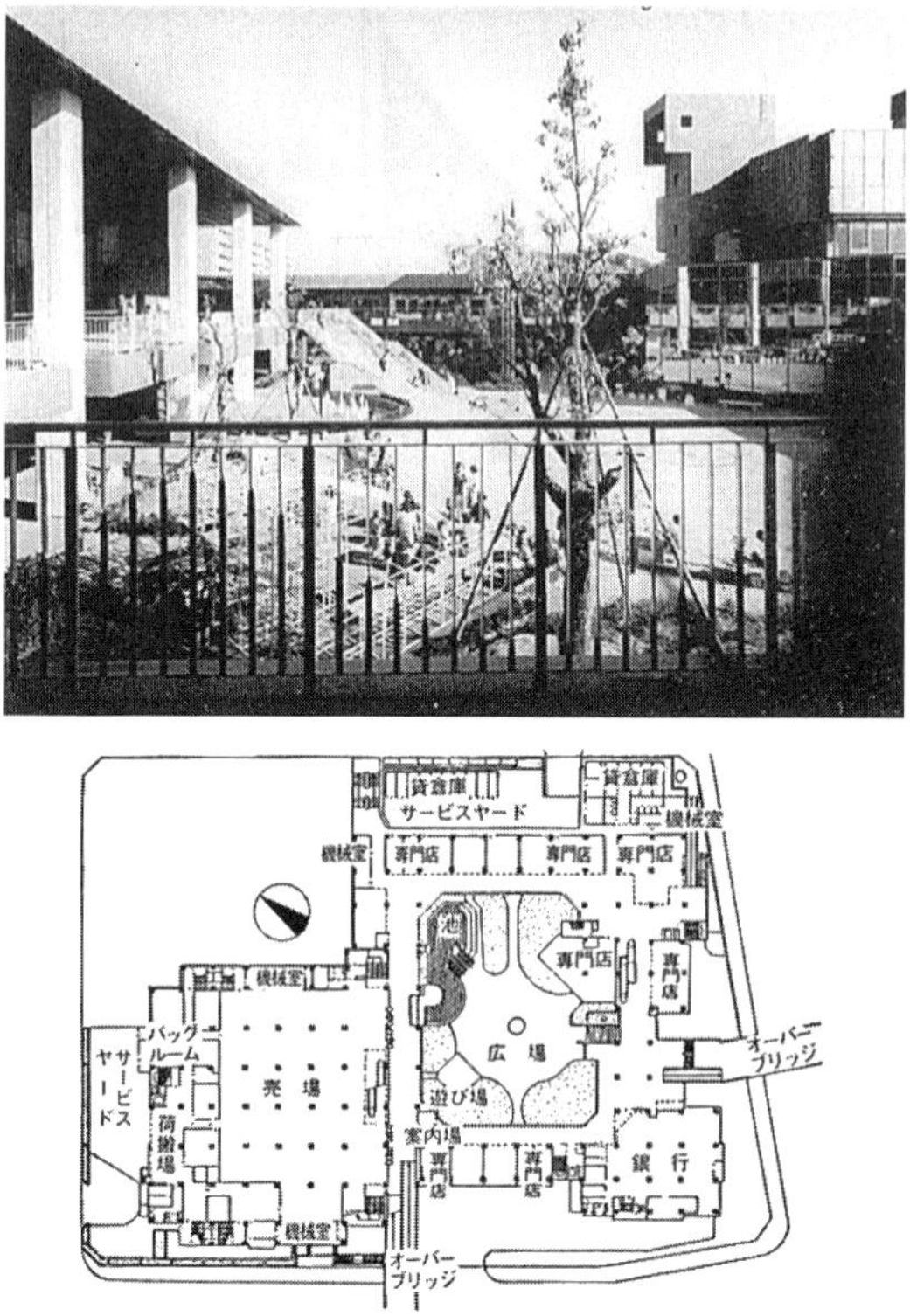

図 79　大建設計「サンマルシェ 1 号館」外観および平面図

格であったボーリングについては、一九七二年の計画時に八〇レーンが想定されていたにもかかわらず、急速に人気を失い、着工時にはボーリング場の計画そのものが中止となったほどである[172]。最終的には、商業施設と並んで、「健康開発センター（アスレチッククラブ）、子供の国（交通公園・ゲームコーナー）、コミュニティ施設（多目的ホール・メンバーズクラブ）、飲食レジャーコーナー（各種レストラン・サウナ）、パンジョ広場（サテライトスタジオ）」が収められることとなった。ここで注目すべき点は、上述した「エスプラネード」が、二層吹抜けで約一〇〇〇平方メートルの「パンジョ広場」（当時最大規模）に結ばれている点であろう。同じく「ワンセンター」の中核施設である「高蔵寺ニュータウン」の大建設計による「サンマルシェ一号館」（一九七六）では、外部のデッキがそのまま外部の広場に連続したのに対して[173]（図79）、ここでは内部の広場に結ばれたのである。ちなみに、近隣住区方式の「千里ニュータウン」においても、地区センターの中核施設としてフジタ工業によって「セルシー」（一九七二）が建てられ[174]（図80）、ここでは水平スラブを段状に積層することでいっそう大々的に人工的な地形が創出されたが、それでもやはり外部の大中小広場の段階的連続にとどまっている。これらに対して、床一面に白大理石が貼られた「パンジョ広場」は、地下街の「阪急三番街」と同様に、人工の池・噴水・滝が設けられた内部空間の広場となったのである。

図 80　フジタ工業「セルシー」外観

ショッピングセンターの都心回帰――「六甲パインモール」

一九八〇年代に入ると、ニュータウンを中心とした郊外の大規模な住宅地開発が一段落を迎え、ショッピングセンターは、都市中心部への進出を始めることになる。郊外開発とともに成長してきたショッピングセンターが、都市中心部のまとまった種地として新たに見出したのが、輸出産業から輸入産業へと構造転換することで空家となった天然繊維工場であった。

例えば、富岡製糸場を二〇〇五年まで支えた片倉工業（株）は、一九七三年に自社繊維工場の跡地をショッピングセンターに転用し、「カタクラショッピングプラザ」（取手）を開発している。以降、松本・大宮・加須の各工場跡地を順次、ショッピングセンターとして再開発したのである。それは、日本を代表する繊維会社が、創業一〇〇年の節目に行った大きな方向転換であった。しかしながら、一連の開発は、いずれも工場の建物を一掃してショッピングセンターとして新築するスクラップ・アンド・ビルドであった。

これに対して、竹中工務店による「六甲パインモール」（神戸市灘区、一九八二）は、小泉製麻（株）が一八九〇年に建設した黄麻紡績工場を修復・再利用した事例であり、既存工場を再生したショッピングセンターの嚆矢となった[175]（図81）。鉄骨造や鉄筋コンクリート造の建物に煉瓦タイルを貼った新築の建物が、レンガ造建築を修復・再

図81　竹中工務店「六甲パインモール」外観

利用した建物が持つ本物の迫力に敵うものでないことは明らかで、この方法は、ショッピングセンターの、太陽・森・水という「自然」に変わる新しいイメージ戦略となった。たしかに、北欧家具のみを取り扱うインテリアマートは[176]、これまで見てきたショッピングモールに比べると格段に小規模だが、既存建物に対する侵襲を最小限にとどめる改修方法が採用され、大変新鮮な建物であった。「住民に親しまれてきた（中略）外からの見えがかりの変化を極力おさえ、中央部に向かって解放する」改修方法は[177]、鋸屋根の既存工場建物の中央部を切り欠いて、パティオと駐車場としただけの単純な空間構成であった。しかも、パティオと駐車場は同一平面上にあり、歩車の分離は舗装材料の仕上げだけに任されているが、購入した家具を自動車に積み込む際の利便を考えた結果であろう。コの字型に残された既存工場の建物マスと、パティオと駐車場によって生み出されたヴォイドのスケール・バランスは、即物的であるが、今でも新鮮な印象を与える。既存建物に、できるだけ手を加えないで創出されたイメージは、残念ながら、阪神淡路大震災によって全壊した。

非常階段のデザイン――「西武大津ショッピングセンター」

菊竹清訓は、一九七九年に「斜面」に関する一連の研究成果を雑誌記事「斜面の構築」としてまとめたが[178]、この中で「斜面によるショッピングセンター」という計画を提示している（図82）。斜面の上を駐車場（「パーキング・プラザ」）として、斜面の下に商業施設を収める断面の空間構成は、グルーエンのものと変わらない。ここで唯一異なるのは、駐車場のある屋上階が斜面であることだけである。しかしこの「パーキング・プラザ」によって、歩行者と自動車は、階ごとに区分されることなく、連続的に結ばれ、その上の賑わいが、前面道路から一望されるのである。しかも、こうした新しい空間としてのあり方もさることながら、この案の最大の特徴は、容易な避難経路が確保されていることではないだろうか。

図 82　菊竹清訓「斜面によるショッピングセンター計画」

この計画から遡る三年前、菊竹は「西部大津ショッピングセンター」(一九七六)の設計を手がけている(図83)。この琵琶湖岸に建てられたショッピングセンターは、建物の北側と東西側が駐車場によって囲まれ、南側は湖岸道路に面する。湖岸道路に向けて段状に設けられた「ガーデンテラス」、東側面から建物北側部分の立体駐車場に至る車路、そして屋上の広告塔や展望台などが相まって、全体として山のようなシルエットを持つこの建物は、建設当時は湖岸の埋立地に孤島のように浮かんでいた。

この建物を紹介した建築雑誌記事の扉写真は、驚いたことに、「ガーデンテラス」が建物の東西に回り込んだ先に設けられた側面の非常階段であった。一見しただけでは、ショッピングセンターであるかどうか不明であり、奇を衒ったようにも見える。しかしながら、このデザインは、百貨店等の非常階段の有効階段幅を、売場面積一〇〇平方メートルにつき六〇センチとする建築施工令第一二四条の規定に対する菊竹の回答であった。この施工令は、「千日デパート火災」(一九七二、大阪)によって確立されたものであったが、西武百貨店では、このショッピングセンターを建設する直前に、「西武百貨店池袋店」（一九六三）と「西武タカツキショッピングセンター」（一九七三）において、二度の失火を起こしていた。そのため、防災という観点からショッピングセンターのデザインを積極的に考えた結果、得られたデザインなのである。

図 83　菊竹清訓「西部大津ショッピングセンター」外観

故郷に設けられた異郷のデザイン

第一次オイルショックの年に、ショッピングセンターと周辺小売業者の利害を調整する「大規模小売店舗法」（一九七三）が施行された。この法律は、バブル景気崩壊後の一九九四年に、出店調整の対象となる案件の規模や手続、閉店時刻や休業日数に関連する規制が緩和された挙句、二〇〇〇年に廃止された。代わって施行されたのが、「大規模小売店舗立地法」であり、ここで求められているのは、小売店舗との利害調整ではなく、良好な街や環境を創造するための視点である。

ここまで見てきたショッピングセンターの大部分は、グルーエンの言う「外向型」の分類に属する。しかし、大店法から大店立地法へ移行していく中で、「イオン」に代表されるショッピングセンターの多くが「内向型」を志向するようになり、大店立地法が提示した「交通・リサイクル・歩行者・防災・騒音・廃棄物・街並みに関する計画」は「ショッピングモール」を形成した。この管理が行き届いた、歩行者のための安全安心な環境は、駐車場を含む外部空間を明確に区分し、ショッピングセンターを以前にも増して内向的なものにした。その外部空間は、グローバル企業の看板で覆われるとともに、エクステリア化された内部のモールは、どこにでもあるが、どこでもない場所となった。それゆえ、ショッピングセンターに設けられた

図 84　イオンモールの外観（右）および内観（左）：建物外部では，上階から下階まで窓がない代わりに店舗の看板が貼り並べられ，建物内部では，歩行者のための管理が行き届いた安全安心な環境が造られた，「内向型」の典型。とくに建物外縁部は，自動車・バス・自転車・カートと，車椅子を含む歩行者が共存する場所であり，車止め・カラー舗装・ベンチ・照明などからなる「小さな環境」に対するデザインが求められている。

自動車のスロープも、故郷に設けられた異郷へと向かう坂道となったのである（図84）。

ショッピングセンターというビルディングタイプは、二〇世紀に、商業施設という歩行者のための空間に自動車のための場所を取り込むことで、外部空間に連続する開放的な内部空間という特徴を獲得することに成功したのだった。しかしながら、二一世紀になって、歩行者のための管理が行き届いた安全安心な環境に配慮するあまり、再び閉鎖的な内部空間が形成されるようになっている。このことは、「近代」と「現代」の境となる時期に、住宅地において歩車共存を可能とする良好な外部空間が開発されたことに逆行する潮流と言えよう。すなわち、「内向型」のショッピングセンターは、歩車分離方式（一九二九年にアメリカ・ニュージャージー州ラドバーンでC・A・ペリーが提唱した「近隣住区」という考えとともに開発された「ラドバーン（Radburn）」を嚆矢とする）から歩車共存方式（一九六六年にイギリス・リヴァプール郊外ランコーンで開発され一九七二年にはオランダ・デルフトの中心市街地街路に導入された「ボンエルフ（Woonelf）」に代表される）への流れに反する出来事なのである。[179]

街づくりや環境という視点から考えれば、今後は、「外向型」

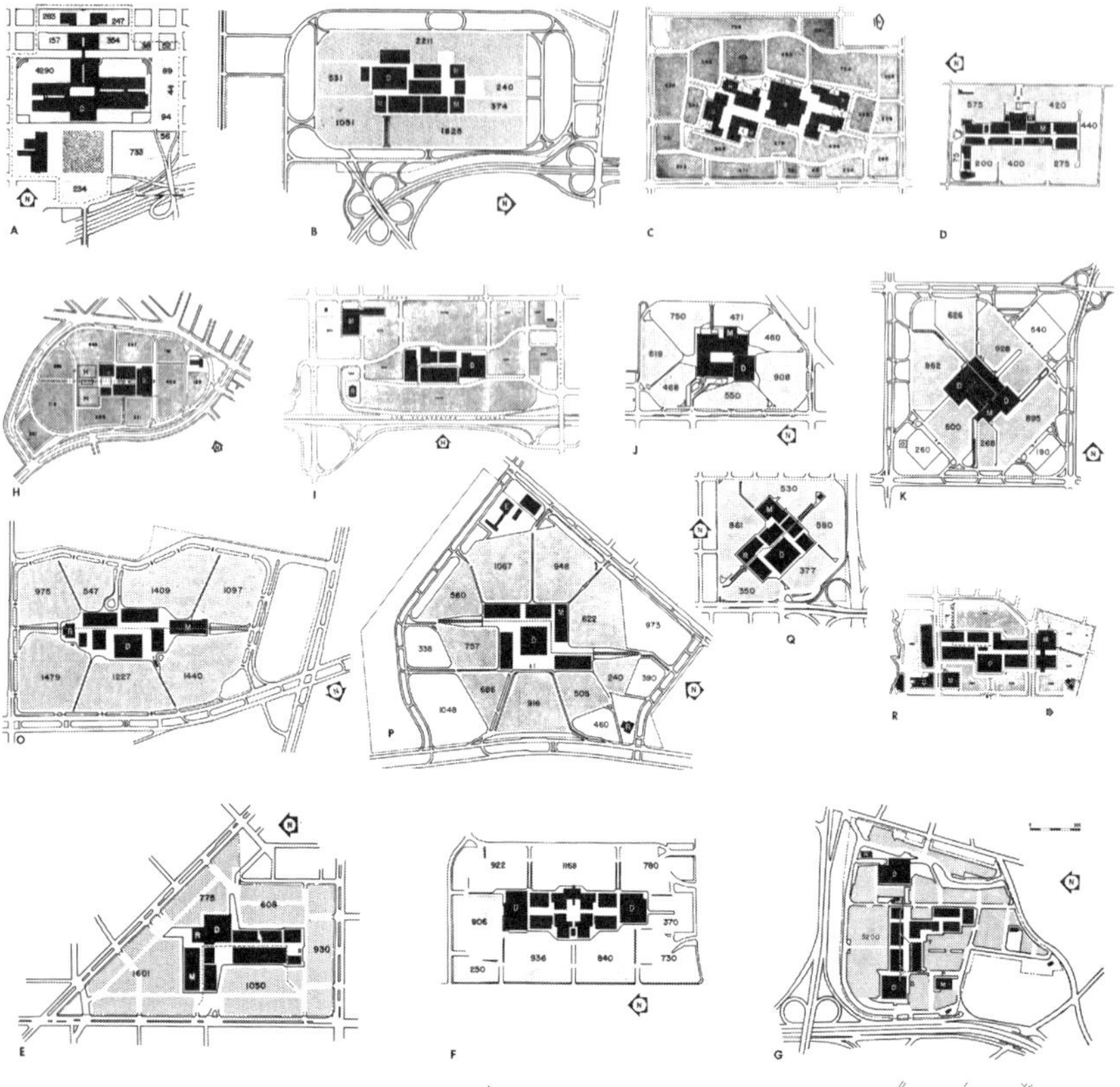

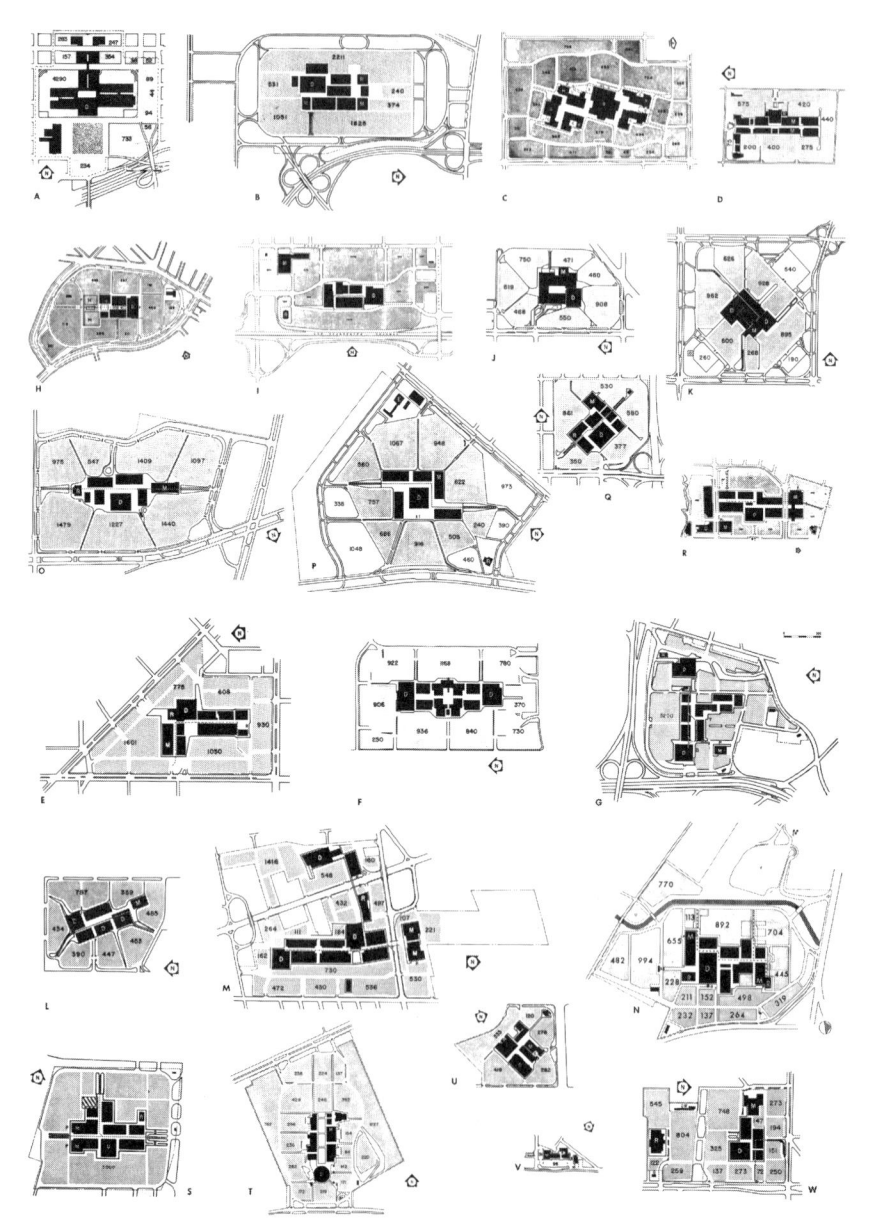

図 85　V. グルーエンのショッピングセンター配置例：敷地内道路は，周囲の道路に対して斜めになるよう配置される一方で，ショッピングセンターの内部通路に対して連続する事例が多いことが見て取れる。

のショッピングセンターの特徴を再評価し、自動車のための場所において、歩行者のための細やかな環境デザインの可能性を探る必要があろう。「内向型」を重視していた前述のグルーエンも「(ショッピングセンターは)建物のまとまりを表象するものであり(中略)建築様式について環境上の計画が必要なことは明白である」と述べていた。[180] この言葉は、「ショッピングセンター」が、複数の「建物のまとまり」からなることを表すと同時に、駐車場を含む敷地全体の環境そのものをも指すという二重の意味を持っていることを明らかにしている。実は我が国のショッピングセンターと、グルーエンの設計したショッピングセンターを比較したとき、建築のデザインにさして変わりはない。唯一異なる点は、駐車場を含む外構計画である(図85)。日本のショッピングセンターでは当たり前となっている、台数を稼ぐための盲目的な駐車計画とは異なり、グルーエンの計画は、数十年以上を経た今なお、建物と駐車場が一体となったデザインを保持しており、そこに今後の環境デザインへの手がかりがあるのかもしれない。

第6章　〈モータウン〉の環境デザイン

1　〈モノ〉と〈場所〉をめぐる両義的環境

自動車は、両義的な存在である。それは、外部空間を移動する内部空間であり、昼夜という時間の平準化に加担し、必要性に迫られて安全性を追い求める存在であり、果ては、二〇世紀の建築・都市環境が、人間のためか自動車のためかと問いかけてくる。実際、本書でこれまで検討してきた内容の多くは、自動車を二律背反する事柄の間に宙吊り状態にするものであった。あらためて言うまでもないだろうが、いずれの事柄も二者択一で済まされず、第三の回答が求められた。自動車が、二〇世紀の建築・都市環境に突き付ける問題の本質は、ここにあるのではないだろうか。

こうした両義的存在について、美術評論家のR・E・クラウスは、「展開された場における彫刻」（一九七八）という論文において[1]、一九六〇年代後半以降の屋外彫刻を「建築／非‐建築」と「風景／非‐風景」に照らして論じることで、彫刻が置かれた「印付けられた場所（マークト・サイト）」の意義を問うた。考えてみれば、自動車は、

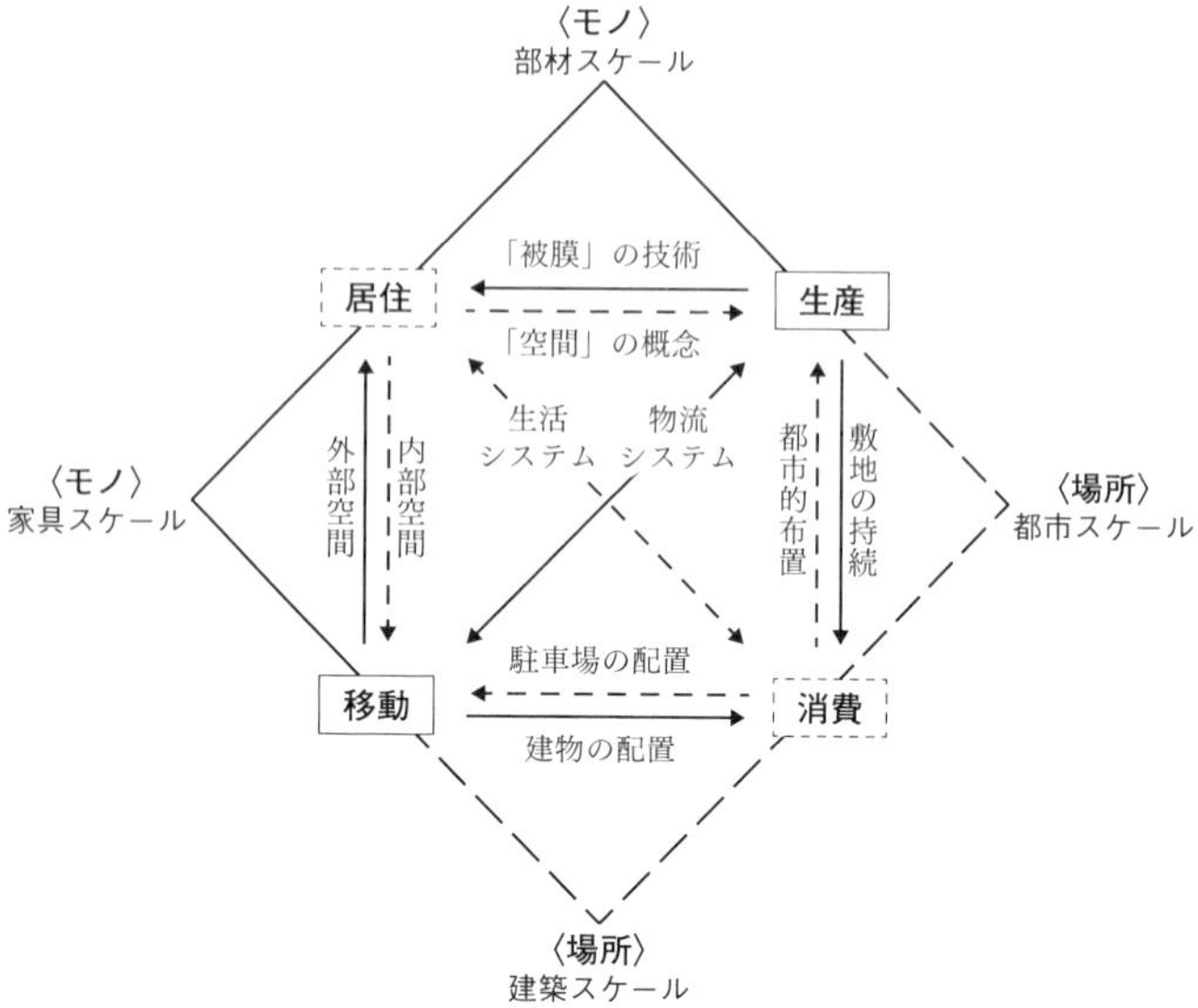

図1　〈モータウン〉の環境デザイン相関関係図

屋外にも屋内にも存在するという点においては、こうした屋外彫刻と同様の存在と言える。もちろん、自動車は、移動することを前提としている点において、彫刻とは本質的に異なる。しかしながら、自動車は、屋外で使用する耐久消費財という〈モノ〉である。同時に自動車はまた、移動先に新たな〈場所〉を創出し、そこを発見する機械でもある。それゆえ、本章では、この〈モノ・場所〉という二つの観点と、ここまで〈生産・居住・移動・消費〉という四つの指標に基づいて検討してきた内容との相関関係について述べることで、〈モータウン〉の環境デザインを総括してみたい。

　結論を先に提示しておくなら、二つの観点と四つの指標の主要な相関関係は図1のようにまとめることができる。もとより、〈モータウン〉のデザインのすべてを表すものではないが、上述した、〈モノ〉と〈場所〉をめぐる自動車のあり方がそれぞれの指標との関係においてきわめて両義的であることは十分理解されよう。この図に表されているように、〈生産環境〉と〈居住環境〉の間では「「被膜」の技術」と「「空間」の概念」がやりとりされ、〈居住環境〉と〈移動環境〉の間では「内部空間」と「外部空間」が相互に影響し、〈移動環境〉と〈消費環境〉の間では「建物の配置」と「駐車場の配置」が表裏の関係にあり、〈消費環境〉と〈生産環境〉の間では「都市的布置」と「敷地の持続」が相互補完の関係にある。これらのことは、それぞれの〈環境指標〉が、特定のスケールに即しているためであり、デザインの内容が同様のスケールにおける思考実験であったことを示す。より具体的には、各スケールは、「部材」「家具」「建築」「都市」という差異であり、図上を左回りに大きくなる。なお、図上を対角線方向に交差する二つの矢印は、〈生産環境〉と〈移動環境〉を結ぶ物流システムと、〈居住環境〉と〈消費環境〉を結ぶ生活システムを構築するための「ヒト」と「モノ」の流れを示すものである。このように見ると、二〇世紀に自動車によって形成された環境は、こうした〈モノ〉と〈場所〉をめぐる両義的関係をデザインすることであったと言えよう。

以下、〈モノ〉と〈場所〉のそれぞれに即して本書の議論をふり返った上で、自動車による環境デザインのこれからを考えてみよう。

2 〈モノ〉としての自動車の発見

内部空間をもつ耐久消費財

第二次世界大戦後に、W・W・ロストウ（1916–2003）は、『経済成長の諸段階――一つの非共産主義宣言』（一九六〇）と題された本の中で、「伝統社会」「離陸のための先行条件」「離陸」「成熟への前進」の諸段階に続く「高度大衆消費時代」では、「耐久消費財」の需要動向が経済発展の鍵を握るであろうと述べ、その代表格として自動車を取り上げた。(2) 自動車は、耐久消費財の中で最も高額な動産のひとつであり、冷蔵庫や洗濯機と同様に定期的に買い替えられる機械である。ちなみに、定期的に行われる「モデルチェンジ」は、耐久消費財を、〈モノ〉の機能としての寿命ではなく、〈モノ〉の価値としての寿命にすり替えた。しかしながら、同じ動産であっても自動車は、登録制度を有し、不動産に準じた扱いを受ける。これは、自動車が単なる〈モノ〉ではなく、内部に人間が入ることのできる空間であるためでもあろう。実際に、自動車は、通常の耐久消費財と異なり、移動可能な「最小限空間」であることと、屋外使用を前提とするが屋内にも侵入可能な〈モノ〉であること、という二つの空間的特徴を兼ね備える。

前者については、自動車は、耐久消費財の中でも、唯一、内部に人間が入ることのできる空間を持つ。他方、多くの建築物は、外部と内部の全体形を一瞥で捉えることができないが、自動車はそれらを同時に認識することができる。したがって、自動車は、単なる移動のための機械ではなく、外部と内部を同時に認識できる最小限空間と言えよう。J・ボードリヤール（1929–2007）は、この空間を「閉じられた親しさの領域」と呼び、「例外的なひとつの住居」と捉えたし[3]、川添登は「カプセル」と名付けた。このことは、ユニットバスに代表される建築における「カプセル」概念の展開もさることながら、自動車会社が製作したプレファブリケーションによる「量産住宅」における技術移転として見出すことができた。すなわち、自動車会社による「量産住宅」には、自動車の「スキン＝ボーン」とされた「モノコック構造」の技術が積極的に取り入れられ、LGSプレファブリケーションの鉄骨部材に自動車ボディ同様の「電着塗装」の技術が導入されていた。また、二〇世紀末には、「空間」を重視した自動車が登場したことからもわかるように、住宅から自動車へ向かう移転は、技術よりむしろ概念であった。

後者については、自動車は、通常の耐久消費財ではなく、まずは屋外使用を前提とした〈モノ〉である。しかしこの移動可能な〈モノ〉は、屋内に侵入することもでき、建築物の「外部」と「内部」を往来することが可能である。自動車という〈モノ〉は、屋外では建築物に比べて小さく、屋内では家具に比べて大きいという特有のスケールを持つ。このことは、ガソリンスタンドと自動車ショールームのデザインに顕著に見て取れた。とりわけ、自動車ショールームでは、自動車を展示するための台座とガラス張りの広場空間に据えられた〈モノ〉のあり方が、この両義性を示すものであった。さらにまた、この両義性は、二〇世紀建築の特徴とも大いに関係する。S・ギーディオンは、『空間・時間・建築』の冒頭で、「内外空間の相互貫入とか、異なるレヴェルの相互貫入といった要素が導入された」近代建築の「空間概念」が、「自動車の影響によってもたらされたもの」であったと記している。(4)「内外空間の相互貫入」については前述した通りであるが、「異なるレヴェルの相互貫入」についても、大規模な自走式駐車場建築をはじめ、本書でたびたびふれたところである。R・コールハースは、S&V・ヴレック（D・ハンター設計協力）による「ダウンタウン・アスレチック・クラブ」（一九三一）の事例を参照しつつ、ニューヨークの摩天楼におけるエレベータが、各階ごとに異なるプログラムの積層を成功させたことを指摘しているが、(5)自動車は、建物に外在するエレベータであるとさえ言えよう。このことは、都市の空間構成が、平面的なものから断面的なものへと変容したことを示す証左としても考えられる。一九六〇年代後半に、施工分野における新しい用語として「都市土木」という言葉が聞かれるようになったが、東孝光によれば、それは「従来の土木が、河川・橋梁・道路・鉄道など技術の対象に応じたタテ割方式で発達してきたのに対して、今日の都市改造のためにそれらの技術を総合的に適用させようというもの」である。(6)公共空間における駐車場のデザインは、都市のプログラムを横断する「都市土木」にほかならず、その機能が複合化されるのは自明であろう。ル・コルビュジエは、『建築をめざして』（一九二三）において、「平面図は原動力である」と言ったが、自動車によって、建築家の原動力の源は「断面図」に取って替えられたのである。

アッサンブラージュによるデザイン

自動車のエンジンブロック平面をそのまま住戸平面としたアーキグラムによる「ガスケット・ホームズ（Gasket Homes）」（一九六五）を持ち出さなくとも、本書で取り扱ってきた建築・都市デザインには、多くの部材に対する考え方において、自動車からの技術移転が認められた。上記の自動車のモノコック構造や電着塗装といった事柄のほかに、ヘッドライトと街灯が同じ会社の製作するリフレクターランプであった点、自動車のガラスシール技術がカーテンウォールのジッパー・システムとなった点などが挙げられる。今や、自動車のシートや内装材が建築部材に使用されることは、珍しいことではなくなった。

L・ルフェーブルが一九八九年に持ち出した「ダーティ・リアリズム」という概念は、B・ビュフォードが『グランタ』誌上に掲載した論考が背景となっているという[7]。ルフェーブルの論考自体は、F・O・ゲーリーやR・コールハースの作品を「脱構築（deconstruction）」以外の視点から論じた点において大いに評価されるべきであるが、ここでは、その背景となったB・ビュフォードの論考の内容にふれるべきであろう。ビュフォードが見出したのは、「道路沿いのカフェのウェイトレスであり、スーパーのレジ係であり、建設現場の労働者であり、事務員であり、仕事にあぶれたカウボーイ」などの「ジャンクフードと現代消費生活の抑圧的な細部がちりばめられた世界をさまよう人々」であり、〈モータウン〉の消費生活そのものであった[8]。本書においてこれまで見てきた、建築・都市環境と自動車の間にある部材に対する考え方のやりとりは、こうした「ダーティ・リアリズム」の概念を、別の角度から論じることを許すであろう。すなわち、こうした部材に対する考え方のやりとりは、特定の部材を本来の目的以外に転用することを可能とし、そのとき設計者は既製部材を意図的に読み違わせることになる。このこと自体は、C・ジェンクス（1939-）とN・シルバーが唱えた「アドホシズム（Adhocism）」にほかならない[9]。しかしながら、これらの部材に対する考え方のやりとりが積み重なれば、出来上がった空間はそれぞれ異なるものの、部材が共有されることによって潜在的共通性が生じる。こうした「アッサンブラージュ（Assemblage）」の建築・都市環境では、設計者が懸命に見出した特殊解は、無意識のうちに一般解となっているのである。だとすれば、一般解を配慮した特殊解はどのように導けるのであろうか。大きな設問であるが、次節はこの問いに対するひとつの回答となろう。

3　自動車による〈場所〉の発見

「敷地」の浮上

自動車による移動は、一九世紀の鉄道旅行による発見と同様に[10]、自在に丘や谷を乗り越えることによって、移動先に新たな〈場所〉を見出す。しかしながら、自動車は、鉄道と異なり、特定の敷地の中に入り込むことができるため、その平面的・断面的形状すなわち地形を浮かび上がらせる。このことは、高速道路サービスエリアにおけるレストハウスの配置計画が、名神高速道路と東名高速道路で大きく異なることや、ガソリンスタンドと自動車ショールームの配置計画が、同じロードサイドショップでも前面道路に対して異なることに端的に見られた。また、建築家の住宅作品タイトルに地形が盛り込まれた事例が、一九五〇年代の中頃より急増したことにも大いに関係するであろう。こうした内容は、いずれも、建築スケールにおいて発見された自動車と敷地の関係であり、黎明期には建築家が地形と格闘した様々な痕跡を見て取ることができたが、時代が経るにしたがって画一化されていった。黒川紀章が東名高速道路の足柄サービスエリアの初期計画において見出したように、あるいは、ガソリンスタンドや自動車ショールームが、「近傍」という自閉した概念に基づいた「群島」を形成していったように、周囲から隔絶された自閉空間を生み出したのである。

自動車が特定の敷地の中に入り込むことができるという特性は、敷地が大きくなり駐車する台数が増えるほど、敷地内部に自律したシステムを造り出す。ショッピングセンターは、大店法から大店立地法へ移行していくなかで、多くが「内向型」を志向してきた。その外部空間は、グローバル企業の看板で覆われ、エクステリア化された内部のモールは、どこにでもあるがどこでもない〈場所〉となった。あるいはまた、自動車工場は、周囲に対して「真空地帯」であるとともに、内部に工場という自閉した〈場所〉を形成した。自動車の製造環境と自動車による消費環境は、自閉した〈場所〉という点で共通する。両者の相関関係は、閉鎖された自動車組立工場の跡地に商業施設が建設された事例からもわかる。こうした内容は、いずれも、都市スケールにおいて発見された自動車と敷地の関係であり、自動車工場の敷地は、そもそも地形と密接な関係を持ち、戦時中に急造された「新興工業都市」を中心とした軍需工場の「平和的再利用」であって、軍需工場をめぐる近代都市・建築システムは、第二次世界大戦を挟んで持続する存在であった。なお、これらの自閉した〈場所〉は、M・M・ウェッバーが「非‐場所的都市領域」と呼び[11]、M・オジェ（1935–）が「非‐場所（Non-Places）」と呼んだ領域である[12]。すなわち、駅や空港などのように周囲との関わりが断ち切られ、乗り換えるという機能だけのために存在する〈場所〉は、どこにでもあるがどこでもない〈場所〉でもある。「非‐場所」は、特定の空間が単一の機能や制度によって占有されることによって創出されるが、そのスケールが極度に大規模化された際、その特徴が鮮明になる。それは、「非‐場所」の最大の特徴である「自閉していること」が、空間として表現されるためである。

神代雄一郎・池辺陽・増沢恂の三人は、『新建築』一九五七年三月号に、「敷地」をめぐる論考を持ち寄った。神代は「土地と建築家の応答――敷地論その一」を、池辺は「土地の価値について」を、増沢は「敷地と建物の関係――私の処理してきた体験」を著した[13]。神代の論文が続くことはなかったが、「都市の土地が面積でしかなくなった」ことを嘆くとともに、「(建築家が)デザインを進めてゆく上で力となってかかわってくるような、樹木とか石とかがあったり、段地や傾斜地である（中略）場合にぶつかっても、機械化の進んだ今日では、樹や石は簡単に移動できるし、地面の凹凸はあっというまにならすことが出来る」ために、「平坦な土地」が前提になってしまったことを指摘し、あらためて「調和か対立か」、「内部と外部の融合」、「樹木と人間」、「地表面と建築立面」、「土地と人工の土地（床）」という見地から「敷地と建築」のあり方を問うものであった。池辺は、「土地は限りあるもの」であり、「土地は建築のためにのみあるのではなく、又人間のためにのみあるのではない」から、「敷地」を小さくすることが自然に対する義務であるとし、「現実の一つ一つのデザインの仕事と、モデル・デザインとを結びつける必要がある」という。そこには、「内部空間と、構造方式と、その他の問題から追求されるモデル・デザイン」としての「最小限住宅」を、「敷地」に対応させようとする意図を読み取ることができるのではないだろうか。一方、増沢は「私の家」（一九五二）、「原邸」（一九五三）、「稲村邸」（一九五三）、「新宿凮月堂」（一九五四）、「伊藤邸」（一九五五）、「成城学園書庫・図書館事務室・研究室」（一九五六）の六作品を取り上げ、自らの建物において敷地との関係が希薄であったことを回想したが、この正直な独白には、首肯せざるを得ない点が多い。曰く、「現在私は土地と建物との関係が建物の性格を決定する根本的な最も難しい問題であると思っている。しかし、この問題について、はっきりした自分の方法といったものをまだ持っていない（中略）残念ながら私の挙げた実例にはそういった問題は希薄である。」考えてみれば、戦後まもない時期に建てられた、「最小限住宅」と呼ばれる一連の住宅の敷地は、増沢に限らず広く大きく、敷地による制約は小さい。逆に言えば、広い敷地に自律する小さい建築を建てたがゆえに、建築デザインが外的な与件に関わることなく純化されたとも言えるのである。

一九五〇年代に、「敷地」または「大地」をめぐる建築のあり方が取り沙汰されたのは、日本だけではなかった。近代建築が本質的に抱え込んだ全世界的な命題でもあったのだ。ひとつには、神代が指摘したように、F・L・ライトによる影響が大きかった。[14] しかしながら、実際のライトは、整地に関する技術的または機能的な知識を十分に備えていなかったし、「ユーソニアン・ハウス」における自動車の車路については、ほとんどの場合で土地の状況よりも建物のグリッドが優先されていたことが指摘されている。[15] もうひとつの重要な視点は、J・ウッツォン（1918–2008）による「床」によるデザインの発見であった。ウッツォンが、一九五九年に「基壇と段丘」という論考の中で描いた中国の「基壇」を示す断面図は、S・ギーディオンの『空間・時間・建築』において（日本の「床」と取り違えて）再掲載され、多くの建築家に影響を与えた。[16]

二〇世紀における古典的名著の一冊である *The Image of the City*（邦題『都市のイメージ』）を著したK・リンチ（1918–1984）は、一九六二年に *Site Planning*（邦題『敷地計画角の技法』）を著したが、[17] この本の初版序文において、

「どの頁を見ても、他の本に出ていることがほとんどである。この本のオリジナリティは、それらを一冊にまとめたことであろう」と書いている。それまで当たり前であった「オールドファッションの職人技」は、このときもはや当たり前でなくなりつつあった。自動車の台頭は、その大きな一因であり、近代建築が依って立つ「敷地」をめぐって総体的な検証が俄に必要とされたのであった。

〈モノ〉のグローバリズムによるデザイン

ところで、自動車は、安全を確保するために、そのサイズや性能が国際ルールに則して管理製作されており、走行する道路もまた同様のルールで管理建設される。道路通行の左右などの多少の文化的な違いはあれども、我々が国際免許証さえ持っていれば世界中の道路を走行できるのは、こうした自動車をめぐる管理によるものである。すなわち、「フォーディズム」に代表される製品管理に基づいて量産された自動車は、〈モノ〉として平準化されると同時に、走行する〈場所〉をも平準化するのである。そして、この平準化こそが、自動車のための自閉した領域を二〇世紀に形成してきた。この「非‐場所」と呼ばれる領域は、D・イングリスやH・イベリンフスが、「アメリカ主義（Americanism）」として指摘した内容とも結びつくものであり[18]、二〇世紀後半に自動車が形成したグローバリズムの姿であった。このことは、R・コールハースが「ジェネリック・シティ（Generic City）」と呼んだ内容にほかならないであろう[19]。さらに言えば、原広司が「モンテビデオの実験住宅」（二〇〇三）を設計する際に、「（ポリカーボネートに加えて）アルミニウム・アングルは西欧や日本にしかないかなと思って心配していたら、モンテビデオ（Montevideo, Uruguay）にもあった」という感想に連なるものでもあろう[20]。

しかしながら、こうしたグローバリズムは、「非‐場所」と呼ばれる、自動車のための自閉した領域の内側から見た視点である。この領域を一歩外側に越え出て眺めれば、当然見方は異なる。本書が〈生産環境〉として検討した各自動車組立工場は、企業城下町という地域の特性を考える上できわめて重要な、都市スケールでの「真空地帯」であった。あるいはまた、〈移動環境〉においては、黎明期の高速道路サービスエリアに、敷地が持つ物理的特徴を十全に取り込もうとする姿勢を見て取れた。さらには、〈消費環境〉において見出された、自動車交通がもたらした南国イメージは、地域風土の発見とその積極的利用の結果であった。これらの事柄は、いずれも、「非-場所」に対峙する「クリティカル・リージョナリズム」として捉えることができるであろう。[21] コールハースは「グローバリゼーションは、建築の造られ方と建築の造るものを共に不安定にし、再定義する」と述べているが[22]、〈モータウン〉では、こうした「非-場所」が介入することで再構築される〈場所〉のデザインが問われるのである。

「時間」の浮上

ところで、「速度」は、「距離」と「時間」という変数によって決定される関数である。逆に言えば、「距離」と「時間」は、「速度」に大きな影響を受ける。自動車の「速度」によって得られる「距離」が、上記の〈場所〉を浮上させるとすれば、「時間」に対しては、どのような影響を及ぼしたのであろうか。

自動車の「速度」によって見出された「時間」のひとつは、休日の過ごし方として見出された。自動車による「レジャー」のための施設整備は、「アテネ憲章」が第二次世界大戦後に持ち込んだ「余暇」という問題提起に対する応答でもあった。高度経済成長期には、国民宿舎・国民休暇村・ユースホステル等の公的な廉価宿泊施設が、鉄道旅行では訪れることのできなかった地域に、ドライブウェイ・スカイライン・パークウェイとともに整備された。あるいはまた、自動車による移動は、海や山で行う季節スポーツを身近なものとした。とりわけ、自動車によるスキー旅行は、ゲレンデへの直接乗入れを可能とし、バブル経済期に隆盛した。一方、大都市近郊の埋立地を中心に、レジャーセンターと呼ばれる遊興施設が設けられた。あるいはまた、大規模な駐車場を備えたショッピングセンターは、「買物」を「レジャー」にするとともに、その場所を都市中心部から郊外へ移動させた。こうした施

図 2　吉江雅祥「あんぐる東京・赤坂見附」：この写真は多重露光により，自動車のヘッドライトとテールライトが光の粒として表現されたものである。なお，首都高速の背後に自動車会社のネオンサインを見て取れる。本書のカヴァー図版を参照。

設整備は、前者が季節休暇に、後者が週末休暇に対応する自動車による「マス・レジャー」であり、戦後日本における休日のあり方をデザインするものであった。自動車による「マス・レジャー」の時間を、丹下健三は「自由時間」と呼び、積極的にデザインしようとしたが[23]、自動車が創出した休日は、結局のところ〈消費環境〉であった。こうした自動車による「レジャー」では、夏や冬という季節が均されて、常夏や常冬の場所が創出された。さらに、鉄道やバスなどの公共交通機関を乗り継いで行くことで、「日常」と「非日常」との切替が徐々に行われた「余暇」とは異なり、自動車による「レジャー」では、「ドア・トゥ・ドア」による突然の切替が迫られる。すなわち、自動車による「レジャー」は、「非日常」の時間を平準化し、「日常」の延長線上に位置づけるものでもあったのである。

自動車はまた、「夜」という「時間」を見出した。都市空間の日常生活に関する夜景は、一九世紀末にガス灯の登場によって創り出されたと言われているが、日本では、小林清親（1847–1915）・井上安治（1864–1889）・川瀬巴水（1883–1957）などの浮世絵師が、こうした「点」としての光源を描いた[24]。昭和初年には、ネオン管が商店街を彩るようになり、「線」で縁取られた「ネオン街」の建物を撮影した夜景写真が残されている[25]。しかしながら、これらは、いずれも歩行者が発見した近代的夜景であった[26]。これに対して、自動車が発見した夜景は、これまでの考察から次の三点の特徴を見出すことができた。ひとつは、自動車自体がヘッドライトとテールライトを備えた発光体となったことである。もうひとつは、ガソリンスタンドに典型的に見られたように、蛍光灯や水銀灯を光源とする屋外用リフレクターランプが、夜間営業のために設けられたことであろう。ガス灯がぼんやりと街路を照らすのではなく、強力な光源のリフレクターランプが敷地全体を「面」として照らし出したのである。その際、自動車ショールームやコンビニエンスストアなど自動車と深く関わる建物の中には、ファサードのほとんどがガラスによって構成された建築が生じ、夜間には二四時間営業を行う「サービス照明」となる事例を見出すことができた。最後のひとつは、自動車の台頭によって、発光体である都市を外側から眺められる場所に辿り着けることで得られた遠景としての「夜景」であった。これらは、いわゆる「夜景スポット」であり、前述した自動車による「レジャー」に大きく関係するものである。それらは、自動車によってようやく登ることができるようになった丘陵地や、ようやく辿り着くことができるようになった河岸や海岸から、発光体となった都市を遠望する自動車のための〈場所〉となった。これらの二〇世紀中頃に形成された夜景は、リフレクターランプという自動車のヘッドライトをめぐる技術発展の結果であった。一九六〇年代中頃には、フジカラーの写真現像所が全国的に整備され、長時間露光によって自動車のヘッドライトやテールライトを撮影したカラー写真が増加するが（図2）、これらは、発光体となった自動車によって視覚化されたインフラストラクチュアの夜景であったと言えよう。

4　自動車による環境デザインの地平

自動車が置かれる〈場所〉の再生

第4章で取り上げた建築家でありインダストリアル・デザイナーでもあるW・D・ティーグは、二〇世紀の中頃に、「自動車は再び輸送を道路に奪い返し、鉄道によって育てられた専横な人口分布を無意味にした。同時に自動車は、第一に道路の再舗装と、全道路組織の再デザインと再編成を要求した。一方、伝統的なタイプの都市の道路を無効にし、したがってまた数世紀間も立派に用をなしてきた都市計画をも、それと運命をともにさせた[27]」と述べている。鉄道が造り上げた社会モデルが「無意味」となり、自動車が登場する以前の道路が「無効」になったとは言わないが、二〇世紀中盤以降に急速に社会の隅々に行き渡った自動車は、それまでの建築・都市環境を一変させ、自動車を〈生産〉するための工場都市を建設し、自動車に〈居住〉のための空間と技術を見出し、自動車が〈移動〉するために必要な施設を整え、自動車によって〈消費〉される環境を生み出した。今や、情報社会が到来し、少子高齢化が進んで、二〇世紀後半の建築・都市が見直しの必要に迫られていることは事実である。しかしながら、こうした自動車のために苦労して造り上げてきた環境を、まったくの反古にする必要はない。第2章で取り上げた自動車の「生産環境」が、第二次世界大戦以前に造られた軍用地の再利用であったことを考えれば、次の世代が、二〇世紀後半に造られた自動車のための環境を持続的に再利用せざるを得ないことは、明白な事実であろう。

これまで、自動車のための〈場所〉は、特定のプログラムに対して設けざるを得ない副次的な扱い方がなされてきた。それらは、特定のプログラムのビルディング・タイプを建設するためのいわば必要悪として用意された結果、あくまでかりそめの〈場所〉にとどまり、たとえ恒久的な建物であっても安普請となることが多かった。しかしこれからは、自動車のための〈場所〉を特定のプログラムのビルディング・タイプに対する副次的なものとするのではなく、自動車を置くための〈場所〉をめぐる「ディスプログラミング（Disprograming）」の可能性を考えることが重要であろう[28]。しかも、こうした自動車を置くための〈場所〉は、J・アーリの言葉を借りれば、自動車による移動の合間にある「中間空間」と言えよう[29]。

また、自動車は両義的な存在であり、〈モノ〉と〈場所〉は相互補完的な関係にあるため、自動車という〈モノ〉が存在してはじめて完成する〈場所〉が生み出され、不在の場合には〈モノ〉の抜殻となる。よって、自動車のための〈場所〉は、かりそめの〈空地〉でもあり、〈空地〉のハードコアであるとさえ言えよう。自動車をめぐって、二〇世紀の建築都市は「内と外」の両義性について考究することになったが、自動車が示すものが、〈空地〉のハードコアであるとすれば、自動車の存在と不在という新たな両義性をめぐるデザインが求められるであろう。

自動車というスケールが生み出すデザイン

自動車は、「自らの意思で動かすこと」と「自動的に動くこと」という二種類の解釈ができるという。[30] すなわち、自動車という言葉には、「マニュアル（manual）」という運転者が自らの意思で操作することと、「オートマティック（automatic）」という運転者が自動運転に身を委ねることの、相反する意味が共存する。別の見方をすれば、前者の内容は、あらゆる速度であらゆる方向へ移動することが可能な乗物であるという「非線形交通」の特性を示すものであり、それが故に自動車は既存の都市に浸潤することができたと言える。他方、後者の内容は、線路やチューブの中を一定の速度で移動する「線形的交通」の特性であり、鉄道との共通点を見出すことができる。これらの「非線形交通／線形交通」という考え方は、大野秀俊（1949-）らによる「小さい交通／大きい交通」という考え方に呼応する。[31] 今後の少子高齢社会では、「非線形交通」については、「超小型ＥＶ」と呼ばれる新たな自動車も含まれ得る。一方で、「線形交通」については、高速道路などでの「高速幹線物流システム」などの提案がなされている。[32] いずれの場合においても重要なことは、自動車を停め、人間が乗降するための〈場所〉のデザインを見直すことであろう。

二〇世紀には、基本的に「複数人のための、より速いスピードの、より大きな気積の」自動車が求められてきた。しかしながら、今後は「個人のための、適度なスピードの、適度に小さい気積の」自動車が必要であり、そのための「より小さな環境」のデザインが必要となろう。自動車によって、新しい都市を一から造り出そうとすることは、果たして意義のあることであろうか。自動車が「黴」のような存在であるならば、新たな小さな交通が既存の都市において密かに増殖する方法が正しいはずである。「小さな環境」をデザインすることが、明日の〈モータウン〉のための手がかりなのかもしれない。

あとがき

本書は、筆者にとって自動車に関わる二冊目の著書である。前著『自動車と建築――モータリゼーション時代の環境デザイン』（河出書房新社）は、「自動車に乗る人間」の観点から、自動車の「ハイウェイ・スカイライン・パーキング・ロードサイド」に関するデザインを振り返ることで、我が国のモータリゼーション時代の環境デザインを炙り出そうとする試みであった。そこでは、自動車のフロントガラス越しの〈ケシキ〉を、自動車の交通システムに照らして、大きなスケールから小さなスケールへ向けて論じた。こうした内容について、筆者の予想を大きく超える反響をいただくことができ、専門分野が近い方々からのご意見もさることながら、土木・造園・地理・経済・美術をはじめとする他分野の方々から講演や執筆の機会をいただいた。その後、本務校の大学院生向け講義「環境デザイン論」とG30国際プログラム向け講義 'Urban Environmental Transportation System' を担当する中で、耐久消費財である〈モノ〉としての自動車が環境デザインに与えた影響について考えるようになった。名古屋大学出版会の橘宗吾氏より出版のお話をいただいたのも、この時期であった。ひとたび〈ケシキ〉という視点からまとめた内容を、〈モノ〉の「生産・居住・移動・消費」という視点から再考するという試みは、自動車による「現象」を「存在」として再認識し直そうとすることでもあり、前著から七年もの時間を費やすことになってしまった。本書は、前著の題材と重なる部分を持つが、〈モノ〉という視点から見直すことで得られた新たな知見をもとに書き下ろしたものである。

ところで、筆者は、二〇一四年四月にバーミンガム大学地理学科と名古屋大学地理学科が共催した国際ワークショップ「イギリスと日本の都市史（Workshop on the Urban History of Britain and Japan）」において、'On the Spatial Characteristics of the City of Toyota, a Japanese Motor Town, in the age of My Car' と題する論考を発表する機会を得た。発表の翌日に、先方の研究者より、トヨタ産業技術記念館と名古屋の街を、自らの運転で案内する役目を仰せつかった。この道中で受けた何気ない質問の数々は、〈モノ〉としての自動車はグローバルな存在であるが、それらが生み出す〈モータウン〉の姿は多様であり、近現代の建築都市を再考する上できわめて重要な研究対象であることをあらためて実感させるものであった。我々日本人が、二〇世紀に自動車を通じて形成した自国の環境の特徴を明確に認識しないままに、少子超高齢社会のための環境デザインを考えようとしているかもしれないことを、あらためて気づかされたのである。さらに、このことは、本書が取り扱った近現代の建築都市に関する史料を将来の環境デザインのための重要な資料として認識する必要があり、現在制作中の建築都市に関する資料は、いずれ史的考察を加えるための史料となるものとして管理する必要があるという考えに至るきっかけとなった。

自動車は両義的存在である。同様に、筆者の専門領域もまた両義的であり、建築の「歴史・意匠」という学問領域にあるが、必ずしも「歴史」や「意匠」のハードコアにあるわけではない。その内容は両者の境界領域にあり、本書は差し詰め「歴史・意匠」の「・」が示す学問領域について考えた「点の記」だと言える。建築をめぐるこれらの分野から他分野への関心の広がりを考えれば、今後は建築の「・歴史・意匠・」と記すべきなのかもしれない。筆者の「・」に対する関心が、本書を通じて、従来の学問領域を超え出る視点の一助となれば幸いである。

本書の内容を遡れば、ユニオン造形文化財団芸術家在外派遣制度（一九九八—九九年）と文部省在外派遣研究員制度（一九九九年）のもとで行った「チーム・テンの作品および思想に関する研究」に端を発する。また、現在進行中の日本学術振興会科学研究費補助金「〈モータウン〉の環境デザインに関する日欧比較研究」（二〇一七—二二年）の一部をなすものでもある。さらに本書の出版には、名古屋大学出版会学術図書刊行助成による支援を受けた。

本書が上梓されるまでには、多くの方々から助言と協力をいただいた。名古屋大学工学部図書室の皆様には、文献複写と図書貸借について、大変お世話になった。名古屋大学出版会の橘宗吾氏には筆者の遅筆を辛抱強く待っていただいた上で適切な助言を頂戴し、同出版会の三原大地氏は丁寧な校正を重ねて下さった。写真家の吉江雅祥先生には、半世紀前に撮影された赤坂見附周辺の首都高速夜景写真を、装丁に使用するのをご快諾下さった。ここに記して、感謝の意を表したい。さらに、名古屋大学建築学教室歴史意匠研究グループでは、有益な意見を西澤泰彦教授はじめ多数の方々よりいただいた上、安藤佑太君と大塚洋人君には図版作成を手伝ってもらった。そして、本書の眼差しが、「テクノスケープ」という言葉を造語された片木篤教授の膝下にあることは言うまでもない。最後に、日々を支えてくれる妻の真樹に、あらためて感謝して筆を措く。

二〇一八年 春

堀田典裕

《著者略歴》

堀《ほっ》田《た》典《よし》裕《ひろ》

1967年　三重県に生まれる
1995年　名古屋大学大学院工学研究科建築学専攻博士課程修了，博士（工学）
日本学術振興会特別研究員，デルフト工科大学建築学部研究員などを経て
現　在　名古屋大学大学院工学研究科助教（建築・環境デザイン）
著　書　『〈山林都市〉』（彰国社，2012年，建築史学会賞），『自動車と建築』（河出書房新社，2011年，日本都市計画学会石川奨励賞・国際交通安全学会賞），『吉田初三郎の鳥瞰図を読む』（河出書房新社，2009年）他
作　品　「市営合葬墓基本計画」（2017年），「ソウル・マポ石油タンク再生公園 国際設計競技応募案」（2014年，特別賞），「クリニックS」（2007年）他

〈モータウン〉のデザイン

2018年6月10日　初版第1刷発行

定価はカバーに
表示しています

著　者　堀　田　典　裕

発行者　金　山　弥　平

発行所　一般財団法人　名古屋大学出版会
〒464-0814　名古屋市千種区不老町1名古屋大学構内
電話(052)781-5027 / FAX(052)781-0697

印刷・製本　亜細亜印刷㈱　ISBN978-4-8158-0910-2

索　引

ア　行

カ 行

サ　行

タ　行

ナ　行

ハ　行

マ 行

ヤ　行

ラ・ワ行

数字・英字

図表一覧

第 1 章

第 2 章

第 4 章

第5章

第 6 章

註

はじめに

（1）（社）日本自動車工業会によれば，2014 年末の世界乗用車保有台数は 884,381,820 台，トラック・バスは 325,292,112 台である。
（2）Roland Barthes, *Mythologies*, Paris, 1957.（下澤和義訳『ロラン・バルト著作集 3　現代社会の神話』みすず書房，2005，pp. 248-252.）
（3）Michel Ragon, *Où Vivrons-nous demain?*, Paris, 1963.（宮川淳訳『われわれは明日どこに住むか』美術出版社，1965，p. 24.）
（4）Her Majesty's Stationery Office, *Traffic in Towns*, London, 1963.（八十島義之助・井上孝訳『都市の自動車交通』鹿島研究所出版会，1965，p. 24.）
（5）磯村英一『人間にとって都市とは何か』NHK ブックス，1968. CIAM が掲げた指標に関して，磯村は「居住」を「第一空間」，「労働」を「第二空間」，「余暇」を「第三空間」と読んだ。
（6）Sir Nikolaus Pevsner, *An Outline of European Architecture*, London, 1943/1963.（小林文次・山口廣・竹本碧訳『新版 ヨーロッパ建築序説』彰国社，1954/1989，p. 13.）

第 1 章 〈モータウン〉の背景

（1）Beatriz Colomina, *Privacy and Publicity : Modern Architecture as Mass Media*, Cambridge, Mass., 1994.（松畑強訳『マスメディアとしての近代建築――マスメディアとしての近代建築』鹿島出版会，1996，pp. 25-26.）「写真的事実」を通じたモダン・ムーブメントについては，Reyner Banham, *A Concrete Atlantis : U. S. Industrial Building and European Modern Architecture, 1900-1925*, Cambridge, Mass., 1986, p. 18.
（2）H. -R. Hitchcock & P. Johnson, *The International Style*, New York, 1932/1966.（武澤秀一訳『インターナショナル・スタイル』鹿島出版会，1978, p. 120, 124.）
（3）「1950 年代の末に，我々は，速やかに交換でき定期的に再塗装できることが，B. P.（英国石油）のガソリンスタンドの移ろいやすい美学とテクノロジーにふさわしいことを認識するに至った。」P. Smithson, 'The idea of architecture in the 50s', *The Architects' Journal*, 1960/01, p. 121.
（4）Eric Mumford, *The CIAM Discourse on Urbanism, 1928-1960*, Cambridge, Mass., 2000, pp. 275-276.
（5）Le Corbusier, *La Charte d'Athènes : Entretien avec les étudiants écoles d'architecture*, Paris, 1943/1957.（吉阪隆正編訳『アテネ憲章』鹿島出版会，1976，pp. 96-104.）
（6）マリネッティの自動車への言及が著しいのは，以下二つの宣言文である。4. 我々は宣言する。世界の輝きは新しい美――スピードの美――によって豊かにされる。炎を呼吸する蛇のような排気管をボンネットに纏わせたレーシングカー――機関銃のように轟音を立てて吠えるレーシングカーは，翼をもつサモトラケのニケよりも美しい――。5. 我々はハンドルを握っている人間を賛美する。その理念の軸は，地球の中心を貫き，地

球の軌道上を旋回する。Umbro Apollonio, ed., *Futurist manifestos*, London, 1973. なお，このマリネッティの言説は，「ヨーロッパの文献において自動車運転の楽しみを高く評価した最初の例」であり，自動車礼賛の点からすればヨーロッパの最前衛にあったと言える。Reyner Banham, *Theory and Design in the First Machine Age*, London, 1960.（石原達二・増成隆士訳『第一機械時代の理論とデザイン』鹿島出版会，1976，pp. 145-146.）

（7）J. Tyrwhitt, J. L. Sert & E. N. Rogers, eds., *The Heart of the City : Towards the Humanisation of Urban Life*, London, 1952.

（8）Sigfried Giedion, *Space, Time and Architecture*, Cambridge, Mass., 1941/1954/1962/1967.（太田實訳『空間・時間・建築 2』丸善，1969，p. 791.）

（9）Max Risselada & Dirk van den Heuvel, eds., *TEAM 10 1953-81 : In Search of a Utopia of the Present*, Rotterdam, 2005, pp. 349-353.

（10）Alison Smithson & Peter Smithson, 'Statement', *Architectural Design*, Vol. 30, No. 5, 1960/5, p. 179.

（11）川添登編『メタボリズム 1960——都市への提案』美術出版社，1960.

（12）黒川紀章は，'to move' and 'to stay' を「変わるもの」と「変わらないもの」と訳している。黒川紀章「現代建築の課題」『建築文化』Vol. 22，No. 243，1971/01，p. 63.）

（13）Max Risselada & Dirk van den Heuvel, eds., *op. cit.*（註 9）, p. 141.

（14）Alison Smithson & Peter Smithson, 'Mobility : Road Systems', *Architectural Design*, Vol. 28, No. 10, 1958/10, pp. 385-388.

（15）Max Risselada & Dirk van den Heuvel, eds., *op. cit.*（註 9）, p. 142.

（16）黒川紀章，註 12 前掲，p. 62.

（17）Reyner Banham, *Los Angeles : The Architecture of Four Ecologies*, New York, 1971.

（18）Robert Venturi, Denise Scott Brown & Steven Izenour, *Learning from Las Vegas*, Cambridge, Mass., 1972/1977.（石井和紘・伊藤公文訳『ラスベガス』鹿島出版会，1978.）

（19）Jane Jacobs, *The Death and Life of Great American Cities*, New York, 1961.（黒川紀章訳『アメリカ大都市の死と生』鹿島出版会，1977. 山形浩生訳『アメリカ大都市の死と生』鹿島出版会，2010.）

（20）磯崎新「Anyone への招待」『Anyone——建築をめぐる思考と討議の場』NTT 出版，1997，p. 3.

（21）イグナシ・デ・ソラ＝モラレス「リキッド・アーキテクチャー」『Anyhow——実践の諸問題』NTT 出版，2000，pp. 24-31.

（22）ポール・アンドリュー「トンネル化について」『Anyhow——実践の諸問題』，註 21 前掲書，pp. 44-49.

（23）黒川紀章，註 12 前掲，p. 57.

（24）Alexander Tzonis & Liane Lefaivr, *Architecture in Europe since 1968 : Memory and Invention*, London, 1992. なお，両者は，北米の現代に関しては 1960 年としている。Alexander Tzonis & Liane Lefaivr, *Architecture in North America since 1960*, London, 1995.

（25）Reyner Banham, *op. cit.*（註 6）.

（26）Reyner Banham, *Theory and Design in the First Machine Age*, Cambridge, Mass., 1980.

（27）Jean-François Lyotard, *La Condition postmoderne*, Paris, 1979.（小林康夫訳『ポスト・モダンの条件——知・社会・言語ゲーム』水声社，1986.）

（28）磯崎新『《建築》という形式 I』新建築社，1991，p. 6. なお，D. ガートマン（David

Gartman）によれば，自動車から見ると，近現代という時代は，①階級的差異化の時代：ブルデューとクラフト生産，②大衆的個性の時代：フランクフルト学派とフォーディズム，③サブカルチャー的差異の時代：ポストモダニズムとポストフォーディズム，に分類することができると言うが，本書が「近代」と「現代」を弁別する「マイカー元年」（1966 年）から「第 1 次オイルショック」（1973 年）に至る時期は，上記の「大衆的個性の時代」と「サブカルチャー的差異の時代」の端境期に相当する。Mike Featherstone, Nigel Thrift & John Urry, *Automobilities*, London, 2005.（近森高明訳『自動車と移動の社会学——オートモビリティーズ』法政大学出版局，2010，pp. 263–308.）

(29) P. アイゼンマン（Peter Eisenman, 1932–）に誘われた J. デリダ（Jacques Derrida, 1930–2004）が Anyone 会議と Anywhere 会議に参加している。磯崎新・浅田彰・田中純「Any コンファレンスの軌跡」『Any——建築と哲学をめぐるセッション 1991–2008』鹿島出版会，2010，p. 60.

(30) 磯崎新・浅田彰・田中純，註 29 前掲書，p. 59.

(31) シンシア・デイヴィッドソン「場所なき Anyplace」『Anyplace——場所の諸問題』NTT 出版，1996，pp. 4–9.

(32) シンシア・デイヴィッドソン「イントロダクション」『Anybody——建築的身体の諸問題』NTT 出版，1996，pp. 4–9.

(33) Frank Lloyd Wright, *The Living City*, New York, 1958.（谷川正己・谷川睦子訳『ライトの都市論』彰国社，1968.）

(34) Le Corbusier, *Vers une architecture*, Paris, 1924.（吉阪隆正訳『建築をめざして』鹿島出版会，1967，pp. 107–120.）

(35) Le Corbusier, *Vers une architecture*, Paris, 1923.（樋口清訳『建築へ』中央公論美術出版，2003.）

(36) Le Corbusier, *Vers une architecture*.（吉阪隆正訳，註 34 前掲書，p. 207.）コルビュジエが「フィアット・リンゴット工場」を実際に訪問したのは 1934 年であった。

(37) 和田英次郎「建築家と車」『トヨタ博物館紀要』第 3 号，トヨタ博物館，1997/01.

(38) フラーの弟子である N. R. フォスター（Norman Robert Foster, 1935–）は，2010 年 10 月に 4 台目を制作した。

(39) 丹下健三研究室編「東京計画 1960——その構造改革の提案」丹下健三研究室，1961/03.

(40) G. A. Jellicoe, *Motopia : A Study in the Evolution of Urban Landscape*, New York, 1961.

(41) Robert Venturi, Denise Scott Brown & Steven Izenour, *op. cit.*（註 18）.

(42) Robert Venturi, Denise Scott Brown & Steven Izenour, *op. cit.*（石井和紘・伊藤公文訳，註 18 前掲書，p. 19.）

(43) Kevin Lynch, *The Image of the City*, Cambridge, Mass., 1960.（丹下健三・富田玲子訳『都市のイメージ』岩波書店，1968）; Laurence Halplin, 'Motation', *Progressive Architecture*, 1965/07. このほかの記号論的分析には，Gyorgy Kepes, *The New Landscape in Art and Science*, Chicago, 1956 ; David A. Crane, 'The City Symbolic', *Architectural Design*, Vol. 30, 1960 ; Philip Thiel, 'A Sequence-experience Notation', *Town Planning Review*, 1961/04 などが挙げられる。

(44) A. ヴィドラー（Anthony Vidler, 1941–）は，Anthony Vidler, *Histories of the Immediate Present : Inventing Architectural Modernism*, Cambridge, Mass., 2008（今村創平訳『20 世紀

建築の発明——建築史家と読み解かれたモダニズム』鹿島出版会，2012，pp. 127–186）において，バンハムの著書に多くの紙幅を割いている。

(45) この内容は BBC の機関誌『リスナー』上において次の 4 編の論考としてまとめられている。Rcyner Banham, ‘Encounter with Sunset Boulevard’, *The Listener*, No. 80, 1968/08/22, pp. 235–236 ; ‘Roadscape with Rusting Rails’, *The Listener*, No. 80, 1968/08/29, pp. 267–268 ; ‘Beverly Hills, Too, is a Ghettoo’, *The Listener*, No. 80, 1968/09/05, pp. 296–298 ; ‘The Art of Doing Your Thing’, *The Listener*, No. 80, 1968/09/12, pp. 330–331.

(46) Reyner Banham, ‘LA : The Structure behind the Scene’, *Architectural Design*, No. 41, 1971/04, pp. 227–230.

(47) Reyner Banham, *op. cit.* (註 17). バンハムは，「四つのエコロジー」に対して，「異国の開拓者」，「空想」，「亡命者」，「ほとんど……というスタイル」からなる「四つの建築」を記している。

(48) Anton Wagner, *Los Angeles : Werden, Leben und Gestalt de Zweimillionstadt in Sudkalifornien*, Leipzig, 1935.

(49) Edward William Soja, *Thirdspace : Journeys to Los Angeles and Other Real-and-Imagined Places*, Oxford, 1996.（加藤政洋訳『第三空間——ポスト・モダンの空間論的展開』青土社，2005.）

(50) Wolfgang Sachs, *Die Liebe zum Automobil : Ein Rückblick in die Geschichte unserer Wünsche*, Reinbek, 1984.（土合文夫・福本義憲訳『自動車への愛——20 世紀の願望の歴史』藤原書店，1995.）

(51) Mike Featherstone, Nigel Thrift & John Urry, *op. cit*.（註 28).

(52) 川添登『移動空間論』鹿島研究所出版会，1968.

(53) Siegfried Giedion, *op. cit.* (註 8).

(54) 黒川紀章『ホモ・モーベンス——都市と人間の未来』中央公論社，1969.

(55) 高田公理『自動車と人間の百年史』新潮社，1987.

第 2 章 〈生産環境〉のデザイン

(1) Stuart Cohen, ‘Physical Context/Cultural Context : Including it all’, *Oppositions*, No. 2, 1974, pp. 1–40.

(2) 通産省重工業局自動車課「自動車部品工業の実態」『自動車時報』No. 26，1955，pp. 83–99. 地理学における部品工場に関する研究としては，北村嘉行「日本四輪自動車工業の地域的展開」『地理評論』Vol. 34，No. 6，1961/06，pp. 326–343；竹内淳彦「日本における自動車工業の地域的構造」『地理学評論』Vol. 44，No. 7，1971/07，pp. 479–497；松橋公治「両毛地区における自動車関連下請小零細工業の存立構造」『地理学評論』1982/06，pp. 403–420 などが挙げられる。

(3) 拙著『〈水〉と〈土〉のデザイン——中川運河と河岸地域を巡る低地の開発について』名古屋市都市センター，2010. また大岩の「中京デトロイト化計画」と「アツタ」の製造については，尾崎政久『中京自動車夜話』自研社，1971 に詳しい。

(4) トヨタ自動車工業（株）社史編纂委員会『トヨタ自動車 30 年史』トヨタ自動車工業，1967，pp. 115–128. および尾崎政久，註 3 前掲書，pp. 139–141.

(5) A. カーンの工場建築については，本節 pp. 82–85 を参照されたい。また，「挙母工場」の組立工場については，「隣の塗装工場から塗り上がつたボデーをエレベーターで此の二

階へ持上げて組立工場内の内張ラインに乗せ（中略）更に部品組付ラインに乗りエレベーターで階下に降ろされますが，一方階下では丁度ボデーを運び入れた個所の眞下の所からフレームの組立ラインが始まつて居りますが，フレームが出来上がると御存知の様にスプリングの組付から始まり，エンヂンやラヂエーターの取付迄行はれて完成したシャシーが此のボデーを降ろされる所まで来て居ますが，それに内張の済んだボデー部分が機械的に乗せられます」という記録が残されている（和田一夫編『豊田喜一郎文書集成』名古屋大学出版会，1999，pp. 253–254)。

（6）豊田市教育委員会・豊田市史編さん専門委員会編『豊田市史 四巻（現代)』豊田市，1977，pp. 343–347. 請願書には「工都建設の大業はヨトタ自動車工業（株）を中核として企図され，具現されていくのは自明のことであるが，市勢の伸展とよい町づくりの理想実現のための市名改変を念願とする」と記されており，これを可決した市議会における市長の説明は，「今後の市の発展方向は，工業都市を目指すべきであり，そのための用地・用水確保の見通しはついており，その中心となるのがトヨタである。トヨタ本社の他への移転を防ぐためにも市名変更は必要で，関連企業等の誘致にも有利であろう」という内容であった。

（7）豊田市総合企画部企画課・中部開発センタ—編『1971～1985 豊田市新総合計画書』豊田市，1973.

（8）佐藤圭二「市街地形成過程と居住環境——低密分散的市街地の形成要因の考察」都丸泰助・窪田暁子・遠藤宏一編『トヨタと地域社会——現代企業都市生活論』大月書店，1987，pp. 168–188.

（9）都丸泰助・窪田暁子・遠藤宏一編，註 8 前掲書，pp. 28–29.

(10) 野原光は，トヨタ自動車工業の在庫管理実態を豊田市の道路整備の伸展に照らして同様の指摘を行っている。野原光「トヨタ自工における在庫削減と道路——「社会資本と資本蓄積」の事例研究として」宮本憲一・山田明編『公共事業と現代資本主義』垣内出版，1982，pp. 178–211.

(11) 都丸泰助・窪田暁子・遠藤宏一編，註 8 前掲書，p. 29.

(12) 和田一夫編，註 5 前掲書，p. 254.

(13)「元町工場」については，森本真澄「トヨタ自動車工業元町工場の建設について」『建築雑誌』Vol. 76，No. 10，1961/10，pp. 569–572；トヨタ自動車一級建築士事務所「トヨタ自動車工業・元町工場」『建築文化』No. 186，1962/04，pp. 86–89；森本真澄「自動車工業における工場建設——トヨタ自動車の場合」『建築と社会』Vol. 48，No. 7，1967/07，pp. 62–64 による。

(14) 森本真澄「トヨタ自動車工業元町工場の建設について」註 13 前掲，p. 570 では，「カラーコンディショニング」と記されている。

(15) 森本真澄「自動車工業における工場建設 トヨタ自動車の場合」註 13 前掲，p. 89.

(16) 麻島昭一「戦時体制期の中島飛行機」『経営史学』20，1985，pp. 1–38.

(17) 中島航空機の工場については，高橋泰隆『中島飛行機の研究』日本経済評論社，1988，pp. 201–257. あるいは，太田市編『太田市史 通史編 近現代』太田市，1994 および太田市編『太田市史 史料編 近現代』太田市，1987 に詳しい。

(18) 清水武夫「群馬県「太田」に於ける新興都市建設事業に就いて」『区画整理』Vol. 6，No. 6，1940/06，p. 9.

(19) 遠藤繁「太田市の都市計画」『新都市』Vol. 38，No. 10，1984/10，pp. 91–101.

(20) 中島航空機「旧浜松製作所」(1944) もまた，戦後は富士産業の管理下でミシンの生産を行った後に，プリンス自動車工業の部品工場となった。なお，中島航空機「旧前橋工場」(1939) は，ダイハツ工業「前橋製作所」(1960) として「平和的再利用」されることになった。

(21) 日産自動車（株）社史編纂室『日産自動車社史 1964–1973』日産自動車，1975，p. 45.

(22) 片木篤『オリンピック・シティ東京 1940・1964』河出書房新社，2010，pp. 41–48.

(23) 石橋信夫「「建築の工業化」と「鋼管構造」について」『近代建築』Vol. 16，No. 1，1962/01，p. 3. 本田技研工業「大和工場」の食堂棟もまた，「パイプ建築」によって設計された。川島甲子・田治見正三「本田技研工業 K. K. 大和工場・食堂棟」『建築文化』No. 35，1958/01，pp. 53–60.

(24) 本田技研工業（株）「厚生施設 4 題」『近代建築』Vol. 14，No. 12，1960/12，p. 85.

(25) 伊藤達雄・院田次郎・辻村修一『三重地理学会報 17 鈴鹿市工業地域の形成に関する研究』三重大学教育学部地理学教室，1967，p. 32.

(26)「海軍道路」は「工廠正面前線」として計画され，1943 年 5 月の計画時には幅員 40m であったが，実際には幅員 16.8m で建設された。またこのほかに，「白子加佐登駅線」「稲生亀山線」「千代崎北山線」が計画されたが，いずれも未完のまま敗戦を迎えた。伊藤達雄・院田次郎・辻村修一，註 25 前掲書，pp. 14–16. 鈴鹿海軍工廠建設主任であった内田亮之輔（海軍大佐）によれば，工廠正門前の道路幅員は，「警視庁から虎ノ門に至る道路が四十五米であるから，将来を考え，これより五米広く」取り「五十米」で計画し，「工場間の道路は，最大を三十六米とし，中間を二十四米，最小道路を十八米（車道四車線十二米，両側歩道三米）とした」という。内田亮之輔『鈴鹿市の生いたち』鈴鹿市役所，1975，p. 80. および JACAR：C08011223700.

(27) 鈴鹿市教育委員会編『鈴鹿市史 第五巻 史料編二』鈴鹿市役所，1986，p. 711.

(28) 木村敏男「ホンダ・鈴鹿工場」『経済評論』Vol. 11，No. 2，1962/02，p. 73.

(29) 本田技研工業（株），註 24 前掲文献には，ホンダ開発興業 KK 一級建築士事務所の新中正美らの名前と，渡辺建築事務所の渡辺益男の名前が併記されている。

(30)「工業と農業，都市と農村との利害の調節に努め，相互の均衡ある発展に依る総合国力の健全なる進展を図る」(酉水孜郎編『資料 国土計画』大明堂，1975，p. 134)。

(31) 1973 年 4 月 6 日衆議院商工委員会 通商産業大臣「工場立地の調査等に関する法律の一部を改正する法律案提案理由説明」。

(32) 森俊一「ダイハツ工業池田第二工場の造園」『建築と社会』Vol. 44，No. 3, 1963/03, pp. 46–47.

(33) ダイハツ工業（株）60 周年記念社史編集委員会編『六十年史』ダイハツ工業，1967, p. 145.

(34) 森俊一，註 32 前掲，p. 47.

(35) 本田技研工業（株）熊本製作所「ふるさとの森づくり」『グリーン・エージ』No. 153, 1986/09，pp. 13–22.

(36) 三重県植木発祥の地記念碑建設委員会編『植木発祥の地百年のあゆみ――植木発祥の地記念碑建立記念誌』植木発祥の地記念碑建設委員会，1985，p. 3.

(37) 加藤寛・野田一夫監修『本田技研工業』蒼洋社，1980，pp. 18–20.

(38) 日産自動車（株）総務部調査課『日産自動車社三十年史』日産自動車，1965，p. 41 によれば，ゴルハムのほかに A. N. リットル，H. W. ワッソン，G. W. マザウェル，H. A.

マーシャル，H. H. シュマイザー，ライクハート，ミューラーの名が挙げられている。

(39) 夏島には，1887 年に明治憲法を起草した伊藤博文の別荘があり，1902 年には陸軍の砲台が築かれた。

(40) 日産自動車（株）総務部調査課，註 38 前掲書，pp. 428–429.

(41) 日産自動車（株）総務部調査課，註 38 前掲書，p. 428.

(42) 日産自動車（株）総務部調査課，註 38 前掲書，p. 429.

(43) 大高建築設計事務所「日産自動車追浜工場体育館」『スペースデザイン』No. 65，1970/03，pp. 25–36.

(44) 大高正人建築設計事務所「日産自動車追浜工場体育館」『建築』No. 114，1970/03，p. 58.

(45) 三菱自動車工業（株）総務部社史編纂室『三菱自動車工業社史』三菱自動車工業，1993，p. 903.

(46) 当該委員会は，当時，岡山県経済部長であった武政の発案によるものであった。この「農工両全」という考え方は，岩上二郎（1913–1989，茨城県知事在任期間 1959–75）が鹿島臨海工業地帯の開発に際して唱えたことに代表されるように，戦後に「新産業都市」の政策を考える際の重要な標語となった。水之江季彦・竹下昌三『水島工業地帯の生成と発展』風間書房，1971，pp. 6–7.

(47)「水島鉄道」は，戦後に水島工業都市開発（株）によって再開された地方鉄道であり，1952 年に倉敷市に譲渡後，1970 年に「水島臨海鉄道」に移管され，「弥生駅」と「水島駅」の間に，「栄駅」（1986）と「常盤駅」（1992）が設けられた。

(48)『公文雑纂』昭和 17 年・第 123 巻・都市計画 14，1942/04/09.

(49) 由比浜省吾「水島——「新産業都市」の現実」奥田義雄ほか編『日本列島その現実 2 地方都市』勁草書房，1971，pp. 21–35. 逝去後に「太陽・緑・空間」という 3 つのキーワードを書名とした随筆集が出版されている。三木行治『太陽と緑と空間——三木行治随筆集』ぺりかん社，1965.

(50) Le Corbusier, *Manière de penser l'urbanisme*, Paris, 1935.（坂倉準三訳『輝く都市』鹿島出版会，1968，p. 44.）

(51) 日本建築学会都市再開発研究委員会『岡山市都市再開発マスタープランに関する計画・研究』日本建築学会，1961.

(52) 高山研究室『岡山市都市再開発地区の検討と中央駅前商業地区再開発計画』私家版，1960；日本建築学会都市再開発研究委員会『備南台地開発計画』日本建築学会，1960；日本建築学会都市再開発研究委員会『玉島地区住宅地開発計画——基本構想』日本建築学会，1962；日本都市計画学会水島開発特別委員会『水島地区市街地開発計画——立体的都市計画』日本都市計画学会，1962.

(53) 日本都市計画学会水島開発特別委員会，註 52 前掲書，pp. 28, 31.

(54) 丹下健三ほか「広島計画」『新建築』Vol. 29，No. 1，1954/01，pp. 1–17.「広島計画」については，丹下健三・浅田孝・大谷幸夫「広島計画——平和都市の建設」『国際建築』Vol. 17，No. 4，1950/10，pp. 27–39 にも発表されたが，若干内容が異なる。

(55)「臨海地帯埋立による土地造成計画」『大広島計画区域総合企画資料　第 3 号』広島市，1958，および「大広島計画区域の臨海埋立地利用計画」『大広島計画区域総合企画資料第 15 号』広島市，1960.

(56)「コンビナート」『建築雑誌』Vol. 76，No. 7，1961/7，p. 410.

(57) 小石雄治・門田敬一・山家啓助・松岡進士郎・植村利一「ダイハツ工業池田第二工場」『建築と社会』Vol. 43, No. 9, 1962/09, pp. 34–37.

(58) 東洋工業株式会社五十年史編纂委員会編『明日をひらく東洋工業――東洋工業株式会社五十年史・現況編』東洋工業, 1970, p. 69.

(59) Le Corbusier, *Les Trois établissements humains*, Paris, 1959.（山口知之訳『三つの人間機構』鹿島出版会, 1978, pp. 120–125.）

(60) 日本建築学会谷口吉郎展実行委員会編『谷口吉郎展報告書』日本建築学会谷口吉郎展実行委員会, 1998, p. 53.

(61) 坂根厳夫「生きた脚でたつ工場」『季刊アプローチ』1967年春号, 竹中工務店, 1967/03, p. 17.

(62) 坂根厳夫, 註61前掲, p. 17.

(63)『近代建築』Vol. 38, 1984/10, p. 60.

(64) 坂根厳夫, 註61前掲, p. 17.

(65) Rodolfo Machado & Rodolphe El-Khoury, eds., *Monolithic Architecture*, New York, 1995.

(66) Rayner Banham, *Theory and Design in the First Machine Age*, London, 1960.（石原達二・増成隆士訳『第一機械時代の理論とデザイン』鹿島出版会, 1976, pp. 2–3.）

(67) E. バークは,「美」の具体的条件として「小さいこと・滑らかなこと・漸次的変化・部分の融合・繊細なこと・明瞭な色・変化のある眩しい色」などを挙げ,「崇高」の具体的条件として「明暗の対比・広大さ・無限性」などを挙げている。Edmund Burke, *A Philosophical Inquiry into the Origin of our Ideas of the Sublime and Beautiful*, London, 1756.（中野好之訳『崇高と美の観念の起源』みすず書房, 1973/1999, p. 129.）

(68)『国際建築――工場建築・最近の動向』Vol. 27, No. 6, 1960/06, p. 64.

(69) 宇田川勝『日本の自動車産業経営史』文眞堂, 2013, pp. 23–43.

(70) 山本正雄編『日本の工業地帯』岩波書店, 1959, p. 7–12.

(71) 通商産業省企業局編『わが国の工業立地』通商産業研究社, 1962, p. 14.

(72) 日本土木史編集委員会編『日本土木史――昭和16年～昭和40年』土木学会, 1973, p. 280.

(73) 岩見良太郎『土地区画整理の研究』自治体研究社, 1978, pp. 292–293.

(74) 酉水孜郎編, 註30前掲書, p. 87.

(75) 日本土木史編集委員会編, 註72前掲書, pp. 280–281.

(76) 石田頼房『日本近現代都市計画の展開 1868–2003』自治体研究社, 2004, p. 177. こうした戦後期の遊休工場地の再利用に関して, 今村洋一『旧軍用地と戦後復興』中央公論美術出版, 2017は, 旧軍用地の転用を官側の視点から論じている。

(77) 宇沢弘文『自動車の社会的費用』岩波書店, 1974, pp. 154–159.

(78) Aldo Rossi, *L'Architettura della citta*, Milano, 1966.（大島哲蔵・福田晴虔訳『都市の建築』大龍堂書店, 1991, p. 63.）

(79) Roland Barthes, *L'Empire des signes*, Paris, 1970.（宗左近訳『表徴の帝国』新潮社, 1974, pp. 43–45.）

(80) Christopher Alexander, 'City is Not a Tree : Part 2', *Architectural Forum*, No. 122, 1965/05.

(81) William Fairbairn, *Treatise on Mills and Millwork : Part 2. On Machinery of Transmission and the Construction and Arrangement of Mills*, London, 1863/1865, pp. 114–115.

(82) この工場では, シカゴの食肉工場を見学したフォード・モーター社エンジン部長が,

「あんな風に豚と牛を殺すことができるのなら，我々もあんなやり方で車を作り，モーターを造ることができる」と工場長に提案したことが知られている。David A. Hounshell, *From the American System to Mass Production, 1800–1932 : The Development of Manufacturing Technology in the United States*, Baltimore, 1984.（和田一夫・金井光太朗・藤原道夫訳『アメリカン・システムから大量生産へ　1800–1932』名古屋大学出版会，1998，p. 302.）

(83) Siegfried Giedion, *Mechanization Takes Command : A Contribution to Anonymous History*, New York, 1948.（栄久庵祥二訳『機械化の文化史――ものいわぬものの歴史』鹿島出版会，1977，p. 105）

(84) 桜井哲夫『「近代」の意味――制度としての学校・工場』日本放送出版協会，1984, pp. 134–144.

(85)「カーン・システム」は，RC 造の配筋方法であり，トラス状に組まれた異形鉄筋「カーン・トラスト・バー（Kahn Trussed Bar)」を用いた梁の上に，リブ付エキスパンデッド・メタルを用いて床版を設置する構法であり，米国トラスコン・スチール（Truscon Steel）社によって製品化された。W. Hawkins Ferry, *The Legacy of Albert Kahn*, Detroit, 1987.

(86) Colin Rowe, 'Chicago Frame', *The Mathematics of the Ideal Villa and Other Essays*, Cambridge, Mass., 1976, pp. 89–118.（伊東豊雄・松永安光訳「シカゴフレーム」『マニエリスムと近代建築――コーリン・ロウ建築論選集』彰国社，1981，pp. 115–148.）

(87) 駒木定正・渡辺孝之「真宗大谷派函館別院（大正 4 年竣工）の設計図面と現況の比較」『日本建築学会大会学術講演梗概集 F2 建築歴史・意匠』2006/09，pp. 363–364，および駒木定正「真宗大谷派函館別院と近代和風建築」『コンクリート工学』Vol. 51，No. 12，2013/12，pp. 950–951.

(88) Reyner Banham, *A Concrete Atlantis : U. S. Industrial Building and European Modern Architecture, 1900–1925*, Cambridge, Mass., 1986 では，1911 年までを画期としている。

(89)「マット・ビルディング」は，「匿名の集合体（anonymous collective)」が具現化されたものであるとされ，それは，「複数の機能が組織を充実化するに及んで，相互の接続，結合の方法，成長・縮退・変化の可能性を踏まえた，新たに組み替えられた秩序を通じて，個が新たな活動の自由を獲得する場所である」と記されている。Alison Smithson, 'How to recognize and read Mat-Building', *Architectural Design*, 1974/09, p. 573. また，J. A. ソーサは，「マット・ビルディング」を「形態的な準拠枠」として捉えている。José Antonio Sosa, 'Environmental Constructers : From Mat-Building to Programmatic Lava', *Quaderns*, No. 220, 1998/12, p. 93.

(90) アリソン・スミッソンによれば，「マット・ビルディング」の萌芽は，同誌 1961 年 12 月号の「チーム X プライマー」において見られるが，この考え方が具現化したのは 1970 年代初頭であったという。Alison Smithson, 'How to recognize and read Mat-Building', *Architectural Design*, 1974/09, p. 573.

第 3 章　〈居住環境〉のデザイン

(1) Julius Hoffmann, *CIAM 2. Die Wohnung für das Existenzminimum : Auf Grund der Ergebnisse des II. Internationalen Kongresses für Neues Bauen, sowie der vom Städtischen Hochbauamt in Frankfurt am Main veranstalteten Wander-Ausstellung / Herausgeber : Internationale Kongresse für Neues Bauen Zürich*, Stuttgart, 1933/Nendeln, 1979.（栢植芳男訳『生活最小限の住宅』

構成社書房，1930.）

（2）コルビュジエ財団には39枚の図面が残されており，1928年頃，すでに最終形に近い素描が描かれている。（Antonio Amado, *Voiture Minimum : Le Corbusier and the Automobile*, Cambridge, Mass., 2011, pp. 284–285.）

（3）Le Corbusier, *La Viile Radieuse*, Boulogne（Seine), 1935.（白石哲雄監訳『輝ける都市』河出書房新社，2016.）

（4）小谷清三「パブリカ論」『自動車とその世界』第30号，トヨタ自動車販売株式会社販売拡張部，1969年4月号。

（5）西山卯三『日本のすまいII』勁草書房，1976.

（6）『日本経済新聞』1963年7月13・14日付。

（7）内田隆三『国土論』筑摩書房，2002.

（8）我が国のプレハブ建築の歴史については，黒川紀章『プレファブ住宅』彰国社，1960, pp. 169–203；内田祥哉「我が国のプレハブ建築——技術の変遷と過程」『プレハブ建築協会二十年史』プレハブ建築協会，1983；内田祥哉『建築の生産とシステム』住まいの図書館出版局，1993, p. 125などに詳しい。

（9）村松貞次郎『やわらかいものへの視点——異端の建築家 伊藤為吉』岩波書店，1994.

（10）田邊平學・後藤一雄・勝田千利・波多野一郎「耐火耐震を目的とする組立式鐵筋コンクリート構造試案（第1報）」『建築學會論文集』No. 21, 1941, pp. 279–288.

（11）田辺平学「プレコンに就て」『建築と社会』Vol. 31, No. 7, 1950/07, pp. 8–11.

（12）内田祥哉，註8前掲書，p. 122. W. グロピウスの「トロッケンモンタージュ・バウ」の考え方は，遅くとも「ワイゼンホフジートルング住宅展示会」（1927）出品住宅において見出すことができる。日本への影響は，例えば『新建築』Vol. 11, No. 3, 1935/03に掲載された，市浦健「乾式構造の研究について」，高木直幹・三木茂太「乾式構造資料"材料と構造"」等が挙げられる。

（13）岸田日出刀『不燃家屋の多量生産方式』乾元社，1946.

（14）内田元享「住宅産業——経済成長の新しい主役」『中央公論』Vol. 83, No. 3, 1967/03, pp. 150–159.

（15）「コンクリート系住宅」として，東急建設（株）・日本カミユ（株）・東急プレハブ（株）・清水建設（株）・大成建設（株）による共同住宅，（株）大林組による連続住宅，（株）竹中工務店による独立住宅が，「金属系住宅」として，大成プレハブ（株）・竹中工務店・三井造船（株）・鹿島建設（株）による共同住宅，久保田鉄工（株）・ナショナル住宅建材（株）・大和ハウス工業（株）・積水ハウス（株）による独立住宅が，「木質系住宅」として，永大産業（株）・ミサワホーム（株）による独立住宅が入選候補17案とされ，その性能確認のために東京都板橋区日本住宅公団高島平団地に独立住宅13戸，大阪府堺市泉北ニュータウンに独立住宅・連続住宅21戸，千葉市稲毛海浜ニュータウンに共同住宅9棟285戸が試行建設された。日本建築センター編『パイロットハウス入選作品集（1）』工業調査会，1972, および日本建築センター編『パイロットハウス入選作品集（2）』工業調査会，1972.

（16）住宅部品開発センター・住宅産業情報サービス編『ハウス55資料集成——新住宅供給システム開発プロジェクト 1–12』工業調査会，1978.

（17）新見忠「住宅産業に挑む」『住宅』Vol. 18, No. 6, 日本住宅協会，1969/06, pp. 34–35.

(18) 新見忠，註 17 前掲。
(19) 田邊平學『耐火建築』資料社，1949，p. 146.
(20) 田邊平學，註 19 前掲書，pp. 156–161.
(21)『建築文化』Vol. 15，No. 6，彰国社，1960/06，p. 62.
(22) 内田祥哉，註 8 前掲書，pp. 132–133.
(23) 豊田市教育委員会豊田市史編さん委員会編『豊田市史 四巻（現代）』豊田市，1977，pp. 526–527.
(24) 豊田市教育委員会豊田市史編さん委員会編，註 23 前掲書，pp. 526–527.
(25) 前川国男による「プレモス」については，本多昭一『建築技術の「プレハブ化」の歴史』東京大学学位論文（私家版），1985，生誕 100 年・前川國男建築展実行委員会監修『生誕 100 年 前川國男建築展 図録』生誕 100 年・前川國男建築展実行委員会，2005，pp. 102–105 に詳しい。
(26) 前川國男・藤井正一郎「対談 建築家の思想」『建築』No. 100, 1969/01.
(27) 藤森照信の田中誠（MIDO 同人，前川建築事務所前所長）へのインタビューによる。藤森照信『昭和住宅物語』新建築社，1990，pp. 269–272.
(28) 前川國男「100 万人の住宅プレモス」『明日の住宅』主婦之友社，1948，pp. 4–11．この寸法は 7 型のもので，71 型以降は尺貫法が用いられ，「木造耐力パネル」の幅が 3 尺に改められた。田中誠「住宅量産化の失敗と教訓――プレモス前後」『今日の建築』Vol. 1，No. 9, 1960/09，pp. 28–35.
(29) 前川國男，註 28 前掲，p. 5.
(30)『新建築』Vol. 25，No. 3, 1950/03 に掲載された「プレモス 72 型――矩計図」によれば，木板トラスはなくなっている。
(31) パナソニック電工汐留ミュージアム編『建築家 坂倉準三展――モダニズムを住む／住宅・家具・デザイン』アーキメディア，2009，pp. 58–59. あるいは「シャルロット・ペリアンと日本」研究会編『シャルロット・ペリアンと日本』鹿島出版会，2011，p. 58.
(32) これらの構造体は，当初は薄鋼板が想定されたが，形鋼・鋼管が検討された後に木材へ変更された。Peter Sulzer, *Jean Prouvé, Œuvre complète ; Volume 2*, Basel, 2000, pp. 264–271. およびエレーヌ・ポシェ＝コッキル「ピエール・ジャンヌレ」『ジャン・プルーヴェ』TOTO 出版，2004，p. 200.
(33) Charlotte Perriand, *Une Vie de Création*, Paris, 1998.（北代美和子訳『シャルロット・ペリアン自伝』みすず書房，2009，p. 160.）
(34) 前川國男，註 28 前掲。
(35) 各建築家の論題は以下の通りである。W. グロピウス「都市の工業従事者のための最小限住宅とその社会的基礎」，ル・コルビュジエ & P. ジャンヌレ「「最小限住宅」の問題をなす基本要素の分析」，V. ブルジョア「最小限住宅の組織」，H. シュミット「建築法規と最小限住宅」。Julius Hoffman, *op. cit.*（註 1）.
(36) 前川國男「敗戦後の住宅」『生活と住居』No. 1, 1946/02.
(37) 川崎浩「設計企業の方法と可能性」『住宅』Vol. 18，No. 6，日本住宅協会，1969/06，pp. 51–53.
(38) トヨタ自動車（株）『創造限りなく――トヨタ自動車 50 年史』トヨタ自動車，1987，p. 549.
(39) 折田久「住宅事業部門創設への思ひ」『住宅事業 20 年史』トヨタ自動車住宅事業本部，

1995, p. 21.

(40) トヨタ自動車（株），註 38 前掲書。

(41) トヨタ自動車（株），註 38 前掲書。

(42) トヨタ自動車工業株式会社編『トヨタのあゆみ——トヨタ自動車工業株式会社創立 40 周年記念』トヨタ自動車工業，1978.

(43) 富士重工業（株）社史編纂委員会編『富士重工業三十年史』富士重工業，1984, pp. 369–370.

(44) 富士重工業（株）社史編纂委員会編『富士重工業 50 年史——六連星はかがやく』富士重工業，2004, pp. 86, 176–266.

(45) 富士重工業（株）社史編纂委員会編，註 43 前掲書。

(46) 富士重工業（株）社史編纂委員会編，註 44 前掲書。

(47) 松尾博孝「ミニハウスの開発で学んだ新規事業の難しさ」『発明』Vol. 84, No. 8, 1987/08, pp. 50–56.

(48) T. I. Williams, ed., *A History of Technology : The Twentieth Century, c.1900 to c.1950*, Oxford, 1978.（坂本賢三訳編『増補 技術の歴史 第 13 巻』筑摩書房，1981.）

(49) 中口博・井口雅一『ビジュアル版日本の技術 100 年 第 4 巻 航空機 自動車』筑摩書房，1987.

(50) 後にシャシに多用される連続溶接に用いられる「アーク溶接」が続いた。

(51)「ネオプレン・ガスケット」は，1931 年にデュポン（Dupont）社が開発した合成ゴムの商品「ネオプレン」を使用したガスケットである。また，この建物の妻側壁面には，釉薬付レンガが使用されたことでも知られる。Jayne Merkel, *Eero Saarinen*, New York, 2005.

(52) 松村秀一ほか編『箱の産業——プレハブ住宅技術者たちの証言』彰国社，2013, pp. 96–97.

(53) 中口博・井口雅一，註 49 前掲書。

(54)『テクノロジーガイド』大和ハウス工業，2006, p. 58.

(55) 川添登「カプセル——序論」『自動車とその時代』No. 27, トヨタ自動車販売株式会社販売拡張部，1969 年 1 月号。

(56) Peter Cook, ed., *ARCHIGRAM*, London, 1972/1991.（浜田邦裕訳『アーキグラム』鹿島出版会，1999.）

(57) 松村秀一『「住宅」という考え方——20 世紀的住宅の系譜』東京大学出版会，1999.

(58) 曽根国蔵「モビル・ホーム」『建築』No. 113, 1970/02, pp. 71–75. および Allan D. Wallis, *Wheel Estate : The Rise and Decline of Mobile Homes*, Baltimore, 1997.

(59) 東方洋雄「量産はじまるモビルター，663 住宅」『新建築』新建築社，1968 年 9 月号。

(60) 黒川紀章「生命体とモビリティ——メタボリズムによる新しい都市像」『自動車とその世界』No. 11, トヨタ自動車販売株式会社販売拡張部，1967 年 9 月号。

(61) 栗田勇編『現代日本建築家全集 20　磯崎新／黒川紀章／原広司』三一書房，1971.

(62) 大貫直次郎・志村昌彦『クルマでわかる！　日本の現代史』光文社，2011.

(63) 西山夘三『日本のすまい（壱）』勁草書房，1975, pp. 270–273.

(64) 生田勉・清家清・高瀬隼彦「住宅設計の行きづまりをめぐって」『新建築』新建築社，1961 年 1 月号。

(65) 篠原一男『住宅論』鹿島出版会，1970.

(66) Reyner Banham, *Theory and Design in the First Machine Age*, London, 1960/1970.（石原達二・増成隆士訳『第一機械時代の理論とデザイン』鹿島出版会，1976.）

(67) 山脇巖『住宅のカーポート』井上書院，1962.

(68) J. A. Simpson & E. S. C. Weiner, eds., *The Oxford English Dictionary*, Oxford, 1989.

(69) Elizabeth J. Jewell & Frank Abate, eds., *The New Oxford American Dictionary*, New York, 2001.

(70) 茶谷正洋・佐藤昭五『テラスとカーポート』実業之日本社，1970.

(71) 大野三行『バンガロー式 明快な中流住宅』洪洋社，1922.

(72) 宮脇檀「ブルーボックスハウス」『新建築』新建築社，1971 年 10 月号。

(73) 清家清「新建築住宅設計競技 1965 審査評」『新建築』新建築社，1965 年 11 月号。

(74) 東孝光は，1960 年から 1966 年まで坂倉準三建築研究所にて，「旧枚岡市庁舎」(1964),「新宿駅西口地下広場」(1966) などの設計に携わった。

(75) 宮脇檀「プライマリィ・アーキテクチュア論」『建築文化』Vol. 25, No. 286, 1970/08, pp. 111-114.

(76) 長谷川堯「まだプライマリィですか」『別冊 新建築 日本現代建築家シリーズ①：宮脇檀』新建築社，1980/09.

(77) こうしたもうひとつの自立した「カプセル」のあり方は，宮脇自身が「もうびぃでぃっく」(1966) の設計において「ムーア風の中央櫓」と述べているように，MLTW (C. Moore, D. Lyndon, R. Whitaker and W. Turnbull) による「シーランチ・コンドミニアム」(1965) の「ジャイアント・ファニチュア」の展開として捉えることもできる。宮脇檀建築研究所『宮脇檀の住宅』丸善，1996.

第 4 章 〈移動環境〉のデザイン

(1) 武部健一『道のはなし I』技報堂出版，1992, pp. 135-152.

(2) 武部健一，註 1 前掲書。

(3) 近藤謙三郎『道路の近代化と国民生活の向上――東急ターンパイクの社会的意義』東京急行電鉄株式会社，1955. 同内容は，近藤謙三郎『一里塚――道路，交通の論文集』国政社，1964 に所収されている。

(4) (財) 高速道路調査会『世界のハイウェイ』高速道路調査会，1979, pp. 21-24.

(5) W. シヴェルブシュもまた，ジョン・A. ギャラディの 1973 年の論文「ニューディール，ナチズム，大不況」をきっかけとして，同様の見解を示している。Wolfgang Schivelbucsh, *Entfernte Verwandtschaft : Faschismus, Nationalsozialismus, New Deal 1933-1939*, München, 2005. (小野清美，原田一美訳『三つの新体制――ファシズム，ナチズム，ニューディール』名古屋大学出版会，2015.) なお，ムッソリーニ政権下のイタリアでは，1924 年に P. ピュリチェッリ (Piero Puricelli, 1883-1951) がミラノとガッララーテを結ぶ高速道路を完成させ，1935 年までに全長 550 km の高速道路網を供用させた。高速道路調査会編『世界のハイウェイ』高速道路調査会，1979.

(6) ワトキンス・レポート 45 周年記念委員会『ワトキンス調査団 名古屋・神戸高速道路調査報告書』勁草書房，2001.

(7) 武部健一『道のはなし II』技報堂出版，1992, p. 186.

(8) 丹下健三「現在日本において近代建築をいかに理解するか――伝統の創造のために」『新建築』Vol. 30, No. 1, 1955/01, pp. 15-18. なお，この件について，2012 年 4 月 13

日に IATSS にて，筆者が武部健一に尋ねたところ，「ドルシュは丹下の言葉を知っていた」という回答を得ている。

（9）アウトバーンをめぐるトットの道路景観行政については，小野清美『アウトバーンとナチズム——景観エコロジーの誕生』ミネルヴァ書房，2013 および Thomas Zeller, *Driving Germany : The Landscape of the German Autobahn, 1930–1970*, New York, 2007 に詳しい。

（10）岸田日出刀『ナチス獨逸の建築』相模書房，1943，pp. 103–104.

（11）浜口隆一・松本洋「土木と建築の結合　名神高速道路」『近代建築』Vol. 17，No. 9，1963/09，pp. 25–30.

（12）松本洋『地球建築士——国際交流・協力の五十年』柏艪社，2008.

（13）日本道路公団編『名神高速道路建設史（各論）』日本道路公団，1967.

（14）浜口隆一・松本洋，註 11 前掲。

（15）「ワックスマン・ゼミナール」『新建築』Vol. 31，No. 2, 1956/02，pp. 57–76 によれば，参加者は，磯崎新・内田孝・栄久庵憲司・奥村まこと・大須賀常良・小野新・川口衛・川添智利・小谷喬之助・金辰輔・酒井康・佐々木宏・柴田寛二・鈴木一・高浜和秀・月瀬敏雄・寺井徹・平田晴子・松本哲夫・茂木計一郎・吉田安子の 21 名であった。

（16）日本道路公団編，註 13 前掲書。

（17）日本道路公団編，註 13 前掲書。

（18）「名神高速道路ドライブインレストハウス 3 題」『新建築』Vol. 41，No. 7，1966/07，pp. 186–198.

（19）日本道路公団編，註 13 前掲書。

（20）浜口隆一・松本洋，註 11 前掲。

（21）竹内次男監修『村野藤吾建築設計図展カタログ 7』京都工芸繊維大学美術工芸資料館村野藤吾の設計研究会，2005.

（22）井上章一『アート・キッチュ・ジャパネスク——大東亜のポストモダン』青土社，1987，pp. 285–294.

（23）片木篤『オリンピック・シティ 東京 1940・1964』河出書房新社，2010，p. 152.

（24）註 18 前掲。

（25）註 18 前掲。

（26）日本道路公団編，註 13 前掲書。

（27）青木繁「P. S. コンクリートはどう捉えられてきたか——その展望と資料」『建築文化』No. 228，1965/10，pp. 71–72. および松本洋，註 12 前掲書。

（28）浜口隆一・松本洋，註 11 前掲。

（29）高速道路調査会交通工学研究部会休憩施設計画設計要領作成小委員会編『高速道路における休憩施設の計画・設計要領に関する報告書』高速道路調査会交通工学研究部会休憩施設計画設計要領作成小委員会，1967.

（30）東名高速道路建設誌編さん委員会編『東名高速道路建設誌』日本道路公団，1970.

（31）芦原義信『外部空間の構成』彰国社，1962. および同『外部空間の設計』彰国社，1975.

（32）能都路雅子『ディズニーランドという聖地』岩波書店，1990，p. 34.

（33）黒川紀章「東名高速道路足柄サービスエリア第 1 次案 1964」『建築文化』No. 253，1967/11，p. 127.

（34）G. Candilis, A. Josic & S. Woods, *Candilis-Josic-Woods : A Decade of Architecture and Urban*

Design, Stuttgart, 1978. 例えば ‘Caen-Herouville Competition’（1961）が挙げられる。

(35) 黒川紀章「東名高速道路足柄サービスエリア」『新建築』Vol. 44, No. 9, 1969/09, pp. 161-164.

(36) 菊竹清訓「オーバーブリッヂ・レストハウス——海老名サービス・エリア」『近代建築』Vol. 22, No. 6, 1968/06, pp. 53-60.

(37) A & P. Smithon, *The Heroic Period of Modern Architecture*, New York, 1965.

(38) J. Tyrwhitt, J. L. Sert & E. N. Rogers, *The Heart of the City : Towards the Humanisation of Urban Life*, London, 1952.

(39) A & P. Smithon, eds., *Team 10 Primer*, London, 1968.（寺田秀夫訳『チーム 10 の思想』彰国社, 1970.）

(40) A & P. Smithon, *URBAN STRUCTURING*, London, 1967.（藤井博己訳『都市の構造』美術出版社, 1971, p. 39.）

(41) 片平信貴『名神高速道路——日本のアウトバーン誕生の記録』ダイヤモンド社, 1965, p. 97.

(42) このレポートは, 丹下健三「日本列島の将来像」『中央公論』中央公論社, Vol. 80, No. 1, 1965/01, pp. 48-64 のほかに,『地域開発』日本地域開発センター, 1964/11,『電力新報』電力新報社, 1965/01 の各誌に掲載された。

(43) R. バンハムは, フィレンツェのベッキオ橋を「サーキュレーション・ダクト」と呼び, 建築家が関わる以前の「メガストラクチュア」として取り上げている。なお,「家橋(Inhabited Bridge)」は, 自然発生的または人工的に付加された建物を伴う橋のことであり, Peter Murray & Mary Anne Stevens, eds, *Living Bridges : The Inhabited Bridge, Past, Present and Future*, New York, 1966. に詳しい。Reyner Banham, *Megastructure : Urban Futures of the Recent Past*, New York, 1976, pp. 13-15.

(44) Sigfried Giedion, *Space, Time and Architecture*, Cambridge, Mass., 1967.（太田實訳『新版 空間・時間・建築』丸善, 1969.）

(45)（社）プレストレストコンクリート技術協会『歴史的にみたプレストレストコンクリート建築と技術』技報堂出版, 2002.

(46) 東名高速道路建設誌編さん委員会編, 註 30 前掲書。

(47) 浜口隆一・松本洋, 註 11 前掲。

(48) 大高正人「こんな事ではいい建築は造れない」『新建築』Vol. 44, No. 4, 1969/04, p. 178.

(49) 菊竹清訓・柳英男・大高正人・黒川紀章「公共建築における「設計」の確立——東名高速道路サービスエリアの設計を通して」『新建築』Vol. 44, No. 8, 1969/08, pp. 135-142.

(50) 谷川俊太郎「道から道路へ」『自動車とその世界』No. 8, 1967/06, pp. 8-16.

(51) 日本道路公団編, 註 13 前掲書。

(52) 京都府教育庁文化財保護課編『名神高速道路路線地域内埋蔵文化財調査報告』京都府教育委員会, 1959.

(53) 石部正志「名神高速道路建設に伴う文化財破壊と青年考古学協議会のとりくみ」『考古学研究』Vol. 10, No. 4, 1964/04, pp. 19-21.

(54) 石部正志, 註 53 前掲。

(55) 愛知県教育委員会編『東名高速道路関係埋蔵文化財第 1・2・3 次調査報告』愛知県教

育委員会，1967. および静岡県文化財保存協会編『東名高速道路（静岡県内工事）関係埋蔵文化財発掘調査報告書』静岡県文化財保存協会，1968.

(56) 日本道路公団30年史編集委員会編『日本道路公団三十年史』日本道路公団，1986.

(57) 小松製作所社史編纂室編『小松製作所五十年の歩み』小松製作所，1971. および東名高速道路建設誌編さん委員会編，註30前掲書。

(58) 石田頼房『日本近現代都市計画の展開 1868-2003』自治体研究社，2004，p. 233.

(59) 研究競技の経緯は次の通りである。1966〜1967：「社会開発懇談会」にて，大原総一郎より21世紀の日本の展望する事業を行う提案があり，「21世紀の日本準備委員会」が設立され，一般対象の論文・音楽・創作，高校生対象の論文，小中学生対象の図画・作文が募集される。その後，上記委員会内に「21世紀の日本特別委員会」が設置され，「今後における日本の進路のよりどころともなる学術的・専門的な立場からの総合的未来像の設計」が募集される。1967/10/15：総理府（現 内閣府）が明治改元100年を記念して「21世紀の日本に関する日本の国土と国民生活の未来像の設計」募集要項が発表される。1968/02/15：応募締切，19グループの応募がある。1968/03/15：資格審査の結果，10グループに対して応募資格を認め発表，うち1グループは1969年3月に辞退する。1968/04/01〜1970/10/31：9グループが3年計画で研究を行う。研究費は1グループ当たり9,780千円，現在の物価に照らせば約68,460千円。1970/11/30：研究報告書提出締切。1970/12〜1971/04：審査委員会が10回開催される。報告書の検討に加えて，各グループの研究内容が聴取され，中心的研究者と質疑応答が行われる。

(60) この研究協議に並行して，丹下健三『日本列島の将来像——21世紀への建設』講談社，1966；中山伊知郎編『21世紀の世界』日本経済新聞社，1967；梅棹忠夫・加藤秀俊・川添登・小松左京・林雄二郎編『未来学の提唱』日本生産性本部，1967；香山健一『未来学入門』潮出版，1967（内務省地方局有志編『田園都市と日本人』講談社，1980の序文）；野口悠紀雄・今野浩・斎藤精一郎『21世紀の日本』東洋経済新報社，1968などの「未来学」関連著書が相次いで出版されたほかに，1967年7月に日本科学技術連盟主催「第1回 未来学シンポジウム」が開催され，翌68年7月6日には「日本未来学会」が，会長 中山伊知郎，理事長 林雄二郎，理事 大来佐武郎・丹下健三・内田忠夫・北川敏男・梅棹忠夫という陣容で，「広範な諸専門分野の研究者の学問的協力を通じて，未来社会の予測・計画・管理などに関連する諸問題の理論的・実証的研究を促進し，あわせて未来研究の方法論的深化と体系化，研究の組織化，総合化をはかること」を目的として設立され，さらに，1968年9月には，日本経済研究センターが主催する「未来学国際会議 21世紀の世界」が開催された。

(61) 早稲田大学「21世紀の日本」研究会・21世紀の日本研究会（丹下グループ）・中部開発センター・日本経済研究センターの4案

(62) 早稲田大学「21世紀の日本」研究会による「東京再建計画」・21世紀研究会（磯村・高山グループ）による「震災復興都市計画」の2案

(63) 高蔵寺ニュータウン（第一次入居開始 1968）の設計を終えた直後であった。

(64) 早稲田大学「21世紀の日本」研究会『日本の未来設計　アニマルから人間へ——21世紀の日本人の生活と文化／ピラミッドからあみの目へ——21世紀の日本列島像』内閣官房内閣審議室，1971，p. 363.

(65) Roland Barthes, *L'Empire des signes*, Genève, 1970.（宗左近訳『表徴の帝国』新潮社，1974.）

(66) 丹下健三の「線形平行射」については，東京大学丹下健三研究室「東京計画 1960――その構造改革の提案」『新建築』Vol. 36，No. 3，1961/03，pp. 4–60.

(67) 片木篤，註 23 前掲書，p. 152.

(68)「線状都市」の系譜については，George R. Collins, 'The Linear City', *Architects Year Book XI : The Pedestrian in the City*, London, 1965, pp. 204–217 に詳しい。また，丹下健三が「東京計画 1960」で提案した「サイクル・トランスポーテーション」は，こうした形態構造上の改革によって，都市空間の「閉じた系」を「開いた系」に転換しようとするものであった。丹下健三研究室『東京計画 1960――その構造改革の提案』丹下健三研究室，1961.

(69) Edgar Chambless, *Roadtown*, La Vergne, 1910/2009.

(70) 秀島乾「スカイビル及スカイウエイ」『新建築』Vol. 25，No. 5，1950/05，pp. 26–29. および秀島乾「都市計画の再検討」『新建築』Vol. 34，No. 9，1959/09.

(71) L. I. カーンは「フィラデルフィア中心部計画」（1952–53）において，「高速道路は，川のようである。これらの川は，サービスを受ける地区を縁取る。川には港がある。港は，公営の立体駐車場《タワーパーキング》である。港から内部にサービスを与える運河網に分岐する。運河は，進路である。運河から行き止まりの舟だまりに分岐する。舟だまりは，建物の玄関となる」と書き添えた（H. Ronner & S. Jhaveri, eds., *Louis I. Kahn : Complete Work, 1935–1974*, Basel, 1977)。この交通計画において，カーンが行ったことは，「建築的に流れと運動について考察し，それを実現すること」であり（註 39 前掲書），円筒形をした自走式の立体駐車場《タワーパーキング》と平面駐車場《ガレージ》の計画だけで，フィラデルフィアの交通整理を行う画期的な提案であった。

(72) 東京高速道路（株）『東京高速道路 30 年のあゆみ』東京高速道路，1981.

(73) 石川栄耀『国防と都市計画』山海堂，1944.

(74) 石川栄耀『防空日本の構成』天元社，1941，pp. 207–213.

(75) 石川栄耀『戦争と都市』日本電報通信社出版部，1942.「帯状都市」あるいは「線状都市」という考え方自体は，1932 年頃にソビエトにおける新たな都市計画として紹介された。例えば，ウ井リアム・ダブリユー・ウイルスン「C. C. C. P. に於ける新設都市計画」『建築世界』第 26 巻第 6 号，1932 年 6 月号が挙げられる。また，線状都市を防空都市として捉える考え方は，H. M. Hyde & G. R. F. Nuttall, *Air Defence and the Civil Population*, London, 1937 の影響が大きい。

(76) 藤田進一郎「明日の都市」『都市創作』Vol. 6，No. 1，1931/04，pp. 1–11. 藤田は当時，大阪朝日新聞社調査部長であり，同時期の『都市問題』に「速度と都市生活」という論文を掲載している。藤田進一郎「速度と都市生活」『都市問題』Vol. 12，No. 4，1931/04.

(77) 後の試案では 400 戸の取り壊しに修正されている。赤木幹一「都市の高速道路の在り方と路下の利用について」『建築界』Vol. 8，No. 11，1959/11，pp. 12–16.

(78) G. A. Jellicoe, *Motopia : A Study in the Evolution of Urban Landscape*, New York, 1961, pp. 142–164.

(79) 石川栄耀「大東京地方計画と高速度自動車道路」『道路』Vol. 2，No. 8, 1940/08，pp. 36–40. および石川栄耀「大東京地方計画と高速度自動車道路（承前）」『道路』Vol. 2，No. 9，1940/09，pp. 9–14.

(80) 丹下健三＋都市建築設計研究所「静岡新聞・静岡放送ビル」『新建築』Vol. 43，No. 2,

1968/02, pp. 185-191.

(81) 林昌二「環境から骨格が内容から装備が　都市化する大規模建築物に対応する段階設計法」『新建築』Vol. 41, No. 12, 1966/12, pp. 147-161.

(82) 谷口吉郎,「東京国立近代美術館」『新建築』Vol. 44, No. 8, 1969/08, pp. 175-184.

(83) 谷川俊太郎, 註 50 前掲。

(84) 日本照明器具工業会『日本照明器具工業史』日本照明器具工業会, 1967, p. 103.

(85) 日本照明器具工業会, 註 84 前掲書, p. 103.

(86) 日本道路公団編『名神高速道路建設史(総論)』日本道路公団, 1966, p. 431.

(87) 日本道路公団編, 註 13 前掲書, pp. 545-579. また, 名神高速道路は, トンネル内の照明器具に, ナトリウム灯が大量に使用された最初の事例でもある。

(88) 例えば,(株)小糸製作所は, 1963 年に東京信号(株)と交通信号機販売に関して業務提携した。(株)小糸製作所 100 周年委員会社史プロジェクト事務局『小糸製作所 100 年史』小糸製作所, 2015.

(89) 1947 年に, 自動車照明委員会が「自動車前照灯検査標準規格案」を提示している

(90)「シールドビーム型」は, 1939 年に米国ゼネラル・エレクトリック社が開発した技術である。

(91) 奥村修一・金原正・矢是栄士・斎藤圭弘『駐車場の計画と設計』鹿島研究所出版会, 1967, 1978.

(92) 三菱地所株式会社社史編纂室編『丸の内百年のあゆみ——三菱地所社史 上巻』三菱地所, 1993, pp. 322-324.

(93) 三菱地所株式会社社史編纂室編, 註 92 前掲書, pp. 322-324.

(94) 鈴木一男・佐々木淳『駐車場建築の実例』彰国社, 1958.

(95) 立体駐車場工業会『社団法人立体駐車場工業会 30 年のあゆみ』立体駐車場工業会, 1995.

(96) 日本道路公団総務部編『日本道路公団二十年史』日本道路公団, 1976.

(97) 国鉄の建築 図書編集委員会編『国鉄建築のあゆみ 1870-1970』鉄道建築協会, 1970.

(98) 坂倉の新宿における全体計画は, 栗田勇編『現代日本建築家全集 11 山口文象と RIA・坂倉準三』三一書房, 1971;『プロセスアーキテクチュア』No. 110, 1993 を, 各計画については, 坂倉建築研究所「新宿駅西口広場・地下駐車場」『新建築』Vol. 42, No. 3, 1967/03, pp. 157-161, 坂倉建築研究所「新宿西口駅本屋ビル」『新建築』Vol. 43, No. 3, 1968/03, pp. 173-183 を参考にされたい。

(99) 大高建築設計事務所「坂出市人工土地」『新建築』Vol. 43, No. 3, 1968/03, pp. 149-158.

(100)『近代建築』Vol. 14, No. 1, 1960/06.

(101) 磯崎新・森村道美・曽根幸一「新宿・淀橋浄水場跡開発計画」『近代建築』1961/02, および磯崎新「新宿計画」『建築』No. 54, 1965/02.

(102) 山田脩二『山田脩二・日本村 1969〜79』三省堂, 1979.

(103) 吉見俊哉『都市のドラマトゥルギー——東京・盛り場の社会史』弘文堂, 1987.

(104) 水谷碩之・田中一昭「新宿駅西口ビルについて」『建築』No. 122, 1970/11, pp. 127-128.

(105) 栗田勇編『現代建築家全集 11』三一書房, 1971.

(106)「東急会館」については, 坂倉準三建築研究所「東急会館計画・東京渋谷」『国際建

築』Vol. 21, No. 1, 1954/01, pp. 34–35.「東急文化会館」については坂倉準三建築研究所・大阪建築事務所「東急文化会館」『国際建築』Vol. 24, No. 1, 1957/01, pp. 33–37.「東急百貨店」については，東急不動産設計管理部「東急百貨店」『新建築』Vol. 43, No. 2, 1968/02, pp. 176–180 をそれぞれ参照されたい。

(107) 吉見俊哉，註 103 前掲書。

(108) *SPACE MODULATOR*, No. 8, 1961.

(109) 水谷碩之・田中一昭，註 104 前掲。

(110) 日本通運（株）『陸と海と空と――日本通運創業 115 年・創立 50 年の歩み』日本通運，1987, p. 112.

(111) 運輸省監『物流革新の方向――運輸経済懇談会の記録』運輸経済研究センター，1969. および運輸省監『これからの都市交通の方向――運輸経済懇談会の記録』運輸経済研究センター，1969.

(112) 林信太郎「最近の流通革命」『建築と社会』Vol. 48, No. 5, 1967/05, pp. 52–55.

(113)（社）日本建築学会編『建築設計資料集成 8 建築・産業』丸善，1981, p. 152.

(114) アムステルダム国際都市計画会議における「大都市圏計画の 7 原則」は，①大都市の無限の膨張は好ましくないこと，②衛星都市建設による人口分散，③緑地帯による市街地とりかこみ，④自動車交通の発達は注意が必要，⑤大都市のための地方計画，⑥状況の変化に応じた地方計画の弾力性，⑦計画の有効性のための土地利用規制の確立，である。石田頼房『日本近現代都市計画の展開 1868–2003』自治体研究社，2004, pp. 145–146.

(115) 京都大学上田研究室「流動時代への都市計画――流動コンビナートの提案」『建築と社会』Vol. 48, No. 5, 1967/05, pp. 65–79.

(116) 大河原春雄「流通センター建設の構想」『東商』1964/05, pp. 28–29.

(117)（社）日本建築学会編『建築設計資料集成 5』丸善，1974/02, p. 61, 315.

(118) 三菱地所「物流センタービル」『近代建築』Vol. 25, No. 12, 1971/12, pp. 113–120.

(119) 梓建築事務所（株）「流通施設」『建築』No. 137, 1972/02, p. 126.

(120) 大阪市建築局・日建設計大阪本社「大坂中央卸売市場新本場」『建築と社会』Vol. 56, No. 1, 1975/01, pp. 2–5.

(121) RIA 建築総合研究所「新大阪センイシティ」『新建築』Vol. 44, No. 11, 1969/11, pp. 201–206.

(122) グラハム，アンダーソン，プロブスト＆ホワイトによる「シカゴ・デコ」を代表するこの建物は，「都市の中の都市」というコンセプトを持つ延べ床面積 392,559m^{2}の巨大な街区型建築である。

(123) 竹中工務店「大坂マーチャンダイズ・マート」『新建築』Vol. 44, No. 11, 1969/11, pp. 184–200.

(124) ヤマト運輸株式会社社史編纂委員会編『ヤマト運輸 70 年史』ヤマト運輸株式会社，1991, pp. 120–122.

(125) ヤマト運輸株式会社社史編纂委員会編，註 124 前掲書，p. 124.

(126) 飯高信男「ガソリン販売設備の進化」『石油時報』1930/07, p. 506. 揮発油販売目的のポンプ設置は，1917 年頃にセール・フレーザー商会が輸入した事例があったが，「地下タンク内のガソリンを自動車タンクへ送ると云ふ至極簡単のもの」であった。

(127) 田口鏡次郎編『現代漫画大観 第八編 職業づくし』中央美術社，1929.

(128) 重信幸彦『タクシー／モダン東京民族誌』日本エディタースクール出版部，1999.
(129) この他に移動式が 4,000 台あったという。飯高信男「ガソリン販売設備の進化」『石油時報』1930/07，p. 506.
(130) 飯高信男「揮発油給油所を覗く」『石油時報』1935/06，p. 503.
(131) K. Nakamura, *ANTONIN RAYMOND : His Work in Japan 1920–1935*, Tokyo, 1935.
(132) 三沢浩『アントニン・レーモンドの建築』鹿島出版会，1998.
(133) A. レーモンド『自伝アントニン・レーモンド』鹿島研究所出版会，1970.
(134) K. Nakamura, *op. cit.* (註 131).
(135) A. レーモンド，註 133 前掲書。
(136) 坂倉準三建築研究所「ガソリンスタンド 6 題」『新建築』1961/04，pp. 52–57.
(137) 菊竹清訓編『菊竹清訓作品集 2 「型」の概念』求龍堂，1990.
(138) 吉弘晴之都市設計事務所「M 石油店警固給油所計画案」『新建築』Vol. 45，No. 9，1970/09，p. 109.
(139) ASA「エッソスナックハウス・ファンゴ」『新建築』Vol. 46，No. 12，1971/12，p. 101.
(140) ゼネラル石油（株）社史編集タスクチーム編『ゼネラル石油三十五年の歩み』ゼネラル石油株式会社，1982.
(141)「装置的なガソリンスタンド」『新建築』Vol. 45，No. 9，1970/09，p. 121. E. ノイスについては，G. Bruce, *Eliot Noys*, London, 2006 を，ローウィについては，たばこと塩の博物館編『レイモンド・ローウィ――20 世紀デザインの旗手』たばこと塩の博物館，2004 を参考にされたい。
(142) R. Loewy, *Never Leave Well Enough Alone*, New York, 1951.（藤山愛一郎訳『口紅から機関車まで――インダストリアル・デザイナーの個人的記録』鹿島出版会，1981.）
(143) 竹山実建築総合事務所・藤原昌美デザイン事務所「シェル六本木給油所」『新建築』Vol. 46，No. 10，1971/10, p. 109.
(144)「ガソリンスタンド」に関する法制度上の転換点は，1959 年に制定された「危険物の規制に関する政令」であった。
(145) 福本邦雄編『石油時代をリードする――日本石油』フジ・インターナショナル・コンサルタント出版部，1962.
(146) Walter Dorwin Teague, *Design This Day*, London, 1946.（GK インダストリアルデザイン研究所『デザイン宣言――美と秩序の法則』美術出版社，1966，図 111 キャプション.）
(147)（社）照明学会編『照明技術の発達とともに――照明学会 100 年史』照明学会，2016，p. 305.
(148) Wolfgang Schivelbusch, *Lichtblicke : zur Geschichte der künstlichen Helligkeit im 19. Jahrhundert*, München, 1983.（小川さくえ訳『闇をひらく光――19 世紀における照明の歴史』法政大学出版局，1988，p. 143.）

第 5 章 〈消費環境〉のデザイン

(1) 川添登編『メタボリズム 1960』美術出版社，1960，p. 51.
(2) Michel Ragon, *OU VIVRONS-NOUS DEMAIN*, Paris, 1963.（宮川淳訳『われわれは明日どこに住むか』美術出版社，1965，p. 24.）
(3) 山本治監『70 年代のモータリゼーション』自動車ジャーナル，1969/11，p. 126.

（4）尾崎正久『自動車日本史 下巻』自研社，1955，p. 12.

（5）植木等（1926–2007）が主演した映画『ニッポン無責任時代』（1962）に始まる無責任シリーズは，こうした「セールスマン」を主人公とした喜劇であった。この映画の脚本を担当した田波靖男（1933–2000）には，『無責任社員』という著書がある。田波靖男『無責任社員』光風社出版，1962.

（6）Robert Venturi, *Learning From Las Vegas*, Massachusetts, 1972.（石井和紘・伊藤公文訳『ラスベガス』鹿島出版会，1978/09，p. 119.）

（7）*Ibid.*

（8）ル・コルビュジェによる「斜路」については「サヴォア邸」（1931）を，「斜床」については「ソビエト宮コンペ案」（1931）をそれぞれ参照されたい。

（9）Rayner Banham, *The New Brutalism : Ethic or Aesthetic?*, Stuttgart, 1966.

（10）ポスト・オイルショック対策について，トヨタ自動車のみは「T23 作戦（23 万台/2ヶ月，1974/06–07）」という数値目標のみを明確化するものであった。トヨタ自動車（株）編『トヨタ自動車 75 年史』トヨタ自動車，2013，p. 280. トヨタ自動車の販売店は，「トヨタ店」（1950），「トヨペット店」（1956），「カローラ店」（1961），「オート店」（1968）に次いで，5 系列目となる「ビスタ店」を 1980 年に展開した。また，「ビスタ店」は，ポストバブル景気の経営再編によって，2003 年に「GNT（がんばろうニッポンのトヨタ）計画」によって「ネッツ店」に統合された。『トヨタ自動車 75 年史』，pp. 346–347, 442–443.

（11）本田技研工業（株）広報部・社内広報ブロック『語り継ぎたいこと チャレンジの 50 年——総集編 大いなる夢の実現』本田技研工業，1999，p. 87.

（12）「看板建築」は，堀勇良が発案し，藤森照信が定義した用語である。藤森照信「看板建築の概念について——近代日本都市建築史の研究 1-1」『日本建築学会大会学術講演梗概集』1975/10，pp. 1573–1574.

（13）Rosalind Epstein Krauss, *The Originality of the Avant-Garde and Other Modernist Myths*, Massachusetts, 1985.（小西信之訳『オリジナリティと反復』リブロポート，1994，p. 18.）

（14）日本板硝子（株）『日本板硝子株式会社五十年史』日本板硝子，1968/11，pp. 411–412.

（15）Jayne Merkel, *Eero Saarinen*, New York, 2005.

（16）日本板硝子（株），註 14 前掲書，p. 410. なお，「プロフィリット・ガラス」は，オーストリアのモースブルンナー・ガラス製造会社（Moosbrunner Glasfabriks AG）が，1957 年に開発した U 字型断面形状の細長い溝型ガラスである。

（17）村田政真建築設計事務所「四日市市立図書館」『建築知識』Vol. 15，No. 10，1973/10，pp. 51–58.

（18）Colin Rowe & Robert Slutzky, ‘Transparency : Literal and Phenomenal’, *Perspecta*, No. 8, 1963. および Colin Rowe & Robert Slutzky, ‘Transparency : Literal and Phenomenal, Part 2’, *Perspecta*, No. 13/14, 1971. 1963 年の論文は，その後，スイス連邦工科大学附属建築史建築論研究所が監修する叢書の第 4 巻に「ル・コルビュジェ研究 I」として，B. ヘースリによる詳細な注が加えられて独訳された。なお，『パースペクタ』に掲載された論文の邦訳は，『建築と都市』No. 50，1975/02 および『建築と都市』No. 57，1975/09 に掲載されたほか，C. ロウ建築論選集として編まれた C. Rowe, *The Mathematics of the Ideal Villa and Other Essays*, Cambridge, Mass., 1976（伊東豊男・松永安光『マニエリスムと近代建築』彰国社，1981）には，「透明性 I」のみが所収されている。

(19) 第11回（1964）から「東京モーターショー」に呼称変更，第3回の会場設計は清家清である。
(20) 楠見建築設計事務所「三菱自動車ショールーム」『インテリア』No. 290, 1993/05, p. 44.
(21) Jacque Derrida, *La Verite en Peinture*, Paris, 1978/Chicago, 1987.（高橋允昭・阿部宏慈訳『絵画における真理（上）』法政大学出版局，1997, p. 16.）こうした彫刻とその台座の関係については，C. ブランクーシ（Constantin Brâncuşi, 1876–1957）の彫刻をめぐって，Edith Balas, 'Object-Sculpture : Base and Assemblage in Art of Constantin Brâncuşi', *Art Journal*, Vol. 38, No. 1, 1978, pp. 36–46 が挙げられる。また，アルド・ファン・アイクの建築空間における床面のデザインを「パレルゴン」として捉えた論考に，Hotta Yoshihiro, 'Architecture as Parergon : On the Relations between the Sculpture and the Exhibition Space Designed by Aldo van Eyck', *International Alvar Aalto Research Conference on Modern Architecture*, Jyväskylä, 2005/08, pp. 52–55 がある。
(22) 伊東豊雄「ホンダクリオ世田谷ショールーム」『スペースデザイン』No. 264, 1986/09, p. 60.
(23) SD編集部編『現代の建築家 伊東豊雄』鹿島出版会，1988, pp. 22–25.
(24) 伊東豊雄「建築はいかに流動化しうるか」『TN プローブ』Vol. 8, 1999/11, pp. 40–49.
(25) 鳴海邦碩・橋爪紳也『商都のコスモロジー——大阪の空間文化』TBS ブリタニカ，1990, p. 285.
(26) 本所次郎『トヨタの販売力 強さの秘密』（株）日新報道，1996, p. 182.
(27) 森永昌三・万野正明「トヨタカローラ岸和田営業所」『新建築』Vol. 60, No. 1, 1985/01, p. 258.
(28) 本所次郎，註26前掲書，p. 182.
(29) 本所次郎，註26前掲書，p. 187.
(30) 早川邦彦建築研究室「秋田日産コンプレックス ラ・カージュ」『建築文化』Vol. 45, No. 527, 1990/09, p. 121.
(31) 秋田日産自動車（株）社史編纂室編『秋田日産自動車70年史』秋田日産自動車，2007.
(32) 早川邦彦建築研究室，註30前掲，p. 128.
(33) 早川邦彦建築研究室，註30前掲，p. 121. あるいは，早川邦彦『風景としての建築——旅のメモ・設計のメモ』住まいの図書館出版局，1992, pp. 185–190.
(34) 岸和郎建築設計事務所「トヨタオート京都 AUTO LAB」『新建築』Vol. 65, No. 2, 1990/02, pp. 304–305.
(35) 岸和郎建築設計事務所，註34前掲，pp. 304–305.
(36) 隈研吾「電子時代のピラネージ」『新建築』Vol. 67, No. 3, 1992/03, p. 304.
(37) 隈研吾「フィクショナルな都市からインタラクティブな都市へ」『私の建築手法』東西アスファルト事業協同組合講演会，1992（http://www.tozai-as.or.jp/mytech/92/92_kuma00.html（2017/02/08閲覧））. 同建物は，2003年に葬祭場「東京メモリードホール」へ転用された。
(38) 隈研吾「デジタル・ガーデニング」『スペースデザイン』No. 398, 1997/11, p. 6.
(39) 隈研吾『負ける建築』岩波書店，2004, pp. 125–141.
(40) P. Smithson, 'The idea of architecture in the 50s', *The Architects' Journal*, 1960/01, p. 121.

(41) Robert Venturi, *op. cit.*（石井和紘・伊藤公文訳，註 6 前掲書，p. 119.）

(42) Jacque Derrida, *op. cit.*（高橋允昭・阿部宏慈訳，註 21 前掲書，p. 16.）

(43) Walter Benjamin, *Das Passagen-Werk*, Frankfurt am Main, 1983.（今村仁司ほか訳『パサージュ論 第 1 巻〜第 5 巻』岩波書店，2003.）

(44) Wolfgang Schivelbusch, *The Railroad Journey : Trains and Travel in the 19th Century*, New York, 1979.（加藤二郎訳『鉄道旅行の歴史——19 世紀における空間と時間の工業化』法政大学出版局，1982，pp. 209–219.）

(45) 片木篤『テクノスケープ——都市基盤の技術とデザイン』鹿島出版会，1995 年，pp. 32–46.

(46) 尾崎正久，註 4 前掲書，p. 12.

(47) J. A. Simpson & E. S. C. Weiner, *The Oxford English Dictionary : Volume XV*, Oxford, 1989, p. 37 によれば，Service という言葉がこうした意味で用いられるようになったのは，1919 年と記されている。

(48) 山本哲士『ディスクールの政治学——フーコー，ブリュデュー，イリイチを読む』新曜社，1987，p. 246. I. イリイチは，「交通」の概念を，「他律的運輸（transport）」と「自律的運輸（transit）」に大別して論じた。Ivan Illich, *Energy and Equity*, 1979.（大久保直幹訳『エネルギーと公正』晶文社，1979.）

(49) 原広司「近傍概念と空間図式」日本記号学会編『パフォーマンス——記号・行為・表現』北斗出版，1982，pp. 61–75.

(50) John R. Gold, 'Creating the Charter of Athens : CIAM and the Functional City 1933–43', *Town Planning Review*, Vol. 69, No. 3, 1998/07, pp. 225–147.

(51) Le Corbusier, *La Charte d'Athenes*, Paris, 1943/1957.（吉阪隆正訳『アテネ憲章』鹿島出版会，1976.）

(52) *Ibid*.

(53) 鵜飼正樹・永井良和・藤本憲一編『戦後日本の大衆文化』昭和堂，2000.

(54)『朝日新聞』1954 年 5 月 2 日付，東京版夕刊。

(55) 浅田孝＋環境開発センター「五色台山の家」『新建築』Vol. 40，No. 9，1965/09.

(56) 黒川紀章建築都市設計事務所「五色台国民休暇村 五色山荘」『新建築』Vol. 44，No. 2，1969/02. 同「五色台ビジターセンター」『新建築』Vol. 44，No. 9，1969/09.

(57) 香川県建築課「瀬戸内海歴史民俗資料館」『新建築』Vol. 48，No. 10，1973/10.

(58) 第二次大戦以前における近代登山は，秩父宮雍仁親王（1902–1953）を中心とする上流階級一部子弟に限られていた。これに対して，1956 年，槇有恒（1894–1989）率いる第三次マナスル登山隊 12 名が，ヒマラヤ山脈の未踏峰マナスル（Manaslu, 標高 8163m）の登頂に成功したことを契機として，我が国では空前の「登山ブーム」が始まったと言われている（山崎安治『日本登山史』白水社，1969)。登山が大衆のものとなるとともに遭難事故が相次ぎ，谷川岳と剣岳周辺では，それぞれ「谷川岳遭難防止条例」(1965）と「富山県登山届出条例」(1966）が制定され，1967 年には立山山麓千寿ヶ原に国立登山研究所が設けられ，剣沢の前線基地で登山指導者の養成が始められた。

(59) 1963 年，黒部ダム（通称「黒四ダム」）が，名神・東名高速道路と同様に，世界銀行からの円借款によって建設され，ダム完成後に工事車両用道路を「観光産業道路」として利用しようとする計画が持ち上がり，翌 64 年に，「日本列島を東西に分つ立山黒部の大自然〈光〉を〈貫〉いて交通路を拓くことにより，光明輝く山中浄土を創建する」と

いう志の下，立山黒部貫光（株）が設立された。立山黒部貫光 20 年史編集委員会編『立山黒部貫光 20 年史』立山黒部貫光株式会社，1985.

(60) 立山黒部貫光 20 年史編集委員会編，註 59 前掲書。

(61) 立山黒部貫光 20 年史編集委員会編，註 59 前掲書。

(62) 吉阪隆正「コンクリートの表情」『建築文化』No. 154，1959/08，pp. 5-10.

(63) R. Banham, *The New Brutalism : Ethic or Aesthetic*, London, 1966.

(64)「国民宿舎」は，（財）国立公園協会が指定する「民営国民宿舎」と，主に地方公共団体が厚生年金保険や国民年金の積立金からの還元融資を受けて建設・運営する「公営国民宿舎」に分けられる。

(65) 前野淳一郎「国民休暇村のデザイン・ポリシー」『国際建築』Vol. 30，No. 7，1963/08, pp. 93-95.

(66)「レジャーの〈造形〉」『国際建築』Vol. 30，No. 7，1963/08，pp. 36-47.

(67) 中島直子『オクタヴィア・ヒルのオープン・スペース運動――その思想と活動』古今書院，2009.

(68) RAS 設計同人「丹沢の自然を守るセンター――国民宿舎〈丹沢ホーム〉とバス待合所」『建築』No. 32，1963/05，pp. 30-33；原広司「特集　原広司と RAS」『建築』，No. 93，1968/05，pp. 19-67. 国民宿舎は，1996 年に原自身によって建て替えられている。原広司＋アトリエ・ファイ建築研究所「国民宿舎丹沢ホーム」『新建築』Vol. 71，No. 8，1996/07，pp. 161-168.

(69) 香山壽夫「丹沢の自然を守るセンターとバス待合所」『建築』No. 39，1963/11, p. 50.

(70) 原広司ほか「国民宿舎丹沢ロッジ」『都市住宅』1970/10.

(71)「日光ユースホステル」については，芦原義信「日光ユースホステル」『建築文化』No. 156，1959/10,「館山ユースホステル」については，吉江憲吉『ユースホステル建築』井上書院，1964,「福井ユースホステル」と「虹の松原ユースホステル」については，第一工房「福井ユースホステル／虹の松原ユースホステル」『建築』No. 123，1970/12，p. 72 を参照されたい。とりわけ芦原の「日光ユースホステル」は，鉄筋コンクリートのバタフライ屋根や石張りの擁壁に M. ブロイヤーの影響を見出すことができる。

(72) 吉江憲吉，註 71 前掲書。

(73)（財）国民休暇村協会『国民休暇村協会要覧』国民休暇村協会，1969.

(74) 生田勉研究室「近江八幡国民休暇村レクリエーションセンター」『新建築』Vol. 42，No. 9，1967/09.

(75) 今村義照「モータリゼーションが生んだレジャーハウス」『レジャー産業資料』No. 54，1972/07，pp. 143-147. およびレジャー産業資料編集部「レジャーハウス誌上展」『レジャー産業資料』No. 51，1972/04，pp. 67-74.

(76) 樋口清「休暇村の建築とその問題点」『新建築』Vol. 39，No. 9，1964/09，pp. 174-176.

(77) John Urry, *Consuming Places*, London, 1995.（吉原直樹・大澤善信監訳『場所を消費する』法政大学出版局，2003，p. 285.）

(78) *Hotel Monthly*, 1925/03, p. 37.

(79) *Sociology & Social Research*, Vol. XV, 1931, p. 372.

(80) 金益見『性愛空間の文化史――「連れ込み宿」から「ラブホ」まで』ミネルヴァ書房，2012，pp. 97-104.

(81) 警察庁『警察白書』大蔵省印刷局，1985.

(82) 片木篤「ロスト・パラダイスのユートピア I——まやかしの城：ラブホテル建築論（上)」『建築文化』No. 474，1986/04，pp. 120-128；同「ロスト・パラダイスのユートピア II——まやかしの城：ラブホテル建築論（下)」『建築文化』No. 475，1986/05，pp. 111-120.

(83) 三村浩史「レクリエーション空間資源論／高密社会の環境開発」『新建築』Vol. 43，No. 9，1968/09，pp. 196-205.

(84) 実際には，1980 年代に「マス」が多種小規模の「トライブ」に分裂したが，それは，より自由に個別移動を可能とする自動車が招いた消費環境によるものでもあったと言える。いずれにせよ，「レクリエーション」という概念が，日本人の彼岸にあることは間違いない。

(85) 太田隆信「超群衆空間＝レジャーセンターの出現」『新建築』Vol. 43，No. 9，1968/09，pp. 206-209.

(86)『週刊昭和　昭和 30 年』No. 11，朝日新聞社，2009/02，p. 8.

(87) 戦前期の遊園地については，橋爪紳也『日本の遊園地』講談社，2000 に詳しい。

(88) 小林一三によるビジネスモデルを，東京で展開したのが五島慶太であった。五島は，渋沢栄一が興した田園都市（株）を核として，東京横浜電鉄と目黒蒲田電鉄の沿線に多くの住宅地開発を行ったが，こうした私鉄沿線開発は枚挙に暇がなく，1938 年に陸上交通事業調整法が施行されるまで全国各地で展開され，近代日本の郊外は私鉄による土地経営によって占拠されたと言っても過言でなかろう。

(89) 太田隆信，註 85 前掲，p. 206. 太田は，「レジャーセンター」を，「各要素を結合複合化していくメタボリックスタイル」と，「全体をひとつの大きなシェルターの中に包み込むインボルブスタイル」に大別している（註 85 前掲，p. 209)。

(90) 山本武利・津金澤聡廣『日本の広告——人・時代・表現』世界思想社，1992，pp. 137-145.

(91) 三鬼陽之助「船橋ヘルスセンターの秘密」『財界』1960/05，p. 7. 丹沢は「土地埋立王」と呼ばれるようになった（同書 p. 6)。

(92) 三鬼陽之助，註 91 前掲，p. 9. 高萩炭鉱などの炭鉱を興した菊池寛実と，大坂造船所を興した南俊二は，第二次世界大戦後まもない時期に，大谷重工業を興した大谷米太郎と並んで「日本の三大億万長者」に数えられた。

(93) 三鬼陽之助「バカ当たり五人男」『特集文芸春秋 人物読本』文芸春秋社，1957，p. 199.

(94) 丹沢善利『温泉と私』暮しのニュース社，1957，p. 117.

(95) 雨宮郁恵・原広・馬飼野元宏編『僕たちの大好きな遊園地』洋泉社，2009，pp. 12-13.

(96) 開高健『日本人の遊び場』朝日新聞社，1963.（開高健『開高健全集 第 13 巻』新潮社，1992 に所収，同書 pp. 138-140.）

(97) Rem Koolhaas, *Delirious New York*, London, 1978.（鈴木圭介訳『錯乱のニューヨーク』筑摩書房，1995.）

(98) 開高健，註 96 前掲書，p. 144.

(99) 開高健，註 96 前掲書，p. 142.

(100) 下出源七編『建築写真文庫 38 公衆浴場』彰国社，1958，pp. 32-55. および丹沢善利，註 94 前掲書，p. 33.

(101) 三鬼陽之助，註 91 前掲，p. 4. 丹沢は，当時の旅行について，「大型バスの普及は気安くしかも安価に観光の旅をさせてくれるようになり，農協主催の招待旅行から，商店街の売出しなども旅行招待の景品が一番歓迎される」ことを記している。丹沢善利，註 94 前掲書，p. 33.

(102) 白土健・青井なつき編『なぜ，子どもたちは遊園地に行かなくなったのか？』創成社，2008，pp. 107-108.

(103) 服部知祥『ほんものとにせもの』講談社，1973，p. 57.

(104) 服部知祥，註 103 前掲書，p. 60.

(105) 環境開発センター『三重県水郷県立公園開発計画報告書』環境開発センター，1965，p. 24.

(106) 笹原克『浅田孝――つくらない建築家，日本初の都市プランナー』オーム社，2014.

(107) この計画については，日本都市計画学会中部支部が編んだ『幻の都市計画――残しておきたい構想案』では，「中部経済連合会の働きかけによって三重県によって策定された」仕事として述べられているだけで，計画者である浅田孝への言及はなされていない。日本都市計画学会中部支部編『幻の都市計画――残しておきたい構想案』樹林舎，2006. また，笹原克による『浅田孝――つくらない建築家，日本初の都市プランナー』（註 106 前掲書）においても取り上げられておらず，これまで浅田孝による仕事として明確に位置づけられてこなかった。

(108) 竹中工務店「サニーワールド　長島熱帯植物園」『新建築』Vol. 43，No. 9，1968/09，pp. 168-169.

(109) 警察庁編『警察白書』大蔵省印刷局，1973.

(110) 講談社編『鈴鹿サーキット物語』講談社，1987，p. 39.

(111) 開高健，註 96 前掲書，p. 57.

(112) 講談社編，註 110 前掲書，p. 39.

(113) 開高健，註 96 前掲書，p. 52.

(114) ML 創 50 記念誌プロジェクトチーム『創 50 プロジェクト』モビリティランド，2012，p. 28.

(115) ハワイのイメージについては，山中速人『イメージの〈楽園〉――観光ハワイの文化史』筑摩書房，1992 に詳しい。

(116) 三菱重工業「オーシャンドーム」『商店建築』Vol. 38，No. 8，1993/08，pp. 132-139.

(117) 白幡洋三郎『旅行ノススメ――昭和が生んだ庶民の「新文化」』中央公論社，1996，p. 177.

(118) 矢吹勝二『新婚旅行案内』日本交通公社，1963，pp. 37-42.『新婚旅行案内』は，1958 年から 1980 年まで版が重ねられた。

(119) 日本交通公社『新婚旅行案内』日本交通公社，1973，p. 32.

(120) 熱海のほかに 1950 年に別府・奈良・京都が，1951 年に松江・芦屋・松山・軽井沢が，それぞれ指定され，1977 年に日光・鳥羽・長崎が指定された。

(121)「伊豆シャボテン公園」は，1959 年に植物学者の近藤典生（1915-1997，東京農業大学名誉教授）によって造園設計されたものである。また，「熱海サボテン公園」は，1967 年に熱海高原観光（株）によって開発されたが，同社は 3 年後に倒産した。

(122) 熱海市史編纂委員会編『熱海市史 下巻』熱海市役所，1968，pp. 458-462.

(123) 日本経済新聞社編「岩切章太郎」『私の履歴書』日本経済新聞社，1980，p. 471.

(124) 日本経済新聞社編，註 123 前掲書，p. 476.

(125) 三菱重工業，註 116 前掲。

(126) Liane Lefaivre & Alexander Tzonis, *Critical Regionalism : Architecture and Identity in a Globalised World*, New York, 2003.

(127) Hal Foster, *The Anti-aesthetic : Essays on Postmodern Culture*, Port Townsend, Wash., 1983.（吉岡洋訳「批判的地域主義に向けて——抵抗の建築に関する六つの考察」『反美学——ポストモダンの諸相』勁草書房，1987，pp. 40-64.）

(128) 竹内侃克『スキー場事業とその開発手法』ソフトサイエンス社，1990，pp. 5-13.

(129)「ガーラ湯沢スキー場」の開発については，山岡通太郎『GALA・ビジネス創造の物語』情報センター出版局，1992 に詳しい。

(130) 国分文夫＋スキー場経営編集部編「変貌するスキー場の勢力図」『スキー場経営』Vol. 3，1994. ヤマト運輸は，1984 年に「ゴルフ宅急便」も開始している。ヤマト運輸株式会社社史編纂委員会編『ヤマト運輸 70 年史』ヤマト運輸，1991，pp. 108-109.

(131) 藤原信編『スキー場はもういらない』緑風出版，1994.

(132) 日経アーキテクチュア編集部「ららぽーとスキードーム“ザウス”」『日経アーキテクチュア』No. 467，1993/8/2，pp. 116-128.

(133) KAJIMA DESIGN ＋ NKK「現代建築紀行 ららぽーとスキードーム“ザウス”」『建築技術』1993/10，pp. 187-203.

(134) ‘The Arcade is, however, designed to be not only the great shopping center of the town and district, and the permanent exhibition in which the manufacturers of the town display their wares, but a summer and winter garden’. Ebenezer Howard, *Tomorrow : A Peaceful Path to Real Reform*, London, 1904/1998, p. 75.

(135)「ららぽーと船橋」は，前節で詳述した「船橋ヘルスセンター」の跡地に建てられた複合商業施設である。また，「くうねるあそぶ。」のコピーは，糸井重里が日産セフィーロのために，1988 年に案出したものである。

(136) 加藤秀俊「ショッピングセンターへの断章」『スペースデザイン』No. 64，1970/02，p. 7.

(137) 加藤秀俊『都市と娯楽』鹿島研究所出版会，1969，p. 176.

(138) 加藤秀俊，註 136 前掲，p. 5.

(139) 伊藤滋「都市における交通ターミナル——バスターミナルの都市計画的評価」『建築文化』Vol. 22，No. 252，1967/10，p. 124.

(140) 名古屋市交通局編『市営交通 70 年のあゆみ』名古屋市交通局，1992，p. 42.

(141) 谷口吉郎研究室「名鉄ターミナルビル」『近代建築』Vol. 21，No. 12，1967/12，pp. 93-108.

(142) 石川栄耀「盛り場風土記（中）」『都市公論』Vol. 21，No. 12，1938/12，p. 32-33.

(143) 伊藤滋，註 139 前掲，p. 124.

(144) 浦辺建築事務所「デザインポリシィと建築家——両備バス」『新建築』Vol. 42，No. 10，1967/10，pp. 195-203.

(145) M. Jeffrey Hardwick, *Mall Maker : Victor Gruen, Architect of an American Dream*, Philadelphia, 2004.

(146) Victor Gruen, *The Heart of our Cities : The Urban Crisis, Diagnosis and Cure*, New York, 1964.（神谷隆夫訳『都市の生と死——商業機能の復活』商業界，1971.）

(147) Steve Mannheim, *Walt Disney and the Quest for Community*, Farnham, 2002.

(148) Victor Gruen & Larry Smith, *Shopping Towns U.S.A.: The Planning of Shopping Centers*, New York, 1960.（奥住正道『ショッピングセンター計画――ショッピングタウンU.S.A.』商業界，1969年，p. 73.）

(149) 日本ショッピングセンター協会による『ショッピングセンター用語辞典』には，「モール」について，「元は木陰道や遊歩道のことであるが，近年は歩行者専用にデザインされた繁華街の遊歩道や，ショッピングセンターの中央通路や計画的に配置された遊歩道をさす。（中略）ショッピングセンターそのものをさす場合もある」と記されている（日本ショッピングセンター協会ショッピングセンター用語辞典編集委員会『ショッピングセンター用語辞典』学文社，2010年，p. 217)。また，「モール型ショッピングセンター」について，「通路の両側に店舗を連ねて，人工的に路面商店街の雰囲気を出したショッピングセンター。当初は屋根のないオープン構造で登場したが，現在では屋根付きのエンクローズドモールが主流である」という記述もある（同書 pp. 217-218)。

なお，「モール」という言葉が「ショッピング」と結びついたのは1960年代前半であり，その語源はバッキンガム宮殿とトラファルガー広場を結ぶ街路「ザ・マル（The Mall)」に因む。ロンドンのセント・ジェームズ・パーク（St James's Park）の北西側に位置するこの街路は，17世紀には「ペルメル（pall-mall)」という球技が行われた小道であったが，20世紀初頭にA. ウェッブ卿（1849-1930）によって，一端をアドミラルティ・アーチ（Admiralty Arch）とし他端をヴィクトリア女王記念碑とバッキンガム宮殿の改装正面とする，国家的儀式を行う場所として整備された。「モール」という言葉が，「ペルメル」のような遊興的な含意を持つことは，「センター」との対比でも重要である。「センター」は，あくまでそこが中心となる施設であることを示す用語であるが，「モール」は単なる街路ではなく，そこで行われる遊びをも示唆するからである。また，現在の主流である「屋根付きのエンクローズドモール」としての「ショッピングモール」は，19世紀の西欧諸国で大流行した商店街の空間――「アーケード（arcade 英)」，「パサージュ（passage 仏)」，「ガレリア（galleria 伊)」などの様々な名前で呼ばれた――に由来する。こうした商店街のガラス屋根は次第に大型化し，様々な遊興を飲み込む巨大な内部空間となったのである。

(150) なお，「ショッピングセンター」のみならず，「センター」と名付けられた施設は，1960年代中頃から世界的に流行することになったが，このことについて加藤秀俊は「流通センター，情報センター，文献センター，食肉センター，交通センター……とにかくいたるところに「センター」があるのだ」と述べている（加藤秀俊，註136前掲書，p. 7)。「流通革命」のみならず，戦後の様々な社会システムのヒエラルキーが再建される中で，「センター」は乱立された。しかし，これら社会システムの中心にある「センター」が当初いずれも単一の都市機能に属するものであったのに対し，「ショッピングセンター」だけは，都市が有する複合的な機能に開かれていった。このことは，当初から「ショッピングセンター」が，単体の建物ではなく，購買意欲を持って逍遙するための複数の「建物のまとまり」からなるものであり，その間に擬似的な「広場」や「通り」を内包する外部空間のような内部空間を持ち得たことによる。それは，その後誕生した「シティセンター」や「シビックセンター」のように，都市複合施設を示す際に用いる「センター」と同様であり，CIAM8のテーマ「都市の中心核（The Heart of the City)」の内容そのものであったと言えよう。

(151) 赤城幹一「都市の高速道路の在り方と路下の利用について」『建築界』Vol. 8, No. 11, 1959/11, pp. 12–16.

(152) 彦坂裕編『二子玉川アーバニズム——玉川高島屋 SC 界隈の創造と実験』鹿島出版会, 1999, p. 62.

(153) 川喜田煉七郎『世界の店舗』建築出版, 1961, プロローグおよび p. 5.

(154) 文中では「モール」と表現されている。『スペースデザイン』1970/02, p. 26.

(155) 4 階テラスは, 1977 年の増築によって取り壊された。

(156) 丹菱開発・清水建設「パークモールショッピングセンター」『新建築』Vol. 47, No. 3, 1972/03, p. 95.

(157) 林周二『流通革命——製品・経路および消費者』中央公論社, 1962.

(158) 林周二『流通革命新論』中央公論社, 1964.

(159) 竹中工務店「郊外ショッピングセンター・ダイエー中百舌鳥ショッパーズプラザ」『新建築』Vol. 46, No. 2, 1971/02, pp. 217–230.

(160) 辻野純徳「ダイエー中百舌鳥ショッパーズプラザのもつ意味と問題点」『新建築』Vol. 46, No. 2, 1971/02, p. 229.

(161) Bernard Rudofsky, *Streets for People : A Primer for Americans*, New York, 1969, p. 16.(平良敬一・岡野一宇訳『人間のための街路』鹿島研究所出版会, 1973.)

(162) 日本ショッピングセンター協会『ショッピングセンター名鑑 1994』日本ショッピングセンター協会, 1994, p. 3.

(163) (社) 日本ショッピングセンター協会編『JCSC「30 年史」2003』日本ショッピングセンター協会, 2003, p. 27.

(164) Victor Gruen, *Centers for the Urban Environment : Survival of the Cities*, New York, 1973.(中津原努『都市のセンター計画』鹿島出版会, 1977, p. 12.)

(165) Adolf Loos, *Ornament und Verbrechen*, Paris, 1921/Wien, 2012.(伊藤哲夫訳『装飾と犯罪——建築・文化論集』中央公論美術出版, 2005.)

(166) J. F. ガイストの研究によれば,「アーケード」は, 時期的に 6 つに区分できるという。すなわち, (1) 黎明期:–1820 (2) 流行期:1820–1840 (3) 拡散期:1840–1860 (4) 最盛期:1860–1880 (5) 巨大化と模倣化の時期:1880–1900 (6) 建築概念の衰退期:1900– である。初期の「アーケード」は, パリの「パサージュ」やロンドンの「アーケード」のように, 幅員が 5 m 前後であるが, 後期には 30 m を超える巨大事例が登場することになる。こうした巨大化は, ガラス屋根を支える鉄骨構造の工夫によるところが大きい。現代の「ショッピングモール」もまた, 20 m を超える幅員を備えて, 3 層以上におよぶ吹抜けを設ける事例が多い。したがって,「道空間」の断面 D/H からすれば,「ガレリア・ヴィットーリオ・エマヌエーレ 2 世」(ミラノ, 1877),「ガレリア・ウンベルト 1 世」(ナポリ, 1890) などの巨大スケールの事例に匹敵する。しかしながら, 現代の「ショッピングモール」のほとんどが, 上層階にもモール沿いに通路を備えており, こうした事例としては,「クリーブランド・アーケード」(クリーブランド, 1890) や「グム百貨店」(モスクワ, 1893) が近似するであろう。J. F. Geist, *Arcades : The History of a Building Type*, Cambridge, Mass., 1983, p. 3.

(167) Rolf Tiedemann, ed., *Das Passagen-Werk 1 & 2*, Frankfurt am Main, 1983.(今村仁司・三島憲一ほか訳『パサージュ論 第 1 巻』岩波書店, 2003, p. 72.)

(168) 都市デザイン研究体『復刻版 日本の広場』彰国社, 2009.

(169) 例えば,『建築と社会』Vol. 44, No. 10, 1963/10では,「地下街特集」が編まれており,実例として梅田地下街・神戸三宮地下街・名古屋地下街・池袋地下道地下駐車場が取り上げられている。
(170) 鳴海邦碩・橋爪紳也編,註25前掲書, pp. 279–286.
(171) Bernard Rudofsky, *op. cit*(註161).
(172)「誕生したばかりのアスレチッククラブが,本来のコミュニティ施設として成長して行くか,それとも,(ビームシューティング・ターゲットアーチェリー・ゴルフボーリングなどの)ポストボーリング路線を歩むか」計り知れない中での設計であった。太田隆信「パンジョ物語——設計共同体の誕生とパンジョの施設計画」『新建築』1975/01, pp. 267–270.
(173) 大建設計「サンマルシェ1号館」『建築と社会』Vol. 58, No. 7, 1977/07, pp. 7–8.
(174) フジタ工業「コミュニティレジャー「セルシー」(総合プラザ型)」『建築と社会』Vol. 54, No. 4, 1973/04, pp. 30–31.
(175) SD編集部編『商業空間のスペースデザイン』鹿島出版会, 1981, p. 207.
(176) IKEAの日本進出の橋頭堡であった。最初の店舗は,船橋のローラースケート場跡に設けられ,ここが国内二番目の店舗であった。
(177) 竹中工務店「六甲パインモール」『新建築』Vol. 58, No. 3, 1983/03, p. 233.
(178) 菊竹清訓建築設計事務所「斜面の構築」『新建築』Vol. 54, No. 7, 1979/07, pp. 205–219.
(179)「近隣住区」と「ラドバーン」については, Clarence Arthur Perry, *The Neighborhood Unit : In Regional Survey of New York and its Environs*, New York, 1929(倉田和四生訳『近隣住区論』鹿島出版会, 1975)に詳しい。また,「ボンエルフ」は,「生活の庭」を意味し,自動車の障害となる「ハンプ(Hump)」などを意図的に設置して,歩車共存を図るものであり,我が国では,「汐見台ニュータウン」(1980, 仙台)において最初に導入され,建設省の「コミュニティ道路」(1981)を誘因することになった。「ボンエルフ」を用いた住宅地を積極的にデザインした建築家としては,宮脇檀の名を挙げることができる。宮脇檀建築研究室『コモンで街をつくる——宮脇檀の住宅地設計』丸善, 1999.
(180) Victor Gruen & Larry Smith, *op. cit.*(奥住正道訳,註148前掲書, p. 7.)

第6章 〈モータウン〉の環境デザイン

(1) Rosalind Epstein Krauss, *The Originality of the Avant-Garde and Other Modernist Myths*, Massachusetts, 1985.(小西信之訳『オリジナリティと反復』リブロポート, 1994, pp. 215–226.)

(2) 一般に「ロストウ理論」と呼ばれる。Walt Whitman Rostow, *The Stages of Economic Growth : A Non-communist Manifesto*, Cambridge, 1960/1971.(木村健康ほか訳『経済成長の諸段階——一つの非共産主義宣言』ダイヤモンド社, 1961/1974.

(3) Jean Baudrillard, *Le Système des objets*, Paris, 1968.(宇波彰訳『物の体系——記号の消費』法政大学出版局, 1980, p. 81.)

(4) Sigfried Giedion, *Space, Time and Architecture*, Cambridge, Mass., 1941/1967.(太田實訳『空間・時間・建築1』丸善, 1969, pp. 27–28.)

(5) Rem Koolhaas, *Delirious NewYork*, London, 1978.(鈴木圭介訳『錯乱のニューヨーク』筑摩書房, 1995.)

(6) 東孝光「境界領域の充実のために」『新建築』新建築社，1967 年 5 月号。

(7) Bill Buford, ‘Introduction to “New American Writing”’, *Granta*, No. 8, 1983 ; Liane Lefaivre, ‘Dirty Realism in European Architecture Today’, *Design Book Review*, No. 17, Winter 1989, pp. 17–20.

(8) F. ジェイムソン（Frederic Jameson）は，こうした生活について映画『ブレード・ランナー』（1982）を俎上に上げて検討し，「サイバーパンク」を通じた「市民社会の清算」という論点において整理した。Fredric Jameson, *The Seeds of Time*, New York, 1994.（松浦俊輔・小野木明恵訳『時間の種子——ポストモダンと冷戦以後のユートピア』青土社，1998，pp. 188–205.）

(9) Charles Jencks & Nathan Silver, *Adhocism : The Case for Improvisation*, London, 1972/2013.

(10) Wolfgang Schivelbusch, *The Railroad Journey : Trains and Travel in the 19th Century*, New York, 1979.（加藤二郎訳『鉄道旅行の歴史——19 世紀における空間と時間の工業化』法政大学出版局，1982.）

(11) Melvin M. Webber, *Explorations into Urban Structure*, Philadelphia, 1964.

(12) Marc Augé, *Non-Places : Introduction to an Anthropology of Supermodernity*, London, 1995.

(13) 神代雄一郎・池辺陽・増沢恂「敷地」『新建築』Vol. 32，No. 3，1957/03，pp. 49–59.

(14) 神代雄一郎・池辺陽・増沢恂，註 13 前掲。

(15) C. E. Aguar & B. Aguar, *WRIGHTSCAPES : Frank Lloyd Wright’s Landscape Designs*, New York, 2002.（大木順子訳『フランク・ロイド・ライトのランドスケープデザイン』丸善出版社，2004.）

(16) J. Utzon, ‘Platforms and Plateaus : Ideas of a Danish Architect’, *ZODIAC*, No. 10, Milano, 1964. および S. Giedion, *op. cit.*（太田實訳，註 4 前掲書。）

(17) K. Lynch, *Site Planning*, Cambridge, 1962/1971.（山田学訳『新版 敷地計画の技法』鹿島出版会，1987.）

(18) David Inglis, ‘Auto Couture : Thinking the Car in Post-war France’, *Theory, Culture & Society*, Vol. 21, No. 4/5, 2004, pp. 197–219 ; Hans Ibelings, *Americanism : Dutch Architecture and the Transatlantic Model*, New York, 1997.

(19) Rem Koolhaas, *S, M, L, XL*, Rotterdam, 1995, pp. 1248–1264.

(20) 原広司『「ディスクリート・シティ」と〈実験住宅 ラテンアメリカ〉をめぐるディスクール』TOTO 出版，2004，p. 30.

(21) Hal Foster, *The Anti-aesthetic : Essays on Postmodern Culture*, Port Townsend, Wash., 1983.（吉岡洋訳「批判的地域主義に向けて——抵抗の建築に関する六つの考察」『反美学——ポストモダンの諸相』勁草書房，1987，pp. 40–64.）

(22) R. Koolhaas, *op. cit.*（註 19），p. 367.

(23) 丹下健三「磐城猪苗代自由時間都市（1966/1971）」『新建築』Vol. 46，No. 8，1971/08.

(24) 明治日本の夜景については，小林清親の『東京名所図』や，その弟子の井上安治の『東京真画名所図解』が戦前より「光線画」として知られる。近藤市太郎『清親と安治——明治の光の版画家達』アトリエ社，1944. また，その後を，大正・昭和初期に繋いだのが，川瀬巴水であった。

(25) 拙稿「近代都市空間における夜景の意匠——汎太平洋平和博覧会について」上野邦一・片木篤編『建築史の想像力』学芸出版社，1996，pp. 30–69.

(26) Wolfgang Schivelbusch, *Lichtblicke : zur Geschichte der künstlichen Helligkeit im 19. Jahrhundert*, München, 1983.（小川さくえ訳『闇をひらく光——19 世紀における照明の歴史』法政大学出版局，1988.）

(27) Walter Dorwin Teague, *Design This Day*, London, 1946.（GK インダストリアルデザイン研究所訳『デザイン宣言——美と秩序の法則』美術出版社，1966，p. 42.）

(28) Bernard Tschumi, *Architecture and Disjunction*, Cambridge, Mass., 1994, p. 205.

(29) John Urry, *Mobilities*, Cambridge, 2007.（吉原直樹・伊藤嘉高訳『モビリティーズ——移動の社会学』作品社，2015.）

(30) Mike Featherstone, Nigel Thrift & John Urry, *Automobilities*, London, 2005.（近森高明訳『自動車と移動の社会学——オートモビリティーズ』法政大学出版局，2010，pp. 41-42.）

(31) 大野秀敏・佐藤和貴子・齊藤せつな『〈小さい交通〉が都市を変える——マルチ・モビリティ・シティをめざして』NTT 出版，2015.

(32) 西田雅・北村公大・中村英夫「高速幹線物流システムの提案」『運輸政策研究』Vol. 1，No. 2，1998/10，pp. 2-11.

付表　「21 世紀の日本に関する日本の国土と国民生活の未来像の設計」応募 9 案に関する比較表

グループ名称(通称)／代表者	『報告書タイトル』	報告書の構成，都市・建築関係者担当内容	具体的な計画設計事例	自動車交通の考え方	受賞／寸評	関連図書／報告書との相違点
① 21世紀研究会(鈴木グループ)／鈴木雅次	21 世紀の国民生活と国土──30 年未来へのあゆみ	本文と図集の 2 分冊からなる。10 班からなる基礎研究グループと，6 班からなる提案グループによる。提案グループでは，増田友也・加藤邦男などの京都大学建築学教室メンバーが中心となって，空間構成を担当する。	国土の設計，大都市の設計，中都市の設計，農漁村の設計および空間構成の項目からなる。国土の設計では，牧ノ原台地に東海道メガロポリスの中心となる「新東京」を提案し，大都市の設計では東京を，中都市の設計では盛岡を，農漁村の設計では琵琶湖周辺をそれぞれ取り扱う。空間構成では，自然地理を山・丘陵・海の風景に大別し，「丘陵低密」と「平野高密」の住居風景のあり方を提案する。	都市間交通は，リニアモーターをはじめとする新交通システムの導入を推奨するが，都市内交通としてのミニカーと，余暇時の交通として自動車を積極的に評価する。しかしながら，自動車の車両間群制御と安全対策によって，自動車と鉄道のハイブリッド化を想定する。	総合賞／自然，人文，社会の総合の上に立って未来像を構想，設計している。	21 世紀研究会編『国民生活と国土の未来像』鹿島研究所出版会，1972年。／内容上の相違点は特にないが，本文と図版を 1 冊にまとめ，多くの図版を多色刷とする。
②早稲田大学「21 世紀の日本」研究会／松井達夫	日本の未来設計	第 I 部『アニマルから人間へ──21 世紀の日本人の生活と文化』を論文集として，第 II 部『第 II 部 ピラミッドからあみの目へ──21 世紀の日本列島像』を図集とする 2 分冊からなる。第 I 部「生活 住む」の項目を吉阪隆正が，第 II 部の全体を吉阪隆正と U 研究室が担当する。	国土計画と地域計画に大別する。国土計画では，人口配分・産業配分・ネットワーク・自然維持について提言し，「新首都北上京計画」を提案する。地域計画では，「東京再建計画」と「青函圏計画」を提案する。「東京再建計画」は，「関東第二次大震災」後の東京を想定し，「0 m 墓地公園・昭和の森計画・東京キレメ計画」を，「青函圏計画」は，「青函圏 2001・下北西通り海岸計画」を取り扱う。	都市内交通には高架モノレールなどの新交通システムを導入し，自動車交通は都市間交通として想定する。	総合賞／価値転換に基づいて未来像を総合的に構想，設計している。	紀伊国屋書店から出版予定とあるが，未確認。第 II 部の内容については，早稲田大学『21 世紀の日本』研究会「ピラミッドからあみの目へ」『建築』No. 133, 1971/10. に再掲される。
		第 I 部「現代の文明史的状況とその展望」と，第 II 部「日本の国土と国民生活の未来像」を 1 冊に	第 II 部では，「東海道メガロポリス 2000」，「東京計画 1960- 2000」，「基幹核都市と中間核都	個々の都市機能を高速道路に直結する装置として，インターチェンジ・ガレージ・都心機能のコン	総合賞／エネルギー，情報，自由時間の 3 つの	21 世紀の日本研究会『21 世紀の日本──その国土と国民生活の

③ 21世紀の日本研究会（丹下グループ）／丹下健三	21世紀の日本——その国土と国民生活の未来像	まとめる。第I部で，工業化・情報化・生活内容の変化・国土の形成過程・交通流動体系の観点から現状分析を行った上で，第II部で，国土を構成する3つのシステム（エネルギー系，情報系，自由時間系）に応答する核都市と自由時間都市を提案し，新たな開発フロンティアを海上都市・空中都市・山岳都市とする。東京大学都市工学教室メンバーの丹下健三・長嶋正充・渡辺定夫が統括する。	市」を提唱する。「基幹核都市」は札幌，仙台，新潟，富山・金沢，広島，福岡・北九州を想定し，上記メガロポリスに連結するメトロポリスとして位置づける。実際には「基幹核都市」のイメージはスコピエとボローニャの計画で代替する。中間核都市は，「東海道メガロポリス」や「基幹核都市」との中間にあって，「回廊都市」として位置づけ，京都・猪苗代湖の計画を提示する。基本的には，現在進行中もしくは過去の計画の再掲が多い。	プレックス「超建築」を提案する。L. I. カーン「フィラデルフィア計画」（1952）の影響を見て取れる。	系に基づいて未来像を総合的に構想，展開している。	未来像』新建築社，1971年。／相違点は特になし。報告書の図版レイアウト・活字サイズから紙質に至るまで，関連出版図書と全く同一。
④中部開発センター／酒井正兵衛	21世紀の日本——日本の国土と国民生活の未来像の設計	第I部 論文編と，第II部 計画編からなる2部構成によって，「自然計画」を提唱する。論文編で「自然計画法（仮称）」を提案し，計画編でこの法案に基づいた3地域の提案を行う。計画編の大部を割いて「中信計画」を取り扱う。早川文夫を中心とする名古屋大学建築学教室メンバーと，津幡修一などの日本住宅公団メンバーが参画する。	第II部では，21世紀における日本の国土のイメージを「自然環境の中の都市連合形態」に集約することを基本理念とする。この「都市連合」という考え方の下に，「大都市を含む都市連合—伊勢湾・名古屋」，「中小都市を含む都市連合—中信」，「農山漁村を含む都市連合—北陸・砺波」を提案する。	交通計画に関する具体的な方針は示されていないが，「自然計画」では，自動車は各世帯が平均1台以上保有することが前提となっており，幹線道路を中心とした計画を提案する。	特別賞／自然計画を中心として未来像を構想，設計している。	（社）中部開発センター，『人間と環境——21世紀社会への道』大成出版社，1973年。／ケース・スタディとして「中信都市連合」のみが取り扱われるなど，整理・簡略された内容。
⑤ 21世紀関西グループ	21世紀にむかう国土と都市	展望編と，構想編からなる2部構成による。展望編は，全52分野に細分化し，構想編は，国民生活・国土・高集積地域・低集積地域に大別し，多くの具体的計画図を提示する。構想編の国民生活・国土・高集積地域・低集積地域からなる各計画を，それぞれ	「高密集積地域（京阪神都市群と近畿）」と「低密地域（中・四国）」に大別し，前者では大阪超高密核都市計画・奈良計画・飛鳥計画を，後者では農村定住区（津山圏）・観光レクリエーション地区（隠岐諸島）を広域交通システムで結ぶ提案を取り扱う。	高速道路を物流ルートとして整備する一方で，都市内の自動車交通はできるだけ抑制する。	特別賞／自治生活圏を中心として未来像を構想している。	西山夘三編，『21世紀の設計1——人間と生活』勁草書房，1972年。西山夘三編『21世紀の設計2——空間と環境』勁草書房，1971年。西山夘三編『21世紀の設計

／西山卯三	の将来像	西山卯三・上田篤・三村浩史・三輪泰司という京都大学建築学教室メンバーが策定する。				3――技術と社会』勁草書房，1972 年。西山卯三編『21 世紀の設計 4――国土の構想』勁草書房，1972 年。／内容上の相違点は特にないが，4 分冊とする。
⑥首都圏総合計画協会／蠟山政道	21世紀における日本の国土と国民生活の未来像	昭和 60 年「首都圏開発マスタープラン」を改編発展した第 1 部に，新たに編集した第 2 部と，個別論文を収めた第 3 部からなる。第 1 部は住宅地開発を中心にまとめられ，第 2 部は産業開発を，第 3 部はレクリエーションに関する論考を収める。首都圏総合計画委員会メンバーを中心として策定する。	首都圏の将来，「東京近郊の低湿地開発」と名付けられた「南埼玉ニュータウン計画」と，「八ヶ岳山麓開発」と名付けられた「八ヶ岳山麓連単都市群」における「富士見高原都市計画」を収める。	「鉄道時代の配置から自動車時代の配置への転換」に変容する中で，より流通に便利な場所への工場移転と，道路網結節点におけるショッピング・センターの設立を提案する。	特別賞／ニュータウンと高原都市に関する具体性のある未来像を構想している。	未刊
⑦ 21世紀研究会(磯村・高山グループ)／磯村英一・高山英華	萬新報やぶ入り版	チーム発足当初は，農業・経済および行財政・技術革新・生命・エネルギー・社会生活・総括および地域計画・住宅および生活環境・基幹施設・都市計画・水資源および都市公害からなる 11 部門に分類したが，最終的には学芸と社会に大別し，週刊誌の体裁を採用している。実質的な作業を行った高山英華・伊藤滋の他に，日笠端・川上秀光などの名前を見出すことができることからもわかるように，東京大学都市工学教室メンバーを中心として策定する。	道州制（北海道・東北州・関東州・北陸州・東海州・近畿州・中国州・四国州・九州）の導入による地域開発，「震災復興都市計画」，「東京第二都心建設計画」，「中核都市岐阜地域」，「農業都市庄内」，「EPIC プロジェクト（完全な地域制御が可能な，かつ，公害安全問題を解決するエネルギーと工業材料生成のためのコンビナート）」を提案する。	鉄道交通が「スクラップ・アンド・ビルト」の対象となるのに対して，自動車交通は「地方の政治基盤目当ての道路建設が相当量実施」されることを予測する。	特別賞／情報と生活を焦点として未来像を展開している。	日本放送出版協会から出版予定とあるが，未確認。
		4 つの南北等時刻帯（東経 90〜180° シベリア中東アジア太	東京，帯広，五島列島，庄内平野を対象とする。いずれの計	『ブキャナンレポート』に基づき，ドア・トゥ・ドアの都	特別賞／国際的視野の展開	吉田達男，香山健一編『未来予測――未

⑧日本経済研究センター／大来佐武郎	Xゾーンと日本	洋州，東経 180～西経 20° 南北アメリカゾーン，西経 20～東経 60° 西欧アフリカゾーン，東経 20～東経 90° ソ連東欧西アジアゾーン）の提案，シベリア中東アジア太洋州を「Xゾーン」とする。槇文彦が名を連ねるが，松本洋の名前を見出すことができることからもわかるように，日本道路公団メンバーを中心として策定する。	画も中心都市とその周囲に設けられた居住単位からなるダイアグラムを用いる。東京に加えて，帯広と五島列島に，物流・レクリエーション・研究の拠点となる中枢機能を提案する。庄内平野では大規模農業を提案する。	市内交通として都市内専用自動車「タウンカー」の共同利用を提唱する。	を中心として未来像を構想している。	来選択の理論と方法』日本経済新聞社，1969 年。／報告書の執筆途中に作成され多図書であり，「X ゾーン」に関する記述が見当たらないほか，内容が大きく異なる。
⑨日本リサーチセンター／東畑四郎	「スコーレ」社会における国土と国民生活の設計	第 I 部 スコーレ時代の国民生活，第 II 部 スコーレ時代における日本の国土，第 III 部 資料編からなる。第 I 部では，静かな自然環境の中で，芸術・文学・哲学など創造生活に生きがいを見つける東洋のストイックな価値体系と，西洋の快楽主義的価値体系とが渾然一体となって調和した「スコーレ社会」について論じる（ギリシア Schole or Skhole: 古代ギリシア Leisure: ラテン Schola）。第 II 部では，国土利用と農林業のあり方について記した上で，全国・大都市・中小都市・農山漁村の具体的設計例を提案する。第 III 部では，関連するアンケート結果を掲載する。浅田孝・大高正人・菊竹清訓の名前を見出すことができる。建築家協会メンバーを中心として策定する。	東京（大都市），福岡（中都市），鹿児島県笠野原（農山漁村）を対象とする。「東京計画」では，海浜の開発を想定し，川崎・横浜に新たな「CBD 拠点」を設け，九十九里～房総・東京湾～相模湾に「スコーレ拠点」を設ける。「福岡計画」では，西公園から平和台・那珂川・川端に至る都市中心部に，高さ 100 m 程度の高層建築に囲まれた歩行者中心の「スコーレ空間」を創出する。「鹿児島県笠野原計画」では，シラス台地にアグリインダストリーを提案する。	第 I 部では，自動車利用生活に必要な家計費「ロードライフ・コスト」が，第二の生活費となることを予測する。第 II 部巻末において，「特別研究 21 世紀の交通体系」の章が設けられており，21 世紀の自動車の可能性を「移動する居住空間，戸口から戸口への移動手段，スポーツ性を楽しむための乗り物」という三点にまとめるとともに，排ガス公害は技術的に解決され得ると示す。とりわけ，「戸口から戸口への移動手段」としての都市内交通の役割を重視しており，「ミニカーまたはカプセルカー」の交通需要が大きくなることを予測する。	特別賞／新しい価値観に基づいて未来像を展開している。	日本リサーチセンター総合研究所編『スコーレ社会における国土と国民生活』東洋経済新報社，1971 年。／内容上の相違点は特にないが，1 冊にまとめられる。